中欧（部分）工程设计标准规范对比研究

戴飞　主　编
中国建筑第五工程局有限公司　组织编写

中国建筑工业出版社

图书在版编目（CIP）数据

中欧（部分）工程设计标准规范对比研究 / 戴飞主编；中国建筑第五工程局有限公司组织编写. -- 北京：中国建筑工业出版社，2024. 9. -- ISBN 978-7-112-30279-6

Ⅰ. TU318-65

中国国家版本馆 CIP 数据核字第 20243Z1M28 号

本书以中欧建筑工程设计标准为研究方向，依据建筑、结构、给水排水、电气、造价、暖通、BIM 七个不同专业划分不同篇章，着重研究了建筑防火设计、结构可靠度、荷载设计、抗震设计、消防喷淋、通风排烟、应急照明、火灾报警、计量规范、BIM 建模等方面的差异。

本书以中欧两套规范体系条文作为对比内容，着重标注出差异点，结合图、表等形式，方便读者快速查阅，并在规范条文对比后加入差异化对比分析结论，让读者能够快速理解规范差异的深层含义，指导设计师快速上手并运用到工程设计实践中。

本书适用于建筑工程设计，尤其是从事欧盟项目设计的相关从业人员。

注：本书中涉及的规范为节选规范原文或根据规范原文进行的归纳总结。

责任编辑：徐仲莉　张　磊

责任校对：姜小莲

中欧（部分）工程设计标准规范对比研究

戴飞　主编

中国建筑第五工程局有限公司　组织编写

*

中国建筑工业出版社出版、发行（北京海淀三里河路 9 号）

各地新华书店、建筑书店经销

北京科地亚盟排版公司制版

建工社（河北）印刷有限公司印刷

*

开本：787 毫米×1092 毫米　1/16　印张：22½　字数：555 千字

2024 年 12 月第一版　　2024 年 12 月第一次印刷

定价：**98.00** 元

ISBN 978-7-112-30279-6

（43534）

如有内容及印装质量问题，请与本社读者服务中心联系

电话：（010）58337283　QQ：2885381756

（地址：北京海淀三里河路 9 号中国建筑工业出版社 604 室　邮政编码：100037）

《中欧（部分）工程设计标准规范对比研究》编委会

前　言

改革开放以来，我国在建筑工程、市政公路工程等建设领域取得了快速发展，积累了先进的建设经验和技术优势，催生了一大批优秀的工程建设企业。随着国家“走出去”战略的推进，越来越多的基建企业走出国门，承揽国际业务。随着中华民族伟大复兴的中国梦的提出，国家正在逐步推进“一带一路”建设，中国的设计和施工企业又掀起一波走向世界的高潮。

随着大量中国工程承包企业走出国门，远赴海外，参与国际工程承包市场的竞争，中国工程承包企业的海外项目遍布全球多个国家及地区，项目类型也由传统的施工总承包项目向设计—建造类项目转变，但众多国家的工程设计规范与中国设计规范存在较大的差异，为项目的设计落地增添了难度。

随着时代的发展，中国工程设计规范逐渐向国际化接轨，目前全球大多数国家的规范标准源于欧洲规范，并在欧洲规范的基础上衍生发展而来，故研究中国工程设计规范与欧洲工程设计规范之间的差异，并分析异同点和规范的运用方法，将为中国海外工程的进一步发展打下坚实的基础。

目前国内对于欧洲设计类规范与美国设计类规范的研究大多为学术研究，立足理论基础比较多，且多为结构专业方面的研究，其余如细分的建筑、机电、暖通、给水排水等专业的欧洲设计类规范研究较少。

中国建筑第五工程局有限公司（以下简称中建五局）作为中国建筑集团有限公司海外业务的排头兵，一直以来积极布局海外市场，践行国家“走出去”、做大做强海外业务的战略目标，先后承接了刚果（布）1号国家公路、阿尔及利亚南北高速公路、埃及CBD行政新首都等项目。通过多年海外项目经验的沉淀与积累，由中建五局设计管理部牵头，联动中建五局海外事业部、中建五局建筑设计院与中建五局市政公路设计院开展了中欧（部分）建筑工程与市政公路工程设计标准规范对比与应用的研究工作，以多个海外项目为载体，搜罗欧洲常用工程设计规范与中国规范进行对比，梳理出异同点并进行深入分析，将研究成果汇编成书，指导工程设计人员进行海外项目设计。

本书以中欧建筑工程设计标准为研究方向，依据建筑、结构、给水排水、电气、造价、暖通、BIM七个不同专业划分不同篇章，着重研究了建筑防火设计、结构可靠度、荷载设计、抗震设计、消防喷淋、通风排烟、应急照明、火灾报警、计量规范、BIM建模等方面的差异。本书以中欧两套规范体系条文作为对比内容，着重标注出差异点，结合图、表等形式，方便读者快速查阅，并在规范条文对比后加入差异化对比分析结论，让读者能够快速理解规范差异的深层含义，指导设计师快速上手并运用到工程设计实践中。

本书涵盖专业广、规范对比切入点深，但受编者认知水平和技术能力限制，专著内容可能存在部分疏漏，请广大读者批评指正。

编　者

2024 年 5 月

目　录

中欧（部分）工程设计标准规范

对比研究

第 1 部分　建筑设计

1　英国项目介绍

建筑设计主要是中英匈三国民用建筑设计防火规范的对比，参考规范及标准为中国《建筑设计防火规范》GB 50016—2014（2018年版）、英国《建筑设计、管理和使用中的消防安全　业务守则》BS 9999—2017（以下简称BS 9999）、匈牙利《防火技术指南》TvMI2.3：2020.01.22。

1.1　英国项目的流程介绍

RIBA工作计划（RIBA plan of work），是英国皇家建筑师学会于1963年推出的。为说明项目中各个参与者的作用，多次修订后现行版本为2020版，共分为8个阶段，阶段0到阶段7是指导性的。

本节简略介绍该定义以及相关注意点。

RIBA工作计划：

RIBA工作计划是针对英国建筑项目，从设计到施工过程、用户的使用，对于建筑从业人员有指导性的文件。对每一阶段进行区分，还包括一个扩展的词汇表，与国际上等效的工作计划的比较以及对于核心项目策略的指南。

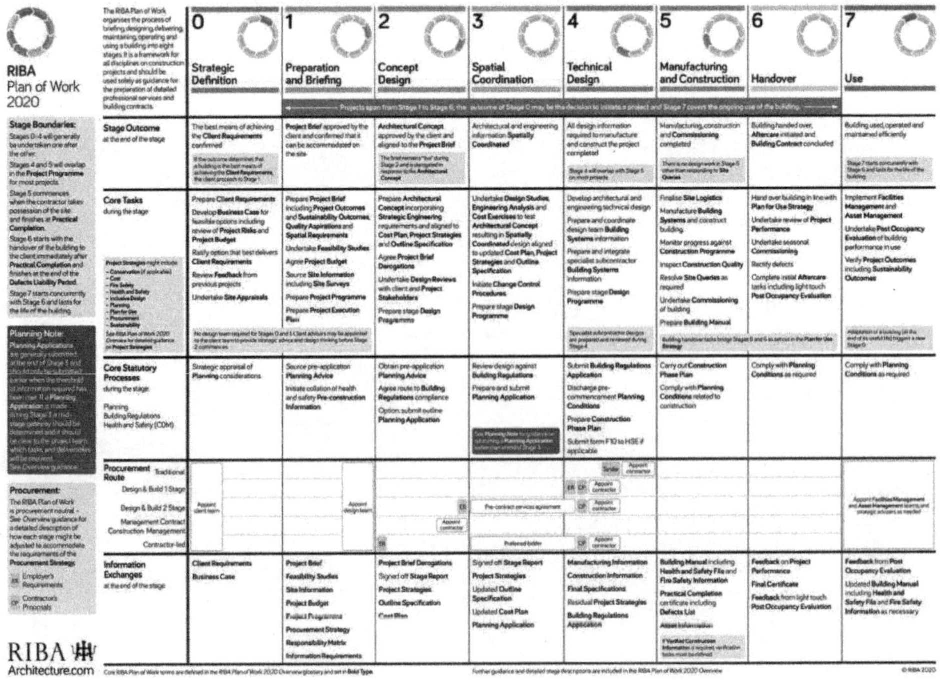

RIBA Plan of Work 2020

The RIBA Plan of Work organises the process of briefing, designing, delivering, maintaining, operating and using a building into eight stages. It is a framework for all disciplines on construction projects and should be used solely as guidance for the preparation of detailed professional services and building contracts.

Stage Boundaries:
Stages 0-4 will generally be undertaken one after the other.
Stages 4 and 5 will overlap in the **Project Programme** for most projects.
Stage 5 commences when the contractor takes possession of the site and finishes at **Practical Completion**.
Stage 6 starts with the handover of the building to the client immediately after **Practical Completion** and finishes at the end of the **Defects Liability Period**.
Stage 7 starts concurrently with Stage 6 and lasts for the life of the building.

Planning Note:
Planning Applications are generally submitted at the end of Stage 3 [illegible] **Planning Application** [illegible] See Overview guidance.

Procurement:
The RIBA Plan of Work is procurement neutral – See Overview guidance for a detailed description of how each stage might be adjusted to accommodate the requirements of the **Procurement Strategy**.
ER Employer's Requirements
CP Contractor's Proposals

Projects span from Stage 1 to Stage 6; the outcome of Stage 0 may be the decision to initiate a project and Stage 7 covers the ongoing use of the building.

	0 Strategic Definition	1 Preparation and Briefing	2 Concept Design	3 Spatial Coordination	4 Technical Design	5 Manufacturing and Construction	6 Handover	7 Use
Stage Outcome at the end of the stage	The best means of achieving the **Client Requirements** confirmed If the outcome determines that a building is the best means of achieving the **Client Requirements**, the client proceeds to Stage 1	**Project Brief** approved by the client and confirmed that it can be accommodated on the site	**Architectural Concept** approved by the client and aligned to the **Project Brief** The brief remains "live" during Stage 2 and is derogated in response to the **Architectural Concept**	Architectural and engineering information **Spatially Coordinated**	All design information required to manufacture and construct the project completed Stage 4 will overlap with Stage 5 on most projects	Manufacturing, construction and **Commissioning** completed There is no design work in Stage 5 other than responding to **Site Queries**	Building handed over, **Aftercare** initiated and **Building Contract** concluded	Building used, operated and maintained efficiently Stage 7 starts concurrently with Stage 6 and lasts for the life of the building
Core Tasks during the stage **Project Strategies** might include: – **Conservation** (if applicable) – **Cost** – **Fire Safety** – **Health and Safety** – **Inclusive Design** – **Planning** – **Plan for Use** – **Procurement** – **Sustainability** See RIBA Plan of Work 2020 Overview for detailed guidance on Project Strategies	Prepare **Client Requirements** Develop **Business Case** for feasible options including review of **Project Risks** and **Project Budget** Ratify option that best delivers **Client Requirements** Review **Feedback** from previous projects Undertake **Site Appraisals** No design team required for Stages 0 and 1. Client advisers may be appointed to the client team to provide strategic advice and design thinking before Stage 2 commences.	Prepare **Project Brief** including **Project Outcomes** and **Sustainability Outcomes**, **Quality Aspirations** and **Spatial Requirements** Undertake **Feasibility Studies** Agree **Project Budget** Source **Site Information** including **Site Surveys** Prepare **Project Programme** Prepare **Project Execution Plan**	Prepare **Architectural Concept** incorporating **Strategic Engineering** requirements and aligned to **Cost Plan**, **Project Strategies** and **Outline Specification** Agree **Project Brief Derogations** Undertake **Design Reviews** with client and **Project Stakeholders** Prepare stage **Design Programme**	Undertake **Design Studies**, **Engineering Analysis** and **Cost Exercises** to test **Architectural Concept** resulting in **Spatially Coordinated** design aligned to updated **Cost Plan**, **Project Strategies** and **Outline Specification** Initiate **Change Control Procedures** Prepare stage **Design Programme**	Develop architectural and engineering technical design Prepare and coordinate design team **Building Systems** information Prepare and integrate specialist subcontractor **Building Systems** information Prepare stage **Design Programme** Specialist subcontractor designs are prepared and reviewed during Stage 4	Finalise **Site Logistics** Manufacture **Building Systems** and construct building Monitor progress against **Construction Programme** Inspect **Construction Quality** Resolve **Site Queries** as required Undertake **Commissioning** of building Prepare **Building Manual** Building handover tasks bridge Stages 5 and 6 as set out in the **Plan for Use Strategy**	Hand over building in line with **Plan for Use Strategy** Undertake review of **Project Performance** Undertake seasonal **Commissioning** Rectify defects Complete initial **Aftercare** tasks including light touch **Post Occupancy Evaluation**	Implement **Facilities Management** and **Asset Management** Undertake **Post Occupancy Evaluation** of building performance in use Verify **Project Outcomes** including **Sustainability Outcomes** Adaptation of a building (at the end of its useful life) triggers a new Stage 0
Core Statutory Processes during the stage: Planning Building Regulations Health and Safety (CDM)	Strategic appraisal of **Planning** considerations	Source pre-application **Planning Advice** Initiate collation of health and safety **Pre-construction Information**	Obtain pre-application **Planning Advice** Agree route to **Building Regulations** compliance Option: submit outline **Planning Application**	Review design against **Building Regulations** Prepare and submit **Planning Application** See Planning Note for guidance on submitting a Planning Application earlier than at end of Stage 3	Submit **Building Regulations Application** Discharge pre-commencement **Planning Conditions** Prepare **Construction Phase Plan** Submit form F10 to HSE if applicable	Carry out **Construction Phase Plan** Comply with **Planning Conditions** related to construction	Comply with **Planning Conditions** as required	Comply with **Planning Conditions** as required
Procurement Route Traditional Design & Build 1 Stage Design & Build 2 Stage Management Contract Construction Management Contractor-led	Appoint client team	Appoint design team	ER Appoint contractor ER	ER Pre-contract services agreement Preferred bidder	Tender, Appoint contractor ER CP Appoint contractor CP Appoint contractor CP Appoint contractor			Appoint Facilities Management and Asset Management teams, and strategic advisers as needed
Information Exchanges at the end of the stage	**Client Requirements** **Business Case**	**Project Brief** **Feasibility Studies** **Site Information** **Project Budget** **Project Programme** **Procurement Strategy** **Responsibility Matrix** **Information Requirements**	**Project Brief Derogations** Signed off **Stage Report** **Project Strategies** **Outline Specification** **Cost Plan**	Signed off **Stage Report** **Project Strategies** Updated **Outline Specification** Updated **Cost Plan** **Planning Application**	**Manufacturing Information** **Construction Information** **Final Specifications** Residual **Project Strategies** **Building Regulations Application**	**Building Manual** including **Health and Safety File** and **Fire Safety Information** **Practical Completion** certificate including **Defects List** **Asset Information** If **Verified Construction Information** is required, verification tasks must be defined	**Feedback** on **Project Performance** **Final Certificate** **Feedback** from light touch **Post Occupancy Evaluation**	**Feedback** from **Post Occupancy Evaluation** Updated **Building Manual** including **Health and Safety File** and **Fire Safety Information** as necessary

Core RIBA Plan of Work terms are defined in the RIBA Plan of Work 2020 Overview glossary and set in **Bold Type**.

Further guidance and detailed stage descriptions are included in the RIBA Plan of Work 2020 Overview

RIBA Architecture.com

© RIBA 2020

RIBA工作计划将简报、设计、建造和运营建筑项目的过程分为8个阶段，阐述了各个阶段的成果、主要任务和各阶段所需的信息交流，目的是为项目团队提供一个路径图，以推进每个阶段的连续性，为建设项目的客户提供重要指导。某些情况下项目不会完全依照标准流程推进，而且不同阶段可能有重叠。

续表

阶段 0 到阶段 3 可合为一个阶段，一般情况下，阶段 0 到阶段 4 是按顺序进行的，阶段 4 和阶段 5 在大部分项目会重叠性进行。阶段 5 承包商开始在现场进行施工作业，直至竣工结束。对于规划许可报建通常在阶段 3 正式申报进行。竣工后进入阶段 6 和阶段 7，阶段 6 所需时间为 6～12 个月，阶段 7 持续到建筑全生命周期结束
阶段 0 战略定义 在阶段 0 确定设计方式、理念，符合客户需求，在项目开始时并不需要立即进行设计或者关注一些项目实施上的细节，而是从商业项目的角度衡量并分析注意点。例如项目风险、项目预算或者场地调研等，均可以帮助客户进行决策并确定客户要求。听取客户意见的同时，也应顾及利益关系人的想法
阶段 1 准备和简报 在进行项目前期准备之后，该阶段主要关注项目概述。 利用在阶段 0 中确认的客户要求撰写项目概述并且得到客户的签字确认。包含数个部分，如项目成果、可持续成果和品质诉求等。项目概述会影响采购策略和项目程序。同时，应在阶段 1 时确认各种信息的要求，以及各个部门的责任划分等。项目执行计划和数字执行计划需要在本阶段确立。关于场地的详细信息也应当在本阶段准备完全，包括用地勘察调研、以前项目的参考、意向图片、法律程序、规划要求的考虑
阶段 2 概念设计 本阶段的目的是在项目概述的指导下提供一个与其相符的建筑概念，给客户提供一套建筑初步设计，并且由客户判断是否通过。在问题协商、设计审核、客户反馈之后进行修改，排除风险，以容纳设计团队和专业顾问的意见，对项目策略以及阶段报告中记录的所有内容进行协调。成本计划提案和设计应与项目预算保持一致，符合下一阶段的需求，确保遵守建筑规范
阶段 3 空间协调 该阶段的主要成果是在空间上协调建筑和工程信息。建筑及各专业的条件交圈落图，阶段 3 中建筑概念应基本保持不变，如果需要变更应通过变更控制程序。规范审图，在本阶段每个设计人员都可以在阶段末敲定设计，在客户签署阶段报告后提交规划申请。如果要在阶段 3 的末尾考虑规划申请，应设置一个阶段目标，完成项目所需的详细成果。因为设计一旦获得规划同意，就可以进行开发了
阶段 4 技术型设计 本阶段主要完成建造项目所需的系统信息。该阶段核心文件是责任矩阵信息要求和设计计划。设计团队将为每个建筑系统提供规范性信息。规范性信息用于建筑施工，协调分包商进场服务（这在很大程度上受到采购策略的影响）。制定分阶段进场计划，提供建筑规范的申请，准备分阶段施工计划
阶段 5 制造、建造和调试完成 本阶段包括根据建筑合同配合建筑系统进行建筑程序的建造。应该明确指出谁负责现场服务。以颁发实用竣工证书作为结尾，该证书允许将建筑物移交。移交准备工作包括编制建筑手册和完成核实的建筑信息，以及可能提供的资产信息。阶段 4 和阶段 5 的重叠程度根据采购策略和项目计划确定
阶段 6 移交开发商 移交建筑物后，施工团队应尽快修正所有残留缺陷。通常在竣工后签发最终证书，以结束设计和施工团队的合同。在建筑物移交后开始，以确保建筑物的移交尽可能高效
阶段 7 用户的使用 有效使用，操作和维护建筑物。优化建筑物的运行和维护，并将预测性能与实际性能进行比较

1.2　BS 9999 在设计过程中的应用示例

中英防火设计介入的阶段相差不是很大，中国一般在初步设计阶段，对应英国的概念性设计阶段。

BS 9999 在典型设计过程中的应用示例

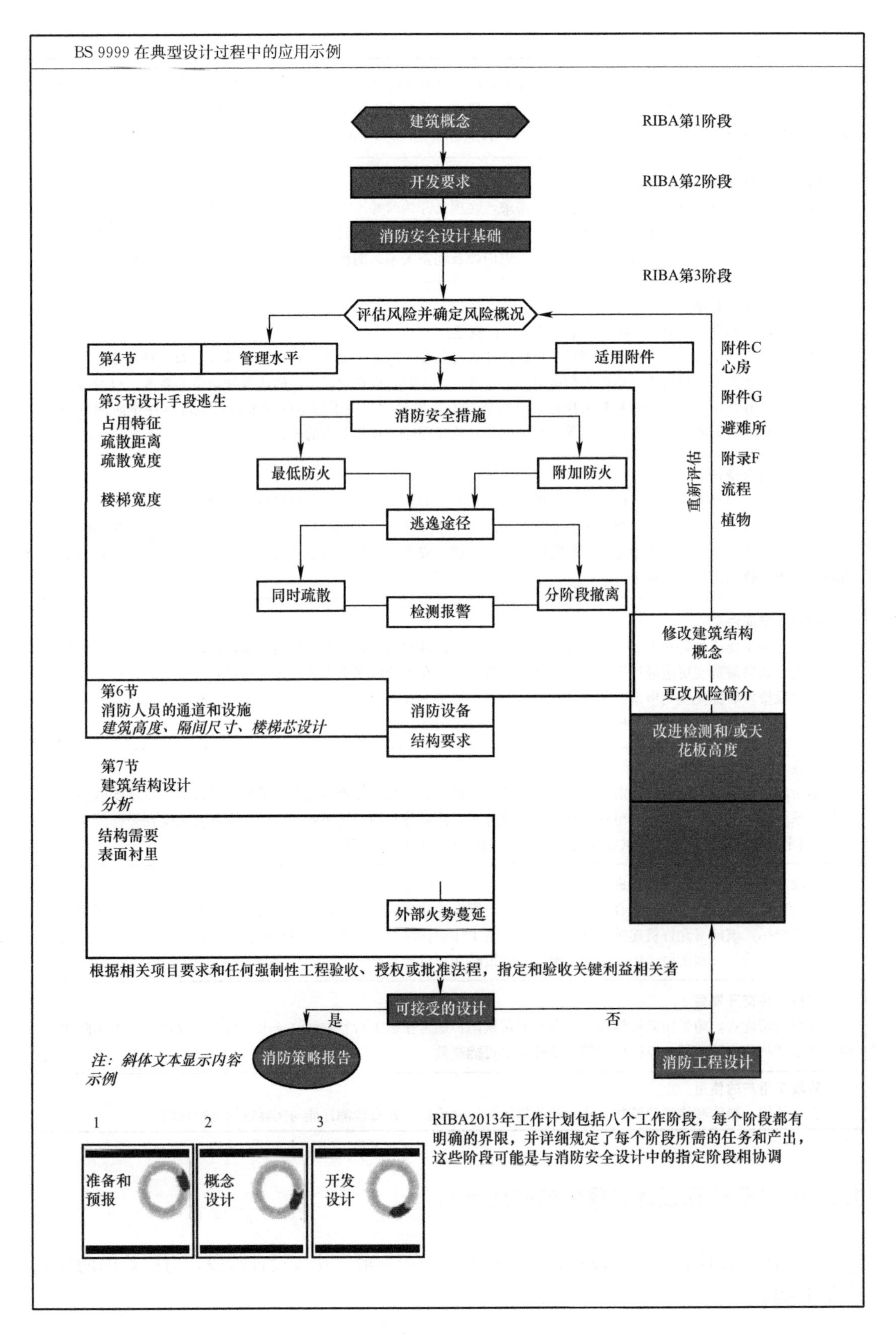

续表

虽然根据需要有些项目会使用其他项目框架（流程），RIBA工作计划（针对英国建筑项目）在许多情况下没有被使用，但它被广泛应用，并被包括在内，用以说明与消防相关的设计活动如何与土木、建筑和建筑服务设计进行最有用和最有效的协调。 这是一个典型的建筑设计管理过程的案例——图表中的活动将因项目而异，并不推断遵守这一英国标准就需要采用RIBA工作计划，也不意味着所描述的阶段将被严格应用。其目的是使其中的原则能够适用于建筑物的特定设计管理框架。 虽然消防安全设计的主要组成部分可以在图表所示的阶段内建立，但谨慎的做法是，在这些活动之外，保留任何负责制定消防策略的专业消防工程设计师的服务。他们在后续工作阶段中的支持和建议，直到完成和移交，可以大大有助于安全、成功和及时地交付项目

1.3 英国BS 9999风险评估和风险简介

1.3.1 英国BS 9999风险评估

英国防火工程需先进行评估，以确定风险概况，应为建筑物的每个部分（包括附属设施）分配一份单独的风险简介。在多种用途的建筑物中，应为不同的占用类型分配一份适当的风险简介。风险简介应反映建筑物的占用特性和火灾增长率，并应表示为结合这两个要素（创建风险简介）的值。根据风险简介确定风险概述。

1.3.2 BS 9999风险简介

风险简介

占用特性	火灾增长率	风险简介
A （清醒且熟悉该建筑的居住者）	1 慢	A1
	2 中	A2
	3 快	A3
	4 超快	A4 A)
B （清醒且不熟悉该建筑的居住者）	1 慢	B1
	2 中	B2
	3 快	B3
	4 超快	B4 A)
C （可能处于睡眠状态的居住者）	1 慢	C1 B)
	2 中	C2 B)
	3 快	C3 B),C)
	4 超快	C4 A),B)

A）这些类别在BS 9999的范围内是不可接受的，增加有效的局部抑制系统或喷头将降低火灾增长速度，从而改变类别。

B）风险简介C有若干子类别。

C）风险简介C3在许多情况下是不可接受的，除非采取特别预防措施

如果多个风险简介适用于一栋建筑物或单层，则应评估每种占用类型对相应适用的规定防火措施和限额的依赖程度。如果两个不同的风险简介依赖于一个共同的衡量标准（如耐火性），则应给出最保守限度的风险简介来确定最低要求。

注：1. 如果不依赖于一个共同的衡量标准，给出最保守限度的风险简介不一定必须在整个建筑物中应用。

2. 由于风险简介评估是在个案基础上进行的，因此可能存在例如A1或A3办事处或B2商店。然而，火势迅速增长的可能性被认为是不可接受的（即A4、B4和C4），除非增加有效的局部抑制系统或喷头，在这种情况下，风险简介分别变为A3、B3和C3。如果使用喷头改变风险状况，则只有按照《固定消防系统、自动喷水灭火系统设计、安装与维护》BS EN 12845—2015（新系统）或《场所内灭火装置和设备 自动喷水灭火系统规范》BS 5306—2—1990（现有系统）安装的喷头才能用于调整耐火期。

2　中英防火规范适用范围

中国防火规范适用的建筑类型多，英国 BS 9999 涵盖的内容主要为非住宅类。如果一个处所完全是住宅，并且在《住宅建筑设计、管理和使用中的消防安全　业务守则》BS 9991—2015（以下简称 BS 9991）的范围内，那么它的设计应该是以该标准为基础。如果建筑物是混合用途，部分是住宅用途，则在切实可行的情况下，该建筑物的设计应使住宅用途与非住宅用途从消防安全的观点出发，彼此分开和独立。如果能够实现这一点，则 BS 9991 和 BS 9999 可以独立地应用于其各自范围内的建筑物部分。在不可行的情况下，BS 9999 应用于住宅和非住宅共用的建筑物的任何部分。由于这个原因，BS 9999 包含一些与住宅用途有关的建议，尽管其范围主要是非住宅用途。

如果非住宅部分的消防安全取决于住宅部分的性能（反之亦然），则应执行两个标准中最严格的建议。所处住宅部分的逃生策略不应基于其与建筑物的非住宅部分。

3　防火规范内容对比

3.1　民用建筑的建筑分类

本节主要为中英民用建筑的分类依据、建筑高度划分的对比。

<table>
<tr><td colspan="4">对比内容：分类依据、建筑高度</td></tr>
<tr><td>中国</td><td colspan="3">英国</td></tr>
<tr><td>民用建筑的分类</td><td colspan="3">占用特性表</td></tr>
<tr><td rowspan="12">民用建筑根据其建筑高度和层数，可分为单、多层民用建筑和高层民用建筑。高层民用建筑根据其建筑高度、使用功能和楼层的建筑面积，可分为一类和二类</td><td colspan="3">占用特性主要是根据占用者是否熟悉建筑物以及他们是否可能醒着或睡着来确定的</td></tr>
<tr><td>占用特性</td><td>说明</td><td>示例</td></tr>
<tr><td>A</td><td>清醒熟悉的居住者和大楼在一起</td><td>办公及工业处所</td></tr>
<tr><td>B</td><td>醒着的居住者不熟悉这栋楼</td><td>商店、展览、博物馆、休闲中心，其他集会建筑等</td></tr>
<tr><td>C</td><td>可能处于睡眠状态的乘员：</td><td></td></tr>
<tr><td>Ci[A)]</td><td>长期个人入住</td><td>没有 24h 现场维修和管理控制的个别单位</td></tr>
<tr><td>Cii[A)]</td><td>长期管理占用</td><td>提供服务的公寓、宿舍、寄宿学校的睡眠区</td></tr>
<tr><td>Ciii</td><td>短期入住</td><td>酒店</td></tr>
<tr><td>D[B)]</td><td>接受医疗护理的乘员</td><td>医院、寄宿护理设施</td></tr>
<tr><td colspan="3">A）为了完整起见，在本表中包括占用特性 Ci 和 Cii，但在 BS 9991 中有更深入的介绍。
B）目前占用特性 D（医疗保健）在其他文件中处理，不在 BS 9999 的范围内</td></tr>
<tr><td colspan="3">火灾增长率表（英国）</td></tr>
<tr><td colspan="3">按建筑的风险等级（由占用特性和火灾增长率决定），分为 A1～A4；B1～B4；C1～C4。制定建筑的风险等级，以便确定适当的逃生手段和对建筑物进行适当的设计</td></tr>
</table>

续表

分类	火增长率[A]（kJ/s^3）	火生长参数[B]（kJ/s^3）	说明	典型实例[C]
1	慢速	0.003	均匀分布的低水平火灾负荷，燃烧性有限的燃料或材料的小包	接待处、大堂（无特许权出口）和消防负荷有限的大厅，如运动场和门厅
2	中等	0.012	均匀分布的低至中等火灾负荷，由可燃材料混合而成	办公室、休息室、教室、礼堂、座位区、画廊和停车场[E]
3	快速	0.047	堆放的可燃物（在或不在货架上，但不包括高货架储存物），除可燃性有限的材料[D] 以外的一些少量材料（或较大量的材料储存在单独的耐火外壳内），加工、制造或储存可燃物	商店销售区[F]、车间、工厂和小型仓库
4[G]	超快	0.188	中等至大量的材料，但可燃性有限的材料[D]、高度储存、易燃液体和气体或火势迅速而不受控制的材料除外	仓库[H]、加工厂和停车场[E] 在堆放的汽车之间没有防火分隔的情况下使用汽车堆放器或类似方法

A）这些类别与火灾增长速度有关，而与最终潜在火灾规模无关。
B）在 PD 7974-1 中对此进行了讨论。
C）这些只是示例，可以根据建筑物/房间内容的具体情况而变化。
D）有限可燃性在 3.77 中定义，并包括为此目的材料在 3.85 中同样被定义为不可燃性的。
E）包括露天及非露天停车场。
F）包括所涵盖的购物中心和百货公司，以及商业街商店和私人服务场所，运送和收集物品，以便由工作人员或公众自行进行清洁、修理、处理。物品的可燃性、数量和展示方式应考虑在内，风险类别也应相应修订。
G）除非安装了洒水系统，否则此类别是不可接受的。
H）这是最坏情况的假设。应考虑货物的可燃性、数量和存储方式（包括包装），并相应修改风险类别

中国防火规范建筑高度划分：	英国防火规范建筑高度划分：
分类按表 5.1.1 的规定； 超高层＞100m	单层、多层≤18m； 高层＞18m； 超高层＞50m

备注：匈牙利《防火技术指南》TvMI2.3：2020.01.22 暂未找到单、多层民用建筑和高层民用建筑的分类

中英差异化对比分析结论及心得：

英国防火规范要求每栋建筑物应制定风险等级（由占用特性和火灾增长率决定）的风险划项；火灾特点（由火灾增长率决定）的风险划项。制定风险等级有一定的宽松性。因为英国规范的特点是比较宽泛的、大框架性的指导文件。风险划项举例：大学教学楼选择划定为B（醒着的居住者不熟悉这栋楼），然后根据此制定风险等级、火灾增长率，编制项目的防火专题报告，提交给建筑师整合各专业报告。英国有专业的防火工程师，这与中国不同。

建筑高度计算的区别：

中国建筑高度计算：（1）建筑屋面为坡屋面时，建筑高度为建筑室外设计地面至其檐

口与屋脊的平均高度；（2）建筑屋面为平屋面（包括有女儿墙的），建筑高度为建筑室外设计地面至其屋面面层的高度；（3）同一座建筑有多种形式的屋面时，建筑高度按上述方法分别计算后，取其中最大值。

英国建筑高度是指最高楼层（不包括完全由厂房组成的任何该等楼层）的楼层最高点的表面至消防及救援服务通道水平的距离，是在该距离最大的建筑屋面的中心量度。楼层最高点的表面是指最上一层楼板面（人员日常使用的最上一层楼板）。这与中国的建筑高度计算差异较大。

3.2 建筑的耐火等级

本节主要为中英民用建筑耐火等级的对比。

对比内容：耐火等级

中国

1. 民用建筑的耐火等级可分为一、二、三、四级，不同耐火等级建筑相应构件的燃烧性能和耐火极限不应低于以下规定。

构件名称		耐火等级			
		一级	二级	三级	四级
墙	楼梯间和前室的墙电梯井的墙 住宅建筑单元之间的墙和分户墙	不燃性 2.00	不燃性 2.00	不燃性 1.50	难燃性 0.50
	疏散走道两侧的隔墙	不燃性 1.00	不燃性 1.00	不燃性 0.50	难燃性 0.25
	房间隔墙	不燃性 0.75	不燃性 0.50	不燃性 0.50	难燃性 0.25
柱		不燃性 3.00	不燃性 2.50	不燃性 2.00	难燃性 0.50
梁		不燃性 2.00	不燃性 1.50	不燃性 1.00	难燃性 0.50
楼板		不燃性 1.50	不燃性 1.00	不燃性 0.50	可燃性
屋顶承重构件		不燃性 1.50	不燃性 1.00	可燃性 0.50	可燃性
疏散楼梯		不燃性 1.50	不燃性 1.00	不燃性 0.50	可燃性
吊顶（包括吊顶搁栅）		不燃性 0.25	难燃性 0.25	难燃性 0.15	可燃性

注：1. 除本规范另有规定外，以木柱承重且墙体采用不燃材料的建筑，其耐火等级应按四级确定。
2. 住宅建筑构件的耐火极限和燃烧性能可按现行国家标准《住宅建筑规范》GB 50368 的规定执行。

2. 民用建筑的耐火等级应根据其建筑高度、使用功能、重要性和火灾扑救难度等确定：
（1）地下或半地下建筑（室）和一类高层建筑的耐火等级不应低于一级。
（2）单、多层重要公共建筑和二类高层建筑的耐火等级不应低于二级。
3. 建筑中的非承重外墙、房间隔墙和屋面板，当确需采用金属夹芯板材时，其芯材应为不燃材料，且耐火极限应符合本规范有关规定

英国

结构要素：
（1）结构承重构件。
大多数结构的承重元件应能承受适当程度的火灾影响而不损失承重能力（见注 1.）。
注 1. 为生命安全起见可能不需要耐火的结构元件包括：
1）屋顶结构和仅支撑屋顶的结构，除非建筑物的稳定性取决于此，或除非屋顶用作地板，例如屋顶停车场或屋顶用作逃生通道。
2）单层建筑物中的结构，除非它支持隔间墙。
3）距离有关界线超过 1m，但只传递自重及风荷载的外墙（但为生命安全起见，外墙任何部分如属保护区，以避免火势在建筑物之间蔓延，则需有耐火能力）。
4）开放式停车场中的建筑物，仅需标称耐火性，因为低火负荷和通风会限制任何火灾的温度；外部结构构件距立面至少 1m（此位置不在本标准范围内；有关指导，请参阅《基本设计方法实验》BS EN 1991—1—2 和《钢结构设计》BS EN 1993—1—2）。
同时考虑以下因素。
1）适当的程度取决于风险概况、疏散占用者所需的时间、需要的保护水平消防人员，以及结构破坏可能对建筑物周围地区造成的威胁。
2）适当的程度也是结构设计所承受火灾严重程度的反映。火灾的严重程度取决于建筑物内的火灾负荷、建筑物结构和通风条件。可通过自动喷水灭火系统或其他抑制系统的干预进行修改（见 BS 9999—2017 第 38 条）。
（2）结构的非承重元件；
如 BS 9999—2017 表 22 所示

中英差异化对比分析结论及心得：

中国防火规范，建筑有四个等级的耐火性，不同耐火等级建筑有相应构件的燃烧性能和耐火极限要求。建筑构件是按建筑部位来规定相应的燃烧性能和耐火极限，没有区分承重构件和非承重构件，且相应要求没有因为建筑部位有无通风条件、有无自动喷水灭火系统等情况而不同。一般情况下，在设计案例中建筑相应构件的燃烧性能和耐火极限的相关要求容易满足。

英国防火规范对建筑没有划分耐火等级，建筑构件有承重构件和非承重构件的耐火性要求的区分。但并不是所有建筑构件都有耐火性要求，上述注 1. 中对可能不需要耐火的结构元件进行了说明。同时承重构件耐火性根据建筑物结构和通风条件，可通过设置自动喷水灭火系统等对耐火性要求进行调整。英国非承重构件中防火吊顶耐火极限的要求要高于中国，见 BS 9999—2017 表 26。英国对防火玻璃、玻璃窗、上釉件（玻璃质薄层）的耐火建议和要求，详见 BS 9999—2017 第 30.3 条。

在设计过程中使用 BS 9999—2017 查询耐火性要求的操作如下：首先应从表 22 中确定耐火性（承重能力、完整性和绝缘性）；耐火期则应由表 22（如有具体建议）或表 23 或表 24 确定，取决于是否考虑通风条件。表 23 给出了基于燃料负荷密度和假设不通风火灾的建筑物的结构元件和其他部分的耐火性建议。表 24 给出了基于表 25 中给出的通风条件的结构元件耐火性建议。只有在满足表 25 所给出的通风条件的情况下，才应使用表 24；如果不能满足这些条件，则应使用表 23。

例 1：占用特性为 A 的办公室，其通风面积占楼面面积的 5%，通风开口高度 B 占楼层高度（从地板到顶棚）的 30%～90%，这个办公室的风险简介是 A1，最上一层使用楼层不超过 5m，这个办公室的结构框架、梁或柱最小耐火周期为 15min；最上一层使用楼层不超过 30m，这个办公室的结构框架、梁或柱最小耐火周期为 60min。这个办公室的风险简介是 A3，最上一层使用楼层超过 60m，这个办公室的结构框架、梁或柱最小耐火周期为 300min。

例 2：占用特性为 A 的办公室，风险简介是 A1，无通风相关条件，地下室的耐火周期为 60min，地上最上一层使用楼层超过 30m，耐火周期为 120min。

3.3　建筑的防火间距

本节主要为中英民用建筑总平面布置防火间距的对比。

对比内容：防火间距	
中国	英国
民用建筑之间的防火间距不应小于以下规定，与其他建筑的防火间距，除应符合本节规定外，尚应符合本规范其他章的有关规定。	外部火灾蔓延与建筑分离（间隔距离） 以限制火势由起火建筑物蔓延至邻近建筑物的可能性，论述了火灾在建筑物间蔓延的两种基本方法： （1）火焰从一座建筑物直接撞击另一座建筑物。 （2）辐射（可能由燃烧的碎片补充）。 1. 边界 边界的定义：属于建筑物的土地边缘，或道路、铁路、运河的中心。 1.1　相关边界 应将相关边界作为测量分离距离的边界。

续表

中国

建筑类别		高层民用建筑	裙房和其他民用建筑		
		一、二级	一、二级	三级	四级
高层民用建筑	一、二级	13	9	11	14
裙房和其他民用建筑	一、二级	9	6	7	9
	三级	11	7	8	10
	四级	14	9	10	12

注：1. 相邻两座单、多层建筑，当相邻外墙为不燃性墙体且无外露的可燃性屋檐，每面外墙上无防火保护的门、窗、洞口不正对开设且该门、窗、洞口的面积之和不大于外墙面积的5%时，其防火间距可按本文的规定减少25%。

2. 两座建筑相邻较高一面外墙为防火墙，或高出相邻较低一座一、二级耐火等级建筑的屋面15m及以下范围内的外墙为防火墙时，其防火间距不限。

3. 相邻两座高度相同的一、二级耐火等级建筑中相邻任意较低一面外墙为防火墙，屋顶的耐火极限不低于1.00h时，其防火间距不限。

4. 相邻两座建筑中较低一座建筑的耐火等级不低于二级，相邻较低一面外墙为防火墙且屋顶无天窗，屋顶的耐火极限不低于1.00h时，其防火间距不应小于3.5m；对于高层建筑，不应小于4m。

5. 相邻两座建筑中较低一座建筑的耐火等级不低于二级且屋顶无天窗，相邻较高一面外墙高出较低一座建筑的屋面15m及以下范围内的开口部位设置甲级防火门、窗，或设置符合现行国家标准《自动喷水灭火系统设计规范》GB 50084规定的防火分隔水幕或本规范第6.5.3条规定的防火卷帘时，其防火间距不应小于3.5m；对于高层建筑，不应小于4m。

6. 相邻建筑通过连廊、天桥或底部的建筑物等连接时，其间距不应小于本表的规定。

7. 耐火等级低于四级的既有建筑，其耐火等级可按四级确定

英国

有关边界通常应作为场地边界。

如果墙的角度为80°或更小，则应被视为面向边界。

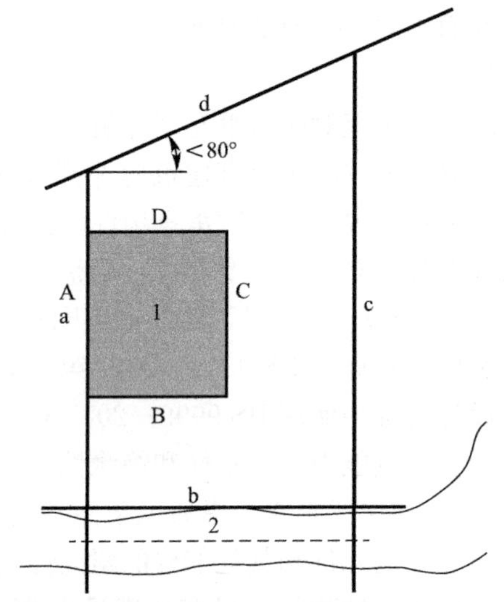

边界A与边a重合，因此与边a相关；
边界b是场地边界；
由于建筑物俯瞰河流、运河、道路或类似的特征，
边界B被视为与边b相关。
边界C和D与边c和d平行或小于80°，因此与边c和d相关。

图例

1. 建筑
2. 相关边界可以是公路、铁路、运河或河流的中心线。

1.2 概念边界

概念边界是假定存在于两个建筑物之间的假想线。

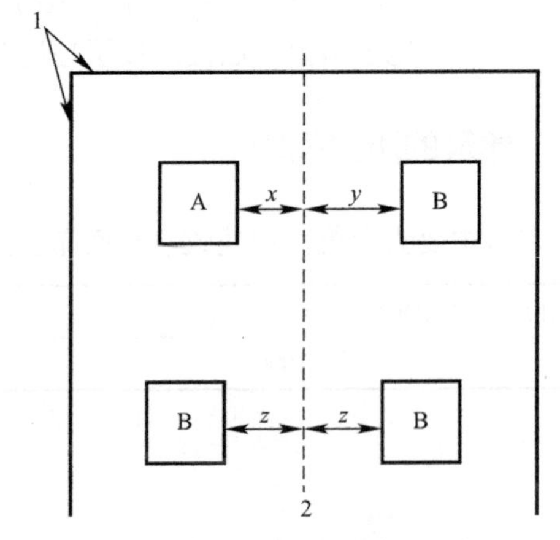

图例

1. 站点边界
2. 概念边界线介于建筑物之间
A. 现有建筑
B. 新的/拟建的建筑
x. 由现有的建筑定位概念边界
y. 根据概念边界定位新建建筑
z. 两个新建建筑之间的概念边界

续表

中国	英国
	当确定需要一个概念边界时，应根据上图确定其位置。 如果两座建筑物均为新建筑物，则应将其中一座指定为现有建筑物，并据此评估概念边界的建议。 注意，在图中假设建筑物A是现有的，建筑物B是新的/拟建的。 1.3 同一场地建筑物间的财产保护 概念边界原则可适用于任何建筑物，以保护财产。 2. 无保护区 2.1 在确定无保护区的范围时，应考虑以下因素，详见BS 9999—2017第35.2.1条。 2.2 檐篷及露天停车场。 可以从墙壁而不是檐篷边缘确定间隔距离，前提是檐篷边缘至少距相关边界2m。露天停车场可被视为具有与洒水建筑物相同的火灾规模（因此辐射强度也相同），前提是它距离相关边界至少1m。 3. 分离度（间隔距离） 3.1 一般（情况） 建筑物应与相关边界相隔至少一半的距离，从外部立面所有未受保护区域接收的总热辐射强度为12.6kW/m^2。 3.2 在有关界线1m范围内的外墙 当外墙与相关边界重合或距离1m以内时，应符合BS 9999—2017第35.3.2条的规定。 3.3 距离有关界线1m或以上的外墙 当距离有关界线1m或以上的外墙时，详见BS 9999—2017第35.3.3条。 3.4 计算方法 可以采用四种方法之一来确定建筑物与相关边界之间的最大允许无保护区数量，详见BS 9999—2017第35.3.4条。 4. 屋顶 限制在边界附近使用不太可能提供足够保护以防止火灾蔓延的屋顶覆盖物。相关建议和要求详见BS 9999—2017第35.4条。 5. 外部火灾蔓延到建筑物的外部表面 外墙的建造应使其不会支持火势以可能威胁建筑物内或周围人员的速度蔓延。 应控制在外墙建筑上或内部蔓延的火焰，以避免造成绕过隔室、地板或墙壁的火势迅速蔓延的路径。 靠近其他建筑物的外墙表面不应轻易着火，以免火势在建筑物之间蔓延。 外墙应满足BR 135（一份关于非承重覆层系统防火性能的规范）中使用《外墙覆盖系统的耐火性能　非承重外墙覆层系统的测试方法》BS 8414—1或《外墙覆盖系统的防火性能　非承重外墙覆层系统的测试方法》BS 8414—2中的满足尺寸试验数据给出的包层系统的性能标准，或满足以下建议。 (1) 墙的外表面应符合下图的规定。

续表

中国	英国
	（2）在地面以上 18m 的建筑物内，外墙建筑所用的任何绝缘产品、填料（不包括垫圈、密封剂及类似物）等，应具有有限的可燃性。 注 2. 此限制不适用于符合图 36 的砌体空腔墙施工。 （3）应按照本规范第 33.1 条提供空腔屏障。 （4）就建筑物的外墙建造而言，如凭借本规范第 33.2 条中的建议，该建筑物的外墙建造不受表 32 的规定所规限，则朝向空腔的表面亦应符合下图的规定。

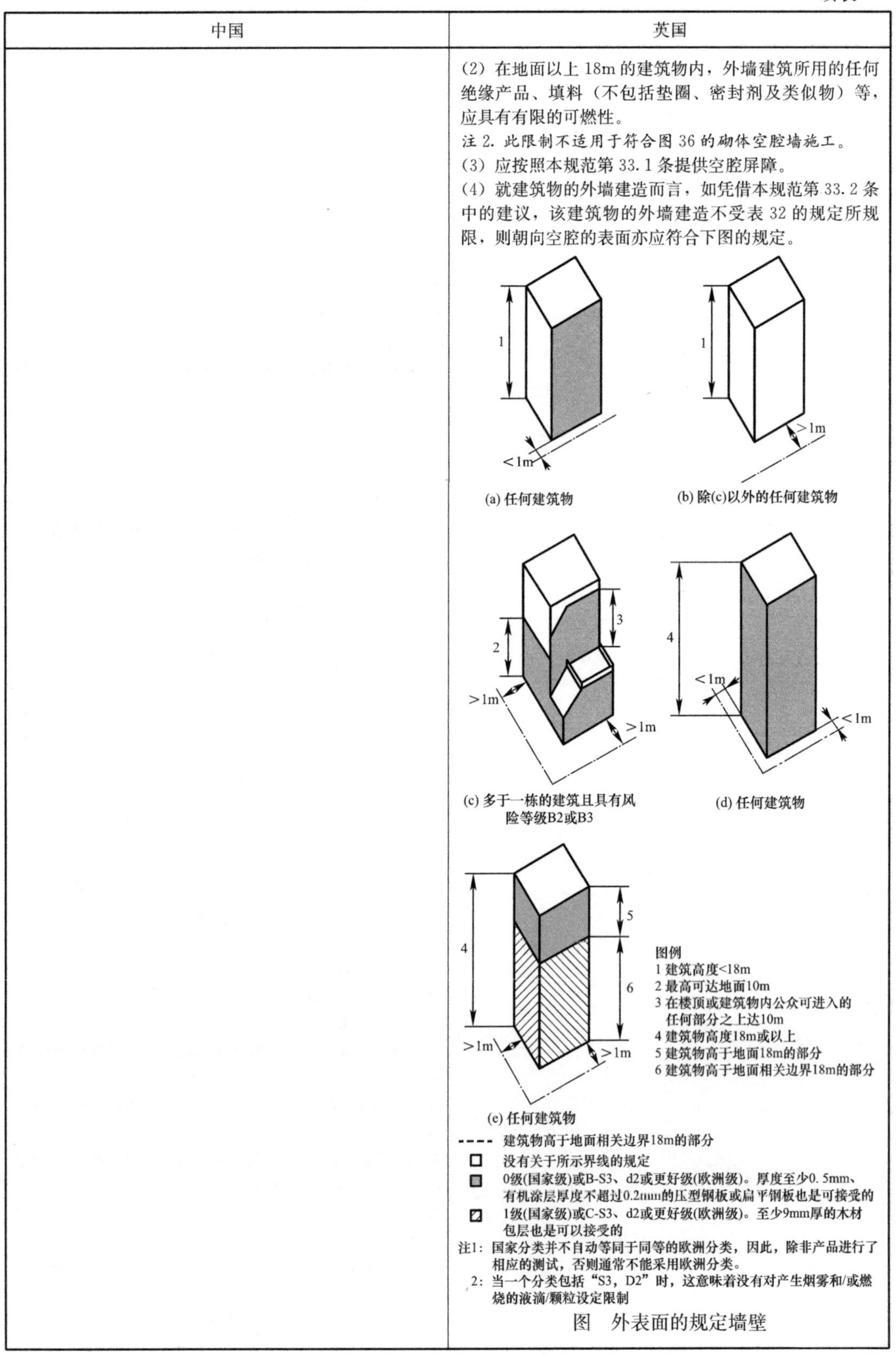

注1：国家分类并不自动等同于同等的欧洲分类，因此，除非产品进行了相应的测试，否则通常不能采用欧洲分类。

2：当一个分类包括“S3，D2”时，这意味着没有对产生烟雾和/或燃烧的液滴/颗粒设定限制

图　外表面的规定墙壁

中英差异化对比分析结论及心得：

中国防火规范，是综合考虑灭火救援需要、防止火势向邻近建筑蔓延以及节约用地等因素，规定了民用建筑之间的防火间距要求。考虑到扑救高层建筑需要使用曲臂车、云梯登高消防车等车辆，为满足消防车辆通行、停靠、操作的需要，结合实践经验，规定一、二级耐火等级高层建筑之间的防火间距不应小于 13m。其他三、四级耐火等级的民用建筑之间的防火间距，因耐火等级低，受热辐射作用易着火而导致火势蔓延，其防火间距在一、二级耐火等级建筑的基础上有所增加。

中国规范的防火间距，建筑与建筑之间无论是场地内还是场地外，建筑防火间距均应满足规定的最小防火间距要求。无须经过方法论证及计算分析得出最小防火间距的要求。

英国规范对防火间距要求需经过方法论证及计算分析得出最小防火间距。

英国规范对于建筑外部火灾蔓延与建筑分离（间隔距离）可采取的措施建议，是以限制火势由起火建筑物蔓延至邻近建筑物的可能性，论述了火灾在建筑物间蔓延的两种基本方法（火焰蔓延、辐射）。对于相关边界 1m 范围内的建筑物（详见 BS 9999—2017 第 35.1.1 条），火焰蔓延是火灾蔓延的主要机制，超过这一距离，火灾蔓延的机制被认为是辐射。

在设计过程中使用 BS 9999—2017，需对英国规范关于边界（相关边界、概念边界）的概念进行理解。相关边界是作为测量分离距离的边界；概念边界是假定存在两个建筑物之间的假想线。在确定新建筑的位置时，应根据现有建筑立面中未受保护面积的多少（详见 BS 9999—2017 第 35.2 条）来设定概念边界的位置。拟建的新建筑应受与这一概念边界有关的非保护区的邻近和范围的限制（详见 BS 9999—2017 第 35.3.4 条）。

如果两座建筑物都是新的，则应假定两座建筑物之间的名义边界存在，并应相应地确定每座建筑物的位置。

建筑物应与相关边界（例如河流、运河、道路等）相隔至少一半的距离；对外墙与相关边界重合或距离 1m 以内时，距离有关界线 1m 或以上的外墙时分别做出相应的要求。BS 9999—2017 第 35.4 条中的建议还涉及屋顶与相关边界之间的间隔距离。间隔距离的计算方法，可以采用四种方法之一来确定建筑物与相关边界之间的最大允许无保护区数量。例如第一种，高度不超过 3 层，而且长度不超过 24m 的小型住宅（占用特性 C）。当每隔间最大总无保护面积为 $5m^2$、$6m^2$、$18m^2$、$30m^2$ 时，立面与相关边界之间的最小距离为 1m、3m、5m。

3.4 建筑的防火分区

本节主要为中英民用建筑防火分区的对比。

对比内容：防火分区	
中国	英国
防火分区的定义：在建筑内部采用防火墙、楼板及其他防火分隔设施分隔而成，能在一定时间内防止火灾向同一建筑的其余部分蔓延的局部空间。	BS 9999 防火分区的定义：封闭空间，该封闭空间可被细分，由具有规定耐火性的构造元件与建筑物内的毗连空间分隔。 1. 内部细分和空间/视觉定位

续表

<table>
<tr><th>中国</th><th>英国</th></tr>
<tr>
<td>
民用建筑不同耐火等级建筑的允许建筑高度或层数、防火分区最大允许建筑面积应符合下列规定。
<table>
<tr><th>名称</th><th>耐火等级</th><th>允许建筑高度或层数</th><th>防火分区的最大允许建筑面积（m²）</th><th>备注</th></tr>
<tr><td>高层民用建筑</td><td>一、二级</td><td>按本规范第5.1.1条确定</td><td>1500</td><td>对于体育馆、剧场的观众厅，防火分区的最大允许建筑面积可适当增加</td></tr>
<tr><td rowspan="3">单、多层民用建筑</td><td>一、二级</td><td>按本规范第5.1.1条确定</td><td>2500</td><td>对于体育馆、剧场的观众厅，防火分区的最大允许建筑面积可适当增加</td></tr>
<tr><td>三级</td><td>5级</td><td>1200</td><td rowspan="2"></td></tr>
<tr><td>四级</td><td>2级</td><td>600</td></tr>
<tr><td>地下或半地下建筑（室）</td><td>一级</td><td>—</td><td>500</td><td>设备用房的防火分区最大允许建筑面积不应大于1000m²</td></tr>
</table>
注：1. 表中规定的防火分区最大允许建筑面积，当建筑内设置自动灭火系统时，可按本表的规定增加1.0倍；局部设置时，防火分区的增加面积可按该局部面积的1.0倍计算。
2. 裙房与高层建筑主体之间设置防火墙时，裙房的防火分区可按单、多层建筑的要求确定。
建筑内设置自动扶梯、敞开楼梯等上、下层相连通的开口时，其防火分区的建筑面积应按上、下层相连通的建筑面积叠加计算；当叠加计算后的建筑面积大于本规范第5.3.1条的规定时，应划分防火分区。
建筑内设置中庭时，其防火分区的建筑面积应按上、下层相连通的建筑面积叠加计算；当叠加计算后的建筑面积大于本规范第5.3.1条的规定时，应符合下列规定：
（1）与周围连通空间应进行防火分隔：采用防火隔墙时，其耐火极限不应低于1.00h；采用防火玻璃墙时，其耐火隔热性和耐火完整性不应低于1.00h，采用耐火完整性不低于1.00h的非隔热性防火玻璃墙时，应设置自动喷水灭火系统进行保护；采用防火卷帘时，其耐火极限不应低于3.00h，并应符合本规范第6.5.3条的规定；与中庭相连通的门、窗，应采用火灾时能自行关闭的甲级防火门、窗。
</td>
<td>
第1条评注：
建筑物内部划分的方式会影响使用者的风险，以及他们在发生火灾时使用计划逃生途径的能力。本条款详述了在设计逃生手段时需要考虑的内部细分的各个方面。
单元规划是将楼层区域的全部或部分进行细分。例如，将其划分为带有通道的独立房间。
蜂窝式规划存在火灾未被发现的风险，除非采取适当的预防措施，否则可能威胁逃生通道。
在开放式楼层规划中，一层几乎整个楼面面积都没有隔板分隔，不过在办公室楼层和商店销售区，可能会有一些屏风或高家具作为展示用途，或为某些地方提供私密性。在开放式楼层的规划中，许多住户很可能在一开始就意识到火灾产生的烟雾，这就提供了早期预警的优势。
1.1 隔间
在进行分区规划时，应考虑以下因素。
（1）建筑物可以通过使用防火建筑的墙壁和/或地板来进行细分，以限制火灾蔓延。这些墙和/或地板可被提供以符合生命安全要求或出于其他原因增加隔间的数量或性能。
（2）建筑物内部划分为防火隔间会影响逃生安排、疏散程序以及楼梯和出口的数量。只有防火舱内的人员和物品，才需被视为最初有受火灾影响的危险。
（3）在一个没有隔间的建筑物中，必须假定建筑物的所有居住者和物品在发生火警时都有危险。同时，更大、更高的空间不会那么快地受到正在发展的火灾产生的烟雾影响。
1.2 开放式空间（垂直）规划
1.2条的评注：
在开放式空间规划中，两层或两层以上的楼层连接在一个无隔间的空间中，这样烟雾和热量就会很容易传遍所有楼层。这种形式（例如）是通过以下一个或多个规划安排而产生的：
（1）错层楼层。
（2）在整个建筑物的高度上呈螺旋状排列的楼层。
（3）可以俯瞰中心井或庭院的阳台或走廊楼层。
（4）穿透两个或两个以上结构楼层的垂直连接。
特别重要的是，需考虑开放式空间规划对开放式高层逃生可能产生的影响，因为火灾可能影响这些楼层。
在一个包含开放空间规划的住所的建筑中：
（1）楼层出口应远离开口连接处，以免逃生通道接近开口处。
（2）从开口到最近楼层出口的最大行程距离不应超过没有开放空间规划的同等建筑物的适当距离。
（3）在A类和B类建筑中，逃生应远离洞口，后续逃生通道不应在洞口4.5m范围内通过。
</td>
</tr>
</table>

续表

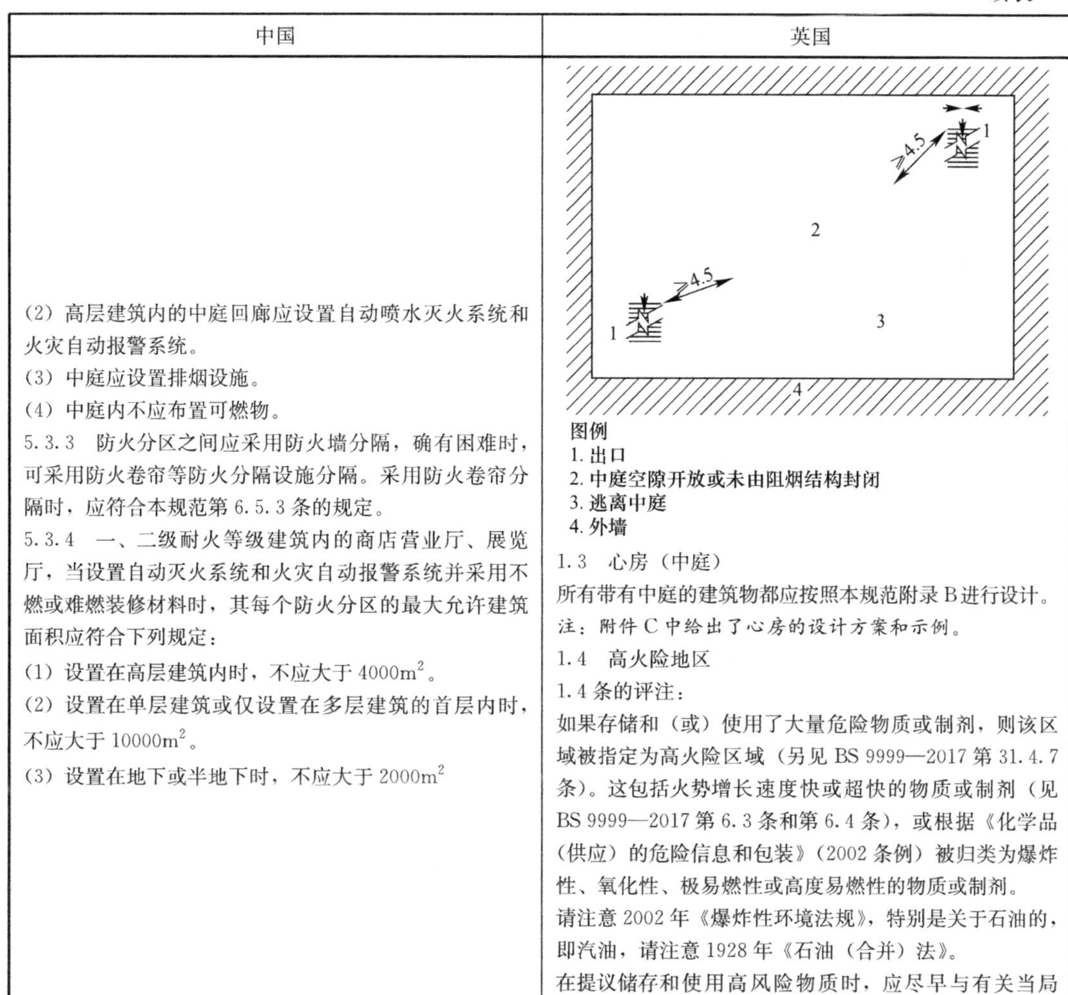

中国	英国
(2) 高层建筑内的中庭回廊应设置自动喷水灭火系统和火灾自动报警系统。 (3) 中庭应设置排烟设施。 (4) 中庭内不应布置可燃物。 5.3.3　防火分区之间应采用防火墙分隔，确有困难时，可采用防火卷帘等防火分隔设施分隔。采用防火卷帘分隔时，应符合本规范第 6.5.3 条的规定。 5.3.4　一、二级耐火等级建筑内的商店营业厅、展览厅，当设置自动灭火系统和火灾自动报警系统并采用不燃或难燃装修材料时，其每个防火分区的最大允许建筑面积应符合下列规定： (1) 设置在高层建筑内时，不应大于 4000m^2。 (2) 设置在单层建筑或仅设置在多层建筑的首层内时，不应大于 10000m^2。 (3) 设置在地下或半地下时，不应大于 2000m^2	**图例** **1. 出口** **2. 中庭空隙开放或未由阻烟结构封闭** **3. 逃离中庭** **4. 外墙** 1.3　心房（中庭） 所有带有中庭的建筑物都应按照本规范附录 B 进行设计。 注：附件 C 中给出了心房的设计方案和示例。 1.4　高火险地区 1.4 条的评注： 如果存储和（或）使用了大量危险物质或制剂，则该区域被指定为高火险区域（另见 BS 9999—2017 第 31.4.7 条）。这包括火势增长速度快或超快的物质或制剂（见 BS 9999—2017 第 6.3 条和第 6.4 条），或根据《化学品（供应）的危险信息和包装》（2002 条例）被归类为爆炸性、氧化性、极易燃性或高度易燃性的物质或制剂。 请注意 2002 年《爆炸性环境法规》，特别是关于石油的，即汽油，请注意 1928 年《石油（合并）法》。 在提议储存和使用高风险物质时，应尽早与有关当局协商

中英差异化对比分析结论及心得：

中英防火规范对防火分区的设计，目的是将火势控制在一定的范围内，防止火势蔓延。

中国防火规范，参照国外有关标准、规范资料，根据我国目前的经济水平以及灭火救援能力和建筑防火实际情况，根据不同耐火等级建筑的允许建筑高度或层数、规定了防火分区的最大允许建筑面积。有关设置自动灭火系统的防火分区建筑面积可以增加的规定，参考了英国、美国等国家的有关规范规定。当建筑内设置自动灭火系统时，可增加 1 倍；局部设置自动灭火系统时，防火分区的增加面积可按该局部面积的 1 倍计算。当体育场、剧场等类型的建筑，其防火分区的建筑面积为满足功能要求而需要扩大时，应按照国家相关规定和程序进行充分论证。对于建筑中庭，在采取能防止火灾和烟气蔓延的措施后，一般将中庭作为一个独立的防火单元。

从英国 BS 9999 对防火分区的定义（封闭空间，该封闭空间可被细分，由具有规定耐火性的构造元件与建筑物内的毗连空间分隔），所有建筑类型隔间面积大小与风险简介有关，如风险类别为 B1 的商场，店铺（隔间）面积大小没有限制；风险类别为 B2 的商场，店铺

（隔间）面积应小于 8000m^2。在进行防火单元规划时：（1）各楼层分隔的情况下，可以将楼层区域的全部或部分进行细分，例如，将其划分为独立房间（防火隔间），直通安全疏散走道。（2）两层或两层以上的楼层连通的（如错层空间）情况下，提出了相应的要求，如楼层出口应远离开口连接处的建筑。（3）对于中庭，BS 9999 附件 B 给出了中庭设计专项建议。

3.5 建筑的安全疏散

本节主要为中英匈民用建筑安全疏散的对比。

3.5.1 安全疏散的一般性要求

对比内容：安全疏散的一般性要求		
中国	英国	匈牙利
一般要求： 1. 根据建筑高度、规模、使用功能和耐火等级等因素合理设置安全疏散和避难设施。安全出口和疏散门的位置、数量、宽度及疏散楼梯间的形式，应满足人员安全疏散的要求。 2. 建筑内的安全出口和疏散门应分散布置，且建筑内每个防火分区或一个防火分区的每个楼层、每个住宅单元、每层相邻两个安全出口以及每个房间相邻两个疏散门最近边缘之间的水平距离不应小于 5m。 3. 建筑的楼梯间宜通至屋面，通向屋面的门或窗应向外开启。 4. 自动扶梯和电梯不应计作安全疏散设施。 5. 除人员密集场所外，建筑面积不大于 500m^2、使用人数不超过 30 人且埋深不大于 10m 的地下或半地下建筑（室），当需要设置 2 个安全出口时，	1. 设计逃生途径原则 （1）逃生方式的原则一：应根据火灾威胁的发展和时间，评估负责管理建筑物的人员的预期反应和随后行动，并据此确定是否提供足够的逃生途径。如图所示显示了火灾威胁的发展与时间之间的关系。 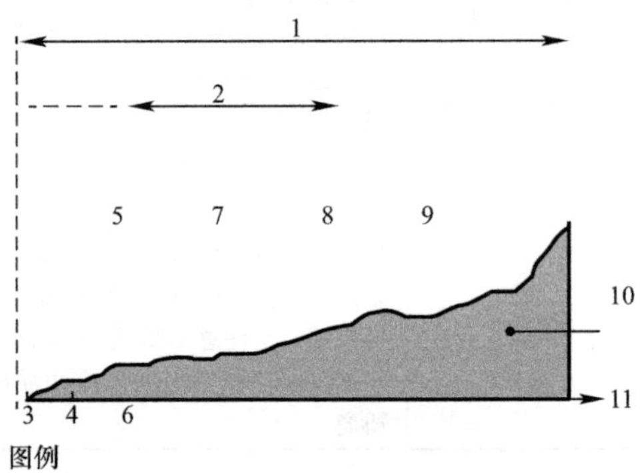 **图例** **1 时间线1(火灾)：火灾、热力和流出物发展** **2 时间线2(占用者)：逃生** **3 点火** **4 检测** **5 居住者要注意火** **6 警报** **7 乘员开始生命安全战略** **8 生命安全策略完成** **9 可维持性限度已达到** **(即危险至生活而且可能性的二级点火)** **10 火生长** （2）逃生方式的原则二：应根据占用特性和与其使用相关的火灾增长率，为每种建筑类型分配风险简介（详见 BS 9999—2019 第 6 条）。逃到相对安全地点的时间应少于允许的旅行时间（见下图），这是根据风险简介确定的。这些因素之间的关系如图所示。这样做的目的是减少穿越建筑物中可能暴露在火灾和烟雾中的区域所需的时间。	匈牙利《防火技术指南》TvMI2. 3：2020. 01. 22（以下简称 TvMI） 1. 介绍 主题是描述符合疏散法律要求的技术解决方案［《消防技术规范》（以下简称 OTSZ）第 3/A. §（3）款］。（3）OTSZ 中指定的安全级别是可以实现的。 2. 概念 应用 TvMI 时，必须以 OTSZ（关于国家消防条例）的概念为基础。本指令的目的是适用以下定义，疏散过程被理解为以下所有阶段： （1）渗透率（s）：单位时间内每单位自由宽度通过的人数，取决于逃生人员的逃生能力和疏散路线路段的自由宽度：$k=N/l_{sz}/t$（人/m/s 或人/m/min）。 （2）平均速度（m/s 或 m/min）取决于逃生能力和疏散路线的空间平面和方向以及给定路段的密度。 （3）移动前时间：在检测到火灾（检测、发现）或警报之后，在检测（警报感知）之前的时间段以及处理警报信息所需的人员响应时间，在实际有针对性的出口进展之前。 （4）疏散时间（行程时间、疏散时间）：从起点到安全空间的实际、有针对性的出口方向移动的时间（在 OTSZ 的建筑物中分为两个阶段）。

续表

中国	英国	匈牙利
其中一个安全出口可利用直通室外的金属竖向梯。 除歌舞娱乐放映游艺场所外，防火分区建筑面积不大于 $200m^2$ 的地下或半地下设备间、防火分区建筑面积不大于 $50m^2$ 且经常停留人数不超过15人的其他地下或半地下建筑（室），可设置1个安全出口或1部疏散楼梯。 除本规范另有规定外，建筑面积不大于 $200m^2$ 的地下或半地下设备间、建筑面积不大于 $50m^2$ 且经常停留人数不超过15人的其他地下或半地下房间，可设置1个疏散门。 6. 直通建筑内附设汽车库的电梯，应在汽车库部分设置电梯候梯厅，并应采用耐火极限不低于2.00h的防火隔墙和乙级防火门与汽车库分隔。 7. 高层建筑直通室外的安全出口上方，应设置挑出宽度不小于1.0m的防护挑檐。 中国防火规范除了一般的共性要求外，对公共建筑和住宅建筑进行区分。	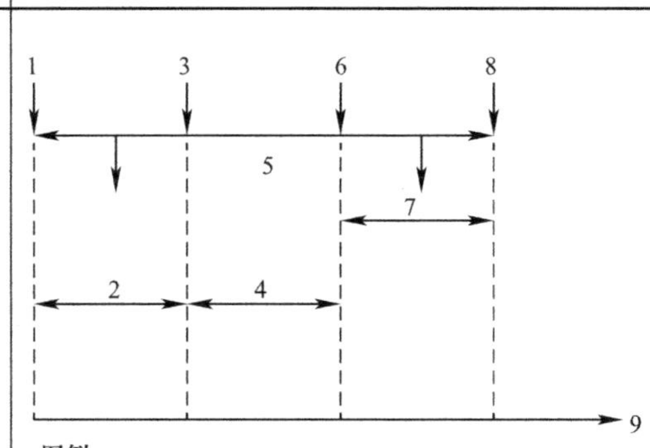 **图例** **1. 点火** **2. 是时候警报** **3. 警报** **4. 运动前时间** **5. 可用安全出口时间(ASET)** **6. 旅行启动** **7. 允许行程时间** **8. 达到的维持极限(即危及生命)** **9. 时间** 注：在许多情况下，逃生的移动可能不是按照设计中预测的最佳行进路线，特别是在居住者不熟悉建筑物的情况下。在门口排队是退出时间的主要控制的情况下，这就不那么重要了。然而，由于没有一个疏散是完美的，人类的行为也可能是不确定的，因此采用相对较慢的行驶速度来提供一定的舒适度，以应对潜在的未知数。 (3) 逃生方式的原则三：紧急情况下，应有足够的逃生能力，使所有乘员能够立即到达相对安全的区域，例如经过保护的通道、单独的防火隔间或通往最终出口的楼梯。 注：最终安全的地方在最终出口之外，但在任何部分发生火警时，立即疏散整个建筑物并非总是切实可行或可取的。在大型处所内，分阶段疏散有时是实际和适当的，对于疏散能力受损的人来说，这也有利于逃生。 (4) 逃生方式的原则四：凡隔间的分隔方式能防止烟雾在火警初期蔓延，或如有适当的烟雾控制系统控制烟雾的移动，则占用人可逃至不受火警影响的防火隔间。不过，他们仍可自由离开大厦而不受火警影响。 2. 在确定逃生手段时应考虑以下因素： (1) 对几次重大致命火灾和疏散的研究表明，在大的内部空间里，人群中的人很难识别来自建筑物其他地方火灾的威胁。 (2) 人们可能低估了火灾蔓延的速度。 (3) 在火灾发生的初期阶段，情况的不确定性通常会因严重延误而加剧，无法及时向居住者发出警告，让他们开始撤离并到达安全地带。	注：根据OTSZ，疏散还包括逃生和救援，但在TvMI对逃生所需时间的解释中，疏散时间仅限于疏散计算可以检查的时间段。 (5) 疏散策略：一套规划和控制要素，连同建筑物的适当几何形状、其结构的防火和耐火性、疏散支持和便利系统以及防火装置和设备，提供合适的路线用于疏散，居民可以进入临时避难所或安全地方，或者在其居住地保持安全，直到该地方的疏散条件出现。 (6) 疏散路线：人在逃生过程中在建筑物的任何部分规划的路线。它包括逃生路线（离开一个房间或一组房间），即疏散第一阶段要经过的路线，以及逃生路线。 (7) 疏散路线长度（S）：根据TvMI中包含的原则测量的逃离人员要经过的路线长度（m）。 (8) 论述在检查建筑物或自由区域的可疏散性期间制定的疏散过程和时间表，在此期间确保不存在影响疏散的某些条件。 (9) 人群密度：在给定房间、房间的一部分或在最不利的时间逃离那里的具体人数，投影到房间的可用作疏散路线的部分地板面积上。 $D=N/A$ 含义： D——人群密度（人/m^2）； N——在最不利的时间内留在场地或逃离场地的人数（人）； A——检查房间的建筑面积（考虑自由宽度）（m^2）。 注：在确定人数时，有必要考虑在疏散期间计算通过给定区域的人数。在考虑的测试室区域中，仅考虑允许疏散运动的无障碍物的房间区域。因此，指定用于存储的区域和设备、机器（如礼堂椅、办公箱等）占用的区域以及1.90m自由高度以下的区域不能计入房间的建筑面积。疏散体育和舞台建筑时，需要将竞技场和舞台理解为独立的区域，计算通过这些区域逃生的人数。

续表

中国	英国	匈牙利
	3. 疏散策略 疏散策略的主要目标是确保在发生火灾时，建筑物的使用者能够到达建筑物外的一个最安全的地方。 疏散程序是整体防火策略的一个重要部分。疏散程序有两个基本类别： 1）通过同时或分阶段的程序将人员全部疏散到最安全的地方（详见总疏散量）。 2）逐步疏散人员，首先疏散到建筑物内相对安全的地方，以便人员可以留在那里，或在必要时作为管理系统的一部分，完成疏散到最终安全的地方（详见逐步疏散）。 （1）一般情况下，疏散战略不应依赖外部援助（例如消防和救援处的援助），在选择时应考虑建筑物的风险状况和允许的疏散时间。 （2）总疏散量 1）同时疏散 同时疏散应该是默认的方法，因为在发生火灾时，期望居住者长时间留在建筑物内是不合理的。 注：这不仅考虑了火灾的物理影响，也考虑了火灾爆发时居住者的心理反应。 同时疏散的逃生楼梯宽度应符合 BS 9999—2017 第 17.4.2 条的规定。 2）分阶段撤离 分阶段疏散是高层楼宇（楼层之间用耐火建筑隔开）或某些中庭楼宇（见 BS 9999—2017 附件 B）采用的普遍方法。在分阶段疏散中，首先被疏散的人员是受火灾影响最直接的楼层上的所有人员，以及疏散能力受损的其他楼层上的人员，除非他们另有决定（见 BS 9999—2017 第 45.7 条）。然后将剩余楼层分阶段疏散，通常一次疏散两层。 这种方法为受保护楼梯占用的规划区域内提供了显著的节约，但要求提供和维持一系列额外的被动和主动防火措施，以及支持性管理安排（见 BS 9999—2017 第 10 条和第 43.5 条）。潜在的反向流动情况也可能是分阶段撤离的一个特殊问题，见 BS 9999—2017 第 14.1c 条。 分阶段疏散的逃生楼梯宽度建议见 BS 9999—2017 第 17.4.3 条。分阶段撤离的建议载于 BS 9999—2017 附件 M。 在任何建筑或建筑的一部分，以分阶段疏散为基础进行设计的，应满足以下条件： ① 在 BS 9999—2017 第 17.2.4 条所述的情况下，楼梯应有一个受保护的大堂或走廊（除仅由厂房组成的顶层外），或一个压差系统。 ② 每一层都应该是隔间层。	（10）逃生：从建筑物、构筑物、特殊构筑物、室外事件从发生紧急情况到安全空间的过程。 （11）所需安全出口时间（所需的安全出口时间，RSET；逃生所需时间，TNE）：人员离开结构的总计算时间，即从火灾发生到到达安全空间的时间，包括检测和报警时间、预疏散时间和疏散时间。它与可以在练习或实际紧急情况期间测量的逃生持续时间不同。 （12）可逃生时间（可用安全逃生时间，ASET；逃生可用时间，TAE）：从发生火灾（着火）到建筑物内的环境条件、露天环境允许安全逃生和救援的总时间。 （13）救援：通过可用的人员和设备，包括旨在提供帮助的消防队的电力和设备，将建筑物中无法独立逃离其居住地的人员转移到临时避难所或安全区。 （14）标称宽度：交通路线的物理边界与门窗商标中使用的标称宽度之间的距离。 （15）火警：火灾发生的警告，可能是个人活动或自动设备产生的信号。 （16）闹铃时间：从发现火灾（探测、发现）到报警的时间。 （17）楼梯：根据 OTEK 的概念，目前楼梯直接连接到建筑物，至少从一侧打开。 （18）自由宽度（l_{sz}）：计算时可以考虑行车路线的宽度和无障碍物的门窗宽度（m）。 （19）行动不便的人无法在楼层之间独立行动：可以与床或轮椅一起移动的人。 （20）障碍疏散路线：旨在让行动不便的人能够独立行动。 3. 一般规定 （1）疏散策略 逃生的主要目的是确保在火灾或其他意外事件（例如炸弹威胁、恐怖分子威胁）期间从建筑物的危险区域进入安全空间和集合点。

续表

中国	英国	匈牙利
	③ 建筑物的楼层高于地面30m，则建筑物应由符合《消防系统标准》BS EN 12845的自动喷水灭火系统全程保护。 ④ 建筑物应安装火灾探测和火灾报警系统，至少符合《建筑物火灾探测和火灾报警系统（第1部分）》BS 5839—1—2013中给出的L3标准，并包含符合《建筑物火灾探测和火灾报警系统（第8部分）》BS 5839—8—2013（见BS 9999—2017第15.3条）的语音报警器。 ⑤ 应根据《建筑物火灾探测和火灾报警系统（第9部分）》BS 5839—9—2011提供应急语音通信系统，在每一楼层设有分站，分站应有与位于建筑物控制室（如果有）或消防和救援服务接入层的其他适当控制点的主站通信。 注1. 这可能与避难所所需的通信系统相联系（见BS 9999—2017附件G）。 注2. 消防和救援服务用通信系统的建议见BS 9999—2017第23条。 ⑥ 升降机应通过受保护的大堂进入。 （3）逐步疏散 逐步疏散分为两类： 1）逐步水平疏散。逐步水平疏散是将人员疏散到同一水平上相邻的防火分区，然后再从防火分区疏散到最安全的地方的过程。 2）分区疏散。分区疏散是大型零售发展所采用的一种常见方法，因为一个较小的火警会导致大型建筑物的疏散，从而造成营运损失。分区疏散是通过将居住者从受影响区域转移到邻近区域来实现的。例如一个购物中心，当受火警影响的地区受到控制时，住户会被移往邻近的烟雾管制区。 如果使用任何一种逐步疏散，则应提供和维持一系列附加的被动和主动消防措施，以及支持性管理安排（见BS 9999—2017第10条和第43.5条）	1）同时全楼疏散 对于最大使用高度为14m或以下的建筑物和单火结构，立即和同时疏散是基本策略。当建筑物中的人员预计不会在受火灾影响的区域内停留尽可能短的时间时，会使用同时全面疏散。在这里，不仅要考虑火灾的身体影响，还要考虑居住者的身体、生理和心理以及社会反应。一般来说，这是最安全的疏散策略。 在这种情况下，疏散路线通常是在第一阶段通过无保护的正常房间，通往受保护楼梯的通道（防止热和烟雾），在第二阶段难民是安全的。他们将建筑物直接留在室外。 2）分阶段疏散（详见TvMI附件A中A5.2）。 3）分区疏散（详见TvMI附件A中A5.2）。 （2）在规划和控制疏散时，建议忽略稀疏的、间歇使用的空间，如电缆桥架、工程空间、处理走道、烟囱清扫、阁楼、屋顶上层建筑、工农业脚手架等）。建议考虑从出口到安全区域的室外区域，可能更高，预计用户会长时间停留（例如功能性屋顶露台、阳台等）。 （3）在存在限制逃生的人员的情况下，宜计算列出的以下情况。 注1. 对于行动不便的人，建议解决《防火技术指南》TvMI附件A和附件B中描述的设计、技术和操作任务，以确保安全撤离。 注2. 在由工作人员向难民提供援助的所有建筑物中，建议对工作人员和机构的常住用户进行培训，并定期进行火灾警报/疏散演习，以让他们了解其个人任务

中英匈差异化对比分析结论及心得：

该项对比内容主要是针对中英匈民用建筑安全疏散的一般要求。

中国防火规范，安全疏散一般要求：安全出口和疏散门的位置、数量等，疏散楼梯的形式与建筑的高度、楼层或一个防火分区等关系密切。对于安全疏散路线的布置，一般要使人员在建筑着火后能有多个不同方向的疏散路线可供选择和疏散，要尽量将疏散出口均匀分散布置在平面上的不同方位。将建筑的疏散楼梯通至屋顶，可使人员多一条疏散路径，有利于人员及时避难和逃生。因此，有条件时，如屋面为平屋面或具有连通相邻两楼梯间的屋面通道，均要尽量将楼梯间通至屋面。除了一般的共性要求外，对公共建筑和住宅建筑进行区分，要求设计时应区别对待，考虑区域内使用人员的特性，为人员疏散和避难提供安全的条件。

与中国防火规范思路有所区别的是，英国 BS 9999 关于安全疏散的要求为确定是否能提供足够的逃生途径，同时考虑疏散时人群逃生存在的因素，制定疏散策略。疏散策略的疏散程序有两个基本类别，为总疏散量和逐步疏散。四个逃生方式的原则：如原则一是根据火灾火势和时间关系来分析判断是否有足够的安全疏散逃生路线。原则二是根据占用特性和与其使用相关的火灾增长率，为每种建筑类型分配风险简介，制定合理的安全疏散设计。疏散策略中总疏散量是通过同时或分阶段的程序将人员全部疏散到最安全的地方；逐步疏散人员，首先疏散到建筑物内相对安全的地方，以便人员可以留在那里，或在必要时作为管理系统的一部分，完成疏散到最终安全的地方。

匈牙利 TvMI 是以符合匈牙利疏散法律要求为前提的技术解决方案的指南。首先是对有关的概念和名词进行解释，一般规定中的疏散策略是在发生火灾时，人群从建筑物的危险区域进入安全空间和集合点。在规划和控制疏散时，建议忽略稀疏的、间歇使用的空间。在疏散不利的情况下，要确保对行动不便的人员（残疾人）的安全撤离，并建议由工作人员给用户进行消防疏散演练。匈牙利 TvMI 的疏散策略与英国 BS 9999 规范有相似之处，有同时疏散、分阶段疏散、分区疏散。提供选择疏散策略的标准，是消防设计师规划建筑物疏散最重要的任务之一，而且在具有许多火灾区域的复杂建筑物中，立即和完全疏散建筑物不仅会引发消防安全，还会引发职业安全、安保和经济问题，所以必须制定针对特定建筑物和设施的疏散策略。

3.5.2 中国公共建筑及住宅建筑的安全疏散（安全出口）与英国设计逃生途径、匈牙利疏散计划的基础（选择疏散时要经过的路线）

对比内容：中国公共建筑及住宅建筑的安全疏散（安全出口）与英国设计逃生途径、匈牙利疏散计划的基础（选择疏散时要经过的路线）		
中国	英国	匈牙利
1. 公共建筑 (1) 公共建筑内每个防火分区或一个防火分区的每个楼层，其安全出口的数量应经计算确定，且不应少于 2 个。设置 1 个安全出口或 1 部疏散楼梯的公共建筑应符合下列条件之一： 1) 除托儿所、幼儿园外，建筑面积不大于 $200m^2$ 且人数不超过 50 人的单层或多层公共建筑的首层。 2) 除医疗建筑，老年人照料设施，托儿所、幼儿园的儿童用房，儿童游乐厅等儿童活动场所和歌舞娱乐放映游艺场所等外，符合以下规定的公共建筑。	设计逃生途径： 设计逃生途径分三种情况进行说明，（1）一般情况下的设计逃生途径；（2）可接受的逃生方式；（3）不可接受的逃生方式。 一般情况下的设计逃生途径： 为建筑物提供的一揽子防火措施应反映建筑物的使用性质、居住者、过程、储存和使用的材料以及提供的消防安全管理。这些特征被归类为风险简介，可据此评估居住者面临的风险，并确定适当的防火预防措施水平。	疏散计划的基础 选择疏散时要经过的路线： 1. 为确保建筑物可以疏散，有必要根据疏散策略提供疏散路线。 注：可以按照 TvMI 附件中的详细说明规划一条双向或更多的逃生路线。

续表

<table>
<tr><th>中国</th><th>英国</th><th>匈牙利</th></tr>
<tr>
<td>
设置1部疏散楼梯的公共建筑
<table>
<tr><th>耐火等级</th><th>最多层数</th><th>每层最大建筑面积（m^2）</th><th>人数</th></tr>
<tr><td>一、二级</td><td>3层</td><td>200</td><td>第二、三层的人数之和不超过50人；</td></tr>
<tr><td>三级</td><td>3层</td><td>200</td><td>第二、三层的人数之和不超过25人；</td></tr>
<tr><td>四级</td><td>2层</td><td>200</td><td>第二层人数不超过15人</td></tr>
</table>
（2）一、二级耐火等级公共建筑内的安全出口全部直通室外确有困难的防火分区，可利用通向相邻防火分区的甲级防火门作为安全出口，但应符合下列要求：
1）利用通向相邻防火分区的甲级防火门作为安全出口时，应采用防火墙与相邻防火分区进行分隔。
2）建筑面积大于1000m^2的防火分区，直通室外的安全出口不应少于2个；建筑面积不大于1000m^2的防火分区，直通室外的安全出口不应少于1个。
3）该防火分区通向相邻防火分区的疏散净宽度不应大于其按本规范第5.5.21条规定计算所需疏散总净宽度的30%，建筑各层直通室外的安全出口总净宽度不应小于按照本规范第5.5.21条规定计算所需疏散总净宽度。
（3）高层公共建筑的疏散楼梯，当分散设置确有困难且从任一疏散门至最近疏散楼梯间人口的距离不大于10m时，可采用剪刀楼梯间，但应符合下列规定：
1）楼梯间应为防烟楼梯间。
2）梯段之间应设置耐火极限不低于1.00h的防火隔墙。
3）楼梯间的前室应分别设置。
（4）设置不少于2部疏散楼梯的一、二级耐火等级多层公共建筑，如顶层局部升高，当高出部分的层数不超过2层、人数之和不超过50人且每层建筑面积不大于200m^2时，高出部分可设置1部疏散楼梯，但至少应另外设置1个直通建筑主体上人平屋面的安全出口，且上人屋面应符合人员安全疏散的要求。
（5）一类高层公共建筑和建筑高度大于32m的二类高层公共建筑，其疏散楼梯应采用防烟楼梯间。
裙房和建筑高度不大于32m的二类高层公共建筑，其疏散楼梯应采用封闭楼梯间。
</td>
<td>
关于什么是或不是可接受的逃生方式，有若干一般原则，分别列于BS 9999—2017的第14.2条和第14.3条。但是，情况会有所不同，为一栋楼选择逃生途径时，应顾及该栋楼的特殊需要。
设计逃生途径的基本流程应如BS 9999—2017的第14.1条所示。还应考虑以下一般因素。
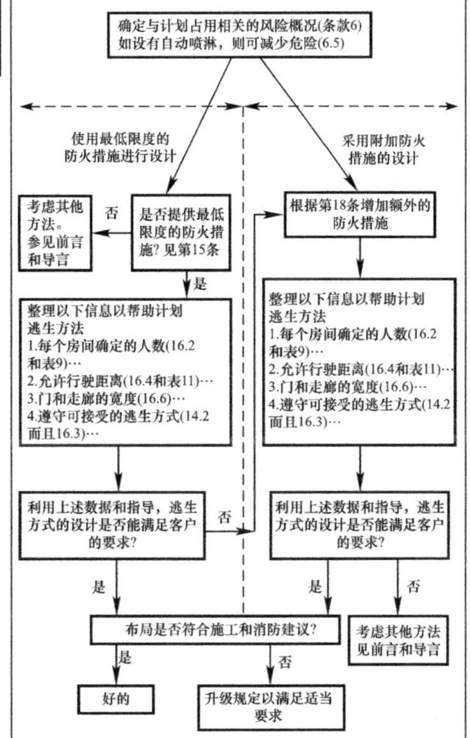

1. 所有逃生通道的地板（包括台阶的踏面、坡道和平台的表面）应具有适当的防滑性能。
注：在《无障碍包容性建筑环境设计》BS 8300中给出了外部区域触觉铺装的使用建议。
2. 如果托儿所是与父母或监护人分开为儿童提供的，则托儿所应设在父母或监护人外出时使用的逃生通道附近，以避免父母或监护人在寻找儿童时发生人流冲突。托儿所应在实际可行的情况下位于或尽可能接近地面（或最终安全出口）。在任何情况下儿童逃生通道不应：
（1）在其父母或监护人居住的楼层以上的楼层，除非逃生通道通过上面的楼层。
（2）在地下室，除非最后出口在地下室。
托儿所最好与外墙相邻，出口不少于2个，其中一个出口为最终出口。
</td>
<td>
2. 逃离建筑物时，逃离人员应从疏散路线到安全区域的最短路线。
3. 在房间内，以固定物体或技术设备为界的适合运输的区域可以被视为路线。疏散路径的长度应在边界表面之间条带轴上测量。
注：TvMI2.3附录C提供了定义路线的示例。
4. 如果在计算过程中不知道房间的设备，则投影在边界墙上的垂线（在弯曲墙的情况下垂直于切线）表示路线的方向。可以确定从最远的人员区域到房间出口的路线。在有多个出口的情况下，出发点应与相邻的两个出口等距，计算时应考虑由此确定的可能点的最长路线。在设备配置更改和最终确定之后，设计和操作的各个阶段都需要进行控制。
5. 考虑水平投影差异（疏散路线长度的计算）。
</td>
</tr>
</table>

续表

中国	英国	匈牙利
注：当裙房与高层建筑主体之间设置防火墙时，裙房的疏散楼梯可按本规范有关单、多层建筑的要求确定。 (6) 下列多层公共建筑的疏散楼梯，除与敞开式外廊直接相连的楼梯间外，均应采用封闭楼梯间： 1) 医疗建筑、旅馆及类似使用功能的建筑。 2) 设置歌舞娱乐放映游艺场所的建筑。 3) 商店、图书馆、展览建筑、会议中心及类似使用功能的建筑。 4) 6层及以上的其他建筑。 (7) 老年人照料设施的疏散楼梯或疏散楼梯间宜与敞开式外廊直接连通，不能与敞开式外廊直接连通的室内疏散楼梯应采用封闭楼梯间。建筑高度大于24m的老年人照料设施，其室内疏散楼梯应采用防烟楼梯间。 建筑高度大于32m的，宜在32m以上部分增设能连通老年人居室和公共活动场所的连廊，各层连廊应直接与疏散楼梯、安全出口或室外避难场地连通。 (8) 公共建筑内的客、货电梯宜设置电梯候梯厅，不宜直接设置在营业厅、展览厅、多功能厅等场所内。老年人照料设施内的非消防电梯应采取防烟措施，当火灾情况下需用于辅助人员疏散时，该电梯及其设置应符合本规范有关消防电梯及其设置要求。 2. 住宅建筑 (1) 住宅建筑安全出口的设置应符合下列规定： 1) 建筑高度不大于27m的建筑，当每个单元任一层的建筑面积大于650m^2，或任一户门至最近安全出口的距离大于15m时，每个单元每层的安全出口不应少于2个。 2) 建筑高度大于27m、不大于54m的建筑，当每个单元任一层的建筑面积大于650m^2，或任一户门至最近安全出口的距离大于10m时，每个单元每层的安全出口不应少于2个。 3) 建筑高度大于54m的建筑，每个单元每层的安全出口不应少于2个。 (2) 建筑高度大于27m，但不大于54m的住宅建筑，每个单元设置1座疏散楼梯时，疏散楼梯应通至屋面，且单元之间的疏散楼梯应能通过屋面连通，户门应采用乙级防火门。当不能通至屋面或不能通过屋面连通时，应设置2个安全出口。 (3) 住宅建筑的疏散楼梯设置应符合下列规定：	3. 对于水平和垂直的逃生策略，应考虑其他潜在的逆流情况，例如消防人员进入建筑物。特别是在高度超过30m并采用分阶段疏散的高楼中，试图逃生的人员有可能被进入楼内并在楼内操作的消防人员所阻碍。这一潜力随建筑物的高度和逃生楼梯的数量而变化。一般来说，可通过与消防和救援处协商，将特别管理程序纳入疏散战略，同时考虑到当地高层消防程序来解决这一问题。然而在一些非常高的建筑物中，通常是高度超过45m的建筑物，可能需要将物理措施纳入建筑物（例如，通过减去楼梯或其他适当的方法）。 4. 许多建筑使用夹层作为创造额外空间的一种方式，用于各种用途。当大量容易燃烧的产品储存或展示在地面坚固的大型平面夹层（例如一些DIY店）以下时，火势会迅速蔓延，以致火势蔓延至夹层边缘以外，对生命安全构成威胁，特别是当大厦的住户是市民时。因此，如果夹层以下发生火灾，可能需要额外的保障措施来补偿增加的危险程度。 可能需要采取其他措施来协助管理层帮助残疾人从建筑物中撤离，例如，当正在考虑延长旅行距离时（见BS 9999—2017第18条），或当可能有大量残疾人在场时。没有任何情况是完全相同的，因此管理小组应作出具体评估，以确保残疾人的需要能够得到满足，特别是在逃生距离超过50m的地方。 注：疏散残疾人详见BS 9999—2017第45条。 5. 应评估可能的其他措施包括以下方面： (1) 将摄像机的覆盖范围扩大到避难所，以便管理人员能够确切地知道等待协助逃生的人的位置。 (2) 在没有摄像机覆盖的避难所安装通信设施，以便残疾人能够与控制中心联系，提供他们在建筑物内的位置信息。这些设施应包括双向通信和显示呼叫已应答的可视指示。 (3) 作出规定，使残疾人能够休息。 (4) 在沿走廊延伸的地方安装扶手以帮助残疾人。它们给了残疾人一个休息的机会，也可以用作看不见出口标志的人的寻路装置。扶手（如有）应位于走廊的每一侧。 (5) 提供额外的标志和道路发现装置，例如触觉方向标记，以帮助盲人和部分视力低下的人，他们可能无法看到出口标志。 (6) 向在建筑物内工作的残疾人提供紧急逃生的额外警告，例如建议他们在两阶段疏散的第一阶段逃生。	(1) 对于坡度不超过5%（≤1∶20）的斜坡、坡道和台阶，与居中轴线的水平投影相同。 (2) 对于坡度大于5%但不大于10%（1∶20至1∶10）的斜坡、坡道和楼梯，等于居中轴线水平投影的1.5倍。 (3) 对于斜坡，坡度大于10%但不超过20%的楼梯（1∶10至1∶5），等于道路轴水平投影的2.0倍。 (4) 在2个标准楼梯（20°～45°坡度）的情况下，包括连接楼梯扶手的休息层的长度，等于桥接水平段的3倍。 (5) 给出了路线的计算长度。在楼梯的情况下，如果要走的路线长度超过楼梯长度，则除上述情况外，还应考虑楼梯臂之间的路线长度和/或行程时间、楼梯扶手的水平投影。在这些路径长度上，疏散速度必须根据水平行走确定并添加到楼梯上的行走中。 附图：楼梯扶手和楼梯扶手之间的路径长度。

续表

中国	英国	匈牙利
1）建筑高度不大于21m的住宅建筑可采用敞开楼梯间；与电梯井相邻布置的疏散楼梯应采用封闭楼梯间，当户门采用乙级防火门时，仍可采用敞开楼梯间。 2）建筑高度大于21m、不大于33m的住宅建筑应采用封闭楼梯间；当户门采用乙级防火门时，可采用敞开楼梯间。 3）建筑高度大于33m的住宅建筑应采用防烟楼梯间。户门不宜直接开向前室，确有困难时，每层开向同一前室的户门不应大于3樘且应采用乙级防火门。 (4）住宅单元的疏散楼梯，当分散设置确有困难且任一户门至最近疏散楼梯间入口的距离不大于10m时，可采用剪刀楼梯间，但应符合下列规定： 1）应采用防烟楼梯间。 2）梯段之间应设置耐火极限不低于1.00h的防火隔墙。 3）楼梯间的前室不宜共用；共用时，前室的使用面积不应小于6.0m^2。 4）楼梯间的前室或共用前室不宜与消防电梯的前室合用；楼梯间的共用前室与消防电梯的前室合用时，合用前室的使用面积不应小于12.0m^2，且短边不应小于2.4m	还应确保逃生通道上没有可能妨碍人员逃生的障碍物，例如在逃生通道上使用台阶、楼梯或不适当的门	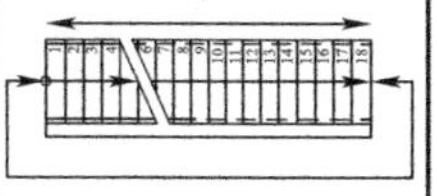 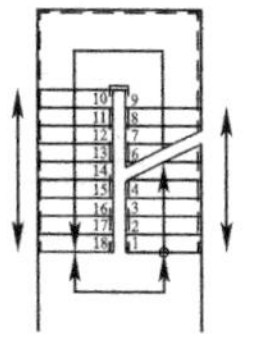 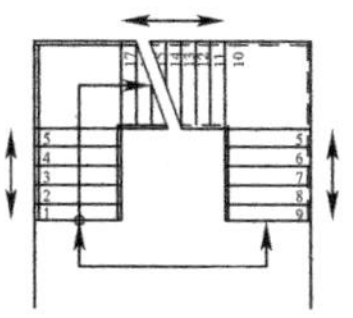 (6）在畅通无阻的疏散路线上使用的台阶高度（根据OTEK的畅通无阻台阶）不得超过15cm。 (7）在楼梯的情况下，必须考虑梯级到最高梯级的连接边缘和运行表面的路径以及从最低梯级的连接边缘到运行表面的路径。 (8）在楼梯的情况下，必须考虑楼梯到顶部和交通面的连接边缘的访问路线，并且必须考虑从最低梯级的连接边缘到交通面的连接边缘

中英匈差异化对比分析结论及心得：

中国民用建筑安全疏散除了一般要求外，还对公共建筑及住宅建筑分别做出相应的规定。公共建筑首先是对安全出口的设置做出要求，其安全出口的数量应经计算确定，且不应少于2个。在大多数情况下，规定了至少要有2条不同方向的疏散路线。在满足特定条件下可以只设置1个安全出口或1部疏散楼梯。安全出口是指供人员安全疏散用的楼梯间和室外楼梯的出入口或直通室内外安全区域的出口。如果安全出口全部直通室外确有困难的防火分区，在满足特定前提下可利用通向相邻防火分区的甲级防火门作为安全出口。高层公共建筑的疏散楼梯，当分散设置确有困难且从任一疏散门至最近疏散楼梯间入口的距离不到10m时，在满足特定前提下可采用剪刀楼梯间。根据建筑分类及建筑高度的不同，其疏散楼梯采用的类型不同，如一类高层公共建筑和建筑高度大于32m的二类高层公共建筑，其疏散楼梯应采用防烟楼梯间。住宅建筑的安全出口数量由建筑高度、单元层的建筑面积、户门至最近安全出口的距离等因素确定，如建筑高度大于 27m、不大于 54m 的建筑，当每个单元任一层的建筑面积大于 650m²，或任一户门至最近安全出口的距离大于 10m 时，每个单元每层的安全出口不应少于 2 个。对于住宅建筑的疏散楼梯设置相应的要求，在满足特定前提下也可采用剪刀楼梯间。

英国 BS 9999 的安全疏散先确定是否能提供足够的逃生途径，制定疏散策略，设计逃生途径。一般情况下有设计逃生途径的基本流程，首先是确定与计划占用相关的风险概况，选择使用最低限度的防火措施进行设计或是采用附加防火措施的设计，具体流程可详见 BS 9999 的说明；但是还应考虑到 BS 9999 规范中提到的一般因素，比如对于水平和垂直的逃生策略，应考虑其他潜在的逆流情况（消防人员进入建筑物），例如采用分阶段疏散的高楼中，试图逃生的人员有可能被进入楼内并在楼内操作的消防人员所阻碍。一般来说，可通过与消防和救援处协商，将特别管理程序纳入疏散战略，同时考虑到当地高层消防程序来解决这一问题。英国 BS 9999 对于安全疏散一般因素的考虑比中国防火规范的要求更为周全，同时体现出英国 BS 9999 对建筑物的设计、管理、运维等各阶段的要求，而中国防火规范主要是针对规划、建筑设计阶段的防火要求，没有对管理、运维等阶段提出要求。此外，中国防火规范没有明确提出疏散残疾人的设计要求（中国有专门的无障碍设计规范），而英国对残疾人的疏散在 BS 9999—2017 的第 45 条进行了详细的阐述。

前文有提到对于行动不便的人（残疾人）的疏散，匈牙利 TvMI 附件 B 中提供了使限制逃生人员安全逃生的建议。匈牙利 TvMI 的安全疏散，根据疏散策略提供疏散路线，确保建筑物可以疏散，可以按照 TvMI 附件中的详细说明设计一条或者更多的逃生路线，提出选择疏散路线到安全区域的最短路线。TvMI 附录 C 中提供了定义疏散路线示例参考。对疏散路线的有效区域、路线长度计算、楼梯和斜坡水平投影的长度计算提出了相应的要求，对于楼梯和斜坡水平投影的长度计算要求高于中国防火规范，如匈牙利 TvMI 规定在 2 个标准楼梯（20°～45°坡度）的情况下，包括连接楼梯扶手的休息层长度，等于桥接水平段的 3 倍。此外，规定疏散路线上的台阶高度不得超过 15cm，中国防火规范没有做具体要求，而是在《民用建筑设计统一标准》GB 50352—2019 第 6.7.1 条第 1 点提到：公共建筑室内外台阶高度不宜大于 15cm，且不宜小于 10cm。各自的要求略有不同。

3.5.3 中国公共建筑及住宅建筑的安全疏散（疏散门及疏散宽度）与英国逃生通道和出口的布局及数量、匈牙利疏散计划基础（确定可以考虑的自由宽度）

对比内容：中国公共建筑及住宅建筑的安全疏散（疏散门及疏散宽度）与英国逃生通道和出口的布局及数量、匈牙利疏散计划基础（确定可以考虑路线的自由宽度）		
中国	英国	匈牙利
1. 公共建筑 （1）公共建筑内房间的疏散门数量应经计算确定且不应少于 2 个。除托儿所、幼儿园、老年人照料设施、医疗建筑、教育建筑内位于走道尽端的房间外，符合下列条件之一的房间可设置 1 个疏散门：	逃生通道和出口的布局和数量 1. 最小逃生路线数 逃生通道可能因火灾、烟雾或烟雾而无法通行。一般来说，每一层或每两层都应提供至少 2 条可供选择的逃生通道。然而在某些情况下，单一方向的逃生可以提供合理的安全（见 BS 9999—2017 第 16.3.3 条）。任何房间、层或楼层的逃生通道及出口的数量，应	疏散计划的基础，确定可以考虑路线的自由宽度 注：在确定最小自由宽度时，还必须考虑 OTSZ 和其他法规（例如 OTÉK）的要求。 1. 在计算中必须考虑一个房间或一组房间中交通路线或墙壁开口和门的最小自由宽度之和。

续表

<table>
<tr><th>中国</th><th>英国</th><th>匈牙利</th></tr>
<tr>
<td>1）位于两个安全出口之间或袋形走道两侧的房间，对于托儿所、幼儿园、老年人照料设施，建筑面积不大于 $50m^2$；对于医疗建筑、教育建筑，建筑面积不大于 $75m^2$；对于其他建筑或场所，建筑面积不大于 $120m^2$。
2）位于走道尽端的房间，建筑面积小于 $50m^2$ 且疏散门的净宽度不小于 0.90m，或由房间内任一点至疏散门的直线距离不大于 15m、建筑面积不大于 $200m^2$ 且疏散门的净宽度不小于 1.40m。
3）歌舞娱乐放映游艺场所内建筑面积不大于 $50m^2$ 且经常停留人数不超过 15 人的厅、室。
（2）剧场、电影院、礼堂和体育馆的观众厅或多功能厅，其疏散门的数量应经计算确定且不应少于 2 个，并应符合下列规定：
1）对于剧场、电影院、礼堂的观众厅或多功能厅，每个疏散门的平均疏散人数不应超过 250 人；当容纳人数超过 2000 人时，其超过 2000 人的部分，每个疏散门的平均疏散人数不应超过 400 人。
2）对于体育馆的观众厅，每个疏散门的平均疏散人数不宜超过 400～700 人。
（3）除《建筑设计防火规范》GB 50016—2014（2018 年版）规范另有规定外，公共建筑内疏散门和安全出口的净宽度不应小于 0.90m，疏散走道和疏散楼梯的净宽度不应小于 1.10m。
高层公共建筑内楼梯间的首层疏散门、首层疏散外门、疏散走道和疏散楼梯的最小净宽度应符合《建筑设计防火规范》GB 50016—2014（2018 年版）表 5.5.18 的规定。</td>
<td>不少于 BS 9999—2017 中表 10 所建议的预定占用人数的最低数量。
一个房间、层级或楼层的最少逃生路线和出口数量　表 10
<table>
<tr><th>最大人数（人）</th><th>最少数量的逃生路线/出口</th></tr>
<tr><td>60</td><td>1</td></tr>
<tr><td>600</td><td>2</td></tr>
<tr><td>>600</td><td>3</td></tr>
</table>
其中一条逃生通道可通往相邻的隔间，但条件是：
（1）该建筑是一个居住者。
（2）毗连舱室与受火警影响的地方，须由耐火结构的墙壁分隔，其开口须装有自动关闭的防火门。
（3）相邻隔间的大小足以容纳其本身的占用者和从受火警影响的区域离开的占用者。
（4）在考虑到毗邻舱室的人数和逃往该舱室的人数后，毗邻舱室的楼层出口的容量足以容纳该舱室总占用量的 50%。
在不可避免的情况下，公众逃生通道可经由附属居所的范围，但不是特别火警危险的地方，该范围并非有关范围的唯一可供选择的逃生通道。通过附属起居区通往楼层出口的路线，应以护栏清楚界定。
在多层建筑物中，如需要超过一个楼梯作逃生之用，则每层的每一部分均应有通往超过一个楼梯的另一条通道。对于那些涉及初始死胡同条件的地区，当替代路线变得可用时，应提供这一通道。
在混合用途建筑物中，每个占用特性类别的逃生途径（见 BS 9999—2017 第 6.2 条，表 2）应分别提供。如果无法做到这一点，则应评估对 B 类和 C 类人员安全疏散的影响，并安装适当的措施。
2. 可供选择的逃生路线
如果提供了其他逃生通道，其位置应尽量减少所有通道同时无法使用的可能性。因此，可供选择的逃生路线应为：
（1）在发散点相隔 45°或以上的角度。
（2）如果相距小于 45°，则在一个方向逃生的行进距离限制内，或通过耐火结构相互隔开。
注：耐火结构可包括自闭防火门。</td>
<td>注：1. 建议根据 TvMI 附录 C 中给出的示例确定在逃生路线中要考虑的自由宽度。
2. 建议根据 TvMI 附录 C 中的图表确定逃生期间使用的门的净宽。
2. 当提供了一个锁定装置，其中两个门扇都可以通过标准开启装置的制动打开时，才可以考虑具有全自由宽度的双扇门。
3. 在确定通道系统的自由宽度时，可以考虑在紧急情况下确保通行畅通的开口宽度。即使在紧急情况下，所有通道都需要人工干预的通道装置，在确定净宽时不应考虑在内（例如自由旋转的旋转叉或旋转十字）。
4. 如果物理障碍物沿疏散路径划分宽度，则自由宽度等于部分宽度之和。在疏散路线上采用礼堂式布置的情况下，椅子排布之间 35cm 的狭窄处，小于 40cm 的狭窄处不应被视为行进路线。
5. 在楼梯及其休息室的情况下，用于疏散的空间或长住房间的门扇不得打开（常闭式）。
注：同时，门的宽度应满足无障碍疏散要求的最小宽度（OTEK 规定的宽度必须保持在最低限度）。
6. 如果技术、目的地（例如医院）或居住者的逃生能力需要，则必须以满足预期安全水平的方式确定最小自由宽度，同时考虑给定的法规和技术规范区域。前提是撤离人员在非操作状态下留在保护带内没有危险。
7. 逃生自动扶梯设计符合 TvMI 第 9.1.2 条的自动扶梯适合逃生的规定</td>
</tr>
</table>

续表

中国	英国	匈牙利
（4）人员密集的公共场所、观众厅的疏散门不应设置门槛，其净宽度不应小于1.40m，且紧靠门口内外各1.40m范围内不应设置踏步。人员密集的公共场所的室外疏散通道的净宽度不应小于3.00m，并应直接通向宽敞地带。 2. 住宅建筑 （1）住宅建筑的户门、安全出口、疏散走道和疏散楼梯的各自总净宽度应经计算确定，且户门和安全出口的净宽度不应小于0.90m，疏散走道、疏散楼梯和首层疏散外门的净宽度不应小于1.10m。建筑高度不大于18m的住宅中一边设置栏杆的疏散楼梯，其净宽度不应小于1.0m	图 逃生通道相距45°或更远(2个中的1个) 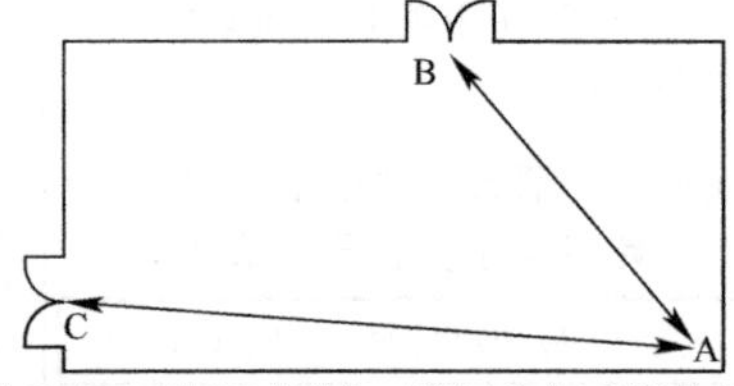 由于∠BAC为45°或更大，因此AB或AC(以较小为者准)应不大于为替代路线给定的最大行驶距离，因此可从A处选择替代路线。 (a) 从原点可选择的逃生路线 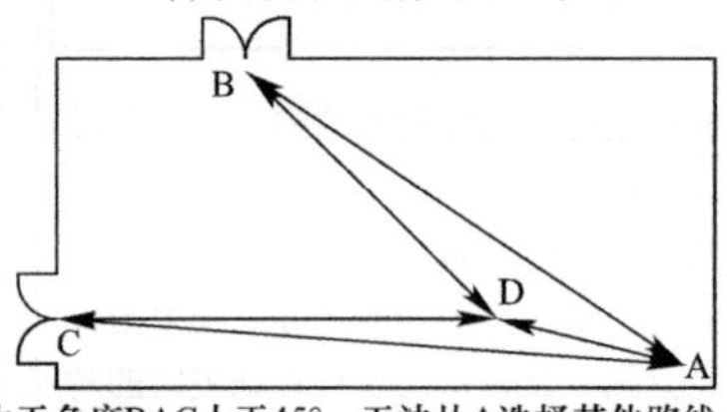 由于角度BAC小于45°，无法从A选择其他路线。然而，在到达D点后，∠BDC为45°或更大，并且可选择逃逸。AD应不大于单方向逃生时所给出的最大行程距离。AB或AC(以较小者为准)应不大于替代路线所给出的最大行程距离。 (b) 从原点找不到可替代的逃生路线 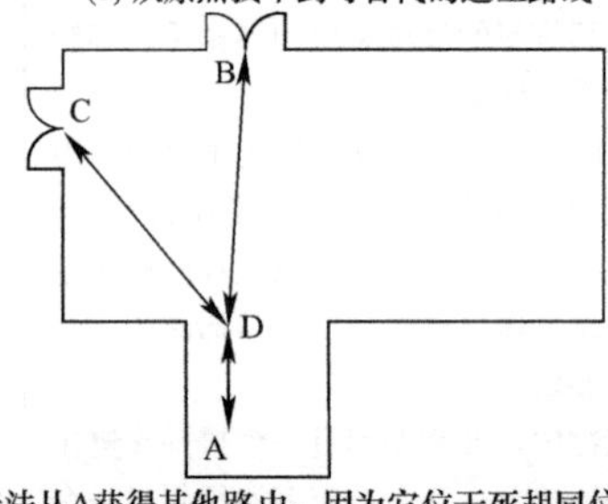 无法从A获得其他路由，因为它位于死胡同位置，AD应不大于单方向逃生时所给出的最大行程距离，从D开始∠BDC为45°或更大，可选择逃生。AB或AC(以较小者为准)应不超过为替代路线提供的最大行驶距离。 (c) 脱离死胡同状态 图 逃生路线45°或更多分开(其中2个) 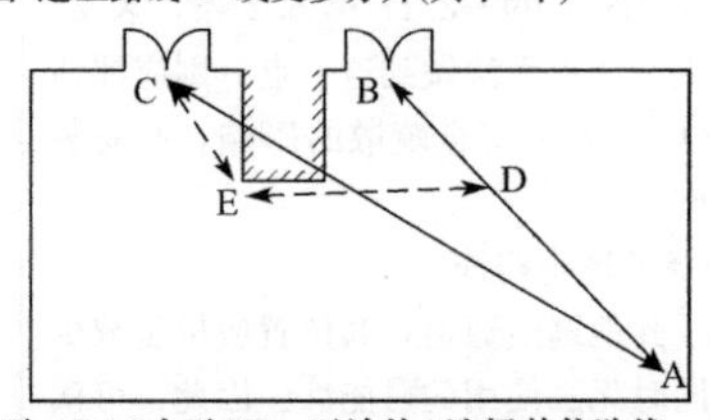 由于∠BAC小于45°，无法从A选择其他路线。然而，在到达D点之后，∠BDE为45°或更大，并导致由耐火结构分隔的路线。AD应不大于单方向逃生时给出的最大行程距离，AB或ADEC(以较小者为准)应不大于替代路线给出的最大行程距离。 (d) 用耐火结构隔开 图例 30min耐火 注意，虚线的使用是为了帮助图的使用，没有任何其他意义。	

续表

中国	英国	匈牙利
	3. 单一逃生路线和出口 只有在一个房间、层或楼层可容纳60人或更少的人，且不超过只向一个方向行驶的行驶距离限制时，才应提供一条单一的逃生通道（见BS 9999—2017第16.4条）。 4. 内室和出入室 如果进入室起火，内室可能会有危险。因此，除非满足以下所有条件，否则不应提供内部房间布置： （1）内室的人员容量不超过60人（人员需要协助逃生时为30人）。 （2）里间不是卧室。 （3）内室由出入室直接进入。 （4）内室逃生通道不经过一个以上出入间。 （5）从内室任何一点到出入室出口的行程距离不超过允许的单向行程距离。 （6）门禁室不是特别火灾危险场所，与内室由同一占用人控制。 （7）作出下列安排之一： 1）内部房间的围挡（墙壁或隔板）在顶棚以下至少500mm处停止。 2）在内室的门或墙壁内设置一个不少于0.1m² 的适当位置的视野板，使内室的占用人能看见外室有否起火。 3）进入室由自动烟雾探测器保护，该烟雾探测器可以在内部室立即发出警报，声压级符合《建筑物火灾探测和火灾报警系统（第1部分）》BS 5839—1—2013中推荐的最低声压级，或者在内部室中发出符合《火灾探测和火灾报警系统　火灾报警装置》BS EN 54—23的立即视觉警报（如果环境噪声水平大到无法听到警报）。 图　内部房间和通道房间 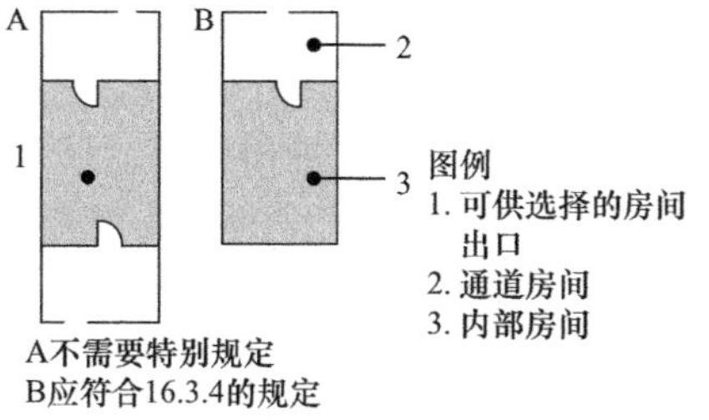 A　B　1　2　3 图例 1. 可供选择的房间出口 2. 通道房间 3. 内部房间 A不需要特别规定 B应符合16.3.4的规定 5. 中央核心（核心筒）出口的规划 在中央核心地带有多个出口的建筑物，其规划应使各层出口彼此远离，并且避免从同一电梯大堂、公共大堂或不分隔的走廊接近2个出口，或由其中任何一个连接	

续表

中国	英国	匈牙利
	图 中央内核中的出口 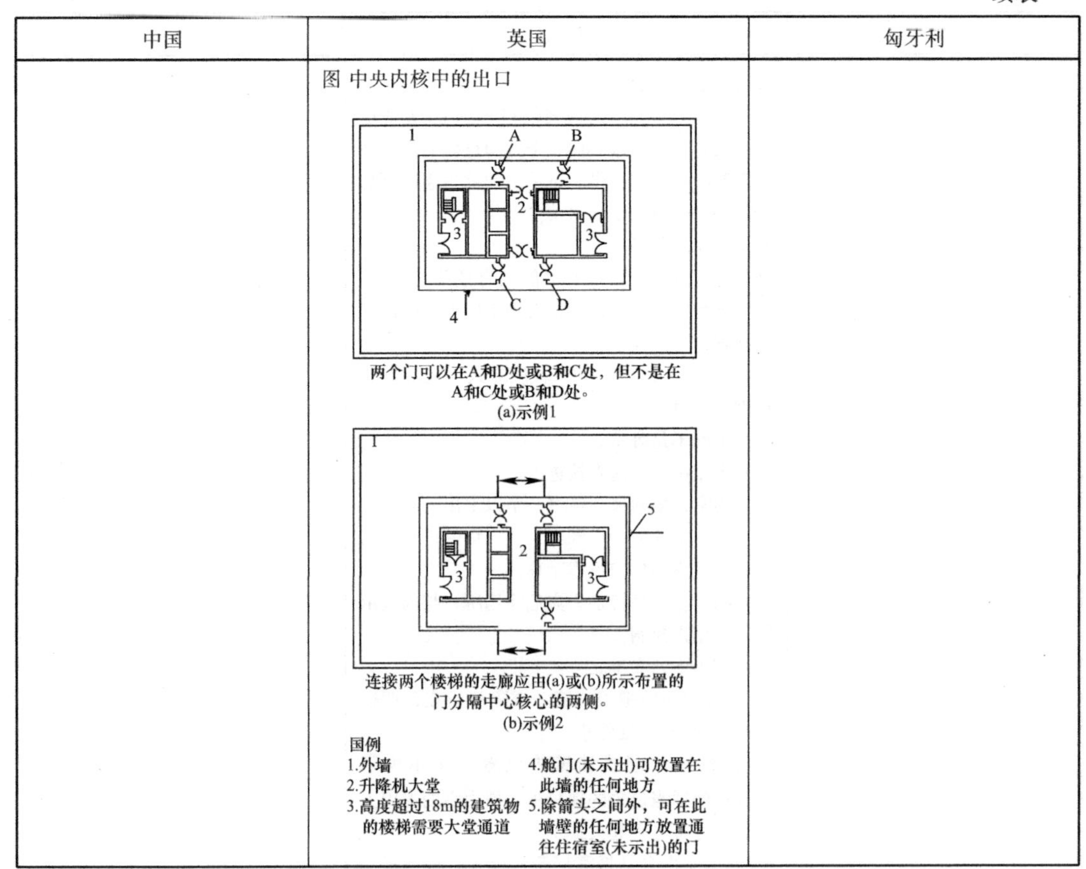 两个门可以在A和D处或B和C处，但不是在A和C处或B和D处。 (a)示例1 连接两个楼梯的走廊应由(a)或(b)所示布置的门分隔中心核心的两侧。 (b)示例2	

中英匈差异化对比分析结论及心得：

中国防火规范对公共建筑内房间的疏散门数量经计算后确定，且不应小于2个，除了规定的托儿所、幼儿园、养老机构等建筑内位于走道尽端房间外，符合特定条件的房间可设置1个疏散门。对于大型公共建筑，每个疏散门的平均疏散人数做了相应的规定，如对于剧场、电影院、礼堂的观众厅或多功能厅，每个疏散门的平均疏散人数不应超过250人。公共建筑内疏散门和住宅建筑的户门、安全出口、疏散走道、疏散楼梯的净宽度应满足规定的最小宽度，如疏散门净宽度不应小于0.9m。中国相关规范规定旋转门、自动扶梯不能用于安全疏散。

英国防火规范明确可接受的逃生方式：楼层出口、最终出口（直通室外的疏散门）、逐步水平疏散（通往另一个防火分区的门）、保护楼梯等，这与中国防火规范疏散安全出口类似，但英国防火规范对高风险区域除外的区域的门，在满足特定条件下是可接受的逃生方式，如非公众人士使用且在紧急情况下使用的人数不超过10人时，对于宽度大于0.5m、高度大于1.5m、门槛小于0.25m的门可以作为疏散门。符合规定条件的旋转门也可作为疏散门，这与中国防火规范不同。英国防火规范也明确了不可接受的逃生方式：升降机、手提式梯子和抛出式梯子、折叠梯子、装货门、货物门、滑动门和上翻门（除非它们能够容易和迅速打开。如果采用动力操作，则应满足相应前提）。对于自动扶梯，通常情况下不用于逃生疏散，这与中国防火规范相同，但在某些情况下，通过消防工程评估及相关分析，自动扶梯可用作逃生解决方案的一部分。

匈牙利 TvMI 对于疏散路线自由宽度的确定，在计算中必须考虑一个房间或一组房间中交通路线或墙壁开口和门的最小自由宽度（净宽）之和，匈牙利 TvMI 附录 C 中给出了相应的示例。疏散时需要人工干预的通道装置，不应计入疏散自由净宽度中，例如旋转门不计入疏散门，这与中国防火规范类似。与中国防火规范不同的是，符合规定，且适合逃生的自动扶梯可以用作安全疏散。

3.5.4　中国与英国、匈牙利公共建筑及住宅建筑的安全疏散（疏散距离）

<table>
<tr><td colspan="3">对比内容：中国与英国、匈牙利公共建筑及住宅建筑的安全疏散（疏散距离）</td></tr>
<tr><td>中国</td><td>英国</td><td>匈牙利</td></tr>
<tr><td>1. 公共建筑
（1）公共建筑的安全疏散距离应符合下列规定。
1）直通疏散走道的房间疏散门至最近安全出口的直线距离不应大于《建筑设计防火规范》GB 50016—2014（2018 年版）表 5.5.17 的规定。
<table>
<tr><td colspan="3" rowspan="2">名称</td><td colspan="3">位于两个安全出口之间的疏散门</td><td colspan="3">位于袋形走道两侧或尽端的疏散门</td></tr>
<tr><td>一、二级</td><td>三级</td><td>四级</td><td>一、二级</td><td>三级</td><td>四级</td></tr>
<tr><td colspan="3">托儿所、幼儿园、老年人照料设施</td><td>25</td><td>20</td><td>15</td><td>20</td><td>15</td><td>10</td></tr>
<tr><td colspan="3">歌舞娱乐放映游艺场所</td><td>25</td><td>20</td><td>15</td><td>9</td><td>—</td><td>—</td></tr>
<tr><td rowspan="3">医疗建筑</td><td colspan="2">单、多层</td><td>35</td><td>30</td><td>25</td><td>20</td><td>15</td><td>10</td></tr>
<tr><td rowspan="2">高层</td><td>病房部分</td><td>24</td><td>—</td><td>—</td><td>12</td><td>—</td><td>—</td></tr>
<tr><td>其他部分</td><td>30</td><td>—</td><td>—</td><td>15</td><td>—</td><td>—</td></tr>
<tr><td rowspan="2">教学建筑</td><td colspan="2">单、多层</td><td>35</td><td>30</td><td>25</td><td>22</td><td>20</td><td>10</td></tr>
<tr><td colspan="2">高层</td><td>30</td><td>—</td><td>—</td><td>15</td><td>—</td><td>—</td></tr>
<tr><td colspan="3">高层旅馆、展览建筑</td><td>30</td><td>—</td><td>—</td><td>15</td><td>—</td><td>—</td></tr>
<tr><td rowspan="2">其他建筑</td><td colspan="2">单、多层</td><td>40</td><td>35</td><td>25</td><td>22</td><td>20</td><td>15</td></tr>
<tr><td colspan="2">高层</td><td>40</td><td>—</td><td>—</td><td>20</td><td>—</td><td>—</td></tr>
</table>
注：1. 建筑内开向敞开式外廊的房间疏散门至最近安全出口的直线距离可按本表的规定增加 5m。
2. 直通疏散走道的房间疏散门至最近敞开楼梯间的直线距离，当房间位于两个楼梯间之间时，应按本表的规定减少 5m；当房间位于袋形走道两侧或尽端时，应按本表的规定减少 2m。</td>
<td>1. 最终出口
最终出口的尺寸和位置应便于人员进出建筑物。因此，它们的宽度应足以容纳使用出口的人数（见 BS 9999—2017 第 16.6 条），并且还应满足以下条件：
（1）最后出口的位置应确保人员从建筑物附近迅速疏散，使他们不再面临火灾和烟雾的危险。应提供通往街道、通道、行人通道或休憩用地的直接通道。建筑物外的路线应清楚界定，如有需要（如潜在的交通危险），应予以适当的保护。
（2）最终出口对可能需要使用它们的人来说应该是显而易见的。这一点非常重要，当出口打开的楼梯继续向下或向上，逃生的时候会走过去，没有从最终出口直接出来。
（3）最终出口的位置应使其不受地下室火灾或烟雾的危害（如地下室排烟口的出口，或变压器室、垃圾室、锅炉房和类似危险的开口）。
（4）当最后一个出口通向建筑物外的台阶时，应注意确保有空间让轮椅使用者移动，以免妨碍其他人离开建筑物的流动。在可能的情况下，最终出口应提供远离建筑物的水平或斜坡路线。
（5）如果楼梯和最终出口层的一个楼层出口共用一个最终出口门，则楼梯服务的楼层总数通常应包括最终出口层的楼层（见 BS 9999—2017 第 17.4.2 条，表 13）。
或者，如果最终出口足够宽，使得最大疏散流率等于或大于最终出口层出口和楼梯的总和，则该层可从楼梯宽度计算中排除。计算方法应如 BS 9999—2017 的图 6（a）所示：在最终出口层将来自楼梯和楼层出口的人流合并。</td>
<td>确定需要疏散的人员数量
1. 在规划居住在建筑物和构筑物的人员离开和逃生时，建议假设人员数量最多，人员逃生最不利。
2. 在建筑物内，或考虑到 OTSZ 第 52 条第（3）款和第（4）款的规定，可以按照以下方式确定停留在开放空间的人数：
（1）工作场所数量，根据安装的家具（座椅、床等）和运营所需的员工数量确定。
（2）在没有确定员工人数所需的数据的情况下，或在要求不同员工人数的情况下，根据建造商、运营商和规划程序的声明确定。
（3）如果确定员工人数所需的数据、建造商或运营商的声明或规划方案均不可用，请参阅 TvMI 第 4.3.6 条。包含根据点的规范人员配备数据的表格值。</td></tr>
</table>

续表

<table>
<tr><th>中国</th><th>英国</th><th>匈牙利</th></tr>
<tr>
<td>
3. 建筑物内部全部设置自动喷水灭火系统时，其安全距离可按本表的规定增加25%。
(2) 楼梯间应在首层直通室外，确有困难时，可在首层采用扩大的封闭楼梯间或防烟楼梯间前室。当层数不超过4层且未采用扩大的封闭楼梯间或防烟楼梯间前室时，可将直通室外的门设置在离楼梯间不大于15m处。
(3) 房间内任一点至房间直通疏散走道的疏散门的直线距离，不应大于《建筑设计防火规范》GB 50016—2014（2018年版）表5.5.17规定的袋形走道两侧或尽端的疏 散门至最近安全出口的直线距离。
(4) 一、二级耐火等级建筑内疏散门或安全出口不少于2个的观众厅、展览厅、多功能厅、餐厅、营业厅等，其室内任一点至最近疏散门或安全出口的直线距离不应大于30m；当疏散门不能直通室外地面或疏散楼梯间时，应采用长度不大于10m的疏散走道通至最近的安全出口。当该场所设置自动喷水灭火系统时，室内任一点至最近安全出口的安全疏散距离可分别增加25%。
2. 住宅建筑
(1) 住宅建筑的安全疏散距离应符合下列规定。
直通疏散走道的户门至最近安全出口的直线距离不应大于《建筑设计防火规范》GB 50016—2014（2018年版）表5.5.29的规定。
<table>
<tr><th rowspan="2">住宅建筑类别</th><th colspan="3">位于两个安全出口之间的户门</th><th colspan="3">位于袋形走道两侧或尽端的户门</th></tr>
<tr><th>一、二级</th><th>三级</th><th>四级</th><th>一、二级</th><th>三级</th><th>四级</th></tr>
<tr><td>单、多层</td><td>40</td><td>35</td><td>25</td><td>22</td><td>20</td><td>15</td></tr>
<tr><td>高层</td><td>40</td><td>—</td><td>—</td><td>20</td><td>—</td><td>—</td></tr>
</table>
注：1. 开向敞开式外廊的户门至最近安全出口的最大直线距离可按本表的规定增加5m。
2. 直通疏散走道的户门至最近敞开楼梯间的直线距离，当户门位于两个楼梯间之间时，应按本表的规定减少5m；当户门位于袋形走道两侧或尽端时，应按本表的规定减少2m。
</td>
<td>
如果 $N>60$ 并且 $D<2\text{m}$
$$W_{FE}=S_{up}+W_{SE}$$
否则：
$$W_{FE}=NX+0.75S_{up}$$
其中：
N——最终出口层的出口所服务的人数；
D——与最后出口楼层出口的较小距离或与楼梯上行部分的最低立管的较小距离，单位为m；
W_{FE}——最终出口的宽度，单位为mm；
S_{up}——楼梯向上部分的楼梯宽度，单位为mm；
W_{SE}——最终出口水平层出口的宽度，单位为mm；
X——每人的最小门宽（见BS 9999—2017第16.6条和第18条），单位为mm；
W_{min}——最终出口的绝对最小宽度，不应小于楼梯宽度，单位为mm。
(6) 如果楼梯位于最终出口的上下两层，且楼梯的两个部分共用一个最终出口，则还应考虑通过最终出口的额外人员计算方法应如BS 9999—2017中图6（b）所示：合并来自最终出口层上方楼梯和下方楼梯的人流。
</td>
<td>
少于根据上述（3）确定的人员数量的人员，只有在业主或运营商提供关于在操作期间持续维护最大人员数量的书面声明时才能考虑。
注：如果建造者、所有者、经营者满足TvMI第4.3.6条的要求，在某些领域定义了少于上述（2）中推荐的具体人员数量的人员数量，其应用可能与书面声明、使用条款以及在某些情况下人员限制的技术解决方案一起使用。只有在工作场所不能由残疾人员根据法律规定的其他规定提供的情况下，才可以通过声明将残疾人人数减少到特定雇员人数以下。
3. 在多班次工作场所中，通常建议检查在换班期间同时出现的最多员工数量，此时两个班次同时出现在生产室或社交室中。同样推荐在目的地的情况下，由于目的地的性质，一个或多个房间的用户相互改变，并且它们可能同时发生（例如，在电影院大厅等候的游客和观众离开电影院）。
4. 根据具体人数数据确定时，只考虑给定空间内净高至少为1.90m的空间部分的面积。在确定具体人数时，可以忽略内置或固定、不可移动家具下的建筑面积。在
</td>
</tr>
</table>

续表

中国	英国	匈牙利
3. 住宅建筑内全部设置自动喷水灭火系统时，其安全疏散距离可按本表的规定增加25%。 4. 跃廊式住宅的户门至最近安全出口的距离，应从户门算起，小楼梯的一段距离可按其水平投影长度的1.50倍计算。 (2) 楼梯间应在首层直通室外，或在首层采用扩大的封闭楼梯间或防烟楼梯间前室。层数不超过4层时，可将直通室外的门设置在离楼梯间不大于15m处。 (3) 户内任一点至直通疏散走道的户门的直线距离不应大于《建筑设计防火规范》GB 50016—2014（2018年版）表5.5.29规定的袋形走道两侧或尽端的疏散门至最近安全出口的最大直线距离。 注：跃层式住宅，户内楼梯的距离可按其梯段水平投影长度的1.50倍计算	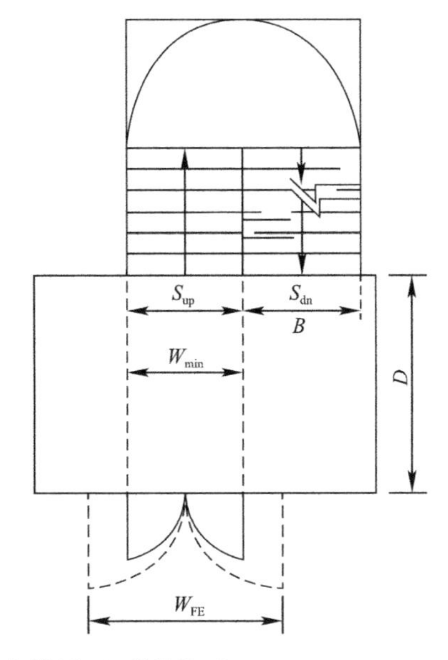 如果 $N>60$ 并且 $D<2$m $$W_{FE}=S_{up}+S_{dn}$$ 否则： $$W_{FE}=BX+0.75S_{up}$$ 其中： B——楼梯从最终出口层以下开始服务的人数； D——从楼梯向下部分的顶部前端的距离，单位为m； W_{FE}——最终出口的宽度，单位为mm； S_{up}——楼梯向上部分的楼梯宽度，单位为mm； S_{dn}——楼梯向下部分的楼梯宽度，单位为mm； X——每人的最小门宽（见BS 9999—2017第16.6条和第18条），单位为mm； W_{min}——最终出口的绝对最小宽度，不应小于楼梯宽度，单位为mm。 (7) 在本小节第5条中，为最终出口层以下和以上楼层服务的楼梯对最终出口宽度的影响，加上与从最终出口层逃生的人员共用最终出口，应合并在一次计算中，如BS 9999—2017的图6(c)所示：上下楼梯的汇流与最终出口层的楼层出口相结合。	确定员工人数时，可以忽略用于特定用途的附加房间（例如走廊、洗手间、储藏室）的占地面积。如果目标单元内有多个功能，建议使用属于给定功能的区域的特定员工人数（例如，在酒店大楼中也有客厅、餐厅、酒吧、舞厅、游泳馆水池）。 5. 在没有其他法律、标准或规划程序提供数据的情况下，建议根据数据考虑设施内有限逃生人员的最大数量和残疾人的构成，由康复环境规划工程师、专家或专家提供。如无相关规定或提供资料，可按以下方式确定员工人数及残疾人构成： (1) 在为行动不便的人设立的特殊机构中，根据计划的雇员人数和残疾构成（包括社会护理机构、住院护理和医院的手术室，以及提供门诊护理的诊所，通常提供照顾患有限制其逃生能力的疾病的人）。 注：考虑到患者的年龄和护理类型，强烈建议考虑在访客情况下逃生能力有限的预期人数。例如，在一个照顾老人的机构中，预计会有更多的老人访客或同时有几个孩子在场。 (2) 建议在规划总人数的基础上，按照与无障碍通道的比例，确定公共建筑和无障碍建筑层级的有限逃

续表

中国	英国	匈牙利
	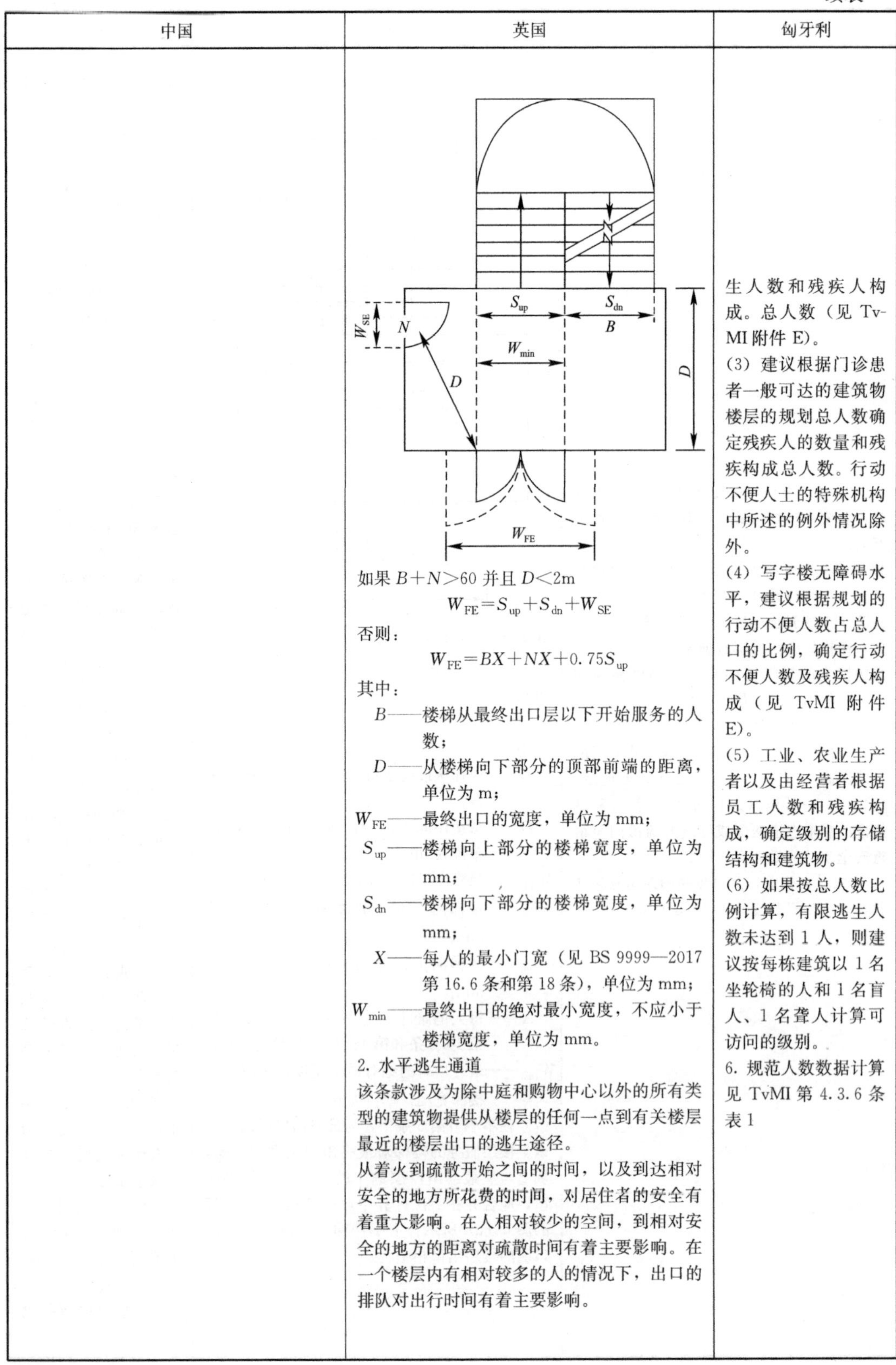 如果 $B+N>60$ 并且 $D<2m$ $W_{FE}=S_{up}+S_{dn}+W_{SE}$ 否则： $W_{FE}=BX+NX+0.75S_{up}$ 其中： B——楼梯从最终出口层以下开始服务的人数； D——从楼梯向下部分的顶部前端的距离，单位为 m； W_{FE}——最终出口的宽度，单位为 mm； S_{up}——楼梯向上部分的楼梯宽度，单位为 mm； S_{dn}——楼梯向下部分的楼梯宽度，单位为 mm； X——每人的最小门宽（见 BS 9999—2017 第 16.6 条和第 18 条），单位为 mm； W_{min}——最终出口的绝对最小宽度，不应小于楼梯宽度，单位为 mm。 2. 水平逃生通道 该条款涉及为除中庭和购物中心以外的所有类型的建筑物提供从楼层的任何一点到有关楼层最近的楼层出口的逃生途径。 从着火到疏散开始之间的时间，以及到达相对安全的地方所花费的时间，对居住者的安全有着重大影响。在人相对较少的空间，到相对安全的地方的距离对疏散时间有着主要影响。在一个楼层内有相对较多的人的情况下，出口的排队对出行时间有着主要影响。	生人数和残疾人构成。总人数（见 TvMI 附件 E）。 (3) 建议根据门诊患者一般可达的建筑物楼层的规划总人数确定残疾人的数量和残疾构成总人数。行动不便人士的特殊机构中所述的例外情况除外。 (4) 写字楼无障碍水平，建议根据规划的行动不便人数占总人口的比例，确定行动不便人数及残疾人构成（见 TvMI 附件 E）。 (5) 工业、农业生产者以及由经营者根据员工人数和残疾构成，确定级别的存储结构和建筑物。 (6) 如果按总人数比例计算，有限逃生人数未达到 1 人，则建议按每栋建筑以 1 名坐轮椅的人和 1 名盲人、1 名聋人计算可访问的级别。 6. 规范人数数据计算见 TvMI 第 4.3.6 条表 1

续表

<table>
<tr><th>中国</th><th>英国</th><th>匈牙利</th></tr>
<tr><td></td><td>
(1) 一般规定
每一层（或每两层）的逃生通道的位置应使遇到火警的人能够转过身去，并通过另一个出口安全逃生。疏散路线不应有任何可能造成不应有延误的严重阻碍，特别是对于残疾人而言，例如抬高的门槛或台阶，或难以打开的门。
中庭应按照 BS 9999—2017 附件 B 提供逃生通道，购物中心应按照 BS 9999—2017 附件 E 提供逃生通道。
(2) 占用人数
应对与建筑物的预定用途有关的最大占用率作出切合实际的估计，同时考虑到一部分人有某种形式的残疾。
注：房间、楼层、建筑物或建筑物部分的占用能力为：
1) 其设计容纳的最大人数。
2) 用房间或楼层面积（m^2）除以适当的楼面面积系数（m^2）计算出的数字，如 BS 9999—2017 中表 9 所示：
“面积”不包括楼梯间、升降机、卫生设施和建筑物结构的任何其他固定部分，但包括柜台、酒吧、座位和展示单元等特征。
如楼梯或门的容量已用作房间或楼层的最大许可占用量的基础，设计师应使占用人清楚知道有关限制，以确保占用量受到控制而不被超越。
<table>
<tr><th>使用类型</th><th>密度</th><th>楼面面积系数A) 人均平方米</th><th>示例</th></tr>
<tr><td>办公室</td><td>高</td><td>4</td><td>呼叫中心</td></tr>
<tr><td></td><td>正常</td><td>6</td><td>典型的开放式计划办公室</td></tr>
<tr><td></td><td>低</td><td>10</td><td>蜂窝式办公室</td></tr>
<tr><td>商店</td><td>正常</td><td>2</td><td>服装店</td></tr>
<tr><td></td><td>中等</td><td>4</td><td>超市</td></tr>
<tr><td></td><td>低</td><td>7</td><td>家具陈列室</td></tr>
<tr><td>站立区</td><td>非常高</td><td>0.3</td><td>排队的人</td></tr>
<tr><td></td><td>高</td><td>0.5</td><td>酒吧</td></tr>
<tr><td></td><td>正常</td><td>1</td><td>剧院功电影院门厅</td></tr>
<tr><td></td><td>低</td><td>2</td><td>博物馆或画廊</td></tr>
<tr><td>座位区B)</td><td>正常</td><td>0.4</td><td>剧院或电影院礼堂</td></tr>
</table>
</td><td></td></tr>
</table>

续表

中国	英国	匈牙利
	注：1. 上表中给出的系数只是典型的，根据预期用途的情况和占用者的性质，较高或较低的系数可能更合适。 2. 在已知座位数的情况下，楼面空间系数以该数为基础。 （3）逃生通道和出口的布置及数量 最小逃生路线数： 逃生通道可能因火灾、烟雾或烟雾而无法通行。一般来说，每一层或每两层都应提供至少2条可供选择的逃生通道。然而在某些情况下，单一方向的逃生（死胡同）可以提供合理的安全（见 BS 9999—2017 第 16.3.3 条）。任何房间、层或楼层的逃生通道及出口的数量，应不少于 BS 9999—2017 中表 10 所建议的预定占用人数的最低数量	

3.5.5 中英防火规范疏散距离

对比内容：中英防火规范疏散距离

中国	英国
公共建筑 5.5.17 条 1. 直通疏散走道的房间疏散门至最近安全出口的直线距离不应大于《建筑设计防火规范》GB 50016—2014（2018 年版）表 5.5.17 的规定	16.4 行驶距离 行驶距离一般不应超过表 11 中针对适当风险简介给出的数值；但是如果提供了额外的防火措施，则可能会增加行驶距离，但须受某些限制（见 BS 9999—2017 第 18 条）
表 5.5.17 详见本书第 3.5.4 节	规范表 11（见下表）
住宅建筑 5.5.29 条 1. 直通疏散走道的户门至最近安全出口的直线距离不应大于表 5.5.29 的规定。	
表 5.5.29 详见本书第 3.5.4 节	

提供最小防火措施时的最大行驶距离[A]　　表 11

风险简介	行程距离，单位：m			
	双向行程[B]		单程行程	
	直接	实际	直接	实际
A1	44	65	17	26
A2	37	55	15	22
A3	30	45	12	18
A4[C]	不适用[C]	不适用[C]	不适用[C]	不适用[C]
B1	40	60	16	24
B2	33	50	13	20
B3	27	40	11	16
B4[C]	不适用[C]	不适用[C]	不适用[C]	不适用[C]
C1	18	27	9	13
C2	12	18	6	9
C3	9	14	5	7
C4[C]	不适用[C]	不适用[C]	不适用[C]	不适用[C]

注 1. 直接行程适用于布局未知的情况，实际行程适用于布局已知的情况。
2. 如处所设有饮用含酒精饮品的设施，则处所内该等部分的车程可缩短 25%

中英差异化对比分析结论及心得：

中国公共建筑中托儿所、幼儿园老年人照料设施，单、多层医疗建筑，其他高层建筑，位于袋形走道两侧或尽端的疏散门最大安全距离为 20m。住宅建筑，建筑物内全部设置自动喷水灭火系统时，其安全疏散距离可按表 5.5.17 的规定增加 25%。英国防火规范根据表 11，对于已知内部布局的 A2 类风险，单程行驶的最大长度为 22m。通过安装喷头，该风险被改为 A1，因此单程行驶的最大长度增加到 26m。通过对比分析，安装喷头，其安全疏散距离都可以适当增加。

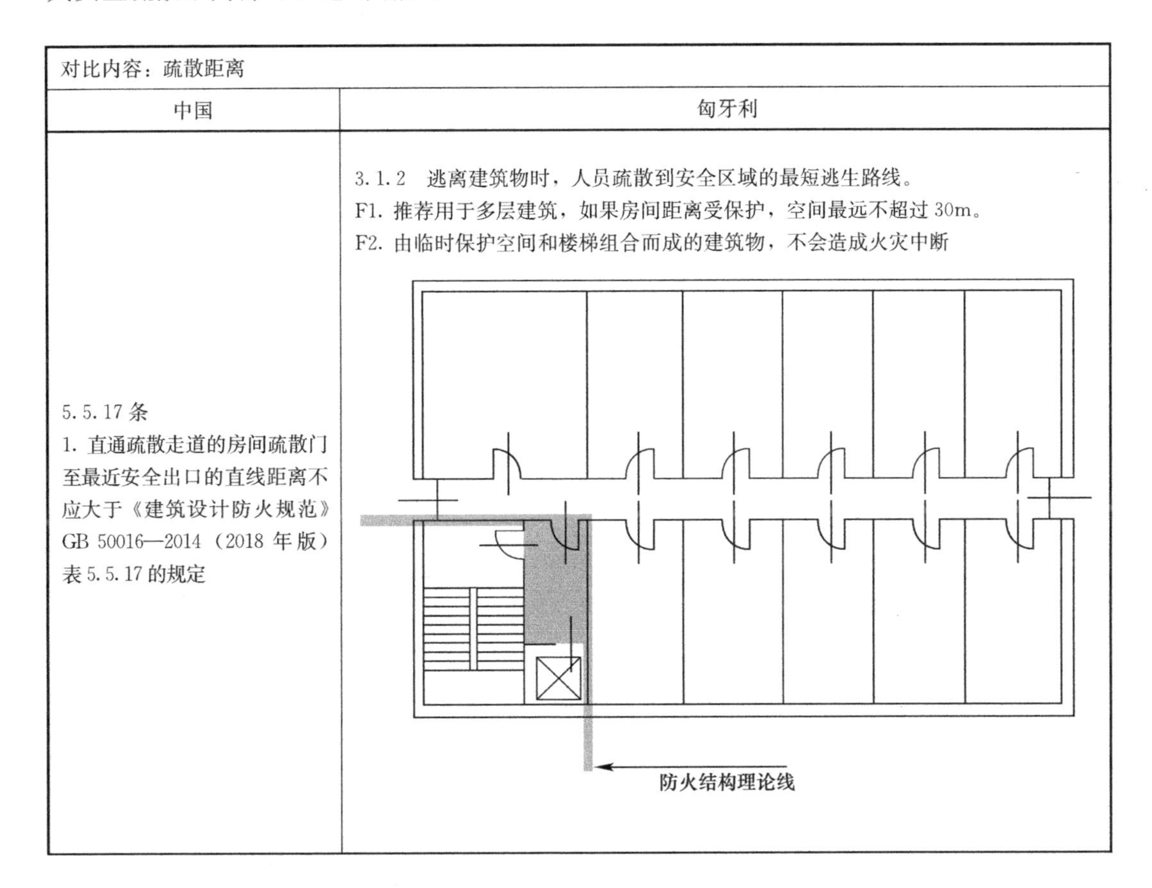

对比内容：疏散距离	
中国	匈牙利
5.5.17 条 1. 直通疏散走道的房间疏散门至最近安全出口的直线距离不应大于《建筑设计防火规范》GB 50016—2014（2018 年版）表 5.5.17 的规定	3.1.2　逃离建筑物时，人员疏散到安全区域的最短逃生路线。 F1. 推荐用于多层建筑，如果房间距离受保护，空间最远不超过 30m。 F2. 由临时保护空间和楼梯组合而成的建筑物，不会造成火灾中断 防火结构理论线

中英差异化对比分析结论及心得：

国内对安全疏散距离做了明确的规定。

3.6　无障碍设计

本节主要为中英无障碍机动车停车位设计、无障碍轮椅座席设计、无障碍标识标牌的对比。涉及英国规范《障碍包容性建筑环境设计》BS 8300—2018（以下简称 BS 8300—2018）、《图形符号和标志　公共信息符号》BS 8501—2002（以下简称 BS 8501—2002）。

<table>
<tr><td colspan="2">对比内容：无障碍机动车停车位设计</td></tr>
<tr><td>中国《无障碍设计规范》GB 50763—2012</td><td>英国 BS 8300—2018</td></tr>
<tr><td>
单位：mm
2500
1200
6000
轮椅安全通道
人行道
90°
6000
1200
2500 2500 2500 2500 2500
轮椅安全通道
人行道
90°
6000
1200
2500 2500 2500 2500 2500
（1）应将通行方便、行走距离路线最短的停车位设为无障碍机动车停车位。
（2）无障碍机动车停车位的地面应平整、防滑、不积水，地面坡度不应大于 1∶50。
（3）无障碍机动车停车位一侧，应设宽度不小于 1.0m 的通道，供乘轮椅者从轮椅通道直接进入人行道和到达无障碍出入口。
（4）无障碍机动车停车位的地面应涂有停车线、轮椅通道线和无障碍标志
</td><td>
专用无障碍标志标准设计图：
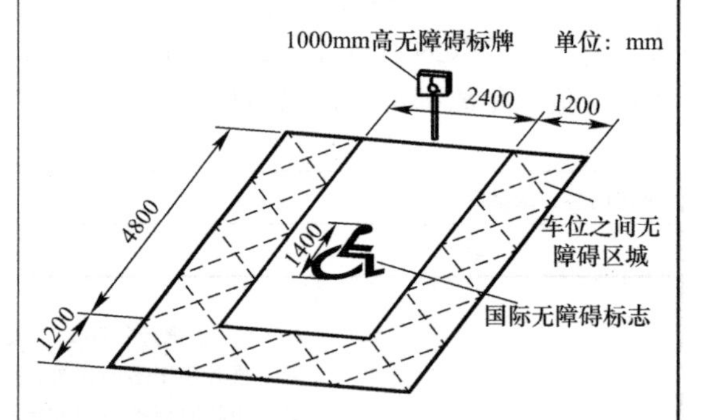

英国规范提供的标准设计，车位中应标志长为 1400mm 的国际无障碍通用标志，车位前方应竖立高 1000mm 的标牌，以免由于积雪或落叶等遮挡路面标志，在标牌上需注明仅限拥有蓝色徽章者专用车位。
英国无障碍停车位分为两种，即路边平行无障碍停车位和停车场无障碍停车位：
（1）路边平行无障碍停车位
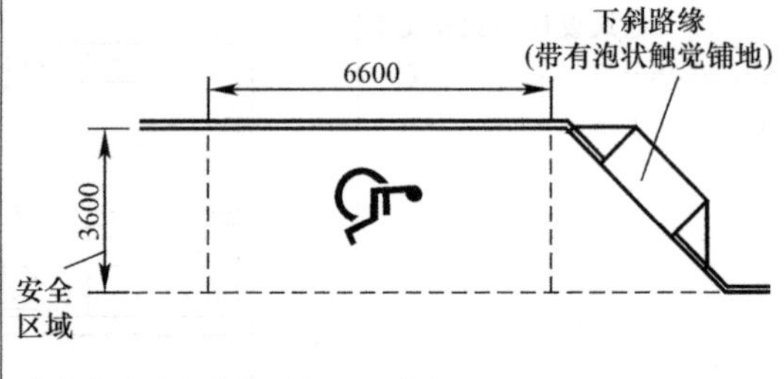

停车位应当与路缘平行，尺寸为 3600mm×6600mm。
（2）停车场无障碍停车位
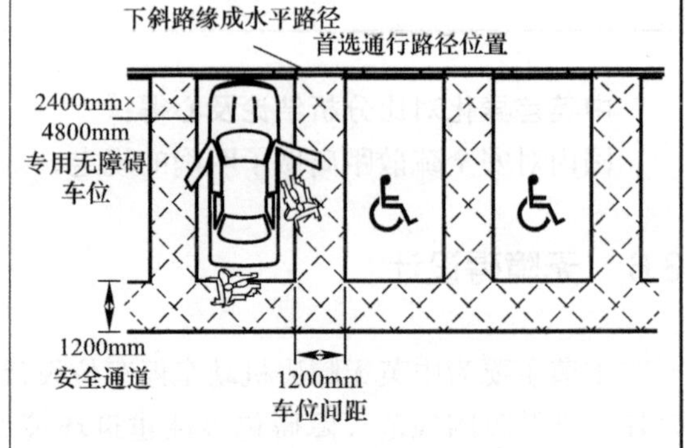

车位尺寸为 2400mm×4800mm，车位间距为 1200mm，可以方便轮椅使用者上下车时使用，停车位的一边还需要留有 1200mm 的安全通道
</td></tr>
</table>

中英差异化对比分析结论及心得：

中英无障碍机动车停车位设计大致相同，但英国无障碍停车位分为两种。

对比内容：无障碍轮椅座席设计	
中国《无障碍设计规范》GB 50763—2012 《无障碍设计》12J926	英国 BS 8300—2018
3.13 轮椅席位 3.13.1 轮椅席位应设在便于到达疏散口及通道的附近，不得设在公共通道范围内。 3.13.2 观众厅内通往轮椅席位的通道宽度不应小于1.20m。 3.13.3 轮椅席位的地面应平整、防滑，在边缘处宜安装栏杆或栏板。 3.13.4 每个轮椅席位的占地面积不应小于1.10m×0.80m。 3.13.5 在轮椅席位上观看演出和比赛的视线不应受到遮挡，但也不应遮挡他人的视线。 3.13.6 在轮椅席位旁或在邻近的观众席内宜设置1∶1的陪护席位。 3.13.7 轮椅席位处地面上应设置无障碍标志，无障碍标志应符合本规范第3.16节的有关规定。 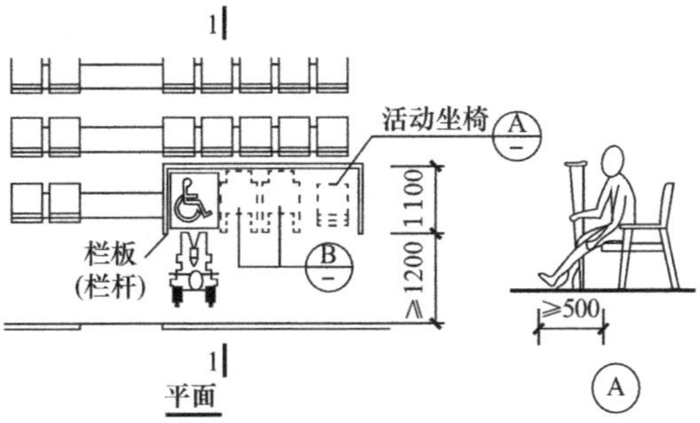  活动坐椅 栏板(栏杆) 1100 ≥1200 ≥500 平面 实例一(影剧院席位)	1. 水平地面空间 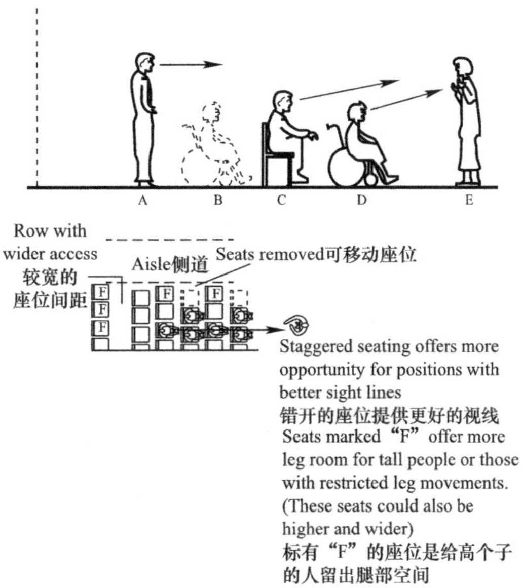 A B C D E Row with wider access 较宽的座位间距 Aisle侧道 Seats removed可移动座位 Staggered seating offers more opportunity for positions with better sight lines 错开的座位提供更好的视线 Seats marked "F" offer more leg room for tall people or those with restricted leg movements. (These seats could also be higher and wider) 标有"F"的座位是给高个子的人留出腿部空间 2. 倾斜地面空间 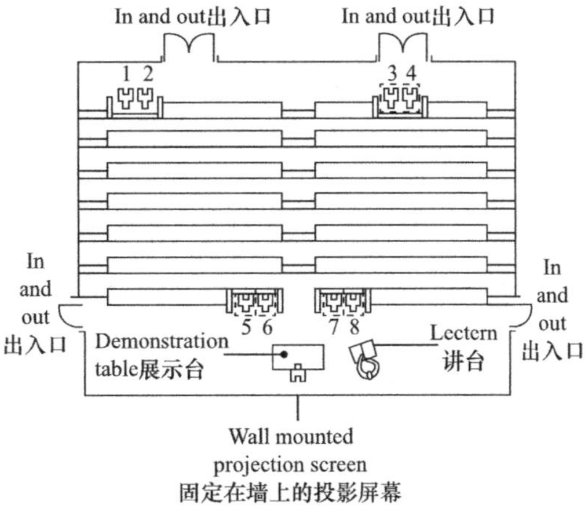 In and out出入口 In and out出入口 In and out出入口 In and out出入口 Demonstration table展示台 Lectern讲台 Wall mounted projection screen 固定在墙上的投影屏幕

续表

中国《无障碍设计规范》GB 50763—2012 《无障碍设计》12J926	英国 BS 8300—2018

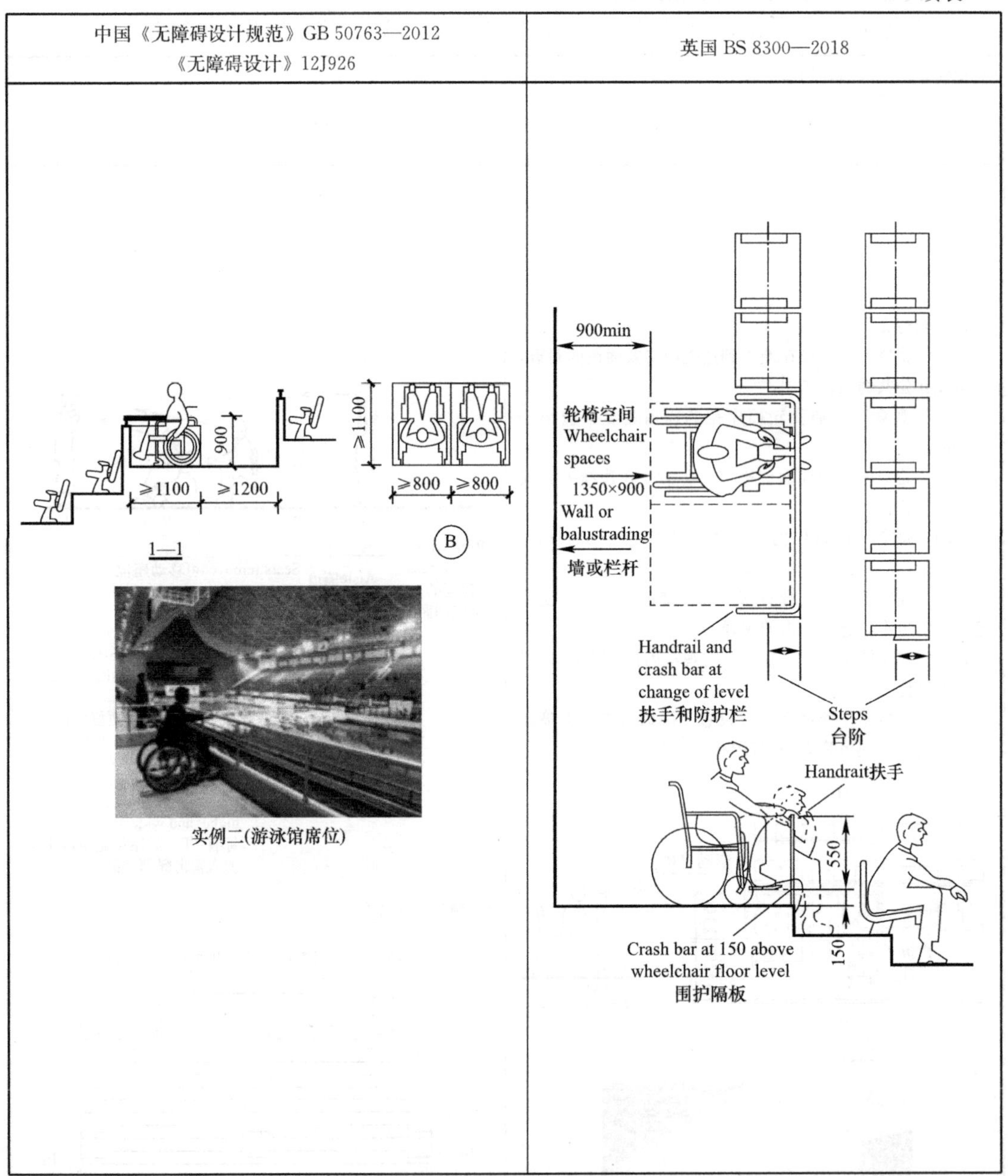

中英差异化对比分析结论及心得：

英国规范对于轮椅座席设计分为两个方面，即水平地面空间和倾斜地面空间，其区别是两种空间中其视线的角度是有区别的（给出了具体的分析），英国规范中对此不仅给出了设计方法，也对其原因给出了说明，并且在轮椅设计中，英国规范还考虑到身材比较高的人群腿部放置不舒服等原因，从而规定应设置较宽座位。中国规范主要规定通行要求、宽度要求等（提供了参考示意图以便于理解）。

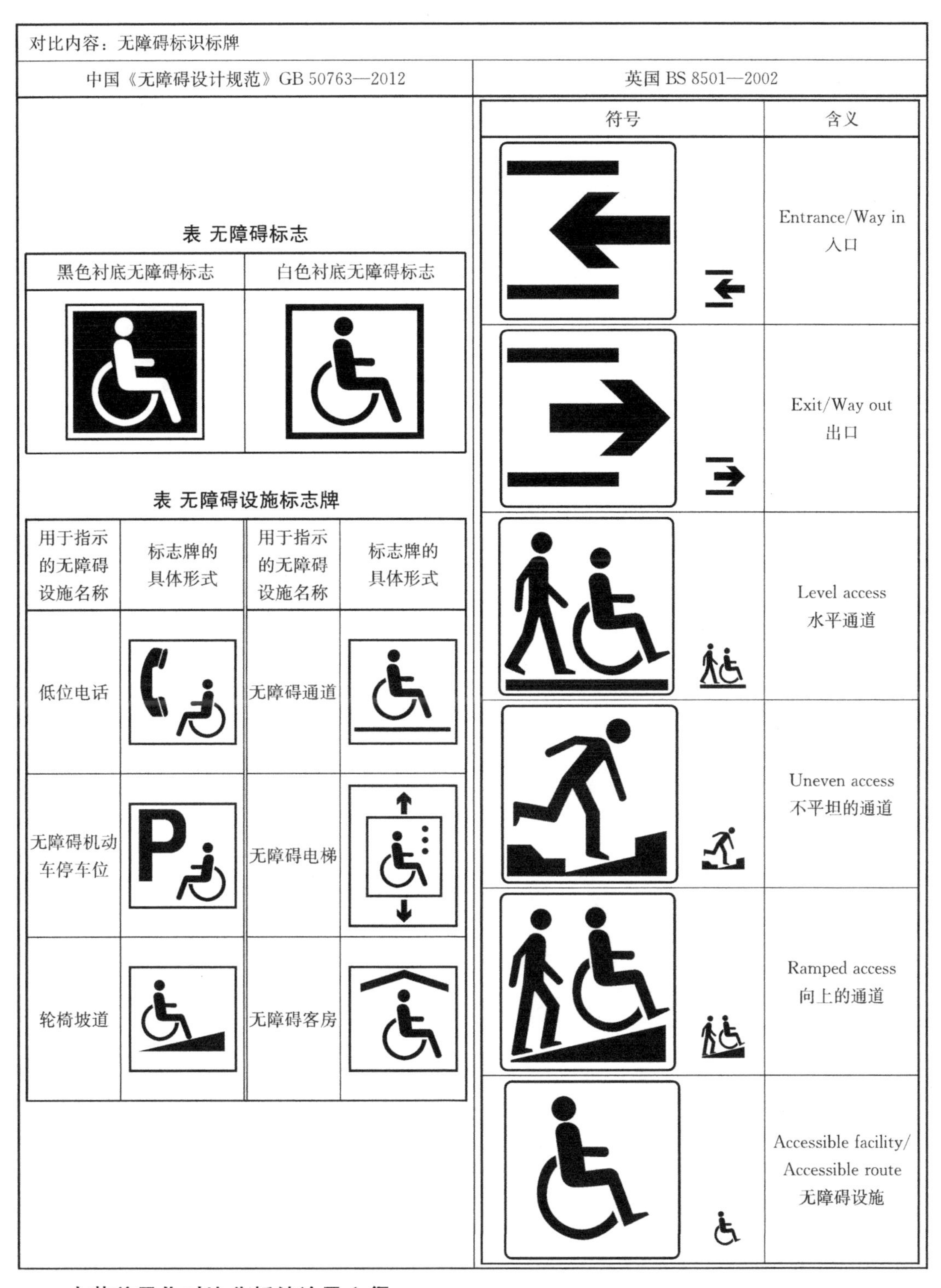

对比内容：无障碍标识标牌	
中国《无障碍设计规范》GB 50763—2012	英国 BS 8501—2002

中国《无障碍设计规范》GB 50763—2012：

表 无障碍标志

黑色衬底无障碍标志	白色衬底无障碍标志

表 无障碍设施标志牌

用于指示的无障碍设施名称	标志牌的具体形式	用于指示的无障碍设施名称	标志牌的具体形式
低位电话		无障碍通道	
无障碍机动车停车位		无障碍电梯	
轮椅坡道		无障碍客房	

英国 BS 8501—2002：

符号	含义
	Entrance/Way in 入口
	Exit/Way out 出口
	Level access 水平通道
	Uneven access 不平坦的通道
	Ramped access 向上的通道
	Accessible facility/ Accessible route 无障碍设施

中英差异化对比分析结论及心得：

我国《无障碍设计规范》GB 50763—2012 附录中对无障碍标识、无障碍设施标志牌以及用于指示方向的无障碍设施标识牌做出了说明，英国则编写了专门的公共信息标志规范，即《图像符号和标志　公共信息标志》BS 8501—2002。

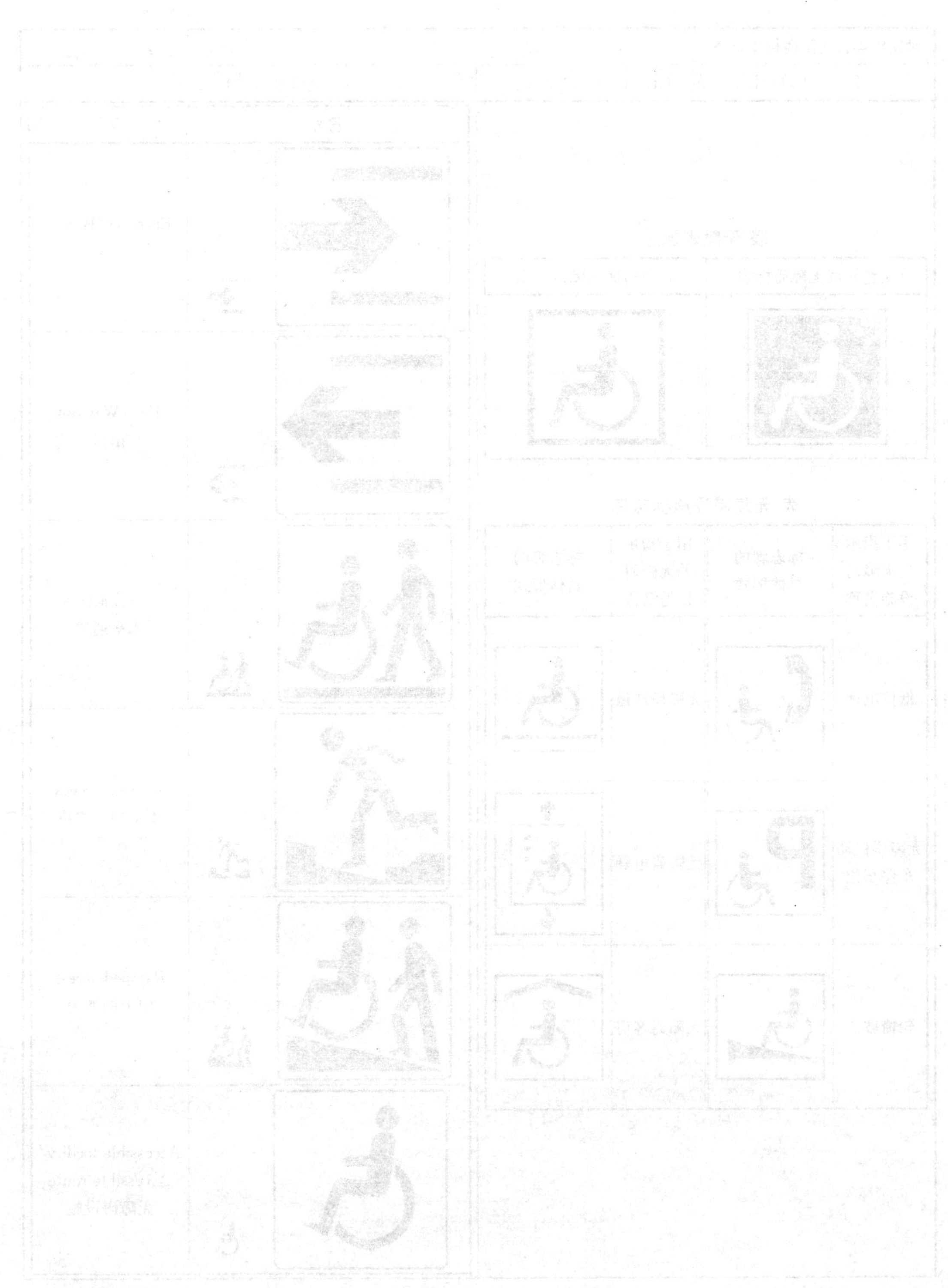

第 2 部分　结构设计

4 可靠度相关内容对比

本章主要为国内外相关结构设计关于结构可靠度方面的内容对比，涉及国内外建筑结构重要性等级的划分、建筑使用年限的确定、荷载分项系数的取值等内容，通过研究中国与欧洲的可靠度要求，了解相互之间的设计异同。参考标准为中国《建筑结构可靠性设计统一标准》GB 50068—2018 和欧规《结构设计基础》EN 1990—2002（以下简称 EN 1990）。

4.1 建筑结构安全（重要性）等级的划分

<table>
<tr><td colspan="2">对比内容：建筑结构安全（重要性）等级的划分</td></tr>
<tr><td>中国《建筑结构可靠性设计统一标准》GB 50068—2018</td><td>欧洲 EN 1990</td></tr>
<tr><td>规范 3.2 安全等级和可靠度</td><td>规范 B3.1 重要性等级</td></tr>
<tr><td>3.2.1 建筑结构设计时，应根据结构破坏可能产生的后果，即危及人的生命、造成经济损失、对社会或环境产生影响等的严重性，采用不同的安全等级。建筑结构安全等级的划分应符合表 3.2.1 的规定。
安全等级为一级，破坏后果：很严重；对人的生命、经济、社会或环境影响很大。
安全等级为二级，破坏后果：严重；对人的生命、经济、社会或环境影响较大。
安全等级为三级，破坏后果：不严重；对人的生命、经济、社会或环境影响较小</td><td>为了划分可靠度，可通过考虑表 B1 中给出的结构失效或故障的后果来确定重要性等级（CC）
<table>
<tr><th>重要性等级</th><th>描述</th><th>工程实例</th></tr>
<tr><td>CC3</td><td>高：人员生命丧失，或经济、社会或环境后果非常严重</td><td>音乐厅</td></tr>
<tr><td>CC2</td><td>中：人员生命丧失，或经济、社会或环境后果相当大</td><td>办公楼</td></tr>
<tr><td>CC1</td><td>低：人员生命丧失，或经济、社会或环境后果较小或可忽略</td><td>仓库</td></tr>
</table></td></tr>
</table>

中欧差异化对比分析结论及心得：

欧洲规范与中国规范对工程的安全等级定义基本一致，都是基于结构破坏后对社会等造成的影响严重性。国内为一级安全等级最高，国外为 CC3 级安全等级最高。

4.2 建筑结构构件的可靠度指标

<table>
<tr><td colspan="2">对比内容：建筑结构构件的可靠度指标</td></tr>
<tr><td>中国《建筑结构可靠性设计统一标准》GB 50068—2018</td><td>欧洲 EN 1990</td></tr>
<tr><td>规范 3.2.6</td><td>规范 B3.2 采用 β 值划分</td></tr>
<tr><td>3.2.6 结构构件持久设计状况承载能力极限状态设计的可靠指标，不应小于表 3.2.6 的规定。
<table>
<tr><th rowspan="2">破坏类型</th><th colspan="3">安全等级</th></tr>
<tr><th>一级</th><th>二级</th><th>三级</th></tr>
<tr><td>延性破坏</td><td>3.7</td><td>3.2</td><td>2.7</td></tr>
<tr><td>脆性破坏</td><td>4.2</td><td>3.7</td><td>3.2</td></tr>
</table></td><td>1. 可靠度等级（RC）可以用可靠度指标 β 来定义。
2. 三种可靠度等级 RC1、RC2 和 RC3 可以与三种重要性等级 CC1、CC2 和 CC3 相关联。
3. 表 B2 给出了与可靠度等级相关的可靠度指标最小推荐值
<table>
<tr><th rowspan="2">可靠度等级</th><th colspan="2">β 的最小值</th></tr>
<tr><th>1 年基准期</th><th>50 年基准期</th></tr>
<tr><td>RC3</td><td>5.2</td><td>4.3</td></tr>
<tr><td>RC2</td><td>4.7</td><td>3.8</td></tr>
<tr><td>RC1</td><td>4.2</td><td>3.3</td></tr>
</table></td></tr>
</table>

中欧差异化对比分析结论及心得：

欧洲规范可靠度偏高。欧洲规范的 1 年基准期对应于中国的脆性破坏，即破坏时毫无征兆。而 50 年基准期对应于中国的延性破坏。相比之下，欧洲规范在可靠度指标方面偏高，设计时采用中国设计软件应注意调整相关参数。

4.3　建筑结构的重要性系数

<table>
<tr><td colspan="2">对比内容：建筑结构的重要性系数</td></tr>
<tr><td>中国《建筑结构可靠性设计统一标准》GB 50068—2018</td><td>欧洲 EN 1990</td></tr>
<tr><td>规范 8.2.8</td><td>规范 B3.3　采用与分项系数相关的方法划分</td></tr>
<tr><td>8.2.8　结构重要性系数 γ_0，不应小于表 8.2.8 的规定。
<table>
<tr><td rowspan="3">结构重要性系数</td><td colspan="3">对持久设计状况和短暂设计状况</td><td rowspan="3">对偶然设计状况和地震设计状况</td></tr>
<tr><td colspan="3">安全等级</td></tr>
<tr><td>一级</td><td>二级</td><td>三级</td></tr>
<tr><td>γ_0</td><td>1.1</td><td>1.0</td><td>0.9</td><td>1.0</td></tr>
</table></td><td>划分可靠度等级的一种方法是区分用于永久设计状况的基本组合的 K_{FI} 系数等级。例如，对于相同的设计监理和施工检查等级，可采用不同的 K_{FI} 系数与分项系数相乘，参见表 B3。
<table>
<tr><td rowspan="2">作用系数</td><td colspan="3">可靠度等级</td></tr>
<tr><td>RC1</td><td>RC2</td><td>RC3</td></tr>
<tr><td>K_{FI}</td><td>0.9</td><td>1.0</td><td>1.1</td></tr>
</table></td></tr>
</table>

中欧差异化对比分析结论及心得：

结构重要性系数一致。中国规范根据地震作用的特点、抗震设计的现状，重要性系数对抗震设计的实际意义不大，对重要性的处理采用抗震措施的改变来实现，故对偶然设计状况和地震设计状况，结构重要性系数取 1.0。欧洲规范在地震状况时，详见 EN 1998 第 3.2.1 条，以 50 年为基准期规定一个结构重要性系数 1.0，基准期以外的情况，在地震加速度上乘以相应的系数来考虑重要性。

4.4　建筑结构安全（重要性）等级与设计监理等级的划分

对比内容：建筑结构安全（重要性）等级与设计监理等级的划分	
中国《建筑结构可靠性设计统一标准》GB 50068—2018	欧洲 EN 1990
国内暂无对设计监理等级的划分	规范 B4　设计监理划分
—	1. 设计监理划分由一些可以共同使用的不同组织质量控制的方法组成。例如，设计监理等级［B4(2)］的定义可以和其他方法结合使用，如设计师和审核专家的分级［B4(3)］。 2. 表 B4 给出了三种可能的设计监理等级（DSL）。设计监理等级可根据结构重要性的可靠度等级相关联，同时应符合国家规范要求或设计大纲，并通过适当的质量管理方法来实施

中欧差异化对比分析结论及心得：

国内外规范的差异，提醒欧洲规范设计时应考虑设计监理的划分。

4.5 结构设计使用年限

对比内容：结构设计使用年限

中国《建筑结构可靠性设计统一标准》GB 50068—2018	欧洲 EN 1990
规范 3.3.2 和 3.3.3	规范 2.3 设计使用寿命

中国：

3.3.2 建筑结构设计时，应规定结构的设计使用年限。

3.3.3 建筑结构的设计使用年限，应按表 3.3.3 采用

类别	设计使用年限（年）
临时性建筑结构	5
易于替换的结构构件	25
普通房屋和构筑物	50
标志性建筑和特别重要的建筑结构	100

欧洲：

应指定设计使用寿命。

注释：表 2.1 给出了指示性类别。表 2.1 给出的值也可用于确定时间—相关性能（如疲劳相关计算）。见附件 A

设计使用寿命类别	指示性设计使用寿命（年）	范例
1	10	临时结构
2	10～25	结构可替换部分，如刚架横梁、支座
3	15～30	农用及类似结构
4	50	房屋结构和其他普通结构
5	100	纪念性建筑结构，桥梁和其他土木工程结构

中欧差异化对比分析结论及心得：

与中国规范相比，欧洲规范多了农用及类似结构的设计使用年限，除此之外，欧洲规范关于临时结构的使用年限要求比中国规范高，而对于易替换结构，欧洲规范则给出一个范围值，以提供给设计师根据结构的重要性来确定，设计更加灵活，设计时可根据实际情况考虑。

4.6 设计状况

对比内容：设计状况

中国《建筑结构可靠性设计统一标准》GB 50068—2018	欧洲 EN 1990
规范 4.2	规范 3.2 设计状况
4.2.1 建筑结构设计应区分下列设计状况： 1. 持久设计状况，适用于结构使用时的正常情况。 2. 短暂设计状况，适用于结构出现的临时情况，包括结构施工和维修时的情况等。 3. 偶然设计状况，适用于结构出现的异常情况，包括结构遭受火灾、爆炸、撞击时的情况等。 4. 地震设计状况，适用于结构遭受地震时的情况	1. 选择相关设计状况时，应考虑环境情况，在该情况下要求结构满足其功能要求。 2. 设计状况分为下列几种： 持久设计状况，指一般使用情况。 短暂设计状况，指结构的临时情况，例如施工期间和维修期间。 偶然设计状况，指结构或其外部环境的意外情况，例如火灾、爆炸、撞击或局部破坏的后果。 地震设计状况，指结构遭受地震作用的情况。 注释：上述每种分类中规定的具体设计状况的信息在 EN 1991 至 EN 1999 中给出。 3. 选择的设计状况应充分严格和全面，以覆盖所有可以合理预见将发生在结构施工期和使用期间的情况

中欧差异化对比分析结论及心得：

欧洲规范与中国规范均包含 4 种设计状况，欧洲规范对“作用效应”和“荷载效应”采用了分项系数法表达设计组合，设计时应相应考虑。

4.7 承载能力极限状态

<table>
<tr><td colspan="2">对比内容：承载能力极限状态</td></tr>
<tr><td>中国《建筑结构可靠性设计统一标准》GB 50068—2018</td><td>欧洲 EN 1990</td></tr>
<tr><td>规范 8.2</td><td>规范 6.4 极限状态</td></tr>
<tr><td>8.2.1 结构或结构构件按承载能力极限状态设计时，应考虑下列状态：
1. 结构或结构构件的破坏或过度变形，此时结构的材料强度起控制作用。
2. 整个结构或其一部分作为刚体失去静力平衡，此时结构材料或地基的强度不起控制作用。
3. 地基破坏或过度变形，此时岩土的强度起控制作用。
4. 结构或结构构件疲劳破坏，此时结构的材料疲劳强度起控制作用</td><td>6.4.1 概述
1. 下列承载能力极限状态应进行相关验算：
(1) EQU：作为刚体考虑的结构或结构的一部分失去静态平衡，其中：
单一力源的作用的值或空间分布的细微变化可导致结构的显著反应；
建筑材料或地基的强度不控制设计。
(2) STR：结构或结构构件包括基础、桩、地下墙等的内部破坏或过度变形，其中结构的建筑材料强度控制设计。
(3) GEO：地基破坏或过度变形，其中土或岩石的强度能提供显著的抗力。
(4) FAT：结构或结构构件的疲劳破坏</td></tr>
</table>

中欧差异化对比分析结论及心得：

列出欧洲规范有关承载能力极限状态的定义，方便与中国规范进行比较学习，为后续欧洲规范学习奠定基础。对 EQU/STR 承载力极限状态，按 $E_d \leqslant R_d$ 设计；对正常使用极限状态，则考虑恒荷载或恒载+活载的情况，按 $E_d \leqslant C_d$ 设计。

4.8 荷载分项系数

<table>
<tr><td colspan="2">对比内容：持久或短暂设计状况的作用设计值的荷载分项系数</td></tr>
<tr><td>中国《建筑结构可靠性设计统一标准》GB 50068—2018</td><td>欧洲 EN 1990</td></tr>
<tr><td>规范 8.2.4</td><td>规范附录 A1.3</td></tr>
<tr><td>8.2.4 对持久设计状况和短暂设计状况，应采用作用的基本组合，并应符合下列规定：
1. 基本组合的效应设计值按下式中最不利值确定：
$S_d = S(\sum_{i\geqslant 1}\gamma_{Gi}G_{ik} + \gamma_P P + \gamma_{Q_1}\gamma_{L_1}Q_{1k} + \sum_{j>1}\gamma_{Qj}\psi_{cj}\gamma_{Lj}Q_{jk})$
8.2.9 建筑结构的作用分项系数，应按表 8.2.9 采用。
<table><tr><td>适用情况
作用分项系数</td><td>当作用效应对承载力不利时</td><td>当作用效应对承载力有利时</td></tr><tr><td>γ_G</td><td>1.3</td><td>≤1.0</td></tr><tr><td>γ_P</td><td>1.3</td><td>≤1.0</td></tr><tr><td>γ_Q</td><td>1.5</td><td>0</td></tr></table></td><td>附录 A1.3
持久或短暂设计状况组合
或者，作为 STR 和 GEO 极限状态的另一种选择，使用下列两式中较不利组合：
$\sum_{j\geqslant 1}\gamma_{G,j}G_{k,j} + \gamma_P P + \gamma_{Q,1}\psi_{0,1}Q_{k,1} + \sum_{i>1}\gamma_{Q,i}\psi_{0,i}Q_{k,i}$ (6.10a)
$\sum_{j\geqslant 1}\xi_j\gamma_{G,j}G_{k,j} + \gamma_P P + \gamma_{Q,1}Q_{k,1} + \sum_{i>1}\gamma_{Q,i}\psi_{0,i}Q_{k,i}$ (6.10b)</td></tr>
</table>

中欧差异化对比分析结论及心得：

欧洲规范的永久荷载分项系数在荷载不利时取1.35，相对中国可变荷载控制情况时的1.3来说较高一点。对比总结出以下不同点：

EN 1990与中国规范承载力极限状态下荷载分项系数对比表

规范	EN 1990表A.1.2（B）	GB 50068—2018
永久荷载分项系数 γ_G	不利时，取1.35	不利时，可变荷载控制时取1.3；永久荷载控制时取1.35
	有利时，取1.00	有利时，取1.00
可变荷载分项系数 γ_Q	不利时，取1.50	一般情况下取1.5。对于大于$4kN/m^2$的工业房屋，楼面结构的活荷载取1.3

注意使用公式（6.10a）或公式（6.10b）会得到更经济的设计，但不是所有情况都能使用，只能在STR极限状态时使用，不能用于EQU、GEO极限状态，另外，欧洲规范对于有地震作用参与的荷载组合，不同时考虑风荷载作用。常见结构设计软件中，ETABS给出选项使用公式（6.10）或者公式（6.10a）和公式（6.10b）。还有一个重要的概念NDPs，即国家参数。欧洲标准化委员会允许每个成员国在国家附录中调整国家参数NDPs，比如使用不同的材料分项系数、雪荷载分项系数等。

5　荷载（雪荷载）相关内容对比

本章主要为国内外结构设计中关于雪荷载相关方面的内容对比，包括雪荷载组合系数、雪荷载的重现期、雪荷载的计算及建筑体型系数等内容。通过研究中国与欧洲规范有关雪荷载计算的规定，了解相互之间的设计异同，为后续项目的开展提供设计参考。参考标准为中国《建筑结构荷载规范》GB 50009—2012和欧洲《一般作用　雪荷载》EN 1991—1—3—2003（以下简称EN 1991—1—3）。

5.1　雪荷载组合系数

对比内容：雪荷载组合系数	
中国《建筑结构荷载规范》GB 50009—2012	欧洲EN 1991—1—3
规范7.1.5	规范4.2其他代表值
7.1.5　雪荷载的组合值系数可取0.7；频遇值系数可取0.6；准永久值系数应按雪荷载分区Ⅰ、Ⅱ和Ⅲ的不同，分别取0.5、0.2和0；雪荷载分区应按本规范附录E.5或附图E.6.2的规定采用	**建筑物不同位置的系数Ψ_0、Ψ_1和Ψ_2的推荐值　表4.1**（见下表）

建筑物不同位置的系数Ψ_0、Ψ_1和Ψ_2的推荐值　表4.1

地区	Ψ_0	Ψ_1	Ψ_2
芬兰、冰岛、挪威、瑞典	0.70	0.50	0.20
注意其他CEN成员国，对于海拔高度$H>1000m$的地点	0.70	0.50	0.20
注意其他CEN成员国，对于海拔高度$H\leqslant1000m$的地点	0.50	0.20	0.00

中欧差异化对比分析结论及心得：

欧洲规范组合系数根据地区不同有较大区别，同时还与海拔高度有关，整体较中国规范取值偏小。

5.2　雪荷载重现期

对比内容：雪荷载重现期	
中国《建筑结构荷载规范》GB 50009—2012	欧洲 EN 1991—1—3
规范 7.1.2、7.1.3	规范附录 C　欧洲地面雪载图
7.1.2　基本雪压应采用按本规范规定的方法确定的 50 年重现期的雪压；对雪荷载敏感的结构，应采用 100 年重现期的雪压。 7.1.3　全国各城市的基本雪压值应按本规范附录 E 中表 E.5 重现期 R 为 50 年的值采用。当城市或建设地点的基本雪压值在本规范表 E.5 中没有给出时，基本雪压值应按本规范附录 E 规定的方法，根据当地年最大雪压或雪深资料，按基本雪压定义，通过统计分析确定，分析时应考虑样本数量的影响。当地没有雪压和雪深资料时，可根据附近地区规定的基本雪压或长期资料，通过气象和地形条件的对比分析确定；也可比照本规范附录 E 中附图 E.6.1 全国基本雪压分布图近似确定	附录 C　欧洲地面雪载图 规定的地面雪荷载特征值是指等于 50 年的平均重现期（MRI）。 1. 图 C.11 为由捷克的国家主管机构提供的雪载图。 2. 图 C.12 为由冰岛的国家主管机构提供的雪载图。 3. 图 C.13 为由波兰的国家主管机构提供的雪载图

中欧差异化对比分析结论及心得：

中国规范和欧洲规范的重现期取值均为 50 年。

5.3　雪荷载计算控制因素

对比内容：雪荷载计算控制因素	
中国《建筑结构荷载规范》GB 50009—2012	欧洲 EN 1991—1—3
规范 7.1.1	规范 5.2
$$s_k = \mu_r s_0 \quad (7.1.1)$$ 式中：s_k——雪荷载标准值（kN/m²）； μ_r——屋面积雪分布系数； s_0——基本雪压（kN/m²）	1. 应考虑下述两种主要荷载布置： 屋顶非堆积雪荷载； 屋顶堆积雪荷载。 2. 应将屋顶雪荷载确定如下： 对永久/瞬时设计状况 $$S = \mu_i C_e C_t S_k$$ 式中：μ_i——雪荷载形状系数（见本规范第 5.3 节和附录 B）； S_k——地面雪荷载特征值； C_e——暴露系数； C_t——热系数

中欧差异化对比分析结论及心得：

中国规范第 7.1.1 条考虑了风致积雪、屋顶形式、建筑等级；欧洲规范第 5.2 节考虑了风致积雪、屋面形式、暴露状态、建筑供暖。欧洲规范考虑控制因素比中国规范更为详细。

5.4 单坡屋面角度与体型系数取值

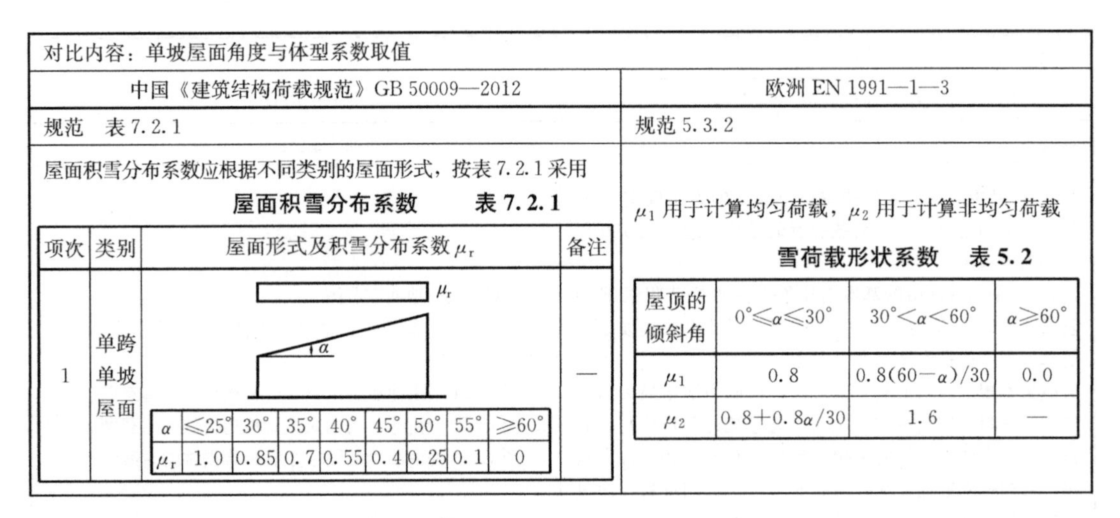

对比内容：单坡屋面角度与体型系数取值	
中国《建筑结构荷载规范》GB 50009—2012	欧洲 EN 1991—1—3
规范　表 7.2.1	规范 5.3.2
屋面积雪分布系数应根据不同类别的屋面形式，按表 7.2.1 采用	μ_1 用于计算均匀荷载，μ_2 用于计算非均匀荷载

屋面积雪分布系数　　表 7.2.1

项次	类别	屋面形式及积雪分布系数 μ_r	备注
1	单跨单坡屋面	μ_r；α	—

α	≤25°	30°	35°	40°	45°	50°	55°	≥60°
μ_r	1.0	0.85	0.7	0.55	0.4	0.25	0.1	0

雪荷载形状系数　表 5.2

屋顶的倾斜角	$0°\leqslant\alpha\leqslant30°$	$30°<\alpha<60°$	$\alpha\geqslant60°$
μ_1	0.8	$0.8(60-\alpha)/30$	0.0
μ_2	$0.8+0.8\alpha/30$	1.6	—

中欧差异化对比分析结论及心得：

单坡屋面临界坡度中国规范与欧洲规范取值一样，均为 60°，中国规范取值系数相比欧洲规范均匀荷载情况下更为保守。

6 荷载（风荷载）相关内容对比

本章主要为国内外结构设计中关于风荷载相关方面的内容对比，包括风荷载组合系数、风荷载的重现期、地面粗糙系数及风荷载的计算中涉及的气动系数、粗糙度系数和地形影响系数、压力系数法和力系数法等相关内容，主要研究欧洲规范有关风荷载计算的相关参数，通过研究中国与欧洲规范有关风荷载的计算内容，了解相互之间的设计异同，为后续项目的开展提供设计参考。参考标准为中国《建筑结构荷载规范》GB 50009—2012 和欧洲《一般作用　风荷载》EN 1991—1—4—2005（以下简称 EN 1991—1—4）。

6.1 不同结构使用不同的气动系数

对比内容：不同结构使用不同的气动系数	
中国《建筑结构荷载规范》GB 50009—2012	欧洲 EN 1991—1—4
无特殊规定	规范 7.1 概述
—	应将本节用于确定结构的适当气动系数。根据结构的不同，适当的气动系数为： 1. 内部和外部压力系数。

续表

中国《建筑结构荷载规范》GB 50009—2012	欧洲 EN 1991—1—4
—	2. 净压力系数。 3. 摩擦系数。 4. 力系数。 适用于压力系数法计算风压的有： 1. 建筑物（通过本规范第 7.2 节来确定内压和外压）。 2. 圆柱体（通过本规范第 7.2.9 条来确定内压，通过第 7.9.1 条来确定外压）。 适用于净压力系数法计算风压的有： 1. 挑篷（通过本规范第 7.3 节确定）。 2. 独立式墙壁、护墙和围墙（通过本规范第 7.4 节确定）。 适用于力系数法计算风压的有： 1. 布告牌。 2. 带矩形横截面的结构构件。 3. 具有锋利边缘截面的结构构件。 4. 带正多边形截面的结构构件。 5. 圆柱体。 6. 球体。 7. 格构式结构和脚手架。 8. 旗帜

中欧差异化对比分析结论及心得：

欧洲规范相比中国规范规定得更加详细，不同的结构形式考虑不同的气动系数。

6.2 基本风速值测定

对比内容：基本风速值测定	
中国《建筑结构荷载规范》GB 50009—2012	欧洲 EN 1991—1—4
规范 8.1.2（条文说明）	规范 1.6.1 基本风速基值
基本风压是根据当地气象台站历年来的最大风速记录，按基本风速的标准要求，将不同风速仪高度和时次时距的年最大风速，统一换算为离地 10m 高，自记 10min 平均年最大风速数据，经统计分析确定重现期为 50 年的最大风速，作为当地的基本风速 v_0，再按以下贝努利公式计算得到： $$\omega_0=1/2\rho v_0{}^2$$ 式中：ρ——空气密度，取 1.25t/m^3； v_0——基本风速（m/s）	在不考虑风向的情况下，在平坦开阔的乡村地形以上 10m 高度处且考虑高度效应（如有）时，年超越概率为 0.02 的 10min 平均风速

中欧差异化对比分析结论及心得：

年概率超 2%对应中国重现期为 50 年的罕遇地震。对比欧洲规范和中国规范，两者测定风速的基本高度均为离地面 10m，时距均为 10min，重现期均为 50 年。欧洲规范测定基本风速的地面粗糙度为Ⅱ类地形，中国规范为 B 类地形，平坦开阔度差不多，故基本风速值的测定大致相同。

6.3 地面粗糙度

对比内容：地面粗糙度	
中国《建筑结构荷载规范》GB 50009—2012	欧洲 EN 1991—1—4
规范 8.2.1	8.2.1 规范附录 A　A.1 各类地形的上层粗糙度图示
8.2.1　对于平坦或稍有起伏的地形，风压高度变化系数应根据地面粗糙度按表 8.2.1 确定。地面粗糙度可分为 A、B、C、D 四类： A 类指近海海面和海岛、海岸、湖岸及沙漠地区； B 类指田野、乡村、丛林、丘陵以及房屋比较稀疏的乡镇； C 类指有密集建筑群的城市市区； D 类指有密集建筑群且房屋较高的城市市区	0 类地形： 接近远海的海域、沿海地区。 Ⅰ类地形： 湖泊或植被极少且无障碍物的地区。 Ⅱ类地形： 生长着低矮植被（如草）并存在间隔至少 20 个障碍物高度的单独障碍物的地区。 Ⅲ类地形： 植被或建筑物均匀覆盖，或存在间隔最多为 20 个障碍物高度的单独障碍物的地区（如村庄、城郊地形、永久森林）。 Ⅳ类地形： 至少 15%的表面覆盖有建筑物，且建筑物平均高度超过 15m 的地区

中欧差异化对比分析结论及心得：

欧洲规范的地面粗糙度分为 5 类，中国规范分为 4 类。欧洲规范的 0 类和Ⅰ类场地对应中国规范的 A 类，欧洲规范的Ⅱ类场地对应中国规范的 B 类，欧洲规范的Ⅲ类场地对应中国规范的 C 类，欧洲规范的Ⅳ类场地对应中国规范的 D 类。

6.4 基本风速 v_b

对比内容：基本风速 v_b	
中国《建筑结构荷载规范》GB 50009—2012	欧洲 EN 1991—1—4
规范附录 E.2 和 E.3	规范 4.2　基值
附录 E.2 及 E.3 中分别描述风速观测数据和基本风速统计方法。 E.2.2　风速观测数据资料应符合下述要求： 1. 应采用自记式风速仪记录的 10min 平均风速资料，对于以往非自记的定时观测资料，应通过适当修正后加以采用。 2. 风速仪标准高度应为 10m；当观测的风速仪高度与标准高度相差较大时，可按下式换算到标准高度的风速 v： $$v = v_z\left(\frac{10}{z}\right)^{\alpha} \quad \text{(E.2.2)}$$ 式中：z——风速仪实际高度（m）； v_z——风速仪观测风速（m/s）； α——空旷平坦地区地面粗糙度指数，取 0.15。	1. 在不考虑风向和季节的情况下，基本风速的基值 $v_{b,0}$ 为：在生长着低植被（如草地）并存在至少间隔 20 个障碍物高度的单独障碍物的开阔乡村地形上，离地平面 10m 高度处的 10min 平均风速特征值。 注 1. 该地形为表 4.1 中的Ⅱ类地形。 2. 基本风速的基值 $v_{b,0}$ 可在国家版附录中给出。 2. 应通过公式（4.1）计算基本风速。 $$v_b = c_{dir} \times c_{season} \times v_{b,0} \quad (4.1)$$ 式中：v_b——基本风速，定义为Ⅱ类地形上离地 10m 处风向和季节的函数； $v_{b,0}$——基本风速的基值； c_{dir}——方向系数； c_{season}——季节系数。

续表

中国《建筑结构荷载规范》GB 50009—2012	欧洲 EN 1991—1—4
3. 使用风杯式测风仪时，必须考虑空气密度受温度、气压影响的修正。 E. 2. 4 基本风压应按下列规定确定： 1. 基本风压 ω_0 应根据基本风速按下式计算： $\omega_0 = 1/2\rho v_0^2$ (E. 2. 4-1) 式中：v_0——基本风速； ρ——空气密度（t/m^3）。 2. 基本风速 v_0 应按本规范附录 E. 3 中规定的方法进行统计计算，重现期应取 50 年	注 1. 若规定基值 $v_{b,0}$ 中未包含高度对基本风速 v_b 的影响，则国家版附录可给出一种方法用于对其进行考虑。 2. 各种风向的方向系数值 c_{dir} 可参见国家版附录。推荐值为 1.0。 3. 季节系数值 c_{season} 可在国家版附录中给出。推荐值为 1.0

中欧差异化对比分析结论及心得：

欧洲规范取方向系数和季节系数为 1.0，则基本风速等于所测的基本风速基值。

6.5 平均风速 $v_{m(z)}$

对比内容：平均风速 $v_{m(z)}$	
中国《建筑结构荷载规范》GB 50009—2012	欧洲 EN 1991—1—4
规范 8. 1. 1	规范 4. 3
8. 1. 1 垂直于建筑物表面上的风荷载标准值，应按下列规定确定： 1. 计算主要受力结构时，应按下式计算： $\omega_k = \beta_z \mu_s \mu_z \omega_0$ (8. 1. 1-1) 式中：ω_k——风荷载标准值（kN/m^2）； β_z——高度 z 处的风振系数； μ_s——风荷载体型系数； μ_z——风压高度变化系数； ω_0——基本风压（kN/m^2）。 2. 计算围护结构时，应按下式计算： $\omega_k = \beta_{gz} \mu_{sl} \mu_z \omega_0$ (8. 1. 1-2) 式中：β_{gz}——高度 z 处的阵风系数； μ_{sl}——风荷载局部体型系数	在基本风速的基础上，考虑地形系数和粗糙度系数。 $v_{m(z)} = c_{r(z)} \times c_{0(z)} \times v_b$ (4. 3) 式中：$c_{r(z)}$ ——粗糙度系数（本规范第 4. 3. 2 条中给出）； $c_{0(z)}$ ——山形系数（除非本规范第 4. 3. 3 条中另行规定，否则应为 1. 0）。 注 1. c_0 相关信息可在国家版附录中给出。如果在计算基本风速时考虑了山形，则推荐值为 1. 0。 2. $v_{m(z)}$ 的设计图表可在国家版附录中给出

中欧差异化对比分析结论及心得：

欧洲规范考虑粗糙度系数和山形系数，计算的是风速；中国规范考虑了风压高度变化系数，计算的是风压，注意区分。

6.6 粗糙度系数和地形影响系数 c_0

对比内容：粗糙度系数和地形影响系数 c_0	
中国《建筑结构荷载规范》GB 50009—2012	欧洲 EN 1991—1—4
规范 8.2.1、8.2.2	规范 4.3
条文 8.2.1 考虑了风压高度变化系数。 条文 8.2.2 考虑了地形条件的修正。 对于山区的建筑物，风压高度变化系数除可按平坦地面的粗糙度类别由本规范表 8.2.1 确定外，还应考虑地形条件的修正。	4.3.2 地形粗糙度 $c_{r(z)}$ 的确定方法可在国家版附录中给出。高度为 z 时，建议的粗糙度系数确定方法由公式（4.4）给出，并以对数速度分布图为基础。 对于 $z_{min} \leqslant z \leqslant z_{max}$，$c_{r(z)} = k_r \times ln(z/z_0)$ 对于 $z \leqslant z_{min}$，$c_{r(z)} = c_{r(zmin)}$ （4.4） 式中：z_0——粗糙长度； k_r——地形系数。 4.3.3 1. 若山形（如丘陵和悬崖）将风速增加 5%以上，则应使用山形系数 c_0 考虑其影响。 注：c_0 的确定方法可在国家版附录中给出。推荐方法在本规范附录 A.3 中给出。 2. 若逆风地形的平均坡度小于 3°，则可忽略山形的影响。可将逆风地形视为距离小于或等于 10 倍的独立山岳特征高度。 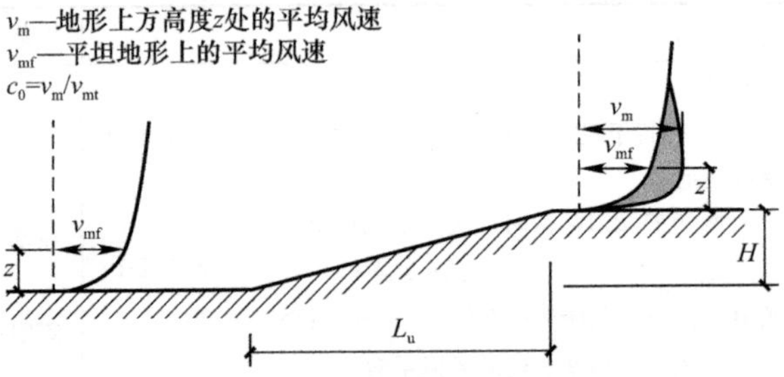 v_m—地形上方高度z处的平均风速 v_{mf}—平坦地形上的平均风速 $c_0=v_m/v_{mt}$ 图 风速沿山形增大的图示 其由下列各式确定： $\Phi \leqslant 0.05$ 时，$c_0 = 1$ （A.1） $0.05 < \Phi \leqslant 0.3$ 时，$c_0 = 1 + 2 \cdot s \cdot \Phi$ （A.2） $\Phi > 0.05$ 时，$c_0 = 1 + 0.6 \cdot s$ （A.3） 式中，Φ——风向上的逆风坡度； c_0——山形系数

中欧差异化对比分析结论及心得：

欧洲规范考虑粗糙度系数和山形系数，中国规范考虑了风压高度变化系数。欧洲规范中有关地形影响系数的计算方法，详见欧洲规范 EN 1991—1—4 的附录 A.2。

6.7 邻近结构和密集建筑物的影响

对比内容：邻近结构和密集建筑物的影响	
中国《建筑结构荷载规范》GB 50009—2012	欧洲 EN 1991—1—4
条文说明 8.2.1	规范 4.3.4、4.3.5
在确定城区的地面粗糙度类别时，若无 α 的实测可按下述原则近似确定： 1. 以拟建房 2km 为半径的迎风半圆影响范围内的房屋高度和密集度来区分粗糙度类别，风向原则上应以该地区最大风的风向为准，但也可取其主导风。 2. 以半圆影响范围内建筑物的平均高度 $\bar{h}$ 来划分地面粗糙度类别，当 $\bar{h} \geqslant 18\text{m}$，为 D 类，$9\text{m} < \bar{h} < 18\text{m}$，为 C 类，$\bar{h} \leqslant 9\text{m}$，为 B 类。 3. 影响范围内不同高度的面域可按下述原则确定，即每座建筑物向外延伸距离为其高度的面域内均为该高度，当不同高度的面域相交时，交叠部分的高度取大者。 4. 平均高度 $\bar{h}$ 取各面域面积为权数计算	1. 若结构位置邻近其他结构，即：高度至少是其邻近结构平均高度的两倍，则其可能受到（取决于结构特性）几个风向的增强风速作用。应对这些情况予以考虑。 注：国家版附录可给出考虑该影响的方法。推荐的首个保守近似值在本规范附录 A.4 中给出。 4.3.5 密集建筑物和障碍物 1. 可考虑密集建筑物和其他障碍物的影响。 注：国家版附录中可给出相关方法。推荐的首个近似值在本规范附录 A.5 中给出。不平地形中，密集建筑物缓和了接近地面的风流量，如同地平面升高至成为位移高度 h_{dis} 的高度。

中欧差异化对比分析结论及心得：

欧洲规范通过考虑风向的增强来考虑邻近建筑物的影响，中国规范则通过划分地面粗糙度来考虑邻近建筑物的影响。

6.8 压力系数法计算风荷载之局部体型系数和整体体型系数

对比内容：压力系数法计算风荷载之局部体型系数和整体体型系数	
中国《建筑结构荷载规范》GB 50009—2012	欧洲 EN 1991—1—4
规范 8.3.1、8.3.3	规范 4.3.4、4.3.5
8.3.1 房屋和构筑物的风荷载体型系数，可按下列规定采用： 1. 房屋和构筑物与表 8.3.1 中的体型相同时，可按表 8.3.1 的规定采用。 2. 房屋和构筑物与表 8.3.1 中的体型不同时，可按有关资料采用；当无资料时，宜由风洞试验确定。 3. 对于重要且体型复杂的房屋和构筑物，应由风洞试验确定。 8.3.3 计算围护构件及其连接的风荷载时，可按下列规定采用局部体型系数 μ_{sl}： 1. 封闭式矩形平面房屋的墙面及屋面可按表 8.3.3 的规定采用。 2. 檐口、雨篷、遮阳板、边棱处的装饰条等凸出构件，取－2.0。 3. 其他房屋和构筑物可按本规范第 8.3.1 条规定体型系数的 1.25 倍取值	$C_{pe,1}$ 为局部系数，用于面积不大于 1m^2 的构件计算。 $C_{pe,10}$ 为总体系数，用于面积大于 10m^2 的构件计算。 条文 7.2.1： 建筑物和建筑物部分的外部压力系数 C_{pe} 取决于在要计算的截面上产生风力作用的荷载面积 A（结构的面积）的大小。对于相关的建筑物构造，会给出表中规定的 1m^2 和 10m^2 荷载面积 A 的外部压力系数，分为局部系数 $C_{pe,1}$ 和总体系数 $C_{pe,10}$。 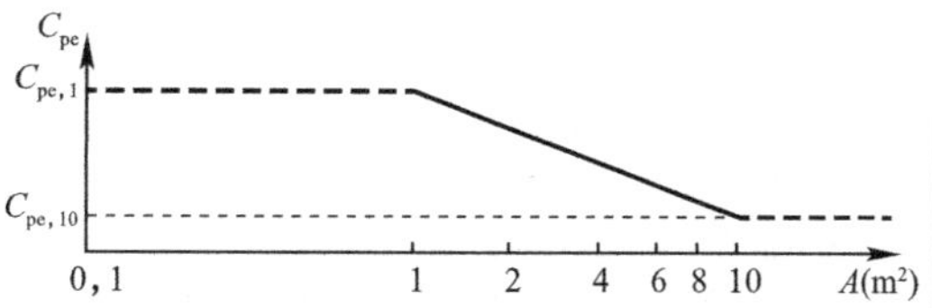 C_{pe} $C_{pe,1}$ $C_{pe,10}$ 0,1 1 2 4 6 8 10 $A(\text{m}^2)$ 本图基于下述条件：当 $1\text{m}^2 < A < 10\text{m}^2$ 时 $C_{pe} = C_{pe,1} - (C_{pe,1} - C_{pe,10})\log_{10}A$ 图 荷载面积介于 1m^2 和 10m^2 之间的建筑物外部压力系数的推荐确定方法

中欧差异化对比分析结论及心得：

欧洲规范与中国规范均有局部体型系数和整体体型系数，两种规范一致，具体取值根据实际情况按规范规定进行设计。

6.9 压力系数法计算风荷载之迎风面体型系数和背风面体型系数

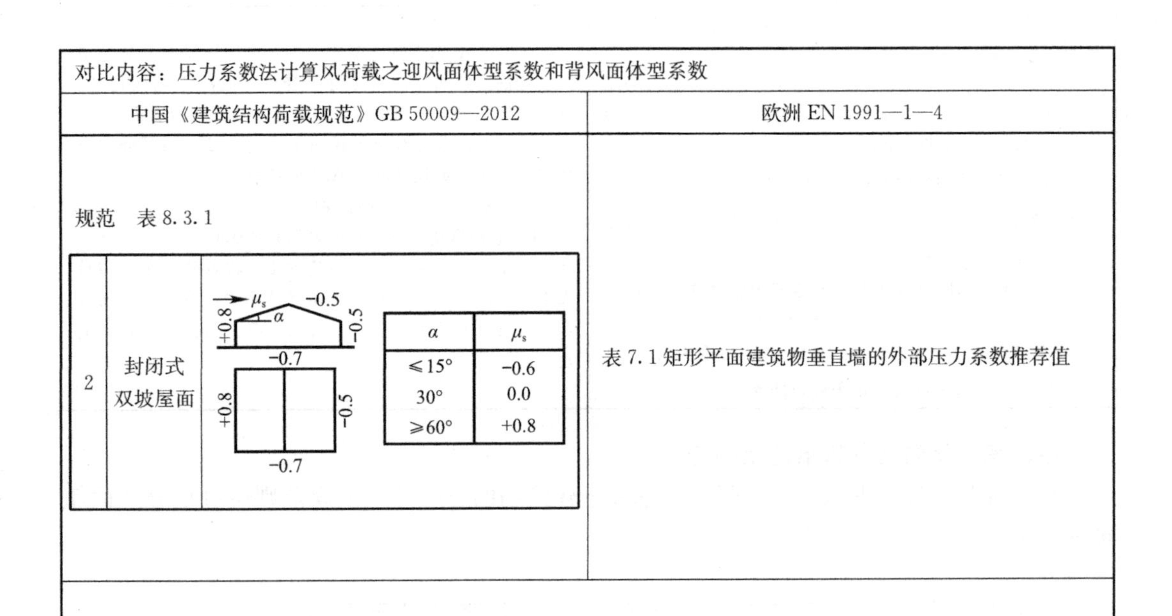

对比内容：压力系数法计算风荷载之迎风面体型系数和背风面体型系数

中国《建筑结构荷载规范》GB 50009—2012	欧洲 EN 1991—1—4
规范 表 8.3.1	表 7.1 矩形平面建筑物垂直墙的外部压力系数推荐值

α	μ_s
≤15°	−0.6
30°	0.0
≥60°	+0.8

矩形平面建筑物垂直墙的外部压力系数推荐值　　表 7.1

区域	A		B		C		D		E	
H/d	$C_{pe,10}$	$C_{pe,1}$	$C_{pe,10}$	$C_{pe,1}$	$C_{pe,10}$	$C_{pe,1}$	$C_{pe,10}$	$C_{pe,1}$	$C_{pe,10}$	$C_{pe,1}$
5	−1.2	−1.4	−0.8	−1.1	−0.5		+0.8	+1.0	−0.7	
1	−1.2	−1.4	−0.8	−1.1	−0.5		+0.8	+1.0	−0.5	
≤0.25	−1.2	−1.4	−0.8	−1.1	−0.5		+0.7	+1.0	−0.3	

中欧差异化对比分析结论及心得：

选取迎风面和背风面系数进行比较，欧洲规范为＋0.8 和－0.7，而中国规范为＋0.8 和－0.5，相比而言，欧洲规范更加保守一些。

6.10　压力系数法之峰值速度压力和暴露系数的确定

对比内容：压力系数法之峰值速度压力和暴露系数的确定	
中国《建筑结构荷载规范》GB 50009—2012	欧洲 EN 1991—1—4
规范 8.1.1	规范 4.5 峰值速度压力
按本规范 8.1.1 条进行风荷载计算	应确定包含平均和短期速度波动、高度 z 处的峰值速度压力 $q_{p(z)}$。 注：国家版附录可给出 $q_{p(z)}$ 的确定规则。推荐规则在公式（4.8）中给出。 $q_{p(z)}=[1+7\cdot l_{v(z)}]\cdot\frac{1}{2}\cdot\rho v_{m(z)}^{2}=c_{e(z)}\cdot q_{b}$　（4.8） $c_{e(z)}=\frac{q_{p(z)}}{q_{b}}$　（4.9） $q_{b}=\frac{1}{2}\cdot\rho v_{b}^{2}$ 式中：q_{b}——基本速度压力； $c_{e(z)}$——暴露系数； v_{b}——基本风速。 100 90 80 70 60 50 40 30 20 10 0 z(m) Ⅳ Ⅲ Ⅱ Ⅰ 0 0.0 1.0 2.0 3.0 4.0 5.0 $c_0(z)$ 图 4.2　$c_{0}=1.0$ 的平坦地势的暴露系数取值

中欧差异化对比分析结论及心得：

中国规范无暴露系数，与之对应的是风振系数。

6.11　考虑湍流强度影响

对比内容：考虑湍流强度影响	
中国《建筑结构荷载规范》GB 50009—2012	欧洲 EN 1991—1—4
规范 8.4.1	规范 4.4
考虑风压脉动对结构产生的顺风向风振	当 $z_{min}\leqslant z\leqslant z_{max}$ 时， $l_{v(z)}=\sigma_{v}/v_{m(z)}=k_{I}/[c_{0(z)}\times ln(z/z_{0})]$　（4.7） 当 $z<z_{min}$ 时，$l_{v(z)}=l_{v(zmin)}$ 式中：k_{I}——湍流系数，k_{I} 值可在国家版附录中给出，k_{I} 的推荐值为 1.0； c_{0}——本规范第 4.3.3 条中所述的山形系数； z_{0}——表 4.1 中规定的粗糙长度

中欧差异化对比分析结论及心得：

欧洲规范体现在速度压力计算公式当中，中国规范则进行整体考虑设计。

6.12 压力系数法之基本风压计算公式对比

对比内容：压力系数法之基本风压计算公式对比	
中国《建筑结构荷载规范》GB 50009—2012	欧洲 EN 1991—1—4
规范 8.1.1	规范 5.3
$\omega_k = \beta_{gz}\mu_{sl}\mu_z\omega_0$ （8.1.1-2） 式中：β_{gz}——高度 z 处的阵风系数； μ_{sl}——风荷载局部体型系数； μ_z——风压高度变化系数	外部压力： $W_e = [C_{e(z)}]C_sC_dC_{pe}[C_{r(z)}]^2[C_{0(z)}]^2q_b$ 注：各参数详见欧洲规范 EN 1991—1—4

中欧差异化对比分析结论及心得：

欧洲规范中，暴露系数和结构系数的乘积与中国规范的风振系数相对应；压力系数与中国规范的体型系数相对应；粗糙度系数和地形影响系数的乘积与中国规范的风压高度变化系数相对应。

6.13 压力系数法之风力计算公式对比

对比内容：压力系数法之风力计算公式对比	
中国《建筑结构荷载规范》GB 50009—2012	欧洲 EN 1991—1—4
规范 8.1.1	规范 5.3
计算主要受力结构风荷载标准值： $\omega_k = \beta_z\mu_s + \mu_z\omega_0$ 式中：ω_k——风荷载标准值（kN/m^2）； β_z——高度 z 处的阵风系数； μ_s——风荷载体型系数； μ_z——风压高度变化系数； ω_0——基本风压（kN/m^2）。 风力计算公式： $F_w = \omega_k A$	风力计算公式： $F_w = C_sC_d\sum C_fq_b(z_e)A_{ref}$ 式中：C_f——第 7 章或第 8 章规定的结构构件力系数； A_{ref}——第 7 章或第 8 章规定的结构构件的基准面积。 结构系数 C_sC_d 需考虑风湍流、背景系数、共振系数、峰值系数等

中欧差异化对比分析结论及心得：

中国规范可以得到迎风面和背风面的风荷载标准值，沿风荷载作用方向。欧洲规范的压力系数法与中国规范相似，但是欧洲规范的力系数法进行计算时，没有区分迎风面和背风面的荷载，只给出不同高度上相对于风荷载作用横截面的总风荷载系数。

根据有关文献资料，欧洲规范得到的风压标准值要大于中国规范（见图）。

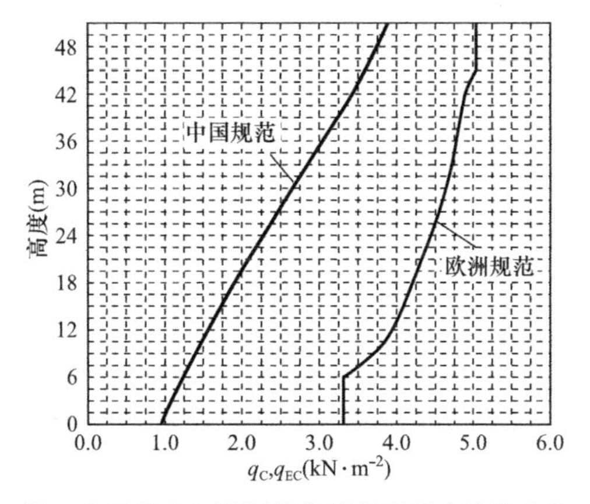

图　中国规范和欧洲规范风荷载标准值的比较

6.14　压力系数法之欧洲规范中结构系数 C_sC_d 的取值

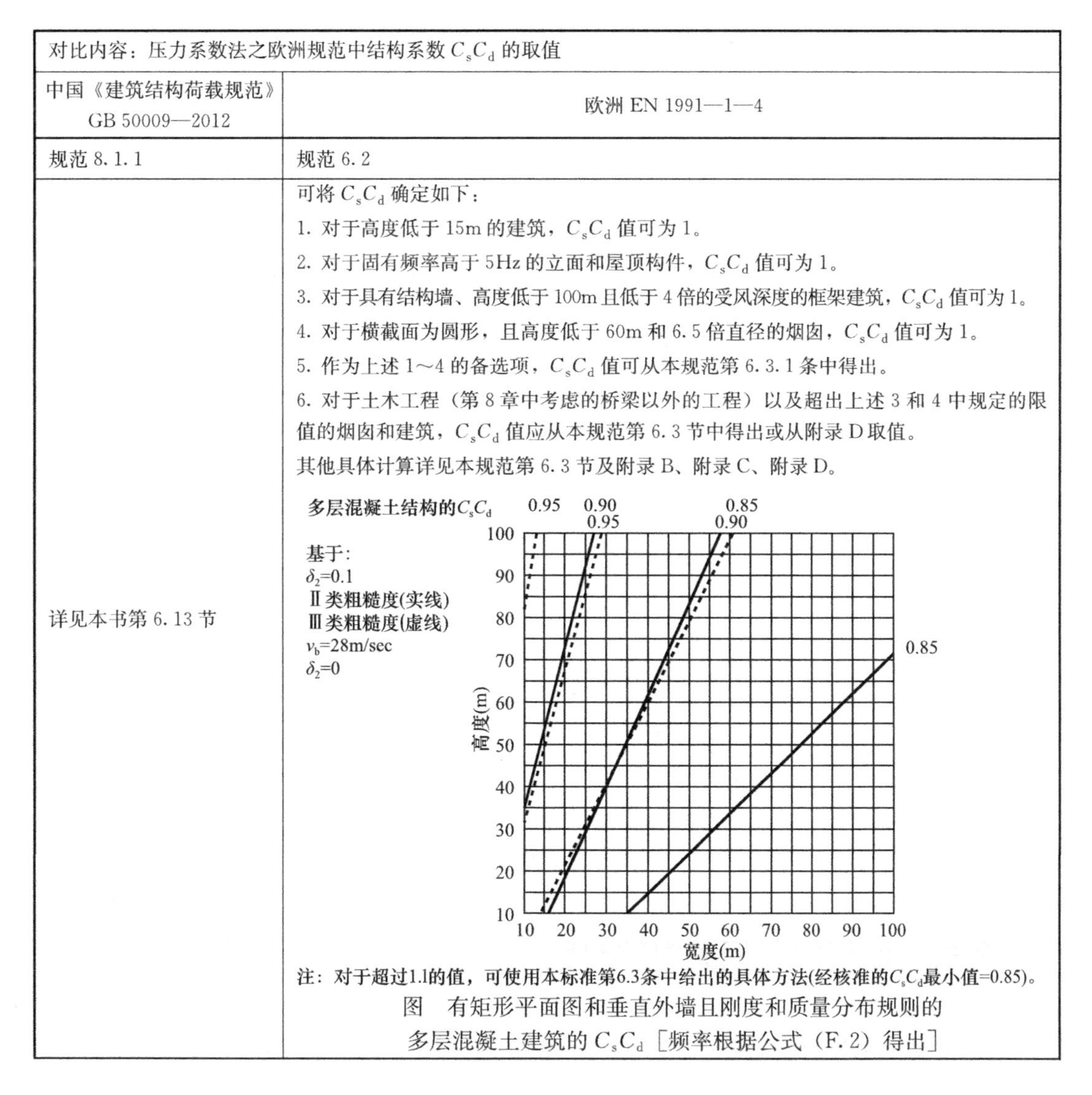

对比内容：压力系数法之欧洲规范中结构系数 C_sC_d 的取值	
中国《建筑结构荷载规范》GB 50009—2012	欧洲 EN 1991—1—4
规范 8.1.1	规范 6.2
详见本书第 6.13 节	可将 C_sC_d 确定如下： 1. 对于高度低于 15m 的建筑，C_sC_d 值可为 1。 2. 对于固有频率高于 5Hz 的立面和屋顶构件，C_sC_d 值可为 1。 3. 对于具有结构墙、高度低于 100m 且低于 4 倍的受风深度的框架建筑，C_sC_d 值可为 1。 4. 对于横截面为圆形，且高度低于 60m 和 6.5 倍直径的烟囱，C_sC_d 值可为 1。 5. 作为上述 1～4 的备选项，C_sC_d 值可从本规范第 6.3.1 条中得出。 6. 对于土木工程（第 8 章中考虑的桥梁以外的工程）以及超出上述 3 和 4 中规定的限值的烟囱和建筑，C_sC_d 值应从本规范第 6.3 节中得出或从附录 D 取值。 其他具体计算详见本规范第 6.3 节及附录 B、附录 C、附录 D。 [图：多层混凝土结构的 C_sC_d] 注：对于超过1.1的值，可使用本标准第6.3条中给出的具体方法(经核准的C_sC_d最小值=0.85)。 图　有矩形平面图和垂直外墙且刚度和质量分布规则的多层混凝土建筑的 C_sC_d［频率根据公式（F.2）得出］

中欧差异化对比分析结论及心得：

欧洲规范结构系数 C_sC_d 的确定考虑风湍流、背景系数、共振系数、峰值系数等，中国规范则统一考虑到风振系数中。

6.15 风力计算之力系数法

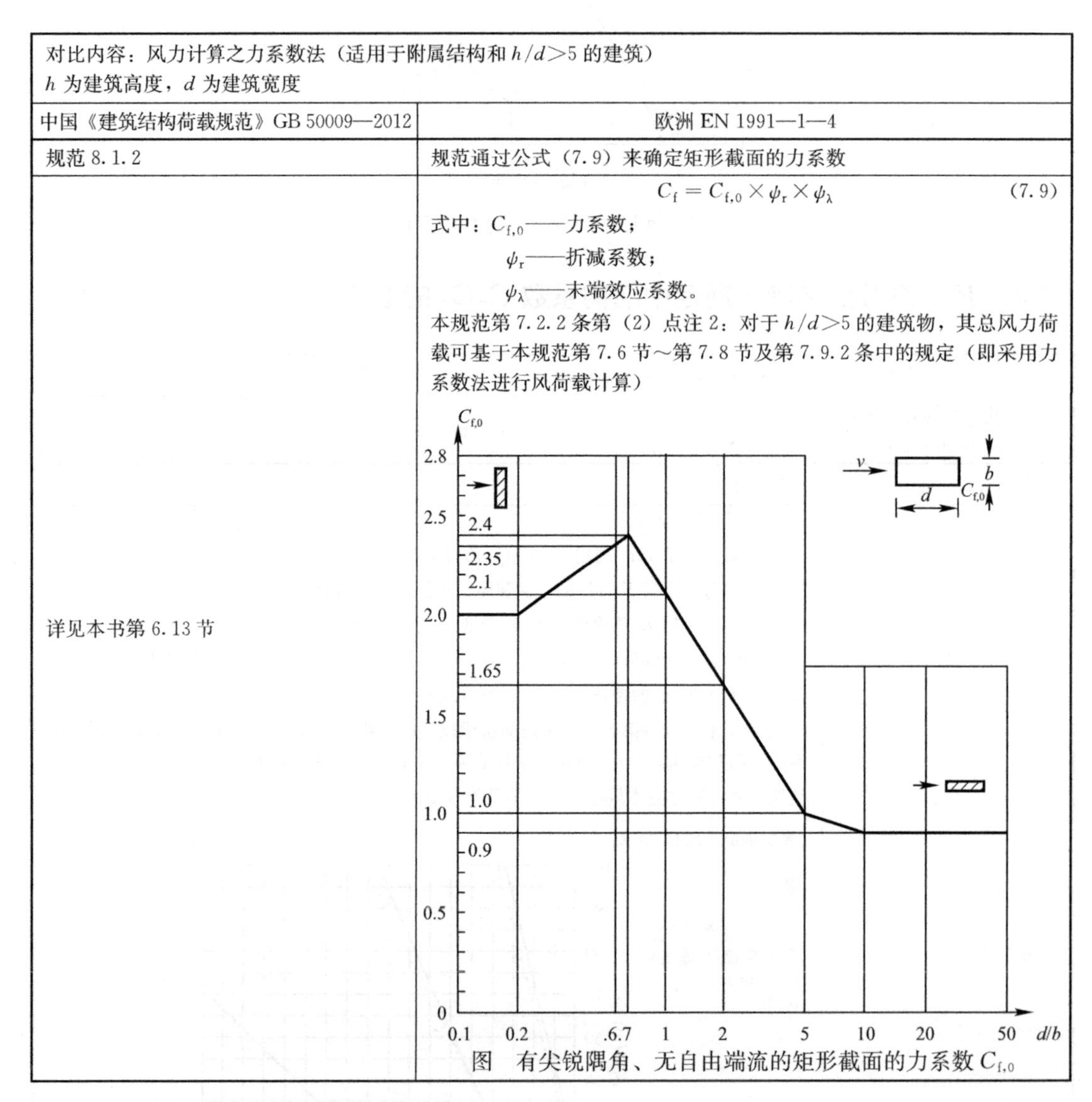

对比内容：风力计算之力系数法（适用于附属结构和 $h/d>5$ 的建筑） h 为建筑高度，d 为建筑宽度	
中国《建筑结构荷载规范》GB 50009—2012	欧洲 EN 1991—1—4
规范 8.1.2	规范通过公式（7.9）来确定矩形截面的力系数
详见本书第 6.13 节	$$C_f = C_{f,0} \times \psi_r \times \psi_\lambda \quad (7.9)$$ 式中：$C_{f,0}$——力系数； ψ_r——折减系数； ψ_λ——末端效应系数。 本规范第 7.2.2 条第（2）点注 2：对于 $h/d>5$ 的建筑物，其总风力荷载可基于本规范第 7.6 节～第 7.8 节及第 7.9.2 条中的规定（即采用力系数法进行风荷载计算） 图 有尖锐隅角、无自由端流的矩形截面的力系数 $C_{f,0}$

中欧差异化对比分析结论及心得：

欧洲规范采用力系数法计算附属构件，如广告牌等构件的风力作用，中国规范则采用统一的风荷载计算模型。相比而言，欧洲规范规定得更为细致一些。

7 荷载（活荷载）相关内容对比

本章主要为国内外结构设计中关于活荷载相关方面的内容对比，包括活荷载的使用类型、活荷载的折减、屋面活荷载、消防车荷载、施工检修荷载及栏杆荷载等相关内容。通过研究中国与欧洲规范有关活荷载的计算内容，了解相互之间的设计异同，为后续项目的开展提供设计参考。参考标准为中国《建筑结构荷载规范》GB 50009—2012 和欧洲《一般作用　建筑物的密度、自重和外加荷载》EN 1991—1—1—2002（以下简称 EN 1991—1—1）。

7.1　屋面风荷载、雪荷载组合对比

对比内容：屋面均布活荷载是否与雪荷载和风荷载同时考虑	
中国《建筑结构荷载规范》 GB 50009—2012	欧洲 EN 1991—1—1
规范 5.3.3	规范 3.3.2
5.3.3　不上人的屋面均布活荷载，可不与雪荷载和风荷载同时组合	外加荷载、雪荷载、风力作用不能同时施加于屋顶上。 注：外加荷载的定义详见规范第 6.2 节 建筑物上的外加荷载是那些因建筑物占用而产生的荷载。本节给出的值包括： 人员的正常使用产生的荷载； 家具和可移动物体（如活动隔墙、贮存仓库、容器内的物料等）产生的荷载； 车辆产生的荷载； 预期的小概率事件（如人员或家具集中、整顿或装修时可能出现的物体移动和堆积）产生的荷载

中欧差异化对比分析结论及心得：

欧洲规范，外加荷载与雪荷载和风荷载不同时考虑；中国规范，不上人屋面活荷载与雪荷载和风荷载不同时考虑。

7.2　荷载使用类型及取值

对比内容：荷载使用类型及取值	
中国《建筑结构荷载规范》GB 50009—2012	欧洲 EN 1991—1—1
规范　表 5.1.1	规范表 6.1、表 6.2

民用建筑楼面均布活荷载标准值及其组合值、频遇值和准永久值系数　　表 5.1.1

项次	类别	标准值 (kN/m²)	组合值系数 ψ_c	频遇值系数 ψ_f	准永久值系数 ψ_q
1	(1) 住宅、宿舍、旅馆、办公楼、医院病房、托儿所、幼儿园	2.0	0.7	0.5	0.4
	(2) 试验室、阅览室、会议室、医院门诊室	2.0	0.7	0.6	0.5
2	教室、食堂、餐厅、一般资料档案室	2.5	0.7	0.6	0.5

使用类型　　表 6.1

类型	具体用途	举例说明
A	家庭及住宅活动区	卧室、医院病房、宾馆卧室、招待所厨房和卫生间
B	办公区	
C	人群可能聚集的区域（除 A、B 和 D1 类外）	C1：设有桌子的区域（餐厅、阅览室等）。 C2：设有固定座席的区域（如教堂、电影院等）。 C3：流动人群无障碍区（如博物馆、酒店、医院等）。 C4：进行身体活动的区域（如舞厅、舞台、体育室等）。 C5：公共建筑物内易出现大量人群的区域（如音乐厅、看台等）
D	购物区	D1：一般零售店。 D2：百货商场区域

续表

中国《建筑结构荷载规范》GB 50009—2012	欧洲 EN 1991—1—1

续表

项次	类别	标准值 (kN/m²)	组合值系数 ψ_c	频遇值系数 ψ_f	准永久值系数 ψ_q
3	(1) 礼堂、剧场、影院、有固定座位的看台	3.0	0.7	0.5	0.3
	(2) 公共洗衣房	3.0	0.7	0.6	0.5
4	(1) 商店、展览厅、车站、港口、机场大厅及其旅客等候室	3.5	0.7	0.6	0.5
	(2) 无固定座位的看台	3.5	0.7	0.5	0.3
5	(1) 健身房、演出舞台	4.0	0.7	0.6	0.5
	(2) 运动场、舞厅	4.0	0.7	0.6	0.3
6	(1) 书库、档案库、储藏室	5.0	0.9	0.9	0.8
	(2) 密集柜书库	12.0	0.9	0.9	0.8
…	…	…	…	…	…

建筑物内地板、阳台、楼梯所承受的外加荷载

表 6.2

承载区类型	q_k (kN/m²)	Q_k (kN)
A 类		
地板	1.5～2.0	2.0～3.0
楼梯	2.0～4.0	2.0～4.0
阳台	2.5～4.0	2.0～3.0
B 类	2.0～3.0	1.5～4.0
C 类		
C1	2.0～3.0	3.0～4.0
C2	3.0～4.0	2.5～7.0 (4.0)
C3	3.0～5.0	4.0～7.0
C4	4.5～5.0	3.5～7.0
C5	5.0～7.0	3.5～4.5
D 类		
D1	4.0～5.0	3.5～7.0 (4.0)
D2	4.0～5.0	3.5～7.0

中欧差异化对比分析结论及心得：

欧洲规范，使用类型共划分为四类，各国家可再细分，归纳到各国家附录里；中国规范，各使用类型划分得更细。

7.3 活荷载折减

对比内容：活荷载折减	
中国《建筑结构荷载规范》(GB 50009—2012)	欧洲 EN 1991—1—1
规范 5.1.2	规范 6.2.1 楼板、梁和屋顶
5.1.2 设计楼面梁、墙、柱及基础时，本规范表 5.1.1 中楼面活荷载标准值的折减系数取值不应小于下列规定： 1 设计楼面梁时： 1) 第 1 (1) 项当楼面梁从属面积超过 25m² 时，应取 0.9。 2) 第 1 (2) ～7 项当楼面梁从属面积超过 50m² 时，应取 0.9。 3) 第 8 项对单向板楼盖的次梁和槽形板的纵肋应取 0.8，对单向板楼盖的主梁应取 0.6，对双向板楼盖的梁应取 0.8。 4) 第 9～13 项应采用与所属房屋类别相同的折减系数。	可根据由适当构件支撑的区域，通过本规范 6.3.1 条第 2 (10) 款所规定的一个折减系数 α_A，对单一类型的外加荷载进行折减。A 类～E 类折减系数的建议值确定如下： $\alpha_A = \frac{5}{7}\Psi_0 + \frac{A_0}{A} \leqslant 1.0$ 式中：$A_0 = 10m^2$，A 为承载面积； ψ_0 详见附录 A1 表 A1.1。

续表

中国《建筑结构荷载规范》(GB 5009—2012)	欧洲 EN 1991—1—1
2 设计墙、柱和基础时： 1）第 1（1）项应按表 5.1.2 规定采用。 2）第 1（2）～7 项应采用与其楼面梁相同的折减系数。 3）第 8 项的客车，对单向板楼盖应取 0.5，对双向板楼盖和无梁楼盖应取 0.8。 4）第 9～13 项应采用与所属房屋类别相同的折减系数	6.2.2 柱和墙 1. 在设计承受若干楼层荷载的柱或墙时，应假定每层楼板上的总外加荷载为均布荷载。 2. 若几层楼的外加荷载作用于柱和墙上，则应按本规范第 6.3.1 条第 2（11）款及本规范第 3.3.1 条第（2）款中的规定通过系数 α_n 对总外加荷载进行折减。 $\alpha_n = \frac{2+(n-2)\psi_0}{n}$ (6.2) 式中：n——同类区域中承载结构构件上方的楼层数； ψ_0——由 EN 1990 中附录 A1 表 A1.1 给出

中欧差异化对比分析结论及心得：

欧洲规范，活荷载折减系数取值为 0.5～1.0，倾向于给定一个范围值；中国规范，则直接给出具体值进行设计。取值范围基本一致。

7.4 存放区及工业活动区荷载取值

对比内容：存放区及工业活动区荷载取值	
中国《建筑结构荷载规范》GB 50009—2012	欧洲 EN 1991—1—1
规范 表 5.1.1	规范表 6.3、表 6.4

民用建筑楼面均布活荷载标准值及其组合值、频遇值和准永久值系数

表 5.1.1

项次	类别	标准值 (kN/m²)	组合值系数 ψ_c	频遇值系数 ψ_f	准永久值系数 ψ_q
6	(1) 书库、档案库、储藏室	5.0	0.9	0.9	0.8
	(2) 密集柜书库	12.0	0.9	0.9	0.8

存放及工业使用类型 表 6.3

类型	具体用途	举例说明
E1	易出现货物堆积的区域，包括通行区	用于存放的区域，包括书籍和其他文件的存放
E2	工业使用	

存放对楼板产生的外加荷载

表 6.4

承载区类型	q_k (kN/m²)	Q_k (kN)
E1 类	7.5	7.0

中欧差异化对比分析结论及心得：

欧洲规范，活荷载取值 7.5kN/m²；中国规范区分书库和密集柜书库，规定得更加详细。

7.5 叉车荷载取值

对比内容：叉车荷载取值	
中国《建筑结构荷载规范》GB 50009—2012	欧洲 EN 1991—1—1
规范附录 C	规范 6.3.2.3
由厂家提供叉车参数，按本规范附录 C 楼面等效均布活荷载的确定方法进行设计	见下表 6.5、表 6.6；本规范第 6.3.2.3 条采用叉车的动态系数 φ 来考虑升降起吊荷载时加速和减速产生的惯性效应

按 FL 级分类的叉车尺寸 表 6.5

叉车等级	净重（kN）	起吊荷载（kN）	车轴宽度 a（m）	总宽度 b（m）	总长度 l（m）
FL1	21	10	0.85	1.00	2.60
FL2	31	15	0.95	1.10	3.00
FL3	44	25	1.00	1.20	3.30
FL4	60	40	1.20	1.40	4.00
FL5	90	60	1.50	1.90	4.60
FL6	110	80	1.80	2.30	5.10

叉车的轴载 表 6.6

叉车等级	轴载 Q_k（kN）
FL1	26
FL2	40
FL3	63
FL4	90
FL5	140
FL6	170

本规范第 6.3.2.3 条采用叉车的动态系数 φ 来考虑升降起吊荷载时加速和减速产生的惯性效应

中欧差异化对比分析结论及心得：

欧洲规范给出叉车荷载的具体值，中国规范由厂家提供叉车参数。

7.6 运输车辆引起的荷载（消防车）

对比内容：运输车辆引起的荷载（消防车）	
中国《建筑结构荷载规范》GB 50009—2012	欧洲 EN 1991—1—1
规范 5.1.1	规范 6.3.3 车库及车辆通行区

国内中型消防车毛重约 150kN，重型消防车毛重为 200～300kN。

民用建筑楼面均布活荷载标准值及其组合值、频遇值和准永久值系数 表 5.1.1

项次	类别			标准值（kN/m²）
8	汽车通道及客车停车库	单向板楼盖（板跨不小于 2m）和双向板楼盖（板跨不小于 3m×3m）	客车	4.0
			消防车	35.0
		双向板楼盖（板跨不小于 6m×6m）和无梁楼盖（柱网不小于 6m×6m）	客车	2.5
			消防车	20.0

建筑物内的通行区及停车区 表 6.7

能行区类型	具体用途	举例说明
F	轻型车辆（车辆毛重≤30kN，座位≤8 个，不含司机座位）的通行区和停车区	车库；停车区域、停车大厅
G	中型车辆（车辆毛重>30kN 且≤160kN，双轴）的通行区及停车区	出入便道；交货区；消防车（毛重≤160kN 的车辆）可到达的区域

注：1. 应通过建造在结构内的实质手段，对设计为 F 类区域的进出区域进行限制。
2. 对设计成 F 类、G 类的区域，应张贴适当的警告标识

中欧差异化对比分析结论及心得：

关于车库等停车区，欧洲规范的荷载取值倾向于给定一个范围值，根据车辆的毛重不同，分别取 1.5～2.5kN/m² 和 5.0kN/m²，而中国规范为直接给定数值 2.5kN/m² 或者 4.0kN/m²，欧洲规范车辆荷载取值比中国规范划分得更加细，且欧洲规范可根据实际情况适当考虑车辆的集中荷载作用。关于消防车荷载取值，目前还未找到相关规范条文，后续将继续更新。

7.7　屋面活荷载

对比内容：屋面活荷载	
中国《建筑结构荷载规范》GB 50009—2012	欧洲 EN 1991—1—1
规范 5.3.1、5.3.2	规范 6.3.4

中国《建筑结构荷载规范》GB 50009—2012（规范 5.3.1、5.3.2）：

屋面均布活荷载标准值及其组合值系数、频遇值系数和准永久值系数

表 5.3.1

项次	类别	标准值 (kN/m²)	组合值系数 ψ_c	频遇值系数 ψ_f	准永久值系数 ψ_q
1	不上人的屋面	0.5	0.7	0.5	0.0
2	上人的屋面	2.0	0.7	0.5	0.4
3	屋顶花园	3.0	0.7	0.6	0.5
4	屋顶运动场地	3.0	0.7	0.6	0.4

注：1. 不上人的屋面，当施工或维修荷载较大时，应按实际情况采用；对不同类型的结构应按有关设计规范的规定采用，但不得低于 0.3kN/m；
2. 当上人的屋面兼作其他用途时，应按相应楼面活荷载采用；
3. 对于因屋面排水不畅、堵塞等引起的积水荷载，应采取构造措施加以防止；必要时，应按积水的可能深度确定屋面活荷载；
4. 屋顶花园活荷载不应包括花圃土石等材料自重

欧洲 EN 1991—1—1（规范 6.3.4）：

(1) P 屋顶应按其可进入性分为三类，如表 6.9 所示。

屋顶分类　　表 6.9

承载区类型	具体用途
H	仅在正常维护及修理时才可进入的屋顶
I	为 A 类～D 类，居住者可进入的屋顶
K	在特殊用途下可进入的屋顶，如直升机停降区

(2) H 类屋顶的外加荷载应为表 6.10 中给出的荷载。根据具体用途，I 类屋顶的外加荷载应在表 6.2、表 6.4 和表 6.8 中给出。

(3) 为直升机提供停降区的 K 类屋顶，其荷载应为 HC 级直升机的荷载，见表 6.11。

H 类屋顶的外加荷载　表 6.10

屋顶	q_k (kN/m²)	Q_k (kN/m²)
H 类	q_k	Q_k

注：1. 对应 H 类屋顶，q_k 值可在 0～1.0kN/m² 的范围内选择，Q_k 可在 0.9～1.5kN 的范围内选择，若确定值的范围，国家版附录可给出该值。建议值为 q_k=0.4kN/m²，Q_k=1.0kN。
2. 国家版附录可根据屋顶坡度改变 q_k 值。
3. 可假定 q_k 作用于国家版附录所设定的区域 A 上。A 的建议值为 10m，其范围为 0 至整个屋顶面积

中欧差异化对比分析结论及心得：

欧洲规范 H 类对应不上人的屋面，I 类对应上人的屋面，与中国规范荷载取值基本一致，但是欧洲规范更倾向于给定一个取值范围，以便于各国灵活运用。

7.8 屋面直升机停机坪荷载

对比内容：屋面直升机停机坪荷载	
中国《建筑结构荷载规范》GB 50009—2012	欧洲 EN 1991—1—1
规范 5.3.2	规范 6.3.4.2

中国《建筑结构荷载规范》GB 50009—2012 规范 5.3.2

屋面直升机停机坪局部荷载标准值及作用面积　　表 5.3.2

类型	最大起飞重量（t）	局部荷载标准值（kN）	作用面积
轻型	2	20	0.20m×0.20m
中型	4	40	0.25m×0.25m
重型	6	60	0.30m×0.30m

欧洲 EN 1991—1—1 规范 6.3.4.2

对于 K 类屋顶，直升机在停降区所产生的作用应按表 6.11 确定，并使用本规范第 6.3.4.2 条第（6）款及公式 6.3 给出的动态系数。

直升机用 K 类屋顶的外加荷载　　表 6.11

直升机级别	直升机的起飞荷载 Q	起飞荷载 Q_k	承载区尺寸（m×m）
HC1	$Q \leqslant 20kN$	$Q_k=20kN$	0.2×0.2
HC2	$20kN < Q \leqslant 60kN$	$Q_k=60kN$	0.3×0.3

中欧差异化对比分析结论及心得：

欧洲规范与中国规范相比，无中型直升机荷载取值，其他情况一致。

7.9 施工检修荷载及栏杆荷载

对比内容：施工检修荷载及栏杆荷载	
中国《建筑结构荷载规范》GB 50009—2012	欧洲 EN 1991—1—1
规范 5.5.1	规范 6.4

中国《建筑结构荷载规范》GB 50009—2012 规范 5.5.1

5.5.1　施工和检修荷载应按下列规定采用：

1. 设计屋面板、檩条、钢筋混凝土挑檐、悬挑雨篷和预制小梁时，施工或检修集中荷载标准值不应小于 1.0kN，并应在最不利位置处进行验算。
2. 对于轻型构件或较宽的构件，应按实际情况验算，或应加垫板、支撑等临时设施。
3. 计算挑檐、悬挑雨篷的承载力时，应沿板宽每隔 1.0m 取一个集中荷载；在验算挑檐、悬挑雨篷的倾覆时，应沿板宽每隔 2.5～3.0m 取一个集中荷载。

5.5.2　楼梯、看台、阳台和上人屋面等的栏杆活荷载标准值，不应小于下列规定：

1. 住宅、宿舍、办公楼、旅馆、医院、托儿所、幼儿园，栏杆顶部的水平荷载应取 1.0kN/m。
2. 学校、食堂、剧场、电影院、车站、礼堂、展览馆或体育场，栏杆顶部的水平荷载应取 1.0kN/m，竖向荷载应取 1.2kN/m，水平荷载与竖向荷载应分别考虑

欧洲 EN 1991—1—1 规范 6.4

作用在隔墙及栏杆上的水平荷载　　表 6.12

承载区	q_k（kN/m）
A 类	q_k
B 类、C1 类	q_k
C2～C4 类	q_k
C5 类	q_k
E 类	q_k
F 类	见附录 B
G 类	见附录 B

注：1. 对于 A、B、C1 类，q_k 值可在 0.2～1.0（0.5）的范围内选择。
2. 对于 C2～C4 类和 D 类，q_k 值可在 0.8～1.0kN/m 的范围内选择。
3. 对于 C5 类，q_k 值可在 3.0～5.0kN/m 的范围内选择。
4. 对于 E 类，q_k 值可在 0.8～2.0kN/m 的范围内选择。对于 E 类区域，水平荷载取决于使用情况。因此，q_k 值规定为最小值，并应对照具体的使用情况进行验算。
5. 若注 1、注 2、注 3、注 4 中给出值的范围，则该值可由国家版附录设定。建议值加下划线。
6. 国家版附录可对额外点荷载 Q_k 和/或软或硬冲击规范作出规定，用于分析及试验验证

中欧差异化对比分析结论及心得：

欧洲规范 A～D 类（如办公区、住宅区、学校、餐厅等）与中国规范取值大致相同。欧洲规范 C5 类（如公共的音乐厅等）相比中国规范取值较大。

7.10　组合值系数、频遇值系数和准永久值系数

对比内容：组合值系数、频遇值系数和准永久值系数	
中国《建筑结构荷载规范》GB 50009—2012	欧洲 EN 1990
规范 5.1.1、5.3.1	规范附录表 A1.1

民用建筑楼面均布活荷载标准值及其组合值、频遇值和准永久值系数

表 5.1.1

项次	类别	标准值 (kN/m^2)	组合值系数 ψ_c	频遇值系数 ψ_f	准永久值系数 ψ_q
1	住宅、宿舍等	2.0	0.7	0.5	0.4
…	…	…	…	…	…

表 5.3.1 详见本书第 7.7 节

建筑物的 ψ 系数推荐值　　附录表 A1.1

作用	Ψ_0	Ψ_1	Ψ_2
建筑作用荷载、种类（见 EN 1991—1—1）			
种类 A：居民和民用区域	0.7	0.5	0.3
种类 B：办公区域	0.7	0.5	0.3
种类 C：集会区域	0.7	0.7	0.6
种类 D：购物区域	0.7	0.7	0.6
种类 E：贮藏区域	1.0	0.9	0.8
种类 F：交通区域，车辆种类≤30kN	0.7	0.7	0.6
种类 G：交通区域，30kN＜车辆种类≤160kN	0.7	0.5	0.3
种类 H：屋顶	0	0	0

中欧差异化对比分析结论及心得：

1. 对比住宅区和办公区，欧洲规范的组合值系数和频遇值系数与中国规范一致，但是其准永久值系数为 0.3，相比中国规范的 0.4 偏低。

2. 对于屋面荷载，欧洲规范各系数均为 0，相比中国规范系数偏低。

7.11　雪荷载的组合值系数、频遇值系数和准永久值系数

对比内容：雪荷载的组合值系数、频遇值系数和准永久值系数	
中国《建筑结构荷载规范》GB 50009—2012	欧洲 EN 1990
规范 7.1.5	规范附录表 A1.1
7.1.5　雪荷载的组合值系数可取 0.7；频遇值系数可取 0.6；准永久值系数应按雪荷载分区Ⅰ、Ⅱ和Ⅲ的不同，分别取 0.5、0.2 和 0；雪荷载分区应按本规范附录 E.5 或附图 E.6.2 的规定采用	见下表

建筑物的 Ψ 系数推荐值　　表 A1.1

建筑雪荷载（见 EN 1991—1—3）	组合值系数	频遇值系数	准永久值系数
芬兰、爱尔兰、挪威、瑞典	0.7	0.5	0.2
剩余的 CEN 成员国，位于海拔高程 H＞1000m	0.7	0.5	0.2
剩余的 CEN 成员国，位于海拔高程 H≤1000m	0.5	0.2	0
建筑风荷载（见 EN 1991—1—4）	0.6	0.2	0
建筑湿度（见 EN 1991—1—5）	0.6	0.5	0

注释：Ψ 系数值可由国家版附录设定。对没有提到的国家，见本地相关条件

中欧差异化对比分析结论及心得：

对于雪荷载，欧洲规范的组合值系数和频遇值系数与中国规范一致，但是其准永久值系数为0.2，中国规范Ⅰ区为0.5，比欧洲规范高，中国Ⅱ区为0.2，与欧洲规范芬兰等和海拔高程大于1000m的国家一致，中国Ⅲ区为0，与欧洲规范海拔高程不大于1000m的国家一致。

7.12 客车、消防车荷载的组合值系数、频遇值系数和准永久值系数

<table>
<tr><td colspan="2">对比内容：客车、消防车荷载的组合值系数、频遇值系数和准永久值系数</td></tr>
<tr><td>中国《建筑结构荷载规范》GB 50009—2012</td><td>欧洲 EN 1990</td></tr>
<tr><td>规范 5.1.1</td><td>规范附录表 A1.1</td></tr>
<tr><td>表 5.1.1 详见本书第 7.6 节</td><td>
建筑物的 Ψ 系数推荐值　　表 A1.1
<table>
<tr><td>作用</td><td>Ψ_0</td><td>Ψ_1</td><td>Ψ_2</td></tr>
<tr><td>种类 F：交通区域，
车辆种类≤30kN</td><td>0.7</td><td>0.7</td><td>0.6</td></tr>
<tr><td>种类 G：交通区域，
30kN<车辆种类≤160kN</td><td>0.7</td><td>0.5</td><td>0.3</td></tr>
</table>
</td></tr>
</table>

中欧差异化对比分析结论及心得：

对于普通客车荷载，欧洲规范的系数与中国规范一致。对于消防车荷载，欧洲规范的准永久组合系数为0.3，而中国规范为0，欧洲规范比中国规范取值高。

7.13 风荷载的组合值系数、频遇值系数和准永久值系数

<table>
<tr><td colspan="2">对比内容：风荷载的组合值系数、频遇值系数和准永久值系数</td></tr>
<tr><td>中国《建筑结构荷载规范》GB 50009—2012</td><td>欧洲 EN 1990</td></tr>
<tr><td>规范 8.1.4</td><td>规范附录表 A1.1</td></tr>
<tr><td>8.1.4 风荷载的组合值系数、频遇值系数和准永久值系数可分别取 0.6、0.4 和 0.0</td><td>
建筑物的 Ψ 系数推荐值　　表 A1.1
<table>
<tr><td>作用</td><td>Ψ_0</td><td>Ψ_1</td><td>Ψ_2</td></tr>
<tr><td>建筑风荷载
（见 EN 1991—1—4）</td><td>0.6</td><td>0.2</td><td>0</td></tr>
</table>
注释：Ψ 系数值可由国家版附录设定。对没有提到的国家，见本地相关条件
</td></tr>
</table>

中欧差异化对比分析结论及心得：

对于风荷载，欧洲规范的组合值系数和准永久值系数与中国规范一致。欧洲规范的频遇值系数为0.2，相比中国规范的0.4偏低。

8 结构材料（混凝土、钢筋等）相关内容对比

本章主要为国内外结构设计中关于结构材料混凝土和钢筋相关方面的内容对比，包括

混凝土立方体抗压强度、混凝土立方体抗拉强度、混凝土抗压强度设计值、混凝土抗拉强度设计值、钢筋屈服强度、强屈比、应力应变关系等相关内容。通过研究中国与欧洲规范有关结构材料方面的内容，了解相互之间的材料强度差异，为后续项目的开展提供设计参考。参考标准为中国《混凝土结构设计标准》GB/T 50010—2010（2024 年版）和欧洲《混凝土结构设计　第 1-1 部分：一般规程与建筑设计规程》EN 1992—1—1—2004（以下简称 EN 1992—1—1）。

8.1　混凝土材料圆柱体/立方体抗压强度 f_{ck}

对比内容：混凝土材料圆柱体/立方体抗压强度 f_{ck}	
中国《混凝土结构设计标准》GB/T 50010—2010（2024 年版）	欧洲 EN 1992—1—1
规范 4.1.1、4.1.3	规范 3.1.2
4.1.1　混凝土强度等级应按立方体抗压强度标准值确定。立方体抗压强度标准值系指按标准方法制作、养护的边长为 150mm 的立方体试件，在 28d 或设计规定龄期以标准试验方法测得的具有 95%保证率的抗压强度值	抗压强度试验可采用 100mm×100mm×100mm 或 150mm×150mm×150mm 的立方体试件或直径 150mm×300mm 的圆柱体试件，以 28d 龄期的混凝土抗压强度特征值为基础确定。《混凝土　第 1 部分：规范、性能、生产和合格性》EN 206—1—2000 规定混凝土等级用圆柱体抗压强度特征值 f_{ck}（5%分位值）或立方体抗压强度特征值 $f_{ck,cube}$ 表示。如 C30/37 表示直径 150mm×300mm 混凝土圆柱体的抗压强度特征值为 30MPa，150mm×150mm×150mm 立方体的抗压强度特征值为 37MPa。f_{cm} 为混凝土圆柱体抗压强度平均值 $f_{ck,cube}=1.226\times f_{ck}$

中国规范：

混凝土轴心抗压强度标准值（N/mm²）

表 4.1.3-1

强度	混凝土强度等级					
	C20	C25	C30	C35	C40	C45
f_{ck}	13.4	16.7	20.1	23.4	26.8	29.6

强度	混凝土强度等级						
	C50	C55	C60	C65	C70	C75	C80
f_{ck}	32.4	35.5	38.5	41.5	44.5	47.4	50.2

混凝土立方体抗压强度标准值

强度	混凝土强度等级					
	C20	C25	C30	C35	C40	C45
$f_{cu,k}$	20.0	25.0	30.0	35.0	40.0	45.0

强度	混凝土强度等级						
	C50	C55	C60	C65	C70	C75	C80
$f_{cu,k}$	50.0	55.0	60.0	65.0	70.0	75.0	80.0

注：本表为笔者针对规范原文的总结

欧洲规范：

混凝土强度与变形特征值　　表 3.1

强度	混凝土强度等级							分析关联
f_{ck}（MPa）	12	16	20	25	30	35	40	$f_{cm}=f_{ck}+8$（MPa）
$f_{ck,cube}$（MPa）	15	20	25	30	37	45	50	
f_{cm}（MPa）	20	24	28	33	38	43	48	

强度	混凝土强度等级							分析关联
f_{ck}（MPa）	45	50	55	60	70	80	90	$f_{cm}=f_{ck}+8$（MPa）
$f_{ck,cube}$（MPa）	55	60	67	75	85	95	105	
f_{cm}（MPa）	53	58	63	68	78	88	98	

续表

<table>
<tr><td>中国规范：</td><td>欧洲规范：</td></tr>
<tr><td></td><td>

普通和重混凝土抗压强度等级　　表 7

抗压强度等级	圆柱体最小特征强度 $f_{ck,cyl}$（N/mm²）	立方体最小特征强度 $f_{ck,cube}$（N/mm²）
C8/10	8	10
C12/15	12	15
C16/20	16	20
C20/25	20	25
C25/30	25	30
C30/37	30	37
C35/45	35	45
C40/50	40	50
C45/55	45	55
C50/60	50	60
C55/67	55	67
C60/75	60	75
C70/85	70	85
C80/95	80	95
C90/105	90	105
C100/115	100	115

</td></tr>
</table>

中欧差异化对比分析结论及心得：

欧洲规范采用圆柱体抗压强度作为抗压设计力学指标，中国规范采用立方体抗压强度。欧洲规范的立方体抗压强度特征值 $f_{ck,cube}$ 对应中国规范的立方体抗压强度标准值 $f_{cu,k}$，即欧洲规范 $f_{ck,cube}$ 在概念上相当于中国的 $f_{cu,k}$。

8.2 混凝土材料圆柱体/立方体抗拉强度 f_{ctk}

<table>
<tr><td colspan="2">对比内容：混凝土材料圆柱体/立方体抗拉强度 f_{ctk}</td></tr>
<tr><td>中国《混凝土结构设计标准》GB/T 50010—2010（2024 年版）</td><td>欧洲 EN 1992—1—1</td></tr>
<tr><td>规范 4.1.3（条文说明）</td><td>规范 3.1.2</td></tr>
<tr><td>条文说明 4.1.3，混凝土轴心抗拉标准值 f_{tk} 是在立方体抗压强度标准值的基础上进行折算而得到的</td><td>3.1.2　欧洲采用圆柱体或立方体试件确定混凝土的劈拉强度 $f_{ct,sp}$，然后换算为轴心抗拉强度 f_{ct}。$f_{ct}=0.9\times f_{ct,sp}$，以轴心抗拉强度作为混凝土抗拉设计的力学指标。采用 $f_{ctk,0.05}$ 和 $f_{ctk,0.95}$ 两个抗拉强度特征值，前者是混凝土抗拉强度概率分布的 0.05 分位值，具有 95% 的保证率，用于混凝土抗拉强度起重要作用的情况，如抗裂验算、梁的抗剪或板的抗冲切验算等；后者为抗拉强度概率分布的 0.95 分位值，主要用于使用混凝土抗拉强度但不起主要作用的情况。f_{ctm} 为抗拉强度平均值。
$$f_{ctk,0.05}=0.7f_{ctm}$$
$$f_{ctk,0.95}=1.3f_{ctm}$$
$$f_{ctm}=\begin{cases}0.30f_{ck}^{2/3} & \leqslant C50/60\\ 2.12\ln\left(1+\frac{f_{cm}}{10}\right) & \geqslant C55/67\end{cases}$$</td></tr>
</table>

续表

中国规范：

混凝土轴心抗拉强度标准值（N/mm²）

表 4.1.3-2

强度	混凝土强度等级						
	C15	C20	C25	C30	C35	C40	C45
f_{tk}	1.27	1.54	1.78	2.01	2.20	2.39	2.51

强度	混凝土强度等级						
	C50	C55	C60	C65	C70	C75	C80
f_{tk}	2.64	2.74	2.85	2.93	2.99	3.05	3.11

欧洲规范：

混凝土强度与变形特征值　　表 3.1

强度	混凝土强度等级							分析关联
	C12	C16	C20	C25	C30	C35	C40	
$f_{ctk,0.05}$ (MPa)	1.1	1.3	1.5	1.8	2.0	2.2	2.5	$f_{ctk,0.05}=0.7\times f$
$f_{ctk,0.05}$ (MPa)	2.0	2.5	2.9	3.3	3.8	4.2	4.6	$f_{ctk,0.95}=1.3\times f$
强度	混凝土强度等级							分析关联
	C45	C50	C55	C60	C70	C80	C90	
$f_{ctk,0.05}$ (MPa)	2.7	2.9	3.0	3.1	3.2	3.4	3.5	$f_{ctk,0.05}=0.7\times f$
$f_{ctk,0.05}$ (MPa)	4.9	5.3	5.5	5.7	6.0	6.3	6.6	$f_{ctk,0.95}=1.3\times f$

中欧差异化对比分析结论及心得：

欧洲规范混凝土材料抗拉强度特征值比中国规范混凝土轴心抗拉标准值略高。

以 C30 为例，中国规范混凝土抗拉强度标准值为 2.01N/mm²，欧洲规范混凝土抗拉强度标准值为 $f_{ctk,0.05}=2.0\text{N/mm}^2$，$f_{ctk,0.95}=3.8\text{N/mm}^2$。

8.3 混凝土抗压强度 f_{cd} 和抗拉设计值 f_{ctd}

对比内容：混凝土抗压强度 f_{cd} 和抗拉设计值 f_{ctd}

中国《混凝土结构设计标准》GB/T 50010—2010（2024 年版）	欧洲 EN 1992—1—1
规范 4.1.4	规范 3.1.6
表 4.1.4-1　混凝土轴心抗压强度设计值 表 4.1.4-2　混凝土轴心抗拉强度设计值	用于混凝土结构承载能力极限状态的计算。 3.1.6　抗压强度 f_{cd}（抗拉强度 f_{ctd}）设计值与其相应特征值的关系： $f_{cd}=\alpha_{cc}\times f_{ck}/\gamma_c$ $f_{ctd}=\alpha_{ct}\times f_{ctk,0.05}/\gamma_c$ γ_c 为材料分项系数，查第 2.4.2.4 条，$\gamma_c=1.5$。 α_{cc} 取 0.85（英国规定取 1.0）；α_{ct} 取 1.0

中国规范：

混凝土轴心抗压强度设计计算（N/mm²）

表 4.1.4-1

强度	混凝土强度等级						
	C15	C20	C25	C30	C35	C40	C45
f_c	7.2	9.6	11.9	14.3	16.7	19.1	21.1

强度	混凝土强度等级						
	C50	C55	C60	C65	C70	C75	C80
f_c	23.1	25.3	27.5	29.7	31.8	33.8	35.9

欧洲规范：

混凝土强度与变形特征值　　表 3.1

强度		混凝土强度等级（圆柱体）					
		C12	C16	C20	C25	C30	C35
f_{cd}	$\alpha_{cc}=0.85$	6.80	9.07	11.3	14.2	17.0	19.8
	$\alpha_{cc}=1.00$	8.00	10.7	13.3	16.7	20.0	23.3
f_{ctd}		0.73	0.87	1.00	1.20	1.33	1.47

续表

中国规范：	欧洲规范：
混凝土轴心抗拉强度设计值（N/mm^2） **表 4.1.4-2**	续表

强度	混凝土强度等级						
	C15	C20	C25	C30	C35	C40	C45
f_t	0.91	1.10	12.7	1.43	1.57	1.71	1.80
强度	混凝土强度等级						
	C50	C55	C60	C65	C70	C75	C80
f_t	1.89	1.96	2.04	2.09	2.14	2.18	2.22

强度		混凝土强度等级（圆柱体）					
		C40	C45	C50	C55	C60	
f_{cd}	$\alpha_{cc}=0.85$	22.7	25.5	28.3	31.2	34.0	
	$\alpha_{cc}=1.00$	26.7	30.0	33.3	36.7	40.0	
f_{ctd}		1.67	1.80	1.93	2.00	2.07	

中欧差异化对比分析结论及心得：

从对比数据上看，欧洲规范混凝土抗压强度比中国的高，混凝土抗拉强度比中国的低。

以 C30 为例，中国规范混凝土轴心抗压强度设计值为 $14.3N/mm^2$，欧洲规范混凝土抗拉强度标准值 $f_{cd}=17.0N/mm^2$。

8.4 混凝土弹性模量 E_{cm}

对比内容：混凝土弹性模量 E_{cm}	
中国《混凝土结构设计标准》GB/T 50010—2010（2024 年版）	欧洲 EN 1992—1—1
规范 4.1.5	规范 3.1.3
4.1.5 条文说明：混凝土的弹性模量 E_c 以其强度等级值（$f_{cu,k}$ 为代表）按下列公式计算： $E_c=\dfrac{10^5}{2.2+\dfrac{34.7}{f_{cu,k}}}$ （N/mm^2）	取混凝土受压应力—应变曲线上 0 与 $0.4f_{cm}$ 连线的斜率（夹角的正切值）作为混凝土的受压弹性模量。对于混凝土受拉弹性模量，欧洲规范取与受压弹性模量相同的值。 $E_{cm}=22\ (f_{cm}/10)^{0.3}$ （GPa） E_{cm} 为混凝土弹性模量平均值。 混凝土弹性模量与其组成材料有关，特别是骨料。所以使用不同骨料时需进行调整。规范第 3.1.3 条对使用石灰石和砂石骨料的混凝土，弹性模量分别降低 10%和 30%；对于使用玄武岩骨料的混凝土，弹性模型可增加 20%
中国规范：	欧洲规范：

混凝土的弹性模量（$\times10^4N/mm^2$） **表 4.1.5**

混凝土强度等级	C20	C25	C30	C35	C40	C45	C50
E_c	2.55	2.80	3.00	3.15	3.25	3.35	3.45
混凝土强度等级	C55	C60	C65	C70	C75	C80	
E_c	3.55	3.60	3.65	3.70	3.75	3.80	

混凝土弹性模量 **表 3.1**

强度	混凝土强度等级（圆柱体）					
	C12	C16	C20	C25	C30	C35
E_{cm} （$\times10^4N/mm^2$）	2.7	2.9	3.0	3.1	3.3	3.4
强度	混凝土强度等级（圆柱体）					
	C40	C45	C50	C55	C60	
E_{cm} （$\times10^4N/mm^2$）	3.5	3.6	3.7	3.8	3.9	

中欧差异化对比分析结论及心得：

从对比数据上看，欧洲规范混凝土弹性模量比中国的略低。

8.5 泊松比 ν_c 和剪切模量 G_c

对比内容：泊松比 ν_c 和剪切模量 G_c	
中国《混凝土结构设计标准》GB/T 50010—2010（2024年版）	欧洲 EN 1992—1—1
规范 4.1.5	规范 3.1.3
4.1.5 混凝土的剪切变形模量 G_c 可按相应弹性模量值的40%采用。 混凝土泊松比 ν_c 可按 0.2 采用。 剪切模量：$G_c=0.4E_c$	3.1.3—(4) 未开裂时混凝土的泊松比取为 0.2，开裂混凝土的泊松比取为 0。 剪切模量：$G_c=E_c/[2(1+\nu_c)]$ 将 $\nu_c=0.2$ 代入，得 $G_c=0.42E_{cm}$

中欧差异化对比分析结论及心得：

欧洲规范泊松比与中国的相同；欧洲规范剪切模量计算方式与中国的相似。

8.6 热膨胀系数

对比内容：热膨胀系数对比	
中国《混凝土结构设计标准》GB/T 50010—2010（2024年版）	欧洲 EN 1992—1—1
规范 4.1.8	规范 3.1.3
4.1.8 线膨胀系数 α_c：1×10^{-5}/℃。	3.1.3—(5) 线性热膨胀系数取为 10×10^{-6}/K（100℃=373K）。 即线性热膨胀系数为 3.73×10^{-5}（℃）

中欧差异化对比分析结论及心得：

热膨胀系数表示温度升高或降低1℃，单位长度混凝土的伸长或缩短。通过对比分析，欧洲规范的热膨胀系数比中国的大。

8.7 混凝土应力—应变关系

对比内容：混凝土应力—应变关系	
中国《混凝土结构设计标准》GB/T 50010—2010（2024年版）	欧洲 EN 1992—1—1
规范 6.2.1	规范 3.1.5、3.1.7
6.2.1-3 混凝土受压的应力与应变关系按下列规定取用： 当 $\varepsilon_c\leqslant\varepsilon_0$ 时 $$\sigma_c=f_c\left[1-\left(1-\frac{\varepsilon_c}{\varepsilon_0}\right)^n\right] \quad (6.2.1\text{-}1)$$ 当 $\varepsilon_0<\varepsilon_c\leqslant\varepsilon_{cu}$ 时 $$\sigma_c=f_c \quad (6.2.1\text{-}2)$$ $$n=2-\frac{1}{60}(f_{cu,k}-50) \quad (6.2.1\text{-}3)$$ $$\varepsilon_0=0.002+0.5(f_{cu,k}-50)\times10^{-5} \quad (6.2.1\text{-}4)$$ $$\varepsilon_{cu}=0.0033-(f_{cu,k}-50)\times10^{-5} \quad (6.2.1\text{-}5)$$ 式中： σ_c——混凝土压应变为 ε_c 时的混凝土压应力； f_c——混凝土轴心抗压强度设计值； ε_0——混凝土压应力达到 f_c 时的混凝土压应变，当计算的 ε_0 值小于 0.002 时，取为 0.002； $f_{cu,k}$——混凝土立方体抗压强度标准值； n——系数，当计算的 n 值大于 2.0 时，取为 2.0	3.1.5 非线性结构分析中的应力—应变关系 3.1.7 横截面设计的应力—应变关系 对 $0\leqslant\varepsilon_c\leqslant\varepsilon_{c2}$，$\sigma_c=f_{cd}\left[1-\left(1-\frac{\varepsilon_c}{\varepsilon_{c2}}\right)\right]$ (3.17) 对 $\varepsilon_{c2}\leqslant\varepsilon_c\leqslant\varepsilon_{cu2}$，$\sigma_c=f_{cd}$ (3.18) $$\varepsilon_{c2}\ (‰)=\begin{cases}2.0 & f_{ck}<50\text{MPa}\\ 2.0+0.085\times(f_{ck}-50)^{0.53} & f_{ck}\geqslant50\text{MPa}\end{cases}$$ $$\varepsilon_{cu2}\ (‰)=\begin{cases}3.5 & f_{ck}<50\text{MPa}\\ 2.6+35\times\left(\frac{90-f_{ck}}{100}\right)^4 & f_{ck}\geqslant50\text{MPa}\end{cases}$$ $$n=\begin{cases}2.0 & f_{ck}<50\text{MPa}\\ 1.4+23.4\times\left(\frac{90-f_{ck}}{100}\right) & f_{ck}\geqslant50\text{MPa}\end{cases}$$ 式中：ε_c——应变； σ_c——应力； f_{ck}——混凝土抗压强度标准值

中欧差异化对比分析结论及心得：

通过对公式的列举，可以得出以下结论：

1. 混凝土等级不大于C50时，欧洲规范与中国规范中的$\varepsilon_{c2}=\varepsilon_0=2.0$；$\varepsilon_{cu2}=0.0035$，$\varepsilon_{cu}=0.00333$，相差不大。

2. 选取混凝土等级为C60进行对比可知，欧洲规范与中国规范应力应变相差不大。

混凝土等级C60	
欧洲规范	中国规范
$\varepsilon_{c2}=0.00229$	$\varepsilon_0=0.00205$
$\varepsilon_{cu2}=0.0029$	$\varepsilon_{cu}=0.0032$
$n=1.5895$	$n=1.833$

8.8 钢筋屈服强度 f_{yk}

对比内容：钢筋屈服强度 f_{yk}	
中国《混凝土结构设计标准》GB/T 50010—2010（2024年版）	欧洲EN 1992—1—1
规范11.2.3—3	规范附录C
钢筋的屈服强度实测值与屈服强度标准值的比值不应大于1.3	B500A：B为英文中钢筋“bar”的第一个字母，500表示屈服强度特征值为500N/mm^2，A表示延性等级为A级。将钢筋屈服强度表示为f_y，极限抗拉强度表示为f_t，具体详见附录C表C.1。 C.2　钢筋的最大实际屈服强度$f_{y,max}$不大于$1.3f_{yk}$

中欧差异化对比分析结论及心得：

欧洲规范在规定钢筋屈服强度等方面与中国规范一致，此处给出相关内容，方便后期查阅。

8.9 钢筋的延性

对比内容：钢筋的延性	
中国《钢筋混凝土用钢　第1部分：热轧光圆钢筋》GB/T 1499.1—2017、《钢筋混凝土用钢　第2部分：热轧带肋钢筋》GB/T 1499.2—2018	欧洲EN 1992—1—1
规范GB 1499.1	规范附录C
《钢筋混凝土用钢　第1部分：热轧光圆钢筋》GB/T 1499.1—2017规定光圆钢筋HPB300的最大力下的总伸长率不小于10.0%； 《钢筋混凝土用钢　第2部分：热轧带肋钢筋》GB/T 1499.2—2018规定带肋钢筋HRB335的最大力下的总伸长率不小于17.0%；HRB400的最大力下的总伸长率不小于16.0%；HRB500的最大力下的总伸长率不小于15.0%	按钢筋最大拉应力下的总伸长率将钢筋分为A、B、C三个延性等级，具体详见附录C表C.1。A级的总伸长率为2.5%，B级的总伸长率为5.0%，C级的总伸长率为7.5%

中欧差异化对比分析结论及心得：

从对比数据来看，欧洲规范对钢筋的延性比中国规范要低。

8.10　钢筋的强屈比

对比内容：钢筋的强屈比	
中国《混凝土结构设计标准》GB/T 50010—2010（2024年版）	欧洲 EN 1992—1—1
规范 11.2.3	规范附录 C
11.2.3—1. 抗震设计时，钢筋的抗拉强度实测值与屈服强度实测值的比值不应小于 1.25	欧洲标准的强屈比分别规定为 1.05、1.08 和 1.15～1.35，具体详见附录 C 表 C.1。对塑性要求较低的结构，钢筋的强屈比一般在 1.05 左右；对塑性仅有一般要求的，强屈比一般在 1.08 左右；对塑性有较高要求的抗震结构，强屈比一般在 1.25 左右

中欧差异化对比分析结论及心得：

在钢筋的强屈比方面，欧洲规范与中国规范一致。

8.11　钢筋设计强度 f_{yd}

<table>
<tr><td colspan="2">对比内容：钢筋设计强度 f_{yd}</td></tr>
<tr><td>中国《混凝土结构设计标准》GB/T 50010—2010（2024年版）</td><td>欧洲 EN 1992—1—1</td></tr>
<tr><td>规范 4.2.3</td><td>规范附录 C</td></tr>
<tr><td>
普通钢筋强度设计值（N/mm²）表 4.2.3-1
<table>
<tr><th>牌号</th><th>抗拉强度设计值 f_y</th><th>抗压强度设计值 f'_y</th></tr>
<tr><td>HPB300</td><td>270</td><td>270</td></tr>
<tr><td>HRB335、HRBF335</td><td>300</td><td>300</td></tr>
<tr><td>HRB400、HRBF400、RRB400</td><td>360</td><td>360</td></tr>
<tr><td>HRB500、HRBF500</td><td>435</td><td>410</td></tr>
</table>
</td><td>
钢筋强度设计值 f_{yd}＝钢筋强度特征值 f_{yk}/材料分项系数 γ_s。钢筋材料分项系数取 1.15。
普通钢筋的抗拉强度
<table>
<tr><th>种类（热轧钢筋）</th><th>f_{yk}（N/mm²）</th><th>f_{yd}（N/mm²）</th></tr>
<tr><td rowspan="3">A、B、C</td><td>400</td><td>350</td></tr>
<tr><td>500</td><td>435</td></tr>
<tr><td>600</td><td>520</td></tr>
</table>
</td></tr>
</table>

中欧差异化对比分析结论及心得：

上述给出了欧洲规范有关钢筋强度的大小与钢筋符号的表示方法，可通过数据对比，供今后设计参考。

8.12　钢筋的弹性模量

对比内容：钢筋的弹性模量	
中国《混凝土结构设计标准》GB/T 50010—2010（2024 年版）	欧洲 EN 1992—1—1
规范 4.2.5	规范 3.2.7
钢筋的弹性模量（$\times 10^5 N/mm^2$）　表 4.2.5（见下表）	3.2.7　设计假设 (4) 钢筋的弹力模量设计值 E_s 可以假设为 200GPa。 3.3.6　设计假设 (2) 钢丝的弹力模量设计值 E_s 可以假设为 205GPa。 (3) 钢绞线的弹力模量设计值 E_s 可以假设为 195GPa

钢筋的弹性模量（$\times 10^5 N/mm^2$）　表 4.2.5

牌号或种类	弹性模量 E_s
HPB300 钢筋	2.10
HRB335、HRB400、HRB500 钢筋 HRBF335、HRBF400、HRBF500 钢筋 RRB400 钢筋 预应力螺纹钢筋	2.00
消除应力钢丝、中强度预应力钢丝	2.05
钢绞线	1.95

中欧差异化对比分析结论及心得：

欧洲规范钢筋弹力模量设计值与中国规范的二级钢、三级钢、四级钢的弹性模量相等。欧洲规范钢丝和钢绞线的弹力模量设计值与中国规范相等。

8.13　钢筋应力应变关系

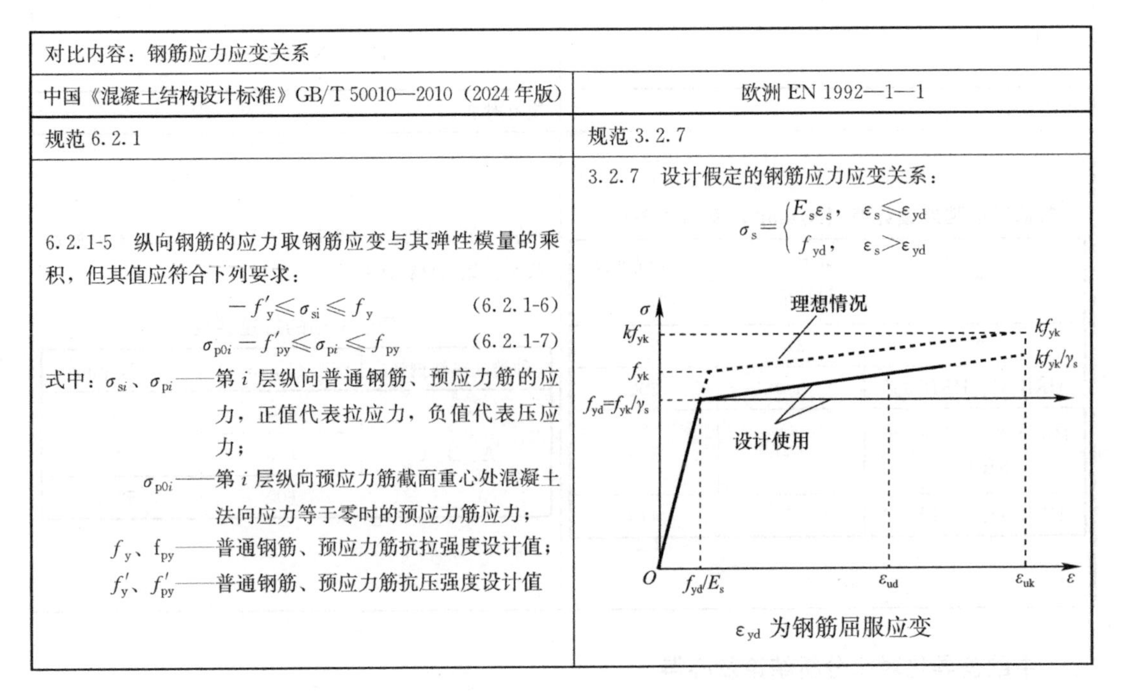

对比内容：钢筋应力应变关系	
中国《混凝土结构设计标准》GB/T 50010—2010（2024 年版）	欧洲 EN 1992—1—1
规范 6.2.1	规范 3.2.7
6.2.1-5　纵向钢筋的应力取钢筋应变与其弹性模量的乘积，但其值应符合下列要求： $-f'_y \leq \sigma_{si} \leq f_y$　(6.2.1-6) $\sigma_{p0i} - f'_{py} \leq \sigma_{pi} \leq f_{py}$　(6.2.1-7) 式中：σ_{si}、σ_{pi}——第 i 层纵向普通钢筋、预应力筋的应力，正值代表拉应力，负值代表压应力； σ_{p0i}——第 i 层纵向预应力筋截面重心处混凝土法向应力等于零时的预应力筋应力； f_y、f_{py}——普通钢筋、预应力筋抗拉强度设计值； f'_y、f'_{py}——普通钢筋、预应力筋抗压强度设计值	3.2.7　设计假定的钢筋应力应变关系： $\sigma_s = \begin{cases} E_s\varepsilon_s, & \varepsilon_s \leq \varepsilon_{yd} \\ f_{yd}, & \varepsilon_s > \varepsilon_{yd} \end{cases}$ ε_{yd} 为钢筋屈服应变

中欧差异化对比分析结论及心得：

欧洲规范与中国规范对于钢筋本构模型的规定是一致的。

9 耐久性相关内容对比

本章主要为国内外结构设计中关于结构耐久性方面的内容对比，包括环境类别的判定、混凝土保护层厚度、耐久性对混凝土材料的要求、裂缝宽度限值、裂缝宽度的计算、钢筋的锚固长度等相关内容。通过研究中国与欧洲规范有关耐久性方面的内容，了解相互之间的差异，为后续项目的开展提供设计参考。参考标准为中国《混凝土结构设计标准》GB/T 50010—2010（2024 年版）和欧洲《一般规程与建筑设计规程》EN 1992—1—1—2004（以下简称 EN 1992—1—1）、《混凝土　第 1 部分：规范、性能、生产和合格性》BS EN 206—1—2000（以下简称 BS EN 206—1—2000）。

9.1 环境类别

对比内容：环境类别

中国《混凝土结构设计标准》GB/T 50010—2010（2024 年版）	欧洲 BS EN 206—1—2000
规范 3.5.2	规范 BS EN 206—1—2000

3.5.2 混凝土结构暴露的环境类别应按表 3.5.2 的要求划分。

混凝土结构的环境类别　　表 3.5.2

环境类别	条件
一	室内干燥环境； 无侵蚀性静水浸没环境
二 a	室内潮湿环境； 非严寒和非寒冷地区的露天环境； 非严寒和非寒冷地区与无侵蚀性的水或土壤直接接触的环境； 严寒和寒冷地区的冰冻线以下与无侵蚀性的水或土壤直接接触的环境
二 b	干湿交替环境； 水位频繁变动环境； 严寒和寒冷地区的露天环境； 严寒和寒冷地区冰冻线以上与无侵蚀性的水或土壤直接接触的环境
三 a	严寒和寒冷地区冬季水位变动区环境； 受除冰盐影响环境； 海风环境
三 b	盐渍土环境； 受除冰盐作用环境； 海岸环境
四	海水环境
五	受人为或自然的侵蚀性物质影响的环境

EN 206—1—2000 中所述环境条件有关的暴露等级　　表 4-1

等级符号	环境描述	暴露等级示例
1　无侵蚀或腐蚀风险		
X0	无筋或钢材的混凝土：除冻融、磨蚀或化学侵蚀之外的暴露条件。钢筋混凝土：非常干燥	空气湿度非常低的建筑室内混凝土
2　碳化引起的腐蚀		
XC1	干燥或长期潮湿	空气湿度很低的建筑室内混凝土； 长期浸于水中的混凝土
XC2	潮湿，很少出现干燥	混凝土表面长期与水接触； 多种基础
XC3	中等潮湿	空气湿度中等或很高的建筑室内混凝土； 挡雨的外部混凝土
XC4	干湿交替	表面与水接触、但不属于 XC2 情况的混凝土

续表

中国《混凝土结构设计标准》GB/T 50010—2010（2024年版）	欧洲 BS EN 206—1—2000
	续表（见下表）

续表

等级符号	环境描述	暴露等级示例
3　氯化物引起的腐蚀		
XD1	中等潮湿	混凝土表面暴露于空气中含氯化物的环境
XD2	潮湿，很少出现干燥	游泳池； 暴露于空气中含氯化物的工业水中的混凝土构件
XD3	干湿交替	暴露于含氯化物喷溅区的桥体； 路面； 停车场的板

中欧差异化对比分析结论及心得：

由欧洲规范 EN 206—1—2000 表 4-1 可以看出，相比中国规范，欧洲规范的环境类别是按环境对混凝土结构的作用形式划分的，每一种类别中，根据环境作用的程度进一步划分等级。环境类别不反映环境影响的程度，只代表环境形式的不同，而等级才反映环境影响的程度。

除此之外，欧洲规范还强调以下形式的侵蚀和间接作用：

（1）建筑物或结构的用途（例如储存液体）；

（2）酸或硫酸盐溶液（BS EN 206—1—2000）；

（3）混凝土中所含的氯化物（BS EN 206—1—2000）；

（4）碱骨料反应（BS EN 206—1—2000，国家标准）。

以及由以下原因引起的物理侵蚀：

（1）温度改变、磨蚀；

（2）水渗透（BS EN 206—1—2000）。

9.2　耐久性对混凝土材料的要求

对比内容：耐久性对混凝土材料的要求	
中国《混凝土结构设计标准》GB/T 50010—2010（2024年版）	欧洲 BS EN 206—1—2000
规范 3.5.3	规范 BS EN 206—1—2000 规定的混凝土最大氯离子含量
3.5.3　设计使用年限为 50 年的混凝土结构，其混凝土材料宜符合表 3.5.3 的规定。	

续表

中国《混凝土结构设计标准》GB/T 50010—2010（2024年版）	欧洲 BS EN 206—1—2000

结构混凝土材料的耐久性要求

表 3.5.3

环境等级	最大水胶比	最低强度等级	最大氯离子含量（%）	最大碱含量（kg/m^3）
一	0.60	C20	0.30	不限制
二 a	0.55	C25	0.20	3.0
二 b	0.50（0.55）	C30（C25）	0.15	
三 a	0.45（0.50）	C35（C30）	0.15	
三 b	0.40	C40	0.10	

注：1. 氯离子含量系指其占胶凝材料总量的百分比；
2. 预应力构件混凝土中的最大氯离子含量为0.06%；其最低混凝土强度等级宜按表中的规定提高两个等级；
3. 素混凝土构件的水胶比及最低强度等级的要求可适当放松；
4. 有可靠工程经验时，二类环境中的最低混凝土强度等级可降低一个等级；
5. 处于严寒和寒冷地区二 b、三 a 类环境中的混凝土应使用引气剂，并可采用括号中的有关参数；
6. 当使用非碱活性骨料时，对混凝土中的碱含量可不作限制

EN 206—1—2000 规定的混凝土最大氯离子含量

混凝土用途	氯含量等级	氯离子最大含量（占比混凝土）（%）
除耐腐的提升设施外，不含钢筋和其他金属	Cl 1.0	1.0
有钢筋或其他金属	Cl 0.2	0.20
	Cl 0.4	0.40
有预应力钢筋	Cl 0.1	0.10
	Cl 0.2	0.20

注：1. 对于特殊用途的混凝土，所采用的等级取决于对使用混凝土位置合理的规定；
2. 当使用掺合料并按胶凝材料考虑时，氯离子含量表示为水泥与掺合料重量之和的百分比

EN 206—1—2000 建议的混凝土组成和性能限值

环境和等级				最大水灰比	最低混凝土强度等级	最小水泥用量（kg/m^3）	最小含气量	其他要求
暴露等级	无腐蚀		X0	—	C12/C15	—	—	—
	碳化引起的腐蚀		XC1	0.65	C20/C25	260	—	
			XC2	0.60	C25/C30	280	—	
			XC3	0.55	C30/C37	280	—	
			XC4	0.50	C30/C37	300	—	
	氯化物引起的腐蚀	海水	XD1	0.55	C30/C37	300	—	
			XD2	0.55	C30/C37	300	—	
			XD3	0.45	C35/C45	320	—	
		除海水外的氯盐	XS1	0.50	C30/C37	300	—	
			XS2	0.45	C35/C45	320	—	
			XS3	0.45	C35/C45	340	—	
	冻融循环		XF1	0.55	C30/C37	300	—	按 EN 126—20 具有足够抗冻融性能的骨料
			XF2	0.55	C25/C30	300	4.0	
			XF3	0.50	C30/C37	320	4.0	
			XF4	0.45	C30/C37	340	4.0	
	化学侵蚀		XA1	0.55	C30/C37	300	—	抗硫酸盐水泥
			XA2	0.50	C30/C37	320	—	
			XA3	0.45	C35/C45	360	—	

中欧差异化对比分析结论及心得：

欧洲规范对于混凝土材料方面的要求主要包括最大水胶比、最低混凝土强度等级、最小水泥用量和最小含气量。除了中国规范有最大碱含量以外，欧洲规范其他大致与中国规范相同。

9.3 混凝土保护层厚度

对比内容：混凝土保护层厚度	
中国《混凝土结构设计标准》GB/T 50010—2010（2024年版）	欧洲 EN 1992—1—1
规范 8.2.1、8.2.2、8.2.3	规范 4.4.1.1、4.4.1.2

中国《混凝土结构设计标准》GB/T 50010—2010（2024年版）：

8.2.1 构件中普通钢筋及预应力筋的混凝土保护层厚度应满足下列要求。

1. 构件中受力钢筋的保护层厚度不应小于钢筋的公称直径 d；
2. 设计使用年限为50年的混凝土结构，最外层钢筋的保护层厚度应符合表8.2.1的规定；设计使用年限为100年的混凝土结构，最外层钢筋的保护层厚度不应小于表8.2.1中数值的1.4倍。

混凝土保护层的最小厚度 c（mm）　　表 8.2.1

环境类别	板、墙、壳	梁、柱、杆
一	15	20
二 a	20	25
二 b	25	35
三 a	30	40
三 b	40	50

8.2.2 当有充分依据并采取下列措施时，可适当减小混凝土保护层的厚度。

1. 构件表面有可靠的防护层；
2. 采用工厂化生产的预制构件；
3. 在混凝土中掺加阻锈剂或采用阴极保护处理等防锈措施；
4. 当对地下室墙体采取可靠的建筑防水做法或防护措施时，与土层接触一侧钢筋的保护层厚度可适当减少，但不应小于25mm。

8.2.3 当梁、柱、墙中纵向受力钢筋的保护层厚度大于50mm时，宜对保护层采取有效的构造措施。当在保护层内配置防裂、防剥落的钢筋网片时，网片钢筋的保护层厚度不应小于25mm

欧洲 EN 1992—1—1：

4.4.1.1 标准保护层可以定义为最小覆盖 C_{min} 加上设计偏差裕度 ΔC_{dev}：

$$C_{nom} = C_{min} + \Delta C_{dev} \tag{4.1}$$

4.4.1.2 最小保护层 C_{min}：

$$C_{min} = \max\{C_{min,b};\ C_{min,dur} + \Delta C_{dur,\gamma} - \Delta C_{dur,st} - \Delta C_{dur,add};\ 10mm\} \tag{4.2}$$

式中：$C_{min,b}$——归因于粘结要求的最小保护层，见表4.2；

$C_{min,dur}$——归因于环境条件的最小保护层，见表4.3N、表4.4N、表4.5N；

$\Delta C_{dur,\gamma}$——其他安全因素；见本规范第4.4.1条第2（6）款；

$\Delta C_{dur,st}$——由于使用不锈钢而造成的最小保护层折减，见本规范第4.4.1条第2（7）款；

$\Delta C_{dur,add}$——由于采用其他保护措施而造成的最小保护层折减，见本规范第4.4.1条第2（8）款。

归因于粘结要求的最小保护层 $C_{min,b}$　　表 4.2

粘结要求	
钢筋布设	最小保护层 $C_{min,b}$
分散	钢筋的直径
捆扎	等效直径
如果骨料最大标称尺寸大于32mm，则 $C_{min,b}$ 应增大5mm	

4.4.1.3 确定环境条件的最小保护层厚度除考虑暴露等级之外，还要进行结构等级的修正，根据使用年限和混凝土等级提高等级或降低等级。

满足耐久性要求的最小保护层厚度　　表 4-6

环境要求的 $C_{min,b}$（mm）							
结构等级	暴露等级						
	X0	XC1	XC2/XC3	XC4	XD1/XS1	XD2/XS2	XD3/XS3
S1	10	10	10	15	20	25	30
S2	10	10	15	20	25	30	35
S3	10	10	20	25	30	35	40
S4	10	15	25	30	35	40	45
S5	15	20	30	35	40	45	50
S6	20	25	35	40	45	50	55

中欧差异化对比分析结论及心得：

中国规范中对于混凝土保护层厚度的要求主要基于环境类别，同时按照构件类型设置了固定的保护层最小厚度 C（mm），倾向于给出具体的设计数值。

对比中国规范，欧洲规范 EN 1992—1—1 定义标准保护层厚度为最小保护层厚度 $C_{min}+$ 设计偏差裕度 ΔC_{dev}。其中最小保护层厚度的确定是综合考虑了耐环境条件、粘结条件、耐久性分析、其他安全因素、不锈钢材质，以及其他保护措施造成的保护层折减等因素。设计偏差裕度则是通过查询国家版附录或通过推荐值确定。

欧洲规范中保护层厚度的确定受到更多因素的影响，需要综合考虑并计算标准保护层厚度。

9.4　裂缝宽度限值

对比内容：裂缝宽度限值	
中国《混凝土结构设计标准》GB/T 50010—2010（2024 年版）	欧洲 EN 1992—1—1
规范 3.4.5	规范 7.3.1
3.4.5　结构构件应根据结构类型和本规范第 3.5.2 条规定的环境类别，按表 3.4.5 的规定选用不同的裂缝控制等级及最大裂缝宽度限值 ω_{lim}	考虑到结构的计划使用和性能以及限制裂缝的成本，应确定一个限定的裂缝计算宽度 W_{max}。 注：有关某一国家所使用的 W_{max} 值，可以查阅该国的国家版附录。有关暴露等级的推荐值，参见表 7.1N。

中国规范：

结构构件的裂缝控制等级及最大裂缝宽度的限值（mm）

表 3.4.5

环境类别	钢筋混凝土结构		预应力混凝土结构	
	裂缝控制等级	ω_{lim}	裂缝控制等级	ω_{lim}
一	三级	0.30(0.40)	三级	0.20
二 a		0.20		0.10
二 b			二级	—
三 a、三 b			一级	—

欧洲规范：

暴露等级	带无粘结预应力筋的钢筋构件和预应力构件	带粘结预应力筋的预应力构件
	准永久荷载组合	常见荷载组合
X0、XC1	0.4	0.2
XC2、XC3、XC4	0.3	0.2
XD1、XD2、XD3、XS1、XS2、XS3		减压

注：1. 对于 X0、XC1 暴露等级，裂缝宽度不会对耐久性造成影响，设定这个限制只是为了保证外表合格。如果对外观不作要求，则可以放宽这个限制。

2. 另外，对于这些等级，应在准永久性荷载组合条件下检查减压情况

中欧差异化对比分析结论及心得：

给出具体的限值对比数据，设计时按相应要求执行。从数据上来看，欧洲规范的允许裂缝宽度比中国规范的大。

9.5 裂缝最小配筋面积

对比内容：裂缝最小配筋面积	
中国《混凝土结构设计标准》 GB/T 50010—2010（2024年版）	欧洲 EN 1992—1—1
规范 3.4.4	规范 7.3.2

规范 3.4.4

3.4.4 结构构件正截面的受力裂缝控制等级分为三级，等级划分及要求应符合下列规定：

一级——严格要求不出现裂缝的构件，按荷载标准组合计算时，构件受拉边缘混凝土不应产生拉应力。

二级——一般要求不出现裂缝的构件，按荷载标准组合计算时，构件受拉边缘混凝土拉应力不应大于混凝土抗拉强度的标准值。

三级——允许出现裂缝的构件：对钢筋混凝土构件，按荷载准永久组合并考虑长期作用影响计算时，构件的最大裂缝宽度不应超过本规范表第 3.4.5 条规定的最大裂缝宽度限值。对预应力混凝土构件，按荷载标准组合并考虑长期作用的影响计算时，构件的最大裂缝宽度不应超过本规范第 3.4.5 条规定的最大裂缝宽度限值；对二 a 类环境的预应力混凝土构件，尚应按荷载准永久组合计算，且构件受拉边缘混凝土的拉应力不应大于混凝土的抗拉强度标准值

规范 7.3.2

最小配筋面积，除非更严格的计算证明更小的面积已经足够，否则可以按下式计算规定的最小配筋面积。

$$A_{s,min}\sigma_s = k_c k_{ct,eff} A_{ct}$$

式中：$A_{s,min}$——在拉伸力区域内的钢筋最小面积。

A_{ct}——受拉区混凝土面积（即将出现第一条裂缝时受拉面积）。

σ_s——允许在裂缝形成之后出现在钢筋上的最大应力绝对值。这可以取为钢筋的屈服强度 f_{yk}。不过需要一个较小的值，以满足根据最大钢筋尺寸或间距［见本规范第 7.3.3 条第（2）款］确定的裂缝宽度限制条件。

k——一个系数，该系数考虑了不均匀自平衡应力效应（可插入中间值）。

对于 $h\leqslant$300mm 的腹板或宽度小于 300mm 的翼缘，k 取 1.0；

对于 $h\geqslant$800mm 的腹板或宽度大于 800mm 的翼缘，k 取 0.65。

k_c——一个系数，该系数考虑了在开裂和拉杆壁更换之前的截面内的应力分布情况。对于纯拉伸力，k_c=1.0。

对于弯曲或组合有轴向力的弯曲：详见 EN 1992—1—1。

有关裂缝控制的最大钢筋直径 表 7.2N

钢筋应力（MPa）	最大钢筋直径（mm）		
	w_k=0.4mm	w_k=0.3mm	w_k=0.2mm
160	40	32	25
200	32	25	16
240	20	16	12
280	16	12	8
320	12	10	6
360	10	8	5
400	8	6	4
450	6	2	—

中欧差异化对比分析结论及心得：

欧洲规范中提及有关裂缝控制的最大钢筋直径和有关裂缝控制的最大钢筋间距，中国规范则没有明确的规定，但是在最小配筋率中有考虑裂缝控制的因素。

9.6　裂缝宽度计算

对比内容：裂缝宽度计算	
中国《混凝土结构设计标准》GB/T 50010—2010（2024年版）	欧洲 EN 1992—1—1
规范 7.1.2	规范 7.3.4
7.1.2　在矩形、T形、倒T形和I形截面的钢筋混凝土受拉、受弯和偏心受压构件及预应力混凝土轴心受拉和受弯构件中，按荷载标准组合或准永久组合并考虑长期作用影响的最大裂缝宽度可按下列公式计算： $$\omega_{max}=\alpha_{cr}\psi\frac{\sigma_s}{E_s}\left(1.9c_s+0.08\frac{d_{eq}}{\rho_{te}}\right)\quad(7.1.2\text{-}1)$$ $$\psi=1.1-0.65\frac{f_{tk}}{\rho_{te}\sigma_s}\quad(7.1.2\text{-}2)$$ $$d_{eq}=\frac{\sum n_i d_i^2}{\sum n_i\nu_i d_i}\quad(7.1.2\text{-}3)$$ $$\rho_{te}=\frac{A_s+A_p}{A_{te}}\quad(7.1.2\text{-}4)$$ 式中：α_{cr}——构件受力特征系数； ψ——裂缝间纵向受拉钢筋应变不均匀系数； σ_s——按荷载准永久组合计算的钢筋混凝土构件纵向受拉普通钢筋应力或按标准组合计算的预应力混凝土构件纵向受拉钢筋等效应力； E_s——钢筋的弹性模量； c_s——最外层纵向受拉钢筋外边缘至受拉区底边的距离； ρ_{te}——按有效受拉混凝土截面面积计算的纵向受拉钢筋配筋率； A_{te}——有效受拉混凝土截面面积； A_s——受拉区纵向普通钢筋截面面积； A_p——受拉区纵向预应力筋截面面积； d_{eq}——受拉区纵向钢筋的等效直径； d_i——受拉区第 i 种纵向钢筋的公称直径； n_i——受拉区第 i 种纵向钢筋的根数； ν_i——受拉区第 i 种纵向钢筋的相对粘结特性系数	7.3.4　裂缝宽度计算： （1）可按下列公式计算裂缝宽度 W_k： $$W_k=S_{r,max}(\varepsilon_{sm}-\varepsilon_{cm})\quad(7.8)$$ 式中：$S_{r,max}$——最大裂缝间距； ε_{sm}——在相关荷载组合条件下的钢筋平均应变，包括强制变形作用以及拉伸变形作用；只考虑超出同层混凝土零应变状态的其他拉应变； ε_{cm}——裂缝间的混凝土平均应变； $S_{r,max}$——与钢筋保护层厚度、钢筋直径、配筋率、钢筋粘结性等有关。 $$S_{r,max}=k_3c+k_1k_2k_4\phi/\rho_{p,eff}$$ 式中：k_1——钢筋粘结系数； k_2——应力分布系数； k_3 和 k_4——经验系数； ϕ——钢筋直径； $\rho_{p,eff}$——纵向钢筋配筋率。 $$\varepsilon_{sm}-\varepsilon_{cm}=\frac{\sigma_s-k_t\dfrac{f_{ct,eff}(1+\alpha_e\rho_{p,eff})}{\rho_{p,eff}}}{E_s}\geqslant0.6\frac{\sigma_s}{E_s}$$ 式中：α_e——钢筋弹性模量与混凝土弹性模型平均值之比； k_t——依赖于荷载持续时间的系数

中欧差异化对比分析结论及心得：

欧洲规范对裂缝开展宽度计算的基本原理阐述较为清晰，而中国规范对裂缝开展宽度计算原因没有系统介绍，直接给出计算公式。计算原理相似，表述方式有所不同。中国规范计算的裂缝不受混凝土强度等级影响，在相同条件下，欧洲规范的裂缝开展宽度一般小于中国规范的计算值。

9.7 挠度控制

对比内容：挠度控制	
中国《混凝土结构设计标准》GB/T 50010—2010（2024 年版）	欧洲 EN 1992—1—1
规范 3.4.3	规范 7.4 挠度控制
3.4.3 钢筋混凝土受弯构件的最大挠度应按荷载的准永久组合，预应力混凝土受弯构件的最大挠度应按荷载的标准组合，并均应考虑荷载长期作用的影响进行计算，其计算值不应超过表 3.4.3 规定的挠度限值。（见下表 3.4.3）	7.4.1 (4) 如果受到准永久荷载影响的横梁、平板或悬臂的计算下挠超过跨度/250，则可能会损坏结构的外观和一般使用。下挠的评定是相对于支座而言。预拱可以用来补偿部分或全部挠度，但是，框架中的预拱度一般不应超过跨度/250。 (5) 有可能损坏邻近结构部件的挠度应受到限制。对于施工后的挠度，跨径/500 通常适用于准永久荷载。也可以考虑其他限制，视邻近部件的敏感度而定。 (6) 可以通过以下所述检查变形的限制状态： 通过根据本规范第 7.4.2 条中的要求限制跨度/深度比，通过根据本规范第 7.4.3 条中计算出的挠度和一个限值进行比较

受弯构件的挠度限值　　表 3.4.3

构件类型		挠度限值
吊车梁	手动吊车	$l_0/500$
	电动吊车	$l_0/600$
屋盖、楼盖及楼梯构件	当 $l_0<7$m 时	$l_0/200$（$l_0/250$）
	当 7m$\leqslant l_0 \leqslant$9m 时	$l_0/250$（$l_0/300$）
	当 $l_0>9$m 时	$l_0/300$（$l_0/400$）

注：括号内数值适用于对挠度要求较高的建筑

中欧差异化对比分析结论及心得：

欧洲规范与中国规范对于挠度的限值较为近似。

欧洲规范 EN 1992—1—1 中规定：在正常使用环境中，可不进行挠度计算，而是限制跨高比；对于超出限制条件的构件或不适于用简化方法限制挠度的情况，需进行计算。

9.8 钢筋的基本锚固长度

对比内容：钢筋的基本锚固长度	
中国《混凝土结构设计标准》GB/T 50010—2010（2024 年版）	欧洲 EN 1992—1—1
规范 8.3.1	规范 8.4.3 基准锚固长度
普通钢筋： $$l_{ab}=\alpha\frac{f_y}{f_t}d$$ 预应力钢筋： $$l_{ab}=\alpha\frac{f_{py}}{f_t}d$$ 式中：l_{ab}——受拉钢筋的基本锚固长度； f_y、f_{py}——普通钢筋、预应力筋的抗拉强度设计值； f_t——混凝土轴心抗拉强度设计值； d——锚固钢筋的直径； α——锚固钢筋的外形系数	8.4.3 基准锚固长度 1. 规定锚固长度的计算应将钢筋类型和钢筋的粘结特性考虑在内。 2. 可以按照下列公式得出在直钢筋内锚固力 $A_{s\sigma sd}$ 所要求的基准锚固长度 $I_{b,rqd}$，假设恒定粘结应力等于 f_{bd}（f_{bd} 值见本规范第 8.4.2 条）： $$l_{b,rqd}=(\phi/4)(\sigma_{sd}/f_{bd}) \quad (8.3)$$ $$f_{bd}=2.25\eta_1\eta_2 f_{ctd}$$ 式中：σ_{sd}——在锚固测量位置的钢筋的设计应力； η_1、η_2——系数； f_{ctd}——混凝土抗拉强度设计值。 3. 对于弯曲钢筋，应沿着钢筋的中心线测量基准锚固长度 I_b 和设计长度 I_{bd}。 4. 如果由成对钢丝/钢筋形成焊接网状纤维，则公式 (8.3) 中的直径 ϕ 应替换为等效直径

中欧差异化对比分析结论及心得：

欧洲规范并未考虑钢筋表面涂层的影响，中国规范未考虑横向压力的影响；考虑因素区别：如欧洲规范在钢筋直径大于 32mm 考虑修正，中国规范则是 25mm；欧洲规范在考虑保护层厚度的有利作用时，又分了末端弯钩和无弯钩的情况，而中国规范则无此描述，因此欧洲规范锚固长度整体要稍小于中国规范的取值。

9.9　钢筋的设计锚固长度

对比内容：钢筋的设计锚固长度	
中国《混凝土结构设计标准》GB/T 50010—2010（2024 年版）	欧洲 EN 1992—1—1
规范 8.3.1	规范 8.4.4 及表 8.2 设计锚固长度
8.3.1-2　受拉钢筋的锚固长度应根据锚固条件按下列公式计算，且不应小于 200mm。 $l_a=\zeta_a l_{ab}$ 式中：l_a——受拉钢筋的锚固长度； ζ_a——锚固长度修正系数，对普通钢筋按本规范第 8.3.2 条的规定取用，当多于一项时，可按连乘计算，但不应小于 0.6；对预应力筋，可取 1.0	设计锚固长度 l_{bd} 为： $l_{bd}=\alpha_1\alpha_2\alpha_3\alpha_4\alpha_5 l_{b,rqd}\geqslant l_{b,min}$ 式中：α_1、α_2、α_3、α_4 和 α_5 是表 8.2 中给出的系数： α_1——针对钢筋形式效应，假设有足够的保护层； α_2——针对混凝土最小保护层效应； α_3——针对横向钢筋的限制效应； α_4——针对沿设计锚固长度 l_{bd} 的一根或多根焊接横向钢筋的效应； α_5——针对沿设计锚固长度的开裂平面的横向压力效应。 乘积：$\alpha_2\times\alpha_3\times\alpha_5\geqslant 0.7$ $l_{b,min}$——最小锚固长度，详见本规范第 8.4.4 条

中欧差异化对比分析结论及心得：

欧洲规范并未考虑钢筋表面涂层的影响，中国规范未考虑横向压力的影响；考虑因素区别：如欧洲规范在钢筋直径大于 32 mm 考虑修正，中国规范则是 25 mm；欧洲规范在考虑保护层厚度的有利作用时，又分了末端弯钩和无弯钩的情况，而中国规范则无描述；因此欧洲规范锚固长度整体要稍小于中国规范的取值。

9.10　受压钢筋的锚固长度

对比内容：受压钢筋的锚固长度	
中国《混凝土结构设计标准》GB/T 50010—2010（2024 年版）	欧洲 EN 1992—1—1
规范 8.3.4	规范 8.4.4
8.3.4　混凝土结构中的纵向受压钢筋，当计算中充分利用其抗压强度时，锚固长度不应小于相应受拉锚固长度的 70%。 受压钢筋不应采用末端弯钩和一侧贴焊锚筋的锚固措施。 受压钢筋锚固长度范围内的横向构造钢筋应符合本规范第 8.3.1 条的有关规定	$l_{b,min}>\max\{0.6l_{b,rqd};\ 10\phi;\ 100\text{mm}\}$ 式中：$l_{b,min}$——最小锚固长度； $l_{b,rqd}$——取至公式（8.3），指基准锚固长度。 $l_{b,rqd}=(\phi/4)(\sigma_{sd}/f_{bd})$ σ_{sd}——在锚固测量位置的钢筋的设计应力； f_{bd}——粘结应力

中欧差异化对比分析结论及心得：

欧洲规范对受压钢筋的锚固，与中国规范要求基本相同。

9.11 伸缩缝设置间距

<table>
<tr><td colspan="2">对比内容：伸缩缝设置间距</td></tr>
<tr><td>中国《混凝土结构设计标准》GB/T 50010—2010（2024 年版）</td><td>欧洲 EN 1992—1—1</td></tr>
<tr><td>规范 8.1.1</td><td>规范 2.3.3　混凝土变形</td></tr>
<tr><td>
钢筋混凝土结构伸缩缝最大间距（m）　表 8.1.1
<table>
<tr><th colspan="2">结构类别</th><th>室内或土中</th><th>露天</th></tr>
<tr><td>排架结构</td><td>装配式</td><td>100</td><td>70</td></tr>
<tr><td rowspan="2">框架结构</td><td>装配式</td><td>75</td><td>50</td></tr>
<tr><td>现浇式</td><td>55</td><td>35</td></tr>
<tr><td rowspan="2">剪力墙结构</td><td>装配式</td><td>65</td><td>40</td></tr>
<tr><td>现浇式</td><td>45</td><td>30</td></tr>
<tr><td rowspan="2">挡土墙、地下室墙壁等类结构</td><td>装配式</td><td>40</td><td>30</td></tr>
<tr><td>现浇式</td><td>30</td><td>20</td></tr>
</table>
</td><td>混凝土结构设置伸缩缝推荐值为 30m，预制结构可适当增加</td></tr>
</table>

中欧差异化对比分析结论及心得：

关于伸缩缝的规定，目前欧洲规范仅找到第 2.3.3 条，由此可以看出欧洲规范对伸缩缝间距要求太过严格，后续研究再进行补充修正。

10 结构分析内容对比

本章主要为国内外结构设计中关于结构受力分析相关方面的内容对比，包括结构受弯分析模型及受弯构件的构造要求、结构受剪分析模型及受剪构件的构造要求、结构抗冲切分析模型及抗冲切构件的构造要求、混凝土轴心受压构件和偏心受压构件计算等相关内容。通过研究中国与欧洲规范有关结构分析的内容，了解相互之间的设计异同，为后续项目的开展提供设计参考。参考标准为中国《混凝土结构设计标准》GB/T 50010—2010（2024 年版）和欧洲《一般规程与建筑设计规程》EN 1992—1—1。

10.1 梁构件定义

对比内容：梁构件定义	
中国《混凝土结构设计标准》GB/T 50010—2010（2024 年版）	欧洲 EN 1992—1—1
规范附录 G 条文说明	规范 5.3.1—(3)
简支，跨高比小于 2 为深梁； 连续梁，跨高比小于 2.5 为深梁	跨度不小于 3 倍截面全高的线性构件定义为梁，否则跨度小于 3 倍截面全高的线性构件定义为深梁。跨高比小于 3 为深梁

中欧差异化对比分析结论及心得：

对比列出国内外规范有关梁的定义。

10.2 柱构件定义

对比内容：柱构件定义	
中国《混凝土结构设计标准》GB/T 50010—2010（2024年版）	欧洲 EN 1992—1—1
规范 11.4.11	规范 5.3.1—(7)
柱截面长边与短边的边长比不宜大于3	截面长度不超过其宽度的4倍，且高度不大于截面长度的3倍

中欧差异化对比分析结论及心得：

对比列出国内外规范有关柱的定义，欧洲规范在柱高度上有具体的要求，设计时需注意考虑。

10.3 受弯构件最小配筋率

对比内容：受弯构件最小配筋率	
中国《混凝土结构设计标准》GB/T 50010—2010（2024年版）	欧洲 EN 1992—1—1
规范 8.5.1	规范 9.2.1.1 最大和最小钢筋面积
板类受弯构件（不包括悬臂板）的受拉钢筋，当采用强度等级400MPa、500MPa的钢筋时，其最小配筋百分率应允许采用0.15%和 $45f_t/f_y$ 中的较大值	推荐值 $A_{s,min}=0.26f_{ctm}/f_{yk}b_{td}$，且 $\geqslant 0.0013b_{td}f_{ctm}$ 为混凝土抗拉强度平均值； b_{td} 为拉伸区的平均宽度；对于带有受压翼缘的T形梁，在计算 b_t 时，只考虑腹板宽度； f_{yk} 为钢筋抗拉强度特征值； 最小配筋率：$\rho_{min}=A_{s,min}/b_{td}=0.26f_{ctm}/f_{yk}\geqslant 0.0013=0.13\%$

中欧差异化对比分析结论及心得：

欧洲规范最小配筋率的最小值低于中国规范，欧洲规范采用抗拉强度平均值与钢筋屈服强度的比值，中国规范采用抗拉强度设计值与钢筋强度设计值的比值。

10.4 受弯构件最大配筋率

对比内容：受弯构件最大配筋率	
中国《混凝土结构设计标准》GB/T 50010—2010（2024年版）	欧洲 EN 1992—1—1
规范 11.3.7	规范 9.2.1.1 最大和最小钢筋面积、参考文献
梁端纵向受拉钢筋的配筋率不宜大于2.5%	规范通过直接限制混凝土受压区的高度 x 来控制钢筋的最大配筋率，对应 $x\leqslant 0.45d$ 和 $x\leqslant 0.35d$ 的最大配筋率为（其中，ρ' 为受压钢筋配筋率）：

续表

中国《混凝土结构设计标准》GB/T 50010—2010（2024年版）	欧洲 EN 1992—1—1
	$$\rho_{\max}=\frac{x}{d}\times\frac{\eta\lambda f_{\mathrm{cd}}}{f_{\mathrm{yd}}}+\rho'=\begin{cases}0.45\dfrac{\eta\lambda f_{\mathrm{cd}}}{f_{\mathrm{yd}}}+\rho' & \leqslant \mathrm{C50/60}\\ 0.35\dfrac{\eta\lambda f_{\mathrm{cd}}}{f_{\mathrm{yd}}}+\rho' & \geqslant \mathrm{C55/67}\end{cases}$$ 式中：f_{cd}——混凝土抗压强度设计值； f_{yd}——钢筋屈服强度设计值； 根据混凝土截面应力—应变关系，得到 λ 和 η 值（本规范第 3.1.7 条）。 $$\lambda=\begin{cases}0.80 & f_{\mathrm{ck}}\leqslant 50\mathrm{MPa}\\ 0.8-\dfrac{f_{\mathrm{ck}}-50}{400} & 50\mathrm{MPa}<f_{\mathrm{ck}}\leqslant 90\mathrm{MPa}\end{cases}$$ $$\eta=\begin{cases}1.0 & f_{\mathrm{ck}}\leqslant 50\mathrm{MPa}\\ 1.0-\dfrac{f_{\mathrm{ck}}-50}{200} & 50\mathrm{MPa}<f_{\mathrm{ck}}\leqslant 90\mathrm{MPa}\end{cases}$$ 式中：f_{ck}——圆柱体混凝土抗压强度特征值

中欧差异化对比分析结论及心得：

对于欧洲规范，在钢筋搭接区之外，受拉钢筋或受压钢筋的截面面积不大于 $A_{\mathrm{s,min}}$，有关某一国家所使用梁的 $A_{\mathrm{s,min}}$ 值，可以查阅该国的国家版附录，推荐值为 $0.04A_{\mathrm{c}}$。即对应的最大配筋率为 $\rho_{\max}=0.04$，欧洲规范钢筋最大配筋率为 4%，大于中国规范的 2.5%。

10.5 钢筋布置

对比内容：钢筋布置	
中国《混凝土结构设计标准》GB/T 50010—2010（2024年版）	欧洲 EN 1992—1—1
规范 11.3.6	规范 9.2.1.1、9.2.1.2
11.3.6 规定了箍筋的直径和间距。 受拉钢筋的总面积布置需在梁宽范围内	承载力计算中考虑的任一受压纵向钢筋，应采用间距不大于 $15d$ 的横向钢筋约束。 在连续梁的中间支座处，带有翼缘的截面受拉钢筋的总面积 A_{s} 要分布在翼缘的有效宽度内，其中一部分可集中在腹板宽度内

中欧差异化对比分析结论及心得：

欧洲规范中箍筋间距不大于 $15d$（目前还未研究抗震规范，后续更新），中国规范梁箍筋间距需满足《混凝土结构设计标准》GB/T 50010—2010（2024年版）中第 11.3.6 条。

10.6 极限弯矩与开裂弯矩的关系

对比内容：极限弯矩与开裂弯矩的关系	
中国《混凝土结构设计标准》GB/T 50010—2010（2024年版）	欧洲 EN 1992—1—1
规范 7.2.3、10.1.17	规范 9.2.1.1、9.2.1.2
预应力混凝土构件的极限弯矩设计值不小于开裂弯矩	对于使用永久性无黏结筋或体外预应力筋的预应力构件，极限弯矩至少为开裂弯矩的 1.15 倍

中欧差异化对比分析结论及心得：

欧洲规范中对极限弯矩的规定较中国规范大。

10.7　柱纵向钢筋及最大最小配筋面积

<table>
<tr><td colspan="2">对比内容：柱纵向钢筋及最大最小配筋面积</td></tr>
<tr><td>中国《混凝土结构设计标准》GB/T 50010—2010（2024 年版）</td><td>欧洲 EN 1992—1—1</td></tr>
<tr><td>规范 9.3.1、8.5.1</td><td>规范 9.5.2</td></tr>
<tr><td>9.3.1　柱中纵向钢筋的配置应符合下列规定：
1 纵向受力钢筋直径不宜小于 12mm；全部纵向钢筋的配筋率不宜大于 5%；
4 圆柱中纵向钢筋不宜小于 8 根，不应小于 6 根，且宜沿周边均匀布置。
8.5.1　钢筋混凝土结构构件中纵向受力钢筋的配筋百分率 ρ_{min} 不应小于表 8.5.1 规定的数值。
纵向受力钢筋的最小配筋百分率 ρ_{min}（%）
表 8.5.1
<table>
<tr><td colspan="3">受力类型</td><td>最小配筋百分率</td></tr>
<tr><td rowspan="4">受压构件</td><td rowspan="3">全部纵向钢筋</td><td>强度等级 500MPa</td><td>0.50</td></tr>
<tr><td>强度等级 400MPa</td><td>0.55</td></tr>
<tr><td>强度等级 300MPa、335MPa</td><td>0.60</td></tr>
<tr><td colspan="2">一侧纵向钢筋</td><td>0.20</td></tr>
<tr><td colspan="3">受弯构件、偏心受拉、轴心受拉构件一侧的受拉钢筋</td><td>0.20 和 $45f_t/f_y$ 中的较大值</td></tr>
</table></td>
<td>纵向钢筋的直径应不小于 ϕ_{min}。
ϕ_{min} 值由执行欧洲规范国家的国家版附录确定，建议值为 8mm。柱全部纵向钢筋的最小配筋面积为：
$$A_{s,min}=\max\left(\frac{0.10N_{Ed}}{f_{yd}},0.002A_c\right)$$
式中：N_{Ed}——荷载产生的轴力设计值。
柱全部纵向钢筋的最大配筋面积值由执行欧洲规范国家的国家版附录确定，建议值为 $0.04A_c$。
对于带有多边形横截面的支柱，每转角处至少要有 1 根钢筋。在环形支柱中，纵向钢筋的数量应不少于 4 根</td></tr>
</table>

中欧差异化对比分析结论及心得：

给出欧洲规范与中国规范的构造差异，欧洲规范有关柱纵向受力钢筋的钢筋直径和配筋率要求，均较中国规范低，便于后续设计中考虑。

10.8　柱横向约束钢筋（柱箍筋）

对比内容：柱横向约束钢筋（柱箍筋）	
中国《混凝土结构设计标准》GB/T 50010—2010（2024 年版）	欧洲 EN 1992—1—1
规定 9.3.2	规范 9.5.3
9.3.2-1　柱箍筋直径不应小于 $d/4$，且不应小于 6mm，d 为纵向钢筋的最大直径。 9.3.2-2　箍筋间距不应大于 400mm 及构件截面的短边尺寸，且不应大于 $15d$，d 为纵向钢筋最小直径	横向钢筋的直径不应小于 6mm，且不应小于纵向钢筋最大直径的 1/4。横向钢筋的焊接网状结构的钢丝直径应不小于 5mm。 横向钢筋的间距不超过 $s_{cl,tmax}$，该值由执行欧洲规范国家的国家版附录确定，建议采用以下三种的最大值： （1）纵向钢筋最小直径的 20 倍； （2）柱的较小尺寸； （3）400mm。 对满足本规范第 9.5.3 条第（4）款的情况，横向钢筋最大间距需乘以 0.6 的折减系数

中欧差异化对比分析结论及心得：

给出欧洲规范与中国规范的构造差异，欧洲规范与中国规范对于柱箍筋的规定大致相同，在此给出相应的设计要求，后续设计时需考虑。

10.9 抗剪钢筋—箍筋最小配箍率

对比内容：抗剪钢筋—箍筋最小配箍率	
中国《混凝土结构设计标准》GB/T 50010—2010（2024年版）	欧洲 EN 1992—1—1
规范 9.2.9	规范 9.2.2—(5)
箍筋的配箍率尚不应小于 $0.24f_t/f_{yv}$	抗剪钢筋：有关某一国家所使用的最小配箍率 $\rho_{w,min}$ 值，可以查阅该国的国家版附录。 推荐值见公式（9.5N）： $\rho_{w,min}=(0.08\sqrt{f_{ck}})/f_{yk}$　　(9.5N) 式中：f_{yk}——钢筋屈服强度标准值； f_{ck}——圆柱体混凝土抗压强度特征值

中欧差异化对比分析结论及心得：

给出欧洲规范与中国规范的构造差异，欧洲规范和中国规范对箍筋最小配箍率的公式规定有差别，但按照相应的材料值代入计算，两者算出的最小配箍率值相差在5%以内，区别不大。在此给出相应的设计要求，后续设计时需考虑。

10.10 抗剪箍筋的最大纵向间距

对比内容：抗剪箍筋的最大纵向间距	
中国《混凝土结构设计标准》GB/T 50010—2010（2024年版）	欧洲 EN 1992—1—1
规范 9.2.9	规范 9.2.2—(6)
见下表 9.2.9	抗剪箍筋之间的最大纵向间距应不超过 $S_{l,max}$。有关某一国家所使用的 $S_{l,max}$ 值，可以查阅该国的国家版附录，推荐值见公式（9.6N） $S_{l,max}=0.75(1+\cot\alpha)$　　(9.6N) 式中：α——抗剪钢板和梁的纵轴之间的倾斜度

梁中箍筋的最大间距（mm）　　　表 9.2.9

梁高 h	$V>0.7f_tbh_0+0.05N_{p0}$	$V\leqslant0.7f_tbh_0+0.05N_{p0}$
$150<h\leqslant300$	150	200
$300<h\leqslant500$	200	300
$500<h\leqslant800$	250	350
$h>800$	300	400

中欧差异化对比分析结论及心得：

给出欧洲规范与中国规范的构造差异，欧洲规范需要设计时根据具体情况进行计算，而中国规范直接给定相应的数值，用起来相对方便，设计时按相应规范进行设计即可。在此给出相应的设计要求，后续设计时需考虑。

10.11　弯起钢筋的最大纵向间距

对比内容：弯起钢筋的最大纵向间距	
中国《混凝土结构设计标准》GB/T 50010—2010（2024年版）	欧洲 EN 1992—1—1
规范 9.2.8	规范 9.2.2—(7)
当计算需要设置弯起钢筋时，从支座起前一排的弯起点至后一排的弯终点的距离不应大于本规范表 9.2.9 中"$V>0.7f_tbh_0+0.05N_{p0}$时箍筋最大间距	弯起钢筋的最大纵向间距应不超过$S_{b,max}$。 有关某一国家所使用的$S_{b,max}$值，可以查阅该国的国家版附录，推荐值见公式（9.7N） $S_{b,max}=0.6(1+\cot\alpha)$　　(9.7N) (4) 当构件使用弯起钢筋抗剪时，至少有β_3倍的抗剪钢筋为箍筋。该值由执行欧洲规范国家的国家版附录确定，建议β_3取值为 0.5

中欧差异化对比分析结论及心得：

给出欧洲规范与中国规范的构造差异，欧洲规范规定用于抗剪的箍筋的最小值需占整个抗剪钢筋的一半，弯起钢筋的最大纵向间距需要设计时根据具体情况进行计算，而中国规范直接给定相应的数值，用起来相对方便。设计时按相应规范进行设计即可。在此给出相应的设计要求，后续设计时需考虑。

10.12　箍筋肢与肢间的横向间距

对比内容：箍筋肢与肢间的横向间距	
中国《混凝土结构设计标准》GB/T 50010—2010（2024年版）	欧洲 EN 1992—1—1
规范 9.2.9	规范 9.2.2—(8)
当梁的宽度大于 400mm 且一层内的纵向受压钢筋多于 3 根时，或当梁的宽度不大于 400mm 但一层内的纵向受压钢筋多于 4 根时，应设置复合箍筋	箍筋肢与肢间的横向间距不应超过$S_{t,max}$。 有关某一国家所使用的$S_{t,max}$值，可以查阅该国的国家版附录，推荐值见公式（9.8N） $S_{t,max}=0.75d\leqslant 600\text{mm}$　　(9.8N)

中欧差异化对比分析结论及心得：

给出欧洲规范与中国规范的构造差异，欧洲规范规定箍筋间距可以设计成 600mm，而中国规范基本控制在 300mm 以内。在此给出相应的设计要求，后续设计时需考虑。

10.13　抗冲切钢筋构造要求

对比内容：抗冲切钢筋构造要求	
中国《混凝土结构设计标准》GB/T 50010—2010（2024年版）	欧洲 EN 1992—1—1
规范 9.1.11	规范 9.4.3
按计算所需的箍筋及相应的架立钢筋应配置在与 45°冲切破坏锥面相交的范围内，且从集中荷载作用面或柱截面边缘向外的分布长度不应小于$1.5h_0$（图 9.1.11a）；	当要求布置抗冲切钢筋时，应布置在荷载作用区或柱与不需要抗冲切钢筋的控制周边k倍d值的范围内。k值由执行欧洲规范国家的国家版附录确定，建议值为$k=$

续表

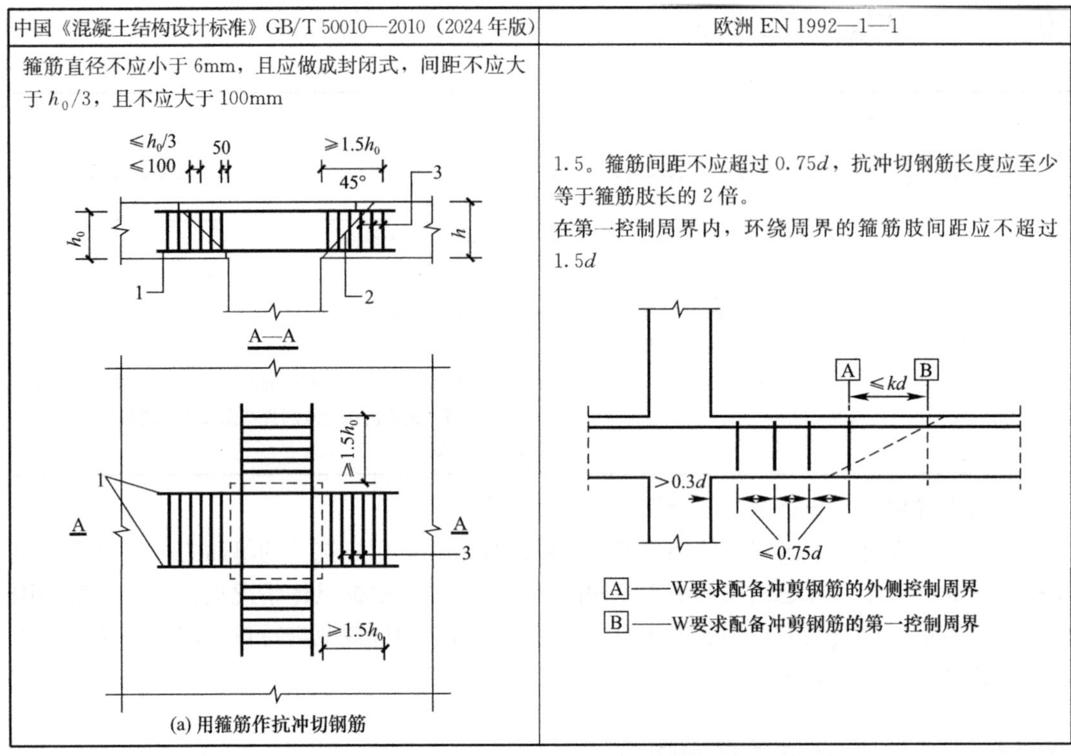

中国《混凝土结构设计标准》GB/T 50010—2010（2024年版）	欧洲 EN 1992—1—1
箍筋直径不应小于 6mm，且应做成封闭式，间距不应大于 $h_0/3$，且不应大于 100mm (a) 用箍筋作抗冲切钢筋	1.5。箍筋间距不应超过 $0.75d$，抗冲切钢筋长度应至少等于箍筋肢长的 2 倍。 在第一控制周界内，环绕周界的箍筋肢间距应不超过 $1.5d$ A——W要求配备冲剪钢筋的外侧控制周界 B——W要求配备冲剪钢筋的第一控制周界

中欧差异化对比分析结论及心得：

给出欧洲规范与中国规范的构造差异，欧洲规范抗冲切箍筋离柱边 $0.3d$ 开始布置，箍筋的间距不大于 $0.75d$，中国规范从离柱边 50mm 开始布置，箍筋间距满足规范要求。欧洲规范与中国规范有一定的差别，在此给出相应的设计要求，后续设计时需考虑。

10.14　梁翼缘有效宽度

对比内容：梁翼缘有效宽度	
中国《混凝土结构设计标准》GB/T 50010—2010（2024年版）	欧洲 EN 1992—1—1
规范 5.2.4	规范 5.3.2.1
受弯构件受压区有效翼缘计算宽度 b'_f **表 5.2.4**	T形梁或L形梁有效翼缘宽度基于零弯矩点之间的距离 l_0 来确定。 $b_{eff,i}=0.2b_1+0.1l_0\leqslant0.2l_0$ 式中：b_1——梁净距的一半

	情况	T形、I形截面		倒L形截面
		肋形梁（板）	独立梁	肋形梁（板）
1	按计算跨度 l_0 考虑	$l_0/3$	$l_0/3$	$l_0/6$
2	按梁（肋）净距 s_n 考虑	$b+s_n$	—	$b+s_n/2$
3	按翼缘高度 h'_f 考虑	$b+12h'_f$	b	$b+5h'_f$

$l_0=0.85\,l_1$　$l_0=0.15\,(l_1+l_2)$　$l_0=0.7\,l_2$　$l_0=0.15\,l_2+l_3$　l_1　l_2　l_3

b_{eff}　$b_{eff,1}$　$b_{eff,2}$　b_w　b_1　b_1　b_2　b_2　b

中欧差异化对比分析结论及心得：

欧洲规范考虑了零弯矩之间的间距和板的跨度，中国规范考虑了梁的跨度、板跨度和翼缘厚度，中国规范给出了 3 种情况，采取最小值。

10.15　梁有效跨度

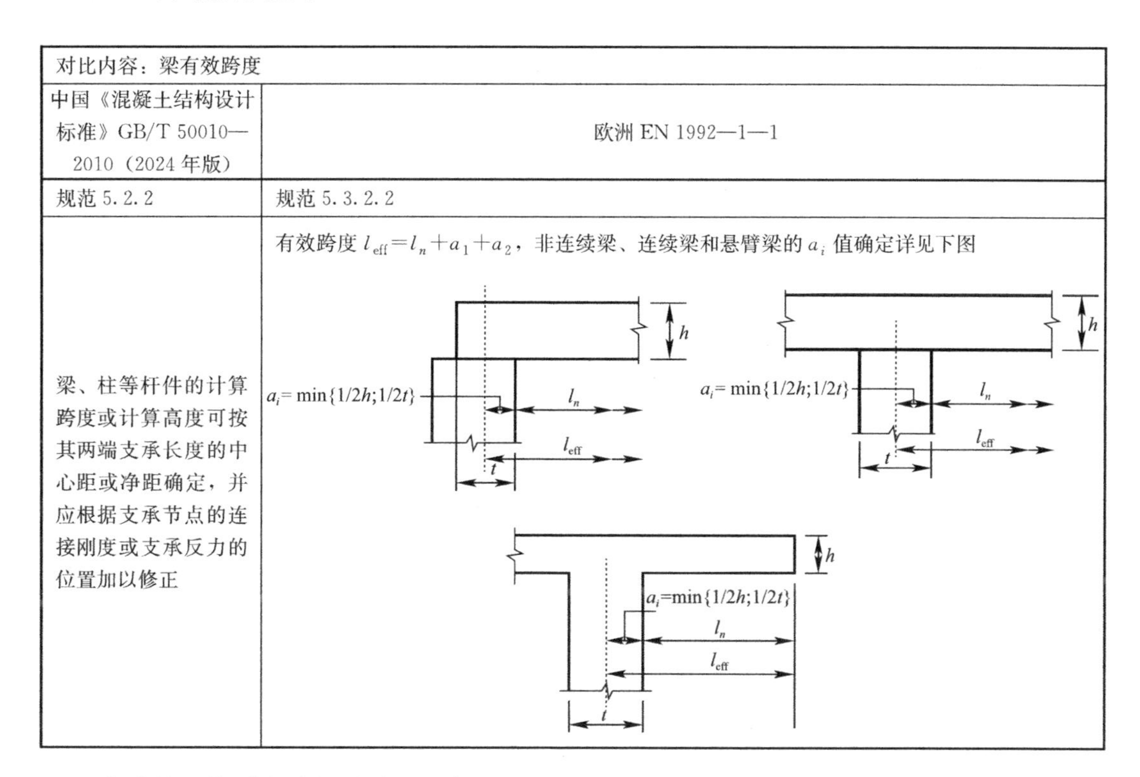

对比内容：梁有效跨度	
中国《混凝土结构设计标准》GB/T 50010—2010（2024 年版）	欧洲 EN 1992—1—1
规范 5.2.2	规范 5.3.2.2
梁、柱等杆件的计算跨度或计算高度可按其两端支承长度的中心距或净距确定，并应根据支承节点的连接刚度或支承反力的位置加以修正	有效跨度 $l_{eff}=l_n+a_1+a_2$，非连续梁、连续梁和悬臂梁的 a_i 值确定详见下图

中欧差异化对比分析结论及心得：

欧洲规范考虑了梁高和支座截面，中国规范未考虑梁高因素。

10.16　结构分析方法

对比内容：结构分析方法	
中国《混凝土结构设计标准》GB/T 50010—2010（2024 年版）	欧洲 EN 1992—1—1
规范 5.2	规范 5.1.1
混凝土结构按空间体系进行结构整体分析，并考虑弯曲、轴向等变形对结构内力的影响。梁跨度和有效翼缘取值详见上述内容，梁、柱等采用杆系线弹性模型分析。不同受力状态下构件的截面刚度，宜考虑混凝土开裂、徐变等因素的影响予以折减。 结构分析方法有弹性分析、塑性内力重分布分析、弹塑性分析、塑性极限分析	分析模型采用杆系结构化模型，梁跨度和梁有效翼缘取值详见上述内容。结构分析中计算结构构件的刚度时，截面按未开裂考虑，混凝土弹性模量取平均值。 结构分析方法有线弹性分析、有限重分布的线弹性分析、塑性分析

中欧差异化对比分析结论及心得：

欧洲规范与中国规范分析模型均为杆系线弹性模型，对于构件的刚度，欧洲规范按未开裂考虑，中国规范考虑开裂予以折减。至于分析方法，则大致相同。

10.17 混凝土受弯构件计算分析

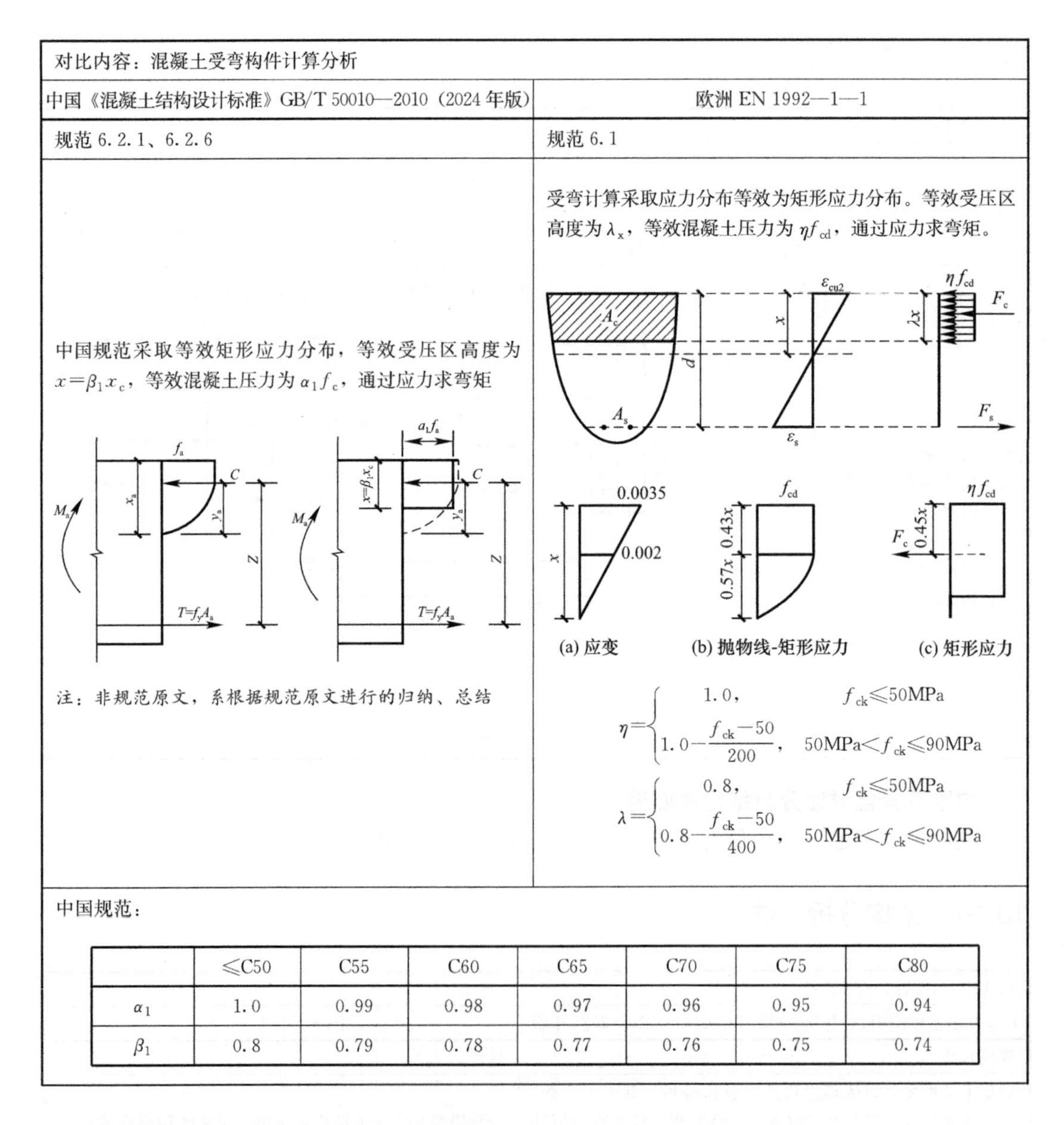

对比内容：混凝土受弯构件计算分析	
中国《混凝土结构设计标准》GB/T 50010—2010（2024年版）	欧洲 EN 1992—1—1
规范 6.2.1、6.2.6	规范 6.1
中国规范采取等效矩形应力分布，等效受压区高度为 $x=\beta_1 x_c$，等效混凝土压力为 $\alpha_1 f_c$，通过应力求弯矩 注：非规范原文，系根据规范原文进行的归纳、总结	受弯计算采取应力分布等效为矩形应力分布。等效受压区高度为 λ_x，等效混凝土压力为 ηf_{cd}，通过应力求弯矩。 (a) 应变　(b) 抛物线-矩形应力　(c) 矩形应力 $\eta=\begin{cases}1.0, & f_{ck}\leqslant 50\text{MPa}\\ 1.0-\dfrac{f_{ck}-50}{200}, & 50\text{MPa}<f_{ck}\leqslant 90\text{MPa}\end{cases}$ $\lambda=\begin{cases}0.8, & f_{ck}\leqslant 50\text{MPa}\\ 0.8-\dfrac{f_{ck}-50}{400}, & 50\text{MPa}<f_{ck}\leqslant 90\text{MPa}\end{cases}$

中国规范：

	≤C50	C55	C60	C65	C70	C75	C80
α_1	1.0	0.99	0.98	0.97	0.96	0.95	0.94
β_1	0.8	0.79	0.78	0.77	0.76	0.75	0.74

中欧差异化对比分析结论及心得：

欧洲规范和中国规范关于受弯构件计算分析所采用的理论是一样的，通过应力分布等效简化，然后通过力平衡和力矩平衡条件求解极限弯矩。对于单筋截面构件和双筋截面构件，思路均一致。欧洲规范，最大混凝土受压区高度，对低于 C60/75 的混凝土，$x_{lim}=0.45d$；对高于 C60/75 的混凝土，$x_{lim}=0.35d$（d 为截面高度）。

中国规范，最大混凝土受压区高度，与混凝土等级和钢筋强度，取 $x\leqslant\varepsilon_b h_0$。

10.18　混凝土长细比计算

对比内容：混凝土轴心受压构件计算	
中国《混凝土结构设计标准》GB/T 50010—2010（2024年版）	欧洲 EN 1992—1—1
规范 6.2.3	规范 12.6.5.1
长细比 $\lambda=l_c/i$ 式中：l_c——构件的计算长度，可近似取偏心受压构件相应主轴方向上下支撑点之间的距离； i——偏心方向的截面回转半径	长细比为 $\lambda=l_0/i$；$l_0=\beta l_w$。 l_w 为构件的净高；β 为支撑条件的系数

中欧差异化对比分析结论及心得：

欧洲规范与中国规范关于长细比的规定是一致的。

10.19　混凝土轴心受压构件计算

对比内容：混凝土轴心受压构件计算	
中国《混凝土结构设计标准》GB/T 50010—2010（2024年版）	欧洲 EN 1992—1—1
规范 6.2.15、6.2.16	参考文献
6.2.15　钢筋混凝土轴心受压构件，当配置的箍筋符合本规范第 9.3 节的规定时，其正截面受压承载力应符合下列规定 $N \leqslant 0.9\varphi(f_cA+f'_yA'_s)$ 式中：N——轴向压力设计值； φ——钢筋混凝土构件的稳定系数； f_c——混凝土轴心抗压强度设计值； A——构件截面面积； A'_s——全部纵向普通钢筋的截面面积。 6.2.16　钢筋混凝土轴心受压构件，当配置的螺旋式或焊接环式间接钢筋符合本规范第 9.3.2 条的规定时，其正截面受压承载力应符合下列规定： $N \leqslant 0.9(f_cA_{cor}+f'_yA'_s+2\alpha f_{yv}A_{ss0})$ 式中：f_{yv}——间接钢筋的抗拉强度设计值； A_{cor}——构件的核心截面面积； A_{ss0}——螺旋式或焊接环式间接钢筋的换算截面面积	欧洲规范没有给出轴心受压构件承载力计算公式，但相关文献给出了承受轴向荷载的短柱承载力计算公式，只有当 $l_0/h<12$ 按短柱考虑时才视为轴心受压构件。计算公式如下： $N_{Ed} \leqslant N_{Rd}=\lambda\eta f_{cd}A_c+f_{yd}A_s$ 式中：A_c——混凝土净截面面积； A_s——纵向钢筋总面积。 本规范第 3.1.9 条约束混凝土考虑箍筋的约束作用

中欧差异化对比分析结论及心得：

中国规范通过构件的长细比考虑了稳定系数，欧洲规范考虑了等效矩形应力分布系数。另外，中国规范考虑了间距钢筋箍筋的约束作用，而欧洲规范公式中未体现箍筋的约束作用，但是欧洲规范将箍筋的约束作用体现到混凝土的抗压强度中，通过箍筋对混凝土的约束，提高混凝土的抗压强度，从而提高轴心受压构件的承载力。

10.20 混凝土偏心受压构件计算

对比内容：混凝土偏心受压构件计算	
中国《混凝土结构设计标准》GB/T 50010—2010（2024年版）	欧洲 EN 1992-1-1
规范 6.2.5	规范 6.1
6.2.5 偏心受压构件的正截面承载力计算时，应计入轴向压力在偏心方向存在的附加偏心距 e_a，其值应取 20mm 和偏心方向截面最大尺寸的 1/30 两者中的较大值	对于长柱，至少考虑 $e_0=h/30$ 且并不小于 20mm 的偏心距，按偏心受压构件计算

中欧差异化对比分析结论及心得：

中国规范进行偏心受压计算时，按相对界限受压区高度区分为大偏心受压和小偏心受压，先假定为大偏心或小偏心，然后根据计算结果判断假定是否正确。

欧洲规范同样以界限相对受压区高度为判别条件，截面破坏包括受拉钢筋控制的受拉破坏和受压混凝土控制的受压破坏。

10.21 二阶效应

对比内容：二阶效应	
中国《混凝土结构设计标准》GB/T 50010—2010（2024年版）	欧洲 EN 1992—1—1
规范 6.2.3	规范 5.8
1. 中国规范按有侧移假定进行内力分析。 2. 对于计算长度，根据柱上下端梁柱线刚度比进行计算，为简化计算并结合试验结果，将长度系数取整。 3. 不计二阶效应的条件：同一主轴方向的杆端弯矩比 M_1/M_2 不大于 0.9，轴压比不大于 0.9 且满足 $l_c/i \leqslant 34-12\ (M_1/M_2)$。 4. 二阶效应计算方法：允许采用考虑二阶效应的弹性分析方法和弯矩增大法 注：非规范原文，系根据规范原文进行的归纳、总结	1. 欧洲规范将柱划分为有侧移柱和无侧移柱。 2. 对于计算长度，欧洲规范一般情况下，根据构件两端相对柔度，求得计算长度系数。相对柔度与构件弯矩刚度及构件的转角有关。对于变截面构件及不规则框架的受压构件，根据抗弯刚度和压屈荷载来确定计算长度。 3. 不计二阶效应的条件：当二阶效应小于其相应一阶效应的 10%或长细比小于 $\lambda_{\lim}$ 时。其中 $\lambda_{\lim}$ 与构件有效徐变率、纵向钢筋总面积、钢筋强度、截面面积、混凝土强度及构件轴力设计值有关。 4. 二阶效应计算方法：允许采用基于非线性二阶分析的一般方法、基于名义刚度的二阶分析和基于曲率估计的方法

中欧差异化对比分析结论及心得：

欧洲规范计算长度举例：

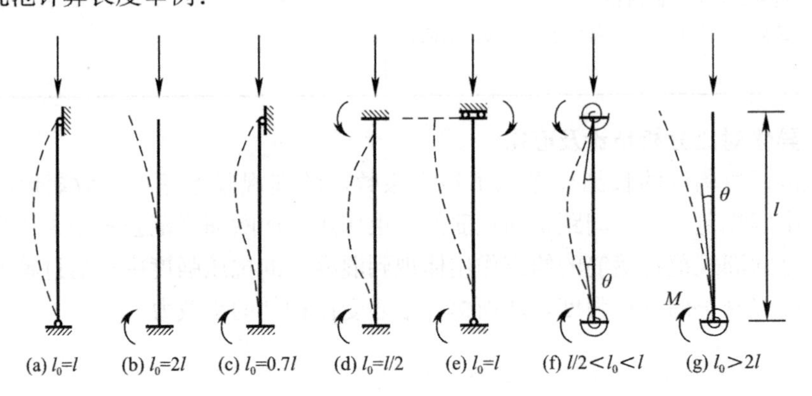

$$l_0=0.5l\sqrt{\left(1+\frac{k_1}{0.45+k_1}\right)\cdot\left(1+\frac{k_2}{0.45+k_2}\right)}$$

式中，l_0——计算长度；

l——杆件本身长度；

k_1、k_2——杆件刚度。

欧洲规范一端固定一端铰接时系数为 0.7；

中国规范一端固定一端铰接时系数为 0.8。

10.22　受剪计算模型

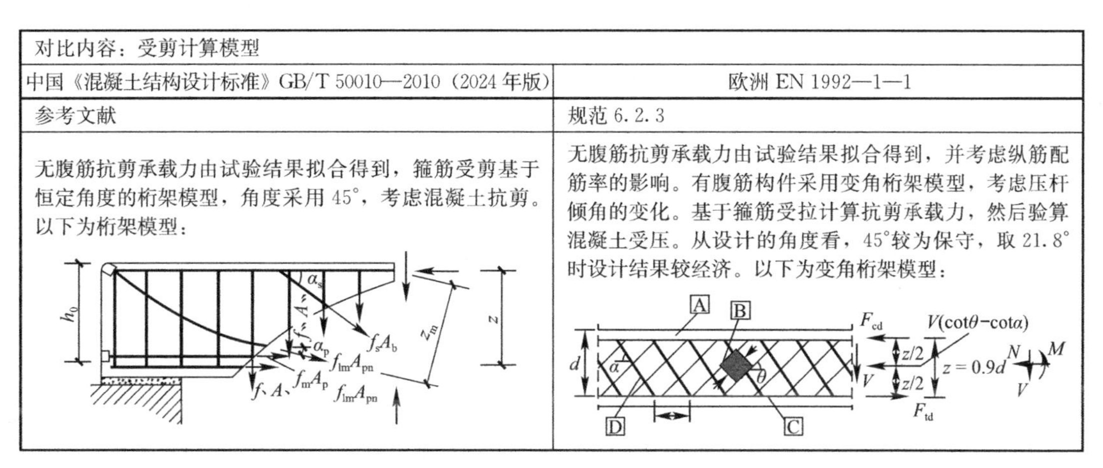

对比内容：受剪计算模型	
中国《混凝土结构设计标准》GB/T 50010—2010（2024 年版）	欧洲 EN 1992—1—1
参考文献	规范 6.2.3
无腹筋抗剪承载力由试验结果拟合得到，箍筋受剪基于恒定角度的桁架模型，角度采用 45°，考虑混凝土抗剪。以下为桁架模型：	无腹筋抗剪承载力由试验结果拟合得到，并考虑纵筋配筋率的影响。有腹筋构件采用变角桁架模型，考虑压杆倾角的变化。基于箍筋受拉计算抗剪承载力，然后验算混凝土受压。从设计的角度看，45°较为保守，取 21.8°时设计结果较经济。以下为变角桁架模型：

中欧差异化对比分析结论及心得：

对于配置箍筋的梁，考虑桁架模型角度不一样。

10.23　无腹筋抗剪—纵向配筋率影响

对比内容：无腹筋抗剪—纵向配筋率影响	
中国《混凝土结构设计标准》GB/T 50010—2010（2024 年版）	欧洲 EN 1992—1—1
规范 6.3.3	规范 6.2.2（1）
根据试验结果进行回归分析，拟合得到经验计算公式，但不考虑纵向受拉钢筋配筋率的影响。本规范第 6.3.3 条公式： $V\leqslant 0.7\beta_h f_t bh_0$ 式中：β_h——截面高度影响系数； b——截面宽度； h_0——截面有效高度； f_t——混凝土抗拉强度设计值。 条文说明指出，根据试验分析，纵向受拉钢筋的配筋率 ρ 对无腹筋梁受剪承载力的影响可通过乘以系数 $\beta_\rho=0.7+20\rho$ 来体现，通常配筋率大于 1.5%时对抗剪影响较为显著，故公式中未包含配筋率的影响	根据试验结果进行回归分析，拟合得到经验计算公式，并考虑纵向受拉钢筋配筋率的影响。 $v_{Rd,c}=C_{Rd,c}k(100\rho_1 f_{ck})^{1/3}b_w d$ 当配筋率很小或接近 0 时，受剪承载力接近 0，这与实际不符，故欧洲规范给出了受剪承载力的下限值。 $V_{Rd,c}=v_{lim}b_w d$ $v_{min}=0.035k^{3/2}f_{ck}^{1/2}$ 式中：k——系数； f_{ck}——混凝土抗压强度标准值； b_w——拉伸面积中横截面最小宽度； d——梁截面高度

中欧差异化对比分析结论及心得：

欧洲规范考虑纵向受拉钢筋对抗剪承载力的影响，中国规范因对配筋率要求高而没有考虑这一项因素。

另外，欧洲规范看似抗剪承载力与混凝土抗压强度有关，实则与中国规范一样与混凝土抗拉强度有关，因为混凝土抗拉强度与抗压强度的关系如下：

$$f_{\mathrm{ctm}}=\begin{cases}0.30f_{\mathrm{ck}}^{2/3} & \leqslant \mathrm{C50/60}\\ 2.12l\mathrm{n}\left(1+\dfrac{f_{\mathrm{cm}}}{10}\right) & >\mathrm{C55/67}\end{cases}$$

10.24 无腹筋抗剪—剪跨比影响

对比内容：无腹筋抗剪—剪跨比影响	
中国《混凝土结构设计标准》GB/T 50010—2010（2024年版）	欧洲 EN 1992—1—1
规范 6.3.4	规范 6.2.2（1）
6.3.4 给出的抗剪公式考虑了剪跨比的影响。 $V_{\mathrm{c}}=\dfrac{1.75}{\lambda+1}\beta_{\mathrm{h}}f_{\mathrm{t}}bh_{0}$ λ 为剪跨比，$\lambda=a/h_{0}$。a 为集中荷载至支座截面或节点边缘之间的距离。$1.5\leqslant\lambda\leqslant3.0$。 式中：$\beta_{\mathrm{h}}$——截面高度影响系数； b——截面宽度； h_{0}——截面有效高度； f_{t}——混凝土抗拉强度设计值 注：非规范原文，系根据规范原文进行的归纳、总结	欧洲规范抗剪承载力公式中虽未体现剪跨比，但是在本规范第 6.2.2 条第（8）款指出，在距离支撑件边缘 $0.5d\leqslant a_{\mathrm{v}}\leqslant2d$（$d$ 为截面有效高度）的距离内，该荷载对剪切力的影响作用 V_{Ed}（荷载效应）可乘以折减系数$\beta=a_{\mathrm{v}}/2d$。剪跨比 $\lambda=a_{\mathrm{v}}/d$，取值 $0.5\leqslant\lambda\leqslant2$ d a_{v}

中欧差异化对比分析结论及心得：

欧洲规范通过对荷载效应的折减来考虑剪跨比减小对抗剪承载力的提高，剪跨比因素放在荷载效应里。中国规范通过提高抗力来体现剪跨比的影响，放在抗力一侧。

欧洲规范的剪跨比取值比中国规范小。

10.25 无腹筋抗剪—受剪截面要求

对比内容：无腹筋抗剪—受剪截面要求	
中国《混凝土结构设计标准》GB/T 50010—2010（2024年版）	欧洲 EN 1992—1—1
规范 6.3.1	规范 6.2.2—(6)
受弯构件的受剪截面应符合下列要求： 当 $h_{\mathrm{w}}/b\leqslant4$ 时： $V\leqslant0.25\beta_{\mathrm{c}}f_{\mathrm{c}}bh_{0}$ 当 $h_{\mathrm{w}}/b\geqslant6$ 时： $V\leqslant0.2\beta_{\mathrm{c}}f_{\mathrm{c}}bh_{0}$ 式中：β_{c}——混凝土强度影响系数； b——矩形截面的宽度； h_{0}——截面的有效高度； f_{c}——混凝土抗压强度设计值	对于无腹筋梁，未乘以系数 β（剪跨比）的剪力设计值 V_{Ed} 需满足： $V_{\mathrm{Ed}}\leqslant0.5b_{\mathrm{w}}dvf_{\mathrm{cd}}$ 式中：v——剪切断裂混凝土强度折减系数

中欧差异化对比分析结论及心得：

欧洲规范和中国规范对受剪截面的要求计算公式类似，考虑的因素也一样，差异在折减系数的计算上，按各自规范规定的公式计算，设计时需考虑。

10.26　抗剪计算—有腹筋

对比内容：抗剪计算—有腹筋	
中国《混凝土结构设计标准》GB/T 50010—2010（2024年版）	欧洲 EN 1992—1—1
规范 6.3.4	规范 6.2.2—(3)
仅配置箍筋时抗剪承载力公式如下： $$V_{cs}=\alpha_{cv}f_t bh_0+f_{yv}\frac{A_{sv}}{s}h_0$$ 式中：α_{cv}——斜截面混凝土承载力系数； b——截面宽度； h_0——截面有效高度； f_c——混凝土抗压强度设计值； s——沿构件长度方向的箍筋间距； f_{yv}——箍筋的抗拉强度设计值； A_{sv}——配置在同一截面内箍筋各肢的全部截面面积	规范给出了箍筋屈服时的抗剪承载力： $$V_{Rd,s}=\frac{A_{sw}}{s}zf_{ywd}\cot\theta$$ 其中，z 取 $0.9d$（见图 6.5）；$1\leqslant\cot\theta\leqslant2.5$。 代入得出以下公式： $$V_{Rd,s}=0.9\frac{A_{sw}f_{ywd}}{s}d\cot\theta$$ 另外，欧洲规范也给出了混凝土压碎时的承载力： $$V_{Rd,max}=\alpha_{cw}b_w zv_1 f_{cd}(\cot\theta+\tan\theta)$$

中欧差异化对比分析结论及心得：

中国规范中抗剪承载力考虑混凝土与钢筋的联合作用，直接相加。欧洲规范按桁架模型计算，混凝土受压杆承受压力，箍筋承受拉力，并给出避免压杆破坏的条件。

10.27　抗剪承载力中关于预应力的考虑

对比内容：抗剪承载力中关于预应力的考虑	
中国《混凝土结构设计标准》GB/T 50010—2010（2024年版）	欧洲 EN 1992—1—1
规范 6.3.4	欧规 6.2.1—(2)
受弯构件的抗剪承载力计算公式如下： $$V\leqslant V_{cs}+V_p$$ $$V_p=0.05N_{p0}$$ 式中：N_{p0}——计算截面上混凝土法向预应力等于零时的预应力	$$V_{Ed}\leqslant V_{Rd,c}=V_{Rd,s}+V_{ccd}+V_{td}$$ 在构件区域中，如果 $V_{Ed}\leqslant V_{Rd,c}$，则无须考虑抗剪钢筋。V_{Ed} 指所考虑截面上的设计剪切力，来自外部荷载和预加应力

中欧差异化对比分析结论及心得：

欧洲规范将预应力考虑到荷载项，而中国规范将预应力考虑到抗力项。

10.28 受冲切承载力扩散角度—无不平衡弯矩

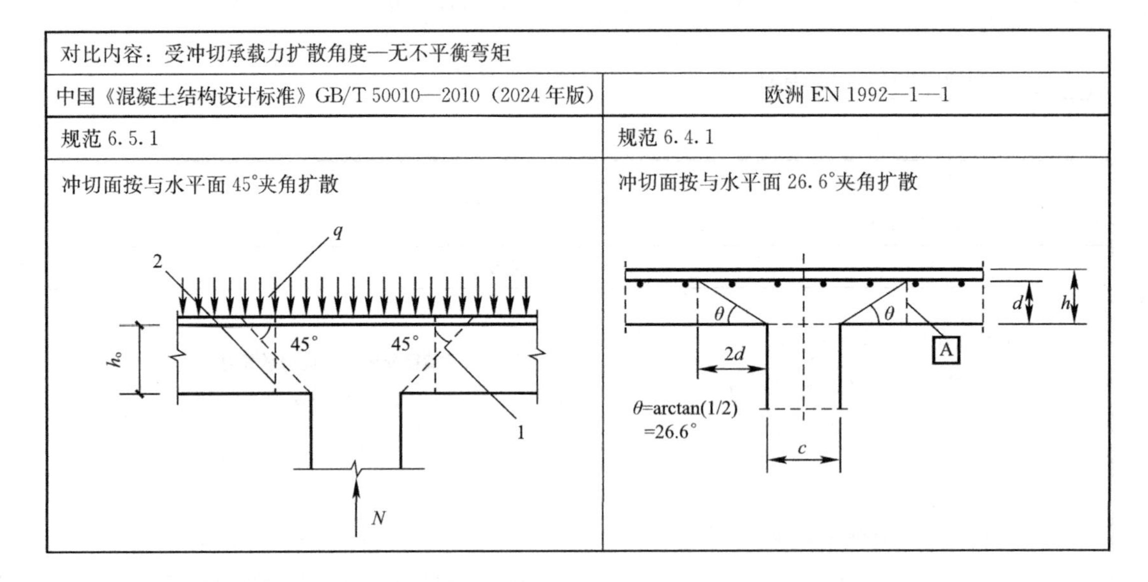

对比内容：受冲切承载力扩散角度—无不平衡弯矩	
中国《混凝土结构设计标准》GB/T 50010—2010（2024 年版）	欧洲 EN 1992—1—1
规范 6.5.1	规范 6.4.1
冲切面按与水平面 45°夹角扩散	冲切面按与水平面 26.6°夹角扩散

中欧差异化对比分析结论及心得：

给出欧洲规范与中国规范的构造差异，欧洲规范为 26.6°，中国规范为 45°。欧洲规范将预应力考虑到荷载项，而中国规范将预应力考虑到抗力项。

10.29 受冲切承载力基本控制周长—无不平衡弯矩

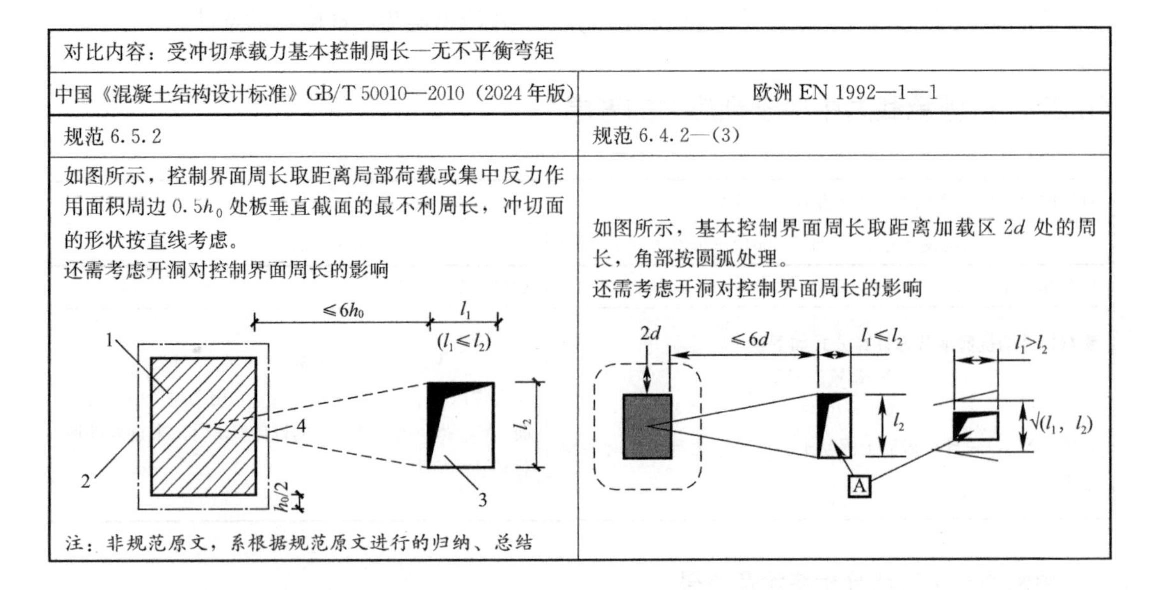

对比内容：受冲切承载力基本控制周长—无不平衡弯矩	
中国《混凝土结构设计标准》GB/T 50010—2010（2024 年版）	欧洲 EN 1992—1—1
规范 6.5.2	规范 6.4.2—(3)
如图所示，控制界面周长取距离局部荷载或集中反力作用面积周边 $0.5h_0$ 处板垂直截面的最不利周长，冲切面的形状按直线考虑。 还需考虑开洞对控制界面周长的影响 注：非规范原文，系根据规范原文进行的归纳、总结	如图所示，基本控制界面周长取距离加载区 $2d$ 处的周长，角部按圆弧处理。 还需考虑开洞对控制界面周长的影响

中欧差异化对比分析结论及心得：

给出欧洲规范与中国规范的构造差异，两者控制截面周长取值方法略有差异，但都考虑了开洞对冲切承载力的影响。

10.30　受冲切承载力计算—无不平衡弯矩

对比内容：受冲切承载力计算—无不平衡弯矩	
中国《混凝土结构设计标准》GB/T 50010—2010（2024年版）	欧洲 EN 1992—1—1
规范 6.5.1	规范 6.4.4
6.5.1　给出了不配置箍筋或弯起钢筋的受冲切承载力计算公式，η 取小值： $F_l=(0.7\beta_h f_t+0.25\sigma_{pc,m})\eta u_m h_0$ $\eta_1=0.4+\frac{1.2}{\beta_s}$ $\eta_2=0.5+\frac{\alpha_s h_0}{4u_m}$ η_1、η_2 与平面形状和作用位置有关，放在抗力项	给出了受冲切承载力计算公式： $v_{Rd,c}=C_{Rd,c}k(100\rho_l f_{ck})^{1/3}$ $V_{Rd,c}=C_{Rd,c}k(100\rho_l f_{ck})^{1/3}\frac{2d}{a}$ 式中：ρ_l——配筋率。 $v_{Ed}=\beta\frac{V_{Ed}}{u_i d}<V_{Rd,c}$ $V_{Ed}<V_{Rd,c}$ 系数 β 与冲切力平面形状和作用位置有关，放在荷载项

中欧差异化对比分析结论及心得：

欧洲规范考虑了配筋率因素的影响，中国规范没有考虑这项因素。另外，欧洲规范和中国规范均考虑了混凝土抗拉强度对受冲切承载力的影响。

中国规范考虑了加载区域边长比对抗冲切承载力降低的影响，欧洲规范在无不平衡弯矩计算时没有考虑此项因素的影响，但是在有不平衡弯矩计算时考虑了加载区域边长的影响。

10.31　受冲切承载力验算截面—有不平衡弯矩

对比内容：受冲切承载力验算截面—有不平衡弯矩	
中国《混凝土结构设计标准》GB/T 50010—2010（2024年版）	欧洲 EN 1992—1—1
验算临界截面的冲切承载力	验算临界截面处冲切承载力外，还需验算柱截面处冲切承载力

中欧差异化对比分析结论及心得：

给出欧洲规范与中国规范的构造差异，欧洲规范相比中国规范更严。

10.32　受冲切—受剪截面要求

对比内容：受冲切—受剪截面要求	
中国《混凝土结构设计标准》GB/T 50010—2010（2024年版）	欧洲 EN 1992—1—1
规范 6.5.3	规范 6.4.4—(1)
受冲切截面应符合下列要求： $F_l\leqslant 1.2f_t\eta u_m h_0$ 式中：u_m——计算截面周长； h_0——截面有效高度； η——影响系数； f_t——混凝土抗拉强度设计值	$v_{Rd,c}=C_{Rd,c}k(100\rho_l f_{ck})^{1/3}\geqslant v_{min}$ $v_{min}=0.035k^{3/2}f_{ck}^{1/2}$

中欧差异化对比分析结论及心得：

给出欧洲规范与中国规范的构造差异，欧洲规范与中国规范对截面要求的形式不一样，但整体思路是一致的。

11 基础设计篇

本章主要为国内外有关基础设计方面的对比，涉及国内外土层参数的定义、基础设计时荷载与抗力的确定原则、地基承载力的确定、基础的抗冲切、基础的抗剪切等内容。参考标准为中国《岩土工程勘察规范》GB 50021—2001（2009 年版）、《土工试验方法标准》GB/T 50123—2019、《工程岩体试验方法标准》GB/T 50266—2013、《工程岩体分级标准》GB/T 50218—2014、《建筑地基基础设计规范》GB 50007—2011、《建筑桩基技术规范》JGJ 94—2008 和欧洲《岩土工程设计　第 1 部分：总则》EN 1997—1—2004（以下简称 EN 1997—1）、《岩土工程设计　第 2 部分：场地勘察和试验》EN 1997—2—2007（以下简称 EN 1997—2）。《岩土工程勘测和试验　土壤的命名、描述和分类　第 1 部分：命名和描述》EN ISO 14688—1（以下简称 EN ISO 14688—1）、《岩土工程勘测和试验　土壤的命名、描述和分类　第 2 部分：分类原则》EN ISO 14688—2（以下简称 EN ISO 14688—2）、《地质工程勘测和试验　岩石的命名及分类　第 1 部分：命名及说明》NF EN ISO 14689—1（以下简称 NF EN ISO 14689—1）、《岩土工程研究和试验　现场试验　第 1 部分：电圆锥和孔压静力渗透试验》EN ISO 22476—1—2005（以下简称 EN ISO 22476—1）、《岩土工程研究和试验　现场试验　第 2 部分：动态探测》EN ISO 22476—2—2005（以下简称 EN ISO 22476—2）、《岩土工程研究和试验　现场试验　第 3 部分：标准渗透性试验》EN ISO 22476—3—2005（以下简称 EN ISO 22476—3）、《岩土工程研究和试验　现场试验　第 12 部分：机械静力触探试验》EN ISO 22476—12—2009（以下简称 EN ISO 22476—12）、《岩土工程研究和试验　现场试验　第 13 部分：平板荷载试验》EN ISO 22476—13—2006（以下简称 EN ISO 22476—13）、《挡土结构实用规程》BS 8002—2015（以下简称 BS 8002—2015）。

在进行基础规范研究之前，需要先介绍一下有关极限状态的几个定义，有助于更好地理解欧洲规范。

1. EQU：作为刚体考虑的结构或结构的一部分失去静态平衡（结构或地基的失稳，如倾覆等）。

2. STR：结构或结构构件包括基础、桩、地下墙等的内部破坏或过度变形，其中结构材料的强度与产生的抗力显著相关（如柱破坏，基础破坏等）。

3. GEO：地基破坏或过度变形，其中土或岩石的强度能提供显著的抗力（如土的承载力不够等）。

4. FAT：结构或结构构件的疲劳破坏。

5. UPL：由于水压力的上浮作用（水浮力）或其他竖向作用引起的结构或地基的失稳。

6. HYD：由水力梯度造成的隆起、内部侵蚀或管涌。

简单讲一下欧洲规范在验算基础承载力时的思路。欧洲规范对荷载采取乘以分项系数，而对抗力采取除以分项系数的方法来考虑安全系数。即：

荷载×分项系数≤抗力/分项系数

有关土的参数的分项系数，是乘还是除，取决于利用土的参数求解抗力还是荷载作用。

首先，研究了有关基础设计时荷载分项系数的取值差异，欧洲规范采用分项系数设计法，对抗力，如土层参数、桩基设计，也需要考虑除以一个系数，称为抗力分项系数。此系数为承载力的安全富余量，相当于中国规范的安全系数。中国规范的安全系数一般取2.0，欧洲规范的安全系数一般为1.0～1.4。

其次，研究了欧洲规范荷载与抗力的组合，分为设计方法1（DA-1）、设计方法2（DA-2）和设计方法3（DA-3），采用不同的组合设计方法，对应的荷载分项系数和抗力分项系数均不同，需要结合实际情况对应考虑和验算。

11.1　勘察规范的组成

对比内容：勘察规范的组成

中国	欧洲
规范组成：《岩土工程勘察规范》GB 50021—2001（2009年版）、《建筑桩基技术规范》JGJ 94—2008、《土工试验方法标准》GB/T 50123—2019、《工程岩体试验方法标准》GB/T 50266—2013、《工程岩体分级标准》GB/T 50218—2014	规范组成：EN 1997—2、EN ISO 14688—1、EN ISO 14688—2、EN ISO 14689—1、EN ISO 22476—1、EN ISO 22476—2、EN ISO 22476—3、EN ISO 22476—12、EN ISO 22476—13、EN ISO 22476—4、EN ISO 22476—5、NF P94—150—1等

		中国规范
勘察等级及要求		GB 50021—2001（2009年版）
岩土分类	土体分类	GB 50021—2001（2009年版）
	岩体分类	GB 50021—2001（2009年版） GB 50218—2014
原位测试	静荷载试验	GB 50021—2001（2009年版）
	静力触探试验	GB 50021—2001（2009年版）
	标准贯入试验/圆锥动力触探试验	GB 50021—2001（2009年版）
	十字板剪切试验	GB 50021—2001（2009年版）
	旁压试验	GB 50021—2001（2009年版）
	桩基静荷载试验	JGJ 94—2008
室内试验	界限含水量试验	GB/T 50123—2019
	固结压缩试验	GB/T 50123—2019
	直剪试验	GB/T 50123—2019

		欧洲规范
勘察等级及要求		EN 1997—2
岩土分类	土体分类	EN 1997—2、 EN ISO 14688—1、 EN ISO 14688—2
	岩体分类	EN 1997—2、 EN ISO 14689—1
原位测试	静荷载试验	EN 1997—2、 EN ISO 22476—13
	静力触探试验	EN 1997—2、 EN ISO 22476—1、 EN ISO 22476—12
	标准贯入试验/圆锥动力触探试验	EN 1997—2、 EN ISO 22476—3
	十字板剪切试验	EN 1997—2、 EN ISO 22476—9
	旁压试验	EN 1997—2、 EN ISO 22476—4、 EN ISO 22476—5
	桩基静荷载试验	EN 1997—2、 NF P94—150—1

续表

中国	欧洲

续表

		中国规范
室内试验	土的无侧限抗压强度	GB/T 50123—2019
	三轴压缩试验	GB/T 50123—2019
	岩石的单轴压缩试验	GB/T 50266—2013

续表

		欧洲规范
室内试验	界限含水量试验	EN 1997—2、NF P94—051、NF P94—052—1
	固结压缩试验	EN 1997—2、XP P94—090—1
	直剪试验	EN 1997—2、NF P94—070—1
	土的无侧限抗压强度	EN 1997—2、NF P94—077
	三轴压缩试验	EN 1997—2、NF P94—070
	岩石的单轴压缩试验	EN 1997—2、NF P94—420

中欧差异化对比分析结论及心得：

（1）应用范围不同：欧洲规范立足于大土木行业；中国规范依据于本行业，如交通、水利、建筑等。

（2）规范独立性不同：欧洲规范需要其他规范补充；中国规范独立性较强，且划分明确，如设计人员可依据桩基规范进行桩基础的设计工作。

（3）勘察规范集成度不同：欧洲规范中单个勘察方法、试验方法独立成规范；中国规范往往是基本规范涵盖了所有的勘察、试验方法等。

（4）是否注重资料引用：欧洲规范的设计理论都注有出处，注重引用；中国规范很少标明出处。

11.2 塑性指数

对比内容：塑性指数	
中国《岩土工程勘察规范》GB 50021—2001（2009 年版）	欧洲 BS 8002—2015
规范 3.3.5	规范 BS 8002—2015
塑性指数应由相应于 76g 圆锥仪沉入土中深度为 10mm 时测定的液限计算而得	塑性指数由相应于 80g 圆锥仪沉入土中深度为 20mm 时测定的液限计算得到

中欧差异化对比分析结论及心得：

经试验数据对比得出结论，中国规范的液限比实际液限要小。

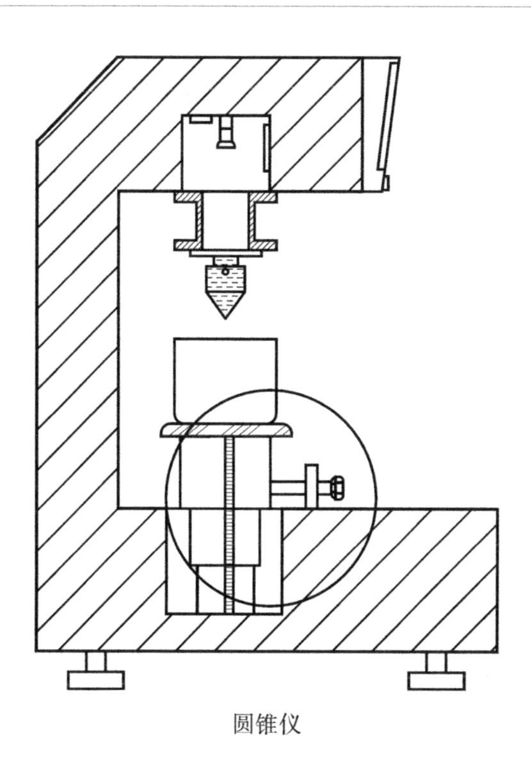

圆锥仪

欧洲规范获得的液限与实际液限更接近，更符合实际。由此形成中国规范与欧洲规范不同的液限、塑性指数与液性指数。两者不能混用，中国规范的稠度指标不适用于欧洲规范体系，同样，欧洲规范的稠度指标也不适用于中国规范体系。

11.3　土的强度指标选用

对比内容：土的强度指标选用	
中国《岩土工程勘察规范》GB 50021—2001（2009 年版）	欧洲 BS 8002—2015
土的强度评估，细粒土以室内强度试验评估（如直剪试验、三轴压缩试验），粗粒土以标贯试验来评估内摩擦角经验关系。国内标准贯入试验一般不进行校正，但在评估力学指标时，可考虑进行杆长校正。还有一种方法是预估，主要是根据粗粒土的岩性及状态评估摩擦角 直剪试验	对细粒土和粗粒土均需提供强度指标，细粒土主要通过室内试验提供，同时也采用物理指标进行评估，常用塑性指数评估。粗粒土主要通过原位测试指标确定，通常采用标准贯入试验

续表

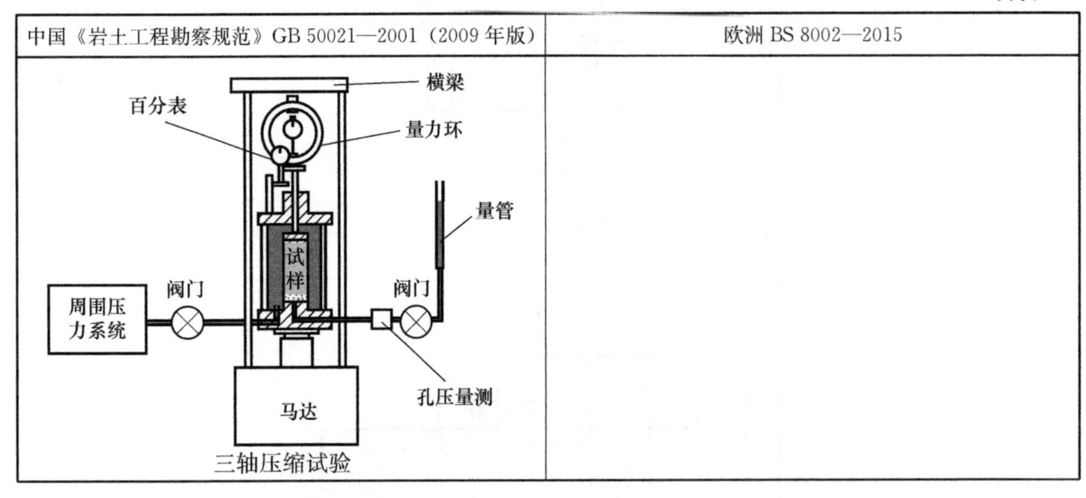

中国《岩土工程勘察规范》GB 50021—2001（2009 年版）	欧洲 BS 8002—2015
三轴压缩试验	

中欧差异化对比分析结论及心得：

欧洲规范用成熟的标贯评估粗粒土内摩擦角经验关系，由于很难取到原状土样，中国规范主要是借鉴了国外的成熟经验关系公式。而欧洲规范则注重采用原位指标，特别是标贯指标进行粗粒土强度指标的分析与评估，从而得到真实的强度，较之中国规范更为准确。在标贯结果运用前，欧洲规范会根据试验条件进行标贯能量、上覆影响压力等的校正，使得标贯成果原位性更好。

对于天然基础，采用中国规范计算的承载力比欧洲规范得出的承载力要小，中国规范的计算更为保守一些。

11.4 旁压试验 PMT

对比内容：旁压试验 PMT	
中国《土工试验方法标准》GB/T 50123—2019	欧洲 EN 1997—2 附录 E
	附录 E
旁压试验是利用钻孔做的原位荷载试验，是一种原位荷载试验。 监测装置 高压气瓶 旁压器 旁压试验	运用半经验法和梅纳旁压试验计算扩底基础的承压强度： $R/A=\sigma_{v0}+k(P_{LM}-P_0)$ 注：σ_{v0} 为基底标高处土的总垂直应力；P_{LM} 为极限压力，P_0 为初始压力，计算公式为 $P_0=K_0\gamma z+u$（u 为孔隙水压力），一般由试验测定；为承压强度系数，与土的性质、基础形状及埋深有关，规范给出相应的计算公式，现以黏土为例： $k=0.8[1+0.25(0.6+0.4B/L)\times De/B]$ 其中，De 为基础埋深。 假设基础 $B=L=4$m，基础埋深 $De=1.5$m，则： $k=0.8\times[1+0.25\times(0.6+0.4)\times1.5/4]=0.875$，则 $K=1/k=1.14$

续表

中国《土工试验方法标准》GB/T 50123—2019	欧洲 EN 1997—2 附录 E
《北京地区建筑地基基础勘察设计规范》DBJ 11—501—2009（2016年版）第7.3.6条，根据旁压试验确定地基承载力 f_{ak}： 临塑压力法：$f_{ak}=\lambda(P_f-P_i)$ 极限压力法：$f_{ak}=(P_L-P_i)/K$ 式中：λ——修正系数，一般取0.7～1.0； P_f——临塑压力； P_i——初始压力； P_L——极限压力； K——安全系数，根据土的类别进行取值，一般为2～4。 注：按上述要求计算的 f_{ak}，还需根据基础埋深等情况进行深宽修正后用于具体的实际工程	

中欧差异化对比分析结论及心得：

对天然基础进行设计时，中国规范通常采用浅层平板荷载试验或深层平板荷载试验确定地基承载力，并进行深宽修正。而欧洲规范更为重视现场原位测试，如旁压试验，对取土的质量、探头的标准要求很高，对数量却基本没有要求，在此对比旁压试验的相关要求及计算公式，为今后海外项目提供当地地勘数据和确定基础承载力提供设计依据。

通过数据的列举说明，得出如下总结：对于天然基础，采用中国规范计算的承载力比欧洲规范得出的承载力要小，中国规范的计算更为保守一些，这与承载力系数取值及深宽修正系数取值有关。

中国规范地勘确定地基承载力取值时，习惯根据试验测试指标，到所在地区或行业规范中直接查表确定。由试验测试指标查得的地基承载力是基于大量工程经验总结出来的，对于工程经验缺乏的地区，如海外工程，有必要对当地的规范体系进行解读，以土力学基本原理为基础，结合当地工程经验和常规做法确定岩土参数，从而进行地基承载力计算。

下面给出欧洲规范 EN 1997—2 附录 E 中确定压强度系数 k 的依据：

土类别	P_{LM} 类别（MPa）	k 计算公式
黏土和粉土	<0.7	0.8×[1+0.25×(0.6+0.4B/L)×De/B]
	1.2～2.0	0.8×[1+0.35×(0.6+0.4B/L)×De/B]
	>2.5	0.8×[1+0.50×(0.6+0.4B/L)×De/B]
砂和砾石	<0.7	0.8×[1+0.35×(0.6+0.4B/L)×De/B]
	1.2～2.0	0.8×[1+0.50×(0.6+0.4B/L)×De/B]
	>2.5	0.8×[1+0.80×(0.6+0.4B/L)×De/B]
白垩		1.3×[1+0.27×(0.6+0.4B/L)×De/B]
泥灰岩和风化岩石		1.0×[1+0.27×(0.6+0.4B/L)×De/B]

11.5 地基承载力计算方法

<table>
<tr><td colspan="2">对比内容：地基承载力计算方法</td></tr>
<tr><td>中国《建筑地基基础设计规范》GB 50007—2011</td><td>欧洲 EN 1997—1</td></tr>
<tr><td>规范 5.2.4、5.2.5</td><td>附录 D.3、D.4</td></tr>
<tr><td>5.2.4 当基础宽度大于 3m 或埋置深度大于 0.5m 时，以荷载试验或其他原位测试、经验值等方法确定的地基承载力特征值，尚应按下式修正：
$f_a = f_{ak} + \eta_b\gamma(b-3) + \eta_d\gamma_m(d-0.5)$
式中：f_a——修正后的地基承载力特征值（kPa）；
f_{ak}——地基承载力特征值（kPa），按本规范第 5.2.3 条的原则确定；
η_b、η_d——基础宽度和埋置深度的地基承载力修正系数，按基底下土的类别查表 5.2.4 取值；
γ——基础底面以下土的重度（kN/m^3），地下水位以下取浮重度；
γ_m——基础底面以上土的加权平均重度（kN/m^3），位于地下水位以下的土层取有效重度；
d——基础埋深（m）；
b——基础底面宽度（m），小于 3m 按 3m 取值，大于 6m 按 6m 取值。
5.2.5 当偏心距 e 小于或等于 0.033 倍基础底面宽度时，根据土的抗剪强度指标确定地基承载力特征值可按下式计算，并应满足变形要求：
$f_a = M_b\gamma b + M_d\gamma_m d + M_c c_k$
式中：f_a——由土的抗剪强度指标确定的地基承载力特征值（kPa）；
M_b、M_d、M_c——承载力系数；
c_k——基底下一倍短边宽度的深度范围内的黏聚力标准值（kPa）；
b——基础底面宽度（m），大于 6m 按 6m 取值，对于砂土小于 3m 按 3m 取值</td><td>附录 D.3 不排水条件
$R/A' = (\pi+2)c_u b_c s_c i_c + q$
式中：A'——基底有效面积（m^2）；
c_u——不排水抗剪强度设计值；
b_c——基础底面倾角系数；
s_c——基础形状系数；
i_c——水平荷载引起的荷载倾角系数；
q——上覆荷载（kPa）。
各系数的计算取值详见本规范附录 D.3。
附录 D.4 排水条件
$R/A' = c'N_c b_c s_c i_c + q'N_q b_q s_q i_q + 0.5\gamma' B' N_\gamma b_\gamma s_\gamma i_\gamma$
式中：A'——基底有效面积（m^2）；
c'——地基土的黏聚力（kPa）；
B'——基础有效宽度（m）；
N_c、N_q、N_γ——承载力系数；
b_c、b_q、b_γ——基础底面倾角系数；
s_c、s_q、s_γ——基础形状系数；
i_c、i_q、i_γ——水平荷载引起的荷载倾角系数。
各系数的计算取值详见本规范附录 D.4</td></tr>
</table>

中欧差异化对比分析结论及心得：

欧洲规范中的地基处理技术主要参考《CIRIA C573 地基处理指南》等，这些书均为设计指导，本身不具备规范的法律地位。这些指南中提到日本、中国等亚洲国家在地基处理工程方面的实践较多，欧美在这方面的设计方法大多为总结这些国家的实践案例，与中国的设计方法差异并不大。

从上述算例对比分析可以看出，对于考虑了内摩擦角折减的欧洲规范，计算出来的地基承载力都比中国规范高，表明中国规范规定的地基承载力偏保守，趋于安全。

欧洲规范计算实例：

活载 270kN，恒载 70kN，埋深 0.5m，基础高度 0.5m。

地质情况：

$\gamma_k=18kN/m^3$，$\gamma_w=10kN/m^3$，$\gamma'_k=8kN/m^3$，$\phi'_k=20°$，$c_k=5kPa$，$c_{u,k}=30kPa$。

设计方法 1

（1）假设基础尺寸 1.7m×1.7m。

（2）荷载设计值 $V_d=1.0\times(270+62)+1.3\times70=423$（kN）。

基底压力设计值 $p_d=423/1.7^2=146$（kPa）。

（3）不排水强度指标采用 M2 组合分项系数 γ_{cu} 取 1.4，$\gamma_\gamma=1.0$。根据组合 R1，承载力分项系数 $\gamma_{R,v}$ 取 1.0。

$$q_d'=(\pi+2)c_{u,d}b_cs_ci_c+q_d$$

（4）$c_{u,d}=c_{u,k}/\gamma_{cu}=30/1.4=21.4$（kPa）。

（5）$b_c=1-2\alpha/(\pi+2)=1.0$。

（6）$s_c=1+0.2(B'/L')=1.2$。

（7）$i_c=1$（竖向荷载）。

（8）$q_d=(\gamma/\gamma_\gamma)(h_1+h_2)=(18/1.0)\times(0.5+0.5)=18$（kPa）。

（9）$q_d'=(\pi+2)\ c_{u,d}b_cs_ci_c=(3.14+2)\times21.4\times1\times1.2\times1+18\times1.0=150$（kPa）。

设计方法 2

假设基础尺寸 2.0m×2.0m。荷载设计值 $V_d=1.35\times(270+80)+1.5\times70=577$（kN）。

基底压力设计值 $p_d=577/2^2=144$（kPa）。

材料系数 $\gamma_{c,u}$ 取 1，承载力分项系数 $\gamma_{R,v}$ 采用组合 R2 取 1.4。

$c_{u,k}=30$kPa，$s_c=1.2$，$b_c=1$，$i_c=1$。

$q_k=1.0\times18=18$（kPa）。

$q_{d'}=[(3.14+2)\times30\times1.2\times1\times1+18\times1.0]/1.4=145$（kPa）。

设计方法 3

假设基础尺寸 2.0m×2.0m。

荷载设计值 $V_d=1.35\times(270+80)+1.5\times70=577$（kN）。

基底压力设计值 $p_d=577/2^2=144$（kPa）。

不排水强度指标采用 M2 组合分项系数，承载力分项系数 $\gamma_{R,v}$ 根据组合 R3 取 1.0。

$c_{u,d}=c_{u,k}/\gamma_{cu}=30/1.4=21.4$（kPa），$s_c=1.2$，$b_c=1$，$i_c=1$。

$q_d=(\gamma/\gamma_\gamma)(h_1+h_2)=(18/1.0)\times(0.5+0.5)=18$（kPa）。

$q_d'=(3.14+2)\times21.4\times1.2\times1\times1+1.0\times18=150$（kPa）。

11.6　扩展基础的冲切计算

对比内容：扩展基础的冲切计算	
中国《建筑地基基础设计规范》GB 50007—2011	欧洲 EN 1992—1—1
规范 8.2.8	规范 6.4.4（2）
受冲切承载力应符合下列要求： $F_l\leqslant0.7\beta_{hp}f_ta_mh_0$ $F_l=p_jA_l$ $a_m=(a_t+a_b)/2$	

续表

中国《建筑地基基础设计规范》GB 50007—2011	欧洲 EN 1992—1—1
式中：β_{hp}——受冲切承载力截面高度影响系数，当 h 不大于800mm 时取 1.0，当 h 大于或等于 2000mm 时取 0.9，其间按照线性内插法取用； f_t——混凝土轴心抗拉强度设计值（kPa）； h_0——基础冲切破坏锥体的有效高度（m）； a_m——冲切破坏锥体最不利一侧计算长度（m）； a_t——冲切破坏锥体最不利一侧斜截面的上边长（m），当计算柱与基础交接处的受冲切承载力时，取柱宽；当计算基础变阶处的受冲切承载力时，取上阶宽； a_b——冲切破坏锥体最不利一侧斜截面在基础底面积范围内的下边长（m），当冲切破坏锥体的底面落在基础底面以内，计算柱与基础交接处的受冲切承载力时，取柱宽加两倍基础有效高度；当计算基础变阶处的受冲切承载力时，取上阶宽加两倍该处的基础有效高度； p_j——扣除基础自重及其上土重后相应于作用的基本组合时的地基土单位面积净反力（kPa），对偏心受压基础可取基础边缘处最大地基土单位面积净反力； A_l——冲切验算时取用的部分基底面积（m^2）； F_l——相应于作用的基本组合时作用在 A_l 上的地基土净反力设计值（kN）。 验算条件：冲切破坏锥体落在基础底面以内	钢筋混凝土板抗冲切强度： $V_{Rd,c}=\tau_{RD}uh_0/\beta$ $\tau_{RD}=0.12k(100\rho_1 f_{ck})^{1/3}\frac{2d}{a}\geqslant 0.035k^{1.5}f_{ck}^{0.5}\frac{2d}{a}$ $k=1+(200/d)\leqslant 2.0$ 式中：τ_{RD}——混凝土抗剪强度（kPa）； u——距离柱边（1～2）d 内带弧角的四边形板截面周长（m）； ρ_1——平均配筋率； f_{ck}——圆柱体混凝土抗压强度特征值（MPa）； d——基础底板厚度（m）； a——柱边到临界控制周长的距离（m）。 验算条件：任何情况

中欧差异化对比分析结论及心得：

对于混凝土强度，中国规范采用立方体混凝土抗拉强度，欧洲规范采用圆柱体混凝土抗压强度。当按冲切条件控制计算基础厚度时，中国规范大于欧洲规范，综合分析，中国规范较保守。

11.7 扩展基础的抗剪切计算

对比内容：扩展基础的抗剪切计算	
中国《建筑地基基础设计规范》GB 50007—2011	欧洲 EN 1992—1—1
规范 8.2.9	规范：抗剪切强度
受剪承载力应符合下列要求： $V_s\leqslant 0.7\beta_{hs}f_tA_0$ $\beta_{hs}=(800/h_0)^{1/4}$ 式中：V_s——相应于作用的基本组合时，柱与基础交接处的剪力设计值（kN）； β_{hs}——受剪切承载力截面高度影响系数，当 $h<$ 800mm 时，取 $h_0=800$mm；当 $h>$ 2000mm 时，取 $h_0=2000$mm； A_0——验算截面处基础的有效截面面积（m^2）	$V_{Rd,c}=[0.12k(100\rho_1 f_{ck})^{1/3}]b_wd\geqslant 0.035k^{1.5}f_{ck}^{0.5}b_wd$ 式中：ρ_1——平均配筋率； f_{ck}——圆柱体混凝土抗压强度特征值（MPa）； d——基础底板厚度（m）； b_w——基础宽度（m）

中欧差异化对比分析结论及心得：

对于混凝土强度，中国规范采用立方体混凝土抗拉强度，欧洲规范采用圆柱体混凝土抗压强度。当按剪切条件控制计算基础厚度时，中国规范大于欧洲规范；下表为中欧规范基础厚度计算值对比。

序号	混凝土等级	上柱尺寸（m）	基础尺寸（m）	永久荷载（kN）	可变荷载（kN）	中国规范		欧洲规范	
						剪切	冲切	剪切	冲切
1	C30	0.4×0.4	1.0×1.2	360	90	—	180	170	141
2	C30	0.4×0.4	0.8×1.2	500	200	362	—	257	146
3	C30	0.4×0.4	0.8×1.6	500	200	408	—	352	—

11.8 基础设计时荷载的分项系数

<table>
<tr><td colspan="2">对比内容：基础设计时荷载的分项系数</td></tr>
<tr><td>中国《建筑结构荷载规范》GB 50009—2012、《建筑地基基础设计规范》GB 50007—2011</td><td>欧洲 BS EN 1997—1</td></tr>
<tr><td>规范 3.2.3、3.0.6—4</td><td>规范附录 A</td></tr>
<tr><td>《建筑结构荷载规范》GB 50009—2012 中第 3.2.3 条
《建筑地基基础设计规范》GB 50007—2011 3.0.6 条第 4 款</td><td>
以下为 STR 和 GEO 状态下荷载分项系数的取值依据，思路是先根据项目实际情况确定荷载的作用性质（有利或不利），然后根据 A1 集和 A2 集的组合，计算出荷载作用设计值。
作用（γ_F）或作用效果（γ_E）分项系数
表 A.3
<table>
<tr><td colspan="2" rowspan="2">作用</td><td rowspan="2">符号</td><td colspan="2">集</td></tr>
<tr><td>A1</td><td>A2</td></tr>
<tr><td rowspan="2">永久作用</td><td>有利</td><td rowspan="2">γ_G</td><td>1.35</td><td>1.0</td></tr>
<tr><td>不利</td><td>1.0</td><td>1.0</td></tr>
<tr><td rowspan="2">可变作用</td><td>不利</td><td rowspan="2">γ_Q</td><td>1.5</td><td>1.3</td></tr>
<tr><td>有利</td><td>0</td><td>0</td></tr>
</table>
与确定荷载作用设计值同样的方法，对土层提供的抗力也采用 M1 集和 M2 集的组合。
作用（γ_F）或作用效果（γ_E）分项系数
表 A.4
<table>
<tr><td rowspan="2">土层参数</td><td rowspan="2">符号</td><td colspan="2">集</td></tr>
<tr><td>M1</td><td>M2</td></tr>
<tr><td>摩擦角</td><td>$\gamma_{\phi'}$</td><td>1.0</td><td>1.25</td></tr>
<tr><td>有效黏聚力</td><td>$\gamma_{c'}$</td><td>1.0</td><td>1.25</td></tr>
<tr><td>不排水抗剪强度</td><td>γ_{cu}</td><td>1.0</td><td>1.4</td></tr>
<tr><td>无约束强度</td><td>γ_{qu}</td><td>1.0</td><td>1.4</td></tr>
<tr><td>相对密度</td><td>γ_r</td><td>1.0</td><td>1.0</td></tr>
</table>
注：$\gamma_{\phi'}$ 适用于 $\tan\phi'$
由上表可知，如果计算抗力的时候，涉及土层的相关参数，则在确定承载力的时候需要根据土层的具体情况，采用相应的分项系数集，得到相应的承载力设计值
</td></tr>
</table>

中欧差异化对比分析结论及心得：

（1）欧洲规范采用分项系数设计法，确定荷载时提供了 A1 集和 A2 集供选择，而在确定地基承载力时，同样需要考虑分项系数。如排水条件计算天然基础承载力公式 $R/A'=(\pi+2)c_u b_c s_c i_c+q$ 中包含不排水抗剪强度 c_u，则承载力计算时，需考虑 M1 集或 M2 集的集合，即 c_u 取 c_u/M1 或 M2，此系数为承载力的安全富余量，相当于中国规范的安全系数。中国规范的安全系数一般取 2.0，从上表可知，欧洲规范的安全系数一般为 1.0～1.4，具体原因详见第 2 条。

中国规范在计算天然基础时，根据浅层平板荷载试验得到容许承载力后，再根据太沙基原理考虑深宽修正。

（2）关于分项系数的取用，对于较均一的地层，中国规范倾向于在地层参数上取平均值，通过一根桩的设计就完成一片区的桩基设计。

欧洲规范则倾向于把勘察孔内的参数直接用来设计，需要对一个片区的多个桩孔分别进行设计，然后对所获得的桩基承载力按照可靠度理论进行处理，最后获得单桩极限承载力，此时需要引入分项系数 R1～R4 等，R1～R4 等同于中国规范的安全系数，一般取值为 1.0～1.4。

11.9 基础设计时抗力的分项系数

对比内容：基础设计时抗力的分项系数	
	中国《建筑桩基技术规范》JGJ 94—2008
规范 5.2.2	规范附录 A
安全系数 $K=2$	1. 扩大基础的抗力分项系数（见表 A.5） 2. 桩基础的抗力分项系数（见打入桩分项抗力系数表）

1. 扩大基础的抗力分项系数

扩大基础的抗力分项系数 γ_R　　表 A.5

抗力	符号	集		
		R1	R2	R3
承载抗力	$\gamma_{R,v}$	1.0	1.4	1.0
滑动抗力	$\gamma_{R,h}$	1.0	1.1	1.0

2. 桩基础的抗力分项系数

打入桩分项抗力系数（γ_R）

抗力	符号	集合			
		R1	R2	R3	R4
桩底	γ_b	1.0	1.1	1.0	1.3
桩身	γ_s	1.0	1.1	1.0	1.3
组合	γ_t	1.0	1.1	1.0	1.3
受拉	$\gamma_{s,t}$	1.25	1.15	1.1	1.6

续表

中国《建筑桩基技术规范》JGJ 94—2008	欧洲 BS EN 1997—1
	钻孔桩分项抗力系数（γ_R）；螺旋钻孔桩（CFA）分项抗力系数（γ_R）（见下表）

钻孔桩分项抗力系数（γ_R）

抗力	符号	集合			
		R1	R2	R3	R4
桩底	γ_b	1.25	1.1	1.0	1.6
桩身（受压）	γ_s	1.0	1.1	1.0	1.3
组合（受压）	γ_t	1.15	1.1	1.0	1.5
受拉桩身	$\gamma_{s,t}$	1.25	1.15	1.1	1.6

螺旋钻孔桩（CFA）分项抗力系数（γ_R）

抗力	符号	集合			
		R1	R2	R3	R4
桩底	γ_b	1.1	1.1	1.0	1.45
桩身（受压）	γ_s	1.0	1.1	1.0	1.3
组合（受压）	γ_t	1.1	1.1	1.0	1.4
受拉桩身	$\gamma_{s,t}$	1.25	1.15	1.1	1.6

中欧差异化对比分析结论及心得：

欧洲规范中的抗力分项系数，类似于中国规范的安全系数的概念。在确定用于计算地基承载力时，要用标准值除以抗力分项系数，例如某工程采用钻孔桩，由桩基静载试验获得桩基承载力标准值为 6000kN，查表，抗力分项系数为 1.15（为何选用 R1 组合，详见欧洲规范 BS EN 1997—1 第 2.4.7.3.4 条的设计方法），用于设计时采用的承载力特征值为 6000/1.15＝5217kN。

11.10　基础设计时关于荷载与抗力的组合

对比内容：基础设计时关于荷载与抗力的组合	
中国《建筑地基基础设计规范》GB 50007—2011	欧洲 BS EN 1997—1
规范 3.0.5	规范 2.4.7.3.4
地基基础设计时，所采用的作用效应与相应的抗力限值应符合下列规定： 1 按地基承载力确定基础底面积及埋深或按单桩承载力确定桩数时，传至基础或承台底面上的作用效应应按正常使用极限状态下作用的标准组合；相应的抗力应采用地基承载力特征值或单桩承载力特征值； 2 计算地基变形时，传至基础底面上的作用效应应按正常使用极限状态下作用的准永久组合，不应计入风荷载和地震作用；相应的限值应为地基变形允许值； 3 计算挡土墙、地基或滑坡稳定以及基础抗浮稳定时，作用效应应按承载能力极限状态下作用的基本组合，但其分项系数均为 1.0；	设计方法 1. 设计方法 1（DA-1） 组合 1：A1＋M1＋R1 组合 2：A2＋M2＋R1 以上适用范围：除桩基础和锚具设计外。 组合 1：A1＋M1＋R1 组合 2：A2＋M1 或 M2＋R4 以上适用范围：桩基础和锚具设计。 2. 设计方法 2（DA-2） 组合：A1＋M1＋R2 3. 设计方法 3（DA-3） 组合：A1* 或 A2+＋M2＋R3。 备注：* 为结构作用；+为岩土作用。

续表

<table>
<tr><th>中国《建筑地基基础设计规范》GB 50007—2011</th><th>欧洲 BS EN 1997—1</th></tr>
<tr><td>4 在确定基础或桩基承台高度、支挡结构截面、计算基础或支挡结构内力、确定配筋和验算材料强度时，上部结构传来的作用效应和相应的基底反力、挡土墙土压力以及滑坡推力，应按承载能力极限状态下作用的基本组合，采用相应的分项系数；当需要验算基础裂缝宽度时，应按正常使用极限状态下作用的标准组合</td><td>归纳与总结
<table>
<tr><th>设计方法</th><th>组合</th><th>备注</th></tr>
<tr><td rowspan="4">DA-1</td><td>组合 1：A1+M1+R1</td><td rowspan="2">除桩基础和锚固设计之外</td></tr>
<tr><td>组合 2：A2+M2+R1</td></tr>
<tr><td>组合 1：A1+M1+R1</td><td rowspan="2">桩基础和锚固设计</td></tr>
<tr><td>组合 2：A2+M1 或 M2+R4</td></tr>
<tr><td>DA-2</td><td>A1+M1+R2</td><td></td></tr>
<tr><td>DA-3</td><td>$A1^{*}$ 或 $A2^{+}$+M2+R3</td><td>结构作用+岩土作用</td></tr>
</table></td></tr>
</table>

中欧差异化对比分析结论及心得：

欧洲规范采用以概率理论为基础，以分项系数表达的极限状态为设计方法。对于 STR 与 GEO，欧洲规范给出了 DA-1、DA-2、DA-3 三种设计方法供选用。

设计方法 1（DA-1）和设计方法 2（DA-2）在计算地基承载力时，对土体参数使用 1.0 的分项系数（即集合 M1），而对抗力使用大于 1.0 的分项系数。

设计方法 3 在计算地基承载力时，对土体参数使用大于 1.0 的分项系数，而对抗力使用等于 1.0 的分项系数（即集合 M2）。

有关这三种设计原则的应用，目前没有统一的定论，每个国家或欧盟成员都会在国家版附录里推荐相应的组合。

DA-3 设计方法中，A1 表示从结构物上传来的荷载，A2 表示从岩土体传来的荷载，岩土参数分项系数 M2 大于 1.0，抗力分项系数 R3 取 1.0，即分项系数只用于荷载和岩土参数，不对抗力进行修正，因此在通过静载试验、原位测试确定桩基承载力时，一般不适用 DA-3，DA-3 只适用于通过岩土参数确定桩基承载力的情况。

中国规范对上部荷载及作用的求取则进行了统一，没有欧洲规范划分得这么细。要想设计欧洲的基础，需要对其基础形式及土层参数进行相应的分项系数的选择。

欧洲规范计算实例：

基础的永久作用特征值为 300kN，可变作用特征值为 350kN，单向永久和可变作用弯矩特征值均为 40kN·m。若地基承载力设计值为 250kPa，且最大与最小地基反力的比值不超过 1.5，试确定作用与抗力的设计值。

DA-1 组合 1

作用为 A1，不利作用时 $\gamma_G=1.35$，$\gamma_Q=1.5$，则：

$$N_{Ed}=1.35\times300+1.5\times350=930(\mathrm{kN})$$

$$M_{Ed,y,net,1}=1.35\times40+1.5\times40=114(\mathrm{kN\cdot m})$$

抗力为 R_1，$\gamma_{R,v}=1.0$，则：

$$\sigma=250/1.0=250(\mathrm{kPa})$$

DA-1 组合 2

作用为 A1，不利作用时 $\gamma_G=1.0$，$\gamma_Q=1.3$，则：

$$N_{Ed}=1.0\times300+1.3\times350=755(kN)$$

$$M_{Ed,y,net,1}=1.0\times40+1.3\times40=92(kN\cdot m)$$

抗力为 R_1，$\gamma_{R,v}=1.0$，则：

$$\sigma=250/1.0=250(kPa)$$

DA-2

作用为 A1，不利作用时 $\gamma_G=1.0$，$\gamma_Q=1.3$，则：

$$N_{Ed}=1.0\times300+1.3\times350=755(kN)$$

$$M_{Ed,y,net,1}=1.0\times40+1.3\times40=92(kN\cdot m)$$

抗力为 R2，$\gamma_{R,v}=1.4$，则：

$$\sigma=250/1.4=179(kPa)$$

DA-3

作用为 A1，不利作用时 $\gamma_G=1.35$，$\gamma_Q=1.5$，则：

$$N_{Ed}=1.35\times300+1.5\times350=930(kN)$$

$$M_{Ed,y,net,1}=1.35\times40+1.5\times40=114(kN\cdot m)$$

抗力为 R_1，$\gamma_{R,v}=1.0$，则：

$$\sigma=250/1.0=250(kPa)$$

11.11　由原位试验（CPT 静力触探试验）确定桩基承载力

对比内容：由原位试验（CPT 静力触探试验）确定桩基承载力	
中国《建筑桩基技术规范》JGJ 94—2008	欧洲 BS EN 1997—2
规范 5.3.3、5.3.4	规范附录 D～附录 F
静力触探试验 单桥探头静力触探： $Q_{uk}=Q_{sk}+Q_{pk}=u\sum q_{sik}l_i+\alpha p_{sk}A_p$ 式中：Q_{sk}、Q_{pk}——分别为总极限侧阻力标准值和总极限端阻力标准值（kN）； u——桩身周长（m）； q_{sik}——用静力触探比贯入阻力值估算的桩周第 i 层土的极限侧阻力（kPa）； l_i——桩周第 i 层土的厚度（m）； α——桩端阻力修正系数； p_{sk}——桩端附近的静力触探比贯入阻力标准值（kPa）； A_p——桩端面积（m^2）； p_{sk1}——桩端全截面以上 8 倍桩径范围内的比贯入阻力平均值（kPa）； p_{sk2}——桩端全截面以下 4 倍桩径范围内的比贯入阻力平均值（kPa）。	附录 D.7　静力触探试验 $F_{max}=F_{max;base}+F_{max;shaft}$ 桩承载力＝桩端承载力＋桩侧承载力 桩端承载力 $F_{max;base}=A_{base}\times P_{max;base}$ 桩侧承载力 $F_{max;shaft}=A_{shaft}\times P_{max;shaft}$ 1. 桩端阻力 $P_{max;base}$ $P_{max;base}=0.5\alpha_p\beta s\left\{\frac{q_{c;I;mean}+q_{c;II;mean}}{2}+q_{c;III;mean}\right\}$ 且 $P_{max;base}\leqslant15MPa$ 式中：$q_{c;I;mean}$——从桩基平面到至少为等效桩直径的 0.7 倍且至多为其 4 倍深度范围内 $q_{c;I}$ 的平均值； $q_{c;II;mean}$——临界深度向上至桩基的深度上 $q_{c;II}$ 的最低值的平均值； $q_{c;III;mean}$——桩基平面到桩基上方为桩基直径的 8 倍的平面深度区间上，或为桩基上方 $b\geqslant1.5a$ 到 $b>8a$ 处 $q_{c;III}$ 的最低值的平均值； s——考虑桩基性质的系数：

续表

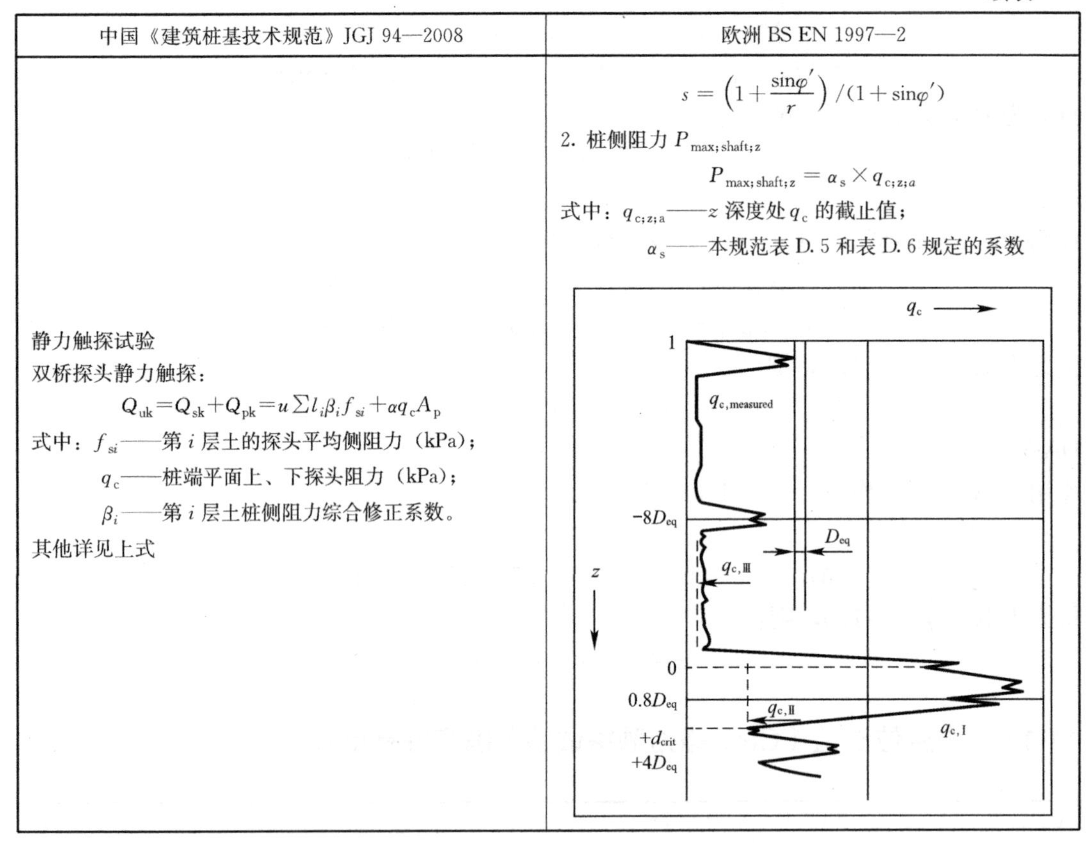

中国《建筑桩基技术规范》JGJ 94—2008	欧洲 BS EN 1997—2
静力触探试验 双桥探头静力触探： $Q_{uk}=Q_{sk}+Q_{pk}=u\sum l_i\beta_i f_{si}+\alpha q_c A_p$ 式中：f_{si}——第 i 层土的探头平均侧阻力（kPa）； q_c——桩端平面上、下探头阻力（kPa）； β_i——第 i 层土桩侧阻力综合修正系数。 其他详见上式	$s=\left(1+\frac{\sin\varphi'}{r}\right)/(1+\sin\varphi')$ 2. 桩侧阻力 $P_{\max;\text{shaft};z}$ $P_{\max;\text{shaft};z}=\alpha_s\times q_{c;z;a}$ 式中：$q_{c;z;a}$——z 深度处 q_c 的截止值； α_s——本规范表 D. 5 和表 D. 6 规定的系数

中欧差异化对比分析结论及心得：

欧洲规范计算桩基承载力举例：

下面是匈牙利项目提供地勘报告中一个钻孔的 CPT 静力触探试验数据，数据分析待定。

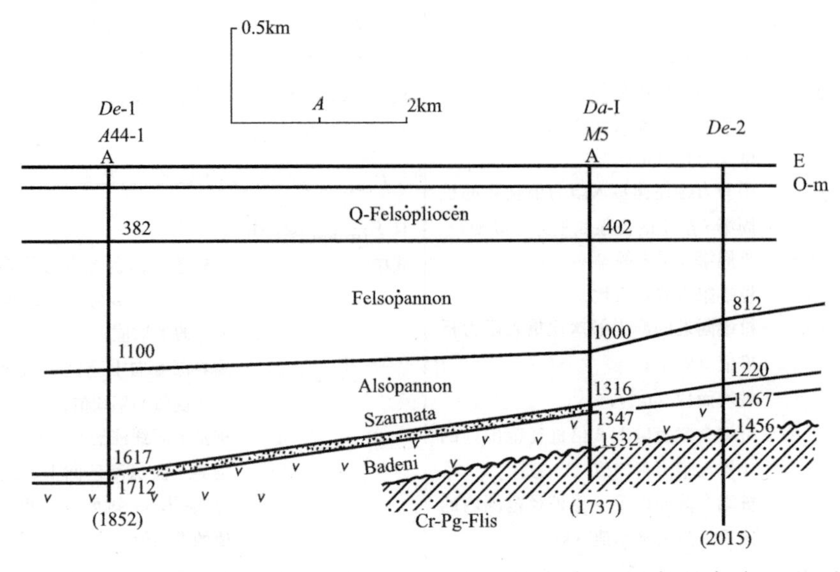

Q-Felsȯpliocėn：上新世（下伏）黏土，黄色，浅灰色，绿色的灰色，细砂质，石灰

浓度，褐煤条带，褐煤脉带斑点。

Felsopannon：上盘黏土泥质大理岩，浅蓝色灰色细砂质沉积物，具褐煤条带。

Alsópannon：高山的灰色黏土大理石，叶状—板岩，带有细砂石—云母板，有碳素的植物残余物。

Szarmata：砂质灰岩，钙质砂岩，细粒底栖流纹岩条带，灰绿色凝灰岩，层倾斜10°～15°。

Badeni：钙质砂岩，流纹岩，一种由绿色白色、蓝绿色、细和中脉角砾岩、黑云母。小长石和石英晶体组成，有些被分解为黏土，有些被分解为硅质长条石。

Cr-PgFlis：红灰色砂质黏土，石英砂砾石黏土，砂岩。

假设要求桩身承载力达到900kN，(DA1-2 A1＋M2＋R2）则需选择合适的桩型，满足承载力所需的贯入深度。采用打入式钻孔灌注桩，混凝土强度等级采用C25/35，混凝土材料系数为1.5，R2＝1.1。

$N_{Ed}=900\times1.35=1215$（kN）

$N_{Ed}=f_{cd}\times A=0.85\times25/(1.5\times1.1)\times A=1215\times10^3$，则 $A=94341\text{mm}^2$，$d=347\text{mm}$，选直径 $d=400\text{mm}$。

下面求侧阻力，假设桩端为97mBf，α_s 取0.012（本规范附录D.2）$\gamma_{Rd}=1.4$（BS EN 1997—1 附录A），

104m处，$P_{max;shaft;z}=0.012\times2\times10^3=24$（kPa）。

98m处，$P_{max;shaft;z}=0.012\times2\times10^3=24$（kPa）。

97m处，$P_{max;shaft;z}=0.012\times25\times10^3=300$（kPa）。

$R_{sk}=[(24+24)\times6/2+(24+300)\times1/2]\times3.14\times0.5/1.4=343$（kN）。

确定桩端承载力，桩端以上8倍桩径，桩端以下4倍桩径范围的端阻力平均值为$q_{c-1}=(2+18)/2=10$（MPa），桩端以上8倍桩径范围平均值为 $q_{c-3}=(2+25)/2=13.5$（MPa）。

$R_{bk}=0.5\times1.0\times1.0\times1.0\times(10+13.5)\times10^3\times3.14\times0.4\times0.4/(4\times1.4)=1054$（kN）。

最终，$R=R_{sk+}R_{bk}=343+1054=1397$（kN）。

11.12 标准贯入试验估算承载力

对比内容：标准贯入试验估算承载力	
中国《岩土工程勘察规范》GB 50021—2001（2009年版）	欧洲 BS 8004—2015
规范 10.5	规范
标准贯入试验是用质量为63.5kg的穿心锤，以76cm的落距，将标准规格的贯入器，自钻孔底部预打15cm，记录再打入30cm的锤击数，判断土的力学特性。适用于砂土、粉土和一般性黏土，不适用于软塑—流塑软土。标准贯入试验锤击数 N 值，可对砂土、粉土、黏性土的物理状态、土的强度、变形参数、地基承载力、单桩承载力，砂土和粉土的液化，成桩的可能性等做出评价	标准贯入试验： 极限侧阻力： $p_{s,j}=n_s\times p_{ref}\times N_j$ 极限端阻力： $p_b=n_b\times p_{ref}\times N_b$ 式中：n_s——侧阻经验系数； n_b——端阻经验系数； N_b——桩端未修正标贯击数； p_{ref}——取100kPa

中欧差异化对比分析结论及心得：

下表给出欧洲规范标准贯入试验的经验值，为后续海外项目提供技术支撑。

土层种类	n_s 为侧阻经验系数		n_b 为端阻经验系数	
	挤土桩	非挤土桩	挤土桩	非挤土桩
砂土	0.033～0.043	0.014～0.026	2.9～4.8	0.72～0.82
粉土	0.018～0.03	0.016～0.23	1.1～2.6	0.41～0.66
黏土	0.02～0.029	0.024～0.031	0.95～1.6	0.34～0.66

11.13 勘探点的布置原则

<table>
<tr><td colspan="2">对比内容：勘探点的布置原则</td></tr>
<tr><td>中国《岩土工程勘察规范》GB 50021—2001（2009 年版）、
《高层建筑岩土工程勘察标准》JGJ/T 72—2017</td><td>欧洲 BS EN 1997—2</td></tr>
<tr><td>规范 4.1.5～4.1.7</td><td>规范附录 B.3</td></tr>
<tr><td>《岩土工程勘察规范》GB 50021—2001（2009 年版）
1. 勘探线应垂直地貌单元、地质构造和地层界线布置。
2. 在地形平坦地区，可按网格布置勘探点。

初步勘察勘探线、勘探点间距　　表 4.1.6
<table>
<tr><td>地基复杂程度</td><td>探勘线间距</td><td>探勘点间距</td></tr>
<tr><td>复杂</td><td>50～100</td><td>30～50</td></tr>
<tr><td>中等复杂</td><td>75～150</td><td>40～100</td></tr>
<tr><td>简单</td><td>150～300</td><td>75～200</td></tr>
</table>
初步勘察勘探孔深度　　表 4.1.7
<table>
<tr><td>工程重要性等级</td><td>一般性勘探孔</td><td>控制性勘探孔</td></tr>
<tr><td>重要工程</td><td>≥15</td><td>≥30</td></tr>
<tr><td>一般工程</td><td>10～15</td><td>15～30</td></tr>
<tr><td>次要工程</td><td>6～10</td><td>10～20</td></tr>
</table>
《高层建筑岩土工程勘察标准》JGJ/T 72—2017 第 4.1.2 条
1. 勘探点的布置应能控制整个建筑场地，勘探线的间距宜为 50～100m，勘探点的间距宜为 30～50m。
2. 每栋高层建筑不宜少于一个控制性勘探点。
4.1.3　详细勘察阶段
1. 当高层建筑平面为矩形时，应按双排布设；当为不规则形状时，宜在凸出部位的阳角和凹进的阴角布设勘探点。
2. 在高层建筑层数、荷载和建筑体形变异较大位置处，应布设勘探点。
3. 单栋高层建筑的勘探点数量，对勘察等级为甲级及其以上的不应少于 5 个，乙级不应少于 4 个；控制性勘探点的数量，对勘察等级为甲级及其以上的不应少于 3 个，乙级不应少于 2 个</td>
<td>有关勘察点间距的规定：
1. 对于高层建筑和工业结构，采用网格模式，勘察点间距为 15～40m。
2. 对于大面积结构，采用网格模式，勘察点间距不超过 60m。
3. 对于线性结构（公路、铁路、沟渠、管道、堤防、隧道、挡土墙），勘察点间距为 20～200m。
4. 对于特殊结构（如桥梁、烟囱、机械设备底座），每个基础应分布 2～6 处勘察点。
5. 对于坝堰，应沿着相关截面布置勘察点，间距为 25～75m。
有关勘察点深度的规定，详见本规范附录 B.3(5)～B.3(13)，如果本规范附录 B.3(5)～B.3(8)和本规范附录 B.3(13) 所述结构建造在坚硬的地层上，勘察深度应折减为 2m，至少将一处钻孔的勘察深度降为最小值 5m</td></tr>
</table>

中欧差异化对比分析结论及心得：

中国规范按照场地的复杂程度和工程的重要性，对初步勘察的勘探点间距和探勘孔深度进行规定，欧洲规范则根据建筑的类别如高层、工业等进行勘探点间距的设计，从对比数据来看，欧洲规范的勘探点间距比中国规范的小。

12 抗震设计篇

本章主要为国内外结构设计中关于抗震设计相关方面的内容对比，包括抗震设计原则、场地的定义、土的液化规定、地震设计反应谱等内容。通过研究中国与欧洲规范有关抗震设计的内容，了解相互之间的设计异同，为后续项目的开展提供设计参考。参考标准为中国《建筑抗震设计标准》GB/T 50011—2010（2024 年版）和欧洲《抗震结构设计 第 1 部分：一般规定、地震作用和建筑规定》EN 1998—1—2004（以下简称 EN 1998—1)、《抗震结构设计 第 5 部分：基础、挡土结构和岩土工程》EN 1998—5—2004（以下简称 EN 1998—5)。

12.1 抗震设防水准与设防目标

对比内容：抗震设防水准与设防目标	
中国《建筑抗震设计标准》GB/T 50011—2010（2024 年版）	欧洲 EN 1998—1
规范 1.0.1 及条文说明	规范 2.1
抗震设防的基本目标是：当遭受低于本地区抗震设防烈度的多遇地震影响时，主体结构不受损坏或不需修理可继续使用；当遭受相当于本地区抗震设防烈度的设防地震影响时，可能发生损坏，但经一般性修理仍可继续使用；当遭受高于本地区抗震设防烈度的罕遇地震影响时，不致倒塌或发生危及生命的严重破坏。使用功能或其他方面有专门要求的建筑，当采用抗震性能化设计时，更具体或更高的抗震设防目标。 中国规范延续了三水准设防思想： 第一水准，“小震不坏”，对应 50 年内超越概率为 63%的地震作用（重现期 50 年）。 第二水准，“中震可修”，对应 50 年内超越概率为 10%的地震作用（重现期 475 年）。 第三水准，“大震不倒”，对应 50 年内超越概率为 2%～3%的地震作用（重现期平均约为 2000 年）	将抗震设防水准分为设计地震和常遇地震： 设计地震，50 年内超越概率为 10%，重现期为 475 年。 常遇地震，10 年内超越概率为 40%，重现期为 95 年。 欧洲规范 EC8 中对应于两个水准地震作用的设防目标分别为“不倒塌要求”和“限制破坏要求”。其具体规定如下： 1. 不倒塌要求：遭遇设计地震结构无局部或整体倒塌，而且结构的整体性不受破坏并且保留一定的残余承载力。 2. 限制破坏要求：遭遇比设计地震作用出现概率更大的地震时，结构能抵抗地震作用，没有损坏和使用上受限的情况发生

中欧差异化对比分析结论及心得：

由下图和下表可知，欧洲规范的限制破坏要求比我国“小震不坏”的要求要高。然而在 50 年内的超越概率为 10%、重现期为 475 年的情况下，欧洲规范的设防要求是不倒塌，中国规范的第二水准要求是中震可修，即欧洲规范的设防要求比中国规范的要低。再者，中国规范比欧洲规范多了一个“大震不倒”的第三设防水准要求。

此外，欧洲规范允许欧盟各国根据本国对地震灾害危险性的判断和经济水平来调整抗震设防水准，由此可知欧洲规范把经济损失也考虑在内，值得中国规范讨论与借鉴。

中国规范与欧洲规范设防要求对比表

中国规范			欧洲规范		
设防目标	超越概率	重现期	设防目标	超越概率	重现期
小震不坏	63%	50 年	破坏极限要求	40%	95 年
中震可修	10%	475 年	不倒塌要求	10%	475 年
大震不倒	2%～3%	950 年			

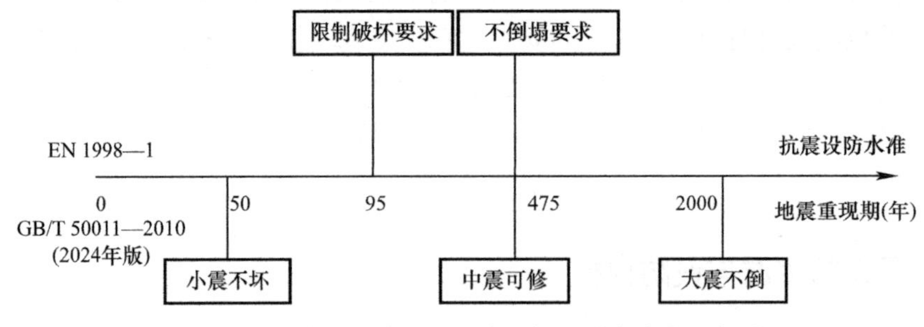

欧洲规范与中国规范抗震设防目标和设防水准示意图

12.2 抗震验算

对比内容：抗震验算	
中国《建筑抗震设计标准》GB/T 50011—2010（2024 年版）	欧洲 EN 1998—1
规范 1.0.1 及条文说明	规范 2.1
采用二阶段设计实现“三水准”的设防目标，基于概率理论的极限状态设计法。 第一阶段是承载力验算，将地震折减到小震作用进行计算，结构的弹性变形符合规范给出的位移限制。设计者对大多数结构可进行第一阶段设计，第三水准的设防要求可通过概念设计和抗震构造措施达到。 第二阶段是弹塑性变形验算，地震易倒塌的结构、有明显薄弱层的不规则结构以及有专门要求的建筑，除在第一阶段设计外，之后还要进行结构薄弱部位的弹塑性层间变形验算并采取相应的抗震构造措施，实现第三水准的设防要求	采用不同的方法进行抗震设计和验算来实现两个不同水准。 一是基于层间变形限值的验算来实现“限制破坏要求”。 1. 脆性材料制成的非结构构件的建筑与主体结构相连的情况：层间变形不大于 $0.005h$（h 为层高）。 2. 建筑有延性非结构构件的情况：层间变形不大于 $0.0075h$（h 为层高）。 3. 建筑有非结构构件，且非结构构件的固定不与结构位移发生干扰的情况：层间变形不大于 $0.010h$（h 为层高）。 Ⅰ、Ⅱ类重要性建筑折减系数取 $\nu=0.5$； Ⅲ和Ⅳ类重要性建筑折减系数取 $\nu=0.4$。 另外，“不倒塌要求”的验算有两种方法，第一种是基于力的验算，第二种是基于位移的验算。 脆性结构和延性结构均可以用力的方法验算，与其他荷载效应组合后满足下式： $$E_{\mathrm{d}}\leqslant R_{\mathrm{d}}$$

续表

中国《建筑抗震设计标准》GB/T 50011—2010（2024年版）	欧洲 EN 1998—1
	式中：E_d——作用效应设计值； R_d——相应的构件设计抗力。 延性结构可用基于位移的设计方法，建立在上式基础上，根据“不倒塌要求”水准直接进行非线性分析得到结构的非线性位移

中欧差异化对比分析结论及心得：

首先，在验算要求方面，在小震、限制破坏水准时，欧洲规范进行位移验算，而中国规范进行抗力与位移验算。在中震不倒塌水准时，欧洲规范选取抗力验算或者位移验算，中国规范则不作要求，而是由构造措施保障。最后对于中国规范所独有的大震验算时，中国规范还要做位移验算。两者的异同统计详见下表：

欧洲规范和中国规范的验算要求

地震水准	小震、限制破坏水准		中震、不倒塌水准		大震
验算要求	抗力验算	位移验算	抗力验算	位移验算	位移验算
欧洲规范	×	√	√	或√	×
中国规范	√	√	不要求		√

中国规范在小震水准下进行结构设计时，内力分析假定结构完全弹性，而在进行结构截面强度作用设计时又采用截面塑性极限状态的假定，前后假定存在不一致。而欧洲规范则前后协调一致，它是在“设防地震”水准进行结构设计的，地震作用、内力分析和结构截面强度设计都假定结构处于塑性状态。

欧洲规范的“设防地震”为避免在设计中做精细的非线性分析，计算地震作用时将弹性反应谱通过引入性能系数 q（结构延性等级、规则程度和破坏模式确定）予以折减成为设计反应谱。欧洲规范对不同类型的结构采用不同 q 值，中国规范实际等效为对所有结构用了一样的 q，q 值大致等于 3。

欧洲规范延性较好与延性较差的结构分别可以取较小与较大地震作用进行强度设计，弹性反应谱可直接用于完全脆性结构的结构强度设计。中国规范在同一地震水准下所有结构进入塑性，且为实现第一、三水准的要求，对各类钢筋混凝土结构和钢结构按照第一水准要求进行多遇地震下的弹性变形验算。一些特殊的建筑按照第三水准要求进行罕遇地震作用下的弹塑性变形验算。

欧洲规范与中国规范分别给出的重现期 95 年下结构不坏的位移角限值与多遇和罕遇地震作用下的层间位移角限值。欧洲规范考虑了开裂后的有效刚度，引入了增大系数，中国规范多遇地震下的弹性层间位移角时未考虑开裂对刚度的影响，与结构体系和材料有关，与建筑设防类别无关。

12.3 场地类别的划分

对比内容：场地类别的划分

中国《建筑抗震设计标准》GB/T 50011—2010（2024 年版）

规范 4.1

土的类型划分和剪切波速范围　表 4.1.3

土的类型	岩土名称和性状	土层剪切波速范围（m/s）
岩石	坚硬、较硬且完整的岩石	$v_s>800$
坚硬土或软质岩石	破碎和较破碎的岩石或软和较软的岩石，密实的碎石土	$800\geqslant v_s>500$
中硬土	中密、稍密的碎石土，密实、中密的砾、粗、中砂，$f_{ak}>150$ 的黏性土和粉土，坚硬黄土	$500\geqslant v_s>250$
中软土	稍密的砾、粗、中砂，除松散外的细、粉砂，$f_{ak}\leqslant150$ 的黏性土和粉土，$f_{ak}>130$ 的填土，可塑新黄土	$250\geqslant v_s>150$
软弱土	淤泥和淤泥质土，松散的砂，新近沉积的黏性土和粉土，$f_{ak}\leqslant130$ 的填土，流塑黄土	$v_s\leqslant150$

注：f_{ak} 为由荷载试验等方法得到的地基承载力特征值（kPa）；v_s 为岩土剪切波速。

各类建筑场地的覆盖层厚度（m）

表 4.1.6

岩石的剪切波速或土的等效剪切波速（m/s）	场地类别				
	Ⅰ$_0$	Ⅰ$_1$	Ⅱ	Ⅲ	Ⅳ
$v_s>800$	0				
$800\geqslant v_s>500$		0			
$500\geqslant v_{se}>250$		<5	≥5		
$250\geqslant v_{se}>150$		<3	3～50	>50	
$v_{se}\leqslant150$		<3	3～15	15～80	>80

注：表中 v_s 为岩石的剪切波速，v_{se} 为土层的等效剪切波速。

$$v_{se}=\frac{d_0}{t}$$

$$t=\sum_{i=1}^{n}(d_i/v_{si})$$

式中：d_0——计算深度（m），取覆盖层厚度和 20m 两者的较小值

欧洲 EN 1998—1

规范 3.1 场地类型

场地类型　表 3.1

场地类型	地层剖面描述	参数		
		$v_{s,30}$（m/s）	N_{SPT}（次/30cm）	c_u（kPa）
A	岩石或其他类岩石地质构造，包括表层上最多 5m 的较弱材料	>800	—	—
B	至少几十米厚的致密砂及砂砾，或刚性极大的黏土的沉积层，其力学特性随深度增加而逐渐增大	360～800	>50	>250
C	致密或中～密的砂、砂砾或硬黏土的深层沉积物，其厚度从几十米至几百米不等	180～360	15～50	70～250
D	松散～中等密度的非黏性土（有或没有软黏结层）形成的沉积层，或主要是软～硬黏土所形成的沉积层	<180	<15	<70
E	厚 5～20m 不等的表面冲积层（C 型或 D 型的 v_s 值）所组成的土剖面，其底层为 $v_s>800$m/s 的刚性较大的材料			
S_1	由至少 10m 厚的高塑性指数（PI>40）、高含水量软黏土/淤泥层所组成的沉积层或包含上述土层的沉积层	<100（指示性数据）	—	10～20
S_2	液化土、敏感黏土或 A～E 类和 S_1 类之外的土剖面所形成的沉积层			

平均剪切波速：

$$v_{s,30}=\frac{30}{\sum_{i=1,N}\frac{h_i}{v_i}}$$

式中：N_{SPT}——标准贯入试验的锤击数；

c_u——土的不排水剪切强度

中欧差异化对比分析结论及心得：

（1）从划分依据来看，中国规范对场地类别的划分除关注土层剪切波速外，还关注各类岩土在该场地下的覆盖厚度，综合等效剪切波速与覆盖厚度对场地类别进行划分；欧洲规范主要关注该场地地下 30m 深度范围内的等效剪切波速，辅以标准贯入试验的锤击数和土的不排水剪切强度等指标进行判断。

（2）从划分等级来看，中国规范大致将场地划分为有利地段、一般地段、不利地段和危险地段四大类，其中将有利地段又划分为两类；欧洲规范将场地划分为七个类别，其中 E、S_1、S_2 均为不利地段，需专门进行研究。

（3）对应关系，由于中欧规范划分场地类别时的依据不尽相同，因此两者划分的场地类别之间并没有明确的对应关系，除中国规范规定的 I_0 类场地在欧洲规范中属于 A 类，Ⅳ类场地在欧洲规范中属于 D 类外，没有绝对的换算关系，必须依照规范条文进行判断。

12.4 场地液化的判断

<table>
<tr><td colspan="2">对比内容：场地液化的判断</td></tr>
<tr><td>中国《建筑抗震设计标准》GB/T 50011—2010（2024 年版）</td><td>欧洲 EN 1998—5</td></tr>
<tr><td>规范 4.3</td><td>规范 4.1.4 潜在液化土、附录 B 简化液化分析的经验图表</td></tr>
<tr><td>4.3.2 地面下存在饱和砂土和饱和粉土时，除 6 度外，应进行液化判别；存在液化土层的地基，应根据建筑的抗震设防类别、地基的液化等级，结合具体情况采取相应的措施。
4.3.4 当饱和砂土、粉土的初步判别认为需进一步进行液化判别时，应采用标准贯入试验判别法判别地面下 20m 范围内土的液化。当饱和土标准贯入锤击数（未经杆长修正）小于或等于液化判别标准贯入锤击数临界值时，应判为液化土。
液化判别标准贯入锤击数临界值可按下式计算：
$$N_{cr} = N_0\beta[\ln(0.6d_s + 1.5) - 0.1d_w]\sqrt{3/\rho_c}$$
液化判别标准贯入锤击数基准值 N_0
表 4.3.4
<table>
<tr><td>设计基本地震加速度（g）</td><td>0.10</td><td>0.15</td><td>0.20</td><td>0.30</td><td>0.40</td></tr>
<tr><td>液化判别标准贯入锤击数基准值</td><td>7</td><td>10</td><td>12</td><td>16</td><td>19</td></tr>
</table>
4.3.5 对存在液化砂土层、粉土层的地基，应探明各液化土层的深度和厚度，按下式计算每个钻孔的液化指数，并按表 4.3.5 综合划分地基的液化等级：
$$I_{lE} = \sum_{i=1}^{n}\left[1 - \frac{N_i}{N_{cri}}\right]d_i W_i$$
液化等级与液化指数的对应关系 表 4.3.5
<table>
<tr><td>液化等级</td><td>轻微</td><td>中等</td><td>严重</td></tr>
<tr><td>液化指数 I_{lE}</td><td>$0 < I_{lE} \leqslant 6$</td><td>$6 < I_{lE} \leqslant 18$</td><td>$I_{lE} > 18$</td></tr>
</table>
</td><td>4.1.4 潜在液化土
（2）当基土中有延伸的土层或散沙的厚晶体（有或没有淤泥/黏土，位于地下水位之下）以及地下水位接近于地面时，应进行液化敏感性评价。
（3）为此进行的调查应至少包括实施现场标准贯入测试（SPT）或圆锥贯入测试（CPT），以及在实验室确定测得晶粒分布曲线。
（10）附录 B 给出了解释平坦地面条件下场地关联方法的经验液化示意图，这种方法适用于不同类型的现场测量。在这种方法中，地震剪力 τ_e 可通过简化形式估算。
$$\tau_e = 0.65\alpha \cdot S \cdot \sigma_{VO}$$
式中：σ_{VO}——总覆盖层压力。
附录 B.2 在不超过阈值 τ_e 时，不太可能发生液化，因为土具有弹性，而且不会出现孔隙压力积累。因此，限幅曲线不会回到原点。为了将上述准则应用于不同于 M_S=7.5（其中，M_S 为表面波强度）的地震强度，如图 B.1 所示曲线的纵坐标应乘以表 B.1 给出的系数 CM。
系数 CM 的值 表 B.1
<table>
<tr><td>M_S</td><td>CM</td></tr>
<tr><td>5.5</td><td>2.86</td></tr>
<tr><td>6.0</td><td>2.20</td></tr>
<tr><td>6.5</td><td>1.69</td></tr>
<tr><td>7.0</td><td>1.30</td></tr>
<tr><td>8.0</td><td>0.67</td></tr>
</table>
</td></tr>
</table>

续表

中国《建筑抗震设计规范》GB 50011—2010	欧洲 EN 1998—5

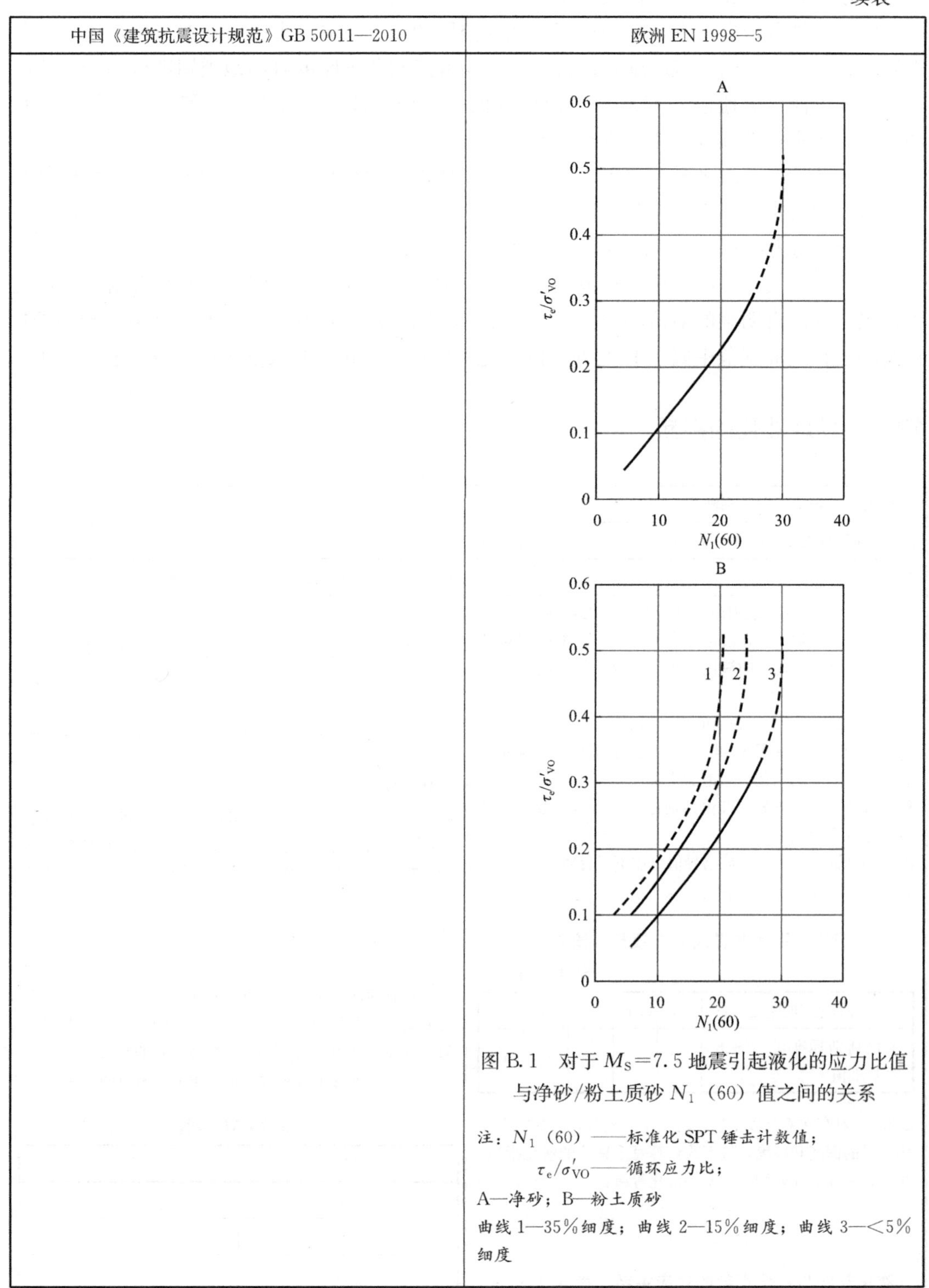

图 B.1　对于 $M_S=7.5$ 地震引起液化的应力比值与净砂/粉土质砂 N_1（60）值之间的关系

注：N_1（60）——标准化 SPT 锤击计数值；

τ_e/σ'_{VO}——循环应力比；

A—净砂；B—粉土质砂

曲线 1—35%细度；曲线 2—15%细度；曲线 3—＜5%细度

中欧差异化对比分析结论及心得：

中欧两种规范对于地基液化的判别均以标准贯入锤击试验为重要依据。中国规范先判断各液化土层的液化指数，再综合判定该场地的液化程度；而欧洲规范先假设地震剪力，后根据土的种类依据经验图表，从标准贯入试验的锤击数判断土体是否液化。二者除使用标准贯入锤击试验作为重要依据这一共同点外，均参考了各自对于该场地抗震设防等级分类的标准，不同抗震设防等级下相同土体的液化程度不同。

12.5　关于结构规则性的规定

对比内容：关于结构规则性的规定	
中国《建筑抗震设计标准》GB/T 50011—2010（2024年版）	欧洲 EN 1998—1
规范 3.4.3	规范 4.2.3.2 规则性的标准

平面不规则的主要类型　表 3.4.3-1

不规则类型	定义和参考指标
扭转不规则	在具有偶然偏心的规定水平力作用下，楼层两端抗侧力构件弹性水平位移（或层间位移）的最大值与平均值的比值大于 1.2
凹凸不规则	平面凹进的尺寸，大于相应投影方向总尺寸的 30%
楼板局部不连续	楼板的尺寸和平面刚度急剧变化，例如，有效楼板宽度小于该楼层典型宽度的 50%，或开洞面积大于该层楼面面积的 30%，或较大的楼层错层

竖向不规则的主要类型　表 3.4.3-2

不规则类型	定义和参考指标
侧向刚度不规则	该楼层的侧向度小于相邻上一层的 70%，或小于其上相邻三个楼层侧向刚度平均值的 80%；除顶层或出屋面小建筑外，局部收进的水平尺寸大于相邻下一层的 25%
竖向抗侧力构件不连续	竖向抗侧力构件（柱、抗震墙、抗震支撑）的内力由水平转换构件（梁、桁架等）向下传递
楼层承载力突变	抗侧力结构的层间受剪承载力小于相邻上一楼层的 80%

平面规则标准

规则标准	定义和参考指标
1	平面内结构的长细比 $\eta=L_x/L_y$ 不高于 4
2	每一层的形状要采用凹多边形。如果平面内存在缩进（凹角或边缘凹进），每段缩进面积不超过楼层总面积的 5%，在不影响楼层平面内刚度的情况下，平面的规则性仍被认为是满足的
3	楼层平面内刚度与竖向结构构件的侧向刚度相比足够大，因此楼层变形对于竖向结构构件的内力分布影响很小。在这个方面，特别是关于侧向内分支刚度方面，应仔细检查平面 L、C、H、I 及 X 的形状，以满足刚性横隔板条件
4	在两正交轴方向上，侧向刚度和质量分布在建筑结构平面内基本是对称的
5	每一层的 x、y 方向分析时，结构的偏心率 e_0 和扭转半径 r 应符合下面两种情况： $e_{0x}\leqslant 0.30r_x$ $r_x\geqslant l_s$ 式中：e_{0x}——沿着 x 方向刚心和质心的距离，即垂直于分析所考虑的方向； r_x——沿着 y 方向抗扭刚度与侧向刚度比值的平方根（“扭转半径”）； l_s——楼层平面的回转半径

续表

<table>
<tr><th>中国《建筑抗震设计标准》GB/T 50011—2010（2024年版）</th><th>欧洲 EN 1998—1</th></tr>
<tr><td></td><td>
竖向规则标准
<table>
<tr><th>规则标准</th><th>定义和参考指标</th></tr>
<tr><td>1</td><td>所有抗侧力体系，如核心筒、结构墙和框架，从基础到顶层都没有中断，或如果建筑在不同的高度存在缩进部分，这些部分到顶层的相关区域没有中断</td></tr>
<tr><td>2</td><td>从基础到顶层的各层侧向刚度和质量保持不变或逐渐变小，没有突变</td></tr>
<tr><td>3</td><td>在框架结构中，相邻层间的实际楼层抗力与通过分析得到的要求抗力之间的比值变化不能失去平衡</td></tr>
<tr><td>4</td><td>当竖向存在缩进时，适用以下附加条件：（1）对于渐变的缩进应保持轴向的对称，任何一层的缩进尺寸不应大于之前该方向平面尺寸的20%；（2）在主要建筑体系高度15%以下的单个缩进，缩进尺寸不应大于之前平面尺寸的50%，在这种情况下，上部楼层竖向突变部分相应的结构根部的水平剪力设计值应该不小于与其相似底部不加大建筑的水平剪力的75%；（3）如果缩进部分不能保持对称，那么所有楼层的每个立面上的缩进尺寸的总和不能超过基础或刚性地基以上建筑物第一层楼面面积的30%，且不能超过前一层平面尺寸的10%</td></tr>
</table>
</td></tr>
</table>

中欧差异化对比分析结论及心得：

中欧规范对于建筑规则性的标准规定的角度不同，但是在所关注的方面还是有相似之处的。

（1）在平面规则性的标准中，结构的侧向刚度和质量的对称性、结构平面的凸凹性，中欧规范都进行了关注。欧洲规范增加了平面内刚度、平面内结构的细长比、结构的偏心率和扭转半径的要求，而中国规范没有相应的内容。

（2）在竖向规则性的标准中，竖向抗侧力构件的连续性、侧向刚度是否有突变，中欧规范都进行了关注。欧洲规范增加了对于结构存在竖向缩进的要求，而中国规范没有相应的内容。

另外，中国规范给出了结构不规则类型的条款，而欧洲规范与之不同，规定了结构规则性的条件，结构是否规则需要符合这些条件。中国规范是从楼层抗剪承载能力方面判断规则性，而欧洲规范是从框架结构楼层实际抗力与分析所需抗力之比，在相邻楼层不应突变的方面来判断。

12.6 水平地震作用计算

对比内容：水平地震作用计算	
中国《建筑抗震设计标准》GB/T 50011—2010（2024 年版）	欧洲 EN 1998—1
规范 5.2.1	规范 4.3.3.2.3 水平地震作用分布
5.2.1 采用底部剪力法时，各楼层可仅取一个自由度，结构的水平地震作用标准值，应按下列公式确定： $$F_{Ek}=\alpha_1 G_{eq}$$ $$F_i=\frac{G_iH_i}{\sum_{j=1}^{n}G_jH_j}F_{Ek}(1-\delta_n)\quad(i=1,2,\cdots,n)$$ $$\Delta F_n=\delta_n F_{Ek}$$ 式中：F_{Ek}——结构总水平地震作用标准值； α_1——相应于结构基本自振周期的水平地震影响系数值； G_{eq}——结构等效总重力荷载，单质点应取总重力荷载代表值，多质点可取总重力荷载代表值的 85%； F_i——质点 i 的水平地震作用标准值； G_i、G_j——分别为集中于质点 i、j 的重力荷载代表值； H_i、H_j——分别为质点 i、j 的计算高度； δ_n——顶部附加地震作用系数； ΔF_n——顶部附加水平地震作用	（1）可通过使用结构动力学方法计算得出，或通过沿建筑高度线性增加的水平位移来近似模拟建筑分析水平方向上的基本振型。 （2）应通过向两个平面模型的所有楼层施加水平力 F_i 来确定地震作用效应（动力分析法）。 $$F_i=F_b\cdot\frac{s_im_i}{\sum s_jm_j}$$ $$F_b=S_d(T_1)\cdot m\cdot\lambda$$ 式中：F_i——作用于 i 的水平力； F_b——地震基础剪力； S_d（T_1）——地震设计反应谱； m——建筑总质量； λ——修正系数； s_i、s_j——基本振型中质量 m_i、m_j 的位移； m_i、m_j——楼层质量。 （3）当基本振型通过沿建筑高度线性增加的水平位移来近似计算得出，水平力 F_i 应通过下式得出（近似算法）： $$F_i=F_b\cdot\frac{z_im_i}{\sum z_jm_j}$$ 式中：z_i、z_j——地震作用施加的水平面上方的质量 m_i、m_j 的高度

中欧差异化对比分析结论及心得：

（1）经举例试算，中国规范计算出的水平地震作用值要比欧洲规范的大。水平地震作用沿高度分布不是严格的倒三角形，中国规范考虑了在周期较长时顶部误差较大的情况，采用顶点附加集中地震作用予以调整，而欧洲规范未作考虑。

（2）中国规范对多质点结构引入一个 0.85 的折减系数，欧洲规范未作折减。中国规范引入的折减系数是为了考虑多质点体系在地震作用下底部剪力的最大反应和同周期且质量与多质点体系总质量相等的单质点的剪力最大反应的差异。

12.7 关于抗震缝的规定

对比内容：关于抗震缝的规定	
中国《建筑抗震设计标准》GB/T 50011—2010（2024年版）	欧洲 EN 1998—1
规范 6.1.4	规范 4.4.2.7 抗震缝条件
6.1.4 1）框架结构（包括设置少量抗震墙的框架结构）房屋的防震缝宽度，当高度不超过 15m 时不应小于 100mm；高度超过 15m 时，6 度、7 度、8 度和 9 度分别每增加高度 5m、4m、3m 和 2m，宜加宽 20mm； 2）框架—抗震墙结构房屋的防震缝宽度不应小于本款（1）项规定数值的 70%，抗震墙结构房屋的防震缝宽度不应小于本款 1）项规定数值的 50%；且均不宜小于 100mm； 3）防震缝两侧结构类型不同时，宜按需要较宽防震缝的结构类型和较低房屋高度确定缝宽	（1）应保护建筑不受来自邻近结构或同一建筑结构独立单元的地震碰撞的影响。 （2）在以下情况下，视为满足第（1）款的要求。 1）对于不属于同一地块的建筑或结构独立单元，若建筑红线到潜在碰撞点的距离不小于根据式（4.23）计算得出的相应楼层的建筑最大水平位移； 2）对于属于相同地块的建筑或结构独立单元，若它们之间的距离不小于根据式（4.23）计算得出的相应楼层的两栋建筑或单元的最大水平位移的平方和的平方根（SRSS）。 3）如正在进行设计的建筑或独立单元的室内地面标高与相邻建筑或单元的一致，那么上述提及的最小距离可乘以 0.7

中欧差异化对比分析结论及心得：

中国规范按照结构类型，直接给出防震缝的具体计算值，而欧洲规范需先确定相邻楼层的最大水平位移值，只要建筑与建筑之间的距离满足最大水平位移值的要求，则不会发生碰撞。由此可知，欧洲规范在建筑分缝布置之前需要先进行结构试算，结构计算在建筑布置之前。

12.8 地震反应谱及地震作用计算

对比内容：地震反应谱及地震作用计算	
中国《建筑抗震设计标准》GB/T 50011—2010（2024年版）	欧洲 EN 1998—1
5.1 一般规定 5.2 水平地震作用计算 5.3 竖向地震作用计算	3.2.2 地震作用的基本表现 4.3.3 分析方法
5.1.4 建筑结构的地震影响系数应根据烈度、场地类别、设计地震分组和结构自振周期以及阻尼比确定。计算罕遇地震作用时，特征周期应增加 0.05s。 **水平地震影响系数最大值** **表 5.1.4-1** （见下表） 注：括号中数值分别用于设计基本地震加速度为 0.15g 和 0.30g 的地区。	3.2.2.2 水平弹性反应谱 （1）对于地震作用的水平分量，弹性反应谱 $S_e(T)$ 由下列各式定义： $a_g \cdot S \cdot \left[1+\frac{T}{T_B}\cdot(\eta \cdot 2.5-1)\right]$；$0 \leqslant T \leqslant T_B$ $a_g \cdot S \cdot \eta \cdot 2.5$；$T_B < T < T_C$ $a_g \cdot S \cdot \eta \cdot 2.5\left[\frac{T_C}{T}\right]$；$T_C < T \leqslant T_D$ $a_g \cdot S \cdot \eta \cdot 2.5\left[\frac{T_C T_D}{T^2}\right]$；$T_D < T \leqslant 4S$ 式中：T——线性单自由度体系的振动周期； a_g——A 型场地的设计地震加速度。

地震影响	6 度	7 度	8 度	9 度
多遇地震	0.04	0.08（0.12）	0.16（0.24）	0.32
罕遇地震	0.28	0.50（0.72）	0.90（1.20）	1.40

续表

中国《建筑抗震设计标准》GB/T 50011—2010（2024年版）	欧洲 EN 1998—1

中国《建筑抗震设计标准》GB/T 50011—2010（2024年版）

特征周期值（s）　表 5.1.4-2

设计地震分组	场地类别				
	Ⅰ$_0$	Ⅰ$_1$	Ⅱ	Ⅲ	Ⅳ
第一组	0.20	0.25	0.35	0.45	0.65
第二组	0.25	0.30	0.40	0.55	0.75
第三组	0.30	0.35	0.45	0.65	0.90

5.1.5　建筑结构地震影响系数曲线（图 5.1.5）

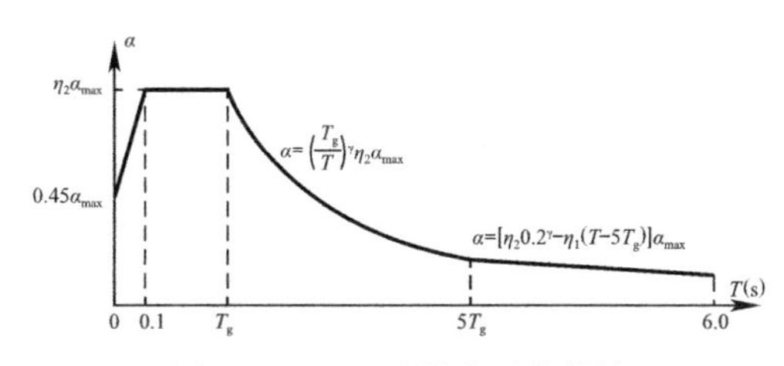

图 5.1.5　地震影响系数曲线

α——地震影响系数；

α_{max}——地震影响系数最大值；

η_1——直线下降段的下降斜率调整系数；

γ——衰减指数；

T_g——特征周期；

η_2——阻尼调整系数；

T——结构自振周期。

除专门规定外，建筑结构的阻尼比应取 0.05。

各形状参数	曲线下降段衰减指数 γ	直线下降段下降斜率调整系数 η_1	阻尼调整系数 η_2
阻尼比 $\zeta=0.05$	0.9	0.02	1.0
阻尼比 $\zeta\neq0.05$	$\gamma=0.9+\frac{0.05-\zeta}{0.3+6\zeta}$	$\eta_1=0.02+\frac{0.05-\zeta}{4+32\zeta}$	$\eta_2=1+\frac{0.05-\zeta}{0.08+1.6\zeta}$

式中：η_1 小于 0 时取 0，η_2 小于 0.55 时取 0.55。

5.2.1　采用底部剪力法时，各楼层可仅取一个自由度，结构的水平地震作用标准值，应按下列公式确定：

$$F_{Ek}=\alpha_1 G_{eq}$$

式中：α_1——相应于结构基本自振周期的水平地震影响系数值，应按本规范第 5.1.4 条、第 5.1.5 条确定；

F_{Ek}——结构总水平地震作用标准值；

G_{eq}——结构等效总重力荷载。

欧洲 EN 1998—1

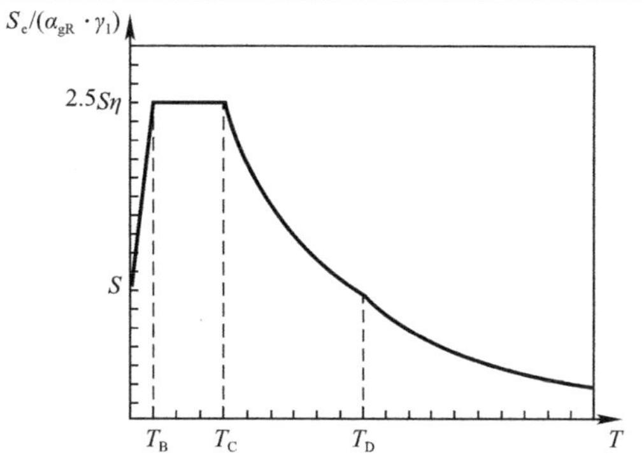

图 3.1　弹性反应谱形

（2）描述弹性反应谱形的周期 T_B、T_C 和 T_D 的值以及土壤系数 S 的值取决于场地类型。

注：1. 若未考虑深层地质学因素，建议选择使用 1 型和 2 型谱。若地震最易于引起以概率危险评估为目的而定义的地震危险，而且若此地震所具有的面波震级 M_S 不大于 5.5，则建议采用 2 型谱。对于 A 型、B 型、C 型、D 型和 E 型五种场地，其 1 型谱的参数 S、T_B、T_C 和 T_D 在表 3.2 中给出；2 型谱的上述参数在表 3.3 中给出。

描述建议的 1 型弹性反应谱的参数值　表 3.2

场地类型	S	T_B（s）	T_C（s）	T_D（s）
A	1.0	0.15	0.4	2.0
B	1.2	0.15	0.5	2.0
C	1.15	0.20	0.6	2.0
D	1.35	0.20	0.8	2.0
E	1.4	0.15	0.5	2.0

描述建议的 2 型弹性反应谱的参数值　表 3.3

场地类型	S	T_B（s）	T_C（s）	T_D（s）
A	1.0	0.05	0.25	1.2
B	1.35	0.05	0.25	1.2
C	1.5	0.10	0.25	1.2
D	1.8	0.10	0.30	1.2
E	1.6	0.05	0.25	1.2

（3）阻尼修正系数 η 的值可由下式得出：

$$\eta=\sqrt{10/(5+\xi)}\geqslant 0.55$$

式中：ξ——结构的黏滞阻尼比，以百分数表示。

3.2.2.3　垂直弹性反应谱

（1）对于地震作用的垂直分量，弹性反应谱 S_{ve}（T）由下列各式定义：

续表

中国《建筑抗震设计标准》GB/T 50011—2010（2024年版）	欧洲 EN 1998—1

5.2.2、5.2.3　采用振型分解反应谱法时：

不进行扭转耦联计算的结构，应按下列规定计算其地震作用和作用效应：

$$F_{ji}=\alpha_j\gamma_jX_{ji}G_i(i=1,2,\cdots,n,j=1,2,\cdots,m)$$

按扭转耦联振型分解法计算时，应按下列公式计算结构的地震作用和作用效应：

$$F_{xji}=\alpha_j\gamma_{tj}X_{ji}G_i$$

$$F_{yji}=\alpha_j\gamma_{tj}Y_{ji}G_i(i=1,2,\cdots,n,j=1,2,\cdots,m)$$

$$F_{tji}=\alpha_j\gamma_{tj}r_i^2\varphi_{ji}G_i$$

式中：α_j——相应于 j 振型自振周期的地震影响系数，应按本规范第5.1.4条、第5.1.5条确定。

5.3.1　9度时的高层建筑，其竖向地震作用标准值应按下列公式确定：

$$F_{Evk}=\alpha_{vmax}G_{eq}$$

式中：α_{vmax}——竖向地震影响系数的最大值，可取水平地震影响系数最大值的65%；

F_{Evk}——结构总竖向地震作用标准值；

G_{eq}——结构等效总重力荷载。

5.3.2　跨度、长度小于本规范第5.1.2条第5款规定且规则的平板型网架屋盖和跨度大于24m的屋架、屋盖横梁及托架的竖向地震作用标准值，宜取其重力荷载代表值和竖向地震作用系数的乘积；竖向地震作用系数可按表5.3.2采用。

竖向地震作用系数　表5.3.2

结构类型	烈度	场地类别		
		Ⅰ	Ⅱ	Ⅲ、Ⅳ
平板型网架、钢屋架	8	可不计算（0.10）	0.08（0.12）	0.10（0.15）
	9	0.15	0.15	0.20
钢筋混凝土屋架	8	0.10（0.15）	0.13（0.19）	0.13（0.19）
	9	0.20	0.25	0.25

注：括号中数值用于设计基本地震加速度为0.30g的地区。

5.3.4　大跨度空间结构的竖向地震作用，尚可按竖向振型分解反应谱法计算。其竖向地震影响系数可采用本规范第5.1.4条、第5.1.5条规定的水平地震影响系数的65%，但特征周期可均按设计第一组采用

注：非规范原文，系根据规范原文进行的归纳、总结

$$a_{vg}\cdot\left[1+\frac{T}{T_B}\cdot(\eta\cdot3.0-1)\right];\ 0\leqslant T\leqslant T_B$$

$$a_{vg}\cdot\eta\cdot3.0;\ T_B<T\leqslant T_C$$

$$a_{vg}\cdot\eta\cdot3.0\left[\frac{T_C}{T}\right];\ T_C<T\leqslant T_D$$

$$a_{vg}\cdot\eta\cdot3.0\left[\frac{T_CT_D}{T^2}\right];\ T_D<T\leqslant4S$$

注：对于A型、B型、C型、D型和E型五种场地，描述垂直谱的参数建议值在表3.4中给出。

描述垂直弹性反应谱的参数建议值

表3.4

谱	a_{vg}/a_g	T_B（s）	T_C（s）	T_D（s）
1型	0.90	0.05	0.15	1.0
2型	0.45	0.05	0.15	1.0

3.2.2.5　弹性分析设计谱

(3) 性能系数 q 是指当黏滞阻尼为5%并且反应的性质为完全弹性时，结构将会承受的地震作用与可能用于设计中的地震作用二者之间的近似比值。

(4) 对于地震作用水平分量，设计谱 $S_d(T)$ 应由下式定义：

$$a_g\cdot S\cdot\left[\frac{2}{3}+\frac{T}{T_B}\cdot\left(\frac{2.5}{q}-\frac{2}{3}\right)\right];\ 0\leqslant T\leqslant T_B$$

$$a_g\cdot S\cdot\frac{2.5}{q};\ T_B<T\leqslant T_C$$

$$\begin{cases}a_g\cdot S\cdot\dfrac{2.5}{q}\cdot\left[\dfrac{T_C}{T}\right];\ T_C<T\leqslant T_D\\ \geqslant\beta\cdot a_g\end{cases}$$

$$\begin{cases}a_g\cdot S\cdot\dfrac{2.5}{q}\cdot\left[\dfrac{T_CT_D}{T^2}\right];\ T_D<T\\ \geqslant\beta\cdot a_g\end{cases}$$

式中：β——水平设计谱的下限系数。

注：β 的建议值为0.2。

(5) 对于地震作用的垂直分量，其设计谱与(4)中表达式相同，并且垂直方向的设计地震加速度 a_{vg} 取代 a_g，S 取值为1.0，其他参数的定义均与本规范第3.2.2.3条中的定义一致。

4.3.3.2　侧向力分析法

4.3.3.2.2　基础剪力

(1) 应使用下列表达式确定建筑分析的各水平方向上的地震基础剪力 F_b：

$$F_b=S_d(T_1)\cdot m\cdot\lambda$$

式中：S_d（T_1）——周期 T_1 时的设计谱（见本规范第3.2.2.5条）纵坐标；

T_1——所考虑方向上侧向运动的建筑振动基本周期；

λ——修正系数

续表

中国《建筑抗震设计规范》GB 50011—2010	欧洲 EN 1998—1
	4.3.3.2.3　水平地震作用分布 （2）应通过向两个平面模型的所有楼层施加水平力来确定地震作用效应。 $$F_i = F_b \cdot \frac{s_i \cdot m_i}{\sum s_j \cdot m_j}$$

中欧差异化对比分析结论及心得：

（1）整体而言，对于地震作用的水平分量，中欧规范均以地震反应谱的形式给出计算依据（其中，中国规范以“地震影响系数”的形式，欧洲规范以加速度比值的形式），且二者趋势及走向相近，均由直线上升段、水平段及两段下降段组成；而对于地震作用的垂直分量，欧洲规范同样给出了垂直地震作用的弹性反应谱，而中国规范选择直接采用地震影响系数最大值，即全周期相同系数的方式对竖向地震的计算进行简化。

（2）中欧规范中的水平地震反应谱中，①周期范围不同，中国规范涉及 0～6s 周期范围，欧洲规范仅涉及 0～4s 范围；而自振周期超过各自范围内的结构水平地震作用效应则分别需要单独进行弹性反应谱的研究。②中欧规范的阻尼调整系数与衰减系数的取值公式有所不同，但在大部分建筑结构中，默认阻尼比取值为 0.05 时阻尼调整系数均为 1.0；衰减系数的默认取值则有差异，中国规范为 0.9，而欧洲规范在长周期下降段为 1.0 或更大，因此在反应谱水平段后的下降段，欧洲规范的加速度曲线下降较中国规范快。③水平段取值，欧洲规范平台值较中国规范略高，由于前述下降段衰减系数的差异，在较长周期范围，欧洲规范的取值迅速下降并低于中国规范的取值。

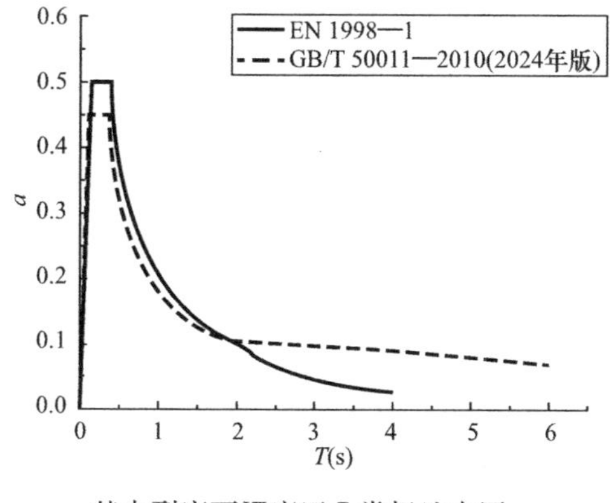

基本烈度下Ⅷ度区Ⅰ类场地中国、欧洲规范的反应谱对比

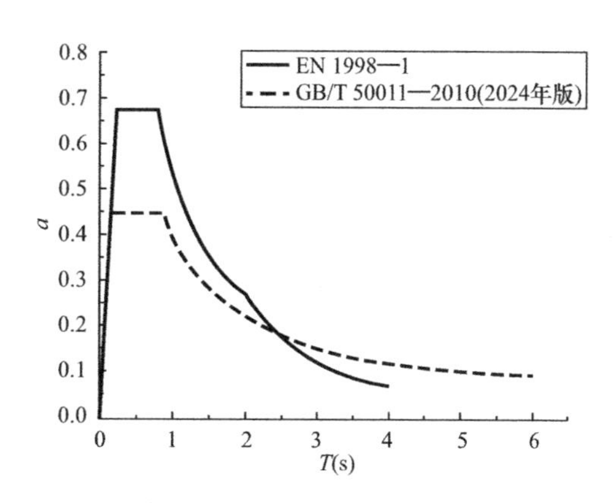

基本烈度下Ⅷ度区Ⅳ类场地中国、欧洲规范的反应谱对比

（3）对于竖向地震作用，中国规范［此处仅讨论《建筑抗震设计标准》GB/T 50011—2010（2024 年版）］在 8 度及以上设防区域需要将其纳入考虑，并且直接取 0.65 倍水平地震影响系数最大值作为整体计算依据，屋架、网架等构造的计算系数则适当放大；而欧洲规范与水平地震作用同样给出弹性反应谱，其中垂直反应谱无须考虑土壤系数 S（与场地类别相关），各段系数也与水平地震作用有所差异，当面波震级不大于 5.5 时，

可以仅考虑水平地震作用的约一半大小（a_{vg}/a_g 取 0.45）。

（4）欧洲规范除给出地震作用的水平分量及垂直分量的弹性反应谱外，还给出了弹性分析设计谱，便于设计师在实际计算建筑结构地震作用时考虑性能系数的影响。在同一结构中，不同方向上的性能系数取值可能有所差异，因此欧洲规范对于地震作用的考量更为全面准确，但计算相对更复杂。关于性能系数对于欧洲规范弹性反应谱的影响，相关资料与研究较少。

第 3 部分　给水排水设计

13　同一时间内的火灾起数

本节主要为中英规范中关于仓库和民用建筑同一时间内火灾起数的确定。本节参考规范及标准为：中国《消防给水及消火栓系统技术规范》GB 50974—2014，英国《建筑设计、管理和使用中的消防安全　业务守则》BS 9999—2017、《住宅建筑设计、管理和使用中的消防安全　业务守则》BS 9991—2015。

对比内容：同一时间内的火灾起数	
中国《消防给水及消火栓系统技术规范》GB 50974—2014	英国
3.1.1　工厂、仓库、堆场、储罐区或民用建筑的室外消防用水量，应按同一时间内的火灾起数和一起火灾灭火所需室外消防用水量确定。同一时间内的火灾起数应符合下列规定： 1　工厂、堆场和储罐区等，当占地面积小于或等于 100hm²，且附有居住区人数小于或等于 1.5 万人时，同一时间内的火灾起数应按 1 起确定；当占地面积小于或等于 100hm²，且附有居住区人数大于 1.5 万人时，同一时间内的火灾起数应按 2 起确定，居住区应计 1 起，工厂、堆场或储罐区应计 1 起。 2　工厂、堆场和储罐区等，当占地面积大于 100hm²，同一时间内的火灾起数应按 2 起确定，工厂、堆场和储罐区应按需水量最大的两座建筑（或堆场、储罐）各计 1 起。 3　仓库和民用建筑同一时间内的火灾起数应按 1 起确定	《建筑设计、管理和使用中的消防安全　业务守则》BS 9999—2017 0.1　一般原则 该英国标准中的建议和指导基于这样的假设：在正常情况下（即纵火的情况除外），建筑物中两个不同地方不太可能发生。 《住宅建筑设计、管理和使用中的消防安全　业务守则》BS 9991—2015 0.1　一般原则 该英国标准所给出的建议和指导是基于这样一个假设：在正常情况下（即纵火的情况除外），火灾不大可能在建筑物内两个不同的地方发生

中英差异化对比分析结论及心得：

差异化对比分析：中国规范，消防灭火系统在设计时，仓库和民用建筑同一时间内的火灾起数应按 1 起确定；工厂、堆场和储罐区等，根据项目的占地面积以及附有居住区的人数，按 1～2 起火灾确定。英国规范，建筑的火灾均按 1 起火灾考虑。

差异化对比心得：对于建筑同一时间内的火灾起数，中英规范是一致的，均按 1 起考虑。

14　消防水灭火设施对建筑专业防火设计的影响

本节主要为中英规范中消防水灭火设施对建筑专业防火设计的影响，包括消防供水设施对消防车道设置的影响、自动喷水灭火系统对防火分区划分的影响、自动喷淋系统对建筑疏散楼梯的影响、自动喷水灭火系统对建筑安全疏散距离的影响、防火玻璃与喷淋保护、管道穿越防火墙及楼板的防火措施、关于消防电梯的防排水等。本节参考规范及标准为：中国《建筑设计防火规范》GB 50016—2014（2018 年版）、《消防给水及消火栓系统技术规范》GB 50974—2014、《自动喷水灭火系统施工及验收规范》GB 50261—2017，英国《建筑设计、管理和使用中的消防安全　业务守则》BS 9999—2017、《住宅建筑设计、管理和使用中的消防安全　业务守则》BS 9991—2015、《固定消防系统　自动喷水灭火系统　设计、安装和维护》BS EN 12845—2015：2019（以下简称 BS EN 12845）。

14.1 消防供水设施对消防车道设置的影响

对比内容：消防供水设施对消防车道设置的影响

中国

《建筑设计防火规范》GB 50016—2014（2018 年版）

7.1.7 供消防车取水的天然水源和消防水池应设置消防车道。消防车道的边缘距离取水点不宜大于 2m。

《消防给水及消火栓系统技术规范》GB 50974—2014

5.4.7 水泵接合器应设在室外便于消防车使用的地点，且距室外消火栓或消防水池的距离不宜小于 15m，并不宜大于 40m。

7.2.6 市政消火栓应布置在消防车易于接近的人行道和绿地等地点，且不应妨碍交通，并应符合下列规定：

1 市政消火栓距路边不宜小于 0.5m，并不应大于 2.0m

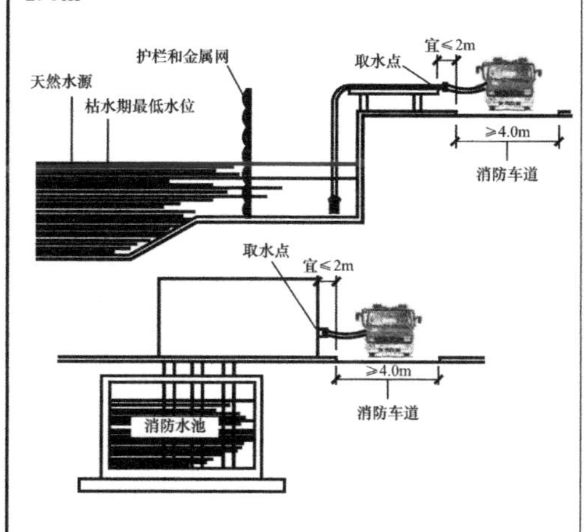

消防车道基本尺寸要求

名称	要求
净宽度	应≥4.0m
净空高度	应≥4.0m
坡度	宜≤8%

消防车道转弯半径参考

消防车类别	转弯半径(m)
普通消防车	9
登高车	12
特种车	16~20

图示（中国）

英国

《建筑设计、管理和使用中的消防安全 业务守则》BS 9999—2017

21.4 装有消防总管的建筑物

如果建筑安装了干式消防干管，则应在每个消防干管入口连接点的 18m 范围内（通常在建筑表面）提供泵送设备的通道，并且应从设备上可以看到入口。

对于装有湿式消防干管的多层建筑，泵送设备通道通常应为：

(1) 在通往干管的适当入口 18m 范围内，且在视线范围内。

(2) 在主吸入罐紧急补充入口的视野内。

对于装有湿式消防干管的单层建筑，应在每个足够数量的出口阀的 45m 范围内提供消防设备通道，以确保建筑内的任何点与出口阀的距离均不超过 60m（沿适合铺设软管的路线测量）。通行道路的位置通常应允许泵送装置位于任何入口点 18m 范围内，并且可以看到入口点

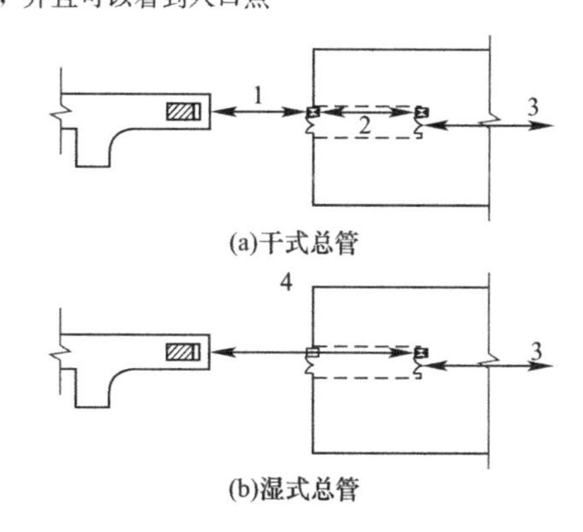

(a)干式总管

(b)湿式总管

图例

1 从消防车到干式总管入口阀的距离不大于 18m

2 从总管入口阀到总管出口阀的距离不大于 27mm

3 消防水龙带铺设路线不大于 45m（未设置自动喷淋），或不大于 60m（设有自动喷淋）

4 消防车至湿式总管道出口阀的距离不大于 45m

∑ 防火门

___ 防火墙

图示（英国）

中英差异化对比分析结论及心得：

差异化对比分析：英国规范，对于安装有干式消防总管（类似中国规范室内消火栓系统）的建筑，消防通道应能使消防泵送设备（消防车）到达距每个消防干管接口连接点的 18m 范围内，且干管在视线范围内；中国规范，除设有供消防车取水的天然水源和消防水池的情况外，消防车道的设置不受消防灭火水系统的限制。

差异化对比心得：关于消防车道的设置，英国规范需多专业（建筑、消防水、防排烟等）协调布置，相互制约；而中国规范建筑专业先行，其余专业需在建筑总图消防车道布

置的基础上，进行系统设计，除设有供消防车取水的天然水源和消防水池的情况外，建筑专业的消防车道布置不受消防水或防排烟系统的限制。

14.2 自动喷水灭火系统对防火分区划分的影响

对比内容：自动喷水灭火系统对防火分区划分的影响

中国

《建筑设计防火规范》GB 50016—2014（2018年版）

5.3 防火分区和层数

5.3.1 除本规范另有规定外，不同耐火等级建筑的允许建筑高度或层数、防火分区最大允许建筑面积应符合表5.3.1的规定。

不同耐火等级建筑的允许建筑高度或层数、防火分区最大允许建筑面积

表5.3.1

名称	耐火等级	允许建筑高度或层数	防火分区的最大允许建筑面积（m^2）	备注
高层民用建筑	一、二级	按本规范第5.1.1条确定	1500	对于体育馆、剧场的观众厅，防火分区的最大允许建筑面积可适当增加
单、多层民用建筑	一、二级	按本规范第5.1.1条确定	2500	
	三级	5层	1200	
	四级	2层	600	
地下或半地下建筑（室）	一级	—	500	设备用房的防火分区最大允许建筑面积不应大于1000m^2

注：表中规定的防火分区最大允许建筑面积，当建筑内设置自动灭火系统时，可按本表的规定增加1.0倍；局部设置时，防火分区的增加面积可按该局部面积的1.0倍计算。

英国

《建筑设计、管理和使用中的消防安全　业务守则》BS 9999—2017

6.5 风险划项的变化

自动喷水灭火系统可以在建筑隔间内提供一种有效的消防控制手段。这样的设置限制了火势增长，防止了火势蔓延，限制了热量和烟雾的产生，并且能够扑灭火灾。这意味着如果安装喷水灭火系统，火灾增长率可以在表4中降低一级。如果建筑物的一部分只有洒水覆盖，则风险划项的降低应仅适用于洒水房间。与洒水房间相关联的走廊和连接空间也应有洒水覆盖，或用防火建筑与洒水房间隔开。

31.2 防火分区面积

防火分区面积不应超过表28中针对适当风险划项给出的最大尺寸。

注：可以通过改变安装有喷头或水雾系统的建筑物或隔间的风险简介来增加防火分区的面积（见本规范第6.5节）。

防火分区最大尺寸　　表28

风险预测	单层	多层	
	最大楼面面积（m^2）	顶层高度（m）	任何楼层的最大面积（m^2）
A1	无限制	无限制	无限制
A2	无限制	<30	无限制
		≥30	4000
A3	无限制	<18	14000
		18~30	4000
		≥30	不适用
A4	不适用	不适用	不适用
B1	无限制	无限制	无限制
B2	无限制	<18	8000
		无限制	4000
B3	2000	<30	2000
		≥30	不适用
B4	不适用A)	不适用	不适用
C1	无限制	无限制	无限制
C2	无限制	无限制	无限制
C3B)	无限制	不适用	不适用
C4A)	不适用	不适用	不适用

A）这些类别不属于本标准的范围（见表4）。

B）风险预测C3在许多情况下是不可接受的，除非采取特别预防措施（见表4）。

中英差异化对比分析结论及心得：

差异化对比分析：关于防火分区最大允许建筑面积，英国规范及中国规范均有类似规定，即当建筑内设置自动灭火系统时，防火分区最大允许建筑面积可适当增加。中国规范：当建筑内设置自动灭火系统时，可按表5.3.1的规定增加1.0倍；局部设置时，防火分区的增加面积可按该局部面积的1.0倍计算。英国规范：当建筑内设置自动灭火系统时，建筑的火灾风险划项可降低一级（防火分区最大允许建筑面积与风险划项有关）。

差异化对比心得：自动喷水灭火系统是全球公认的安全且可靠的灭火系统，喷淋限制火势增长，防止火势蔓延，限制了热量和烟雾的产生，并且能够及时扑灭火灾。设置防火分区就意味着采用防火墙、防火门窗等实物对建筑空间进行分隔，从而将火势限定在分区范围内。它强调的是对“火势发展范围”的控制，因此是一种静态的、被动的火灾控制手段，防火分区同时还隐藏着另一层含义，即无须对空间进行实体分隔，而是通过设置高密度、快速反应的水喷淋装置，建筑材料的不燃化及可燃界面的非连续化等措施将火势限定在更小的范围内。它突出的是对“着火源”的控制，是一种动态的、积极的防火手段，也是一种动态的防火分区，它可将火势控制在一定的保护范围之内。而自动喷水灭火系统的作用面积是动态防火分区面积指标，是直接针对火源的有效的防火分区，其控火面积即动态的防火分区面积与传统的静态的防火分区面积相比要小得多（喷淋的作用面积一般仅为160m^2）。因此，考虑主动防火与被动防火之间的平衡，当建筑内设置自动灭火系统时，防火分区最大允许建筑面积可适当增加。尤其是体育场馆、影剧院以及展览厅等建筑，由于功能需要往往要求较大的面积和较高的空间，对于建筑防火设计应综合考虑，设计不能单纯考虑静态的防火分区。因此，在不降低这类建筑消防安全水平的前提下，可采取设置自动喷水灭火系统等措施，适当扩大防火分区建筑面积，以满足建筑功能需求。

14.3 自动喷淋系统对建筑疏散楼梯的影响

对比内容：自动喷淋系统对建筑疏散楼梯的影响	
中国	英国
《建筑设计防火规范》GB 50016—2014（2018年版）无	《建筑设计、管理和使用中的消防安全　业务守则》BS 9999—2017 17.3.2　楼梯折扣 如果设有两个或两个以上的楼梯，则应假定其中一个可能因火灾或烟雾而无法使用。因此，在确定所有楼梯的总容量时，每一个楼梯应依次折扣，以确保其余楼梯的容量足以应付需要逃生的人数，除非： （1）每一层的逃生楼梯都是通过一个受保护的大堂进入的。 （2）楼梯由根据BS EN 12101—6—2005设计的防烟系统保护。 （3）这座建筑物装有喷水灭火系统

中英差异化对比分析结论及心得：

差异化对比分析：英国规范中规定如果建筑设置自动喷水灭火系统，在计算疏散人数时可以不对楼梯进行折扣（如果设有两个或两个以上的楼梯，则应假定其中一个可能因火灾或烟雾而无法使用），中国规范则无此规定。

差异化对比心得：英国规范认为安装了自动喷淋系统，火灾时可为人员疏散通道提供安全保障。

14.4 自动喷水灭火系统对建筑安全疏散距离的影响

对比内容：自动喷水灭火系统对建筑安全疏散距离的影响

中国

《建筑设计防火规范》GB 50016—2014（2018 年版）

5.5.17 公共建筑的安全疏散距离应符合下列规定：

1 直通疏散走道的房间疏散门至最近安全出口的直线距离不应大于表 5.5.17 的规定。

注：3. 建筑物内全部设置自动喷水灭火系统时，其安全疏散距离可按本表的规定增加 25%。

4 一、二级耐火等级建筑内疏散门或安全出口不少于 2 个的观众厅、展览厅、多功能厅、餐厅、营业厅等，其室内任一点至最近疏散门或安全出口的直线距离不应大于 30m；当疏散门不能直通室外地面或疏散楼梯间时，应采用长度不大于 10m 的疏散走道通至最近的安全出口。当该场所设置自动喷水灭火系统时，室内任一点至最近安全出口的安全疏散距离可分别增加 25%。

《汽车库、修车库、停车场设计防火规范》GB 50067—2014

6.0.6 汽车库室内任一点至最近人员安全出口的疏散距离不应大于 45m，当设置自动灭火系统时，其距离不应大于 60m。对于单层或设置在建筑首层的汽车库，室内任一点至室外最近出口的疏散距离不应大于 60m。

房间内任一点到疏散门的最大直线距离（*L*）

名称			一、二级	三级	四级
托儿所、幼儿园 老年人照料设施			20	15	10
歌舞娱乐放映游艺场所			9	—	—
医疗建筑	单、多层		20	15	10
	高层	病房部分	12	—	—
		其他部分	15	—	—
教学建筑	单、多层		22	20	10
	高层		15	—	—
高层旅馆、展览建筑			15	—	—
其他建筑	单、多层		22	20	15
	高层		20	—	—

英国

《建筑设计、管理和使用中的消防安全　业务守则》BS 9999—2017

16.4 疏散距离

疏散距离一般不应超过表 11 中针对适当风险特征给出的数值；但是如果提供了额外的防火措施，则可能会增加行驶距离，但需受某些限制（见本规范第 18 条）。

注：1. 本条款中建议的疏散距离是基于安全行驶到出口的可用时间（见本规范第 11 条）。

2. 这些距离是根据风险特征（见本规范第 6 条）确定的，同时考虑到以下问题。

(1) 对于火灾增长率较高或居住者对建筑物不熟悉的地方，距离需要较短。

(2) 如果提供了额外的防火措施（见本规范第 18 条），距离可能会更长。

(3) 一个逃跑的人可能不会直接走到他们的楼层出口。

(4) 移动速度可以根据占用特性而有很大的变化。

(5) 移动前的时间可以根据房间的大小、入住特性和管理规定而变化。

3. 在混合用途建筑物中，或在具有附属设施（如厂房）的建筑物中，表 11 中的数值分别适用于每种风险特征。但是，如果受下限限制的人员所依赖的路线是通过一个区域的，在该区域对主要用途进行了风险评估，从而导致更大的限制，则下限仍然适用于这些人员的整个逃生路线。

最小防火措施时的最大疏散距离[A)]　表 11

风险特征	行程距离，单位：米（m）			
	双向疏散[B)]		单项疏散	
	直线距离	实际路线	直线距离	实际路线
A1	44	65	17	26
A2	37	55	15	22
A3	30	45	12	18
A4[C)]	不适用[C)]	不适用[C)]	不适用[C)]	不适用[C)]
B1	40	60	16	24
B2	33	50	13	20
B3	27	40	11	16
B4[C)]	不适用[C)]	不适用[C)]	不适用[C)]	不适用[C)]
C1	18	27	9	13
C2	12	18	6	9
C3[C)]	9	14	5	7
C4[C)]	不适用[C)]	不适用[C)]	不适用[C)]	不适用[C)]

续表

中国	英国
	注：1. 直接距离适用于布局未知的情况，实际行程适用于已知的情况。 2. 如处所设有含酒精饮品的设施，则该场所的这些特定部分，疏散距离需减少 25%。 A）这是提供最低防火措施时允许的最大疏散距离（见第 15 条）。例如，根据表 11，对于已知内部布局的 A2 类风险，单程行驶的最大长度为 22m。通过安装喷头，该风险被改为 A1，因此单程行驶的最大长度增加到 26m。如果提供了额外的防火措施，则可以增加疏散距离（见第 18 条）。 B）旅馆的双向旅行距离限制是从卧室/套房的入口开始测量的，而不是从卧室/套房最偏远的部分开始测量的。 C）见表 4。

中英差异化对比分析结论及心得：

考虑到设置自动喷水灭火系统的建筑，其防火安全性能有所提高，两种标准对这些建筑或场所内的疏散距离都作了适当放宽调整。

14.5　防火玻璃与喷淋保护

<table>
<tr><td colspan="2">对比内容：防火玻璃与喷淋保护</td></tr>
<tr><td>中国</td><td>英国</td></tr>
<tr><td>《建筑设计防火规范》GB 50016—2014（2018 年版）
5.3.2
1　与周围连通空间应进行防火分隔：采用防火隔墙时，其耐火极限不应低于 1.00h；采用防火玻璃墙时，其耐火隔热性和耐火完整性不应低于 1.00h。采用耐火完整性不低于 1.00h 的非隔热性防火玻璃墙时，应设置自动喷水灭火系统进行保护；采用防火卷帘时，其耐火极限不应低于 3.00h，并应符合本规范第 6.5.3 条的规定；与中庭相连通的门、窗，应采用火灾时能自行关闭的甲级防火门、窗
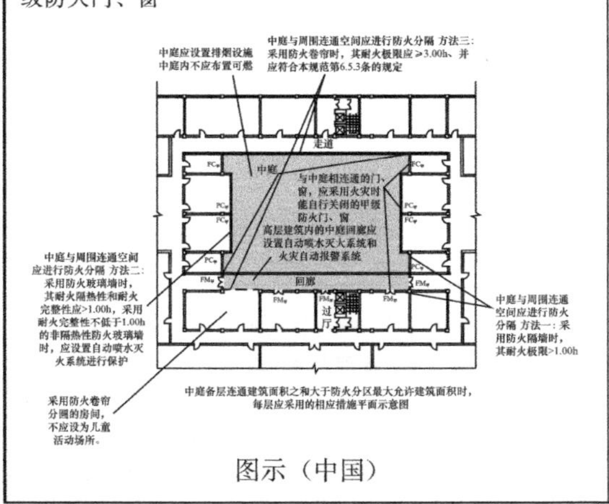

图示（中国）</td><td>《建筑设计、管理和使用中的消防安全　业务守则》BS 9999—2017
30.3　玻璃和喷头的作用
如果喷水装置与玻璃组件一起提供，以作为组合式防火墙系统，则应满足以下条件。
（1）整个系统应设计为一个整体式喷水玻璃系统，该系统应按照适用于此类喷水玻璃布置的制造商具体数据表进行安装。
制造商数据表中未明确说明的喷水灭火系统设计的供水和其他特征应符合 BS EN 12845（新系统）或《建筑物灭火装置和设备　自动喷水灭火系统》BS 5306—2—1990（现有系统）的要求。
（2）自动喷水灭火系统应具有在整个防火期内输送所需水量的证明能力。
（3）或者：
1）玻璃系统应至少分类为非绝缘耐火性能，使用耐火玻璃类型，在火灾条件下对水冲击破坏不敏感；
2）如果未对非绝缘耐火性能进行分类，当启动时，喷水装置阵列应能够在任何潜在火灾暴露的整个期间湿润组件的整个玻璃表面，在占用建筑物期间，无因横梁和竖框或其他障碍物引起的干点风险</td></tr>
</table>

中英差异化对比分析结论及心得：

差异化对比分析结论：当采用防火玻璃作为防火分隔物时，如采用非隔热耐火玻璃的防火玻璃，中英规范中均有关于提供喷水保护的规定。

差异化对比心得：考虑到建筑内部形态多样，尤其是中庭，考虑建筑功能需求，并且保证防火安全，防火玻璃墙的使用越来越多，但隔热和耐火均完整的防火玻璃造价较高，采用非隔热耐火的防火玻璃＋自动喷水灭火系统保护，可以平衡造价和防火安全问题。

14.6 管道穿越防火墙及楼板的防火措施

对比内容：管道穿越防火墙及楼板的防火措施

中国

《建筑设计防火规范》GB 50016—2014（2018 年版）

6.1.6 除本规范第 6.1.5 条规定外的其他管道不宜穿过防火墙，确需穿过时，应采用防火封堵材料将墙与管道之间的空隙紧密填实，穿过防火墙处的管道保温材料，应采用不燃材料；当管道为难燃及可燃材料时，应在防火墙两侧的管道上采取防火措施。

6.2.9 建筑内的电梯井等竖井应符合下列规定：

3 建筑内的电缆井、管道井应在每层楼板处采用不低于楼板耐火极限的不燃材料或防火封堵材料封堵。

6.3.5 防烟、排烟、供暖、通风和空气调节系统中的管道及建筑内的其他管道，在穿越防火隔墙、楼板和防火墙处的孔隙应采用防火封堵材料封堵。

6.3.6 建筑内受高温或火焰作用易变形的管道，在贯穿楼板部位和穿越防火隔墙的两侧宜采取阻火措施。

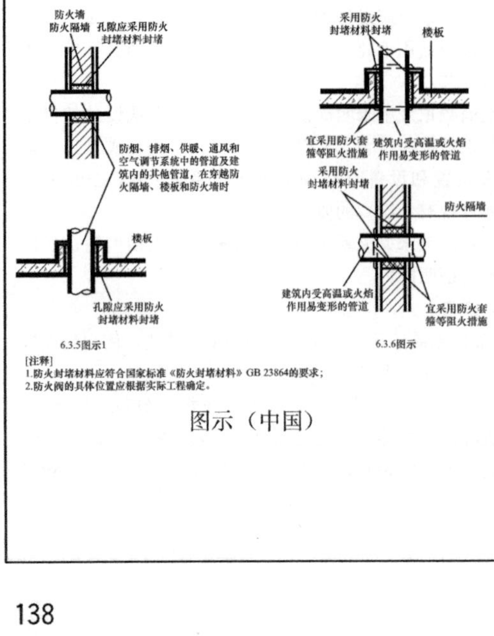

6.3.5图示1

6.3.6图示

[注释]
1.防火封堵材料应符合国家标准《防火封堵材料》GB 23864的要求；
2.防火阀的具体位置应根据实际工程确定。

图示（中国）

英国

《建筑设计、管理和使用中的消防安全 业务守则》BS 9999—2017

32.5.14 管道开口的保护

穿过隔室墙或隔室地板（除非管道位于受保护的竖井内）或穿过空腔屏障的管道应为：

(1) 对于任何直径的管道，应配备专用密封件，该密封件已根据《建筑材料和建筑构件耐火测试》BS 476—20 进行了测试，并通过测试证明能够保持墙壁、地板或空腔屏障的耐火性；

(2) 对于直径受限的管道，在管道周围设置阻火装置（见本规范第 32.6 条），使开口尽可能小。管道的标称内径不应超过表 31 中给出的相关尺寸。表 31 中给出的用于情况 2）的材料 b）管道的直径假设管道是地上排水系统的一部分，并如图 34 所示封闭。如果不是，应使用情况 3）中给出的较小直径

穿过隔墙/地板的管道的最大公称内径尺寸（mm）　　表 31

情况	最大公称内径		
	a）不可燃材料A)	b）铝、铅、铅合金、PVCB)、纤维水泥	c）其他材料
1）围绕一个不属于楼梯或电梯井的受保护竖井的结构（但不是分隔建筑物的墙）	160	110	40
2）公寓的隔间墙或隔间地板	160	160（主管）C) 110（支管）C)	40
3）任何其他情况	160	40	40

注：A）一种不可燃材料（如铸铁或钢），如果暴露在 800℃ 的温度下，不会软化或破裂到火焰或热气穿过管道壁的程度。

B）符合 BS 4514 的 UPVC 管和符合 BS 5255 的 UPVC 管。

C）这些直径仅与构成地上排水系统的一部分的管道有关，并如图 34 所示封闭。在其他情况下，适用情况 3）的最大直径。

续表

中国	英国
	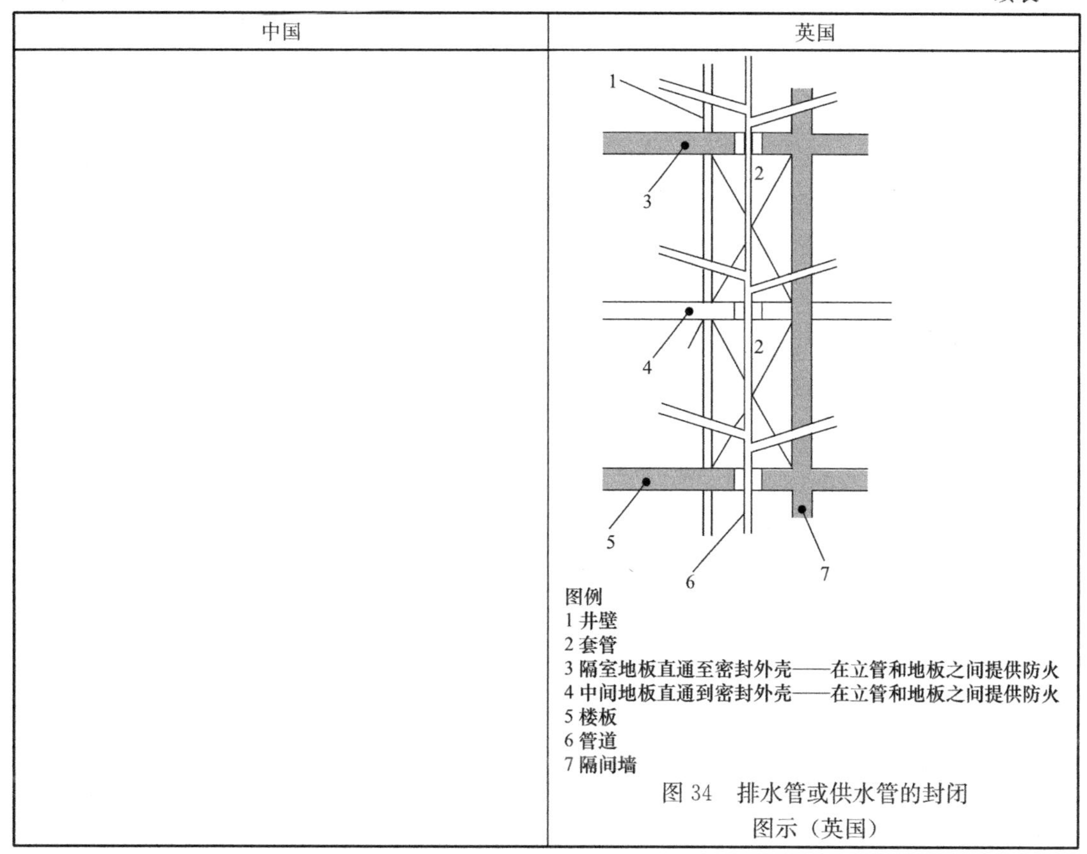 图例 1 井壁 2 套管 3 隔室地板直通至密封外壳——在立管和地板之间提供防火 4 中间地板直通到密封外壳——在立管和地板之间提供防火 5 楼板 6 管道 7 隔间墙 图 34　排水管或供水管的封闭图示（英国）

中英差异化对比分析结论及心得：

差异化对比分析：中国规范和英国规范均对管道穿越墙体和楼板的防火措施有明确规定（如防火封堵），不同点在于英国规范对穿越管道的管径也有限制要求，如采用专用的密封件，管径可不受限制。

差异化对比心得：为保证防火分区的防火安全，需要防止建筑物内的高温烟气和火势穿过防火墙上的开口和孔隙等蔓延扩散；另外，不同管材在火灾情况下表现不同，如塑料管遇高温或火焰易收缩变形或烧蚀，就需要对管道提供阻火保护，如设置阻火圈或者设置在具有耐火性能的管道井内等，以防止火势和烟气穿过防火分隔体。

14.7　消防电梯的排水

对比内容：消防电梯的排水	
中国	英国
《建筑设计防火规范》GB 50016—2014（2018 年版） 7.3.7　消防电梯的井底应设置排水设施，排水井的容量不应小于 $2m^3$，排水泵的排水量不应小于 10L/s。消防电梯间前室的门口宜设置挡水设施。	《建筑设计、管理和使用中的消防安全　业务守则》BS 9999—2017 20.4.5　消防电梯井的防水 为了最大限度地减少水渗透的影响，消防人员提升井内和电气设备应按照《电梯制造与安装安全规范　第 72 部分：消防电梯》BS EN 81—72—2004 进行防水保护。 有许多方法可以避免或最大限度地减少水的渗入，所选

续表

<table>
<tr><th>中国</th><th>英国</th></tr>
<tr><td>
《消防给水及消火栓系统技术规范》GB 50974—2014
9.2.1　下列建筑物和场所应采取消防排水措施：
1　消防水泵房；
2　设有消防给水系统的地下室；
3　消防电梯的井底；
4　仓库。
9.2.3　消防电梯的井底排水设施应符合下列规定：
1　排水泵集水井的有效容量不应小于 2.00m³；
2　排水泵的排水量不应小于 10L/s。
9.2.4　室内消防排水设施应采取防止倒灌的技术措施
消防电梯井　消防电梯井
机械排水　排水管
[注释]排水井容量应≥2m³，排水泵的排水量应≥10L/s。
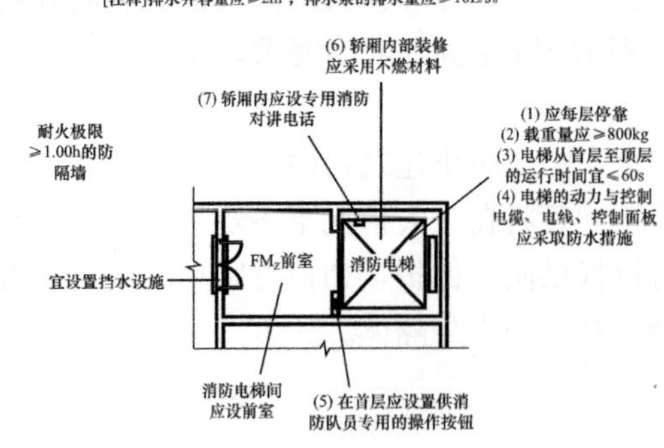

图示（中国）
</td><td>
择的方法应该适合建筑物。
注：1. 合适的方法包括提供排水通道和排水管，和/或将电梯层地板铺设成台阶，以便进入大厅的水不会进入电梯井，而是从楼梯和/或进入排烟井和/或建筑物外部的滴水孔或排水口（见本规范附件 N）。
安装在消防大堂内的任何洒水装置，其位置应使其不会淋湿升降机的层门或控制装置。
2.《建筑物非自动灭火系统的实施规程》BS 9990—2015 中建议的消防干管最小流量为 1500L/min，并假设其代表了其他来源的可能流量
图N.1电梯入口的升高门槛
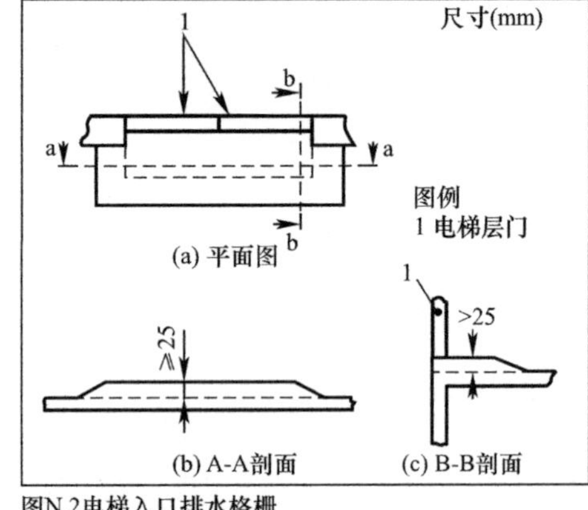

图N.2电梯入口排水格栅
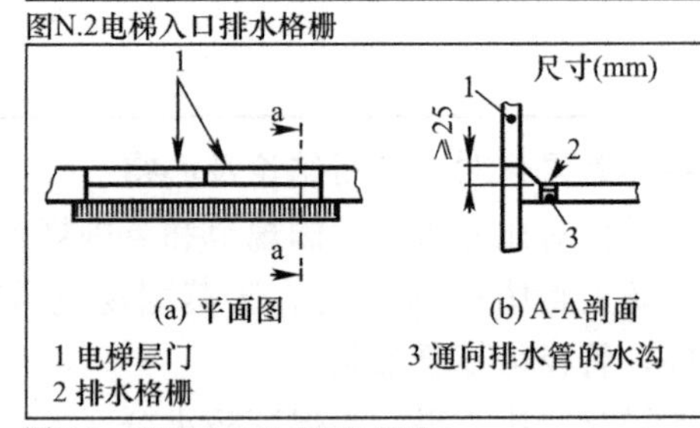

图N.3　电梯入口地板向外找坡
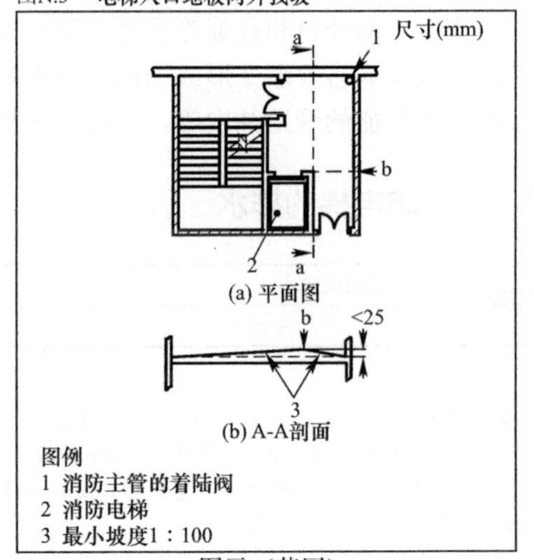

图示（英国）
</td></tr>
</table>

中英差异化对比分析结论及心得：

差异化对比分析：英国规范对于消防电梯井的防水主要是在电梯门口设置挡水措施（挡水反坎或设置排水沟），且要求电梯井内的自动喷淋喷水时不会淋湿电梯门或控制装置；中国规范对于电梯井的主要防水措施为井底排水（设置集水坑、动力提升排水，且对集水坑的容积和提升泵流量有明确规定），并建议消防电梯间前室的门口设置挡水设施（实际工程中很少设置）。

差异化对比心得：英国规范对于消防电梯井的防水以主动防水为主，中国规范则以被动防水为主。建筑内发生火灾后，一旦自动喷水灭火系统动作或消防队进入建筑动用消火栓展开灭火行动，均会有大量水在楼层上积聚、流散。因此，要确保消防电梯在灭火过程中能保持可靠、正常运行，消防电梯井内外要考虑设置可靠的排水设施。

15 消防软管卷盘系统

本节主要为中英规范中有关消防软管卷盘系统在设计上的对比，包括消防软管卷盘设置场所、消防软管卷盘及管道布置、消防软管卷盘系统供水流量和压力等。本节参考规范及标准为：中国《建筑设计防火规范》GB 50016—2014（2018 年版）、《消防给水及消火栓系统技术规范》GB 50974—2014，英国《建筑设计、管理和使用中的消防安全 业务守则》BS 9999—2017、《住宅建筑设计、管理和使用中的消防安全 业务守则》BS 9991—2015、《建筑物灭火装置和设备的操作规程 第 1 部分：软管卷盘和泡沫入口》BS 5306—1—2006（以下简称 BS 5306—1）。

15.1 消防软管卷盘设置场所

对比内容：消防软管卷盘设置场所	
中国	英国
《建筑设计防火规范》GB 50016—2014（2018 年版） 8.2.2 本规范第 8.2.1 条未规定的建筑或场所和符合本规范第 8.2.1 条规定的下列建筑或场所，可不设置室内消火栓系统，但宜设置消防软管卷盘或轻便消防水龙： 1 耐火等级为一、二级且可燃物较少的单、多层丁、戊类厂房（仓库）。 2 耐火等级为三、四级且建筑体积不大于 $3000m^3$ 的丁类厂房；耐火等级为三、四级且建筑体积不大于 $5000m^3$ 的戊类厂房（仓库）。 3 粮食仓库、金库、远离城镇且无人值班的独立建筑。 4 存有与水接触能引起燃烧爆炸的物品的建筑。 5 室内无生产、生活给水管道，室外消防用水取自储水池且建筑体积不大于 $5000m^3$ 的其他建筑。	《建筑设计、管理和使用中的消防安全 业务守则》BS 9999—2017 10.4.5 急救消防 消防卷盘应安装在火灾风险评估显示有必要的地方。安装位置应符合 BS 5306—1 和《固定式灭火系统 软管系统》BS EN 671—2012 的规定

续表

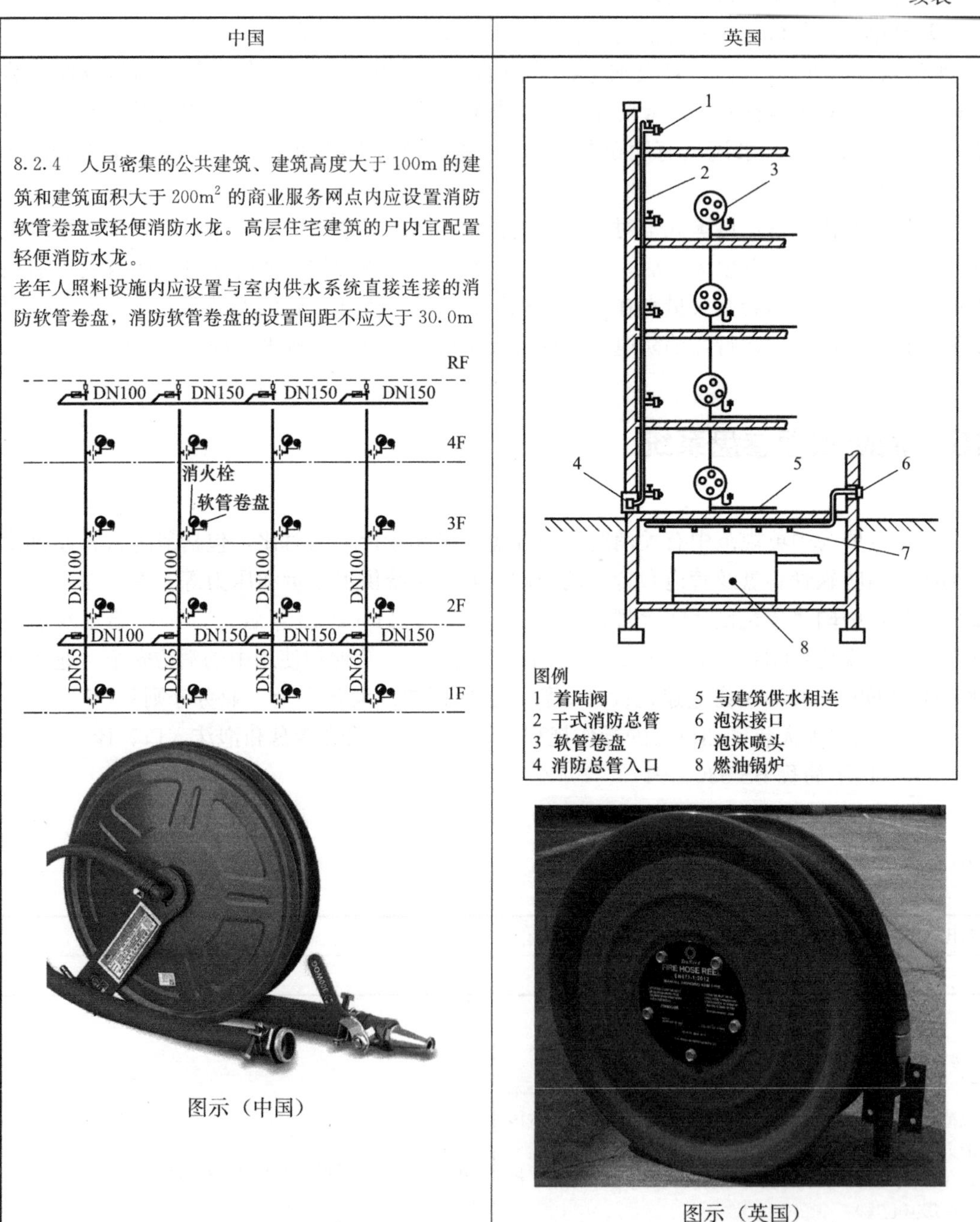

中国	英国
8.2.4 人员密集的公共建筑、建筑高度大于100m的建筑和建筑面积大于200m² 的商业服务网点内应设置消防软管卷盘或轻便消防水龙。高层住宅建筑的户内宜配置轻便消防水龙。 老年人照料设施内应设置与室内供水系统直接连接的消防软管卷盘，消防软管卷盘的设置间距不应大于30.0m 图示（中国）	图例 1 着陆阀 2 干式消防总管 3 软管卷盘 4 消防总管入口 5 与建筑供水相连 6 泡沫接口 7 泡沫喷头 8 燃油锅炉 图示（英国）

中英差异化对比分析结论及心得：

差异化对比分析结论：中国规范对消防软管卷盘设置场所有明确的规定，而英国规范关于其设置场所并不明确，“消防卷盘应安装在火灾风险评估显示有必要的地方”一笔以概之（《火灾风险评估　指南和推荐方法》PAS 79—2012），这种“原导性”的规定不易掌握，对设计带来一定的困惑。

差异化对比心得：消防软管卷盘和轻便消防水龙是控制建筑物内固体可燃物初起火的

有效器材，用水量小，配备和使用方便，适用于非专业人员使用，以方便建筑内人员扑灭初起火时使用。英国规范有独立的有关消防软管卷盘的规范（包括设计、施工和维护）。

15.2　系统设计

15.2.1　消防软管卷盘系统的供水

对比内容：消防软管卷盘系统的供水	
中国	英国
《消防给水及消火栓系统技术规范》GB 50974—2014 6.1.8　室内应采用高压或临时高压消防给水系统，且不应与生产生活给水系统合用；但当自动喷水灭火系统局部应用系统和仅设有消防软管卷盘或轻便水龙的室内消防给水系统时，可与生产生活给水系统合用。 7.4.11　消防软管卷盘和轻便水龙的用水量可不计入消防用水总量。 消防软管卷盘不设独立的供水系统，对供水的设施和管路系统均无特殊要求	《建筑物灭火装置和设备的操作规程　第1部分：软管卷盘和泡沫入口》BS 5306—1—2006 4.1.4　软管卷盘的供水通常应与建筑物内的其他供水（包括其他消防系统的供水）完全独立。在某些特殊情况下，软管卷盘的供给量可取自为喷水灭火系统的供水（参见《固定消防系统　自动喷水灭火系统　设计、安装和维护》BS EN 12845—2019和《建筑物灭火装置和设备的操作规程　第2部分：自动喷水灭火系统》BS 5306—2—1990）。 4.3.2　增压泵 当压力不足需要增压时，要提供2台加压水泵（一用一备）。 4.3.3　增压设备连接 当不允许水泵从供水主管上吸水时，需设贮水池，水池需满足消防软管卷盘系统45min内的最小流量。水池补水管最小直径不小于50mm。 4.3.4　水箱 生活用水水箱不得用作软管卷盘安装的水箱，当采取可确保消防用水量不作他用的技术措施时，生活水箱可与消防水箱合用

中英差异化对比分析结论及心得：

差异化对比分析结论：中国规范，消防软管卷盘可由室内消火栓系统供水（设置在同一箱体内时），也可由生活供水系统提供（独立设置时）；英国规范，软管卷盘的供水通常应与建筑物内的其他供水（包括其他消防系统的供水）完全独立（在某些特殊情况下，软管卷盘的供给量可取自为喷水灭火系统提供的供给量），水压不能保证时，需设置消防水泵和消防水池。

英国规范中规定："任何时间必须满足可使用设计数量软管卷盘的压力和流量"。在BS 5306标准中没有给出具体的设计流量要求，但从其要求的不小于两股水柱同时到达任何部位可以得出，最小用水量应是2个喷嘴的出水量之和。喷嘴口径取6mm，当取最低压力0.20MPa时，根据《固定式灭火系统　软管系统　第1部分：带有半刚性水龙带的软管系统》BS EN 671—1—2012（以下简称BS EN 671—1）中的数据，1个喷嘴最小流量是24L/min，2个喷嘴同时使用时流量则为48L/min，储水时间为45min，则水池最小储水容积为2.16m^3。

15.2.2 消防软管卷盘的布置

对比内容：消防软管卷盘的布置	
中国	英国
《消防给水及消火栓系统技术规范》GB 50974—2014 7.4.2 室内消火栓的配置应符合下列要求： 1 应采用DN65室内消火栓，并可与消防软管卷盘或轻便水龙设置在同一箱体内。 7.4.11 条文解释：本条规定设置DN25（消防卷盘或轻便水龙）是建筑内员工等非职业消防人员利用消防卷盘或轻便水龙扑灭初起小火，避免蔓延发展成为大火。因考虑到DN25等和DN65的消火栓同时使用达到消火栓设计流量的可能性不大，因此规定DN25（消防卷盘或轻便水龙）用水量可以不计入消防用水总量，只要求室内地面任何部位有一股水流能够到达就可以了	《建筑物灭火装置和设备的操作规程 第1部分：软管卷盘和泡沫入口》BS 5306—1—2006 4.2.2 选址 软管卷盘应放置在每层楼面毗邻出口通道走廊出口的显眼及可接触的位置，在顾及任何障碍物的情况下，软管喷嘴可进入每个房间，并可进入房间每个部分的6m范围内。当重型家具或设备可能被引入房间时，软管和喷嘴应能额外地将射流引导到任何形成的凹槽的背面。 在特殊情况下，可能需要将软管卷盘放置在这样的位置，即如果火灾阻止进入一个软管卷盘位置，则火灾可以从附近的另一个软管卷盘攻击。 软管卷盘必须保持通畅，并随时可供使用。 在有大面积露天楼层的建筑物（如仓库），堆放安排应使软管卷盘畅通无阻。可能还需要在软管卷盘位置周围设置护栏，以防止紧挨着堆放，注意护栏不会妨碍软管的操作

中英差异化对比分析结论及心得：

差异化对比分析结论：英国规范中规定水柱可达到建筑内每个部位的同时，考虑两股水柱同时保护，达到建筑内无死角，其布置原则类似于中国规范的室内消火栓系统；中国规范仅要求一只软管卷盘的一股水柱可达到室内的每个部位即可。

15.2.3 消防软管卷盘的管道设计

对比内容：消防软管卷盘的管道设计	
中国	英国
《消防给水及消火栓系统技术规范》GB 50974—2014 无明确规定 8.1.8 消防给水管道的设计流速不宜大于2.5m/s，自动喷水灭火系统管道设计流速，应符合现行国家标准《自动喷水灭火系统设计规范》GB 50084、《泡沫灭火系统设计标准》GB 50151、《水喷雾灭火系统设计规范》GB 50219和《固定消防炮灭火系统设计规范》GB 50338的有关规定，但任何消防管道的给水流速不应大于7m/s 注：按最新标准修正	《建筑物灭火装置和设备的操作规程 第1部分：软管卷盘和泡沫入口》BS 5306—1—2006 4.1.2 软管卷盘的管道通常不应小于50mm的公称直径，而输送到各个软管卷盘的管道不应小于20mm的公称孔

中英差异化对比分析结论及心得：

英国规范中规定消防软管卷盘系统主管不应小于DN50，各软管卷盘的支管不应小于DN25；中国规范中没有明确的要求，一般按支管管径DN25，其他管道按设计流速不大于2.5m/s进行设计。

15.2.4 消防软管卷盘的工作压力要求

对比内容：消防软管卷盘的工作压力要求	
中国	英国
《消防给水及消火栓系统技术规范》GB 50974—2014 无明确的压力要求，进行软管卷盘设计时，其供水通常就近接入生活、生产或消防系统，不考虑其供水压力且供水量不计入消防用水量中，满足出水要求即可	《建筑物灭火装置和设备的操作规程　第1部分：软管卷盘和泡沫入口》BS 5306—1—2006 4.3.1　一般规定 最远软管卷盘处的水流量应不小于BS EN 671—1中规定的相关值和《固定式灭火系统　软管系统　第2部分：带平直水龙带的软管系统》BS EN 671—2—2012，当压力与最近的相邻软管卷盘同时使用时，压力应满足BS EN 671—1的范围要求。 工作压力为0.20～0.60MPa，喷嘴射程不小于6m

15.2.5 消防软管卷盘系的管材选用

对比内容：消防软管卷盘系的管材选用	
中国	英国
《消防给水及消火栓系统技术规范》GB 50974—2014 参考消火栓系统，室外可采用复合管，室内均采用经热浸锌镀锌的钢制管材	《建筑物灭火装置和设备的操作规程　第1部分：软管卷盘和泡沫入口》BS 5306—1—2006 软管卷盘的供水管，采用钢管或铜管，在低风险区域（如地下）或砖、混凝土或同等结构的服务管道内进行保护的前提下可采用塑料管材

中英差异化对比分析结论及心得：

差异化对比分析：英国规范中规定除特殊情况外，消防软管卷盘的供水系统完全独立，不受其他供水系统的影响，且对供水系统的组件（水泵、水箱、管道等）有详细的规定；同时要求水柱可达到建筑内每个部分的同时，考虑两股水柱同时保护，达到建筑内无死角的目的，其布置原则类似于中国规范的室内消火栓系统；中国规范中消防软管卷盘不设独立的供水系统，对供水的设施和管路系统均无特殊要求，且仅要求一只软管卷盘的一股水柱可达到室内每个部位即可。

差异化对比心得：英国规范对消防软管卷盘系统的重视程度类似于中国规范的室内消火栓系统。消火栓是供消防队员或其他训练有素的人员使用的；消防卷盘可供未经过训练的人员使用，在火灾初期阶段，建筑物内普通人员可迅速采取行动，使用消防软管卷盘灭火，防止火灾蔓延，最大限度地降低人员和财产伤亡。由此看出消防软管卷盘在英国规范中的重视程度，需作为重点研究对象。

16 自动喷水灭火系统

本节主要为中英规范中有关自动喷水灭火系统在设计上的对比，包括规范术语（英文）的差异、设置场所火灾危险等级、系统基本要求、设计基本参数、喷头布置、管道、水力计算、供水设施等。

本节参考规范及标准为：中国《建筑设计防火规范》GB 50016—2014（2018 年版）、《消防给水及消火栓系统技术规范》GB 50974—2014、《自动喷水灭火系统设计规范》GB 50084—2017、《自动喷水灭火系统施工及验收规范》GB 50261—2017、《自动喷水灭火系统 第 1 部分：洒水喷头》GB 5135.1—2019，英国《建筑设计、管理和使用中的消防安全 业务守则》BS 9999—2017、《住宅建筑设计、管理和使用中的消防安全 业务守则》BS 9991—2015、《固定消防系统、自动喷水灭火系统 设计、安装与维护》BS EN 12845—2015（A12019）、《固定消防系统、居住建筑自动喷水灭火系统 设计、安装与维护》BS EN 16925—2018、《固定消防系统、洒水器和喷水系统的部件 第 1 部分：洒水喷头》EN 12259—1—2007。

16.1 规范术语（英文）的差异

对比内容：规范术语（英文）的差异	
中国	英国
《自动喷水灭火系统设计规范》GB 50084—2017 术语 作用面积 operation area of sprinkler system 一次火灾中系统按喷水强度保护的最大面积。 短立管 sprig 连接洒水喷头与配水支管的立管。 配水管 cross mains 向配水支管供水的管道。 配水干管 feed mains 报警阀后向配水管供水的管道 配水支管 branch lines 直接或通过短立管向洒水喷头供水的管道	《固定消防系统、自动喷水灭火系统 设计、安装与维护》BS EN 12845—2015（A12019） area of operation 作用面积 maximum area, over which it is assumed, for design purposes, that sprinklers will operate in a fire 出于设计目的，假定喷淋喷头可工作的最大着火面积。 arm pipe 臂管。 pipe less than 0.3 m long, other than the last section of a range pipe, feeding a single sprinkler 长度小于 0.3m 的管道，配水支管的最后一段除外，为单个喷头供水。 riser 立管。 vertical distribution pipe feeding a distribution or range pipe above 垂直配水管向上方的配水管或配水支管供水的立管。 distribution pipe 配水管。 pipe feeding either a range pipe directly or a single sprinkler on a non-terminal range pipe more than 300 mm long 直接向射程管或长度超过 300mm 的非终端射程管上的单喷头供水的管道。 distribution pipe spur 配水支管。 distribution pipe from a main distribution pipe, to a terminal branched pipe array 从主配水管到末端支管阵列的配水管。 main distribution pipe 配水干管。 pipe feeding a distribution pipe 给配水管供水的管道。 range pipe 射程范围管（配水支管）。 pipe feeding sprinklers either directly or via arm pipes 直接或通过臂管向喷头供水的管道

续表

中国	英国
喷淋系统的主要元件图示（中国）	喷淋系统的主要元件图示（英国）
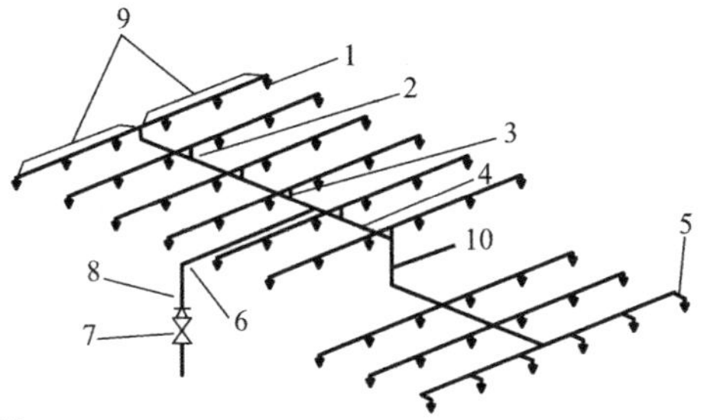 图例 1 喷头 2 短立管 3 节点 4 配水管 5 配水支管 6 配水干管 7 报警阀组 8 立管 9 配水支管 10 立管	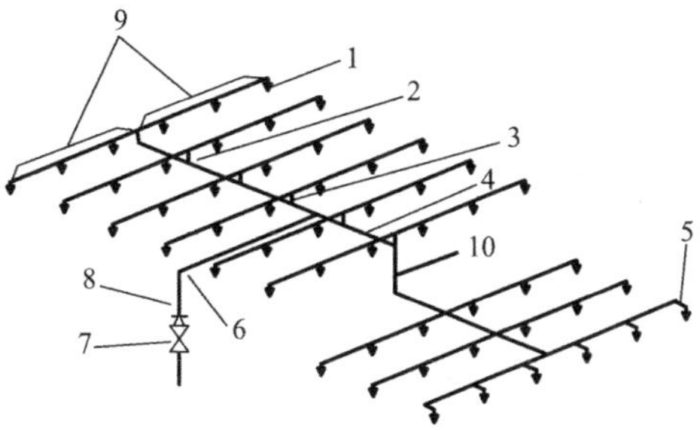 图例 1 Sprinkler head喷头 2 Riser立管 3 Design point设计点 4 Distribution pipe spur配水支管 5 Arm pipe臂管 6 Main distribution pipe配水主管 7 Control valve set控制阀组 8 Riser立管 9 Range pipes射程范围管 10 Drop下降管

中英差异化对比分析结论及心得：

英国规范中的规范术语用词与中国规范中术语用词（英文词）差异较大，给规范的准确翻译和对比研究工作带来不小的困扰。寻求多方资源，如有英国设计工作经验的专业工程师对翻译文件进行校对，确保英国规范译文的准确性。

16.2 自动喷水灭火系统设置场所

对比内容：自动喷水灭火系统的设置场所	
中国	英国
《建筑设计防火规范》GB 50016—2014（2018年版） 8.3.3 除本规范另有规定和不宜用水保护或灭火的场所外，下列高层民用建筑或场所应设置自动灭火系统，并宜采用自动喷水灭火系统： 1 一类高层公共建筑（除游泳池、溜冰场外）及其地下、半地下室。 2 二类高层公共建筑及其地下、半地下室的公共活动用房、走道、办公室和旅馆的客房、可燃物品库房、自动扶梯底部。 3 高层民用建筑内的歌舞娱乐放映游艺场所。 4 建筑高度大于100m的住宅建筑。 8.3.4 除本规范另有规定和不适用水保护或灭火的场所外，下列单、多层民用建筑或场所应设置自动灭火系统，并宜采用自动喷水灭火系统：	《建筑设计、管理和使用中的消防安全 业务守则》BS 9999—2017 12 疏散策略 12.2 总疏散量 12.2.2 分阶段撤离 (1) 如果建筑物的楼层高于地面30m，则建筑物应由符合BS EN 12845的自动喷水灭火系统全程保护。 6.5 风险划项的变化 自动喷水灭火系统可以在建筑隔间内提供一种有效的消防控制手段。这样的设置限制了火势增长，防止了火势蔓延，限制了热量和烟雾的产生，并且能够扑灭火灾。这意味着，如果安装了喷水灭火系统，火灾增长率可以在表4中降低一级。如果建筑物的一部分只有洒水覆盖，则风险划项的降低应仅适用于洒水房间。与洒水房间相

续表

中国	英国
1　特等、甲等剧场，超过1500个座位的其他等级的剧场，超过2000个座位的会堂或礼堂，超过3000个座位的体育馆，超过5000人的体育场的室内人员休息室与器材间等； 2　任一层建筑面积大于1500m² 或总建筑面积大于3000m² 的展览、商店、餐饮和旅馆建筑以及医院中同样建筑规模的病房楼、门诊楼和手术部； 3　设置送回风道（管）的集中空气调节系统且总建筑面积大于3000m² 的办公建筑等； 4　藏书量超过50万册的图书馆； 5　大、中型幼儿园，老年人照料设施； 6　总建筑面积大于500m² 的地下或半地下商店； 7　设置在地下或半地下或地上四层及以上楼层的歌舞娱乐放映游艺场所（除游泳场所外），设置在首层、二层和三层且任一层建筑面积大于300m² 的地上歌舞娱乐放映游艺场所（除游泳场所外）。 7.1.12　当局部场所设置自动喷水灭火系统时，局部场所与相邻不设自动喷水灭火系统场所连通的走道和连通门窗的外侧，应设洒水喷头	关联的走廊和连接空间也应有洒水覆盖，或用防火建筑与洒水房间隔开。 31.2　防火分区面积 防火分区面积不应超过表28中针对适当风险划项给出的最大尺寸。 注：可以通过改变安装有喷头或水雾系统的建筑物或隔间的风险简介来增加防火分区的面积（见本规范第6.5条）。 《住宅建筑设计、管理和使用中的消防安全　业务守则》BS 9991—2015 11.1　一般 所有楼层高于地面30m的建筑应按照《居住建筑用消防喷淋系统　实验规范》BS 9251—2014或BS EN 12845（见本规范第11.2条表2）安装洒水装置。 如果建筑物的拟用途要求为无法独立疏散的住户提供住宿，则此类住户使用的相关公寓和公共区域（不包括公共走廊和楼梯）应配备AWFSS（见本规范第11.2条表2）。 注：AWFSS为英文自动喷水灭火系统的缩写

中英差异化对比分析结论及心得：

差异化对比分析结论：中国规范将需设置自动喷水灭火系统的设置场所做了较为详细的列举，这些建筑或场所具有火灾危险性大、发生火灾可能导致经济损失大、社会影响大或人员伤亡大的特点，自动灭火系统的设置原则是重点部位、重点场所，重点防护。规范虽未对各类建筑及其内部的各类场所一一作出规定，但设计人员可根据建筑体量、建筑类型、建筑功能、内部空间用途，参考规范的举例场所，经技术、经济等多方面比较后确定。英国规范在四种情况下要求设置自动喷水灭火系统：第一，如果建筑高度超过30m（英国规范的建筑高度按最高楼层的楼板面与室外高差计算，这与中国规范按屋顶面与室外高差计算有所区别），整个建筑物都必须采取自动喷水系统保护；第二，为了降低危险类别，例如，可以将A4、B4、C4类建筑通过增设喷淋系统降低火焰增长率，变为A3、B3、C3类建筑；第三，考虑增加建筑防火分区的面积限制要求（这与中国规范有关规定类似）；第四，居住建筑中的使用人群为无法独立疏散的人群（如护理院）。

差异化对比心得：自动喷水灭火系统是当今世界各国普遍使用的固定自动灭火系统，其在控制灭火效率方面已为国内外无数次灭火案例实践所证实，自动喷水灭火系统有着极高的安全性和可靠性，为世界公认的最有效的灭火系统之一。发达国家已经发展普及到包含住宅在内的各类建筑物中。近年来随着我国经济实力的不断提高，以及对建筑消防安全要求的不断提高，自动喷水灭火系统已经在工程建设中大面积应用，如最新版的建筑防火规范，增加了“建筑高度大于100m住宅建筑”“大、中型幼儿园，老年人照料设施”必须安装自动喷水灭火系统的要求。

16.3 喷水保护范围

16.3.1 自动喷水灭火系统需保护的建筑物和区域

对比内容：自动喷水灭火系统需保护的建筑物和区域	
中国	英国
《自动喷水灭火系统设计规范》GB 50084—2017 4.1.2 自动喷水灭火系统不适用于存在较多下列物品的场所： 1 遇水发生爆炸或加速燃烧的物品； 2 遇水发生剧烈化学反应或产生有毒有害物质的物品； 3 洒水将导致喷溅或沸溢的液体。 7.1.8 图书馆、档案馆、商场、仓库中的通道上方宜设有喷头。 7.1.12 当局部场所设置自动喷水灭火系统时，局部场所与相邻不设自动喷水灭火系统场所连通的走道和连通门窗的外侧，应设洒水喷头	《固定消防系统、自动喷水灭火系统 设计、安装与维护》BS EN 12845—2015（A12019） 5.1 需保护的建筑物和区域 5.1.1 一般 如果建筑物要进行喷淋保护，则该建筑物或连通建筑物的所有区域均应受到喷淋保护，但在本规范第5.1.2条、第5.1.3条和第5.3条中指出的情况除外。 应考虑对承重钢的保护。 5.1.2 建筑物内允许的例外 在下列情况下，应考虑洒水保护，但在适当考虑每种情况下的火灾荷载后，可忽略洒水保护： (1) 非可燃材料的洗手间和卫生间（但不是衣帽间），不用于存储可燃材料； (2) 封闭的楼梯和封闭的竖井（例如电梯或服务井），不含可燃材料，并构造为耐火隔离层（见本规范第5.3条）。 (3) 由其他自动灭火系统（例如气体、粉末和水喷雾）保护的房间； (4) 湿法工艺，例如造纸机的湿端。 5.1.3 必要的例外 建筑物或工厂以下区域不得提供喷淋保护： (1) 装有遇水膨胀物质的筒仓或料仓； (2) 在工业熔炉或窑炉、盐浴、冶炼钢包或类似设备附近，如果使用水扑灭大火会增加危害； (3) 放水可能会造成危险的区域、房间或地方。 在这种情况下，应考虑使用其他自动灭火系统（例如气体或粉末）

中英差异化对比分析结论及心得：

差异化对比分析：中国规范《建筑设计防火规范》GB 50016—2014（2018年版）规定了采用自动喷水灭火系统的建筑或场所，规定中有的明确了具体的设置部位，有的还规定了建筑。对于按建筑规定的，要求该建筑内凡具有可燃物且适用设置自动喷水灭火系统的部位或场所，均须设置自动喷水灭火系统；英国规范规定如果建筑物设置了喷淋保护，除无可燃物的卫生间、封闭的楼梯和封闭的竖井、设有其他自动灭火系统保护的区域、不宜用水扑救的场所外，该建筑物或连通建筑物的所有区域均应设喷淋保护。

差异化对比心得：中英规范关于喷水保护范围，除卫生间外，其他基本是一致的。中国规范已废止的《高层民用建筑设计防火规范》GB 50045—1995中提及“建筑高度超过100m的高层建筑，除面积小于5.00m^2的卫生间、厕所和不宜用水扑救的部位外，均应设自动喷水灭火系统”，但在《建筑设计防火规范》GB 50016—2014（2018年版）中删除了关于“面积小于5.00m^2的卫生间”的规定，即如果建筑设自动喷淋系统，则卫生间也允许设置喷淋保护。英国规范规定如果卫生间的建筑材料为不可燃物且不存储可燃物，则可不设喷淋保护。

16.3.2　露天存放场所与设有自动喷淋系统建筑物的距离

对比内容：露天存放场所与设有自动喷淋系统建筑物的距离	
中国	英国
《自动喷水灭火系统设计规范》GB 50084—2017 无	《固定消防系统、自动喷水灭火系统　设计、安装与维护》BS EN 12845—2015（A12019） 5.2　露天存放场所 露天存放的可燃物与已设喷淋建筑物的距离应符合使用地的规范规定。 在没有规定的地方，露天存储的可燃材料与喷淋建筑之间的距离应不少于 10m 或存储材料高度的 1.5 倍。 注：这种防火隔离可通过防火墙或合适的暴露保护系统实现

中英差异化对比分析结论及心得：

关于露天存放的可燃物与设有喷淋保护建筑物的距离，中国规范没有相关的规定，如遇欧洲工业类项目时，给水排水专业需与建筑专业协作，注意防火间距的要求。

16.3.3　防火分隔

对比内容：防火分隔	
中国	英国
《自动喷水灭火系统设计规范》GB 50084—2017 7.1.12　当局部场所设置自动喷水灭火系统时，局部场所与相邻不设自动喷水灭火系统场所连通的走道和连通门窗的外侧，应设洒水喷头。 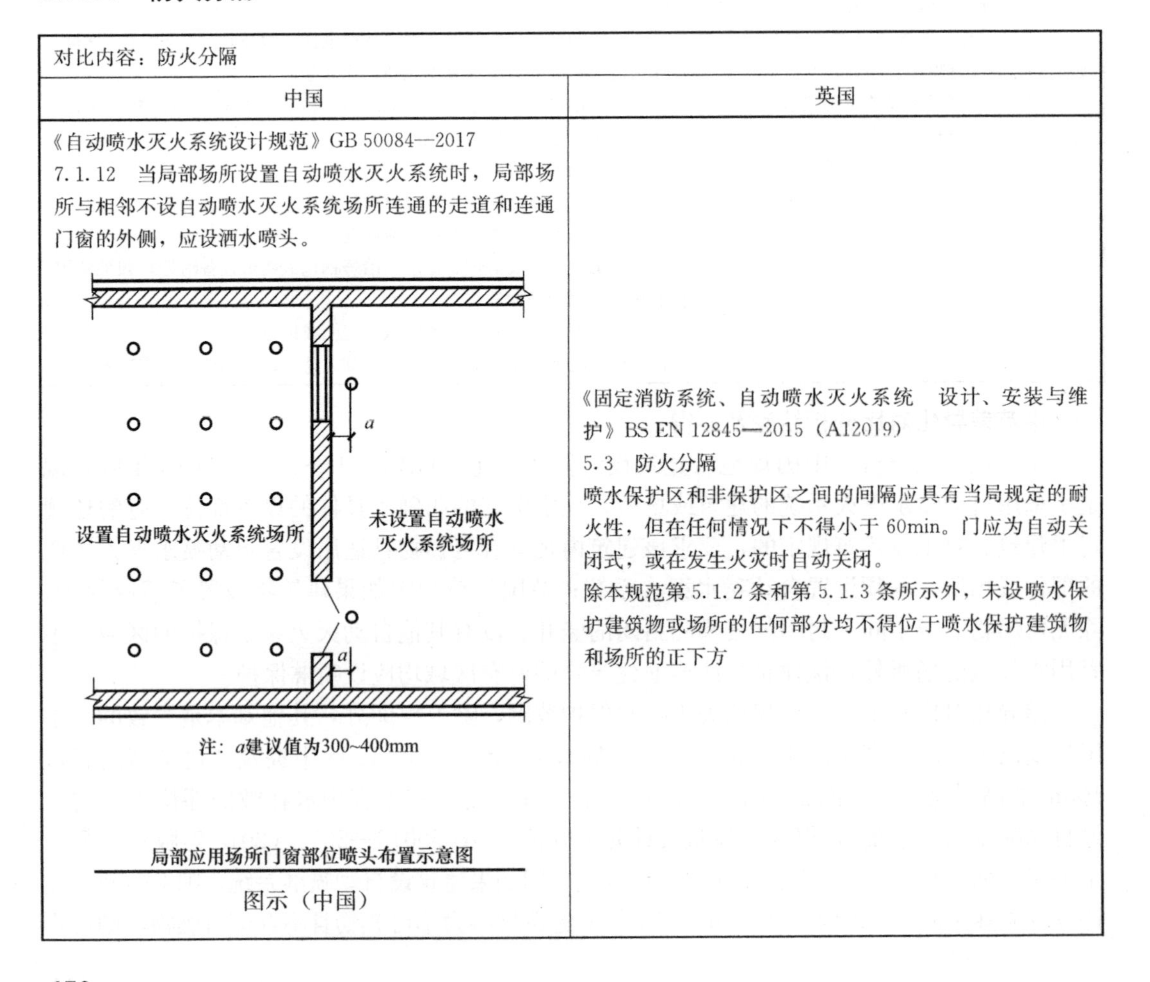 局部应用场所门窗部位喷头布置示意图 图示（中国）	《固定消防系统、自动喷水灭火系统　设计、安装与维护》BS EN 12845—2015（A12019） 5.3　防火分隔 喷水保护区和非保护区之间的间隔应具有当局规定的耐火性，但在任何情况下不得小于 60min。门应为自动关闭式，或在发生火灾时自动关闭。 除本规范第 5.1.2 条和第 5.1.3 条所示外，未设喷水保护建筑物或场所的任何部分均不得位于喷水保护建筑物和场所的正下方

中英差异化对比分析结论及心得：

对于建筑内局部场所设置自动喷水灭火系统时，中国规范强调的是平面上防火分隔，即门、窗、孔洞等开口的外侧及与相邻不设喷头场所连通的走道设置喷淋，防止火灾从开口处蔓延；而英国规范强调的是建筑的竖向布局，即未设喷水保护场所不得位于设有喷水保护场所的正下方。

16.3.4 隐蔽空间的自动喷水灭火系统设置

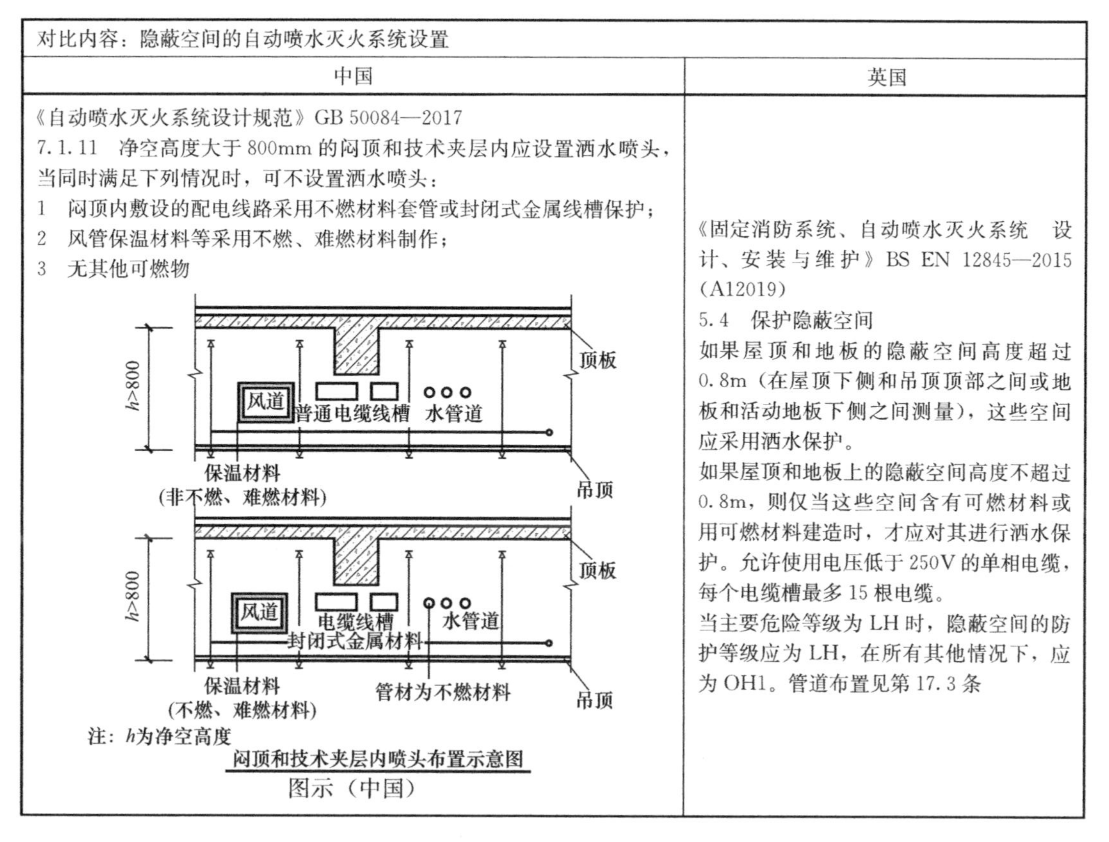

对比内容：隐蔽空间的自动喷水灭火系统设置	
中国	英国
《自动喷水灭火系统设计规范》GB 50084—2017 7.1.11 净空高度大于800mm的闷顶和技术夹层内应设置洒水喷头，当同时满足下列情况时，可不设置洒水喷头： 1 闷顶内敷设的配电线路采用不燃材料套管或封闭式金属线槽保护； 2 风管保温材料等采用不燃、难燃材料制作； 3 无其他可燃物 图示（中国）	《固定消防系统、自动喷水灭火系统 设计、安装与维护》BS EN 12845—2015 (A12019) 5.4 保护隐蔽空间 如果屋顶和地板的隐蔽空间高度超过0.8m（在屋顶下侧和吊顶顶部之间或地板和活动地板下侧之间测量），这些空间应采用洒水保护。 如果屋顶和地板上的隐蔽空间高度不超过0.8m，则仅当这些空间含有可燃材料或用可燃材料建造时，才应对其进行洒水保护。允许使用电压低于250V的单相电缆，每个电缆槽最多15根电缆。 当主要危险等级为LH时，隐蔽空间的防护等级应为LH，在所有其他情况下，应为OH1。管道布置见第17.3条

中英差异化对比分析结论及心得：

差异化对比分析：关于闷顶和技术夹层等隐蔽空间是否需要设喷淋保护，中国规范要求仅在净空高度大于800mm且具有可燃物或机电管线没有可靠的防火措施时设喷淋保护；英国规范规定，只要闷顶和技术夹层净空高度大于800mm，就应设置喷淋保护，如净空高度不超过800mm，但具有可燃物或机电管线没有可靠的防火措施时也应设喷淋保护，并且对隐蔽空间的火灾危险等级也有明确规定，即当场所的火灾危险等级为LH（轻危险级）时，隐蔽空间的危险等级也为LH，其他情况下均按OH1（中危险1级）。

差异化对比心得：对于闷顶和技术夹层等隐蔽空间是否设喷淋保护的规定，英国规范明显严于中国规范。闷顶和技术夹层等隐蔽空间，即使初期建设时，严格按照设计的要求，顶板与吊顶均为非燃烧体或风管的保温材料和吊顶等采用不燃、难燃材料制作等防火措施，但后期业主对其进行私自改造的可能性很大，如维修、家装电线电缆等，且使用一些无防火措施的装修材料，火灾隐患大且发生火灾初期时，不易被人员发现并不能及时扑救，将造成严重后果。

16.4 系统设计基本参数

16.4.1 民用建筑和厂房自动喷水灭火系统设计基本参数

对比内容：民用建筑和厂房自动喷水灭火系统设计基本参数

中国

《自动喷水灭火系统设计规范》GB 50084—2017

5.0.1 民用建筑和厂房采用湿式系统时的设计基本参数不应低于表5.0.1的规定。

民用建筑和厂房采用湿式系统的设计基本参数 表5.0.1

火灾危险等级		最大净空高度 h（m）	喷水强度［L/(min·m²)］	作用面积（m²）
轻危险级		$h \leqslant 8$	4	160
中危险级	Ⅰ级		6	
	Ⅱ级		8	
严重危险级	Ⅰ级		12	260
	Ⅱ级		16	

注：系统最不利点处洒水喷头的工作压力不应低于0.05MPa。

5.0.2 民用建筑和厂房高大空间场所采用湿式系统的设计基本参数不应低于表5.0.2的规定。

民用建筑和厂房高大空间场所采用湿式系统的设计基本参数 表5.0.2

适用场所		最大净空高度 h（m）	喷水强度［L/(min·m²)］	作用面积（m²）	喷头间距 S（m）
民用建筑	中庭、体育馆、航站楼等	$8<h\leqslant 12$	12	160	$1.8\leqslant S\leqslant 3.0$
		$12<h\leqslant 18$	15		
	影剧院、音乐厅、会展中心等	$8<h\leqslant 12$	15		
		$12<h\leqslant 18$	20		
厂房	制衣制鞋、玩具、木器、电子生产车间等	$8<h\leqslant 12$	15		
	棉纺厂、麻纺厂、泡沫塑料生产车间等		20		

英国

《固定消防系统、自动喷水灭火系统　设计、安装与维护》BS EN 12845—2015（A12019）

7.1 LH、OH和HHP

当相关房间或操作区域内的所有顶棚或屋顶喷水装置（以较少者为准）以及任何反向喷水装置和辅助喷水装置都在运行时，设计密度应不小于本条中给出的适当值。表3给出了LH、OH和HHP等级的设计密度和作用面积的最低要求。对于HHS系统，应采用本规范第7.2条给出的要求

LH、OH和HHP的设计标准 表3

危险等级	喷水强度（mm/min）	作用面积 m²	
		湿式或预动作	干式或备用
LH	2.25	84	不允许采用OH1
OH1	5.0	72	90
OH2	5.0	144	180
OH3	5.0	216	270
OH4	5.0	360	不允许采用HHP1
HHP1	7.5	260	325
HHP2	10.0	260	325
HHP3	12.5	260	325
HHP4	雨淋系统（请参阅注）		

注：需要特别考虑，本标准不涵盖雨淋系统

续表

中国	英国
注：1 表中未列入的场所，应根据本表规定场所的火灾危险性类比确定。 2 当民用建筑高大空间场所的最大净空高度为 $12m<h\leqslant18m$ 时，应采用非仓库型特殊应用喷头	

中英差异化对比分析结论及心得：

差异化对比分析：不同危险等级的喷水强度和作用面积，中英规范稍有差别：轻危险和中危险级的喷水强度，英国规范稍低于中国规范，英国规范对火灾危险等级划分得更细，同时对喷头工作压力和延续时间也作了相应规定，使得适用性更加明确。关于高大净空场所的设计参数，中国规范有明确且较为详细的规定；但英国规范的设计参数没有以净空高度进行划分。

差异化对比心得：中国规范对于影剧院、音乐厅等大空间公共建筑设置的自动喷淋灭火系统设计参数要求较高，究其原因，主要是根据中国国情（发生火灾时人员消防疏散自救意识不强，易发生混乱，公共建筑物业管理人员缺乏消防疏导培训）而作出的改进规范的措施。

16.4.2 仓库及类似场所自动喷水灭火系统设计基本参数

对比内容：仓库及类似场所自动喷水灭火系统设计基本参数

中国

《自动喷水灭火系统设计规范》GB 50084—2017

仓库危险级Ⅰ级场所的系统设计基本参数

表 5.0.4-1

储存方式	最大净空高度 h（m）	最大储物高度 h_s（m）	喷水强度［L/(min·m²)］	作用面积（m²）	持续喷水时间（h）
堆垛、托盘	9.0	$h_s\leqslant3.5$	8.0	160	1.0
		$3.5<h_s\leqslant6.0$	10.0	200	1.5
		$6.0<h_s\leqslant7.5$	14.0		
单、双、多排货架		$h_s\leqslant3.0$	6.0	160	
		$3.0<h_s\leqslant3.5$	8.0		
单、双排货架		$3.5<h_s\leqslant6.0$	18.0	200	
		$6.0<h_s\leqslant7.5$	14.0+1J		
多排货架		$3.5<h_s\leqslant4.5$	12.0		
		$4.5<h_s\leqslant6.0$	18.0		
		$6.0<h_s\leqslant7.5$	18.0+1J		

英国

《固定消防系统、自动喷水灭火系统 设计、安装与维护》BS EN 12845—2015（A12019）

6.3.2 存储配置

存储配置应分类如下：

ST1：独立堆放或块状堆放；

ST2：单排货架，过道不少于 2.4m 宽；

ST3：多（包括双）行的货架；

ST4：托盘架（梁托盘货架）；

ST5：1m 或更小的实心或板条货架；

ST6：超过 1m 且不超过 6m 宽的坚固或板条货架。

存储配置 ST1 到 ST6 的保护要求和限制

表 2

存储配置	危险等级	适用条件	最大存储块面积（m²）	过道的宽度分隔存储行（m）	存储块区域周围的最小间距（m）
ST1	OH		50	—	2.4
	HH		150	—	2.4
ST2	OH		50	2.4 或更高	2.4
	HH		无限制	2.4 或更高	—
ST3	OH		50	—	2.4
	HH		150	—	2.4

续表

中国	英国

中国

仓库危险级Ⅱ级场所的系统设计基本参数

表 5.0.4-2

储存方式	最大净空高度 h（m）	最大储物高度 h_s（m）	喷水强度[L/(min·m²)]	作用面积（m²）	持续喷水时间（h）
堆垛、托盘	9.0	$h_s \leqslant 3.5$	8.0	160	1.5
		$3.5 < h_s \leqslant 6.0$	16.0	200	2.0
		$6.0 < h_s \leqslant 7.5$	22.0		
单、双、多排货架		$h_s \leqslant 3.0$	8.0	160	1.5
		$3.0 < h_s \leqslant 3.5$	12.0	200	
单、双排货架		$3.5 < h_s \leqslant 6.0$	24.0	280	2.0
		$6.0 < h_s \leqslant 7.5$	22.0+1J	200	
多排货架		$3.5 < h_s \leqslant 4.5$	18.0		
		$4.5 < h_s \leqslant 6.0$	18.0+1J		
		$6.0 < h_s \leqslant 7.5$	18.0+2J		

货架储存时仓库危险级Ⅲ级场所的系统设计基本参数

表 5.0.4-3

序号	最大净空高度 h（m）	最大储物高度 h_s（m）	货架类型	喷水强度[L/(min·m²)]	货架内置洒水喷头		
					层数	高度（m）	流量系数 K
1	4.5	$1.5 < h_s \leqslant 3.0$	单、双、多	12.0	—	—	—
2	6.0	$1.5 < h_s \leqslant 3.0$	单、双、多	18.0	—	—	—
3	7.5	$3.0 < h_s \leqslant 4.5$	单、双、多	24.5	—	—	—
4	7.5	$3.0 < h_s \leqslant 4.5$	单、双、多	12.0	1	3.0	80
5	7.5	$4.5 < h_s \leqslant 6.0$	单、双	24.5	—	—	—
6	7.5	$4.5 < h_s \leqslant 6.0$	单、双、多	12.0	1	4.5	115

英国

续表

存储配置	危险等级	适用条件	最大存储块面积(m²)	过道的宽度分隔存储行（m）	存储块区域周围的最小间距（m）
ST4	OH		50	1.2 或更高	2.4
	HH	无中间货架喷水装置保护[b,c]	无限制	1.2 或更高	—
		有中间货架喷水装置保护[d]		小于 1.2	—
		有中间货架喷水装置保护[e]		大于 1.2 但小于大于 2.4	—
		有中间货架喷水装置保护[f]		2.4 或更高	—
ST5	OH		50	1.2 或更高	2.4
	HH	无中间货架喷水装置保护[b,c]	150	小于 1.2	2.4
		有中间货架喷水装置保护[d]	150	小于 1.2	2.4
		有中间货架喷水装置保护[g]	无限制	1.2 或更高	—
ST6	OH	使用 HH 保护			
	HH	有中间货架喷水装置保护[c,h]	150	1.2	2.4

a 不适用。

b 中间水平输入建议使用货架喷淋保护装置。

c 保护方法仅限于顶棚喷头距离最高储藏物高度不足 4m 的风险。如果顶棚喷淋装置比所存储货物的最高高度高出 4m，则应使用中间水平的货架喷淋装置。

d 假定采用中间液位在液压上涉及三个货架的货架喷淋装置的保护，请参见本规范第 7.2.3.3 条。

e 假设采用中间液位在液压上涉及两个货架的货架喷淋装置的保护，请参见本规范第 7.2.3.3 条。

f 假定采用中间液位在一个货架中采用液压方式进行货架喷水装置的保护，请参见本规范第 7.2.3.3 条。

g 假设采用中间液位液压涉及一个或两个货架中的货架喷淋装置，请参见本规范第 7.2.3.3 条。

h 如果无法在 ST6 储藏室中安装中间喷淋喷头，则应在每个货架内纵向安装纵向和横向全高舱壁。全高舱壁的建造应符合 EN 135011，欧洲 A1、A2 或国家等效标准。

续表

中国

续表

序号	最大净空高度 h（m）	最大储物高度 h_s（m）	货架类型	喷水强度 [L/(min·m²)]	货架内置洒水喷头 层数	货架内置洒水喷头 高度（m）	货架内置洒水喷头 流量系数 K
7	9.0	$4.5<h_s\leqslant6.0$	单、双、多	18.0	1	3.0	80
8	8.0	$4.5<h_s\leqslant6.0$	单、双、多	24.5	—	—	—
9	9.0	$6.0<h_s\leqslant7.5$	单、双、多	18.5	1	4.5	115
10	9.0	$6.5<h_s\leqslant7.5$	单、双、多	32.5	—	—	—
11	9.0	$6.0<h_s\leqslant7.5$	单、双、多	12.0	2	3.0，6.0	80

堆垛储存时仓库危险级Ⅲ级场所的系统设计基本参数

表 5.0.4-4

最大净空高度 h（m）	最大储物高度 h_s（m）	喷水强度 [L/(min·m²)] A	B	C	D
7.5	1.5	8.0			
4.5	3.5	16.0	16.0	12.0	12.0
6.0		24.5	22.0	20.5	16.5
9.0		32.5	28.5	24.5	18.5
6.0	4.5	24.5	22.0	20.5	16.5
7.5	6.0	32.5	28.5	24.5	18.5
9.0	7.5	36.5	34.5	28.5	22.5

5.0.8　货架仓库的最大净空高度或最大储物高度超过本规范第 5.0.5 条的规定时，应设货架内置洒水喷头，且货架内置洒水喷头上方的层间隔板应为实层板。货架内置洒水喷头的设置应符合下列规定：

1　仓库危险级Ⅰ级、Ⅱ级场所应在自地面起每 3.0m 设置一层货架内置洒水喷头，仓库危险级Ⅲ级场所应在自地面起每 1.5～3.0m 设置一层货架内置洒水喷头，且最高层货架内置洒水喷头与储物顶部的距离不应超过 3.0m；

2　当采用流量系数等于 80 的标准覆盖面积洒水喷头时，工作压力不应小于 0.20MPa；当采用流量系数等于 115 的标准覆盖面积洒水喷头时，工作压力不应小于 0.10MPa；

3　洒水喷头间距不应大于 3m，且不应小于 2m。计算货架内开放洒水喷头数量不应小于表 5.0.8 的规定；

4　设置 2 层及以上货架内置洒水喷头时，洒水喷头应交错布置。

英国

仅具有屋顶或顶棚保护的 HHS 设计标准

表 4

存储配置	最大允许存放高度（m） 第一类	第二类	第三类	第四类	设计喷水强度（mm/min）	作用面积（湿式或预作用系统）（请参阅注）（m²）
ST1 独立式或块状堆叠	5.3	4.1	2.9	1.6	7.5	260
	6.5	5.0	3.5	2.0	10.0	
	7.6	5.9	4.1	2.3	12.5	
		6.7	4.7	2.7	15.0	
		7.5	5.2	3.0	17.5	
			5.7	3.3	20.0	300
			6.3	3.6	22.5	
			6.7	3.8	25.0	
			7.2	4.1	27.5	
				4.4	30.0	
ST2 单排托盘放置 ST4 托盘货架	4.7	3.4	2.2	1.6	7.5	260
	5.7	4.2	2.6	2.0	10.0	
	6.8	5.0	3.2	2.3	12.5	
		5.6	3.7	2.7	15.0	
		6.0	4.1	3.0	17.5	
			4.4	3.3	20.0	300
			4.8	3.6	22.5	
			5.3	3.8	25.0	
			5.6	4.1	27.5	
			6.0	4.4	30.0	
ST3 多排托盘放置 ST5 和 ST6 实心或板条货架	4.7	3.4	2.2	1.6	7.5	260
	5.7	4.2	2.6	2.0	10.0	
		5.0	3.2	2.2	12.5	
				2.7	15.0	
				3.0	17.5	

注：应避免在高危险性存储中使用干式和备用的系统，尤其是易燃产品（类别较高）和较高存储时。但是，如果仍需要安装干式或备用系统，则作用面积应增加 25%。

续表

中国	英国
货架内开放洒水喷头数量　　表 5.0.8 仓库危险级 | 货架内置洒水喷头的层数：1 | 2 | >2 Ⅰ级 | 6 | 12 | 14 Ⅱ级 | 8 | 14（Ⅱ级、Ⅲ级合并） Ⅲ级 | 10 | （第 5.0.4 条条文说明：单排货架的宽度应不超过 1.8m，且间隔不应小于 1.1m；双排货架为单个货架或两个背靠背放置的单排货架，货架总宽为 1.8～3.6m，且间隔不小于 1.1m；多排货架为货架宽度超过 3.6m，或间距小于 1.1m 且总宽度大于 3.6m 的单、双排货架混合放置；可移动式货架应视为多排货架。最大净空高度是指室内地面到屋面板的垂直距离，顶板为斜面时，应为室内地面到屋脊处的垂直距离）	**带架内喷头的屋顶或顶棚喷头的设计标准　表 5**（见下表） 注：1. 从垂直货架的顶部到垂直货架的距离。 2. 应避免在高危险性存储中使用干式和备用的系统，尤其是易燃产品（类别较高）和较高存储时。但是，如果仍需要安装干式或备用系统，则作用面积应增加 25%。 7.3.1　LH 和 OH 系统 **预计算的 LH 和 OH 系统的压力和流量要求　表 6**（见下表） 注：p_s 是由于相关阵列中最高喷头的高度在控制阀组“C”的压力表上方引起的静压头损失。

货架内开放洒水喷头数量　　表 5.0.8

仓库危险级	货架内置洒水喷头的层数		
	1	2	>2
Ⅰ级	6	12	14
Ⅱ级	8	14	
Ⅲ级	10		

带架内喷头的屋顶或顶棚喷头的设计标准
表 5

存储配置	货架内防护顶层以上的最大允许储存高度（m）（见注 1）				设计喷水强度（mm/min）	作用面积（湿式或预作用系统）（见注 2）（m^2）
	第一类	第二类	第三类	第四类		
ST4 托盘货架	3.5	3.4	2.2	1.6	7.5	260
			2.6	2.0	10.0	
			3.2	2.3	12.5	
			3.5	2.7	15.0	
ST5 和 ST6 实心或板条货架	3.5	3.4	2.2	1.6	7.5	260
			2.6	2.0	10.0	
			3.2	2.3	12.5	
				2.7	15.0	

预计算的 LH 和 OH 系统的压力和流量要求
表 6

危险等级	流量（L/min）	控制阀组的压力（bar）	最大需求流量（L/mian）	控制阀组的压力（bar）
LH 湿式和预作用	225	$2.2+p_s$	—	—
OH1 湿式和预作用	375	$1.0+p_s$	540	$0.7+p_s$
OH1 干式和交替 OH2 湿式和预作用	725	$1.4+p_s$	1000	$1.0+p_s$
OH2 干式和交替 OH3 湿式和预作用	1100	$1.7+p_s$	1350	$1.4+p_s$
OH3 干式和交替 OH4 湿式和预作用	1800	$2.0+p_s$	2100	$1.5+p_s$

续表

<table>
<tr><th>中国</th><th>英国</th></tr>
<tr><td></td><td>

7.3.2 没有货架内喷头的 HHP 和 HHS 系统

使用表 32 至表 35 设计的预计算系统的压力和流量要求　　表 7

设计密度（mm/min）	最大需求流量（L/min）		最高设计点压力（p_d）（bar）			
			每个喷头的工作面积（m^2）			
	湿式或预作用	干式或交替	6	7	8	9
（1）管道直径符合表 32 和表 33，喷头的 K 系数为 80						
7.5	2300	2900	—	—	1.80	2.25
10.0	3050	3800	1.80	2.40	3.15	3.90
（2）管道直径符合表 32 和表 34 的要求，喷头的 K 系数为 80						
7.5	2300	2900	—	—	1.35	1.75
10.0	3050	3800	1.30	1.80	2.35	3.00
（3）管道直径符合表 35 和表 34 的要求，喷头的 K 系数为 80						
7.5	2300	2900	—	—	0.70	0.90
10.0	3050	3800	0.70	0.95	1.25	1.60
（4）管道直径符合表 35 和表 34 的要求，喷头的 K 系数为 115						
10.0	3050	3800	—	—	—	0.95
12.5	3800	4800	—	0.90	1.15	1.45
15.0	4550	5700	0.95	1.25	1.65	2.10
17.5	4850	6000	1.25	1.70	2.25	2.80
20.0	6400	8000	1.65	2.25	2.95	70.3
22.5	7200	9000	2.05	2.85	70.3	4.70
25.0	8000	10000	2.55	3.50	4.55	5.75
27.5	8800	11000	3.05	4.20	5.50	6.90
30.0	9650	12000	3.60	4.95	6.50	—

注：如果阵列中有高于设计点的喷水装置，则应从设计点到最高喷水装置的静压头应添加到 p_d 中。

1　2　3　4　5

注
1 堆放存储(ST1)
2 托盘式货架(ST4)
3 立柱式货架(ST2)
4 立柱式货架(ST3)
5 实心或板条货架(ST 5/6)

图示（英国）

</td></tr>
</table>

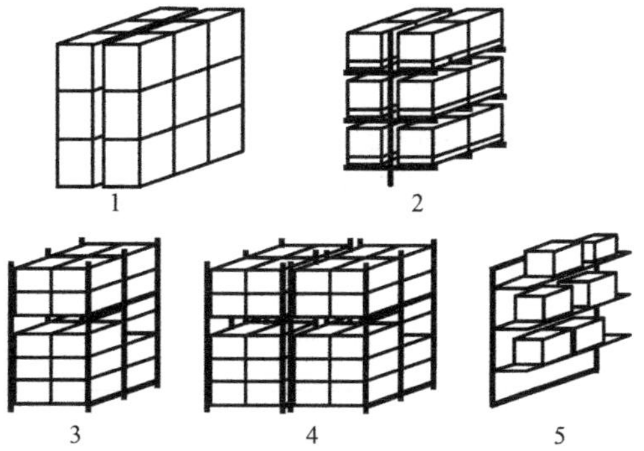

中英差异化对比分析结论及心得：

差异化对比分析：仓库及类似场所属火灾高风险场所，对于仓库及类似场所自动喷水灭火系统的设计基本参数，中国规范和英国规范均有详细的规定，且均较为严格，如按储物的分类、储物方式、储物高度等，采用不同的设计参数。此外，英国规范不仅规定了自动喷水灭火系统的设计参数，且对货物存储的方式、货架类型以及货架间距（过道宽度）都有明确的要求。中国规范对于货架间距等的要求，仅在条文说明中有提及，并未在规范正文中规定。对仓库及类似场所的系统设计参数，中国规范在对国外标准相关设计基本参数进行分类、归纳、合并后，借鉴发达国家标准的先进技术，并结合中国现阶段的国情进行的规定。

差异化对比心得：影响仓库设计参数的因素很多，包括货品的性质、堆放形式、堆积高度及室内净空高度等，各因素的变化均影响设计参数的改变。例如，松散堆放的可燃物，因与空气的接触面积大，燃烧时的供氧条件比紧密堆放时好，所以燃烧速度快、放热速率高，因此需要的灭火能力强。又如，可燃物的堆积高度越大，火焰的竖向蔓延速度越快，另外由于高堆物品的遮挡作用，使喷水不易直接送达位于可燃物底部的起火部位，导致灭火难度增大，容易使火灾得以水平蔓延。为了避免这种情况的发生，要求以较大的喷水强度或具有较强穿透力的喷水，以及开放较多喷头、形成较大的喷水面积控制火势。

16.4.3 民用建筑和厂房的持续喷水时间

对比内容：民用建筑和厂房的持续喷水时间	
中国	英国
《自动喷水灭火系统设计规范》GB 50084—2017 5.0.15 当采用防护冷却系统保护防火卷帘、防火玻璃墙等防火分隔设施时，系统应独立设置，且应符合下列要求： 4 持续喷水时间不应小于系统设置部位的耐火极限要求。 5.0.16 除本规范另有规定外，自动喷水灭火系统的持续喷水时间应按火灾延续时间不小于1h确定。 12.0.2 局部应用系统应采用快速响应洒水喷头，喷水强度应符合本规范第5.0.1条的规定，持续喷水时间不应低于0.5h	《固定消防系统、自动喷水灭火系统　设计、安装与维护》BS EN 12845—2015（A12019） 8.1.1 持续时间 供水应至少能够自动提供系统所需的压力/流量条件。如果给水用于其他消防系统，请参见本规范第9.6.4条，除非压力罐有规定，否则每个给水应在以下最短持续时间内具有足够的容量： LH：30min； OH：60min； HHP：90min； HHS：90min。 12.3 持续时间 ESFR喷头的水源系统的设计能力至少应基于Q_{max}，为60min

中英差异化对比分析结论及心得：

差异化对比分析：关于民用建筑和厂房的自动喷水灭火系统的持续喷水（供水）时间，中国规范规定，除防护冷却系统不应小于系统设置部位的耐火极限要求、局部应用系统不应低于0.5h外，均按不小于1h确定；英国规范规定，一般按火灾危险等级确定，即轻危险级不小于0.5h，中危险级不小于1.0h，严重危险级不小于1.5h，当采用早期抑制快速响应喷头（ESFR）时不小于1.0h。

16.4.4 仓库及类似场所的持续喷水时间

对比内容：仓库及类似场所的持续喷水时间	
中国	英国
《自动喷水灭火系统设计规范》GB 50084—2017 5.0.4～5.0.6，仓库及类似场所的自动喷水灭火系统，根据仓库的危险等级、存储的方式以及最大储物高度的不同，持续喷水时间最少从1～2.0h；当仓库及类似场所采用早期抑制快速响应喷头（ESFR）和仓库型特殊应用喷头时，持续喷水时间不应小于1h	《固定消防系统、自动喷水灭火系统 设计、安装与维护》BS EN 12845—2015（A12019） 存储中危险级（OH），最短供水持续时间60min；存储高危险级（HHS），最短供水持续时间90min；采用早期抑制快速响应喷头（ESFR）时，最短供水持续时间60min

中英差异化对比分析结论及心得：

关于仓库及类似场所的自动喷水灭火系统的持续喷水（供水）时间，中国规范规定，根据仓库的危险等级、存储的方式以及最大储物高度的不同，持续喷水时间最少从1～2.0h；当仓库及类似场所采用早期抑制快速响应喷头（ESFR）和仓库型特殊应用喷头时，持续喷水时间不应小于1h；英国规范规定，按火灾危险等级确定，即存储中危险级（OH）不小于1.0h，存储高危险级（HHS）不小于1.5h，当采用早期抑制快速响应喷头（ESFR）时不小于1.0h。

16.4.5 民用建筑和厂房的喷水强度和作用面积

<table>
<tr><td colspan="2">对比内容：民用建筑和厂房的喷水强度和作用面积</td></tr>
<tr><td>中国</td><td>英国</td></tr>
<tr><td>《自动喷水灭火系统设计规范》GB 50084—2017

民用建筑和厂房采用湿式系统的设计基本参数
表5.0.1
<table>
<tr><td colspan="2">火灾危险等级</td><td>最大净空高度 h（m）</td><td>喷水强度 [L/(min·m²)]</td><td>作用面积（m²）</td></tr>
<tr><td colspan="2">轻危险级</td><td rowspan="5">h≤8</td><td>4</td><td rowspan="3">160</td></tr>
<tr><td rowspan="2">中危险级</td><td>Ⅰ级</td><td>6</td></tr>
<tr><td>Ⅱ级</td><td>8</td></tr>
<tr><td rowspan="2">严重危险级</td><td>Ⅰ级</td><td>12</td><td rowspan="2">260</td></tr>
<tr><td>Ⅱ级</td><td>16</td></tr>
</table>
</td><td></td></tr>
</table>

续表

中国	英国

中国

民用建筑和厂房高大空间场所采用湿式系统的设计基本参数　表 5.0.2

适用场所		最大净空高度 h（m）	喷水强度［L/(min·m^2)］	作用面积（m^2）	喷头间距 S（m）
民用建筑	中庭、体育馆、航站楼等	$8<h\leqslant12$	12	160	$1.8\leqslant S\leqslant3.0$
		$12<h\leqslant18$	15		
	影剧院、音乐厅、会展中心等	$8<h\leqslant12$	15		
		$12<h\leqslant18$	20		
厂房	制衣制鞋、玩具、木器、电子生产车间等	$8<h\leqslant12$	15		
	棉纺厂、麻纺厂、泡沫塑料生产车间等		20		

注：1　表中未列入的场所，应根据本表规定场所的火灾危险性类比确定。

2　当民用建筑高大空间场所的最大净空高度为 $12\text{m}<h\leqslant18\text{m}$ 时，应采用非仓库型特殊应用喷头。

5.0.3　最大净空高度超过 8m 的超级市场采用湿式系统的设计基本参数应按本规范第 5.0.4 条和第 5.0.5 条的规定执行

英国

《固定消防系统、自动喷水灭火系统　设计、安装与维护》BS EN 12845—2015（A12019）

LH、OH 和 HHP 的设计标准　表 3

危险等级	喷水强度（mm/min）	作用面积（m^2）	
		湿式或预动作	干式或备用
LH	2.25	84	不允许采用 OH1
OH1	5.0	72	90
OH2	5.0	144	180
OH3	5.0	216	270
OH4	5.0	360	不允许采用 HHP1
HHP1	7.5	260	325
HHP2	10.0	260	325
HHP3	12.5	260	325
HHP4	雨淋系统（请参阅注）		

注：需要特别考虑，本标准不涵盖雨淋系统

中英差异化对比分析结论及心得：

差异化对比分析：关于民用建筑和厂房的自动喷水灭火系统的喷水强度和作用面积，中国规范根据火灾危险等级和设置场所的最大净距高度共同确定；英国规范一般仅按火灾危险等级确定。但喷水强度和作用面积，中英规范中的参数稍有差别。对于喷水强度，中国规范参数稍高于英国规范；对于作用面积，英国规范的参数范围较大。

差异化对比心得：英国规范中，对于民用建筑和厂房，设置场所的净空高度，不作为自动喷水灭火系统设计基本参数的依据。

16.4.6 仓库及类似场所的喷水强度和作用面积

对比内容：仓库及类似场所的喷水强度和作用面积

中国

《自动喷水灭火系统设计规范》GB 50084—2017

仓库危险级Ⅰ级场所的系统设计基本参数

表 5.0.4-1

储存方式	最大净空高度 h（m）	最大储物高度 h_s（m）	喷水强度 [L/(min·m²)]	作用面积（m²）	持续喷水时间（h）
堆垛、托盘	9.0	$h_s \leqslant 3.5$	8.0	160	1.0
		$3.5 < h_s \leqslant 6.0$	10.0	200	1.5
		$6.0 < h_s \leqslant 7.5$	14.0		
单、双、多排货架		$h_s \leqslant 3.0$	6.0	160	
		$3.0 < h_s \leqslant 3.5$	8.0		
单、双排货架		$3.5 < h_s \leqslant 6.0$	18.0	200	
		$6.0 < h_s \leqslant 7.5$	14.0+1J		
多排货架		$3.5 < h_s \leqslant 4.5$	12.0		
		$4.5 < h_s \leqslant 6.0$	18.0		
		$6.0 < h_s \leqslant 7.5$	18.0+1J		

注：1 货架储物高度大于7.5m时，应设置货架内置洒水喷头。顶板下洒水喷头的喷水强度不应低于18L/(min·m²)，作用面积不应小于200m²，持续喷水时间不应小于2h。

2 本表及表5.0.4-2、5.0.4-5中字母“J”表示货架内置洒水喷头，“J”前的数字表示货架内置洒水喷头的层数。

仓库危险级Ⅱ级场所的系统设计基本参数

表 5.0.4-2

储存方式	最大净空高度 h（m）	最大储物高度 h_s（m）	喷水强度 [L/(min·m²)]	作用面积（m²）	持续喷水时间（h）
堆垛、托盘	9.0	$h_s \leqslant 3.5$	8.0	160	1.5
		$3.5 < h_s \leqslant 6.0$	16.0	200	2.0
		$6.0 < h_s \leqslant 7.5$	22.0		
单、双、多排货架		$h_s \leqslant 3.0$	8.0	160	1.5
		$3.0 < h_s \leqslant 3.5$	12.0	200	

英国

《固定消防系统、自动喷水灭火系统 设计、安装与维护》BS EN 12845—2015（A12019）

7.2.2 仅顶棚或屋顶保护

7.2.2.3 净空过大

应使用表4中的值确定净空。如果存储高度和顶棚洒水器导流器之间的净空超过4m，则应采用以下选项之一：

方案1：将第一个超量的喷水密度增加2.5mm/min。之后对于每增加1m，将喷水强度增加1mm/min。应使用最小K115的 K 系数。

方案2：应根据本规范第7.2.3条提供架内洒水喷头。

7.2.3 货架内设置喷淋

7.2.3.1 如果在货架上安装了超过50个中间层喷水喷头，则不应使用与屋顶或顶棚喷水灭火喷头相同的控制阀给水。

7.2.3.2 屋顶或顶棚喷水装置的设计喷水密度应至少为7.5 mm/min，作用面积为260m²。如果货物存储在中间保护的最高水平之上，则屋顶或顶棚喷水装置的设计标准应取自表5。

仅具有屋顶或顶棚保护的HHS设计标准

表 4

存储配置	最大允许存放高度（m） 第一类	第二类	第三类	第四类	设计喷水强度（mm/min）	作用面积（湿式或预作用系统）（请参阅注）（m²）
ST1独立式或块状堆叠	5.3	4.1	2.9	1.6	7.5	260
	6.5	5.0	3.5	2.0	10.0	
	7.6	5.9	4.1	2.3	12.5	
		6.7	4.7	2.7	15.0	
		7.5	5.2	3.0	17.5	
			5.7	3.3	20.0	300
			6.3	3.6	22.5	
			6.7	3.8	25.0	
			7.2	4.1	27.5	
				4.4	30.0	

续表

中国

储存方式	最大净空高度 h（m）	最大储物高度 h_s（m）	喷水强度[L/(min·m²)]	作用面积（m²）	持续喷水时间（h）
单、双排货架	9.0	$3.5<h_s\leqslant6.0$	24.0	280	2.0
		$6.0<h_s\leqslant7.5$	22.0+1J	200	
多排货架		$3.5<h_s\leqslant4.5$	18.0		
		$4.5<h_s\leqslant6.0$	18.0+1J		
		$6.0<h_s\leqslant7.5$	18.0+2J		

注：货架储物高度大于 7.5m 时，应设置货架内置洒水喷头。顶板下洒水喷头的喷水强度不应低于 20L/(min·m²)，作用面积不应小于 200m²，持续喷水时间不应小于 2h。

货架储存时仓库危险级Ⅲ级场所的系统设计基本参数

表 5.0.4-3

序号	最大净空高度 h（m）	最大储物高度 h_s（m）	货架类型	喷水强度[L/(min·m²)]	货架内置洒水喷头		
					层数	高度（m）	流量系数 K
1	4.5	$1.5<h_s\leqslant3.0$	单、双、多	12.0	—	—	—
2	6.0	$1.5<h_s\leqslant3.0$	单、双、多	18.0	—	—	—
3	7.5	$3.0<h_s\leqslant4.5$	单、双、多	24.5	—	—	—
4	7.5	$3.0<h_s\leqslant4.5$	单、双、多	12.0	1	3.0	80
5	7.5	$4.5<h_s\leqslant6.0$	单、双	24.5	—	—	—
6	7.5	$4.5<h_s\leqslant6.0$	单、双、多	12.0	1	4.5	115
7	9.0	$4.5<h_s\leqslant6.0$	单、双、多	18.0	1	3.0	80
8	8.0	$4.5<h_s\leqslant6.0$	单、双、多	24.5	—	—	—
9	9.0	$6.0<h_s\leqslant7.5$	单、双、多	18.5	1	4.5	115
10	9.0	$6.5<h_s\leqslant7.5$	单、双、多	32.5	—	—	—
11	9.0	$6.0<h_s\leqslant7.5$	单、双、多	12.0	2	3.0，6.0	80

英国

存储配置	最大允许存放高度 m				设计喷水强度 mm/min	作用面积（湿式或预作用系统）（请参阅注）m²
	第一类	第二类	第三类	第四类		
ST2 单排立柱货架 ST4 托盘货架	4.7	3.4	2.2	1.6	7.5	260
	5.7	4.2	2.6	2.0	10.0	
	6.8	5.0	3.2	2.3	12.5	
		5.6	3.7	2.7	15.0	
		6.0	4.1	3.0	17.5	
			4.4	3.3	20.0	300
			4.8	3.6	22.5	
			5.3	3.8	25.0	
			5.6	4.1	27.5	
			6.0	4.4	30.0	
ST3 多排立柱货架 ST5 和 ST6 实心或板条货架	4.7	3.4	2.2	1.6	7.5	260
	5.7	4.2	2.6	2.0	10.0	
		5.0	3.2	2.3	12.5	
				2.7	15.0	
				3.0	17.5	

注：应避免在高危险性存储中使用干式和备用的系统，尤其是易燃产品（类别较高）和较高存储时。尽管如此，如果仍需要安装干式或备用系统，则作用面积应增加 25%。

带架内喷头的屋顶或顶棚喷头的设计标准

表 5

存储配置	货架内防护顶层以上的最大允许储存高度（m）（见注 1）				设计喷水强度（mm/min）	作用面积（湿式或预作用系统）（见注 2）（m²）
	第一类	第二类	第三类	第四类		
ST4 托盘货架	3.5	3.4	2.2	1.6	7.5	260
			2.6	2.0	10.0	
			3.2	2.3	12.5	
			3.5	2.7	15.0	
ST5 和 ST6 实心或板条货架	3.5	3.4	2.2	1.6	7.5	260
			2.6	2.0	10.0	
			3.2	2.3	12.5	
				2.7	15.0	

续表

<table>
<tr><th>中国</th><th>英国</th></tr>
<tr><td>

注：1 作用面积不应小于 200m²，持续喷水时间不应低于 2h。

堆垛储存时仓库危险级Ⅲ级场所的系统设计基本参数 表 5.0.4-4

最大净空高度 h（m）	最大储物高度 h_s（m）	喷水强度［L/(min·m²)］			
		A	B	C	D
7.5	1.5	8.0			
4.5	3.5	16.0	16.0	12.0	12.0
6.0		24.5	22.0	20.5	16.5
9.0		32.5	28.5	24.5	18.5
6.0	4.5	24.5	22.0	20.5	16.5
7.5	6.0	32.5	28.5	24.5	18.5
9.0	7.5	36.5	34.5	28.5	22.5

注：1 A—袋装与无包装的发泡塑料橡胶；B—箱装的发泡塑料橡胶；C—袋装与无包装的不发泡塑料橡胶；D—箱装的不发泡塑料橡胶。
2 作用面积不应小于 240m²，持续喷水时间不应低于 2h。

货架内开放洒水喷头数量 表 5.0.8

仓库危险级	货架内置洒水喷头的层数		
	1	2	>2
Ⅰ级	6	12	14
Ⅱ级	8	14	
Ⅲ级	10		

</td><td>

注：1. 从垂直货架的顶部到垂直货架的距离。
2. 应避免在高危险性存储中使用干式和备用的系统，尤其是易燃产品（类别较高）和较高存储时。但是，如果仍然有必要安装干式或备用系统，则作用面积应增加 25%

</td></tr>
</table>

中英差异化对比分析结论及心得：

差异化对比分析：关于仓库及类似场所的自动喷水灭火系统的喷水强度和作用面积，中国规范根据仓库的危险等级、存储的方式、最大净空高度、最大储物高度以及喷头的选型综合确定；英国规范按存储的方式、最大储物高度以及是否设置货架内喷头综合确定。

16.5 喷头

16.5.1 关于喷头的总则

对比内容：关于喷头的总则

中国

《自动喷水灭火系统设计规范》GB 50084—2017

6.1.1 设置闭式系统的场所，洒水喷头类型和场所的最大净空高度应符合表 6.1.1 的规定；仅用于保护室内钢屋架等建筑构件的洒水喷头和设置货架内置洒水喷头的场所，可不受此表规定的限制。

洒水喷头类型和场所净空高度 表 6.1.1

设置场所		喷头类型：一只喷头的保护面积	喷头类型：响应时间性能	喷头类型：流量系数 K	场所净空高度 h（m）
民用建筑	普通场所	标准覆盖面积洒水喷头	快速响应喷头 特殊响应喷头 标准响应喷头	$K\geqslant80$	$h\leqslant8$
		扩大覆盖面积洒水喷头	快速响应喷头	$K\geqslant80$	
	高大空间场所	标准覆盖面积洒水喷头	快速响应喷头	$K\geqslant115$	$8<h\leqslant12$
		非仓库型特殊应用喷头			
		非仓库型特殊应用喷头			$12<h\leqslant18$
厂房		标准覆盖面积洒水喷头	特殊响应喷头 标准响应喷头	$K\geqslant80$	$h\leqslant8$
		扩大覆盖面积洒水喷头	特殊响应喷头	$K\geqslant80$	
		标准覆盖面积洒水喷头	特殊响应喷头 标准响应喷头	$K\geqslant115$	$8<h\leqslant12$
		非仓库型特殊应用喷头			
仓库		标准覆盖面积洒水喷头	特殊响应喷头 标准响应喷头	$K\geqslant80$	$h\leqslant9$
		仓库型特殊应用喷头			$h\leqslant12$
		早期抑制快速响应喷头			$h\leqslant13.5$

英国

《固定消防系统、自动喷水灭火系统 设计、安装与维护》BS EN 12845—2015（A12019）

14.2 喷淋装置的类型和应用

14.2.1 总则

喷淋喷头应按照表 37a 以及本规范第 14.2.2 条～第 14.2.4 条的规定用于各种危险等级。

各种危险等级的喷头类型和 K 系数 表 37a

危险等级	设计密度(mm/min)	喷头类型	标称 K 因子
LH	2.25	常规、洒水、顶棚、齐平、平喷、嵌入式、隐蔽式和侧墙	57
OH	5.0	常规、洒水、顶棚、齐平、平喷、嵌入式、隐蔽式和侧墙	80 或 115
HHP 和 HHS 顶棚或屋顶洒水喷头	≤10	常规，洒水	80、115 或 160
	>10	常规，洒水	115 或 160
高堆积仓库中的 HHS 中间喷淋喷头		常规，洒水和平面洒水	80 或 115

中英差异化对比分析结论及心得：

差异化对比分析：中国规范，除用于保护钢屋架等建筑构件的闭式系统和设有货架内置洒水喷头仓库的闭式系统，最大净空高度不受限制外，民用建筑、厂房及仓库采用闭式系统时的喷头适用性需结合设置场所的类型和场所最大净空高度综合确定。英国规范，喷头选择按设置场所的火灾危险等级、喷水强度确定。

差异化对比心得：对于设置闭式系统的场所，喷头最大允许设置高度遵循“使喷头及时受热开放、并使开放喷头的洒水有效覆盖起火范围”原则，超过上述高度，喷头将不能及时受热开放，而且喷头开放后的洒水可能达不到覆盖起火范围的预期目的，出现火灾在喷水范围之外蔓延的现象，使系统不能有效发挥控灭火作用。因此，中国规范规定，喷头最大允许设置高度由喷头类型、建筑使用功能等因素综合确定。

16.5.2 关于喷头的选型

对比内容：关于喷头的选型	
中国	英国
《自动喷水灭火系统设计规范》GB 50084—2017 6.1.3 湿式系统的洒水喷头选型应符合下列规定： 1 不做吊顶的场所，当配水支管布置在梁下时，应采用直立型洒水喷头； 2 吊顶下布置的洒水喷头，应采用下垂型洒水喷头或吊顶型洒水喷头； 3 顶板为水平面的轻危险级、中危险级Ⅰ级住宅建筑、宿舍、旅馆建筑客房、医疗建筑病房和办公室，可采用边墙型洒水喷头； 4 易受碰撞的部位，应采用带保护罩的洒水喷头或吊顶型洒水喷头； 5 顶板为水平面，且无梁、通风管道等障碍物影响喷头洒水的场所，可采用扩大覆盖面积洒水喷头； 6 住宅建筑和宿舍、公寓等非住宅类居住建筑宜采用家用喷头； 7 不宜选用隐蔽式洒水喷头；确需采用时，应仅适用于轻危险级和中危险级Ⅰ级场所。 6.1.4 干式系统、预作用系统应采用直立型洒水喷头或干式下垂型洒水喷头。 6.1.5 水幕系统的喷头选型应符合下列规定： 1 防火分隔水幕应采用开式洒水喷头或水幕喷头； 2 防护冷却水幕应采用水幕喷头。 6.1.6 自动喷水防护冷却系统可采用边墙型洒水喷头。 6.1.7 下列场所宜采用快速响应洒水喷头。当采用快速响应洒水喷头时，系统应为湿式系统。 1 公共娱乐场所、中庭环廊； 2 医院、疗养院的病房及治疗区域，老年、少儿、残疾人的集体活动场所； 3 超出消防水泵接合器供水高度的楼层； 4 地下商业场所。 6.1.8 同一隔间内应采用相同热敏性能的洒水喷头	《固定消防系统、自动喷水灭火系统 设计、安装与维护》BS EN 12845—2015（A12019） 不得在OH、HHP或HHS区域安装顶棚，嵌入式、嵌入式和隐藏式喷淋喷头。没有固定导流板的喷头，例如具有在操作时下降到工作位置的缩回导流板的喷头（隐蔽式），不得安装在以下情况中： （1）顶棚与水平线呈45°以上； （2）在大气腐蚀性或粉尘含量高的情况下； （3）在架子上或在架子下。 14.2.3 边墙型 边墙型喷头不得安装在： HH区域，除了保护走廊、电缆导管和立柱。 OH存储区域。 上方悬挂顶棚。 它们可能只安装在平屋顶下。 14.2.4 平面型 平面喷头只能在隐蔽空间、吊顶上方和货架中使用

中英差异化对比分析结论及心得：

差异化对比分析：中国规范规定了各类喷头的适用场所，而英国规范规定了各类喷头的限制使用场所。如英国规范规定，顶棚式（齐平式）、嵌入式、隐蔽式等吊顶型喷头不得在中危险级4级（OH4）和严重危险级（HHP或HHS）场所中使用；隐蔽式喷头不得在顶棚坡度超过45°、腐蚀性或粉尘含量高等场所中使用；边墙型不得在仓储场所、严重危险级及顶板为非水平面的场所中使用。

差异化对比心得：不同用途和型号的喷头，分别具有不同的使用条件和安装方式。喷头的选型、安装方式、方位合理与否，将直接影响喷头的动作时间和布水效果。

实际工程中，由于喷头选型不当而造成失误的现象比较突出。隐蔽式喷头，中英规范均有严格的限制使用条件，因隐蔽式喷头存在巨大的安全隐患，主要表现在：（1）发生火灾时喷头的装饰盖板不能及时脱落；（2）装饰盖板脱落后滑杆无法下落，导致喷头溅水盘无法滑落到吊顶平面下部，喷头无法形成有效的布水；（3）喷头装饰盖板被油漆、涂料喷涂等。

16.5.3 喷头—流量计算

对比内容：喷头—流量计算	
中国	英国
《自动喷水灭火系统设计规范》GB 50084—2017 9.1.1 系统最不利点处喷头的工作压力应计算确定，喷头的流量应按下式计算： $q = K \times \sqrt{10P}$ 式中：q——喷头流量（L/min）； P——喷头工作压力（MPa）； K——喷头流量系数	《固定消防系统、自动喷水灭火系统　设计、安装与维护》BS EN 12845—2015（A12019） 14.3 喷头水流量 喷头的水流应根据以下公式计算： $Q = K \times \sqrt{P}$ 式中：Q——每分钟的升流量； K——表 37a 中给出的常数； P——压力，单位为 bar

中英差异化对比分析结论及心得：

关于喷头的流量计算，中英规范无差别，中国规范压力单位采用 MPa，英国规范压力单位采用 bar，1MPa＝10bar。

16.5.4 关于喷头的公称动作温度和颜色标志

对比内容：关于喷头的公称动作温度和颜色标志

中国

《自动喷水灭火系统设计规范》GB 50084—2017

6.1.2 闭式系统的洒水喷头，其公称动作温度宜高于环境最高温度 30℃。

《自动喷水灭火系统　第 1 部分：洒水喷头》GB 5135.1—2019

公称动作温度和颜色标志　　表 2

玻璃球洒水喷头		易熔元件洒水喷头	
公称动作温度（℃）	液体色标	公称动作温度（℃）	色标
57	橙	57~77	无须标志
68	红	80～107	白
79	黄	121～149	蓝
93	绿	163～191	红
107	绿	204～246	绿
121	蓝	260～302	橙
141	蓝	320～343	橙
163	紫	—	—
182	紫	—	—
240	黑	—	—
227	黑	—	—
260	黑	—	—
343	黑	—	—

注：“—”表示无要求。

英国

《固定消防系统、自动喷水灭火系统　设计、安装与维护》BS EN 12845—2015（A12019）

14.4 喷头温度额定值

洒水喷头的额定温度应接近但不低于最高预期环境温度以上 30℃。

在不通风的隐蔽空间、天窗或玻璃屋顶下等，可能需要安装工作温度高达 93℃或 100℃的洒水喷头。应特别考虑干燥炉、加热器和其他散发辐射热的设备附近的洒水喷头的额定值。

注：1. 在温带气候的正常条件下，68℃或 74℃的额定温度是合适的。

喷头颜色代码　　表 37b

玻璃球喷头		易熔元件喷头	
额定工作温度（℃）	液体颜色代码	额定工作温度在范围内（℃）	易熔元件颜色代码
57	橙色	57～77	未着色
68	红色	80～107	白色
79	黄色	121～149	蓝色
93	绿色	163～191	红色
100	绿色	204～246	绿色
121	蓝色	260～302	橙色
141	蓝色	320～343	黑色
163	淡紫色		
182	淡紫色		
204	黑色		
227	黑色		
260	黑色		
286	黑色		
343	黑色		

中英差异化对比分析结论及心得：

差异化对比分析：关于喷头的公称动作温度和颜色标志，中英规范无差别，均要求选用喷头的公称动作温度需高于环境最高温度30℃。但英国规范更为详细，建议不通风的隐蔽空间、天窗或玻璃屋顶下等区域的喷头，采用工作温度为93℃或100℃的洒水喷头。

差异化对比心得：英国地理位置属于温带海洋性气候，故在正常情况下，选用公称动作温度为68℃或74℃是合适的。

16.5.5 关于喷头的热敏性

对比内容：关于喷头的热敏性

中国

《自动喷水灭火系统设计规范》GB 50084—2017

6.1.8 同一隔间内应采用相同热敏性能的洒水喷头。

洒水喷头类型和场所净空高度 表6.1.1

设置场所		喷头类型：一只喷头的保护面积	喷头类型：响应时间性能	喷头类型：流量系数K	场所净空高度h（m）
民用建筑	普通场所	标准覆盖面积洒水喷头	快速响应喷头 特殊响应喷头 标准响应喷头	$K \geqslant 80$	$h \leqslant 8$
		扩大覆盖面积洒水喷头	快速响应喷头	$K \geqslant 80$	
	高大空间场所	标准覆盖面积洒水喷头	快速响应喷头	$K \geqslant 115$	$8 < h \leqslant 12$
		非仓库型特殊应用喷头			
		非仓库型特殊应用喷头			$12 < h \leqslant 18$
厂房		标准覆盖面积洒水喷头	特殊响应喷头 标准响应喷头	$K \geqslant 80$	$h \leqslant 8$
		扩大覆盖面积洒水喷头	特殊响应喷头	$K \geqslant 80$	
		标准覆盖面积洒水喷头	特殊响应喷头 标准响应喷头	$K \geqslant 115$	$8 < h \leqslant 12$
		非仓库型特殊应用喷头			
仓库		标准覆盖面积洒水喷头	特殊响应喷头 标准响应喷头	$K \geqslant 80$	$h \leqslant 9$
		仓库型特殊应用喷头			$h \leqslant 12$
		早期抑制快速响应喷头			$h \leqslant 13.5$

英国

《固定消防系统、自动喷水灭火系统 设计、安装与维护》BS EN 12845—2015（A12019）

14.5.1 总则

应根据表38使用不同灵敏度的洒水喷头。如果洒水喷头位于货架内，顶棚下的洒水喷头的灵敏度应等于或低于货架内的洒水喷头。

喷头灵敏度等级 表38

灵敏度等级	货架内	货架洒水喷头上方的顶棚	A型干式预作用系统	所有其他
标准型“A”	不适用	适用	……适用	适用
特殊响应	不适用	适用	……适用	适用
快速响应	适用	适用	……适用	适用

注：在现有喷水装置中添加新喷水装置时，可能需要考虑不同灵敏度的影响，以避免过度启动。

中英差异化对比分析结论及心得：

对于货架内的喷头，英国规范规定应使用快速响应喷头，且要求顶板下的洒水喷头的灵敏度不应超过货架内的洒水喷头。

16.5.6 挡水板

对比内容：挡水板	
中国	英国
《自动喷水灭火系统设计规范》GB 50084—2017 7.1.10 挡水板应为正方形或圆形金属板，其平面面积不宜小于 0.12m²，周围弯边的下沿宜与洒水喷头的溅水盘平齐。除下列情况和相关规范另有规定外，其他场所或部位不应采用挡水板： 1 设置货架内置洒水喷头的仓库，当货架内置洒水喷头上方有孔洞、缝隙时，可在洒水喷头的上方设置挡水板； 2 宽度大于本规范第 7.2.3 条规定的障碍物，增设的洒水喷头上方有孔洞、缝隙时，可在洒水喷头的上方设置挡水板 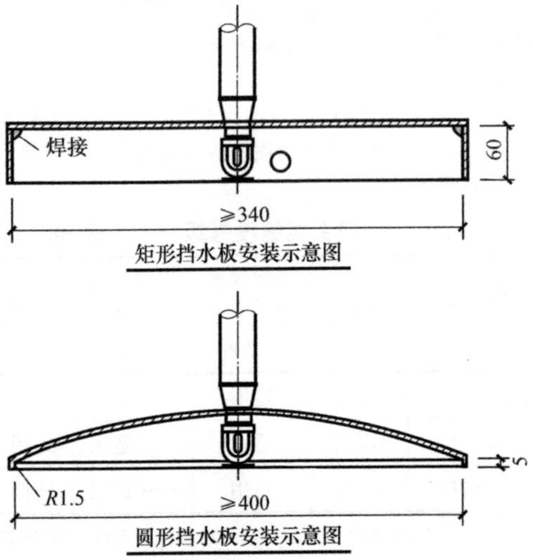 焊接 60 ≥340 矩形挡水板安装示意图 R1.5 ≥400 5 圆形挡水板安装示意图 图示（中国）	《固定消防系统、自动喷水灭火系统 设计、安装与维护》BS EN 12845—2015（A12019） 14.7 喷头挡水罩 安装在架子上或穿孔架子、平台、地板或类似位置下的喷水装置，如果较高的喷头或喷头的喷水可能会喷湿靠近的玻璃球或易熔元件，则应配备最小直径为 0.075m 的金属防水罩。 立式喷头上的挡水板不得直接连接到导流板或轭架上，任何支架的设计应尽量减少对喷头配水的阻碍

中英差异化对比分析结论及心得：

差异化对比分析：关于喷头挡水板，中国规范要求其平面面积不宜小于 0.12m²，而英国规范规定其最小直径为 0.075m，相当于面积不小于 0.044m²，远小于中国规范的要求。

16.6　阀门

16.6.1　报警阀组

1. 报警阀组供水最大高程差

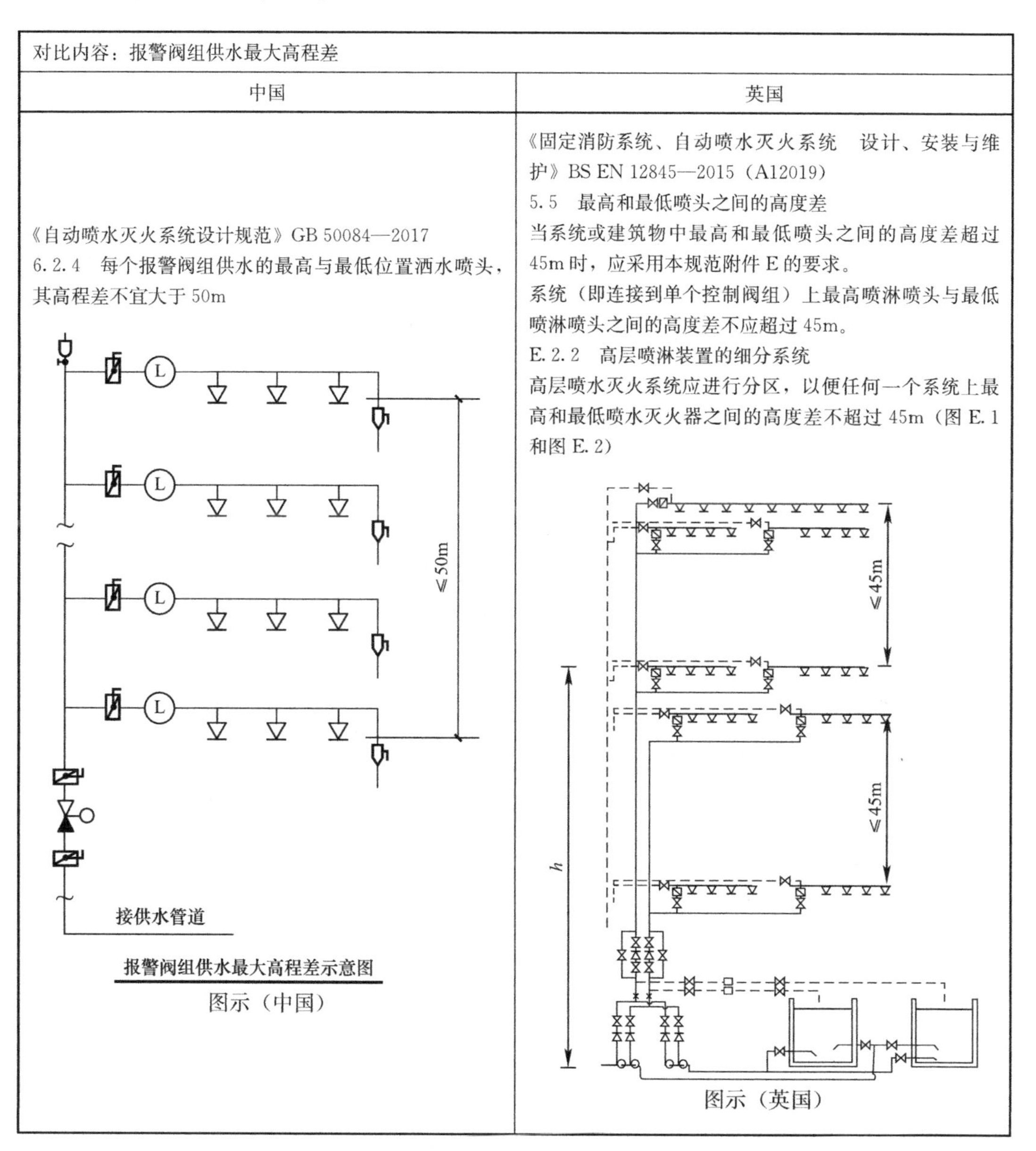

对比内容：报警阀组供水最大高程差	
中国	英国
《自动喷水灭火系统设计规范》GB 50084—2017 6.2.4　每个报警阀组供水的最高与最低位置洒水喷头，其高程差不宜大于 50m 报警阀组供水最大高程差示意图 图示（中国）	《固定消防系统、自动喷水灭火系统　设计、安装与维护》BS EN 12845—2015（A12019） 5.5　最高和最低喷头之间的高度差 当系统或建筑物中最高和最低喷头之间的高度差超过 45m 时，应采用本规范附件 E 的要求。 系统（即连接到单个控制阀组）上最高喷淋喷头与最低喷淋喷头之间的高度差不应超过 45m。 E.2.2　高层喷淋装置的细分系统 高层喷水灭火系统应进行分区，以便任何一个系统上最高和最低喷水灭火器之间的高度差不超过 45m（图 E.1 和图 E.2） 图示（英国）

中英差异化对比分析结论及心得：

差异化对比分析：关于每个报警阀组供水的最高与最低位置洒水喷头的高程差，中国规范要求不宜大于 50m；英国规范规定不应超过 45m。

差异化对比心得：中国规范此处参考了英国规范，只是参数稍有差别（相差 5m）。规定的日的是控制高、低位置喷头间的工作压力，防止其压差过大。当满足最不利点处喷头的工作压力时，同一报警阀组向较低有利位置的喷头供水时，系统流量将因喷头的工作压力上升而增大。限制同一报警阀组供水的高、低位置喷头之间的位差，是均衡流量的措施。

2. 报警阀组的控制范围（除高度外）

<table>
<tr><td colspan="2">对比内容：报警阀组的控制范围（除高度外）</td></tr>
<tr><td>中国</td><td>英国</td></tr>
<tr><td>《自动喷水灭火系统设计规范》GB 50084—2017
6.2.3 一个报警阀组控制的洒水喷头数应符合下列规定：
1 湿式系统、预作用系统不宜超过 800 只；干式系统不宜超过 500 只；
2 当配水支管同时设置保护吊顶下方和上方空间的洒水喷头时，应只将数量较多一侧的洒水喷头计入报警阀组控制的洒水喷头总数</td><td>《固定消防系统、自动喷水灭火系统 设计、安装与维护》BS EN 12845—2015（A12019）
7.2.3 货架内设置喷淋
7.2.3.1 如果在货架上安装了超过 50 只中间层喷头，则不应使用与屋顶或顶棚喷头相同的报警阀组给水。
11.1.3 设施规格
单个湿式报警阀控制的最大面积，包括辅助扩展中的任何洒水喷头，不得超过如表 17 所示的面积。
湿式和预作用系统的最大保护面积　　表 17
<table>
<tr><td>危险等级</td><td>每个控制阀组的最大保护面积（m^2）</td></tr>
<tr><td>LH</td><td>10000</td></tr>
<tr><td>OH，包括 LH 喷头</td><td>12000，附录 D 和附录 F 中允许的除外</td></tr>
<tr><td>HH，包括任何 OH 和 LH 喷头</td><td>9000</td></tr>
</table>
</td></tr>
</table>

中英差异化对比分析结论及心得：

差异化对比分析：除供水高差外，关于报警阀组的控制范围，中国规范对其控制的喷头数量进行了限制，一个报警阀组控制的洒水喷头数量，对于湿式系统、预作用系统不宜超过 800 只，干式系统不宜超过 500 只。英国规范则是限制其控制的最大面积，一个（湿式或预作用）报警阀组控制的最大保护面积，对于轻危险级（LH）不应超过 10000m^2，中危险级（OH）不应超过 12000m^2，严重危险级（HH）不应超过 9000m^2。另外，英国规范强调货架内喷头如果超过 50 只，则不应与顶板喷头共用报警阀组，中国规范对此无相关规定。

差异化对比心得：根据中国规范，对于轻危险级单个喷头最大保护面积约为 20m^2，800 只喷头理论上最大保护面积约 16000m^2；同理，对于中危险级，800 只喷头理论上最大保护面积约 10000m^2；对于严重危险级，800 只喷头理论上最大保护面积约 7200m^2。除轻危险级外，中英规范对于报警阀组的控制范围差别不大。区别在于，一个限制喷头数量，一个限制保护面积。限制报警阀组控制范围的目的是提高系统的可靠性，如在系统故障或维修时，系统的失效或关停部分不致过大。

16.6.2 喷淋系统检修阀门的设置

对比内容：喷淋系统检修阀门的设置	
中国	英国
《自动喷水灭火系统设计规范》GB 50084—2017 6.2.7 连接报警阀进出口的控制阀应采用信号阀。当不采用信号阀时，控制阀应设锁定阀位的锁具。 10.1.4 当自动喷水灭火系统中设有2个及以上报警阀组时，报警阀组前应设环状供水管道。环状供水管道上设置的控制阀应采用信号阀；当不采用信号阀时，应设锁定阀位的锁具	《固定消防系统、自动喷水灭火系统 设计、安装与维护》BS EN 12845—2015（A12019） 15.2 截止阀 所有可能切断喷水装置供水的截止阀应： 沿顺时针方向关闭； 装有指示器，清楚地表明它处于打开还是关闭位置； 用皮带和挂锁将其固定在正确的位置，或以等效的方式固定。 除非本规范中规定，否则截止阀不得安装在控制阀组的下游。为了便于测试和维护，如果受到监控，可以在控制阀的下游安装1个截止阀。 15.3 环形主管阀门 如果喷淋系统是由室内的环形主供水管装置供水的，则应安装截止阀将环形分隔成多个部分，以使每个部分不得包括多于4个控制阀组

中英差异化对比分析结论及心得：

差异化对比分析：相同点，中英规范均针对连接报警阀进出口的控制阀作了规定，应采用信号阀（具有输出启闭状态信号功能的阀门）或配置能够锁定阀板位置的锁具。不同点，针对报警阀组前的环状供水管道上的检修阀门，中国规范对阀门的数量没有明确要求，仅要求应采用信号阀或设置锁定阀位的锁具；而英国规范明确规定了检修阀门的设置原则，即应将环形分隔成多个部分，以使每段供水管上连接的报警阀组不超过4个。

差异化对比心得：报警阀前的控制阀应采用信号阀或设置锁定阀位的锁具，目的是防止阀门被误关闭，导致系统供水中断。采用环状管网供水可靠性高，当其中某段管道损坏时，仍能通过其他管段供应消防用水，环状供水管道上设置的阀门，既是报警阀的水源控制阀，又是管网检修控制阀，对于确保系统正常供水至关重要。

16.6.3 喷淋系统排（泄）水阀的设置

对比内容：喷淋系统排（泄）水阀的设置	
中国	英国
《自动喷水灭火系统设计规范》GB 50084—2017 4.3.2 自动喷水灭火系统应有下列组件、配件和设施： 3 应设有泄水阀（或泄水口）、排气阀（或排气口）和排污口； （条文说明：设置泄水阀是为了便于检修。泄水阀则设在其负责区段管道的最低点。泄水阀及其连接管的管径可参考表7）	《固定消防系统、自动喷水灭火系统 设计、安装与维护》BS EN 12845—2015（A12019） 15.4 排水阀 排水阀的安装应符合表39的规定，以允许如下方式从管道中排水： （1）紧接在控制阀组或其下游截止阀的下游（如果已安装）； （2）紧接任何辅助警报的下游； （3）在任何辅助截止阀的下游；

续表

<table>
<tr><th>中国</th><th>英国</th></tr>
<tr><td>
泄水管管径（mm）　　表 7
<table>
<tr><th>供水干管管径</th><th>泄水管管径</th></tr>
<tr><td>≥100</td><td>≤50</td></tr>
<tr><td>65～80</td><td>≤40</td></tr>
<tr><td><65</td><td>25</td></tr>
</table>
8.0.13　水平设置的管道宜有坡度，并应坡向泄水阀。充水管道的坡度不宜小于 2‰，准工作状态不充水管道的坡度不宜小于 4‰
</td><td>
（4）干管或辅助控制阀组与安装用于测试的任何辅助截止阀之间；
（5）除湿式系统中的单个喷头落水管外，不能通过其他排水阀排水的任何管道。
阀门应安装在管道的下端，尺寸应符合表 39 的规定。出口应在距地面不超过 3m 的位置，并应配备合适的塞子。
排水阀的最小尺寸　　表 39
<table>
<tr><th>主要排水阀</th><th>阀管最小直径（mm）</th></tr>
<tr><td>LH 设施</td><td>40</td></tr>
<tr><td>OH 或 HHP 或 HHS 设施</td><td>50</td></tr>
<tr><td>附属设施</td><td>50</td></tr>
<tr><td>A 区域</td><td>50</td></tr>
<tr><td>集流配水管，直径≤80</td><td>25</td></tr>
<tr><td>集流配水管，直径>80</td><td>40</td></tr>
<tr><td>集流的射程管</td><td>25</td></tr>
<tr><td>干式或辅助报警阀与试验用辅助截止阀之间的截留管道</td><td>15</td></tr>
</table>
</td></tr>
</table>

中英差异化对比分析结论及心得：

喷淋管道上设置泄水阀是为了便于检修，中国规范仅要求应设置泄水阀，但对其设置的原则并无明确的要求，但英国规范的规定则较为详细，不仅规定了泄水阀的设置位置，而且对不同部位的泄水阀的规格也作了详细规定。

16.6.4　喷淋系统的测试阀门

<table>
<tr><td colspan="2">对比内容：喷淋系统的测试阀门</td></tr>
<tr><th>中国</th><th>英国</th></tr>
<tr><td>
《自动喷水灭火系统设计规范》GB 50084—2017
6.5.1　每个报警阀组控制的最不利点洒水喷头处应设末端试水装置，其他防火分区、楼层均应设直径为 25mm 的试水阀。
6.5.2　末端试水装置应由试水阀、压力表以及试水接头组成。试水接头出水口的流量系数，应等同于同楼层或防火分区内的最小流量系数洒水喷头。末端试水装置的出水，应采取孔口出流的方式排入排水管道，排水立管宜设伸顶通气管，且管径不应小于 75mm。
6.5.3　末端试水装置和试水阀应有标识，距地面的高度宜为 1.5m，并应采取不被他用的措施
</td><td>
《固定消防系统、自动喷水灭火系统　设计、安装与维护》BS EN 12845—2015（A12019）
15.5.1　报警和泵启动测试阀门
应安装 15mm 测试阀（视情况而定），以测试以下各项：
（1）水力报警和任何电动报警压力开关，从下列装置的直接下游侧取水：
湿式报警阀和任何下游主截止阀；
备用报警阀。
（2）通过从主供水截止阀下游和从以下位置的上游侧取水，实现液压报警和任何电动报警压力开关：
备用报警阀；
干管报警阀；
预作用报警阀。
</td></tr>
</table>

续表

中国	英国
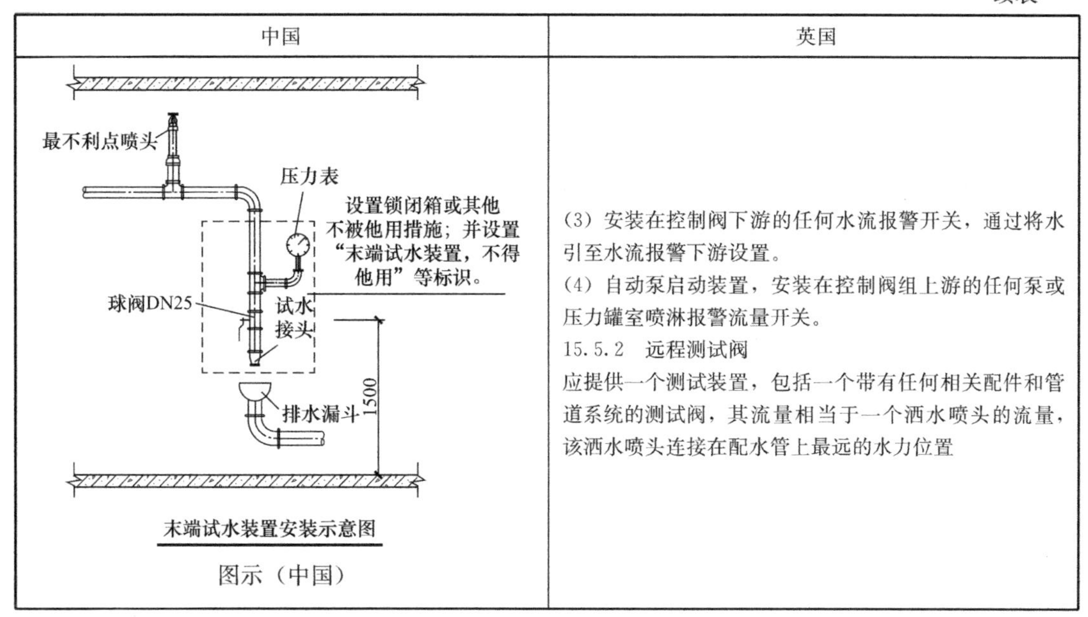 图示（中国）	（3）安装在控制阀下游的任何水流报警开关，通过将水引至水流报警下游设置。 （4）自动泵启动装置，安装在控制阀组上游的任何泵或压力罐室喷淋报警流量开关。 15.5.2　远程测试阀 应提供一个测试装置，包括一个带有任何相关配件和管道系统的测试阀，其流量相当于一个洒水喷头的流量，该洒水喷头连接在配水管上最远的水力位置

中英差异化对比分析结论及心得：

测试阀门是为了检验系统的可靠性，中英规范均要求测试阀门（末端试水装置）的流量等同于报警阀所控制区域内的最小流量系数的喷头，且要求其设置位置位于水力条件最不利的喷头处。同时，英国规范对系统流量开关和压力开关等的报警和启泵信号均要求需安装DN15的测试阀门。报警阀组中的试验阀，用于检验报警阀、水力警铃和压力开关的可靠性。

16.6.5　冲洗接头

对比内容：冲洗接头	
中国	英国
《自动喷水灭火系统设计规范》GB 50084—2017 无	《固定消防系统、自动喷水灭火系统　设计、安装与维护》BS EN 12845—2015（A12019） 15.6　冲洗接头 冲洗接头（无论有无永久安装的阀门）应安装在配水管的支线末端。 冲洗接头的尺寸应与配水管相同。对于大于DN40的管道，如果连接到配水管的下侧，则可使用DN40冲洗接头。 冲洗连接应配备合适的插头。 在某些情况下，可能需要在射程管上安装冲洗接头。例如，以空白三通的形式。 除了用于管道系统的定期冲洗外，冲洗接头还可用于检查水是否可用，以及进行压力和流量测试。 完全充满水的管道系统可能会因温度升高导致的压力升高而损坏。如果装置中的空气可能完全排出，例如，在末端带有冲洗连接的网格布局的情况下，应考虑安装泄压阀。 注：湿管安装中过多地截留空气可能会导致不可接受的报警激活时间，在格栅管配置的情况下，会造成水力报警不平衡。可以提供减少装置中截留空气体积的装置

中英差异化对比分析结论及心得：

关于冲洗接头，中国规范无相关规定。冲洗接头除了用于管道系统的定期冲洗外，还可用于检查水是否可用，以及进行压力和流量测试。

16.6.6 压力表

对比内容：压力表	
中国	英国
《自动喷水灭火系统设计规范》GB 50084—2017 9.3.5 减压阀的设置应符合下列规定： 6 减压阀前后应设控制阀和压力表，当减压阀主阀体自身带有压力表时，可不设置压力表； 《消防给水及消火栓系统技术规范》GB 50974—2014 5.1.17 消防水泵吸水管和出水管上应设置压力表，并应符合下列规定： 1 消防水泵出水管压力表的最大量程不应低于其设计工作压力的2倍，且不应低于1.60MPa； 2 消防水泵吸水管宜设置真空表、压力表或真空压力表，压力表的最大量程应根据工程具体情况确定，但不应低于0.70MPa，真空表的最大量程宜为－0.10MPa； 3 压力表的直径不应小于100mm，应采用直径不小于6mm的管道与消防水泵进出口管相接，并应设置关断阀门。 8.3.4 减压阀的设置应符合下列规定： 3 过滤器和减压阀前后应设压力表，压力表的表盘直径不应小于100mm，最大量程宜为设计压力的2倍。 12.3.2 消防水泵的安装应符合下列要求： 8 消防水泵出水管上应安装消声止回阀、控制阀和压力表；系统的总出水管上还应安装压力表和低压压力开关；安装压力表时应加设缓冲装置。压力表和缓冲装置之间应安装旋塞；压力表量程在没有设计要求时，应为系统工作压力的2～2.5倍	《固定消防系统、自动喷水灭火系统 设计、安装与维护》BS EN 12845—2015（A12019） 15.7 压力表 15.7.1 总则 压力表刻度不得超过： (1) 最大量程小于或等于10bar时，为0.2bar； (2) 最大量程大于10bar时，为0.5bar。 最大量程应为最大压力的150%。 15.7.2 供水连接 每个城镇的主要连接都应在供水管截止阀和止回阀之间配备一个压力表（“A”压力表）。 每台泵应在出口止回阀下游和任何出口截止阀上游的供应管上安装带缓冲器的压力表。 15.7.3 控制阀组 压力表应安装在以下每个位置： (1) 紧接在每个控制阀组的上游（“B”压力表）； (2) 紧接在每个控制阀组的下游（“C”压力表）； (3) 紧接在每个交替或干式控制阀组的下游，但在任何截止阀的上游。 干式报警阀上的“B”压力表应具有一个指示器，显示达到的最大压力

中英差异化对比分析结论及心得：

关于压力表的设置位置，英国规范要求在以下位置设置：(1) 市政供水主管检修阀和止回阀之间；(2) 消防泵出水管检修阀和止回阀之间；(3) 湿式报警阀的进出口；(4) 交替或干式报警阀组的出口，每个检修阀的入口。中国规范要求在以下位置设置：(1) 减压阀前后；(2) 消防水泵吸水管和出水管上；(3) 过滤器和减压阀前后。报警阀组进出口一般标配有压力表。

关于压力表规格参数：

最小刻度：英国规范规定，当最大量程小于或等于10bar时，为0.2bar；当最大量程大于10bar时，为0.5bar；中国规范没有要求。

最大量程：英国规范所有区域的压力表量程按最大压力的150%；中国规范规定，消防水泵出水管压力表的最大量程不应低于其设计工作压力的2倍，且不应低于1.60MPa；过滤器和减压阀前后设置的压力表，最大量程宜为设计压力的2倍。

对应消防泵出水管上设置的压力表，中英规范均要求表前应设缓冲装置。压力表的缓冲装置既可保护压力表，也可使压力表指针稳定。

16.6.7 报警装置

<table>
<tr><td colspan="2">对比内容：报警装置</td></tr>
<tr><td>中国</td><td>英国</td></tr>
<tr><td>《自动喷水灭火系统设计规范》GB 50084—2017
6.2.8 水力警铃的工作压力不应小于0.05MPa，并应符合下列规定：
1 应设在有人值班的地点附近或公共通道的外墙上；
2 与报警阀连接的管道，其管径应为20mm，总长不宜大于20m。
6.4.1 雨淋系统和防火分隔水幕，其水流报警装置应采用压力开关。
6.4.2 自动喷水灭火系统应采用压力开关控制稳压泵，并应能调节启停压力。
11.0.1 湿式系统、干式系统应由消防水泵出水干管上设置的压力开关、高位消防水箱出水管上的流量开关和报警阀组压力开关直接自动启动消防水泵。
11.0.2 预作用系统应由火灾自动报警系统、消防水泵出水干管上设置的压力开关、高位消防水箱出水管上的流量开关和报警阀组压力开关直接自动启动消防水泵。
11.0.10 消防控制室（盘）应能显示水流指示器、压力开关、信号阀、消防水泵、消防水池及水箱水位、有压气体管道气压，以及电源和备用动力等是否处于正常状态的反馈信号，并应能控制消防水泵、电磁阀、电动阀等的操作</td><td>《固定消防系统、自动喷水灭火系统 设计、安装与维护》BS EN 12845—2015（A12019）
16.1 水流量警报
16.1.1 总则
每个控制阀组应配备符合《固定消防系统 喷水灭火系统和水雾系统的组件 第4部分：水力警铃》EN 12259—4—2000的水马达报警器和远程报警指示的电气装置，两者均应尽可能靠近报警阀。如果一组湿式报警阀位于同一个阀室中，且每个报警阀上都安装了指示器，以显示其工作状态，则可安装单个报警电机和警铃。
每个水马达警报器均应醒目标明安装编号。
16.1.2 水马达和警铃
水马达的安装方式应使警铃在外墙的外侧，并且其中心线不高于报警阀连接点6m。在马达喷嘴和报警阀连接之间应安装易于清洁的过滤器。出水口的布置应能看到水流。
16.1.3 水管至马达
管道应为直径20mm的镀锌钢或有色金属材料。假设每次换向的等效长度为2m，则报警阀与水马达之间的管道等效长度应不超过25m。该管道应安装一个位于房屋内的截止阀，并应通过直径不超过3mm的孔口提供永久排水。孔板可与管件集成，并由不锈钢或非铁材料制成。
16.2 电动水流量和压力开关
16.2.1 总则
用于检测喷淋系统运行的电气设备应符合《固定消防系统 喷水灭火系统和水雾系统的组件 第5部分：水流指示器》EN 12259—5—2001的水流开关或压力开关。
16.2.2 水流量报警开关
水流量报警开关只能用于湿式装置。应在每个开关的下游安装测试连接，以模拟单个洒水喷头的运行。应安装排水管。排水管应为镀锌钢或铜。
全开测试阀和排水管的压力/流量特性应等于通过流量开关供应的最小标称孔径洒水喷头的压力/流动特性。任何孔板应位于管道出口处，且应为不锈钢或非铁材料。
测试管道出口应相对于排水系统定位，以便在测试期间可以看到水流。
16.2.3 干式和预作用系统
每个装置应配备低气压/气压警报器，以根据本规范附录I提供视觉和听觉警报。
16.3 消防队和远程中心站警报连接
自动将报警信号从洒水装置传输至消防队或远程有人值守中心的设备应能够检查：
（1）连接的连续性；
（2）警报开关和控制单元之间连接的连续性。
如果存在与消防队的直接连接，则应与主管部门商定测试程序，以免发生误报</td></tr>
</table>

中英差异化对比分析结论及心得：

中英规范中对水力警铃安装位置和与报警阀组连接管的直径及长度的规定差异不大，目的是保证水力警铃发出警报的位置和声强，且保证其报警能及时被人员发现。

16.7 喷头布置一般规定

16.7.1 喷头溅水盘与（下方）保护对象的最小垂直距离

<table>
<tr><td colspan="2">对比内容：喷头溅水盘与（下方）保护对象的最小垂直距离</td></tr>
<tr><th>中国</th><th>英国</th></tr>
<tr><td>《自动喷水灭火系统设计规范》GB 50084—2017
7.1.8 图书馆、档案馆、商场、仓库中的通道上方宜设有喷头。喷头与被保护对象的水平距离不应小于0.30m，喷头溅水盘与保护对象的最小垂直距离不应小于表7.1.8的规定。
喷头溅水盘与保护对象的最小垂直距离（mm）
表7.1.8
<table>
<tr><th>喷头类型</th><th>最小垂直距离</th></tr>
<tr><td>标准覆盖面积洒水喷头、扩大覆盖面积洒水喷头</td><td>450</td></tr>
<tr><td>特殊应用喷头、早期抑制快速响应喷头</td><td>900</td></tr>
</table>
7.1.9 货架内置洒水喷头宜与顶板下洒水喷头交错布置，其溅水盘与上方层板的距离应符合本规范第7.1.6条的规定，与其下部储物顶面的垂直距离不应小于150mm</td>
<td>《固定消防系统、自动喷水灭火系统 设计、安装与维护》BS EN 12845—2015（A12019）
12.1.2 屋顶和顶棚喷淋装置的溅水盘下方应保持至少以下空间：
（1）对于LH和OH：
平面喷淋喷头为0.3m；
在其他所有情况下为0.5m。
（2）对于HHP和HHS：
1.0m</td></tr>
</table>

中英差异化对比分析结论及心得：

关于喷头溅水盘与保护对象的最小垂直距离，中国规范从喷头的类型上区分规定，英国规范则从场所的火灾危险上区分规定。

16.7.2 喷头最大保护面积和布置间距

<table>
<tr><td colspan="2">对比内容：喷头最大保护面积和布置间距</td></tr>
<tr><th>中国</th><th>英国</th></tr>
<tr><td>《自动喷水灭火系统设计规范》GB 50084—2017
7.1.2 直立型、下垂型标准覆盖面积洒水喷头的布置，包括同一根配水支管上喷头的间距及相邻配水支管的间距，应根据设置场所的火灾危险等级、洒水喷头类型和工作压力确定，并不应大于表7.1.2的规定，且不应小于1.8m。</td>
<td>《固定消防系统、自动喷水灭火系统 设计、安装与维护》BS EN 12845—2015（A12019）
每个喷头的最大覆盖面积应根据表19（侧墙喷头除外）和表20（侧墙喷头）确定</td></tr>
</table>

续表

中国	英国

中国

直立型、下垂型标准覆盖面积洒水喷头的布置

表 7.1.2

火灾危险等级	正方形布置的边长（m）	矩形或平行四边形布置的长边边长（m）	一只喷头的最大保护面积（m^2）	喷头与端墙的距离（m）	
				最大	最小
轻危险级	4.4	4.5	20.0	2.2	0.1
中危险级Ⅰ级	3.6	4.0	12.5	1.8	
中危险级Ⅱ级	3.4	3.6	11.5	1.7	
严重危险级、仓库危险级	3.0	3.6	9.0	1.5	

注：1 设置单排洒水喷头的闭式系统，其洒水喷头间距应按地面不留漏喷空白点确定。

2 严重危险级或仓库危险级场所宜采用流量系数大于80的洒水喷头。

7.1.3 边墙型标准覆盖面积洒水喷头的最大保护跨度与间距，应符合表7.1.3的规定。

边墙型标准覆盖面积洒水喷头的最大保护跨度的间距

表 7.1.3

火灾危险等级	配水支管上喷头的最大间距（m）	单排喷头的最大保护跨度（m）	两排相对喷头的最大保护跨度（m）
轻危险级	3.6	3.6	7.2
中危险级Ⅰ级	3.0	3.0	6.0

7.1.4 直立型、下垂型扩大覆盖面积洒水喷头应采用正方形布置，其布置间距不应大于表7.1.4的规定，且不应小于2.4m。

直立型、下垂型扩大覆盖面积洒水喷头的布置间距

表 7.1.4

火灾危险等级	正方形布置的边长（m）	一只喷头的最大保护面积（m^2）	喷头与端墙的距离（m）	
			最大	最小
轻危险级	5.4	29.0	2.7	0.1
中危险级Ⅰ级	4.8	23.0	2.4	
中危险级Ⅱ级	4.2	17.5	2.1	
严重危险级	3.6	13.0	1.8	

7.1.5 边墙型扩大覆盖面积洒水喷头的最大保护跨度和配水支管上的洒水喷头间距，应按洒水喷头工作压力下能够喷湿对面墙和邻近端墙距溅水盘1.2m高度以下的墙面确定，且保护面积内的喷水强度应符合表5.0.1的规定。

英国

除侧墙外的喷头的最大覆盖范围和间距

表 19

危险等级	每个喷头的最大面积（m^2）	最大距离如图8所示（m）		
		标准布局	交错布置	
		S和D	S	D
LH	21.0	4.6	4.6	4.6
OH	12.0	4.0	4.6	4.0
HHP和HHS	9.0	3.7	3.7	3.7

侧墙型喷头的最大覆盖范围和间距　表 20

危险等级	每个喷头的最大面积（m^2）	沿墙间距		房间宽度（W）（m）	房间长度（L）（m）	侧墙喷头排数	间隔图案（水平面）
		喷头之间（m）	喷头至墙端（m）				
LH	17.0	4.6	2，3	W≤3.7	任何	1	单线
				3.7<W≤7.4	≤9.2	2	标准
					>9.2	2	交错的
				W>7.4	任何	2（见注1）	标准
OH	8.0	3.4（请参阅注2）	1，8	W≤3.7	任何	1	单线
				3.7<W≤7.4	≤6.8	2	标准
					>6.8	2	交错的
				W>7.4	任何	2	标准（请参阅注意1）

注：1. 需要另外一排或多排屋顶或顶棚喷淋装置。

2. 如果顶棚的耐火性不低于120min，则可以增加到3.7m。

3. 喷水器的溅水盘应位于顶棚下方0.1～0.15m，且距墙水平方向应位于0.05～0.15m。

4. 在洒水喷头每侧各1.0m，垂直于墙壁1.8m的正方形范围内，顶棚上不应有障碍物

续表

中国	英国

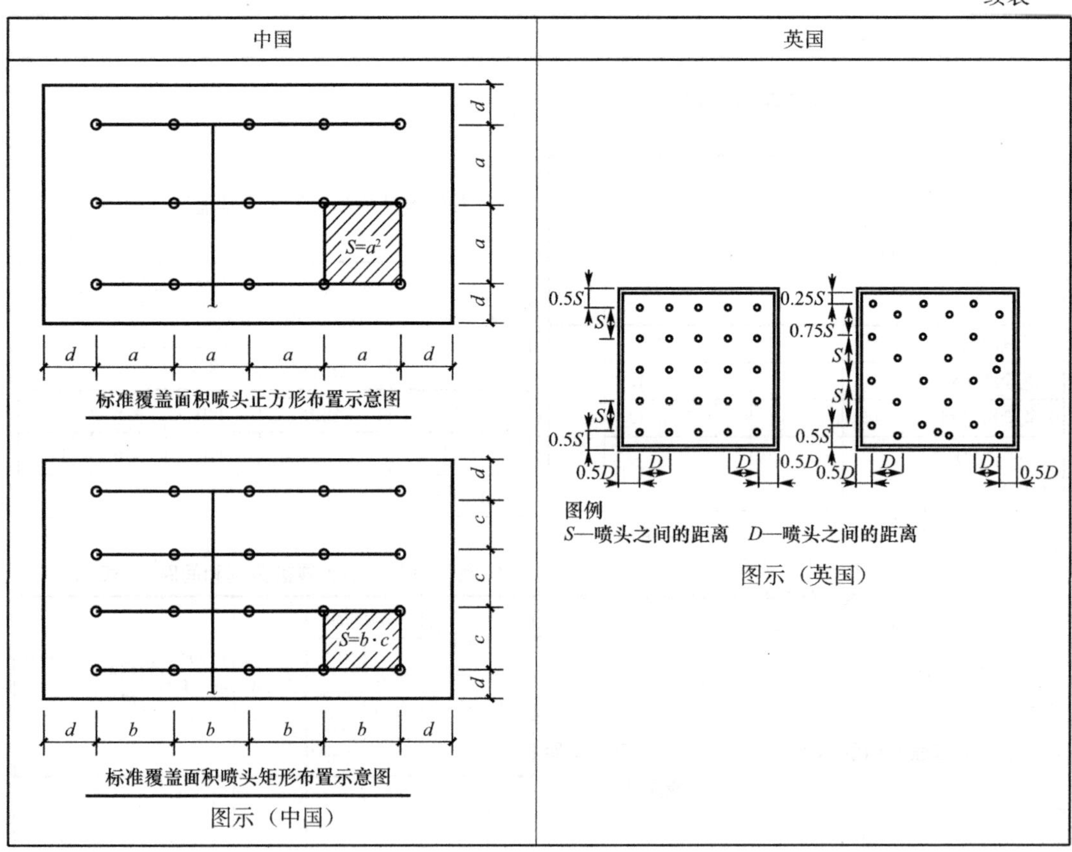

图示（中国）

图示（英国）

中英差异化对比分析结论及心得：

喷头的布置间距是自动喷水灭火系统设计的重要参数，其中设置场所的火灾危险等级对喷头布置起决定性因素。喷头间距过大会影响喷头的开放时间及系统的控、灭火效果，间距过小会造成作用面积内喷头布置过多，系统设计用水量偏大。为控制喷头与起火点之间的距离，既保证喷头开放时间，又不致引起喷头开放数过多，中英规范均提出了不同类型喷头的布置间距及喷头最大保护面积，其目的是确保喷头既能适时开放，又能使系统按设计选定的强度喷水。

16.7.3 喷头最小间距

对比内容：喷头最小间距	
中国	英国
《自动喷水灭火系统设计规范》GB 50084—2017 7.1.2 直立型、下垂型标准覆盖面积洒水喷头的布置，包括同一根配水支管上喷头的间距及相邻配水支管的间距，应根据设置场所的火灾危险等级、洒水喷头类型和工作压力确定，并不应大于表 7.1.2 的规定，且不应小于 1.8m。 7.1.4 直立型、下垂型扩大覆盖面积洒水喷头应采用正方形布置，其布置间距不应大于表 7.1.4 的规定，且不应小于 2.4m。	《固定消防系统、自动喷水灭火系统 设计、安装与维护》BS EN 12845—2015（A12019） 除以下情况外，喷头的安装间隔不得小于 2m： 为了防止相邻的喷头相互喷湿而进行的布置。这可以通过使用大约 200mm×150mm 的挡板或通过使用中间结构部件实现； 货架中的中间喷头（参见本规范第 12.5.3 条）； 自动扶梯和楼梯间（参见本规范第 12.4.11 条）

中英差异化对比分析结论及心得：

差异化对比分析：关于喷头布置间距，中国规范规定标准覆盖面积喷头不应小于1.8m，扩大覆盖面积喷头不应小于2.4m；英国规范规定除特殊情况外，喷头的安装间隔不得小于2.0m。

差异化对比心得：喷头的布置间距过小会造成作用面积内喷头布置过多，系统设计用水量偏大；另外，间距过小，相邻的喷头会相互喷湿喷头的感温元件，从而影响喷头正常动作。

16.7.4 喷头与端墙的距离

对比内容：喷头与端墙的距离

中国

《自动喷水灭火系统设计规范》GB 50084—2017）

直立型、下垂型标准覆盖面积洒水喷头的布置

表 7.1.2

火灾危险等级	正方形布置的边长（m）	矩形或平行四边形布置的长边边长（m）	一只喷头的最大保护面积（m^2）	喷头与端墙的距离（m）	
				最大	最小
轻危险级	4.4	4.5	20.0	2.2	0.1
中危险级Ⅰ级	3.6	4.0	12.5	1.8	
中危险级Ⅱ级	3.4	3.6	11.5	1.7	
严重危险级、仓库危险级	3.0	3.6	9.0	1.5	

直立型、下垂型扩大覆盖面积洒水喷头的布置间距

表 7.1.4

火灾危险等级	正方形布置的边长（m）	一只喷头的最大保护面积（m^2）	喷头与端墙的距离（m）	
			最大	最小
轻危险级	5.4	29.0	2.7	0.1
中危险级Ⅰ级	4.8	23.0	2.4	
中危险级Ⅱ级	4.2	17.5	2.1	
严重危险级	3.6	13.0	1.8	

7.1.15 边墙型洒水喷头溅水盘与顶板和背墙的距离应符合表 7.1.15 的规定。

边墙型洒水喷头溅水盘与顶板和背墙的距离（mm）

表 7.1.15

喷头类型		喷头溅水盘与顶板的距离 S_L（mm）	喷头溅水盘与背墙的距离 S_W（mm）
边墙型标准覆盖面积洒水喷头	直立式	$100 \leqslant S_L \leqslant 150$	$50 \leqslant S_W \leqslant 100$
	水平式	$150 \leqslant S_L \leqslant 300$	—
边墙型扩大覆盖面积洒水喷头	直立式	$100 \leqslant S_L \leqslant 150$	$100 \leqslant S_W \leqslant 150$
	水平式	$150 \leqslant S_L \leqslant 300$	—
边墙型家用喷头		$100 \leqslant S_L \leqslant 150$	—

英国

《固定消防系统、自动喷水灭火系统 设计、安装与维护》BS EN 12845—2015（A12019）

12.4.1 从墙壁和隔板到喷淋喷头的最大距离应为以下各项的最小适当值：

标准间距为 2.0m；

交错间距为 2.3m

顶棚或屋顶为开放式龙骨或椽子外露的位置为 1.5m；

距露天建筑物的露天面为 1.5m；

外墙为可燃材料时为 1.5m；

外墙为金属，有或没有可燃衬里或绝缘材料时，为 1.5m；

表 19 和表 20 中给出的最大距离的一半。

12.4.4 从顶棚边缘到最近的喷头的距离不应超过 1.5m

续表

中国	英国
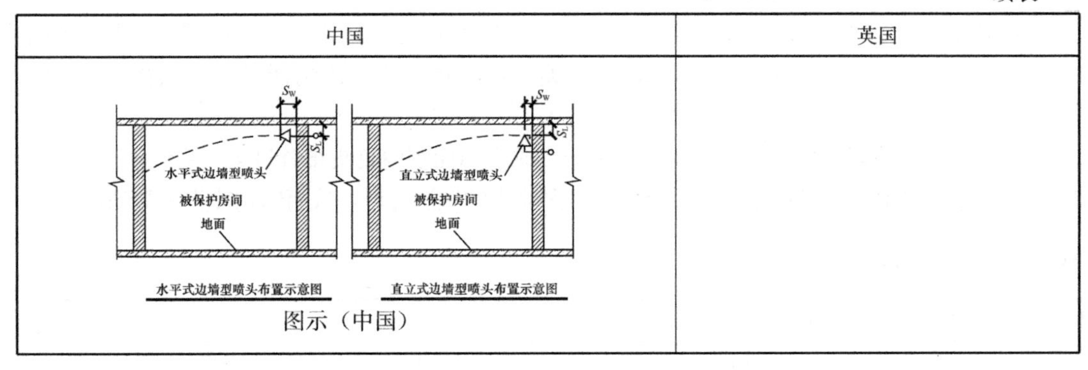 图示（中国）	

中英差异化对比分析结论及心得：

差异化对比分析：关于喷头与端墙的距离，中国规范既规定了喷头与端墙的最大距离，也规定了其最小距离，且最大距离根据火灾危险等级和喷头类型有所不同；英国规范仅规定了喷头与端墙的最大距离，其距离与喷头的布置方式和设置区域有关，与火灾危险等级和喷头类型无关。

差异化对比心得：规定喷头与端墙的最大距离，是为了使喷头的洒水能够喷湿墙根地面且不留漏喷的空白点，而且能够喷湿一定范围的墙面，防止火灾沿墙面的可燃物蔓延。喷头与端墙的距离过小，则喷头洒水时有可能受到墙面的遮挡。

16.7.5　喷头与顶板或吊顶的距离

对比内容：喷头与顶板或吊顶的距离	
中国	英国
《自动喷水灭火系统设计规范》GB 50084—2017） 7.1.6　除吊顶型洒水喷头及吊顶下设置的洒水喷头外，直立型、下垂型标准覆盖面积洒水喷头和扩大覆盖面积洒水喷头溅水盘与顶板的距离应为75～150mm，并应符合下列规定： 1　当在梁或其他障碍物底面下方的平面上布置洒水喷头时，溅水盘与顶板的距离不应大于300mm，同时溅水盘与梁等障碍物底面的垂直距离应为25～100mm。 2　当在梁间布置洒水喷头时，洒水喷头与梁的距离应符合本规范第7.2.1条的规定。确有困难时，溅水盘与顶板的距离不应大于550mm。梁间布置的洒水喷头，溅水盘与顶板距离达到550mm仍不能符合本规范第7.2.1条的规定时，应在梁底面的下方增设洒水喷头。 3　密肋梁板下方的洒水喷头，溅水盘与密肋梁板底面的垂直距离应为25～100mm。 4　无吊顶的梁间洒水喷头布置可采用不等距方式，但喷水强度仍应符合表5.0.1、表5.0.2和表5.0.4-1～表5.0.4-5的要求。 7.1.7　除吊顶型洒水喷头及吊顶下设置的洒水喷头外，直立型、下垂型早期抑制快速响应喷头、特殊应用喷头和家用喷头溅水盘与顶板的距离应符合表7.1.7的规定。	《固定消防系统、自动喷水灭火系统　设计、安装与维护》BS EN 12845—2015（A12019） 12.4.2　洒水喷头应安装在可燃顶棚下侧不低于0.3m的位置，或安装在欧洲A1级或A2级或现有国家分类系统屋顶或顶棚的同等位置下方0.45m的位置。 在可能的情况下，洒水喷头的溅水盘处应位于顶棚或屋顶下方0.075～0.15m，除非采用吊顶型喷头。如果无法避免使用0.3m和0.45m的最大距离，则所涉及的面积应尽可能小

续表

<table>
<tr><th>中国</th><th>英国</th></tr>
<tr><td>
喷头溅水盘与顶板的距离（mm）　表 7.1.7

<table>
<tr><td colspan="2">喷头类型</td><td>喷头溅水盘与顶板的距离 S_L</td></tr>
<tr><td rowspan="2">早期抑制快速响应喷头</td><td>直立型</td><td>$100 \leqslant S_L \leqslant 150$</td></tr>
<tr><td>下垂型</td><td>$150 \leqslant S_L \leqslant 360$</td></tr>
<tr><td colspan="2">特殊应用喷头</td><td>$150 \leqslant S_L \leqslant 200$</td></tr>
<tr><td colspan="2">家用喷头</td><td>$25 \leqslant S_L \leqslant 100$</td></tr>
</table>

7.1.15　边墙型洒水喷头溅水盘与顶板和背墙的距离应符合表 7.1.15 的规定

边墙型洒水喷头溅水盘与顶板和背墙的距离（mm）表 7.1.15

<table>
<tr><td colspan="2">喷头类型</td><td>喷头溅水盘与顶板的距离 S_L（mm）</td><td>喷头溅水盘与背墙的距离 S_W（mm）</td></tr>
<tr><td rowspan="2">边墙型标准覆盖面积洒水喷头</td><td>直立式</td><td>$100 \leqslant S_L \leqslant 150$</td><td>$50 \leqslant S_W \leqslant 100$</td></tr>
<tr><td>水平式</td><td>$150 \leqslant S_L \leqslant 300$</td><td>—</td></tr>
<tr><td rowspan="2">边墙型扩大覆盖面积洒水喷头</td><td>直立式</td><td>$100 \leqslant S_L \leqslant 150$</td><td>$100 \leqslant S_W \leqslant 150$</td></tr>
<tr><td>水平式</td><td>$150 \leqslant S_L \leqslant 300$</td><td>—</td></tr>
<tr><td colspan="2">边墙型家用喷头</td><td>$100 \leqslant S_L \leqslant 150$</td><td>—</td></tr>
</table>
</td><td></td></tr>
</table>

中英差异化对比分析结论及心得：

差异化对比分析：关于喷头溅水盘与顶板的距离，中国规范参考了美国消防协会标准《自动喷水灭火系统安装标准》NFPA 13 的规定，提出了相应的要求。中英标准的相同点是均规定除吊顶型洒水喷头及吊顶下设置的洒水喷头外，溅水盘与顶板的距离应在 0.075m 至 0.15m 之间。中国规范相比英国规范规定更为具体，包括喷头的形式、结构梁的影响等。

差异化对比心得：规定喷头溅水盘与顶板的距离，目的是使喷头热敏元件处于“易于接触热气流”的最佳位置。溅水盘距离顶板太近不易安装维护，且洒水易受影响；太远则升温较慢，甚至不能接触到热烟气流，使喷头不能及时开放。吊顶型喷头和吊顶下安装的喷头，其安装位置不存在远离热烟气流的现象，故不受此项规定的限制。

16.7.6　顶板或吊顶为斜面时喷头的布置

对比内容：顶板或吊顶为斜面时喷头的布置	
中国	英国
《自动喷水灭火系统设计规范》GB 50084—2017 7.1.14　顶板或吊顶为斜面时，喷头的布置应符合下列要求： 1　喷头应垂直于斜面，并应按斜面距离确定喷头间距；	《固定消防系统、自动喷水灭火系统　设计、安装与维护》BS EN 12845—2015（A12019） 12.4.3　喷淋装置的溅水盘应与屋顶或顶棚的坡度平行。如果坡度与水平面的夹角大于 30°，则应在其顶点处固定一排喷头或在距其径向不超过 0.75m 处安装喷头

续表

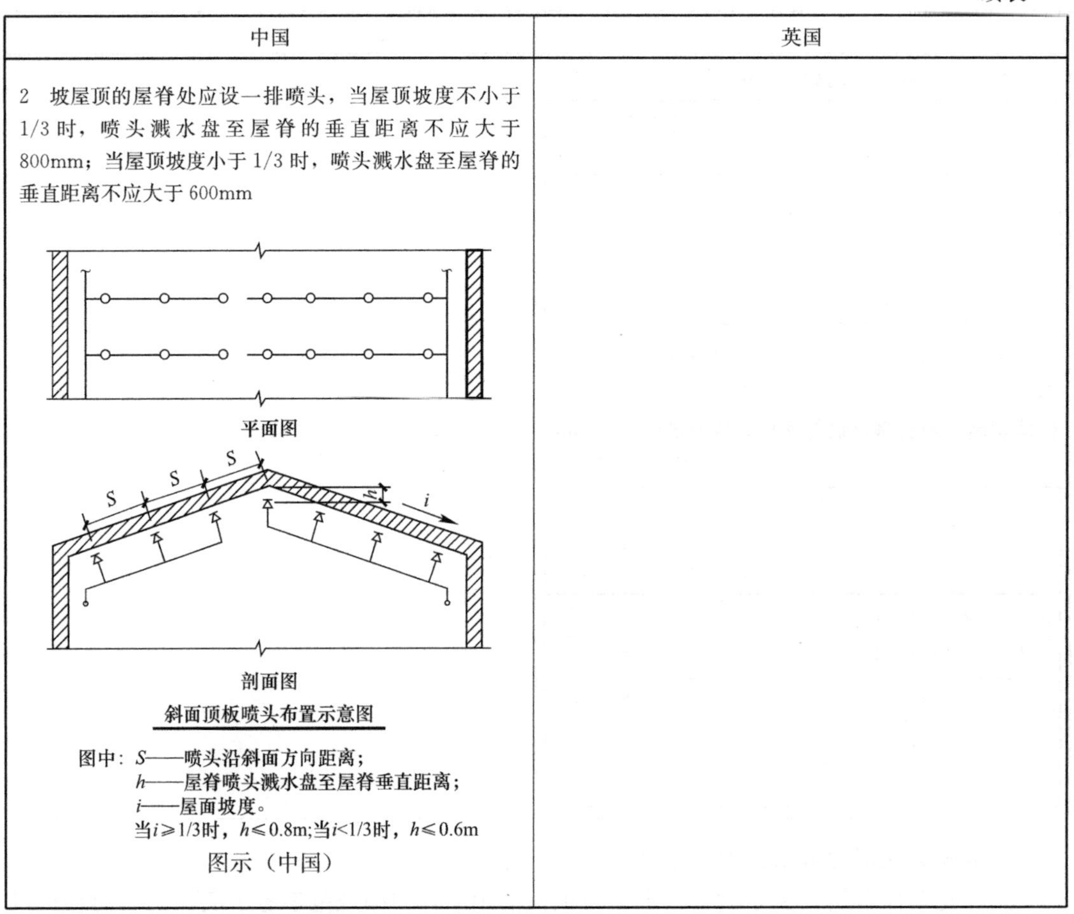

中国	英国
2 坡屋顶的屋脊处应设一排喷头，当屋顶坡度不小于1/3时，喷头溅水盘至屋脊的垂直距离不应大于800mm；当屋顶坡度小于1/3时，喷头溅水盘至屋脊的垂直距离不应大于600mm 平面图 S S S h i 剖面图 斜面顶板喷头布置示意图 图中：S——喷头沿斜面方向距离； h——屋脊喷头溅水盘至屋脊垂直距离； i——屋面坡度。 当i≥1/3时，h≤0.8m;当i<1/3时，h≤0.6m 图示（中国）	

中英差异化对比分析结论及心得：

关于顶板或吊顶为斜面时的喷头布置，中英规范基本相同。

16.7.7 天窗的保护

对比内容：天窗的保护	
中国	英国
《自动喷水灭火系统设计规范》GB 50084—2017 无	《固定消防系统、自动喷水灭火系统 设计、安装与维护》BS EN 12845—2015（A12019） 12.4.5 在正常顶棚标高以上测量的体积大于1m³ 的天窗应采用洒水保护，除非正常顶棚标高至天窗顶部的距离不超过0.3 m，或有与屋顶或顶棚紧密配合的框架和玻璃配合水平

中英差异化对比分析结论及心得：

对于天窗是否需要设置喷头保护，英国规范有较为详细的规定，如果天窗高于顶棚，且其高出部分的体积大于1m³，则天窗应采用喷头洒水保护；中国规范对此无明确规定。

16.8 喷头与障碍物的距离

16.8.1 喷头与梁和类似障碍物的距离

对比内容：喷头与梁和类似障碍物的距离

中国

《自动喷水灭火系统设计规范》GB 50084—2017

7.2.1 直立型、下垂型喷头与梁、通风管道等障碍物的距离（图 7.2.1）宜符合表 7.2.1 的规定。

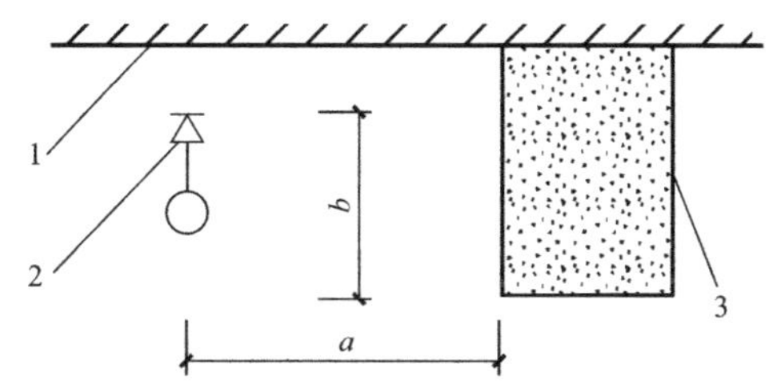

图 7.2.1 喷头与梁、通风管道等障碍物的距离

1—顶板；2—直立型喷头；3—梁（或通风管道）

喷头与梁、通风管道等障碍物的距离（mm）

表 7.2.1

喷头与梁、通风管道的水平距离 a	喷头溅水盘与梁或通风管道的底面的垂直距离 b		
	标准覆盖面积洒水喷头	扩大覆盖面积洒水喷头、家用喷头	早期抑制快速响应喷头、特殊应用喷头
$a<300$	0	0	0
$300\leqslant a<600$	$b\leqslant 60$	0	$b\leqslant 40$
$600\leqslant a<900$	$b\leqslant 140$	$b\leqslant 30$	$b\leqslant 140$
$900\leqslant a<1200$	$b\leqslant 240$	$b\leqslant 80$	$b\leqslant 250$
$1200\leqslant a<1500$	$b\leqslant 350$	$b\leqslant 130$	$b\leqslant 380$
$1500\leqslant a<1800$	$b\leqslant 450$	$b\leqslant 180$	$b\leqslant 550$
$1800\leqslant a<2100$	$b\leqslant 600$	$b\leqslant 230$	$b\leqslant 780$
$a\geqslant 2100$	$b\leqslant 880$	$b\leqslant 350$	$b\leqslant 780$

7.2.2 特殊应用喷头溅水盘以下 900mm 范围内，其他类型喷头溅水盘以下 450mm 范围内，当有屋架等间断障碍物或管道时，喷头与邻近障碍物的最小水平距离（图 7.2.2）应符合表 7.2.2 的规定。

英国

《固定消防系统、自动喷水灭火系统 设计、安装与维护》BS EN 12845—2015（A12019）

12.4.6 梁和类似物障碍物

当溅水盘（图 9 中 D 处）位于横梁或类似障碍物底面的高度上方时，应采用以下解决方案之一，以确保不损害喷头的有效喷水：

（1）如图 9 所示的尺寸应符合图 10 中规定的值；

（2）应采用本规范第 12.4.7 条的间距要求；

（3）喷头应安装在墙壁的任何一侧。

喷头应直接位于大梁或横梁的上方，且宽度不得小于 0.2m，垂直距离不得小于 0.15m。

在所有情况下，均适用本规范第 12.4.2 条规定的顶棚间距。

如果上述解决方案都不可行，例如，由于大量喷头可能会拉低梁，并将喷头安装在由此形成的平顶顶棚下。

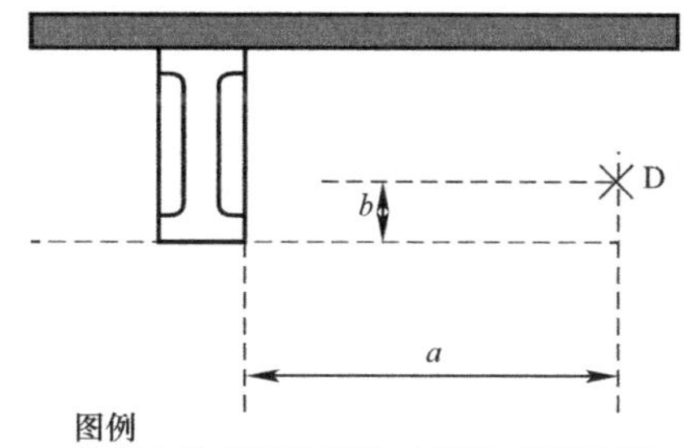

图例

D 溅水盘a距梁的距离高；b 距梁下侧的距离

图 9 喷头相对于梁的位置

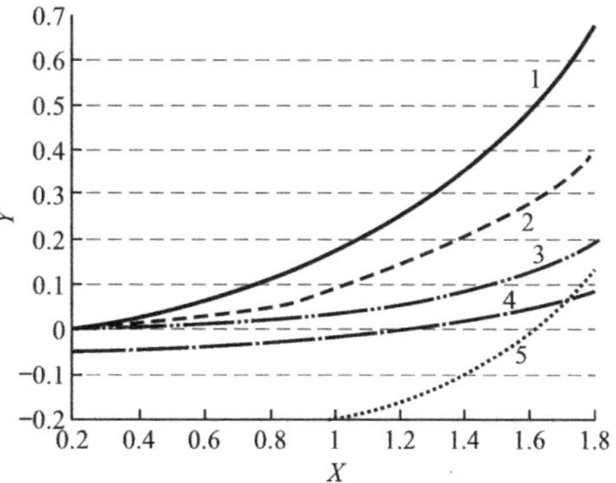

图例

1 下端型喷头

2 直立通用喷头

3 直立型喷头

4 快速洒水喷头

5 下垂通用喷头

6 从梁到喷头的最小水平距离(m)。以m为单位。

7 溅水盘(b)的高度(b)高于(+)或低于(-)梁。m为单位。

图 10 喷水溅水盘与梁的距离

续表

<table>
<tr><th>中国</th><th>英国</th></tr>
<tr><td>
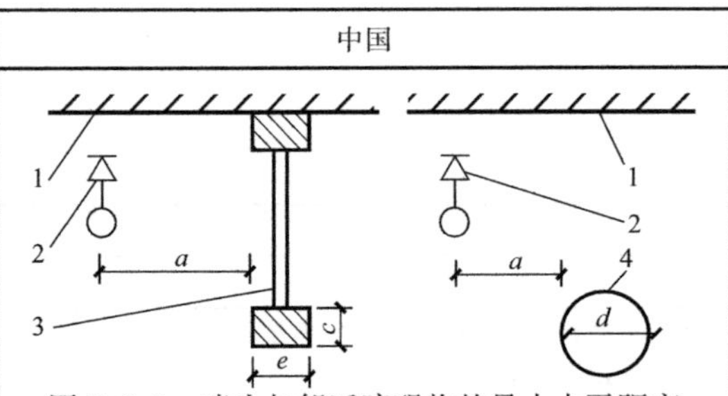

图 7.2.2　喷头与邻近障碍物的最小水平距离
1—顶板；2—直立型喷头；3—屋架等间断障碍物；4—管道
喷头与邻近障碍物的最小水平距离（mm）
表 7.2.2
<table>
<tr><th>喷头类型</th><th colspan="2">喷头与邻近障碍物的最小水平距离 a</th></tr>
<tr><td rowspan="2">标准覆盖面积洒水喷头特殊应用喷头</td><td>c、e 或 $d \leq 200$</td><td>$3c$ 或 $3e$（c 与 e 取大值）或 $3d$</td></tr>
<tr><td>c、e 或 $d > 200$</td><td>600</td></tr>
<tr><td rowspan="2">扩大覆盖面积洒水喷头、家用喷头</td><td>c、e 或 $d \leq 225$</td><td>$4c$ 或 $4e$（c 与 e 取大值）或 $4d$</td></tr>
<tr><td>c、e 或 $d > 225$</td><td>900</td></tr>
</table>
</td><td>
12.4.8　屋顶桁架
喷淋装置应按照以下其中一项进行安装：
(1) 直接在桁架的上方或下方，其中桁架的凸缘宽度不超过 0.2m；
(2) 在桁架凸缘宽度不超过 0.1m 的情况下，横向距离桁架构件不小于 0.3m；
(3) 在桁架凸缘宽度大于 0.1m 的情况下，横向距离桁架构件不小于 0.6m
</td></tr>
</table>

中英差异化对比分析结论及心得：

当顶板下有梁、通风管道或类似障碍物，在其附近布置喷头时，为避免梁、通风管道等障碍物对喷头洒水分布的影响，且使障碍物对喷头洒水的影响降至最小，中英规范均提出了喷头与上述障碍物保持一个最小的水平距离。

16.8.2　喷头与梁及其间距的要求

<table>
<tr><td colspan="2">对比内容：喷头与梁及其间距的要求</td></tr>
<tr><th>中国</th><th>英国</th></tr>
<tr><td>
《自动喷水灭火系统设计规范》GB 50084—2017
7.1.6　除吊顶型洒水喷头及吊顶下设置的洒水喷头外，直立型、下垂型标准覆盖面积洒水喷头和扩大覆盖面积洒水喷头溅水盘与顶板的距离应为 75～150mm，并应符合下列规定：
1　当在梁或其他障碍物底面下方的平面上布置洒水喷头时，溅水盘与顶板的距离不应大于 300mm，同时溅水盘与梁等障碍物底面的垂直距离应为 25～100mm。
2　当在梁间布置洒水喷头时，洒水喷头与梁的距离应符合本规范第 7.2.1 条的规定。确有困难时，溅水盘与顶板的距离不应大于 550mm。梁间布置的洒水喷头，溅水盘与顶板距离达到 550mm 仍不能符合本规范第 7.2.1 条的规定时，应在梁底面的下方增设洒水喷头。
3　密肋梁板下方的洒水喷头，溅水盘与密肋梁板底面的垂直距离应为 25～100mm。
4　无吊顶的梁间洒水喷头布置可采用不等距方式，但喷水强度仍应符合本规范表 5.0.1、表 5.0.2 和表 5.0.4-1～
</td><td>
《固定消防系统、自动喷水灭火系统　设计、安装与维护》BS EN 12845—2015（A12019）
12.4.7　梁及其间距
如果中心间距不超过 1.5m 的梁之间形成狭窄的间隔，如果梁的深度超过 450mm（对于不可燃结构 A1 和 A2）或 300mm（对于 A2 以上可燃结构），则应使用以下间距：
应在每 3 个隔间的中心安装一排喷水装置，在分隔两个未受保护隔间的梁中心线下方安装另一排喷水装置（图 11 和图 12）；
另一个方向，即沿间隔（图 11 和图 12 中的 S）的喷水装置之间的最大距离应符合相关危险等级的规则（本规范第 12.2 条）；
</td></tr>
</table>

续表

中国	英国
表 5.0.4-5 的要求	喷水装置应安装在距离平行于梁的墙壁不大于 1m 的位置，距离垂直于梁的墙壁不大于 1.5m； 安装在隔间内的喷水装置的位置应确保溅水盘位于顶棚底面以下 0.075m 和 0.15m 之间。 如果梁深度超过 0.7m，则应将案例提交给当局

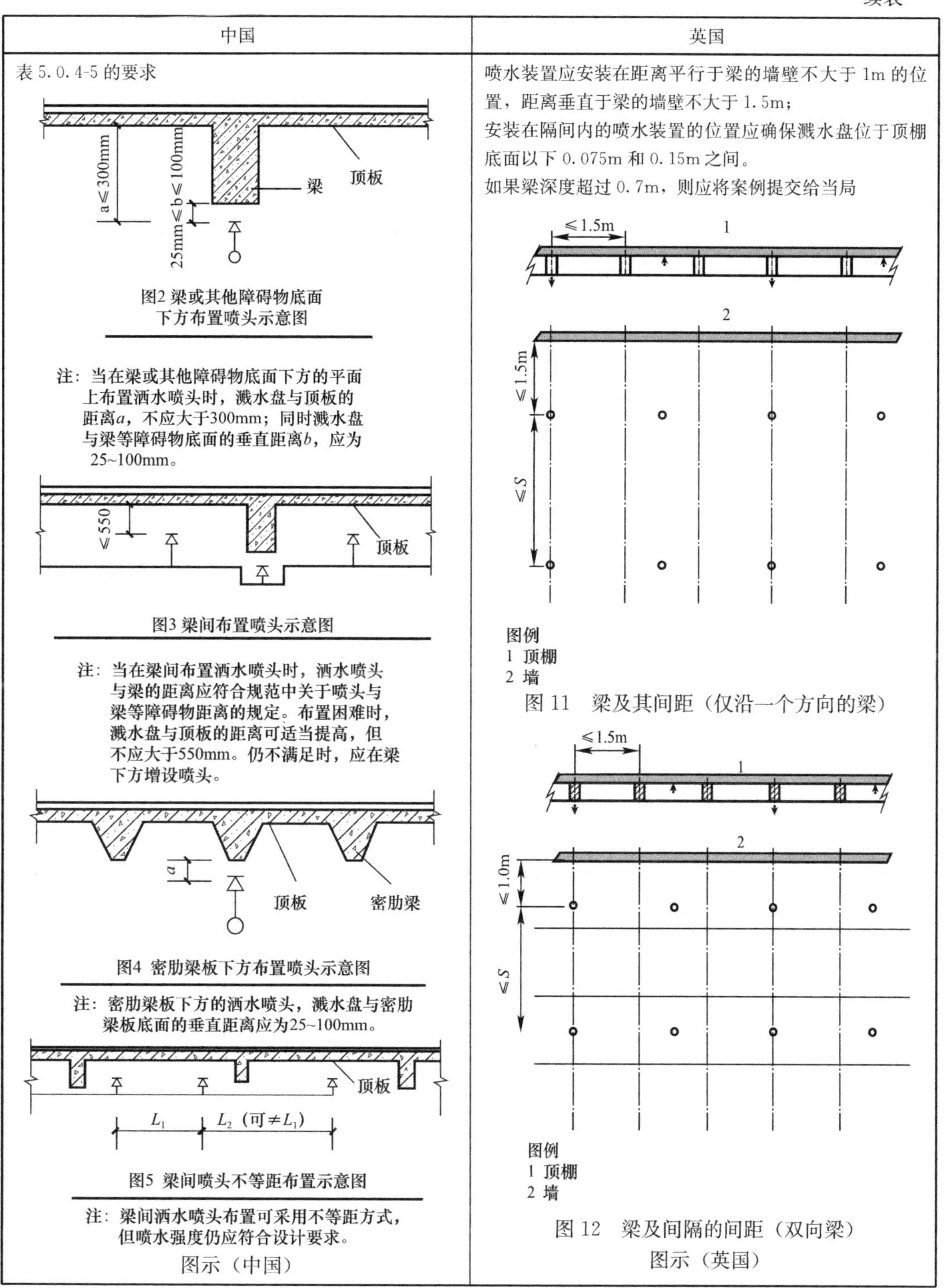

图2 梁或其他障碍物底面下方布置喷头示意图

图3 梁间布置喷头示意图

图4 密肋梁板下方布置喷头示意图

图5 梁间喷头不等距布置示意图

图示（中国）

图 11 梁及其间距（仅沿一个方向的梁）

图 12 梁及间隔的间距（双向梁）

图示（英国）

中英差异化对比分析结论及心得：

差异化对比分析：关于梁下布置喷头的原则，中英规范均有较为详细的要求，但针对实际工程中结构梁的高度或间距，中英规范实际操作均有局限性。

差异化对比心得：梁的高度大或间距小，使顶板下布置喷头的困难增大。然而由于梁同时具有挡烟蓄热作用，有利于位于梁间的喷头受热，为此在复杂结构梁形式情况下，两国规范均提出喷头布置喷头的原则。

16.8.3 立柱对喷淋布置的影响

对比内容：立柱对喷淋布置的影响	
中国	英国
《自动喷水灭火系统设计规范》GB 50084—2017 无相关规定	《固定消防系统、自动喷水灭火系统　设计、安装与维护》BS EN 12845—2015（A12019） 12.4.9　立柱 如果屋顶或顶棚洒水喷头安装距离柱子一侧小于 0.6m，则另一个洒水喷头应安装在柱子的另一侧，距离柱子 2m 以内

中英差异化对比分析结论及心得：

喷头布置的基本原则是确保喷头能及时动作并达到设定的强度喷水，且应使喷头的洒水能够喷湿墙根地面并不留漏喷的空白点。关于立柱对喷头洒水的遮挡影响，英国规范较中国规范考虑得较为细致，值得借鉴。

16.8.4 平台、管道等对喷淋布置的影响

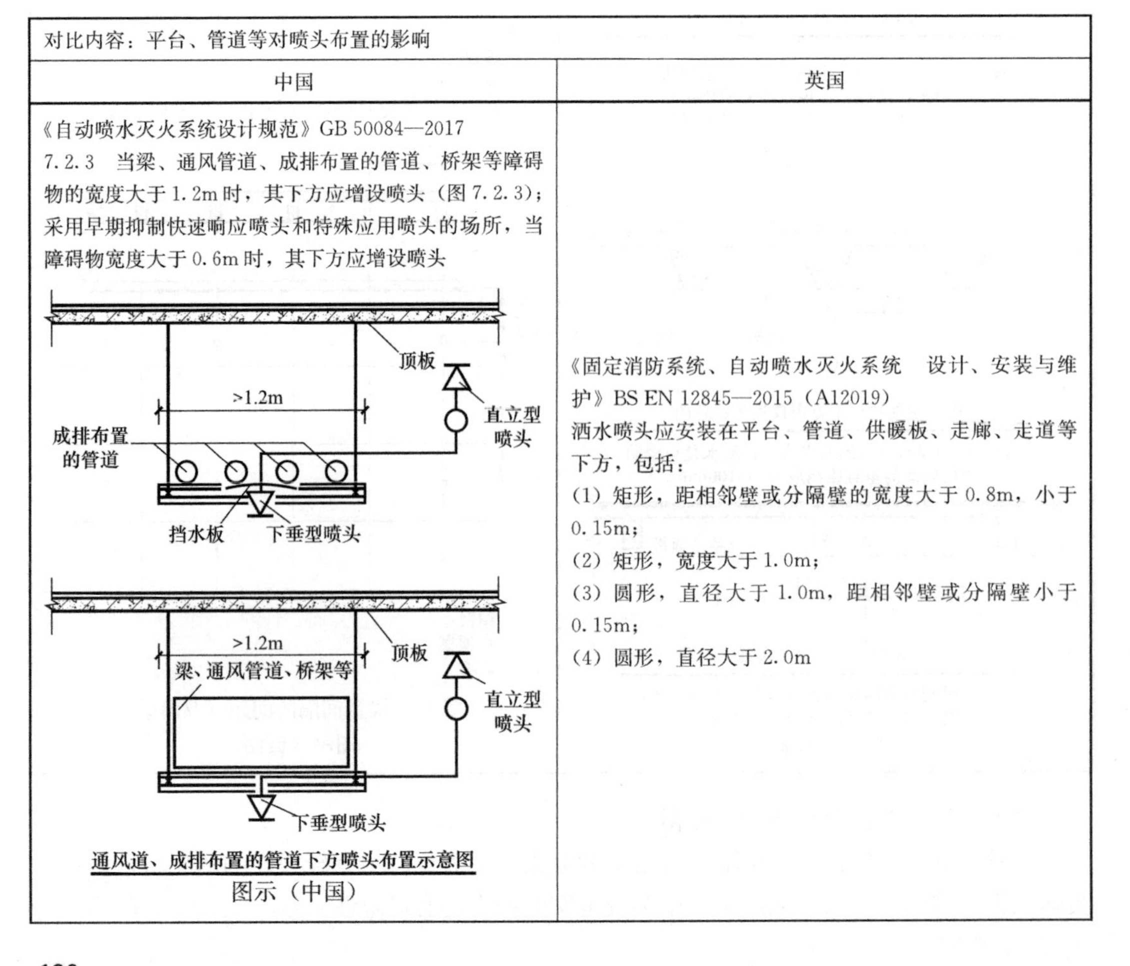

对比内容：平台、管道等对喷头布置的影响	
中国	英国
《自动喷水灭火系统设计规范》GB 50084—2017 7.2.3　当梁、通风管道、成排布置的管道、桥架等障碍物的宽度大于 1.2m 时，其下方应增设喷头（图 7.2.3）；采用早期抑制快速响应喷头和特殊应用喷头的场所，当障碍物宽度大于 0.6m 时，其下方应增设喷头 通风道、成排布置的管道下方喷头布置示意图 图示（中国）	《固定消防系统、自动喷水灭火系统　设计、安装与维护》BS EN 12845—2015（A12019） 洒水喷头应安装在平台、管道、供暖板、走廊、走道等下方，包括： （1）矩形，距相邻壁或分隔壁的宽度大于 0.8m，小于 0.15m； （2）矩形，宽度大于 1.0m； （3）圆形，直径大于 1.0m，距相邻壁或分隔壁小于 0.15m； （4）圆形，直径大于 2.0m

中英差异化对比分析结论及心得：

当喷头下方设有宽度较大的通风管道、成排布置的管道等水平障碍物时，其对喷头洒水有遮挡影响，中英规范均提出了此种情况下应在遮挡物下设置喷头的规定，以补偿受阻部位的喷水强度。

16.8.5 自动扶梯和楼梯井

对比内容：自动扶梯和楼梯井	
中国	英国
《自动喷水灭火系统设计规范》GB 50084—2017 无 《建筑设计防火规范》GB 50016—2014（2018年版） 8.3.3 除本规范另有规定和不宜用水保护或灭火的场所外，下列高层民用建筑或场所应设置自动灭火系统，并宜采用自动喷水灭火系统： 2 二类高层公共建筑及其地下、半地下室的公共活动用房、走道、办公室和旅馆的客房、可燃物品库房、自动扶梯底部	《固定消防系统、自动喷水灭火系统 设计、安装与维护》BS EN 12845—2015（A12019） 12.4.11 自动扶梯和楼梯井 自动扶梯、楼梯等形成的顶棚开口周围应增加洒水喷头的数量。 洒水喷头之间的距离不得超过2m，也不得小于1.5m。如果由于结构的设计，例如主梁无法保持1.5m的最小距离，则可以使用较小的间距，前提是相邻洒水喷头不能相互润湿。 洒水喷头与顶棚开口之间的水平距离不得超过0.5m。 这些洒水喷头应能够为其余顶棚保护提供每个洒水喷头的最小流量

中英差异化对比分析结论及心得：

对于自动扶梯、楼梯等形成的顶棚开口周围，英国规范要求其喷头应进行加密布置，要求洒水喷头之间的距离不得超过2m，也不得小于1.5m，洒水喷头与顶棚开口之间的水平距离不得超过0.5m。如此规定可能是考虑增加开口周围的喷水强度，喷水可形成一道分隔水幕，进一步阻止火灾和烟气通过开口向上蔓延。中国规范则无相关规定。

16.8.6 竖井的保护

对比内容：竖井的保护	
中国	英国
《自动喷水灭火系统设计规范》GB 50084—2017 无相关规定 《建筑设计防火规范》GB 50016—2014（2018年版） 6.2.9 建筑内的电梯井等竖井应符合下列规定： 2 电缆井、管道井、排烟道、排气道、垃圾道等竖向井道，应分别独立设置。井壁的耐火极限不应低于1.00h，井壁上的检查门应采用丙级防火门。 3 建筑内的电缆井、管道井应在每层楼板处采用不低于楼板耐火极限的不燃材料或防火封堵材料封堵。 建筑内的电缆井、管道井与房间、走道等相连通的孔隙应采用防火封堵材料封堵。 4 建筑内的垃圾道宜靠外墙设置，垃圾道的排气口应直接开向室外，垃圾斗应采用不燃材料制作，并应能自行关闭	《固定消防系统、自动喷水灭火系统 设计、安装与维护》BS EN 12845—2015（A12019） 12.4.12 竖井 在具有可燃表面的竖井中，洒水喷头应安装在每个交替楼层和任何截留段的顶部。 所有竖井顶部应至少安装1个洒水喷头，除非竖井不可燃且无法接近，且包含符合欧洲A1级或国家现有分类系统中同等标准的材料，但电缆除外

中英差异化对比分析结论及心得：

对于具有可燃表面的竖井，中国规范从建筑构造上是不允许的。

16.8.7 通透性吊顶场所的喷头设置

对比内容：通透性吊顶场所的喷头设置

中国

《自动喷水灭火系统设计规范》GB 50084—2017

7.1.13 装设网格、栅板类通透性吊顶的场所，当通透面积占吊顶总面积的比例大于70%时，喷头应设置在吊顶上方，并应符合下列规定：

1 通透性吊顶开口部位的净宽度不应小于10mm，且开口部位的厚度不应大于开口的最小宽度；

2 喷头间距及溅水盘与吊顶上表面的距离应符合表7.1.13的规定。

通透性吊顶场所喷头布置要求

表 7.1.13

火灾危险等级	喷头间距 S（m）	喷头溅水盘与吊顶上表面的最小距离（mm）
轻危险级、中危险级Ⅰ级	$S\leqslant3.0$	450
	$3.0<S\leqslant3.6$	600
	$S>3.6$	900
中危险级Ⅱ级	$S\leqslant3.0$	600
	$S>3.0$	900

5.0.13 装设网格、栅板类通透性吊顶的场所，系统的喷水强度应按本规范表5.0.1、表5.0.4-1～表5.0.4-5规定值的1.3倍确定，且喷头布置应按本规范第7.1.13条的规定执行

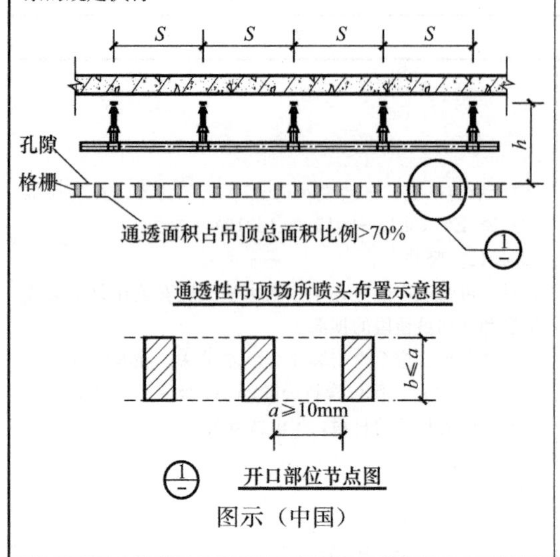

图示（中国）

英国

《固定消防系统、自动喷水灭火系统 设计、安装与维护》BS EN 12845—2015（A12019）

12.4.14 开放式吊顶

满足以下所有条件的LH和OH喷淋装置下方可使用悬挂式开放式吊顶，即具有规则开放式吊顶结构的顶棚：

(1) 包括照明设备在内的顶棚的总平面开放面积不少于顶棚面积的70%；

(2) 顶棚开口的最小尺寸不少于0.025m或不小于吊顶的厚度，以较大者为准；

(3) 吊顶和任何其他设备的结构完整性，例如吊顶上方空间内的照明设备，均不会受到喷淋系统运行的影响；

(4) 顶棚下方没有存储区域。

在这种情况下，应按如下方式安装喷头：

顶棚上方的喷头间距不得超过3m；

任何常规或喷淋式喷头溅水盘与吊顶顶部之间的垂直距离，对于除平面喷头以外的喷头，应不小于0.8m，如果使用平面喷头，则不小于0.3m

中英差异化对比分析结论及心得：

对于装设网格、栅板类通透性吊顶的场所，中英规范对喷头的布置要求类似，即在通透面积占吊顶总面积的比例大于70%、透性吊顶开口部位的净宽度不小于10mm（英国规范为25mm），且开口部位的厚度不大于开口的最小宽度时，喷头应设置在吊顶上方。通透性吊顶会削弱喷头的动作性能、布水性能和灭火性能。因此中英规范均提出该情况下的加强措施，不同之处在于，中国规范规定应增大系统的喷水强度（1.3倍），英国规范规定喷头间距不得超过3m。

16.9　管道

16.9.1　室外埋地管道

对比内容：室外埋地管道	
中国	英国
《自动喷水灭火系统设计规范》GB 50084—2017 无 《消防给水及消火栓系统技术规范》GB 50974—2014 8.2.5　埋地管道当系统工作压力不大于1.20MPa时，宜采用球墨铸铁管或钢丝网骨架塑料复合管给水管道；当系统工作压力大于1.20MPa、小于1.60MPa时，宜采用钢丝网骨架塑料复合管、加厚钢管和无缝钢管；当系统工作压力大于1.60MPa时，宜采用无缝钢管。钢管连接宜采用沟槽连接件（卡箍）和法兰，当采用沟槽连接件连接时，公称直径小于或等于DN250的沟槽式管接头系统工作压力不应大于2.50MPa，公称直径大于或等于DN300的沟槽式管接头系统工作压力不应大于1.60MPa。 8.2.6　埋地金属管道的管顶覆土应符合下列规定： 1　管道最小管顶覆土应按地面荷载、埋深荷载和冰冻线对管道的综合影响确定； 2　管道最小管顶覆土不应小于0.70m；但当在机动车道下时管道最小管顶覆土应经计算确定，并不宜小于0.90m； 3　管道最小管顶覆土应至少在冰冻线以下0.30m	《固定消防系统、自动喷水灭火系统　设计、安装与维护》BS EN 12845—2015（A12019） 17.1.1　地下管道 管道应按照供应商的建议铺设，并应具有足够的耐腐蚀性。 注意：建议使用以下类型的管道，铸铁、球墨铸铁、旋转水泥、增强玻璃纤维、高密度聚乙烯。 应采取足够的预防措施以防止损坏管道，例如，通过车辆

中英差异化对比分析结论及心得：

对于埋地管道设计，中国规范不仅从材料的选择、压力等级以及敷设的覆土厚度均有详细的要求，还仅推荐了球墨铸铁管或钢丝网骨架塑料复合管给水管两种管材，对设计选用限制得较为苛刻。而英国规范仅规定了管道设计的基本原则，如管材应具有足够的耐腐蚀性、敷设应有保护管道的措施等，并且对管材的选型种类也较多，可采用铸铁、球墨铸铁、旋转水泥、增强玻璃纤维、高密度聚乙烯等材料。

16.9.2 室内架空管道

对比内容：室内架空管道	
中国	英国
《自动喷水灭火系统设计规范》GB 50084—2017 8.0.2 配水管道可采用内外壁热镀锌钢管、涂覆钢管、铜管、不锈钢管和氯化聚氯乙烯（PVC-C）管。当报警阀入口前管道采用不防腐的钢管时，应在报警阀前设置过滤器。 8.0.3 自动喷水灭火系统采用氯化聚氯乙烯（PVC-C）管材及管件时，设置场所的火灾危险等级应为轻危险级或中危险级Ⅰ级，系统应为湿式系统，并采用快速响应洒水喷头，且氯化聚氯乙烯（PVC-C）管材及管件应符合下列要求： 1 应符合现行国家标准《自动喷水灭火系统 第19部分：塑料管道及管件》GB/T 5135.19 的规定； 2 应用于公称直径不超过 DN80 的配水管及配水支管，且不应穿越防火分区； 3 当设置在有吊顶场所时，吊顶内应无其他可燃物，吊顶材料应为不燃或难燃装修材料； 4 当设置在无吊顶场所时，该场所应为轻危险级场所，顶板应为水平、光滑顶板，且喷头溅水盘与顶板的距离不应大于 100mm。 8.0.4 洒水喷头与配水管道采用消防洒水软管连接时，应符合下列规定： 1 消防洒水软管仅适用于轻危险级或中危险级Ⅰ级场所，且系统应为湿式系统； 2 消防洒水软管应设置在吊顶内； 3 消防洒水软管的长度不应超过 1.8m。 《消防给水及消火栓系统技术规范》GB 50974—2014 8.2.8 架空管道当系统工作压力小于或等于 1.20MPa 时，可采用热浸锌镀锌钢管；当系统工作压力大于 1.20MPa 时，应采用热浸镀锌加厚钢管或热浸镀锌无缝钢管；当系统工作压力大于 1.60MPa 时，应采用热浸镀锌无缝钢管	《固定消防系统、自动喷水灭火系统 设计、安装与维护》BS EN 12845—2015（A12019） 17.1.2 地上管道 控制阀下游的管道应为钢、铜（参见本规范第 17.1.9 条）或其他符合适当规范的材料在系统使用地点有效。使用机械管接头时，最小壁厚 s 也应符合制造商的建议。铜管应符合《铜及铜合金 用于卫生和供热装置的无缝圆形铜水管和铜气管》EN 1057—2006 的要求。 对于干式、交替或预作用安装，最好使用镀锌钢。 17.1.4 柔性管和接头 如果喷淋系统内管道的不同部分之间可能发生相对运动，例如由于伸缩缝或某些类型的支架，则应在分配的连接点安装挠性部分或接头。它应满足以下要求： (1) 在安装前，其应能够承受最大工作压力的 4 倍或 40bar（以较大者为准）的试验压力，且不应包括在发生火灾时可能损害喷水灭火系统完整性或性能的部件； (2) 挠性管应装有连续保压的不锈钢或有色金属内胎； 1) 挠性管不得安装在完全暴露的位置； 2) 不得使用柔性管和接头解决配水主管与通往货架喷头的进水管之间的不对准情况。 17.1.9 铜管 铜管只能用于任何钢管下游的 LH、OH1、OH2 和 OH3 的湿式系统。铜管应使用机械接头或硬焊连接，并使用符合 EN 1254 的配件

中英差异化对比分析结论及心得：

差异化对比分析：对于报警阀组下游的配水管道，英国规范要求较为严苛，仅推荐钢管和铜管，且限制铜管只能用于钢管下游的 LH、OH1、OH2 和 OH3 的湿式系统。中国规范则规定内外壁热镀锌钢管、涂覆钢管、铜管、不锈钢管和氯化聚氯乙烯（PVC-C）管均可采用，但限制氯化聚氯乙烯（PVC-C）管的使用条件；如设置场所的火灾危险等级应为轻危险级或中危险级Ⅰ级，系统应为湿式系统，并采用快速响应洒水喷头；应用于公称直径不超过 DN80 的配水管及配水支管，且不应穿越防火分区等。

对于柔性管道，中英规范均有限制使用的条件。中国规范要求：(1) 消防洒水软管仅适用于轻危险级或中危险级Ⅰ级场所，且系统应为湿式系统；(2) 消防洒水软管应设置在吊顶内；（3）消防洒水软管的长度不应超过 1.8m。英国规范要求：（1）挠性管不得安装在完全暴露的位置（即应设置在吊顶等区域内）；（2）不得使用柔性管和接头解决配水主管与通往货架喷头的进水管之间的不对准情况。

16.9.3　管道连接方式

对比内容：管道连接方式	
中国	英国
《自动喷水灭火系统设计规范》GB 50084—2017 8.0.5　配水管道的连接方式应符合下列要求： 1　镀锌钢管、涂覆钢管可采用沟槽式连接件（卡箍）、螺纹或法兰连接，当报警阀前采用内壁不防腐钢管时，可焊接连接； 2　铜管可采用钎焊、沟槽式连接件（卡箍）、法兰和卡压等连接方式； 3　不锈钢管可采用沟槽式连接件（卡箍）、法兰、卡压等连接方式，不宜采用焊接； 4　氯化聚氯乙烯（PVC-C）管材、管件可采用粘接连接，氯化聚氯乙烯（PVC-C）管材、管件与其他材质管材、管件之间可采用螺纹、法兰或沟槽式连接件（卡箍）连接； 8.0.6　系统中直径等于或大于 100mm 的管道，应分段采用法兰或沟槽式连接件（卡箍）连接。水平管道上法兰间的管道长度不宜大于 20m；立管上法兰间的距离，不应跨越 3 个及以上楼层。净空高度大于 8m 的场所内，立管上应有法兰。 《消防给水及消火栓系统技术规范》GB 50974—2014 8.2.9　架空管道的连接宜采用沟槽连接件（卡箍）、螺纹、法兰、卡压等方式，不宜采用焊接连接。当管径小于或等于 DN50 时，应采用螺纹和卡压连接，当管径大于 DN50 时，应采用沟槽连接件连接、法兰连接，当安装空间较小时应采用沟槽连接件连接。 《自动喷水灭火系统施工及验收规范》GB 50261—2017 5.1.11　沟槽式管件连接应符合下列规定： 6　配水干管（立管）与配水管（水平管）连接，应采用沟槽式管件，不应采用机械三通。 7　埋地的沟槽式管件的螺栓、螺母应做防腐处理。水泵房内的埋地管道连接应采用挠性接头。 5.1.13　法兰连接可采用焊接法兰或螺纹法兰。焊接法兰焊接处应做防腐处理，并宜重新镀锌后再连接	《固定消防系统、自动喷水灭火系统　设计、安装与维护》BS EN 12845—2015（A12019） 17.1.2　地上管道 当公称直径等于或小于 150mm 的钢管进行螺纹连接、切槽或其他机械加工时，应具有符合《螺纹连接碳素钢管》ISO 65—1981 的最小壁厚。当在不明显减小壁厚的情况下对钢管端部进行成型厚度时，例如通过滚轧或焊接的管端处理，它们的最小壁厚应符合《焊接钢管、无缝钢管》ISO 4200—1991 范围 D。 使用机械管接头时，最小壁厚 s 也应符合制造商的建议。 17.1.3　钢管焊接 直径小于 50mm 的管道和配件不得在现场焊接，除非安装人员使用自动焊机。在任何情况下，不得在现场进行焊接、火焰切割、焊接或任何其他动火作业。 喷淋管的焊接工作方式应： 所有接头都是连续焊接的； 焊缝内部不干扰水的流动； 对管道进行去毛刺并清除炉渣

中英差异化对比分析结论及心得：

两国规范均对管道连接方式作了明确规定，钢管可采用螺纹连接、机械连接（沟槽卡箍式）、焊接等。对于螺纹连接和机械连接，管道最小壁厚需满足相关规定的要求；对于焊接均有限制要求。

16.9.4 管道防护及防腐

对比内容：管道防护及防腐	
中国	英国
《消防给水及消火栓系统技术规范》GB 50974—2014 8.2.4 埋地管道宜采用球墨铸铁管、钢丝网骨架塑料复合管和加强防腐的钢管等管材，室内外架空管道应采用热浸锌镀锌钢管等金属管材，并应按下列因素对管道的综合影响选择管材和设计管道： 1 系统工作压力； 2 覆土深度； 3 土壤的性质； 4 管道的耐腐蚀能力； 5 可能受到土壤、建筑基础、机动车和铁路等其他附加荷载的影响； 6 管道穿越伸缩缝和沉降缝。 8.2.13 埋地钢管和铸铁管，应根据土壤和地下水腐蚀性等因素确定管外壁防腐措施；海边、空气潮湿等空气中含有腐蚀性介质的场所的架空管道外壁，应采取相应的防腐措施	《固定消防系统、自动喷水灭火系统 设计、安装与维护》BS EN 12845—2015（A12019） 17.1.6 防火和防机械损坏 管道的安装方式应确保管道不会受到机械损坏。如果管道安装在净空高度较低的过道上方，或处于中间水平，或在其他类似情况下，应采取预防措施，以防止机械损坏。 如果供水管道不可避免地要穿过无喷淋保护的建筑物，则应将其安装在地面上，并应进行封闭，以防止机械损坏，并具有适当的耐火性。 17.1.7 油漆 如果环境条件要求，非镀锌铁管道应涂漆。镀锌管道应在涂层受损的地方涂漆，例如螺纹。 注：对于异常腐蚀条件，可能需要额外保护

中英差异化对比分析结论及心得：

管道选材和设计应综合考虑其安全防护和防腐性能。英国规范强调，在无喷头保护的区域内敷设的消防管道，不应明装，应有防火包裹处理。

16.9.5 管道排水

对比内容：管道排水	
中国	英国
《自动喷水灭火系统设计规范》GB 50084—2017 8.0.13 水平设置的管道宜有坡度，并应坡向泄水阀。充水管道的坡度不宜小于2‰，准工作状态不充水管道的坡度不宜小于4‰。 《自动喷水灭火系统施工及验收规范》GB 50261—2017 5.1.17 管道横向安装宜设2‰～5‰的坡度，且应坡向排水管；当局部区域难以利用排水管将水排净时，应采取相应的排水措施。当喷头数量小于或等于5只时，可在管道低凹处加设堵头；当喷头数量大于5只时，宜装设带阀门的排水管	《固定消防系统、自动喷水灭火系统 设计、安装与维护》BS EN 12845—2015（A12019） 17.1.8 排水 应提供使所有管道排水的方法。如果不能通过控制阀组上的排水阀完成，则应按照本规范第15.4条安装额外的阀门。 如果是干式，备用和预作用安装，则水管向配水管的倾斜度至少应为0.4%，配水管向适当的排水阀的倾斜度至少应为0.2%。 注：在可能出现严酷冻结条件的寒冷气候下，可能需要在潮湿系统上设置坡度，并增加干式系统的坡度。 射程管只能连接到配水管的侧面或顶部

中英差异化对比分析结论及心得：

中英规范均对喷淋系统中平面管道有坡度要求，以便管道泄水。英国规范要求射程管（即直接或通过臂管向喷头供水的配水支管）只能从配水管的侧面或顶部接出，目的是在泄水时避免射程管内积水。

16.9.6 隐蔽空间的喷淋配水管道设置

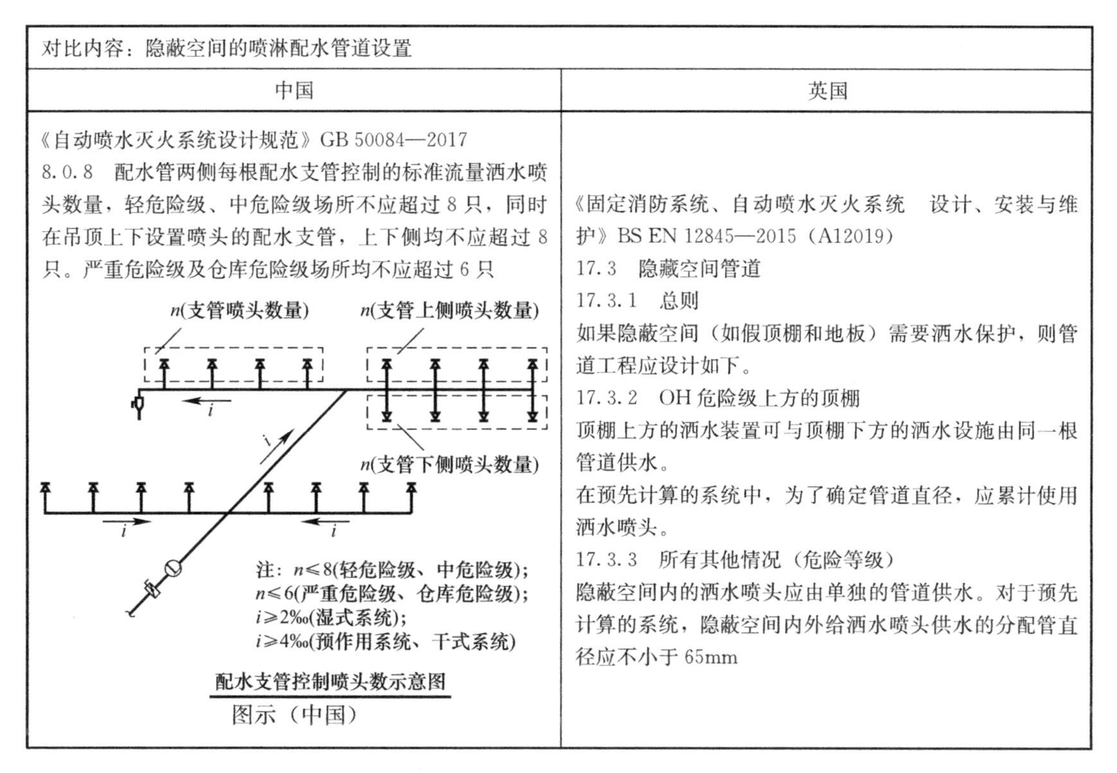

对比内容：隐蔽空间的喷淋配水管道设置	
中国	英国
《自动喷水灭火系统设计规范》GB 50084—2017 8.0.8 配水管两侧每根配水支管控制的标准流量洒水喷头数量，轻危险级、中危险级场所不应超过8只，同时在吊顶上下设置喷头的配水支管，上下侧均不应超过8只。严重危险级及仓库危险级场所均不应超过6只 n(支管喷头数量) n(支管上侧喷头数量) n(支管下侧喷头数量) i 注：n≤8(轻危险级、中危险级)； n≤6(严重危险级、仓库危险级)； i≥2‰(湿式系统)； i≥4‰(预作用系统、干式系统) 配水支管控制喷头数示意图 图示（中国）	《固定消防系统、自动喷水灭火系统 设计、安装与维护》BS EN 12845—2015（A12019） 17.3 隐藏空间管道 17.3.1 总则 如果隐蔽空间（如假顶棚和地板）需要洒水保护，则管道工程应设计如下。 17.3.2 OH危险级上方的顶棚 顶棚上方的洒水装置可与顶棚下方的洒水设施由同一根管道供水。 在预先计算的系统中，为了确定管道直径，应累计使用洒水喷头。 17.3.3 所有其他情况（危险等级） 隐蔽空间内的洒水喷头应由单独的管道供水。对于预先计算的系统，隐蔽空间内外给洒水喷头供水的分配管直径应不小于65mm

中英差异化对比分析结论及心得：

关于吊顶内喷头的接管方式，中国规范仅限制了配水管两侧每根配水支管控制的标准流量洒水喷头数量。英国规范规定，除OH（中）危险级外，其他所有危险等级的场所，隐蔽空间（吊顶）内的洒水喷头应设置单独的供水管道。

16.10 消防水源

16.10.1 关于消防水源的总则

对比内容：关于消防水源的总则	
中国	英国
《消防给水及消火栓系统技术规范》GB 50974—2014 4.1.1 在城乡规划区域范围内，市政消防给水应与市政给水管网同步规划、设计与实施。 4.1.2 消防水源水质应满足水灭火设施的功能要求。 4.1.3 消防水源应符合下列规定： 1 市政给水、消防水池、天然水源等可作为消防水源，并宜采用市政给水； 2 雨水清水池、中水清水池、水景和游泳池可作为备用消防水源。	《固定消防系统、自动喷水灭火系统 设计、安装与维护》BS EN 12845—2015（A12019） 8.1.1 持续时间 供水应至少能够自动提供系统所需的压力/流量条件。 8.1.2 连续性 供水不应受可能的霜冻条件或干旱或洪水或任何其他可能减少流量或有效容量或使供水不工作的条件影响。 应采取一切实际措施，确保供水的连续性和可靠性。 供水应在使用者的控制之下，否则，可靠性和使用权应由拥有控制权的组织来保证。

续表

中国	英国
4.1.4 消防给水管道内平时所充水的 pH 值应为 6.0～9.0。 4.1.5 严寒、寒冷等冬季结冰地区的消防水池、水塔和高位消防水池等应采取防冻措施。 4.1.6 雨水清水池、中水清水池、水景和游泳池必须作为消防水源时，应有保证在任何情况下均能满足消防给水系统所需的水量和水质的技术措施	水中应无纤维或其他悬浮物，以免在系统管道中造成积聚。盐或微咸水喷淋喷头安装管道中不得残留水。 如果没有合适的淡水来源，可以使用盐水或微咸水供应，前提是装置通常装有淡水

中英差异化对比分析结论及心得：

英国规范强调消防用水的连续性和可靠性。

16.10.2 市政给水

对比内容：市政给水	
中国	英国
《消防给水及消火栓系统技术规范》GB 50974—2014 4.2.1 当市政给水管网连续供水时，消防给水系统可采用市政给水管网直接供水。 4.2.2 用作两路消防供水的市政给水管网应符合下列要求： 1 市政给水厂应至少有 2 条输水干管向市政给水管网输水； 2 市政给水管网应为环状管网； 3 应至少有 2 条不同的市政给水干管上不少于 2 条引入管向消防给水系统供水	《固定消防系统、自动喷水灭火系统 设计、安装与维护》BS EN 12845—2015（A12019） 9.2 市政水源 城镇主管应能够满足压力，流量和持续时间的要求，并考虑到手动消防所需的任何额外流量（消火栓、软管卷盘等）。当供应中的压力下降到预定值时，应安装压力开关并发出警报。开关应位于任何止回阀的上游，并应配备有测试阀（见本规范附录 I 和附录 H）。 在某些情况下，水质使得必须在城镇干线的所有连接上安装过滤器。过滤器的横截面面积至少应为管道标称面积的 1.5 倍，并且不允许直径大于 6mm 的物体通过。 注：1. 用于手动消防目的的用水需求通常由主管部门决定。可能有必要考虑消防队所需的额外流量。 2. 城市总管连接通常需要水务部分的同意

中英差异化对比分析结论及心得：

英国规范规定，可直接供给自动喷水灭火系统用水的市政主管，应能够满足火灾时消防用水对压力、流量和持续时间的要求，并应在市政引入管上止回阀的上游安装压力报警开关和测试阀门。从市政主管上接出消防用水需经水务部门的同意。

16.10.3 消防水池

对比内容：消防水池	
中国	英国
《消防给水及消火栓系统技术规范》GB 50974—2014 4.3.1 符合下列规定之一时，应设置消防水池： 1 当生产、生活用水量达到最大时，市政给水管网或入户引入管不能满足室内、室外消防给水设计流量； 2 当采用一路消防供水或只有一条入户引入管，且室外消火栓设计流量大于 20L/s 或建筑高度大于 50m 时；	《固定消防系统、自动喷水灭火系统 设计、安装与维护》BS EN 12845—2015（A12019） 9.3.2 水量 9.3.2.1 总则 为每个系统规定了最小水量，应提供以下其中一种： 一个满容量的水箱，其有效容量至少等于规定的水容量；

续表

<table>
<tr><th>中国</th><th>英国</th></tr>
<tr><td>3　市政消防给水设计流量小于建筑室内外消防给水设计流量。
4.3.2　消防水池有效容积的计算应符合下列规定：
1　当市政给水管网能保证室外消防给水设计流量时，消防水池的有效容积应满足在火灾延续时间内室内消防用水量的要求；
2　当市政给水管网不能保证室外消防给水设计流量时，消防水池的有效容积应满足火灾延续时间内室内消防用水量和室外消防用水量不足部分之和的要求。
4.3.3　消防水池进水管应根据其有效容积和补水时间确定，补水时间不宜大于 48h，但当消防水池有效总容积大于 2000m³ 时，不应大于 96h。消防水池进水管管径应计算确定，且不应小于 DN100。
4.3.4　当消防水池采用两路消防供水且在火灾情况下连续补水能满足消防要求时，消防水池的有效容积应根据计算确定，但不应小于 100m³，当仅设有消火栓系统时不应小于 50m³</td><td>容量减小的水箱（参见本规范第 9.3.4 条），其中所需的水量由水箱的有效容量加上自动补水共同提供。
罐的有效容量应通过计算正常水位与最低有效水位之差确定。如果水箱没有防霜冻，则正常水位至少应增加 1.0m，并设有排冰孔。对于封闭式储罐，应提供方便的通道。
除开放式水库外，水箱应配备外部可读水位指示器。
9.3.3　储罐满容量的补充速度
水源应能在不超过 36h 的时间内重新注满水箱。
任何进水管的出口与吸入管入口的水平距离不得小于 2.0m。
9.3.4　水箱容量减少
减容罐应满足以下条件：
(1) 流入的水应来自城镇主管，并应通过至少 2 个机械浮球阀自动流入。流入量不得对泵的吸入产生不利影响。单个浮球阀的故障不应损害要求的充水率。
(2) 储罐的有效容积不得少于如表 11 所示的容积。
(3) 储罐的容量加上流入量应足以为系统提供全负荷，如本规范第 9.3.2 条所述。
(4) 应有可能检查流入量。
流入装置应易于检查。

减容罐的最小有效容积　　表 11
<table><tr><th>危险等级</th><th>最小有效容量（m³）</th></tr><tr><td>LH 湿式或预作用</td><td>5</td></tr><tr><td>OH1-湿式或预作用</td><td>10</td></tr><tr><td>OH1-干式或替代
OH2-湿式或预作用</td><td>20</td></tr><tr><td>OH2-干式或替代
OH3-湿式或预作用</td><td>30</td></tr><tr><td>OH3-干式或替代
OH4-湿式或预作用</td><td>50</td></tr><tr><td>HHP 和 HHS</td><td>70[a]</td></tr></table>注：a 在任何情况下均不得少于总容量的 10%。

9.3.6　过滤器
如果是在抽水提升条件下的泵，则应在泵抽水管的底阀上游安装一个过滤器。它的安装应使其能够清洁而无须倒空水箱。
对于开放式储罐给水泵在正压头条件下（自灌吸水），应在储罐外部的吸入管上安装过滤器。储罐和滤网之间应安装截止阀。
过滤器的横截面面积应至少为管道标称面积的 1.5 倍，且不允许直径大于 5mm 的物体通过</td></tr>
</table>

中英差异化对比分析结论及心得：

中英规范均对消防水池的补水时间有明确要求，英国规范要求应能在不超过 36h 的时间内重新注满水箱，标准高于中国规范的48/96h，原因是英国规范的储水容积仅为自动喷水灭火系统用水量，中国规范一般喷淋与消火栓系统合用消防水池，有时尚需储存室外消防用的水量，消防水池的容积较大。规定补水时间主要考虑第二次火灾扑救需要，以及火灾时潜在的补水能力。对于消防水池容量折减，前提是市政供水，包括补水管的阀门组件，必须具有连续性，不影响消防给水的可靠性。

16.10.4　天然水源用作消防用水的条件

对比内容：天然水源用作消防用水的条件	
中国	英国
《消防给水及消火栓系统技术规范》GB 50974—2014 4.4.1　井水等地下水源可作为消防水源。 4.4.2　井水作为消防水源向消防给水系统直接供水时，其最不利水位应满足水泵吸水要求，其最小出流量和水泵扬程应满足消防要求，且当需要两路消防供水时，水井不应少于两眼，每眼井的深井泵的供电均应采用一级供电负荷。 4.4.3　江、河、湖、海、水库等天然水源的设计枯水流量保证率应根据城乡规模和工业项目的重要性、火灾危险性和经济合理性等综合因素确定，宜为90%～97%。但村镇的室外消防给水水源的设计枯水流量保证率可根据当地水源情况适当降低。 4.4.4　当室外消防水源采用天然水源时，应采取防止冰凌、漂浮物、悬浮物等物质堵塞消防水泵的技术措施。并应采取确保安全取水的措施。 4.4.5　当天然水源等作为消防水源时，应符合下列规定： 1　当地表水作为室外消防水源时，应采取确保消防车、固定和移动消防水泵在枯水位取水的技术措施；当消防车取水时，最大吸水高度不应超过6.0m； 2　当井水作为消防水源时，还应设置探测水井水位的水位测试装置。 4.4.6　天然水源消防车取水口的设置位置和设施，应符合现行国家标准《室外给水设计标准》GB 50013中有关地表水取水的规定，且取水头部宜设置格栅，其栅条间距不宜小于50mm，也可采用过滤管。 4.4.7　设有消防车取水口的天然水源，应设置消防车到达取水口的消防车道和消防车回车场或回车道 注：按最新标准修正	《固定消防系统、自动喷水灭火系统　设计、安装与维护》BS EN 12845—2015（A12019） 9.4　取之不尽的水源：沉淀池和吸水井 9.4.1　如果吸入管或其他管道从取之不尽的水源供给的沉淀室或吸入室抽取，则应采用图5中的设计和尺寸，其中 D 为吸入管直径，d 为入口管直径，d_1 为堰处的水深。管道、导管和明渠床应具有朝向沉降室或吸入室的连续坡度，坡度至少为1∶125。进料管或导管的直径不得小于如表13所示。吸入室尺寸应符合本规范第9.3.5条的规定。 在流水的情况下，流向与进水轴线之间的角度（沿流向看）应小于60°。 9.4.2　管道或导管的入口应浸没在最低已知水位以下至少一个标称管道直径。明渠和堰的总深度应适应水源已知的最高水位。 抽吸室的尺寸和抽吸管从室壁的位置，在最低已知水位以下的浸水（对冰有任何必要的余量）和与底部的间隙应符合本规范第9.3.5条和图5的规定。 沉淀室的宽度和深度应与吸入室相同，长度至少为10d，其中 d 是管道或导管的最小孔，且不少于1.5m。 该系统的设计应确保在沉淀室入口与泵吸入管入口之间的任何点处的平均水速不超过0.2m/s。 9.4.3　沉淀室（包括任何筛分装置）的布置应防止风尘和日光的进入。 9.4.4　在进入沉淀室之前，水应首先通过一个由金属丝网或多孔金属板制成的可拆卸筛网，该筛网的总净面积低于每L/min泵额定流量（LH或OH或HHP或HHS的最大设计流量）150mm^2 的水位。 滤网应坚固到足以承受水的重量（如果滤网受阻），并且其网孔不得大于12.5mm。应提供两个滤网，一个在使用中，另一个在高起位置，需要清洁时可以互换。 9.4.5　进入沉淀室或抽吸坑的管道或导管的入口应设有过滤器，其总净面积至少应为管道或管道横截面面积的5倍。各个开口的尺寸应能防止直径为25mm的球通过。 如果吸入口从河流、运河、湖泊等河床的隔离区域抽取，则墙壁本身应延伸至水面上方，并采用孔径筛网布置。或者墙壁顶部和水面之间的空间应采用滤网封闭。另外，在墙顶和水面之间的空间应用筛网封闭。筛网应符合本规范第9.4.4条的规定。 9.4.7　不建议开挖河床等为泵的吸入口创造必要的深度，但如果不可避免，该区域应使用切实可行的最大滤网围起来，并应有足够的净空区域，如本规范第9.4.4条的规定。 9.4.8　两路供应应配备单独的吸入室和沉降室。筛网应符合本规范第9.4.4条的规定

续表

中国	英国
	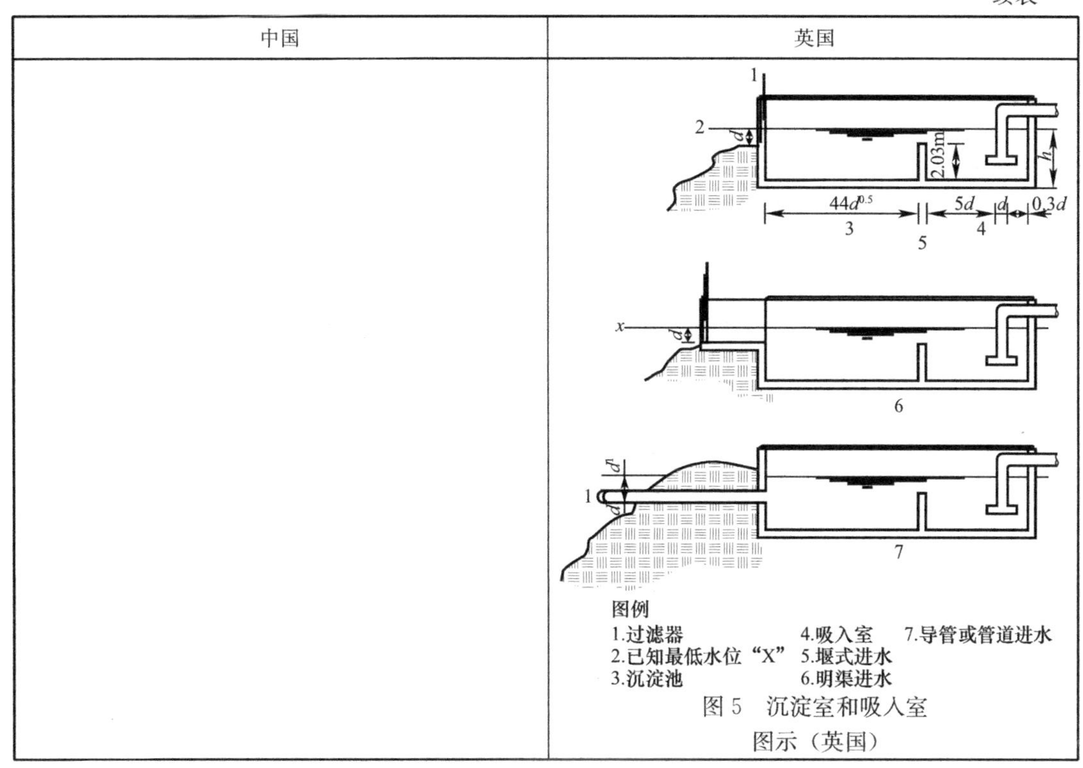 图5 沉淀室和吸入室 图示（英国）

中英差异化对比分析结论及心得：

当采用江、河、湖、海、水库等天然水源作为消防水源时，英国规范对消防取水的构筑物的设计提供了较为详细的技术要求，因天然水源可能有冰凌、漂浮物、悬浮物等易堵塞取水口，合理的技术措施可确保消防取水的可靠性。

16.11 供水设施

16.11.1 消防水泵的选择

对比内容：消防水泵的选择	
中国	英国
《消防给水及消火栓系统技术规范》GB 50974—2014 5.1.1 消防水泵宜根据可靠性、安装场所、消防水源、消防给水设计流量和扬程等综合因素确定水泵的形式，水泵驱动器宜采用电动机或柴油机直接传动，消防水泵不应采用双电动机或基于柴油机等组成的双动力驱动水泵。 5.1.6 消防水泵的选择和应用应符合下列规定： 3 当采用电动机驱动的消防水泵时，应选择电动机干式安装的消防水泵。 5.1.9 轴流深井泵宜安装于水井、消防水池和其他消防水源上，并应符合下列规定：	《固定消防系统、自动喷水灭火系统 设计、安装与维护》BS EN 12845—2015（A12019） 10.1 总则 泵应由电动机或柴油机驱动。 10.2 多泵布置 如果在优质或两路供水系统中安装了多台水泵，则单个电机不得驱动多台水泵。 10.6 吸水条件 应避免采用吸入提升（非自灌吸水）和潜水泵布置，且仅在无条件的情况下使用

续表

中国	英国
5　当消防水池最低水位低于离心水泵出水管中心线或水源水位不能保证离心水泵吸水时，可采用轴流深井泵，并应采用湿式深坑的安装方式安装于消防水池等消防水源上	

中英差异化对比分析结论及心得：

关于消防泵的选择，中英规范基本准则一致，主要区别有：一是中国规范明确要求只能选用“电动机干式安装的消防水泵”，而英国规范适当放宽“在无条件的情况下，可使用潜污泵”；二是中国规范允许使用轴流深井泵，但要求轴流深井泵必须采用“湿式深坑的安装方式”，而英国规范未提及轴流深井泵可用于消防供水系统中。

16.11.2　消防水泵的吸水条件

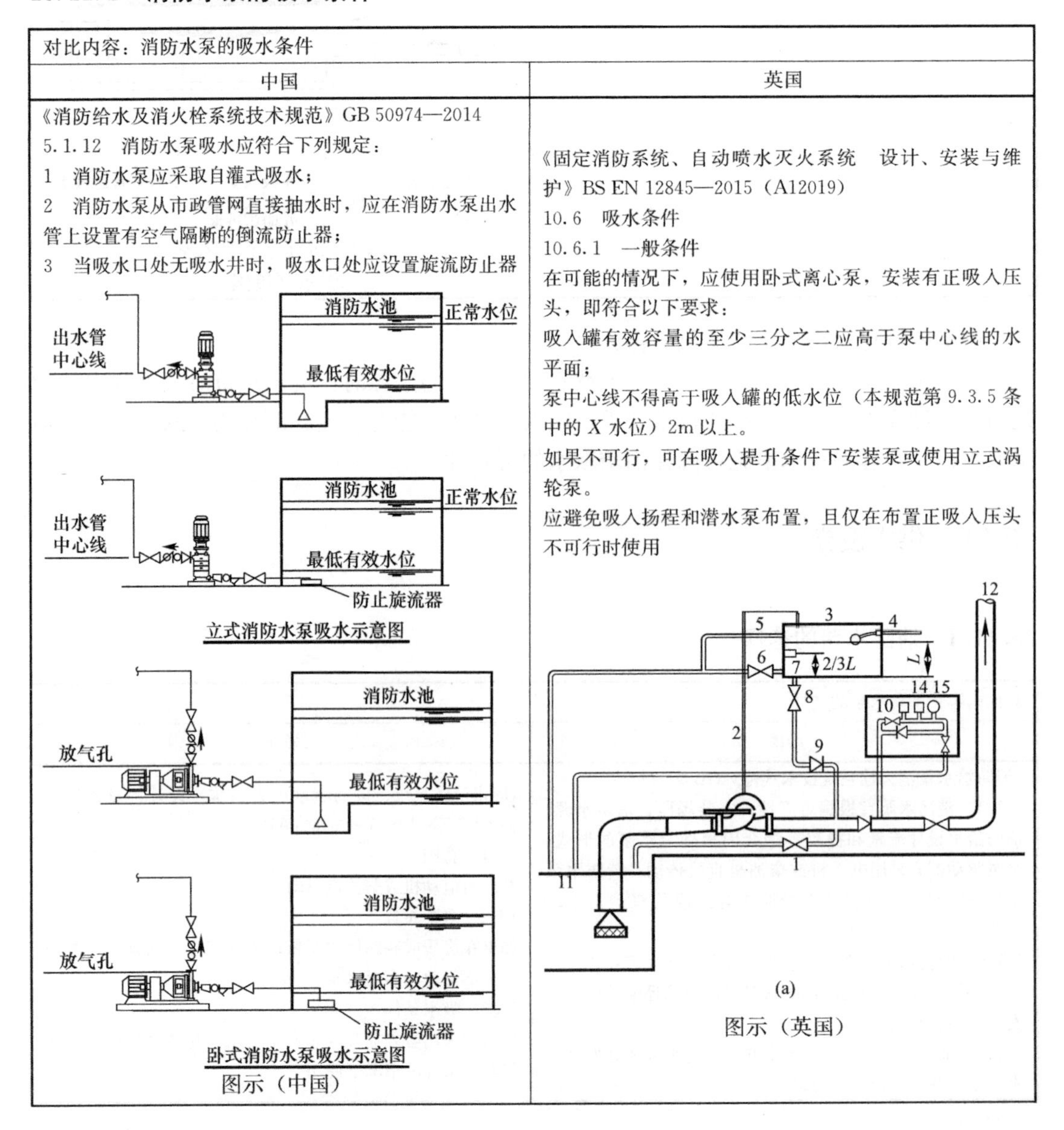

对比内容：消防水泵的吸水条件	
中国	英国
《消防给水及消火栓系统技术规范》GB 50974—2014 5.1.12　消防水泵吸水应符合下列规定： 1　消防水泵应采取自灌式吸水； 2　消防水泵从市政管网直接抽水时，应在消防水泵出水管上设置有空气隔断的倒流防止器； 3　当吸水口处无吸水井时，吸水口处应设置旋流防止器 图示（中国）	《固定消防系统、自动喷水灭火系统　设计、安装与维护》BS EN 12845—2015（A12019） 10.6　吸水条件 10.6.1　一般条件 在可能的情况下，应使用卧式离心泵，安装有正吸入压头，即符合以下要求： 吸入罐有效容量的至少三分之二应高于泵中心线的水平面； 泵中心线不得高于吸入罐的低水位（本规范第 9.3.5 条中的 X 水位）2m 以上。 如果不可行，可在吸入提升条件下安装泵或使用立式涡轮泵。 应避免吸入扬程和潜水泵布置，且仅在布置正吸入压头不可行时使用 图示（英国）

续表

中国	英国
	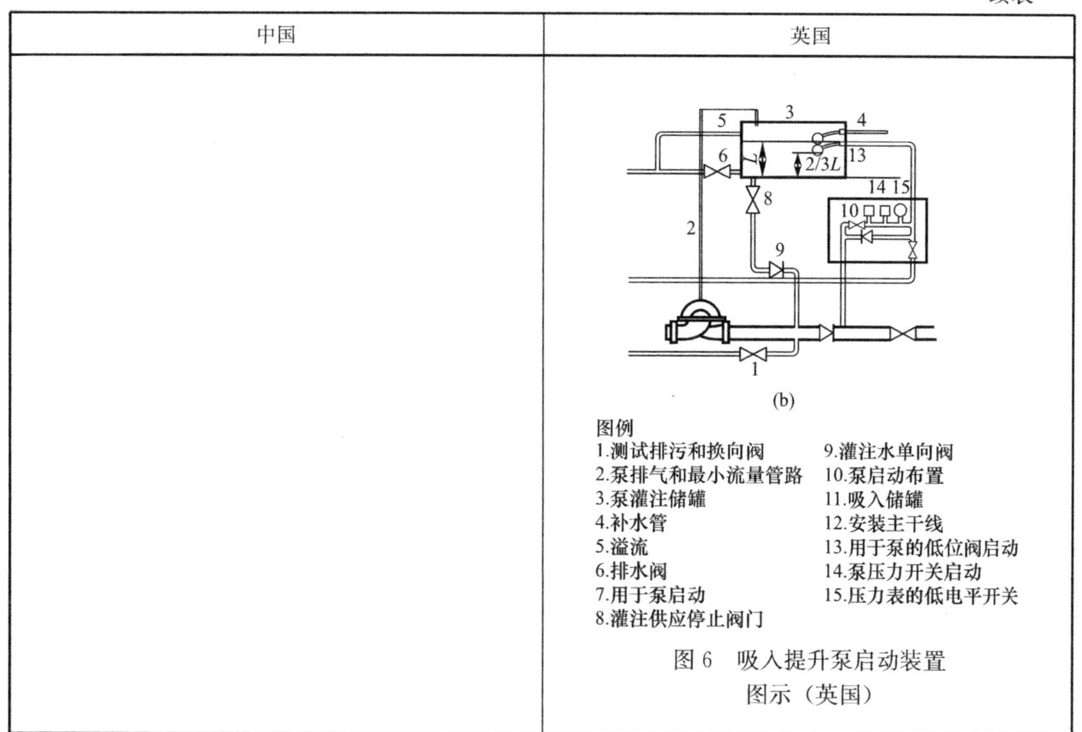 (b) 图例 1.测试排污和换向阀　9.灌注水单向阀 2.泵排气和最小流量管路　10.泵启动布置 3.泵灌注储罐　11.吸入储罐 4.补水管　12.安装主干线 5.溢流　13.用于泵的低位阀启动 6.排水阀　14.泵压力开关启动 7.用于泵启动　15.压力表的低电平开关 8.灌注供应停止阀门 图 6　吸入提升泵启动装置 图示（英国）

中英差异化对比分析结论及心得：

关于消防泵吸水，中国规范强调必须是“自灌式吸水”，而英国规范原则上要求需采用“自灌式吸水”“应避免采用非自灌式吸水”，但在条件限制且设置可靠的“引水装置”的情况下，可采“非自灌式吸水”。火灾的发生是不定时的，为保证消防水泵随时启动并可靠供水，消防水泵应经常充满水，以保证及时启动供水。

16.11.3　稳压泵设计要求

对比内容：稳压泵设计要求	
中国	英国
《消防给水及消火栓系统技术规范》GB 50974—2014 5.2.2　高位消防水箱的设置位置应高于其所服务的水灭火设施，且最低有效水位应满足水灭火设施最不利点处的静水压力，并应按下列规定确定： 5　当高位消防水箱不能满足本条第 1 款～第 4 款的静压要求时，应设稳压泵。 5.3.2　稳压泵的设计流量应符合下列规定： 1　稳压泵的设计流量不应小于消防给水系统管网的正常泄漏量和系统自动启动流量； 2　消防给水系统管网的正常泄漏量应根据管道材质、接口形式等确定，当没有管网泄漏量数据时，稳压泵的设计流量宜按消防给水设计流量的 1%～3%计，且不宜小于 1L/s。	《固定消防系统、自动喷水灭火系统　设计、安装与维护》BS EN 12845—2015（A12019） 10.6.2.5　压力维持泵 可安装压力维持泵，以避免不必要地启动主泵，或者在供水（例如城镇供水）压力波动的情况下，将系统压力维持在一定基础上。 注：某些水务部门可能不允许在城市市政总管连接的系统上使用压力维持泵。 压力维持泵不应使其提供的流量和压力超过单个洒水喷头动作所需的流量和压力，从而影响主泵启动。 压力维持泵采用负压式安装时，吸入管道和配件应独立于主泵的管道和配件

续表

中国	英国
5.3.3 稳压泵的设计压力应符合下列要求： 1 稳压泵的设计压力应满足系统自动启动和管网充满水的要求； 2 稳压泵的设计压力应保持系统自动启泵压力设置点处的压力在准工作状态时大于系统设置自动启泵压力值，且增加值宜为 0.07～0.10MPa； 3 稳压泵的设计压力应保持系统最不利点处水灭火设施在准工作状态时的静水压力应大于 0.15MPa	

中英差异化对比分析结论及心得：

消防供水系统的稳压泵，主要功能是维持准工作状态下消防供水管网内的压力，保证系统的充水和主泵自动启动功能。中国规范对其流量和压力做了较为详细的规定；英国规范没有强制性要求，如设置稳压泵，则应确保其提供流量和压力不得影响主泵的自动启动，如稳压泵采用非自灌式吸水时，其吸水管路及阀门附件不应与主泵合用。

16.11.4 消防水箱和气压供水设施

对比内容：消防水箱和气压供水设施	
中国	英国
《消防给水及消火栓系统技术规范》GB 50974—2014 6.1.9 室内采用临时高压消防给水系统时，高位消防水箱的设置应符合下列规定： 1 高层民用建筑、总建筑面积大于 10000m^2 且层数超过 2 层的公共建筑和其他重要建筑，必须设置高位消防水箱； 2 其他建筑应设置高位消防水箱，但当设置高位消防水箱确有困难，且采用安全可靠的消防给水形式时，可不设高位消防水箱，但应设稳压泵； 3 当市政供水管网的供水能力在满足生产、生活最大小时用水量后，仍能满足初期火灾所需的消防流量和压力时，市政直接供水可替代高位消防水箱。 《自动喷水灭火系统设计规范》GB 50084—2017 10.3.1 采用临时高压给水系统的自动喷水灭火系统，应设高位消防水箱。自动喷水灭火系统可与消火栓系统合用高位消防水箱，其设置应符合现行国家标准《消防给水及消火栓系统技术规范》GB 50974 的要求。 10.3.2 高位消防水箱的设置高度不能满足系统最不利点处喷头的工作压力时，系统应设置增压稳压设施，增压稳压设施的设置应符合现行国家标准《消防给水及消火栓系统技术规范》GB 50974 的规定。 10.3.3 采用临时高压给水系统的自动喷水灭火系统，当按现行国家标准《消防给水及消火栓系统技术规范》GB 50974 的规定可不设置高位消防水箱时，系统应设气压供水设备。气压供水设备的有效水容积，应按系统最不利处 4 只喷头在最低工作压力下的 5min 用水量确定。	《固定消防系统、自动喷水灭火系统 设计、安装与维护》BS EN 12845—2015（A12019） 9.5.1 总则 自动喷水系统应预留压力罐。 9.5.2 机房 压力罐的位置应容易接近： (1) 受喷淋保护的建筑物； (2) 单独用于欧洲 A1 级或 A2 级的喷水灭火保护建筑物，或仅用于消防用水和设备的现有国家分类系统中的等效建筑物； (3) 位于 60min 耐火隔间内的无保护建筑，无可燃材料。 当压力罐被安置在洒水喷头保护的建筑物内时，该区域应由不少于 30min 的耐火结构封闭。 压力罐和外壳应保持在至少 4℃的温度。 9.5.3 最小水容量 对于单向供水，压力罐中的最小水量应为 15m^3（用于 LH）和 23m^3（用于 OH1）。 对于两路供水，压力罐中的最小水量应为 15m^3（LH 和 OH 所有组）。 9.5.4.1 总则 空气容积不得小于压力罐容积的三分之一。罐内压力不得超过 12bar。 来自储罐的气压和水流量应能满足喷淋系统的要求，直至耗尽。

续表

<table>
<tr><th>中国</th><th>英国</th></tr>
<tr>
<td>

高位消防水箱有效容积

<table>
<tr><th>序号</th><th>建筑性质</th><th>建筑高度（m）</th><th>有效容积（m^3）</th><th>消火栓最不利点静水压力（MPa）</th><th>自动灭火系统最不利点静水压力（MPa）</th></tr>
<tr><td rowspan="3">1</td><td rowspan="3">一类高层公共建筑</td><td>—</td><td>≥36</td><td>应≥0.10</td><td rowspan="12">应根据喷头灭火需求压力确定，且不应小于 0.10</td></tr>
<tr><td>>100</td><td>≥50</td><td rowspan="2">应≥0.15</td></tr>
<tr><td>>150</td><td>≥100</td></tr>
<tr><td rowspan="2">2</td><td rowspan="2">公共建筑、二类高层公共建筑、一类高层住宅</td><td>—</td><td>≥18</td><td rowspan="3">应≥0.07</td></tr>
<tr><td>>100</td><td>≥36</td></tr>
<tr><td>3</td><td>二类高层住宅</td><td>—</td><td>≥12</td></tr>
<tr><td>4</td><td>多层住宅</td><td>>21</td><td>≥6</td><td>宜≥0.07</td></tr>
<tr><td rowspan="2">5</td><td>工业建筑（室内消防给水设计流量≤25L/s）</td><td>—</td><td>≥12</td><td rowspan="2">应≥0.10 V<2 万 m^3，宜≥0.07</td></tr>
<tr><td>工业建筑（室内消防给水设计流量>25L/s）</td><td>—</td><td>≥18</td></tr>
<tr><td rowspan="2">6</td><td>商店建筑（总建筑面积>10000m^2且≤30000m^2）</td><td>—</td><td>≥36</td><td rowspan="2">宜≥0.07</td></tr>
<tr><td>商店建筑（总建筑面积>30000m^2）</td><td>—</td><td>≥50</td></tr>
</table>

注：1. 当第 6 项规定与第 1 项不一致时应取其较大值。
2. 高位消防水箱容积指屋顶水箱，不含转输水箱兼高位水箱。
3. 当高位消防水箱不能满足以上表格中静水压的要求，应设增压稳压设施。

干式系统、预作用系统设置的气压供水设备，应同时满足配水管道的充水要求

</td>
<td>

9.5.5 空气和水充装

压力罐作为单一供应源，应设有自动维持气压和水位的装置。空气和水的供应应能在不超过 8h 内完全充满储罐并对其加压。

供水应能够在压力罐的表压（本规范第 9.5.4 条中的 p）下补充水，流量至少为 6m^3/h

</td>
</tr>
</table>

中英差异化对比分析结论及心得：

差异化对比分析：中国规范规定，对于采用临时高压给水系统的高层民用建筑、总建筑面积大于 10000m^2 且层数超过 2 层的公共建筑和其他重要建筑，因其性质重要，火灾发生将产生巨大的经济损失和社会影响，强调必须设置屋顶消防水箱。高位消防水箱是在火灾初期消防主泵投入工作前重要的消防水源，设置的目的是增加消防供水的可靠性。对于一些建筑高度不高的民用建筑，或者屋顶无法设置高位消防水箱的工业建筑，中国规范允许采用气压供水设备代替高位消防水箱，并规定气压给水设备的有效容积按最不利处 4 只

喷头在最低工作压力下的5min用水量计算（为1.2～2.0m³）。英国规范虽然对于高位消防水箱没有相关规定，但是要求自动喷水系统应设置气压水罐，且对气压水罐的设置，包括其位置、水容积、空气容积、压力维持设施等均有详细且明确的规定，气压水罐的储水容积最小为15m³，远大于中国规范的要求。

差异化对比心得：对于储水容积达到15m³，气压水罐本体将非常大，对其设置的站房空间包括运输通道均要求很高，在方案设计阶段应与土建专业充分沟通协调，确保可实施性。

16.11.5　消防水泵房设计技术要求

对比内容：消防水泵房设计技术要求	
中国	英国
《消防给水及消火栓系统技术规范》GB 50974—2014 5.5.9　消防水泵房的设计应根据具体情况设计相应的供暖、通风和排水设施，并应符合下列规定： 1　严寒、寒冷等冬季结冰地区供暖温度不应低于10℃，但当无人值守时不应低于5℃； 2　消防水泵房的通风宜按6次/h设计； 3　消防水泵房应设置排水设施 5.5.12　消防水泵房应符合下列规定： 1　独立建造的消防水泵房耐火等级不应低于二级； 2　附设在建筑物内的消防水泵房，不应设置在地下三层及以下，或室内地面与室外出入口地坪高差大于10m的地下楼层； 3　附设在建筑物内的消防水泵房，应采用耐火极限不低于2.0h的隔墙和1.50h的楼板与其他部位隔开，其疏散门应直通安全出口，且开向疏散走道的门应采用甲级防火门	《固定消防系统、自动喷水灭火系统　设计、安装与维护》BS EN 12845—2015（A12019） 10.3.1　总则 泵组应装在耐火性至少为60min的房间内，除防火外不得用于其他目的。它应该是下列之一（按优先顺序排列）： (1) 单独的建筑物； (2) 与喷淋保护的建筑物相邻的建筑物，可从外部直接进入； (3) 洒水喷头保护的建筑物内的隔间，可从外部直接进入。 10.3.2　洒水喷头保护 水泵房应采用洒水保护。 10.3.3　温度 泵房应保持或高于以下温度： 电动机驱动的泵：4℃； 柴油发动机驱动的泵：10℃。 10.3.4　通风 柴油机驱动泵的泵室应按照供应商的建议提供足够的通风

中英差异化对比分析结论及心得：

差异化对比分析：对于消防站房，中国规范和英国规范均对其建筑构件的耐火性能做了要求。中国规范规定，独立建造的消防水泵房耐火等级不应低于二级；附设在建筑物内的消防水泵房，应采用耐火极限不低于2.0h的隔墙和1.50h的楼板与其他部位隔开；英国规范要求消防泵房的耐火性不应低于1.0h，稍低于中国规范的要求，但要求水泵房应设自动喷淋保护。关于水泵房是否需要设喷淋保护，中国规范没有明确要求，如建筑物内自动喷淋系统，国内给水排水设计师一般会考虑泵房内亦设喷淋保护。

差异化对比心得：消防水泵是消防给水系统的动力中心，火灾时消防人员可能需要在泵房内现场操作，故在火灾延续时间内，要确保消防站房的安全性，保证消防人员和水泵机组安全可靠地工作。

中欧（部分）工程设计标准规范

对比研究

第 4 部分　电气设计

17 电气研究内容说明

提起国外规范，大家公认我国规范转化的来源地为IEC规范和苏联规范（目前苏联规范基本不再提及）。但是实际上，国外规范体系除了IEC还有NEC，以及CEN、BSI、AFNOR、DIN……这些规范体系之间的关系是什么样的？异同点有哪些？和我国规范的不同点又在哪里？王殿光专家（EEO工作组成员）写的关于解读BS 7671—2018版（BS 7671的第一版可以追溯到1882年）的文章，大概厘清了GB、EN、BSI和IEC之间的关系，详见下图。

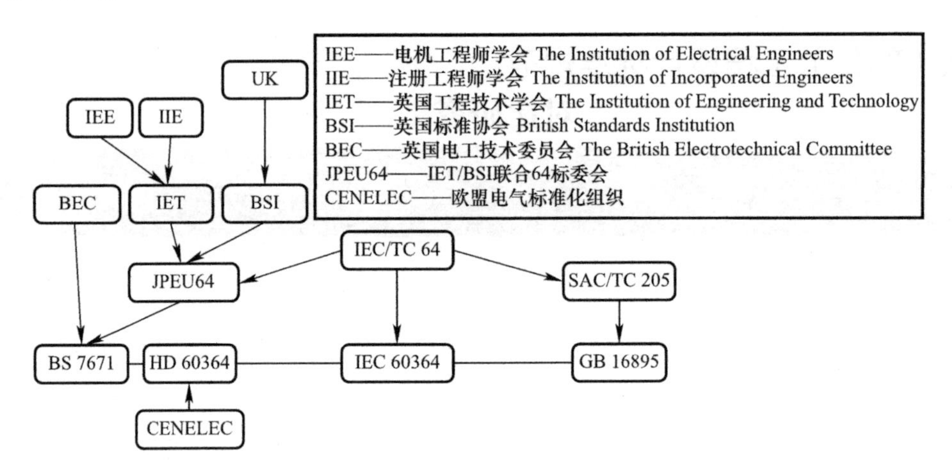

简单来说，欧洲特别是英国很早就启动了标准的编制工作，也形成了自己的一套标准体系，其他国家如法国、德国也一样，但是在欧洲一体化进程中发现，各国规范之间的冲突给一体化带来了矛盾和麻烦，所以欧洲标准化委员会（以下简称CEN）应运而生，其下辖的欧盟电气标准化组织（以下简称CENELEC）统一协调欧洲各国共同编制了EN规范和协调文件（HD），欧洲各国在执行自己国家规范的同时还要执行EN规范，所以，EN规范是在欧洲统一执行的规范，而IEC标准是在世界范围内执行的规范。比较而言，IEC标准适应的国家更多（NEC除外），而严格程度比EN标准略低。中国的国家标准GB系列以前是直接转化为IEC标准，随着中国电气技术的进步，中国开始逐步参与甚至主导IEC标准的编制。

以下将从电气防火的电源系统、应急照明系统、火灾自动报警系统三个方面介绍中国标准和欧盟标准的不同点。

18 电气防火的电源系统

本节主要为中欧建筑设计防火中电气电源做法的对比，包括市政电源参数、消防双电源切换点等内容。

本节参考规范及标准为欧盟《建筑设计、管理和使用中的消防安全 业务守则》

BS 9999—2017、《照明应用—应急照明》BS EN 1838—2013、《应急逃生照明系统》BS EN 50172—2004、《建筑物火灾探测和火灾报警系统 第 6 部分：住宅建筑系统设计、安装、调试和维护》BS 5839—6—2019（以下简称 BS 5839—6）、《建筑物火灾探测和火灾报警系统 第 1 部分：非住宅场所系统设计、安装、调试和维护》BS 5839—1—2017（以下简称 BS 5839—1）；中国《建筑设计防火规范》GB 50016—2014（2018 年版）、《消防应急照明和疏散指示系统技术标准》GB 51309—2018、《民用建筑电气设计标准》GB 51348—2019。

18.1 市政电源参数

对比内容：市政电源参数	
中国标准	欧盟标准
国家电网挂网文件——供电营业规则（国家发展和改革委员会令第 14 号 2024 年 6 月 1 日） 高压供电额定电压（kV）：220（330）、110（66）、35、10（6、20） 低压供电额定电压（V）：380/220 额定频率（Hz）：50	高压供电额定电压（kV）：220、120、35（20/10） 低压供电额定电压（V）：400/230 额定频率（Hz）：50
采用 IEC 体系，低压均采用 380/220V	采用 IEC 体系，低压均采用 400/230V

中欧差异化对比分析结论及心得：

差异化对比分析：

总体来说，都是采用 IEC 体系，高、低压差别不大。

差异化对比心得：

由于中国与欧盟同在 IEC 标准体系下，所以电压等级、频率这些参数基本差别不大。

高压供电的电压等级选择一般取决于项目实际容量需求和当地市政条件。中国市政条件基本比较统一，选择也比较单一、固定；而欧盟不一样，整个欧盟电力系统的市场化程度较高，以匈牙利为例，发电、输电、配电、售电这些环节都是分离的，除了居民用户和部分小型企业用户电价实行政府管制价格（享受政府补贴）外，其他用户用电均以市场行情为准，而匈牙利的配电系统运营商（DSO）有 6 家，不同的运营商计费标准是不一样的，这提醒我们在选择欧盟供电电压等级的时候需要考虑运营商和电力交易规则的影响。

欧盟低压供电的电压等级和中国有细微差别，这对电气设备来说影响不大，但是末端的插头、插座形式是不同的，详见图 4-1，这点需要注意。

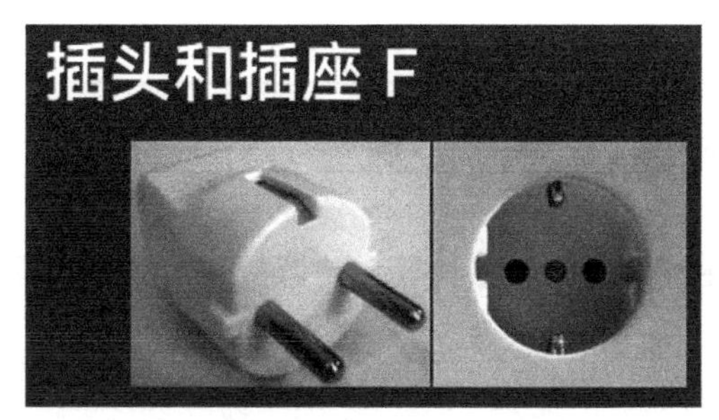

图 4-1 插头、插座

对于NEC标准在低压供电方面的不同点，首先NEC标准频率一般为60Hz，其次，很多国家（适用NEC标准）的电压等级是240/120V或者115/230V，两种电压是2倍的关系，而不是线/相电压间的1.732倍的关系。这是NEC标准特有的单相三线制供电，如图4-2所示，单相三线制的单相是指由末端变压器单相变压器供电，将中压降压为二次侧的240V，三线是指在二次侧240V的中点（Mid-point）引出一中线（Midconductor），在NEC标准中被称作中性线（Neutral conductor），当此线具有保护接地线功能时，IEC标准称其为PEM线，即可取得120V电压。单相三线制中，二次侧两端L1与L2间电压为240V，中线M和L1、L2任意一端间的电压为120V。

三相四线制的电压同理，如图4-2所示。

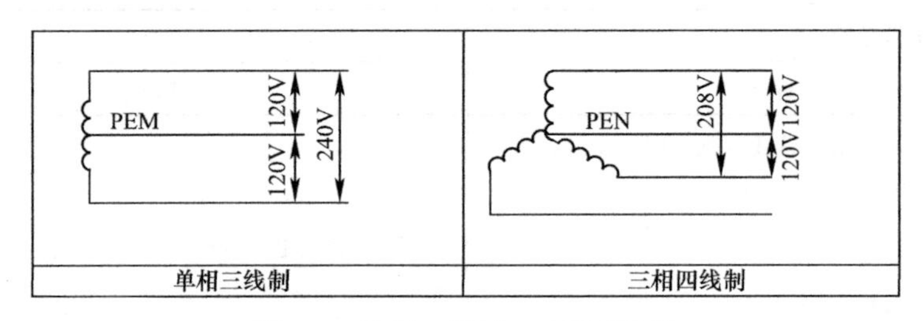

图4-2　单相三线制、三相四线制

另外还需要注意：20kV电压等级的应用。根据某锂电池厂房项目的电压等级比选方案发现，本项目的中压选择20kV比10kV更具经济性。在中国20kV的应用还不是很广泛，但是在欧盟已经很成熟了。

18.2　消防双电源切换点

对比内容：消防双电源切换点	
中国标准	欧盟标准
《建筑设计防火规范》GB 50016—2014（2018年版）： 10.1.8　消防控制室、消防水泵房、防烟和排烟风机房的消防用电设备及消防电梯等的供电，应在其配电线路的最末一级配电箱处设置自动切换装置。 应在其配电线路的最末一级配电箱处设置自动切换	BS 9999—2017 37.2.3.3　第一电源和第二电源 第二电源系统应设计成在火灾条件下安全运行。 (1) 第一电源和第二电源供电电缆应在一个转换装置中终止，该转换装置位于存放生命安全和消防设备的设备房内，如果是消防升降机，则位于消防竖井内。 (2) 如果特定设备房的一次电源发生故障，转换装置应自动实现从一次电源到二次电源的转换。 应自动切换

中欧差异化对比分析结论及心得：

差异化对比分析：

中国规范指定了应在最末一级配电箱处自动切换。而欧盟标准只要求自动切换。

差异化对比心得：

双电源供电加自动切换是共性的要求，区别主要在切换点。相比而言，中国规范的做法更严格，成本更高，体现了中国对消防供电的重视。

18.3 消防电源的转换时间

对比内容：消防电源的转换时间	
中国标准	欧盟标准
《建筑设计防火规范》GB 50016—2014（2018年版） 10.1.4 消防用电按一、二级负荷供电的建筑，当采用自备发电设备作备用电源时，自备发电设备应设置自动和手动启动装置。当采用自动启动方式时，应能保证在30s内供电。 《民用建筑电气设计标准》GB 51348—2019： 13.7.9 当一级消防应急电源由低压发电机组提供时，应设自动启动装置，并应在30s内供电。当采用高压发电机组时，应在60s内供电。当二级消防应急电源由低压发电机组提供，且自动启动有困难时，可手动启动。 应能保证在30s内（恢复）供电	BS 9999—2017 37.2.3.3 第一电源和第二电源 电源应符合以下具体建议。 (1) 应提供一个独立于建筑物一次电源的二次电源，例如自动启动的发电机或来自另一个变电站的电源，该二次电源与一次电源无关，具有足够的容量，以维持以下情况至少3h的运行： 1) 任何有动力的防烟系统（包括使用压差的系统）； 2) 任何消防和救援服务通信系统； 3) 任何其他防火或灭火设备，但自动火警探测及火警警报系统及疏散升降机除外。 (2) 二次电源应能在一次电源故障后15s内提供1)、2)和3)项的电源。 应能保证在15s内（恢复）供电

中欧差异化对比分析结论及心得：

差异化对比分析：

中国规范要求消防电源之间的转换时间为30s内，而欧盟标准要求在15s内。

差异化对比心得：

转换时间的差异对应的是不同类型的发电机，15s对应的是快速自启动的发电机，而30s对应的是普通发电机。通常来说，快速自启动的发电机会比普通发电机贵，但是中国幅员辽阔，经济发展不平衡，规范规定的是最低标准，从这个角度来看30s启动的普通发电机是经济性与技术性平衡的产物，在以后的规范更新中，会提高到采用15s启动的快速发电机。而欧盟标准显然要求都采用15s启动的快速发电机。

还有一点要注意，电气专业的《建筑设计防火规范》GB 50016—2014（2018年版）、《民用建筑电气设计标准》GB 51348—2019这两种规范规定的转换时间为30s，但是在给水排水、暖通以及医疗和人防规范中，对相关消防部分的电源转换时间要求是15s，这也从侧面反映了其他相关专业希望采用启动更快的发电机。

18.4 火灾报警系统对备用电源容量的要求

对比内容：火灾报警系统对备用电源容量的要求	
中国标准	欧盟标准
《火灾自动报警系统设计规范》GB 50116—2013： 10.1.5 消防设备应急电源输出功率应大于火灾自动报警及联动控制系统全负荷功率的120%，蓄电池组的容量应保证火灾自动报警及联动控制系统在火灾状态同时工作负荷条件下连续工作3h以上。	BS 5839—1 25.4 备用电源的建议 以下建议适用。 …… (1) 为系统的任何部分提供服务的所有备用电池的容量

续表

中国标准	欧盟标准
容量应保证火灾自动报警及联动控制系统在火灾状态同时工作负荷条件下连续工作 3h 以上	必须符合 BS 58391—1 关于本部分的建议，以满足以下建议。满足这些建议所需的容量应根据本规范附录 D 计算。 1）M 类或 L 类系统，容量应足以维持系统运行至少 24h，之后应有足够的容量在所有警报区提供“疏散”信号至少 30min，除非建筑物配备了自动启动的备用发电机（见本规范第 25.4 条）。 注：1. 如果在任何时候，房屋可能无人居住的时间超过备用电池容量的持续时间，并且有向 ARC 传输火灾信号的设施，则向 ARC 发送电源故障信号以通知用户将是有益的。 2. BS 5839—6 建议为 A 级系统提供 72h 备用电源，这与本规范的系统基本相似。 2）对于具有自动启动备用发电机服务于火灾探测和火灾报警系统的建筑物中的 M 类或 L 类系统，其容量应足以维持系统运行至少 6h，之后有足够的容量应保持在所有警报区域提供“撤离”信号至少 30min。 注：如果备用发电机不为火灾报警系统的一部分供电（如分布式电源装置），备用电池的容量应符合本规范第 25.4 条的规定。 3）对于适用以下任一情况的 P 类系统，其容量应足以维持系统运行至少 24h，之后应有足够的容量使所有火灾报警装置运行至少 30min： ① 建筑物是否连续有人值守，或在正常工作时间以外进行检查，以便建筑物中的工作人员在发生电源故障后不超过 6h 意识到系统上的电源故障指示； ② 电源故障信号自动传输到 ARC，在收到来自场所的故障指示后立即通知密钥持有者，并在需要时通知先前同意的服务提供商。 4）对于所有其他 P 类系统，容量应足以使系统运行至少比场所可能无人占用的最长期限长 24h 或总共 72h，以较短者为准，之后应保持足够的容量来操作所有火警装置至少 30min。如果建筑物的空闲时间可能超过备用电池容量的持续时间，并且有将火灾信号传输到 ARC 的设施，则电源故障信号也应自动传输到 ARC，用于立即通知密钥持有人。 （2）如果除了本规范第 23 条推荐的设备外，还提供额外的 CIE，超出符合 BS 5839—1 对于本部分所需的要求，则可能不需要为附加设备提供任何备用电池容量来符合本规范第 25.4 条的规定。如果该设备被用作向负责监控系统的人员指示火灾的正常方法，则应为该附加设备提供备用电源。 如果本规范第 23 条中推荐的设备被适当地选址以在附加设备发生故障时用作“默认”，则为附加设备服务的备用电池的容量应足以使系统在静止模式下运行至少 4h。如果本规范第 23 条中推荐的设备位置不合适，无法对火灾事件进行有效控制和监测，则附加设备的备用电源应满足本规范第 25 条的建议。

续表

中国标准	欧盟标准
	所需的容量应根据本规范附录 D 计算。 M 类或 L 类系统，建筑物没有配备自动启动的备用发电机时，容量应足以维持系统运行至少 24h，外加所有警报区提供“疏散”信号至少 30min；配备了自动启动的备用发电机时，容量应足以维持系统运行至少 6h，外加所有警报区提供“疏散”信号至少 30min。 P 类系统，在有人值守或无人值守，但工作人员在发生电源故障后不超过 6h 发现，或电源故障信号能自动传输到 ARC 情况下，容量应足以维持系统运行至少 24h，外加所有警报区提供“疏散”信号至少 30min；除此之外，容量应足以维持系统运行至少比上述 3 种情况的最长期限长 24h 或总共 72h，以较短者为准，外加所有警报区提供“疏散”信号至少 30min

中欧差异化对比分析结论及心得：

差异化对比分析：

中国规范对备用电源容量的要求是火灾发生时能保持 3h 的供电。而欧盟标准要求火灾发生时能保持至少 30min，火灾发生前保持供电的时间根据不同情况分别为 6h、24h、72h。

差异化对比心得：

从发生火灾后备用电源需要保持供电的时间上来说，中国规范更严格，在当前技术经济水平下，保持 3h 的供电不需要很大的代价就可以办到，对比而言，中国规范更合理。

至于火灾发生前保持供电的时间，中国规范是没有要求的，可以理解成中国规范是不用考虑断电时同时发生火灾这种情况的；而欧盟规范在前面已经说明“在英国大部分地区，大多数公共电力供应故障的持续时间都相对较短，超过 24h 的长时间停电并不常见。”所以规定了火灾发生前保持供电的时间至少为 24h，这样就形成时间上的闭合。对比而言，在火灾发生前保持供电的时间上，欧盟规范更合理。

19 电气防火的应急照明系统

本节主要为中欧建筑设计防火中电气应急照明做法的对比，包括应急照明分类、设置应急照明的逻辑等内容。

本节参考规范及标准为，欧盟《照明应用—应急照明》BS EN 1838—2013（以下简称 BS EN 1838）、《应急逃生照明系统》BS EN 50172—2004（以下简称 BS EN 50172）；中国《建筑照明设计标准》GB/T 50034—2024、《建筑设计防火规范》GB 50016—2014（2018 年版）、《消防应急照明和疏散指示系统技术标准》GB 51309—2018、《民用建筑电气设计标准》GB 51348—2019。

19.1　应急照明分类

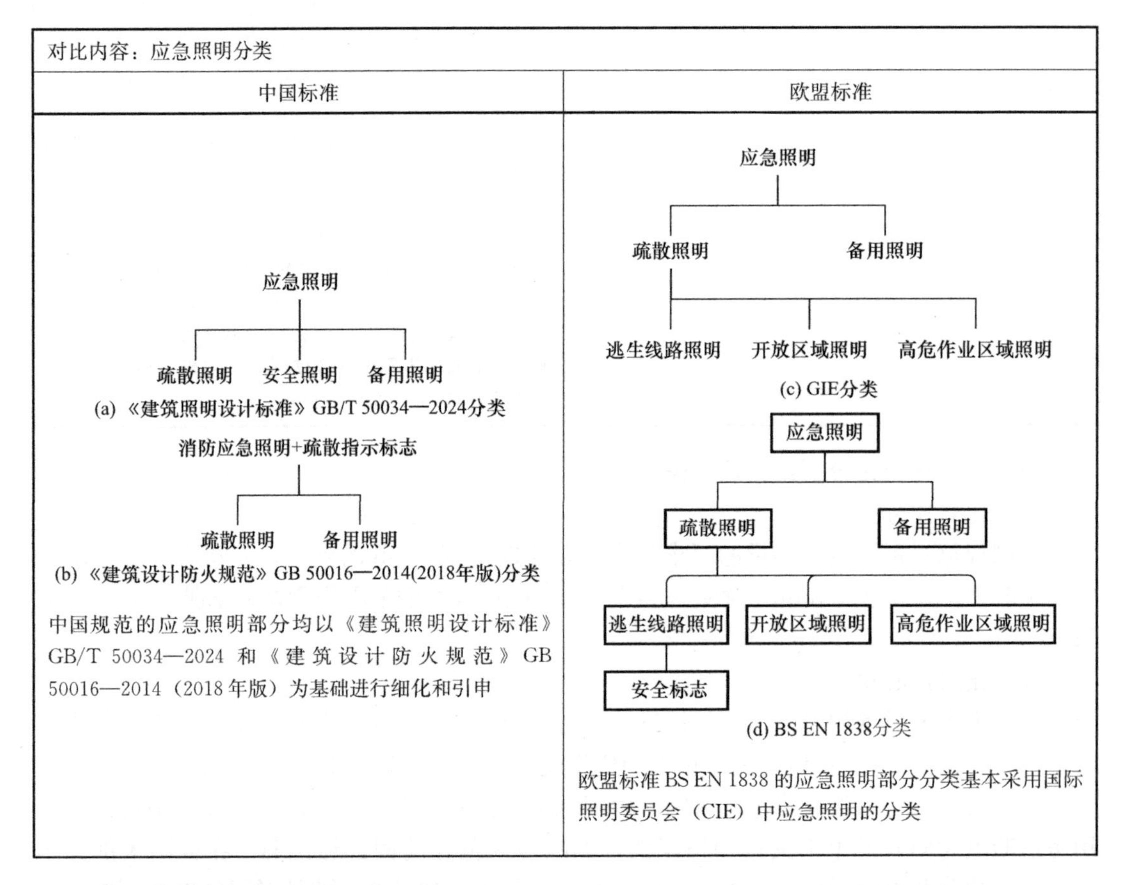

对比内容：应急照明分类	
中国标准	欧盟标准
(a)《建筑照明设计标准》GB/T 50034—2024分类 (b)《建筑设计防火规范》GB 50016—2014(2018年版)分类 中国规范的应急照明部分均以《建筑照明设计标准》GB/T 50034—2024 和《建筑设计防火规范》GB 50016—2014（2018 年版）为基础进行细化和引申	(c) GIE分类 (d) BS EN 1838分类 欧盟标准 BS EN 1838 的应急照明部分分类基本采用国际照明委员会（CIE）中应急照明的分类

中欧差异化对比分析结论及心得：

差异化对比分析：

中国规范中应急照明的分类不是很明确，也不是很统一。欧盟标准规范相对统一。

差异化对比心得：

由于历史原因以及规范编写组出发点不同，造成中国规范对同一件事情的描述不一致，不利于中国规范走出去。而欧盟标准（EN）在欧盟内部是通用的，可以在不作任何更改的情况下成为欧盟国家标准。

19.2　设置应急照明的逻辑

对比内容：设置应急照明的逻辑	
中国标准	欧盟标准
《建筑照明设计标准》GB/T 50034—2024： 3.1.1、3.1.2　原则性地说明了照明（并非特指应急照明）的方式和种类。	应急逃生照明的总体目标是在正常供电发生故障时能够安全地从某个位置撤离。

续表

中国标准	欧盟标准
《建筑设计防火规范》GB 50016—2014（2018年版） 10.3.1、10.3.5、10.3.6 规定了设置应急照明的场所或部位。 中国规范的逻辑是：按《建筑照明设计标准》GB/T 50034—2024的照明分类，在《建筑设计防火规范》GB 50016—2014（2018年版）规定的场所内设置应急照明是满足要求的设计	除了传统的应急照明灯具外，还有一些技术可以用作补充，当应用于逃生路线时，可以提高其在紧急情况下的有效性。这些技术不包括在本规范中。 欧盟标准 BS EN 1838 的逻辑是：应急照明是逃生用的，达到逃生目标就行

中欧差异化对比分析结论及心得：

差异化对比分析：

中国规范中应急照明的设置逻辑清晰，做法明确，便于设计。欧盟标准逻辑清晰，但是很多做法是非原则性的，可自由发挥的空间较大。

差异化对比心得：

中国规范规定得很细，但是相同的内容，除了本节对比的两本规范外，在很多电气规范中都有描述，而且还加上了其他的内容，整体给人杂乱的感觉。而欧盟标准相对统一。

19.3 应急照明安装高度

对比内容：应急照明安装高度	
中国标准	欧盟标准
照明灯具： 1.《消防应急照明和疏散指示系统技术标准》GB 51309—2018第4.5.7条要求不应安装在距地面1～2m。 2.《消防应急照明和疏散指示系统技术标准》GB 51309—2018第4.5.8条要求不应安装在地面上。 标志灯： 1.《消防应急照明和疏散指示系统技术标准》GB 51309—2018第4.5.10条要求出口标志灯应安装在安全出口或疏散门内侧上方居中的位置；受安装条件限制时，可安装在门的两侧，但门完全开启时标志灯不能被遮挡。 2.《消防应急照明和疏散指示系统技术标准》GB 51309—2018第4.5.11条要求方向标志灯应安装在1m以下，或者2.2m以上。 3.《民用建筑电气设计标准》GB 51348—2019第13.6.5条要求方向标志灯应安装在1m以下，或者2.0～2.5m。 1～2m不能安装	BS EN 1838第3.3.1条：照明灯具和逃生路线标志灯安装在地面以上至少2m的位置。 至少2m的高度

中欧差异化对比分析结论及心得：

差异化对比分析：

中国规范考虑的是由于距地面1～2m的高度是人员的视线高度范围，为了避免照明灯的光线直接照射到人眼产生眩光，影响人员对疏散路径的识别，照明灯不能安装在距地面1～2m的高度范围内。标志灯同理。

欧盟标准考虑的是便于疏散人群（站立）观看疏散指示标志。

差异化对比心得：

中国规范出发点是考虑了人可以站立疏散，也可以爬着疏散。而欧盟标准只考虑站立疏散。

19.4 应急照明水平安装距离

对比内容：应急照明水平安装距离	
中国标准	欧盟标准
照明灯具：无要求。 出口标志灯： 《消防应急照明和疏散指示系统技术标准》GB 51309—2018 第 4.5.10 条要求： 1. 应安装在安全出口或疏散门内侧上方居中的位置；受安装条件限制，标志灯无法安装在门框上侧时，可安装在门的两侧，但门完全开启时标志灯不能被遮挡。 2. 室内高度不大于 3.5m 的场所，标志灯底边离门框距离不应大于 200mm；室内高度大于 3.5m 的场所，特大型、大型、中型标志灯底边距地面高度不宜小于 3m，且不宜大于 6m。 3. 采用吸顶或吊装式安装时，标志灯距安全出口或疏散门所在墙面的距离不宜大于 50mm。 方向标志灯： 1.《消防应急照明和疏散指示系统技术标准》GB 51309—2018 第 3.2.9 条要求在有围护结构的疏散走道、楼梯设置方向标志灯时，方向标志灯的标志面与疏散方向垂直时，灯具的设置间距不应大于 20m；方向标志灯的标志面与疏散方向平行时，上述距离减半。 2.《消防应急照明和疏散指示系统技术标准》GB 51309—2018 第 3.2.9 条要求在展览厅、商店、候车（船）室、民航候机厅、营业厅等开敞空间场所的疏散通道设置方向标志灯时，当方向标志灯的标志面与疏散方向垂直时，特大型或大型方向标志灯的设置间距不应大于 30m，中型或小型方向标志灯的设置间距不应大于 20m；方向标志灯的标志面与疏散方向平行时，上述距离减半。 3.《消防应急照明和疏散指示系统技术标准》GB 51309—2018 第 3.2.9 条要求设置保持视觉连续的方向标志灯时，灯具的设置间距不应大于 3m。 4.《建筑设计防火规范》GB 50016—2014（2018 年版）第 10.3.5 条要求灯光疏散指示标志的间距不应大于 20m；对于袋形走道，不应大于 10m；在走道转角区，不应大于 1.0m。 1. 照明灯具对间距无要求，只要保证最低照度就行。 2. 出口标志灯应设置在门上方或两侧，底边离门框距离不应大于 200mm。 3. 方向标志灯间距不应大于 20m；对于袋形走道，不应大于 10m；在走道转角区，不应大于 1.0m	BS EN 1838 第 4.1.2 条： 放置照明设备时的重点是： （1）靠近每个打算在紧急情况下使用的出口门； （2）靠近楼梯，以便每段楼梯都能接收到直射光； （3）接近任何其他水平面变化； （4）靠近每个最终出口和建筑物外的安全地点； （5）靠近每个急救站；以便在急救箱处提供 5Lx 的垂直照度； （6）靠近每件消防设备和呼叫点，使 5Lx 垂直照度应在火警报警点、消防设备和面板上设置。 （7）附近为残疾人提供的逃生设备，靠近残疾人避难所和呼叫点，还包括残疾人避难所双向通信系统，包括残疾人厕所警报呼叫位置。 注：出于本条款的目的，“近”通常被认为是水平距离在 2m 以内。 在指定设置点的附近（水平距离在 2m 以内），只要保证最低照度就行

中欧差异化对比分析结论及心得：

差异化对比分析：

《建筑设计防火规范》GB 50016—2014（2018 年版）第 10.3.4 条～第 10.3.5 条文解

释：对于疏散指示标志的安装位置，是根据国内外的建筑实践和火灾中人的行为习惯提出的。具体设计还可结合实际情况，在规范规定的范围内合理选定安装位置，比如也可设置在地面上等。总之，设置的标志要便于人们辨认，并符合一般人行走时目视前方的习惯，能起诱导作用，但要防止被烟气遮挡，如设在顶棚下的疏散标志应考虑距离顶棚一定的高度。

欧盟标准规定 2m 以内即可。

差异化对比心得：

中国规范对灯具的安装高度、间距有着更加明确和严格的要求，而欧盟标准则是在灯具的失能眩光、差率 U_d、均匀度 U_0 和显色性方面有着更加具体的要求。

19.5 应急照明的最短照明持续时间

对比内容：应急照明的最短照明持续时间	
中国标准	欧盟标准
《消防应急照明和疏散指示系统技术标准》GB 51309—2018： 3.2.4 灯具应急启动后，在蓄电池电源供电时的持续工作时间应满足下列要求： 1 建筑高度大于 100m 的民用建筑，不应小于 1.5h。 2 医疗建筑、老年人建筑、总建筑面积大于 100000m² 的公共建筑和总建筑面积大于 20000m² 的地下、半地下建筑，不应少于 1.0h。 3 其他建筑，不应少于 0.5h。 4 城市交通隧道应符合下列规定： 1）一、二类隧道不应小于 1.5h，隧道端口外接的站房不应小于 2.0h； 2）三、四类隧道不应小于 1.0h，隧道端口外接的站房不应小于 1.5h。 5 本条第 1 款～第 4 款规定的场所中，当按照本规范第 3.6.6 条的规定设计时，持续工作时间应分别增加设计文件规定的灯具持续应急点亮时间。 6 集中电源的蓄电池组和灯具自带蓄电池达到使用寿命周期后，标称的剩余容量应保证放电时间满足本条第 1 款～第 5 款规定的持续工作时间。 3.6.6 在非火灾状态下，系统主电源断电后，系统的控制设计应符合下列规定： 1 集中电源或应急照明配电箱应连锁控制其配接的非持续型照明灯的光源应急点亮、持续型灯具的光源由节电点亮模式转入应急点亮模式；灯具持续应急点亮时间应符合设计文件的规定，且不应超过 0.5h； 2 系统主电源恢复后，集中电源或应急照明配电箱应连锁其配接灯具的光源恢复工作状态；灯具持续点亮时间达到设计文件规定的时间，且系统主电源仍未恢复供电时，集中电源或应急照明配电箱应连锁其配接灯具的光源熄灭。 达到使用寿命周期后标称的剩余容量应保证放电时间满足 2h、1.5h、1h、0.5h 的要求，当按照本规范第 3.6.6 条的规定设计时，应分别增加设计文件规定的灯具持续应急点亮时间（0.5h）	BS EN 1838 第 4.2.5 条：允许用于逃生目的的应急逃生照明的最短照明持续时间应为 1h。 至少 1h

中欧差异化对比分析结论及心得：

差异化对比分析：

中国规范中，不同的使用场景对应不同的应急照明时间。其中最低 0.5h 的依据是《建筑设计防火规范》GB 50016—2014（2018 年版）第 10.1.5 条的条文说明：对于疏散照明备用电源的连续供电时间，试验和火灾证明，单、多层建筑和部分高层建筑着火时，人员一般能在 10min 以内疏散完毕。本条规定的连续供电时间，考虑了一定的安全系数以及实际人员疏散状况和个别人员疏散困难等情况。

欧盟标准是统一的一个时间。暂未找到至少 1h 的来源。

差异化对比心得：

虽然都是最低要求，但是中国规范把场景分得很细，还增加了很多特殊情况下的场景，增加了专业难度，而且能使灯具的经济效益最大化。而欧盟标准起点比中国高、统一，可操作性强。另外，由于中国规范比欧盟规范晚出版几年，所以单从规范来看，中国规范的标准是比欧盟规范高的，但是不排除欧盟下一版的规范标准会更高。

19.6 灯具光源应急响应时间

对比内容：灯具光源应急响应时间	
中国标准	欧盟标准
《消防应急照明和疏散指示系统技术标准》GB 51309—2018： 3.2.3 火灾状态下，灯具光源应急点亮、熄灭的响应时间应符合下列规定： 1 高危险场所灯具应急点亮的响应时间不应大于 0.25s； 2 其他场所灯具应急点亮的响应时间不应大于 5s； 3 具有两种及以上疏散指示方案的场所，标志灯光源点亮、熄灭的响应时间不应大于 5s。 不应大于 0.25s、5s；熄灭的响应时间不应大于 5s	BS EN 1838 第 4.2.6 条：应急逃生路线照明应在 5s 内达到要求照度的 50%，在 60s 内达到要求照度的 100%。 5s 内达到要求照度的 50%，60s 内达到要求照度的 100%

中欧差异化对比分析结论及心得：

差异化对比分析：

中国规范要求点亮时间，还要求具有两种及以上疏散指示方案的场所灯具熄灭的时间，且要求更严格。欧盟标准考虑慢慢达到 100%的照度，可能采用的灯具并不是现在主流的 LED 灯具。

差异化对比心得：

仅从点亮时间上来说，中国规范要求得更严格。欧盟标准相对比较宽松。

19.7 逃生线路照明的照度

对比内容：逃生线路照明的照度	
中国标准	欧盟标准
《消防应急照明和疏散指示系统技术标准》GB 51309—2018 第 3.2.5 条要求：	BS EN 1838 第 4.2.1 条：对于宽度不超过 2m 的逃生

续表

<table>
<tr><th>中国标准</th><th>欧盟标准</th></tr>
<tr><td>
照明灯的部位或场所及其地面水平最低照度表
表 3.2.5
<table>
<tr><th>设置部位或场所</th><th>地面水平最低照度</th></tr>
<tr><td>Ⅰ-1. 病房楼或手术部的避难间；
Ⅰ-2. 老年人照料设施；
Ⅰ-3. 人员密集场所、老人照料设施、病房楼或手术部内的楼梯间、前室或合用前室、避难走道；
Ⅰ-4. 逃生辅助装置存放处等特殊区域；
Ⅰ-5. 屋顶直升机停机坪</td><td>不应低于 10.0Lx</td></tr>
<tr><td>Ⅱ-1. 除Ⅰ-3 规定的敞开楼梯间、封闭楼梯间、防烟楼梯间及其前室，室外楼梯；
Ⅱ-2. 消防电梯间的前室或合用前室；
Ⅱ-3. 除Ⅰ-3 规定的避难走道；
Ⅱ-4. 寄宿制幼儿园和小学的寝室、医院手术室及重症监护室等病人行动不便的病房等需要救援人员协助疏散的区域</td><td>不应低于 5.0Lx</td></tr>
<tr><td>Ⅲ-1. 除Ⅰ-1 规定的避难层（间）；
Ⅲ-2. 观众厅、展览厅、电影院、多功能厅、建筑面积大于 200m^2 的营业厅、餐厅、演播厅，建筑面积超过 400m^2 的办公大厅、会议室等人员密集场所；
Ⅲ-3. 人员密集厂房内的生产场所；
Ⅲ-4. 室内步行街两侧的商铺；
Ⅲ-5. 建筑面积大于 100m^2 的地下或半地下公共活动场所</td><td>不应低于 3.0Lx</td></tr>
<tr><td>Ⅳ-1. 除Ⅰ-2、Ⅱ-4、Ⅲ-2～Ⅲ-5 规定场所的疏散走道、疏散通道；
Ⅳ-2. 室内步行街；
Ⅳ-3. 城市交通隧道两侧、人行横通道和人行疏散通道；
Ⅳ-4. 宾馆、酒店的客房；
Ⅳ-5. 自动扶梯上方或侧上方；
Ⅳ-6. 安全出口外面及附近区域、连廊的连接处两端；
Ⅳ-7. 进入屋顶直升机停机坪的途径；
Ⅳ-8. 配电室、消防控制室、消防水泵房、自备发电机房等发生火灾时仍需工作、值守的区域</td><td>不应低于 1.0Lx</td></tr>
</table>
常规情况不小于 1Lx，根据人员密集、是否行动不便、避难走道等情况依次提高最低水平照度为 3Lx、5Lx、10Lx
</td><td>路线，沿逃生路线中心线地板上的水平照度应不小于 1Lx。由不少于一半的路线宽度组成的中心带应至少被照亮到该值的 50%。较宽的逃生路线可被视为若干 2m 宽的条带或提供开放区域（防恐慌）照明。

宽度不超过 2m 时应不小于 1Lx，较宽的可被视为若干 2m 宽的条带或开放区域照明</td></tr>
</table>

中欧差异化对比分析结论及心得：

差异化对比分析：

中国规范完善了各场景下水平最低照度要求，很严格，但是没有写在上述场景中的地方，是否可以不做或按最低的标准来做？这点还需要探讨。欧盟标准作为通用的标准，考虑了 2m 宽的照明场景模型，其他宽度的按模型套用即可。

差异化对比心得：

中欧规范没有优劣之分，只有习惯与否。

19.8 开放区域照明的照度及其他

<table>
<tr><td colspan="2">对比内容：开放区域照明的照度及其他</td></tr>
<tr><td>中国标准</td><td>欧盟标准</td></tr>
<tr><td>
《消防应急照明和疏散指示系统技术标准》GB 51309—2018 第 3.2.5 条要求：
照明灯的部位或场所及其地面水平最低照度表
表 3.2.5
<table>
<tr><th>设置部位或场所</th><th>地面水平最低照度</th></tr>
<tr><td>Ⅰ-1. 病房楼或手术部的避难间；
Ⅰ-2. 老年人照料设施；
Ⅰ-3. 人员密集场所、老人照料设施、病房楼或手术部内的楼梯间、前室或合用前室、避难走道；
Ⅰ-4. 逃生辅助装置存放处等特殊区域；
Ⅰ-5. 屋顶直升机停机坪</td><td>不应低于 10.0Lx</td></tr>
<tr><td>Ⅱ-1. 除Ⅰ-3 规定的敞开楼梯间、封闭楼梯间、防烟楼梯间及其前室，室外楼梯；
Ⅱ-2. 消防电梯间的前室或合用前室；
Ⅱ-3. 除Ⅰ-3 规定的避难走道；
Ⅱ-4. 寄宿制幼儿园和小学的寝室、医院手术室及重症监护室等病人行动不便的病房等需要救援人员协助疏散的区域</td><td>不应低于 5.0Lx</td></tr>
<tr><td>Ⅲ-1. 除Ⅰ-1 规定的避难层（间）；
Ⅲ-2. 观众厅、展览厅、电影院、多功能厅、建筑面积大于 200m^2 的营业厅、餐厅、演播厅，建筑面积超过 400m^2 的办公大厅、会议室等人员密集场所；
Ⅲ-3. 人员密集厂房内的生产场所；
Ⅲ-4. 室内步行街两侧的商铺；
Ⅲ-5. 建筑面积大于 100m^2 的地下或半地下公共活动场所</td><td>不应低于 3.0Lx</td></tr>
<tr><td>Ⅳ-1. 除Ⅰ-2、Ⅱ-4、Ⅲ-2～Ⅲ-5 规定场所的疏散走道、疏散通道；
Ⅳ-2. 室内步行街；
Ⅳ-3. 城市交通隧道两侧、人行横通道和人行疏散通道；
Ⅳ-4. 宾馆、酒店的客房；
Ⅳ-5. 自动扶梯上方或侧上方；
Ⅳ-6. 安全出口外面及附近区域、连廊的连接处两端；
Ⅳ-7. 进入屋顶直升机停机坪的途径；
Ⅳ-8. 配电室、消防控制室、消防水泵房、自备发电机房等发生火灾时仍需工作、值守的区域</td><td>不应低于 1.0Lx</td></tr>
</table>

常规情况不小于 1Lx
</td><td>
BS EN 1838
3.5 开放区域照明
紧急逃生照明的一部分，用于避免恐慌并提供照明，使人们能够到达可以确定逃生路线的地方。
注：在一些国家，这被称为防恐慌照明。
4.3.1 在不包括该区域周边 0.5m 宽的边界的空心区域的地面水平上，水平照度应不小于 0.5Lx。
4.3.8 残疾人厕所需要开放区域照明。
4.3.9 开放区域照明/逃生通道：如果一个房间需要紧急逃生照明，当这个房间没有直接进入相邻防火隔间的逃生通道时，中间的逃生通道也需要照明。

水平照度应不小于 0.5Lx
</td></tr>
</table>

中欧差异化对比分析结论及心得：

差异化对比分析：

中国规范完善了各场景下水平最低照度要求，很严格，但是没有写在上述场景中的地方，是否可以不做或按最低的标准来做？这点还需要探讨。欧盟标准作为通用的标准，也可能是规范未更新的缘故，标准相对中国规范低。另外，欧盟标准对开放区域＋逃生通道的照明也给了明确的要求。

差异化对比心得：

中国规范没有开放区域照明这个概念，比较类似的是面积较大的房间。国内外的逻辑是一样的，都是指特定地点场景的照度要求；但是欧盟标准的开放区域＋逃生通道照明是中国规范没有的地方，需要注意。

19.9 高风险区域照明的最低照度及最短持续时间

对比内容：高风险区域照明的最低照度及最短持续时间	
中国标准	欧盟标准
《建筑照明设计标准》GB/T 50034—2024： 5.5.4 安全照明的照度标准值应符合下列规定： 1 医院2类场所中的手术室、抢救室等应维持正常照明的照度； 2 体育场馆观众席和运动场地安全照明的平均水平照度不应低于20lx； 3 生物安全实验室、核物理实验室等特殊场所应符合相关标准的规定； 4 除另有规定外，其他场所的照度值不应低于该场所一般照明照度标准值的10%，且不应低于15lx。 《消防应急照明和疏散指示系统技术标准》GB 51309—2018和《建筑设计防火规范》GB 50016—2014（2018年版）中没有安全照明的要求。 医院手术室照度应维持正常照明的30%。其他场所不应低于10%，且不应低于15Lx。 没有对时间的要求	BS EN 1838 3.6 高风险任务区照明 紧急逃生照明的一部分，为参与潜在危险过程或情况的人员安全提供照明，并启用适当的关闭程序以确保操作人员和场所内其他居住者的安全。 4.4.1 在高风险区域，任务区域平面上的维持照度应不低于该任务所需维持照度的10%，但不应低于15Lx。不应有有害的频闪效应。 4.4.2 均匀度U_0应不小于0.1。 4.4.3 应通过限制视野内灯具的发光强度来保持低眩光。在所有方位角上，在从垂直向下60°～90°的区域内，这些值不应超过表1中的值。 4.4.4 为了识别安全色，光源的显色指数Ra的最小值应为40。灯具不应显著减去此值。 4.4.5 最短持续时间应为对人存在风险的期间。这应该由雇主确定。 4.4.6 高风险工作区域照明应根据情况永久或在0.5s内提供所需的全部照度。 4.4.7 本规范第4.4.1条～第4.4.4条和第4.4.6条的符合性可以通过测量或与供应商的认证数据进行比较进行检查。 不应低于10%，且不应低于15Lx。 最短持续时间应为对人存在风险的期间。这应该由雇主确定。 永久或在0.5s内提供所需的全部照度

中欧差异化对比分析结论及心得：

差异化对比分析：

中欧规范要求的照度值基本一致。中国规范对最短持续时间和点亮时间没有要求，欧盟标准有相应要求。

差异化对比心得：

中国规范中与高风险任务区照明对应的名称是安全照明，中国规范不认为安全照明属于消防照明的一部分，所以在《消防应急照明和疏散指示系统技术标准》GB 51309—2018和《建筑设计防火规范》GB 50016—2014（2018 年版）中没有相关要求。欧盟标准认为高风险任务区照明也属于消防应急照明的一部分，而且要求的点亮时间（永久或在 0.5s 内）也比较严格；由于中国规范对消防照明和非消防照明的做法差异很大，所以该点应引起重视。另外，欧盟标准要求最短持续时间应该由雇主确定，“雇主确定”这是中国规范从未出现过的内容，应引起重视。当然，雇主怎样确定？以什么样的形式确定？这些问题可以在以后的设计项目中慢慢摸索。

19.10 安全标志的内容及照明方式

对比内容：安全标志的内容及照明方式	
中国标准	欧盟标准
《消防应急照明和疏散指示系统技术标准》GB 51309—2018 要求： 3.2.8 出口标志灯的设置应符合下列规定：…… 3.2.9 方向标志灯的设置应符合下列规定：…… 3.2.10 楼梯间每层应设置指示该楼层的标志灯（以下简称“楼层标志灯”）。 3.2.11 人员密集场所的疏散出口、安全出口附近应增设多信息复合标志灯具。 《建筑设计防火规范》GB 50016—2014（2018 年版）要求： 10.3.6 下列建筑或场所应在疏散走道和主要疏散路径的地面上增设能保持视觉连续的灯光疏散指示标志或蓄光疏散指示标志……	BS EN 1838 5.1 一般规定 紧急逃生所需的所有安全标志和辅助箭头标志应符合《图形符号 安全颜色和安全标志 第 1 部分：安全标志和安全标记的设计原则》ISO 3864—1—2011、《图形符号 安全颜色和安全标志 第 4 部分：安全标志材料的色度和光度特性》ISO 3864—4—2011 和《图形符号 安全颜色和安全标志 注册安全标志》EN ISO 7010（设计）的要求。 所有标志和通知都需要照明，以确保其醒目和清晰。有许多选项可以实现这一点，例如外部照明和内部照明。 5.2 安全标志 安全标志包括逃生路线指示标志、紧急出口标志以及风险评估认为在应急照明条件下需要清晰易读的其他安全标志。
出口标志灯、方向标志灯、楼层标志灯、多信息复合标志灯具、蓄光疏散指示标志	所有标志和通知都需要照明。照明方式包括外部照明和内部照明

中欧差异化对比分析结论及心得：

差异化对比分析：

中国规范使用的标志灯除了用得极少的蓄光疏散指示标志以外，都是用电从内部照亮的。而欧盟标准是所有标志和通知都需要照明，包括外部照明和内部照明。

差异化对比心得：

由于可以采用外部照明，所以在照明方式方面欧盟标准相对比较灵活。另外，在通知都需要照明上，中国规范没有相关的表述和做法，至于通知长什么样？怎样照明？这些细节都需要实地考察或从其他途径才能获取。

19.11 安全标志最远观察距离

对比内容：安全标志最远观察距离	
中国标准	欧盟标准
《消防应急照明和疏散指示系统技术标准》GB 51309—2018 要求： 3.2.9 方向标志灯的设置应符合下列规定： 1 有围护结构的疏散走道、楼梯应符合下列规定： 1）应设置在走道、楼梯两侧距地面、梯面高度 1m 以下的墙面、柱面上； 2）当安全出口或疏散门在疏散走道侧边时，应在疏散走道上方增设指向安全出口或疏散门的方向标志灯； 3）方向标志灯的标志面与疏散方向垂直时，灯具的设置间距不应大于 20m；方向标志灯的标志面与疏散方向平行时，灯具的设置间距不应大于 10m。 2 展览厅、商店、候车（船）室、民航候机厅、营业厅等开敞空间场所的疏散通道应符合下列规定： 1）当疏散通道两侧设置了墙、柱等结构时，方向标志灯应设置在距地面高度 1m 以下的墙面、柱面上；当疏散通道两侧无墙、柱等结构时，方向标志灯应设置在疏散通道的上方； 2）方向标志灯的标志面与疏散方向垂直时，特大型或大型方向标志灯的设置间距不应大于 30m，中型或小型方向标志灯的设置间距不应大于 20m；方向标志灯的标志面与疏散方向平行时，特大型或大型方向标志灯的设置间距不应大于 15m，中型或小型方向标志灯的设置间距不应大于 10m。 3 保持视觉连续的方向标志灯应符合下列规定： 1）应设置在疏散走道、疏散通道地面的中心位置； 2）灯具的设置间距不应大于 3m。 4 方向标志灯箭头的指示方向应按照疏散指示方案指向疏散方向，并导向安全出口。 设置间距不应大于 30m、20m、15m、10m	BS EN 1838 5.5 视距 由于内部照明标志相比相同尺寸的外部照明标志在更远的距离上可辨认，因此最大观看距离（图 4）应使用以下公式确定： $L=z\times h$ 式中，L——观察距离； h——标志的高度； z——距离系数（z 是一个常数：100 用于外部照明标志；200 用于内部照明标志）。 h 和 L 的维数单位应该是一样的。 为了更清晰易读，安全标志应安装在水平视图上方不高于 20°的位置。 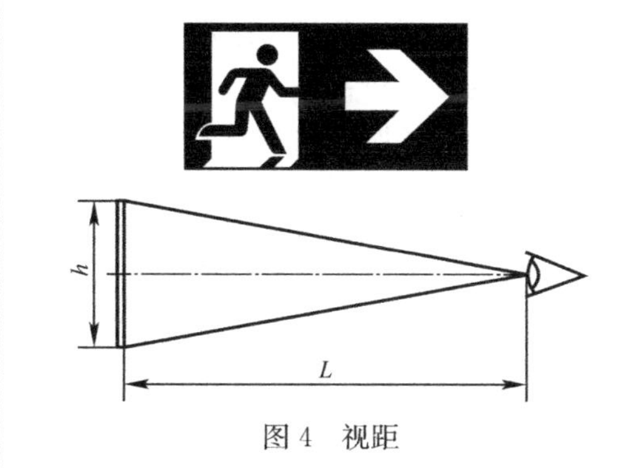 图 4 视距 通过公式确定。根据相关资料，有一种标志灯产品的高度为 210mm，$L=210\times100(200)=21000(42000)$，最大观看距离可以达到 21m 或 42m

中欧差异化对比分析结论及心得：

差异化对比分析：

中国规范使用的标志灯设置间距相对较小，但是不用根据产品高度计算。而欧盟标准是需要计算的，还区分了外部照明和内部照明两种不同的情况。同样情况下（内部照明），欧盟标准相对比较宽松，设置的灯具较少。

差异化对比心得：

中国规范把设置间距固定了，对于设计来说降低了难度；而欧盟标准相对灵活，要求相对较高，每次设计时应先确定产品，再根据产品确定距离，所以进行欧盟项目设计时，应让业主/监理提前提供相关产品。

19.12 开放区域（反恐慌）定义

对比内容：开放区域（反恐慌）定义	
中国标准	欧盟标准
《建筑设计防火规范》GB 50016—2014（2018 年版）： 10.3.1 除建筑高度小于 27m 的住宅建筑外，民用建筑、厂房和丙类仓库的下列部位应设置疏散照明： 1 封闭楼梯间、防烟楼梯间及其前室、消防电梯间的前室或合用前室、避难走道、避难层（间）； 2 观众厅、展览厅、多功能厅和建筑面积大于 $200m^2$ 的营业厅、餐厅、演播室等人员密集的场所； 3 建筑面积大于 $100m^2$ 的地下或半地下公共活动场所； 4 公共建筑内的疏散走道； 5 人员密集的厂房内的生产场所及疏散走道。 疏散走道、观众厅、展览厅、多功能厅和建筑面积大于 $200m^2$ 的营业厅、餐厅、演播室等人员密集的场所、建筑面积大于 $100m^2$ 的地下或半地下公共活动场所	BS EN 50172 3.4 开放区域（反恐慌） 未定义逃生路线的大厅或占地面积大于 $60m^2$ 的场所，或面积较小但存在额外危险（例如大量人员使用）的区域 大厅、建筑面积大于 $60m^2$ 或存在额外危险（例如大量人员使用）的较小区域的未定义逃生路线区域

中欧差异化对比分析结论及心得：

差异化对比分析：

中国规范按场所及面积要求较细致，欧盟标准也有场所和面积要求，但是面积要求更小，相对较严。

差异化对比心得：

中国设计中会严格按规范要求的面积来决定是否要做消防疏散照明，久而久之就形成"抠字眼""打擦边球"的现象；但是欧盟标准一方面要求更严，另一方面指定了相关的原则，更加具有执行力。另外，BS EN 50172 第 4.4 条的最后还写了一句提示：注意 HD 384/HD 60364 系列《建筑物电气装置》（ICE 60364 系列，修改版）中的第 3 部分（BD3）或第 4 部分（BD4）条件还定义了需要应急照明的区域。

19.13 灯具的完整性

对比内容：灯具的完整性	
中国标准	欧盟标准
《建筑照明设计标准》GB 50034—2013、《建筑设计防火规范》GB 50016—2014（2018 年版）、《消防应急照明和疏散指示系统技术标准》GB 51309—2018、《民用建筑电气设计标准》GB 51348—2019 对此均无要求。 无	BS EN 50172 5.3 系统完整性 提供高度可靠的应急逃生照明是必不可少的。逃生路线隔间的应急逃生照明系统的照明应来自两个或多个灯具，以使一个灯具的失效不会使路线陷入完全黑暗或使系统的测向效果无效。出于同样的原因，每个开放区域应使用两个或多个灯具（防恐慌）。 注意：通常不可能仅因单个灯的故障而导致正常照明中断，因此应考虑消除该灯故障引起的各种潜在危险的方法。 每个开放区域应使用两个或多个灯具（防恐慌）

中欧差异化对比分析结论及心得：

差异化对比分析：

中国规范无要求，欧盟标准考虑了发生火灾时单灯故障的情况。

差异化对比心得：

欧盟标准考虑了发生火灾时，又恰好发生单灯故障这种极端的情况，更能保证安全，也更加考验标准应用国家的经济实力。

19.14 电梯轿厢内的应急照明

对比内容：电梯轿厢内的应急照明	
中国标准	欧盟标准
《建筑照明设计标准》GB 50034—2013、《建筑设计防火规范》GB 50016—2014（2018年版）、《消防应急照明和疏散指示系统技术标准》GB 51309—2018、《民用建筑电气设计标准》GB 51348—2019 对此均无要求。 无	BS EN 50172 5.4.2 电梯 电梯是一个问题，因为被关在黑暗的狭小空间内无限期的体验不仅令人不快，而且可能对紧张或患有幽闭恐惧症的人造成伤害。因此，BS EN 1838 中对开放区域（防恐慌）照明规定的应急照明应安装在人员可乘坐的电梯中。应急照明可以是独立的，也可以由中央电源供电，在这种情况下将需要防火电源。 注：有关进一步指导，请参阅《升降机和服务升降机的施工和安装安全规则 第1部分：电动升降机》EN 81—1—1998+A3—2009。 应急照明可以是独立的，也可以由中央电源供电。在这种情况下，将需要防火电源

中欧差异化对比分析结论及心得：

差异化对比分析：

中国规范对电梯轿厢内的应急照明无要求，欧盟标准要求设应急照明，形式上可以是独立的，也可以由中央电源供电。

差异化对比心得：

中国规范通常把电梯及附属配套的设备、机房当作一个整体来配电，不同的电梯类型对应不同的负荷等级，轿厢的照明供电直接取自整体配电箱，可靠性与电梯类型相关。轿厢内是否设置应急照明没有相关的规范要求。欧盟标准从心理学的角度明确了轿厢内应设置应急照明，还给出具体的做法，显得更加人性化。

19.15 其他

对比内容：其他	
中国标准	欧盟标准
《建筑设计防火规范》GB 50016—2014（2018年版）要求： 10.3.2 建筑内疏散照明的地面最低水平照度应符合下列规定。	BS EN 1838 A.2 现场测量仪器 照度测量可在距地板 20mm 高处进行。 附件 B：A—偏差

续表

<table>
<tr><th>中国标准</th><th>欧盟标准</th></tr>
<tr>
<td>GB 51309 编委会编著的资料书《消防应急照明和疏散指示系统》中详细说明了照度检测的要求。
A. 0. 1　不同场所照明灯具地面水平照度检测要求
A. 0. 1. 1　楼梯间地面最低水平照度检测要求 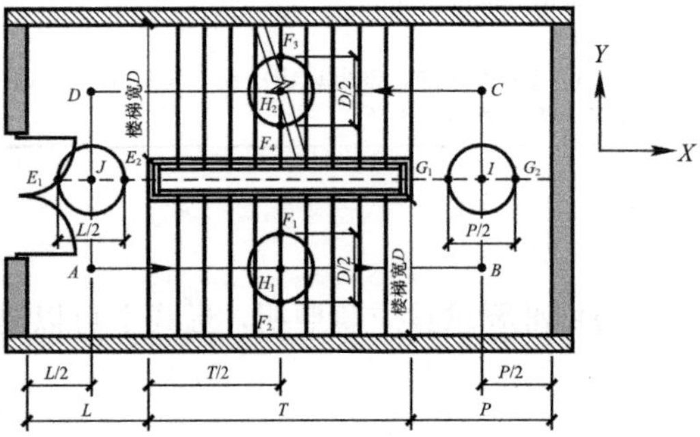</td>
<td>
受弯构件的挠度限值　表 3. 4. 3
<table>
<tr><th>条款</th><th>偏差</th></tr>
<tr><td>1</td><td>法国[1]
不使用照度和亮度设计原则。</td></tr>
<tr><td>4</td><td>意大利[2]
对于电影院、剧院和类似场所，在地面以上1m 处测量的最低照度水平应为 5Lx，靠近楼梯和出口。沿逃生路线要求最低照度为 2Lx。如果法律要求规定的照度水平，则不应将其视为设计值，而应将其视为实际测量值，包括反射率和在需要紧急照明时可用。</td></tr>
<tr><td>4. 1. 2</td><td>法国[1]
g)、h)、i) 和 j) 不包括在法语要求中。</td></tr>
<tr><td>4. 2</td><td>法国[1]
在逃生路线上，必须以不超过 15m 的间距安装经过认证的应急灯具。</td></tr>
<tr><td>4. 2. 6/
4. 3. 6</td><td>德国
（工作场所技术规则—安全照明，光学安全引导系统—ASR A3. 4/3）在正常照明失效后，逃生路线的应急逃生照明应在 15s 内达到规定的照度要求。</td></tr>
<tr><td>4. 3</td><td>荷兰
防恐慌照明的最低亮度为 1Lx。（建筑法令）</td></tr>
<tr><td>4. 3</td><td>法国[1]
认证的应急照明产品必须提供 5lm/m² 的建筑面积。为了达到足够的均匀性，灯具间距必须小于其安装高度的 4 倍（一个房间内至少有两个产品）。</td></tr>
<tr><td>4. 4</td><td>法国[1]
这些类别不包括在基于风险的法国要求中。</td></tr>
<tr><td>5</td><td>法国[1]
法国法规是指法国标准 NF X 08-003（或其他欧洲国家同等标准）。</td></tr>
<tr><td>通常的</td><td>法国[1]
对公众开放的建筑物和工作场所不使用具有照度的光度测量方法。</td></tr>
</table>
1）与法国的偏差基于以下国家法规：
公共建筑防火安全条例，经修订的 1980 年 6 月 25 日命令，第Ⅱ卷，第Ⅷ章，第Ⅲ节。
2011 年 12 月 14 日关于受劳动法约束的场所的安全电路和安装的命令。
2）与意大利的偏差基于以下国家规定：
内政部法令 dtd　1986-02-01（车库）
交通部法令 dtd　1988-01-11（地下）
</td>
</tr>
</table>

续表

中国标准	欧盟标准
设计的是地面最低水平照度	内政部法令 dtd 1992-08-26（学校） 内政部法令 dtd 1994-04-09（酒店） 内政部法令 dtd 1996-03-18（运动场所） 内政部法令 dtd 1996-08-19（电影院、剧院和公共娱乐场所） 距地板 20mm 高处进行照度测量；根据法国、意大利、德国、荷兰的一些政府法令，有些做法和参数与 BS EN 1838 前面描述的部分是不一致的

中欧差异化对比分析结论及心得：

差异化对比分析：

中国规范设计的是地面最低水平照度。而欧盟标准是距地板 20mm 高处进行照度测量。

差异化对比心得：

国内外规范在照度检测方面要求差不多，欧盟标准中距地板 20mm 高处进行照度测量可能考虑了照度检测仪的厚度，在采购照度检测仪时应注意检测仪的参数，特别是厚度。另外，由于其他原因造成欧盟个别国家法规与欧盟标准 BS EN 1838 中的要求有冲突，并且这些冲突在法国、意大利、德国、荷兰的法规被删除之前是有效的，这点需要注意。

20 电气防火的火灾报警系统

本节主要为中欧建筑防火设计中电气防火的火灾报警系统做法的对比，包括火灾自动报警、消防联动控制等内容。

本节参考规范及标准为，欧盟《建筑火灾探测和火灾报警系统 非住宅处所系统的设计、安装、调试和维护操作守则》BS 5839—1—2017（以下简称 BS 5839—1）、《建筑设计、管理和使用中的消防安全 业务守则》BS 9999—2017；中国《建筑设计防火规范》GB 50016—2014（2018 年版）、《民用建筑电气设计标准》GB 51348—2019、《火灾自动报警系统设计规范》GB 50116—2013。

20.1 火灾报警系统类别

对比内容：火灾报警系统类别	
中国标准	欧盟标准
《火灾自动报警系统设计规范》GB 50116—2013 要求： 3.2.1 火灾自动报警系统形式的选择，应符合下列规定： 1 仅需要报警，不需要联动自动消防设备的保护对象宜采用区域报警系统。	BS 5839—1 4.2 建议 (1) 系统类别（见本规范第 5 条）存在不确定性，开发商、潜在购买者或用户应参考以下一项或多项： 1) BS 9999；

续表

中国标准	欧盟标准
2　不仅需要报警，同时需要联动自动消防设备，且只设置一台具有集中控制功能的火灾报警控制器和消防联动控制器的保护对象，应采用集中报警系统，并应设置一个消防控制室。 3　设置两个及以上消防控制室的保护对象，或已设置两个及以上集中报警系统的保护对象，应采用控制中心报警系统。	2）支持消防安全立法的指导文件； 3）负责执行适用于该处所的消防安全法规的任何当局； 4）财产保险人； 5）任何相关的火灾风险评估。 5.1.2　M类系统——M类系统是手动系统，因此不包含自动火灾探测器。 5.1.3　L类系统——L类系统是用于保护生命的自动火灾探测和火灾报警系统。 (1) L1类：安装在建筑物所有区域的系统。 L1类系统的目标是提供尽可能早的火灾警报，从而实现最长的逃生时间。 (2) L2类：安装在建筑物定义部分中的系统。 L2类系统应包括满足本规范对L3类系统的建议所必需的覆盖范围；L2类系统的目标与L3类系统的目标相同，附加目标是在高火灾危险级别和/或高火灾风险的指定区域提供火灾预警。 (3) L3类：设计用于在早期阶段发出火灾警告的系统，以使所有居住者，除了可能在火灾起源房间内的人，在逃生路线之前由于火灾、烟雾或有毒气体的存在，无法通行。 注：1. 为实现上述目标，通常需要在通向逃生路线的房间内安装探测器（见本规范第8.2条）。 (4) L4类：安装在逃生路线的那些组成部分的循环系统是循环空间，例如走廊和楼梯。 L4类系统的目标是通过在逃生路线内提供烟雾警告来提高人员的安全。 注：2. 不排除在其他区域安装探测器，系统仍可被视为L4类系统。 (5) L5类：系统的保护区和/或探测器的位置被设计成满足特定的消防安全目标（L1类、L2类、L3类或L4类系统的目标除外）。 5.1.4　P类系统——P类系统是用于保护财产的自动检测和火灾报警系统。 (1) P1类：安装在建筑物所有区域的系统。 P1类系统的目标是提供尽可能早的火灾警报，以最大限度地减少点火和消防员到达之间的时间。 (2) P2类：系统仅安装在建筑物的特定部分。 级别高的区域或火灾对财产或业务连续性风险较高的区域提供火灾预警。
分为区域报警系统、集中报警系统、控制中心报警系统	分为M、L、P三类，分别对应手动系统、用于保护生命的自动火灾探测和火灾报警系统、用于保护财产的自动检测和火灾报警系统

中欧差异化对比分析结论及心得：

差异化对比分析：

火灾报警系统类别划分依据不一致。中国规范中是否需要报警、是否需要联动自动消防设备以及设置两个及以上消防控制室为关键划分依据；而欧盟标准中手动报警、保护生命的自动报警、保护财产的自动报警为关键划分依据。

差异化对比心得：

中国规范划分的依据主要侧重火灾报警系统的功能组成，而欧盟标准主要侧重保护对象。而且欧盟标准中明确了火灾报警系统类别应参考保险公司的意见，这是与中国规范不同的地方，应引起注意。

欧盟标准中的自动报警类型（L、P 类型）按照覆盖的区域又分为不同的子类型，这提示我们在做欧盟项目时应厘清各种报警类型之间的关系。

20.2 是否需要设置火灾探测和火灾报警系统

对比内容：是否需要设置火灾探测和火灾报警系统	
中国标准	欧盟标准
《建筑设计防火规范》GB 50016—2014（2018 年版）： 8.4.1 下列建筑或场所应设置火灾自动报警系统： 1 任一层建筑面积大于 1500m² 或总建筑面积大于 3000m² 的制鞋、制衣、玩具、电子等类似用途的厂房； 2 每座占地面积大于 1000m² 的棉、毛、丝、麻、化纤及其制品的仓库，占地面积大于 500m² 或总建筑面积大于 1000m² 的卷烟仓库； 3 任一层建筑面积大于 1500m² 或总建筑面积大于 3000m² 的商店、展览、财贸金融、客运和货运等类似用途的建筑，总建筑面积大于 500m² 的地下或半地下商店； 4 图书或文物的珍藏库，每座藏书超过 50 万册的图书馆，重要的档案馆； 5 地市级及以上广播电视建筑、邮政建筑、电信建筑，城市或区域性电力、交通和防灾等指挥调度建筑； 6 特等、甲等剧场，座位数超过 1500 个的其他等级的剧场或电影院，座位数超过 2000 个的会堂或礼堂，座位数超过 3000 个的体育馆； 7 大、中型幼儿园的儿童用房等场所，老年人照料设施建筑，任一层建筑面积 1500m² 或总建筑面积大于 3000m² 的疗养院的病房楼、旅馆建筑和其他儿童活动场所，不少于 200 床位的医院门诊楼、病房楼和手术部等； 8 歌舞娱乐放映游艺场所； 9 净高大于 2.6m 且可燃物较多的技术夹层，净高大于 0.8m 且有可燃物的闷顶或吊顶内； 10 电子信息系统的主机房及其控制室、记录介质库，特殊贵重或火灾危险性大的机器、仪表、仪器设备室、贵重物品库房； 11 二类高层公共建筑内建筑面积大于 50m² 的可燃物品库房和建筑面积大于 500m² 的营业厅； 12 其他一类高层公共建筑；	BS 5839—1 4.1 评论 任何特定建筑物中对火灾探测和火灾报警系统的需求，通常由负责在该建筑物中执行消防安全立法的当局和/或由业主、房东、占用者或雇主进行的火灾风险评估，视情况确定。一般来说，在几乎所有建筑物中安装某种形式的火灾探测和火灾报警系统是合适的，除了相对开放的非常小的场所，这样任何火灾都会被居住者迅速检测到，然后他们将能够通过口耳相传或简单的机械设备（例如手动铃）来警告他人。 手动防火和火灾报警系统通常足以满足工作中的立法要求。立法通常要求自动火灾探测来补充人们睡觉场所中的手动系统。在以下情况下，自动火灾探测也可能是必要的，以满足立法要求： （1）其中自动火灾探测是消防工程解决方案的一部分； （2）防火系统，例如关门设施或烟雾控制系统，在发生火灾时应自动运行； （3）建筑物或建筑物的一部分低占用率会产生火灾的可能性，从而影响居住者在意识到火灾之前的逃生方式。 自动火灾检测也常用于保护财产，通过确保火灾和救援服务及早到达，以响应建筑物居住者的召唤或通过向 ARC 发送火灾警报信号，将召集消防和救援服务。因此，财产保险公司可能要求或推荐使用自动火灾探测和火灾警报系统。 由负责在该建筑物中执行消防安全立法的当局和/或由业主、房东、占用者或雇主进行的火灾风险评估，视情况确定

续表

中国标准	欧盟标准
13　设置机械排烟、防烟系统、雨淋或预作用自动喷水灭火系统、固定消防水炮灭火系统、气体灭火系统等需与火灾自动报警系统联锁动作的场所或部位。 注：老年人照料设施中的老年人用房及其公共走道，均应设置火灾探测器和声警报装置或消防广播。 8.4.2　建筑高度大于100m的住宅建筑，应设置火灾自动报警系统。 建筑高度大于54m，但不大于100m的住宅建筑，其公共部位应设置火灾自动报警系统，套内宜设置火灾探测器。 建筑高度不大于54m的高层住宅建筑，其公共部位宜设置火灾自动报警系统。当设置需联动控制的消防设施时，公共部位应设置火灾自动报警系统。 高层住宅建筑的公共部位应设置具有语音功能的火灾声警报装置或应急广播。 《火灾自动报警系统设计规范》GB 50116—2013 要求： 3.1.1　火灾自动报警系统可用于人员居住和经常有人滞留的场所、存放重要物资或燃烧后产生严重污染需要及时报警的场所。 3.1.2　火灾自动报警系统应设有自动和手动两种触发装置。 附录D　火灾探测器的具体设置部位 D.0.1　火灾探测器可设置在下列部位：(共33条) 1　财贸金融楼的办公室、营业厅、票证库。 …… 33　需要设置火灾探测器的其他场所。 按《建筑设计防火规范》GB 50016—2014（2018年版）中第8.4条列举的类别进行设置；具体设置位置可以参考《火灾自动报警系统设计规范》GB 50116—2013 的附录D	

中欧差异化对比分析结论及心得：

差异化对比分析：

中国规范认为无论是工业建筑还是民用建筑，没有达到一定的体量是不需要做火灾报警系统的，例如不高于54m的住宅以及比较小的一些地方可以不用设置；而欧盟标准通常认为一般情况下均应设置火灾报警系统，除非是很小的场所。

差异化对比心得：

《建筑设计防火规范》GB 50016—2014（2018年版）的条文解释中明确说明住宅的火灾报警设置是按照安全可靠、经济适用的原则设置的，所以建筑要有一定的体量才做火灾报警系统是从经济性来考虑的，这也可以解释中国规范中没有明确不高于54m的住宅是否需要做火灾报警系统；但是欧盟标准恰恰相反，按照欧盟标准的逻辑，住宅不仅需要装设火灾报警系统，而且需要装设自动火灾探测器，因为欧盟立法通常要求自动火灾探测来补充人们睡觉场所中的手动系统。

另外，中国规范如果设置了火灾报警系统的话，自动和手动报警装置是必选项；但是欧盟标准不同，自动报警装置和手动报警装置是不用同时设置的。

20.3 火灾警报和其他警报的区分、优先级别

对比内容：火灾警报和其他警报的区分、优先级别	
中国标准	欧盟标准
《火灾自动报警系统设计规范》GB 50116—2013 要求： 4.8.3 公共场所宜设置具有同一种火灾变调声的火灾声警报器；具有多个报警区域的保护对象，宜选用带有语音提示的火灾声警报器；学校、工厂等各类日常使用电铃的场所，不应使用警铃作为火灾声警报器。 4.8.12 消防应急广播与普通广播或背景音乐广播合用时，应具有强制切入消防应急广播的功能。 8.1.1 可燃气体探测报警系统应由可燃气体报警控制器、可燃气体探测器和火灾声光警报器等组成。	BS 5839—1： 6 信息交流和责任界定 6.1 评论 如果建筑物包含与火灾以外的危险相关的警报系统，则各种危险警报需要适当协调并相互区分。在这些建筑物中，需要仔细评估相对优先级，并安排系统以使较高优先级的警报不会被较低优先级之一阻止或遮挡。一般来说，火灾具有最高优先级，但在某些建筑物中，其他危险可能比火灾具有更高的优先级。
火灾警报和其他警报有区分。消防应急广播优先级别最高	各种危险警报需要适当协调并相互区分。一般来说，火灾相关警报系统具有最高优先级，但不排除特例

中欧差异化对比分析结论及心得：

差异化对比分析：

对比国内外规范，火灾警报和其他警报都是有区分的，但是中国规范的区分考虑情况不全面。一般来说，火灾相关警报系统信息具有最高优先级。而欧盟标准允许有特例。

差异化对比心得：

对比国内外规范，火灾警报和其他警报都是有区分的，中国规范采用的是列举的方式，这样肯定会造成列举不全面的情况，而欧盟标准给出原则，并强调各种危险警报除了要相互区分以外，还要适当协调，这就要求做设计之前应充分考虑各种危险警报，有必要的情况下，可能需要评估报告。通常情况下，国内外对火灾相关警报系统信息具有最高优先级这一点是没有异议的。但是欧盟标准中允许有特例，笔者觉得这些特例应该是指工业建筑中的可燃、有毒气体泄漏的警报等危害性更大、更早的情况。回到中国规范《火灾自动报警系统设计规范》GB 50116—2013 第 8 章可燃气体探测报警系统，这个章节的内容是在 2013 年版中新增的，而且没有有毒气体探测报警系统的相关内容，所以从中国规范《火灾自动报警系统设计规范》GB 50116—2013 的编写逻辑上来看，至少有毒气体探测报警的情况是没有考虑的，可燃气体探测报警系统的警报则采用火灾声光警报器，这在欧盟标准中是不允许的。

20.4 消防控制中心应包括的内容

对比内容：消防控制中心应包括的内容	
中国标准	欧盟标准
《火灾自动报警系统设计规范》GB 50116—2013 要求： 3.4.2 消防控制室内设置的消防设备应包括火灾报警控制器、消防联动控制器、消防控制室图形显示装置、消防专用电话总机、消防应急广播控制装置、消防应急照	BS 9999 24 消防控制中心 消防控制中心应包括（仅列出区别项）： （9）为控制疏散提供了摄像机的控制器和监视器屏幕。

续表

中国标准	欧盟标准
明和疏散指示系统控制装置、消防电源监控器等设备或具有相应功能的组合设备。消防控制室内设置的消防控制室图形显示装置应能显示本规范附录 A 规定的建筑物内设置的全部消防系统及相关设备的动态信息和本规范附录 B 规定的消防安全管理信息，并应为远程监控系统预留接口，同时应具有向远程监控系统传输本规范附录 A 和附录 B 规定的有关信息的功能。 3.4.3　消防控制室应设有用于火灾报警的外线电话。 3.4.4　消防控制室应有相应的竣工图纸、各分系统控制逻辑关系说明、设备使用说明书、系统操作规程、应急预案、值班制度、维护保养制度及值班记录等文件资料。 应能显示本规范附录 A 规定的建筑物内设置的全部消防系统及相关设备的动态信息和本规范附录 B 规定的消防安全管理信息	使用摄像机可以大大协助紧急情况的管理； （14）一个时钟，对疏散的各个阶段进行计时； （16）一个壁挂式的书写板，上面有合适的书写工具，用来显示重要的信息； （17）控制中心人员休息和提神的设施。 共 17 项

中欧差异化对比分析结论及心得：

差异化对比分析：

国内外规范对消防控制室（值班室）要求大体一致，差异项有 4 项。

差异化对比心得：

中国规范对消防控制室（值班室）的要求写得很细致，也很专业，很多都是实际使用才会接触到的要求，对于设计人员来说意义不大，在实际设计图纸中大多是抄规范条文了事。

欧盟标准除了和中国规范一致的条文外，还有 4 项区别，第 1 项是使用摄像机来协助紧急情况的管理，可以理解为摄像机除了起到日常的安防功能外，还可以在火灾发生时用来查看火灾实际情况，再加上消防广播的功能，可以实现人工实时指导疏散的良好效果，具有积极的意义；第 2～3 项的内容从通常的理解来看，并不属于消防控制室的必要内容，至少没有必要作为强行的要求写入规范中，但是考虑到编写该规范的英国是一个以案例法为依据执法的国家，其消防局会根据新发生的火灾案例，及时增补有关的行政法案，所以笔者大胆推测，后面 3 项内容应该是从以往的火灾案例中汲取了经验编写而成，当然这还需要后续考证。

20.5　为失聪和听障人士提供火警警报

对比内容：为失聪和听障人士提供火警警报	
中国标准	欧盟标准
无相关内容。 无特殊要求	BS 5839—1： 18　为失聪和听力障碍者提供火警警报 18.1　评论 听力受损并不意味着一个人对声音完全不敏感。许多损伤者对某些类型的常规可听警报信号有足够清晰的感知，因此不需要特别提供火灾警告。在某些情况下，在场的其他人可以提醒失聪和听力障碍者需要疏散，在这种情况下，可能有必要制定依赖其他人的程序提供必要的警告。

续表

中国标准	欧盟标准
	但是，在某些情况下，例如有大量失聪和听力障碍者的建筑物、一名或多名失聪或听力障碍者在相对隔离的情况下工作的建筑物，以及一名或多名听力障碍者在其中工作的建筑物。失聪或听力障碍者往往会在建筑物周围大量移动（包括进入厕所区域），向这些人发出警告的其他方式可能是合适的。如果所讨论的住户大部分时间都位于建筑物的有限区域内，则可视警报信号可能适用于该区域（和相关的厕所）。如果他们睡在大楼里，可能需要考虑带有或不带有相关视觉警报设备的触觉设备（例如，为了符合建筑法规第 2 条～第 4 条规定的无障碍要求）。这些设备，可以放在枕头或床垫下，或可以连接到火灾报警设备电路或由无线电信号触发。失聪和听力障碍人士的报警设备可以是固定的、可移动的或便携式的。 固定设备是固定在支架上或以其他方式固定在特定位置的设备，或没有提供提手且重量大到不易移动的设备（例如火灾报警系统控制嵌板钉在墙上）。 可移动设备是指不是固定设备并且在位置改变时不能正常运行的设备（例如，放置在桌面上并操作床上的振动垫的本地单元或控制器）。 便携式设备是设计为在携带时操作的设备（例如无线电寻呼机或其他使用无线电通信的系统）。就本条款而言，便携式警报设备是： (1) 供失聪人士携带； (2) 能够发出视觉和/或触觉信号； (3) 通常是无线电控制，但不排除其他方法； (3) 通常需要控制设备将信号传输到便携式设备，连接到火灾探测和火灾报警控制设备。 目前英国没有针对失聪和听障人士的报警设备的标准规范。然而只要有可能，应遵循本条款的建议，并且任何变化都应进行风险评估，以确保没有失聪或听力障碍的人面临过度风险。 需要注意的是，所有与火灾探测和火灾报警系统一起使用的无线电寻呼系统都需要获得 OFCOM 的许可。目前提供三种类型的许可证： (1) 短程商业寻呼（SRBP）许可证，不能防止来自同一无线电频率的其他授权或未授权用户的干扰； (2) 自选许可证提供一些保护，防止未经授权使用频率的干扰； (3) 手动频率协调许可，确保消除对指定无线电频率的授权和非授权用户的干扰。 18.2　建议 18.2.1　一般的 以下建议适用。 (1) 为失聪和听力障碍者提供的视觉报警信号应符合本规范第 17 条的规定。视觉报警装置应被视为本规范中的火灾报警装置，例如，为这些装置服务的电路应受到相应的防火监视和保护。 注：英格兰和威尔士建筑法规的批准文件 M（以及苏格兰和北爱尔兰的等效指南）提供了有关提供视觉警报设备的指南，该设备旨在发生火灾时警告失聪和听力障碍的人遵守建筑法规。 (2) 为失聪和听力障碍者提供的触觉报警装置可以是固定的、可移动的或便携式的。就本规范而言，固定的或可移动的触觉装置应被视为火灾报警装置。例如，应监控为设备服务的电路，如果连接到设备的柔性电缆长度大于 3m，则应采取防火措施。 (3) 触觉报警装置的输出强度应足以引起注意。 (4) 应就任何使用无线电信号的系统是否符合监管要求向 OFCOM 寻求建议。 (5) 如果提供触觉装置，控制和传输设备应符合本规范附录 C 的建议。 18.2.2　便携式报警器 作为火灾报警的主要手段，如果由无线电信号激活，应符合以下建议。 (1) 便携式报警装置应在火灾探测和火灾报警系统 CIE 产生报警信号 5s 后发出报警信号。 (2) 便携式报警装置发出的报警信号应在收到每次报警传输后至少持续 60s，或直至便携式报警装置确认。该发出的警报信号可能是间歇性的。 (3) 在火灾情况下，传输设备应继续向便携式报警装置发送报警信号，直到火灾报警控制

续表

中国标准	欧盟标准
	设备发出的信号取消报警。如果传输设备不连续发出报警信号，则传输设备可以不超过 10s 的周期重复发出报警信号。 注：1. 该建议的目的是确保在发生火灾时，便携式报警装置继续发出信号，直到火灾报警控制设备静音或复位。 2. 本规范第 18.2.2 条第 2 款和第 18.2.2 条第 3 款中的建议旨在确保在发生火灾时，每个便携式报警装置连续发出报警信号，直到火灾报警系统 CIE 静音或复位。 3. 在本规范第 18.2.2 条第 3 款的上下文中，从火警控制系统中可能取消戒备信号，例如，构成火灾报警控制设备继电器的复位。 (4) 如果便携式报警设备也用于其他目的（例如一般寻呼），接收者应该能够通过节奏模式来分辨火灾信号和其他非紧急目的信号之间的区别。 注：4. 可以将火警信号的节奏模式用于其他需要对火灾做出类似反应的紧急情况（例如炸弹警告）。 5. 制造商或供应商的用户说明可能会强调不要将火警信号节奏模式用于非紧急目的的重要性。 6. 虽然几乎所有无线电寻呼系统都将火作为其最高优先级，但在某些特殊情况下可能会有更高级别的优先级，例如安全攻击警报。在这些极少数情况下，可能会认为火警信号不优先于任何其他信号。这样的决定应该来自充分的风险评估并得到相关方的同意。 (5) 如果便携式报警装置也用于其他目的（例如一般寻呼），火警信号应优先于任何其他信号，以便满足本规范第 18.2.2 条第 1 款的要求，而不管是否发生其他系统活动（例如普通寻呼消息的传输）。 (6) 传输设备和便携式报警装置之间的互连故障（例如无线电传输）应在便携式报警装置上通过视觉识别，并在故障后 5min 内发出触觉信号。视觉指示应一直保持到重新建立互连或便携式报警设备关闭。触觉指示可以通过手动控制来取消，前提是在不超过 15min 的时间间隔内重复至少 0.5s，除非便携式报警装置已关闭。 (7) 便携式报警装置可以由单一电源（例如电池）操作。低电源电压应在便携式报警装置上通过视觉和触觉信号识别。 如果触觉信号持续发出直到手动确认，则在确认后，信号应以不超过 15min 的间隔重复至少 3s，直到电池容量不再支持触觉信号。如果电池电量不足以支持信号在预定时间后自动停止，则应以不超过 15 min 的间隔重复该信号，直到电池容量不再支持触觉信号。在任何情况下，都应持续提供文本或其他视觉指示，直到更换电池或电池不再支持显示，除非被火警信号或其他消息覆盖。 (8) 如果便携式报警装置装有关闭开关或禁用报警信号的开关，则开关的设计应避免误操作。 (9) 便携式报警系统的控制设备上识别出的所有故障应至少在便携式报警控制设备上识别出故障的 100s 内，在火灾探测和火灾报警系统 CIE 上发出常见故障警告。应监控为满足此建议而提供的电路中使用的任何电缆，以便在火灾探测和火灾报警系统 CIE 上指示电缆中的开路或短路故障。然而，这种电缆不必是耐火的。 注：7. 声音和视觉故障指示可由独立于火灾探测和火灾报警系统 CIE 的设备发出，前提是声音和视觉指示符合《火灾探测和火灾报警系统　第 2 部分：控制和指示设备》BS EN 54—2—1997＋A1—2006 对故障信号的要求。 (10) 该系统应符合 BS 5839 本部分以下条款和子条款的建议。 · 12.2.1a) 4)　· 12.2.1e)　· 23.2.1e)　· 27.2g) 1) · 12.2.1a) 5)　· 12.2.1g)　· 23.2.1f)　· 27.2g) 2) · 12.2.1a) 6)　· 12.2.21)　· 25　· 27.2g) 3) · 12.2.1a) 7)　· 23.2.1b)　· 26　· 29.2e) · 12.2.1b)　· 23.2.1c)　· 27.2c)　· 附录 C · 12.2.1d)　· 23.2.1d)　· 27.2d) 失聪和听力障碍者在无法依赖其他人进行安全疏散的情况下，向这些人发出警告的其他方式可能是合适的。失聪和听力障碍者的报警设备可以是固定的、可移动的或便携式的

中欧差异化对比分析结论及心得：

差异化对比分析：

中国规范中对失聪和听力障碍者依靠火灾报警设备自行疏散是没有相关要求和设备的；英国也没有针对失聪和听力障碍者的报警设备的标准规范。然而只要有可能，应遵循这本欧盟手册的建议，并且任何变化都应进行风险评估，以确保没有失聪或听力障碍者面临过度风险。

差异化对比心得：

中国规范对失聪和听力障碍者疏散方面的考虑相对还是不足的，而这本欧盟手册（虽然命名为手册，但也是获得英国标准协会许可的）对这部分有详细的规定，设计师按规定执行即可。

除了以上大的差别以外，我们还应注意以下问题：

（1）电缆的选用。固定的或可移动的触觉装置应被视为火灾报警装置。例如，应监控为设备服务的电路，如果连接到设备的柔性电缆长度大于 3m，则应采取防火措施。

（2）便携式报警系统的控制设备上识别出的所有故障应至少在便携式报警控制设备上识别出故障的 100s 内，在火灾探测和火灾报警系统 CIE 上发出常见故障警告。应监控为满足此建议而提供的电路中使用的任何电缆，以便在火灾探测和火灾报警系统 CIE 上指示电缆中的开路或短路故障。然而，这种电缆不必是耐火的。

（3）所有与火灾探测和火灾报警系统一起使用的无线电寻呼系统都需要获得 OFCOM 的许可。

20.6 手动火灾报警按钮的设置

对比内容：手动火灾报警按钮的设置	
中国标准	欧盟标准
《火灾自动报警系统设计规范》GB 50116—2013 要求： 6.3.1 每个防火分区应至少设置一只手动火灾报警按钮。从一个防火分区内的任何位置到最邻近的手动火灾报警按钮的步行距离不应大于 30m。手动火灾报警按钮宜设置在疏散通道或出入口处。列车上设置的手动火灾报警按钮，应设置在每节车厢的出入口和中间部位。 步行距离不应大于 30m	BS 5839—1： 20.2 (e) MCP（手动火灾报警按钮）的分布应确保没有人需要走超过 45m（除非适用下一条）才能到达最近的 MCP，沿人们实际遵循的路线测量，同时考虑到墙壁、隔板和配件的布局。如果在设计阶段，房屋的最终布局未知，则建筑物内任何点与最近的 MCP 之间的最大直线距离不应超过 30m（适用下一条的情况除外）；最终装修完成后，45m 的限制仍应适用。 注：4. 这些距离是任意的，但会影响任何点和最近的楼层出口之间的可接受的距离，通常仅适用于人的场所。 (f)（5）中推荐的 45m 和 30m 的数字在下列情况下应分别减少到 25m 和 16m： 1）如果很大一部分住户行动不便，并且可以合理地预期其中一名住户将是发生火灾时首先操作火警系统的合适人选； 2）该地区的过程可能导致快速火灾发展（例如，使用或加工高度易燃液体或易燃气体的地方）； 3）如果特定设备或活动导致高火灾危险级别（例如厨房或纤维素油漆喷涂），则应在附近安装 MCP。 最终布局未知时，最大直线距离不应超过 30m；最终装修完成后，应确保没有人需要走超过 45m 才能到达最近的手动火灾报警按钮。特殊情况下，45m 和 30m 的数字应分别减少到 25m 和 16m。 在无人监管的区域，可以考虑使用紧急语音通信系统来代替 MCP

中欧差异化对比分析结论及心得：

差异化对比分析：

《火灾自动报警系统设计规范》GB 50116—2013 的条文说明：6.3.1 本条主要参考英国规范制定，英国规范 BS 5839—1 规定手动火灾报警按钮的位置，应使场所内任何人报警均不需走 30m 以上距离；而欧盟标准除了上述要求外，还有更细的要求。

差异化对比心得：

从条文解释上来看，中国规范《火灾自动报警系统设计规范》GB 50116—2013 在编制的时候参考了英国规范 BS 5839—1，但是做了简化处理，这样虽然简化了设计工作，但同时也让设计师缺少了自己的思考。

另外，文中还说：如果 MCP（手动火灾报警按钮）出现在无人监管的区域，可能会受到恶意操作。出于这个原因，它们通常不设置在例如购物中心的公共区域和某些公共场所。在建筑物内的公共停车场，可以考虑使用紧急语音通信系统来代替 MCP。这种对恶意操作的周全考虑也值得我们借鉴。

总体来看，中国规范中的数据一句引用带过，原理解释方面、是否适应中国国情等方面缺少说明，缺乏严谨性。这从侧面反映了欧盟标准，特别是制定本标准的国家——英国的历史沉淀底蕴。

20.7 规范的使用问题——通用性问题

对比内容：规范的使用问题——通用性问题	
中国标准	欧盟标准
《建筑设计防火规范》GB 50016—2014（2018 年版）要求： 本规范中以黑体字标志的条文为强制性条文，必须严格执行。 本规范用词说明 1　为便于在执行本规范条文时区别对待，对要求严格程度不同的用词说明如下： 1）表示很严格，非这样做不可的： 正面词采用“必须”，反面词采用“严禁”； 2）表示严格，在正常情况下均应这样做的： 正面词采用“应”，反面词采用“不应”或“不得”； 3）表示允许稍有选择，在条件许可时首先应这样做的： 正面词采用“宜”，反面词采用“不宜”； 4）表示有选择，在一定条件下可以这样做的，采用“可”。 2　条文中指明应按其他有关标准执行的写法为：“应符合……的规定”或“应按……执行”。 规范按要求严格程度不同，用词说明也不同，分为 4 种：“必须”“应”“宜”“可”	BS 5839—1： 7　与本规范建议的差异 7.1　承诺书 本规范的这一部分是实践守则，因此，其内容采用建议的形式，而不是要求。这些建议主要基于火灾探测和火灾报警系统的设计、安装、调试和维护方面公认的良好实践。因此，它们可能适用于大多数正常应用。 然而在某些应用中，这些建议并不适用，并且会导致系统变得不必要的昂贵，并采用无法被视为具有成本效益或难以安装的措施。在极端情况下，这些建议甚至可能不足以提供适当的保护水平。 在这些情况下，建议的变化可能是必要的，即使一般而言，用户、购买者、执法机构或保险公司要求非常严格地遵守标准。在 2002 年之前，在本规范的这一部分中，变化被描述为“偏差”。该术语现在已被弃用，因为它暗示了设计中的缺陷或错误，而实际上，该术语是指适当和有意义的设计方面，尽管不符合规范的一项或多项建议。然而，这并不意味着设计者或安装者在用户、购买者、执法机构或保险公司寻求遵守本规范的情况下可以自由地忽略本规范的建议。 变化始终需要成为所有相关方之间具体协议的主题，并且需要在所有相关系统文档中明确标识。 火灾风险评估可能会产生一些变化，例如，尽管在本标准的其他必要系统类别中是建议进行保护的，但是在火灾风险评估中，建筑物的某个区域可能不用火灾自动探测的保护。其他变化可能基于有能力的人的工程判断，例如，他们可能认为在单个电缆故障的情况下禁用的保护范围可能会略微超过本规范中建议的限制，而不会显著降低系统的完整性。

续表

中国标准	欧盟标准
	还需要记住的是，虽然有必要对本规范中推荐的某些限制或性能水平进行量化，以便以数字形式表达相关建议，但引用的值通常是任意的。这些值通常基于成熟且经过验证的习惯和实践，或基于专家的判断。因此，虽然它们是普遍适用的，但严格遵守它们可能并不适用于所有情况，微小的变化也不一定会产生任何重大影响。 任意值的示例包括但不限于以下内容： (1) 最大区域大小； (2) 在指定故障条件下禁用的最大保护区域； (3) 建议在公共建筑中使用扩音器电路的最大开放区域； (4) 到最近的人工呼叫点的最大行驶距离； (5) 自动火灾探测器的最大覆盖范围； (6) 最低声压级； (7) 待机电源的最短持续时间； (8) 标准和增强型耐火电缆的性能参数，以及对前一种电缆的使用限制。 例如，尽管本规范建议任何人都不需要移动超过 45m 才能到达最近的手动呼叫点，但有能力的人可能会判断，在特定建筑物中，47m 的距离是可以接受的，也许这会导致手动呼叫点设置在最合适的位置。类似地，在办公楼中可能会判断为 57 dB (A) 的声压级可以在许多蜂窝办公室中接受，因为要达到本规范中推荐的 60dB (A) 需要很大的声压级，增加发声器的数量（因此增加成本），而 3dB 的差异对居住者来说是可察觉的。 7.2　建议 以下建议适用。 (1) 任何与 BS 5839 的本部分建议并入规范或设计建议的变化都应清楚地识别，以便对可能对规范或设计建议的应用程序的任何一方来说都是显而易见地被寻求，例如用户、购买者、执行机构或保险人。 (2) 与 BS 5839 本部分建议的任何变化，但未在文档设计中明确识别，应记录在案（除了错误或“障碍”的情况提出整改），供后续审批。 注：本建议并不意味着安装人员或调试工程师有责任验证或证明系统设计符合本规范。但是，如果安装人员或调试工程师发现了变化，特别是与设计人员可能不知道的情况相关的变化（例如影响探测器数量或选址的建筑物的结构特征，或建筑物中可能导致高到无法接受的误报率），应将它们记录在案，以便转交给设计者、用户或购买者以达成一致或采取行动。 (3) (2) 中描述的类型，都应由有关各方商定（见本规范第 6 条）。 (4) 所有变化都应列在相关的系统证书中（见本规范第 41 条）。 (5) 主要不符合项（见本规范第 46.2 条）应清楚地记录在日志中，以便维修公司和任何其他相关方在未来随时参考。 BS 5839—1 是实践守则，其内容采用建议的形式，而不是要求，但并不是可以自由地忽略本规范的建议；规范中对大小、距离、时间、声压级等这类用数值明确的值是可以改变的

中欧差异化对比分析结论及心得：

差异化对比分析：

中国规范中对整条条文只有采用和不采用的说法，未说明是否能改动条文中要求的数值；而这本欧盟标准中是可以根据实际情况修改的，只要满足条件即可。

差异化对比心得：

中国规范对条文分等级的做法具有很强的操作性，对设计来说简单明了，但是在实际应用中有生搬硬套的可能性，例如在图审中，可能距离差 1mm 也是违反强条，设计师不敢违反。对比中国规范，欧盟标准是比较友好的，在一般情况下遵守，特殊情况下可以调整，只要调整时满足前提条件（满足用户、购买者、执法机构或保险公司的要求，可能需要评估报告）、满足安装调试要求（安装人员或调试工程师应将它们记录在案，以便转交给设计者、用户或购买者已达成一致或采取行动）、满足运营维护要求（所有变化都应列在相关的系统证书中，主要不符合项应清楚地记录在日志中，以便维修公司和任何其他相关方在未来随时参考）时就可以调整。

中欧（部分）工程设计标准规范

对比研究

第 5 部分　造价设计

21 英国 SMM7 计量规则的基本介绍

本节主要为对英国建筑工程标准计量准则 SMM7 [Standard Method Measurement (Seventh Edition)] 的基本介绍。

本节参考文件《SMM7 建筑工程标准计量规则量度程序规范》及《SMM7 建筑工程标准计量规则》。

21.1 基本介绍

1922 年英国测量工程师协会编制了第一版的 SMM 计量规范，目前一共发行修订了七版，在全球范围内，尤其在欧洲国家、东南亚国家等，普遍采用第七版的标准计量规则。

SMM7 由两个基本部分组成，第一部分是《SMM7 建筑工程标准计量规则量度程序规范》，主要包括 A 部分总则，包括主要背景目的、MM7 和 CCPI 条例、工程量清单、图纸资料；B 部分，包括图表规则的使用、量度的原理、量度的基本单位、成本项目划分等内容，量度规范作为推荐使用。

第二部分是《SMM7 建筑工程标准计量规则》，主要内容包括 23 个分部，具体内容见表 21-1，SMM7 计算规则主要用于建筑工程，土木工程一般采用 CESMM3（土木工程标准计量方法 3）的计量规则，土木工程附带的小型建筑物如泵房、小型办公用房等一般按照 CESMM3 的 Z 分部计量。

SMM7 计量规范内容 **表 21-1**

A	基本设施费用/总则	N	家具/设备工程
B	成套建筑/结构/单元	P	建筑杂项
C	现有场地/建筑/公共设施	Q	室外工程
D	场地地基工程	R	排污系统
E	现浇混凝土/预制混凝土工程	S	给水系统
F	砌筑工程	T	机械供热/制冷/冷冻系统
G	建筑结构/金属结构/木构架构件	U	通风/空调系统
H	幕墙工程/屋面工程	V	供电/照明工程
J	防水工程	W	通信/保安/监控系统
K	衬板/衬砌/隔墙面板工程	X	运输系统
L	门/窗/台阶工程	Y	机电及电气工程
M	饰面工程		

21.2 应用范围

《SMM7 建筑工程标准计量规则量度程序规范》是建议性的，并不具备 SMM7 的合同地位。其编制目的为：

（1）促进建筑工程计量和工程量清单编制过程中形成良好的习惯；

（2）针对SMM7形成统一的解释和使用，在适当的情况下，对项目实践中运用SMM7规则进行示例和解释；

（3）提供与图纸设计程序规范和项目技术规范所拥有的标准和工程类似的计量程序规范，使之能够相互结合使用；

（4）解释SMM7和图纸设计程序规范、项目技术规范及各类工程章节通用规则之间的关系；

（5）提供所有新增内容的应用范例。

21.3 图纸要求

SMM7要求提供给投标单位的图纸资料包括：

（1）项目总说明。用于预估设计和施工方法，从而计算项目成本。

（2）分项工程详图。可以用图表方式表达设计及施工要求，从而不用在工程量清单内进行赘述。从通常适用于项目施工的图纸中选定的图纸，应能够满足SMM7的要求（标有尺寸的轮廓图除外）。

（3）除需提供图纸的上述具体要求外，若工程量清单的清单描述中有相互对应的参照描述，SMM7亦允许有关描述或技术规范说明通过图纸或技术规范的方式提供。

（4）SMM7中规定的图纸类型如下：

1）位置图。

2）构件图。

3）标有尺寸的轮廓图。

22 英国SMM7计量基本设施费用/总则

本节主要为对英国建筑工程标准计量准则SMM7中基本建设费用/总则的介绍。

本节参考规范及标准为，中国《房屋建筑与装饰工程工程量计算规范》GB 50854—2013，《建设工程工程量清单计价规范》GB 50500—2013；英国《SMM7建筑工程标准计量规则》。

22.1 基本介绍

英国《SMM7建筑工程标准计量规则》基本设施费用列项A10工程明细、A11招标合同文件、A12场地和现有建筑、A13工程说明、A20合同/分包合同为非报价列项，主要列明内容为工程各方基本情况、工程所在地点、工程范围、工程场地及周边情况、项目合同形式及其他基本信息，此类信息为报价提供基本依据及支撑。

22.2 清单子项价格组成规则

对比内容：清单子项价格组成规则	
中国	英国
综合单价： 完成一个规定计量单位的分部分项工程和措施清单项目所需的人工费、材料和工程设备费、施工机具使用费和企业管理费、利润以及一定范围内的风险费用	工程量清单每一个工作部分应首先说明工程的性质和位置，除非规定要求提供图纸或者其他信息；除非在工程量清单或此处有明确说明，所有项应该被视为包括以下内容： （1）人工及与其他有关的所有费用； （2）材料，产品和与之有关的一切费用； （3）组装，装配和固定材料及货物的位置； （4）设备和与之有关的一切费用； （5）材料的浪费和处理费用； （6）垂直切割； （7）开办费（间接费），管理费和利润

中英差异化对比分析结论及心得：

差异化对比分析：

中、英清单组价范围基本类似。值得注意的是，中国清单计价规范中夜间施工、非夜间施工照明、二次搬运、冬雨期施工等费用，在英国 SMM7 清单计价规范中未明确描述。

差异化对比心得：

从中、英清单组价描述上来看，区别基本不大，但实际可能有很大区别，如在英国 SMM7 清单计量规范中，未有脚手架、垂直运输费、超高施工增加费等列项，在海外项目报价中，需要结合清单实际情况考虑是否将该笔费用计入其他工作的综合报价。

22.3 基本设施费用计费规则

对比内容：基本设施费用计费规则对比（因业主要求发生的费用）		
中国		
（部分措施费项目）		
2.0.9 总承包服务费 总承包人为配合协调发包人进行的专业工程分包，发包人自行采购的设备、材料等进行保管以及施工现场管理、竣工资料汇总整理等服务所需的费用。 2.0.10 安全文明施工费 承包人按照国家法律、法规等规定，在合同履行中为保证安全施工、文明施工，保护现场内外环境等所采用的措施发生的费用。 2.0.11 施工索赔 在工程合同履行过程中，合同当事人一方因非己方的原因而遭受损失，按合同约定或法规规定应由对方承担责任，从而向对方提出补偿的要求。 2.0.12 现场签证 发包人现场代表与承包人现场代表就施工过程中涉及的责任事件所作的签认证明。		
011701009	地上、地下设施、建筑物的临时保护设施	在工程施工过程中，对已建成的地上、地下设施和建筑物进行的遮盖，封闭、隔离等必要保护措施所发生的费用
011701010	已完工程及设备保护	对已完工程及设备采取的覆盖、包裹、封闭、隔离等必要保护措施所发生的费用

续表

英国
A35～A37 因业主要求发生的费用

提供资料					计算规则	定义规则	范围规则	辅助资料
A35 业主要求：施工方法限制/程序/测定时间/场地使用								
1 业主要求或限制条件，详细说明	1 设计限制 2 施工方法和程序 3 通路 4 场地使用 5 所遇材料使用或处理 6 工程开始 7 工程时间 8 其他	1 固定费用 2 与时间相关费用	项					
A36 业主要求：装置/临时工程/设施								
1 业主要求或限制条件，详细说明	1 办公场所 2 卫生间、住所 3 临时栅栏、围板、围屏和顶盖 4 铭牌 5 技术和探测设备 6 温度和湿度 7 电话/传真 安装和租赁/维护 8 其他	1 固定费用 2 与时间相关费用	项				C2 包括供暖，照明、清洁和维护	
	9 电话/传真 呼叫费用		暂列金额					
A37 业主要求：已完成建筑运营和维护								
1 业主要求或限制条件	详细说明	1 固定费用 2 与时间相关费用	项					

以上图示表格非全部内容，仅做示例

中国	英国
中国清单计价规范中总承包服务费、安全文明施工费包含分包管理费用、现场设备、材料管理费，安全文明施工费等，措施费中有临时设施保护费、已完工程及设备保护费用	包括范围：投标/分包/供应发生的费用，文件管理、项目管理费用，质量标准、控制的费用，现场安保费用、特殊限制费用、施工方法限制发生的费用、施工程序的限制、时间要求的限制费用、设备、临时设施、配件的费用，已完工程的操作、维护的费用

中英差异化对比分析结论及心得：

差异化对比分析：

英国 SMM7 计价规范中因业主要求发生的费用，列项明确且名目较多，相较中国清单计价规范，很难找到对应的列项子项。

差异化对比心得：

SMM7 基本建设费用列项非常广，相较于中国清单计价规范，其特色是从每个项目中业主的一些特殊需求出发，可以依据实际情况单独列项，这些列项在中国清单中一小部分可以找到对应或者类似子项，如 A34 中有关环境污染防治的费用，与中国安全文明施工费类似，但取费和计算又有很大区别，更多子项在中国计价清单中无法对应。在海外项目报价中，需要结合项目实际需要罗列清单，仔细报价，确保不漏项。

对比内容：基本设施费用计费规则对比（承包商总成本项目：管理人员费用、临建费用以及营地的运营费用）

中国

工程管理费

中国工程量清单无此单独列项

英国

A40～A42 总承包项目成本费用

提供资料					计算规则	定义规则	范围规则	辅助资料
A40 承建商总成本项目：管理和职员								
1 管理和职员		1 固定费用 2 与时间相关费用	项			D8 管理和职员包括管理、交易监管、建造、规划和生产、数量计量支持人员等		
A41 承建商总成本项目：工地生活设施								
1 工地生活设施		1 固定费用 2 与时间相关费用	项	1 业主提供，详细说明、条件		D4 场地房屋包括办公室、实验室、小屋、储藏室、食堂、卫生设备等		
A42 承建商总成本项目：服务与设施								
1 服务与设施	1 电力 2 照明 3 燃料 4 水 5 电话与管理 6 安全、健康和福利 7 材料存储 8 废物处理 9 清洗 10 干燥 11 工程全面保护 12 安保 13 公共、私人道路维护 14 小型设备和工具 15 其他	1 固定费用 2 与时间相关费用		1 业主提供，详细说明、条件		D5 项目未详尽列出，仅供报价参考	D8 协调配合被视为包括使用承包商临时道路、脚手架、起重装置、临时水电供应、外运垃圾、提供分包商办公室和设备材料存储的空间和食堂、卫生间和承包商提供的其他福利设施的使用	

以上图示表格非全部内容，仅做示例

续表

对比内容：基本设施费用计费规则对比（承包商总成本项目：管理人员费用、临建费用以及营地的运营费用）	
中国清单计价规范中无管理费单独列项，在定额中计取，以湖南省建设工程计价办法为例，建筑工程管理费为直接费的9.65%，其他管理费为设备费/其他的2%	包括范围：A40为项目部管理人员成本，A41为项目临时设施费用，A42为项目部营地运营费用，包括临时道路、脚手架、起重装置等费用

中英差异化对比分析结论及心得：

差异化对比心得：

英国SMM7计量规范中基本建设费用对于项目部管理人员成本费用、临时设施费用以及营地运营费用进行单独列项，而中国清单计价规范中无单独列项，一般采用直接费按照费率计取。

差异化对比心得：

英国SMM7计量规范相较于中国的计量及计价规范，并没有强制要求按照计取费率的计算方法，而是采用单独列项的方法，此方法更贴合项目实际，成本按照实际发生，但也非常考验承包商的报价能力，是否能够准确报价，取决于项目部对于自身管理费成本费用是否了解。另外，国外因为工期延长而索赔管理费用的案例非常多，SMM7单独计量管理费，更方便计量，如果采用中国按照费率计取，则在索赔的时候比较难以确定实际成本金额。

<table>
<tr><td colspan="9">对比内容：基本设施费用计费规则对比（承包商总成本项目：机械费用和临时工程费）</td></tr>
<tr><td colspan="9">中国</td></tr>
<tr><td colspan="9">工程管理费</td></tr>
<tr><td colspan="9">中国工程量清单无此单独列项</td></tr>
<tr><td colspan="9">英国</td></tr>
<tr><td colspan="9">A43～A44总承包项目成本费用</td></tr>
<tr><td colspan="5">提供资料</td><td>计算规则</td><td>定义规则</td><td>范围规则</td><td>辅助资料</td></tr>
<tr><td colspan="5">A43承建商总成本项目：机械装置</td><td></td><td></td><td></td><td></td></tr>
<tr><td>1机械装置</td><td>1起重机
2卷扬机
3人员运送
4运输
5土石方机械
6混凝土机械
7打桩机
8铺砌机械
9其他</td><td>1固定费用
2与时间相关费用</td><td>项</td><td>1业主提供，详细说明、情况</td><td></td><td>D6项目未详尽列出，便于报价</td><td></td><td></td></tr>
<tr><td colspan="5">A44承建商总成本项目：临时工程</td><td></td><td></td><td></td><td></td></tr>
<tr><td>1临时工程</td><td>1临时道路
2临时走道
3脚手架通道
4脚手架支撑
5围墙、风扇、栅栏
6停车坪
7交规
8其他</td><td>1固定费用
2与时间相关费用</td><td>项</td><td>1业主提供，详细说明、情况</td><td></td><td>D7项目未详尽列出，便于报价</td><td></td><td></td></tr>
<tr><td colspan="9">以上图示表格非全部内容，仅做示例</td></tr>
</table>

续表

对比内容：基本设施费用计费规则对比（承包商总成本项目：机械费用和临时工程费）	
中国清单计价规范中无机械装置、临时工程单独列项，但机械装置费用一般以定额台班计取，进出场费以措施费计取，临时道路中的子项部分在安全文明施工费中计取	包括范围：机械装置费用包含建筑工程常用机械，其中人员运送为施工电梯费用；临时工程费用多为中国的安全文明施工费用

中英差异化对比分析结论及心得：

差异化对比分析：

英国 SMM7 计量规范中机械装置费用，可以与中国的机械台班定额相对应，其中人员运送、起重机费用可与措施费中的垂直运输费相对应；临时工程费用可与中国的安全文明施工费相对应。

差异化对比心得：

英国 SMM7 计量规范中机械装置费需要在投标中结合业主发布的招标清单按实际填写，需注意清单描述中的业主提供、详细说明、情况，一般情况下，机械费应该包含在清单子项的综合报价中，如果业主发布招标清单部分机械单独列项，需要厘清该机械的用处，避免错报、重复报价等情况。在 A44 临时工程报价中，需要结合项目实际情况进行报价，一般以业主发布的招标清单所列子项为准。

<table>
<tr><td colspan="9">对比内容：基本设施费用计费规则对比（承包商总成本项目：总承包服务费）</td></tr>
<tr><td colspan="9">中国</td></tr>
<tr><td colspan="9">总承包服务费</td></tr>
<tr><td colspan="9">2.0.9　总承包服务费
总承包人为配合协调发包人进行的专业工程分包，发包人自行采购的设备、材料等进行保管以及施工现场管理、竣工资料汇总整理等服务所需的费用。</td></tr>
<tr><td colspan="9">英国</td></tr>
<tr><td colspan="9">A52～A53 总承包项目成本费用</td></tr>
<tr><td colspan="5">提供资料</td><td>计算规则</td><td>定义规则</td><td>范围规则</td><td>辅助资料</td></tr>
<tr><td colspan="5">A51 指定分包单位</td><td></td><td rowspan="2"></td><td rowspan="5"></td><td rowspan="5"></td></tr>
<tr><td rowspan="4">1 指定分包单位</td><td>1 分包商的工作</td><td>1 根据总则 10.3 说明</td><td>主要成本</td><td rowspan="3"></td><td>M2 参与分包商施工项目根据 A42 进行计量</td></tr>
<tr><td>2 主要分包商的利润</td><td></td><td>%</td><td rowspan="3"></td><td></td></tr>
<tr><td>3 主要分包商管理费</td><td></td><td>%</td><td rowspan="2">D8 此规则下的脚手架为特殊脚手架，不包括承包商脚手架，或根据要求更换的或保留的。
D9 定位包括卸下、分配、起吊和安放，根据重要项目的重量或尺寸以及地平面的相关位置或其他的数据</td></tr>
<tr><td>4 特殊项，详细说明</td><td>1 脚手架
2 道路通道
3 停车坪
4 定位
5 存储
6 电力
7 温度和湿度
8 其他</td><td>项</td><td>1 固定费用
2 与时间相关费用</td></tr>
</table>

续表

英国
A50～A53 总承包项目成本费用

提供资料					计算规则	定义规则	范围规则	辅助资料
A52 指定供应商							C5 条款包括卸下、存储、起吊产品和材料，送回包装材料给指定供应商，支付运费并取得凭证	S1 关于运输产品和材料到现场的费用细节，或者特殊包装和类似要求的费用细节
1 指定供应商	1 供应商的材料	1 说明	主要成本		M3 当项在合适的工作部分计量时有效			
	2 主要供应商利润		%					
A53 法定机关/承担人承担的工程								
1 法定机关工程	1 当地机关承担的工程		暂列			D10 法定机关承担的工程包括公众公司		

以上图示表格非全部内部，仅做示例

中国清单计价规范中总承包服务费为配合协调发包人进行的专业工程分包，发包人自行采购的设备、材料等进行保管以及施工现场管理、竣工资料汇总整理等服务所需的费用	包括范围：代表业主完成工作/产品，业主指定的分包单位，业主指定的供应商，法定机关/承担人承担的工程

中英差异化对比分析结论及心得：

差异化对比分析：

英国 SMM7 计量规范中 A50～A53 基本可以与中国计价规范中的总承包服务费相对应；计价方法也基本采用分包价格乘以费率的方式计取，与中国计价规范差别不大。

差异化对比心得：

英国 SMM7 计量规范中有关甲指分包商、甲指供应商的费用计取，与中国计价规范中的总承包管理费计取方式差不多。值得注意的是，A53 法定机关/承担人承担的工程，采用暂列金额计取，此条在中国规范中也经常有类似情况，如电力、燃气等行业，但此类费用在中国规范中较少进行单独列项，一般由承包商与业主协商处理费用承担方式。

对比内容：基本设施费用计费规则对比（承包商总成本项目：暂列金额和计日工）
中国
暂列金额和计日工
2.0.6 暂列金额 招标人在工程量清单中暂定并包括在合同价款中的一笔款项。用于施工合同签订时尚未确定或者不可预见的所需材料、设备、服务的采购，施工中可能发生的工程变更、合同约定调整因素出现时的工程价款调整以及发生的索赔、现场签证确认等的费用。 2.0.8 计日工 在施工过程中，承包人完成发包人提出的施工图纸以外的零星项目或工作，按合同中约定的综合单价计价的一种方式。

续表

英国								
A54～A55 总承包项目成本费用								
A54 临时工程								
1 临时工程	1 明确定义的工程 2 未明确定义的工程		暂列金额			D11 定义的和未定义的工程暂列金额 参照总则 10		
A55 计日工								
1 计日工	1 人工 2 材料 3 设备		暂列金额					
以上图示表格非全部内容，仅做示例								

中国清单计价规范中暂列金额描述为用于施工合同签订时尚未确定或者不可预见的所需材料、设备、服务的采购，施工中可能发生的工程变更、合同约定调整因素出现时的工程价款调整以及发生的索赔、现场签证确认等的费用。计日工为承包人完成发包人提出的施工图纸以外的零星项目或工作	SMM7 中 A54 临时工程以暂列金额计取，定位为明确或未明确的工程。A55 计日工以暂列金额计取，可用于计量人工、材料、设备的费用

中英差异化对比分析结论及心得：

差异化对比分析：

英国 SMM7 计量规范中 A54 临时工程费用与中国计价规范中暂列金额描述部分重合；计日工与中国计价规范中相同，单独列项。

差异化对比心得：

英国 SMM7 计量规范中暂列金额涵盖范围与中国计价规范中暂列金额范围基本差不多。需要注意的是，SMM7 暂列金额在投标过程中需要明确由哪些部分组成，而中国计价规范中很多项目会直接以建筑工程安装费的费率计取。另外关于计日工，在国外项目投标中应尽可能列明可能用到的人工、材料、设备价格，以防在后期项目计量过程中产生争议。

23 建筑工程计量规则差异

本节主要介绍中国与英国工程量计算规范中有关土石方工程、地下连续墙工程、桩基工程、砌筑工程、混凝土及钢筋工程、金属结构工程、木结构工程、屋面及防水工程和保温隔热工程的差异。

本节参考规范及标准为，中国《房屋建筑与装饰工程工程量计算规范》GB 50854—2013；英国《SMM7 建筑工程标准计量规则》。

23.1 土石方工程

23.1.1 土方开挖对比

对比内容：土方开挖清单列项、计算规则

中国

土方开挖工程计量规则（《房屋建筑与装饰工程工程量计算规范》GB 50854—2013）

项目编码	项目名称	项目特征	计量单位	工程量计算规则	工作内容
010101001	平整场地	1. 土壤类别 2. 弃土运距 3. 取土运距	m^2	按设计图示尺寸以建筑物首层建筑面积计算	1. 土方挖填 2. 场地找平 3. 运输
010101002	挖一般土方	1. 土壤类别 2. 挖土深度	m^3	按设计图示尺寸以体积计算	1. 排地表水 2. 土方开挖 3. 围护（挡土板）、支撑 4. 基底钎探 5. 运输
010101003	挖沟槽土方			1. 房屋建筑按设计图示尺寸以基础垫层底面积乘以挖土深度计算。 2. 构筑物按最大水平投影面积乘以挖土深度（原地面平均标高至坑底高度）以体积计算	
010101004	挖基坑土方				
010101005	冻土开挖	1. 冻土厚度		按设计图示尺寸开挖面积乘以厚度以体积计算	1. 爆破 2. 开挖 3. 清理 4. 运输
010101006	挖淤泥、流砂	1. 挖掘深度 2. 弃淤泥、流砂距离		按设计图示位置、界限以体积计算	1. 开挖 2. 运输

英国

土方开挖工程计量规则（英国 SMM7）

分类表								
场地准备	1 伐树 2 去除树墩	1 树围 600mm～1.5m 2 树围 1.50～3.00m 3 树围＞3.00m，需详细说明	m		M1 树围按高于地面 1m 高度计量 M2 树墩按顶部尺寸计量		C1 所述工程视作已包括： (1) 铲除树根 (2) 清运物料出工地 (3) 填坑	S1 填补物料说明
	3 清除场地植被	4 用于准确确定工程项目的其他说明	m^2			D1 场地植被指灌木、丛林、矮灌木、矮树丛、树+树围小于或等于600mm的树墩		
	4 铲除草皮并保管	1 详细说明保护措施	m^2					
2 土方开挖	1 保护用地表土	1 说明平均深度	m^2	1 当挖深超过现有	M3 清单提供的工程量为开挖前数量，不考虑	D2 除另有说明外，所有物料均为惰性物料		

续表

英国

土方开挖工程计量规则（英国 SMM7）

分类表								
2 土方开挖	2 挖低标高 3 地下室及类似构筑物 4 坑井(nr) 5 基槽、宽度≤0.30m 6 基槽，宽度>0.30m 7 桩承台与桩间地梁 8 形成台/坡面以供回填	1 最大深度≤0.25m 2 最大深度≤1.00m 3 最大深度≤2.00m 4 此后按每增加2.00m为单位而分段计量	m^3	场地标高0.25m时，需说明具体开挖深度	挖出土方之松散土方量或设置土方支撑之开挖量 M4 非桩间地梁的挖方按D20中第2.5条和第6条的规则计量	D3 无用的		
3 与深度无关的任何额外挖方项目	1 地下水位以下挖方		m^2		M5 如合同执行后的水位与合同执行前不同，应相应修改测量值			
	2 无害物质 3 有毒/有害物质类型	1 地下水位以下挖方						
	4 邻近现存设备	1 设备类型说明	m		M6 在特别要求留意区域执行计量	D4 保留一个特殊要求的预防措施设备		S2 特殊要求之类别
	5 围绕现存管道设施之开挖		nr					

D50 基础

提供资料					计算规则	定义规则	范围规则	辅助资料
P1 以下资料或应按A部分的基本设施费用/总则项而提供于位置图内，或应提供于与工程量清单相对应的附图内： (1) 工程位置和范围； (2) 现有需支撑结构的详细信息。 P2 挖方工程信息在D20章提供 P3 每次操作执行的长度限制和承建商每次可承担的截面数量								
分类表								
1 现有结构临时支撑	1 说明特别要求		项					S1 修补详细信息

续表

提供资料					计算规则	定义规则	范围规则	辅助资料
2 挖方	1 初始基槽 2 支撑坑井	1 最大深度≤0.25m 2 最大深度≤1.00m 3 最大深度≤2.00m 4 此后每增加 2.00m 而分项计量	m^3	1 弧形 2 单边开挖 3 双边开挖	M1 与总挖方深度有关的允许宽度之计量按照初始基槽顶端到支撑坑井底端的距离确定，如下： （1）总深度≤1.5m，宽度为 1m （2）总深度为 1.5～3m，宽度为 1.5m （3）总深度大于 3m，宽度为 2m M2 初始基槽宽度为超过墙面的保留基础突出长度加上超过保留基础面支撑的突出长度加上宽度误差的和 M3 支撑坑井宽度为保留基础宽度加上超出基础面支撑的突出长度加上宽度误差的和	D1 初始基槽延伸到既有基础以下 D2 支撑坑井延伸从既有基座以下到挖方支撑底端		
3 与深度无关的额外挖方项目					M4 额外项目根据 D20：3.5.……计算			
4 土方支撑	1 初始基槽 2 支撑坑井		m^2		M5 土方支撑根据 D20：7.……测量 M6 支撑坑井需测量支撑坑井前			

中国《房屋建筑与装饰工程工程量计算规范》GB 50854—2013 中土方工程根据挖方深度，分为平整场地和挖土方；根据挖方长宽比及挖方面积，把挖土方分为一般土方、沟槽土方和基坑土方。
列项主要分为平整场地、挖一般土方、挖沟槽土方、挖基坑土方、挖管沟土方、冻土开挖、挖淤泥、流砂。
项目特征重点描述土壤类别、挖掘深度、弃土和取土运距，管沟土方还需要描述管外径、回填要求。
平整场地以 m^2 计量，挖土以 m 或 m^3 计量

英国 SMM7 计量规则中，考虑了挖土之前的场地准备工程，即伐树和去除树墩、清除场地植被和铲除草皮，并对树、树墩和植被做了相应划分。
挖土主要以地下室、坑井、基槽、桩间等形式划分，当挖深超过 0.25m 时，需要说明开挖深度。挖土工程量以深度为划分标准，分段计量。
针对初始基槽宽度和支撑坑井宽度标准和计量方式做了说明。
针对特殊情况的挖土，如地下水位以下、有害物质、邻近现存设备或围绕现存管道设施，不再以深度划分，需单独考虑。
伐树及去除树墩以数量计量，清除场地植被及铲除草皮以 m^2 计量，挖方深度≤0.25m 的以面积计量，特殊情况的挖方根据挖方类型以不同方式计量

中英差异化对比分析结论及心得：

差异化对比分析：

中国计量规范中对于挖土类型进行了清晰划分，并对土质分类、放坡系数做了清晰划分。英国 SMM7 计量规范中考虑了挖土前的植被清理工序，常规挖土以深度划分，工程量分段计量，并对初始基槽宽度和支撑坑井宽度标准及计量方式做了说明，并针对与深度无关的几种挖土做了相应说明。

差异化对比心得：

在采用 SMM7 工程量清单报价的海外项目中，对于挖土前的植被清理，需要单独考虑并计量。针对常规挖土，以深度划分，工程量分段计量，与中国计量方式不同。针对与挖土深度无关的几类特殊情况，需区分常规挖土方式单独计量。

23.1.2 石方开挖对比

对比内容：石方开挖清单列项、计算规则

中国

石方开挖工程计量规则（《房屋建筑与装饰工程工程量计算规范》GB 50854—2013）

项目编码	项目名称	项目特征	计量单位	工程量计算规则	工作内容
010102001	挖一般石方	1. 岩石类别 2. 开凿深度 3. 弃碴运距	m^3	按设计图示尺寸以体积计算	1. 排地表水 2. 凿石 3. 运输
010102002	挖沟槽石方			按设计图示尺寸沟槽底面积乘以挖石深度以体积计算	
010102003	挖基坑石方			按设计图示尺寸基坑底面积乘以挖石深度以体积计算	
010102004	基底摊底		m^2	按设计图示尺寸以展开面积计算	
010102005	管沟石方	1. 岩石类别 2. 管外径 3. 挖沟深度	1. m 2. m^3	1. 以米计量，按设计图示以管道中心线长度计算。 2. 以立方米计量，按设计图示截面面积乘以长度计算	1. 排地表水 2. 凿石 3. 回填 4. 运输

英国

石方开挖工程计量规则（英国 SMM7）

4 打碎现有物料		1 岩石 2 混凝土 3 钢筋混凝土 4 砖，砌块，或石料 5 涂膜碎石或沥青	m^3	1 与深度无关的任何额外挖方类型		D5 岩石是指因其尺寸或位置而决定必须以壁凿、特殊设备或爆破方式而移走的物料		
5 打碎现有硬地面、说明厚度			m^2					

中国《房屋建筑与装饰工程工程量计算规范》GB 50854—2013 中石方工程根据挖方长宽比及挖方面积，把挖石方分为一般石方、沟槽石方和基坑石方。 列项主要分为挖一般石方、挖沟槽石方、挖基坑石方、基底摊座和挖管沟石方。 项目特征重点描述岩石类别、开凿深度、弃碴运距，管沟土方还需要描述管外径。 以不同挖石方类型以立方米、平方米或延米计量	英国 SMM7 计量规则中，针对石方开挖未进行分类，需综合考虑

中英差异化对比分析结论及心得：

差异化对比分析：

中国计量规范中对于挖石方类型进行了清晰划分，并对岩石分类做了清晰划分。英国SMM7计量规范中未做详细划分，报价时需根据现场情况综合考虑。

差异化对比心得：

在采用SMM7工程量清单报价的海外项目中，需要对挖方形式和石头硬度进行综合考虑。

23.1.3 土方开挖工作面对比

对比内容：土方开挖工作面清单列项、计算规则

中国

土方开挖工作面工程计量规则（《房屋建筑与装饰工程工程量计算规范》GB 50854—2013）

基础施工所需工作面宽度计算表　　表 A.1-4

基础材料	每边各增加工作面宽度（mm）
砖基础	200
浆砌毛石、条石基础	150
混凝土基础垫层支模板	300
混凝土基础支模板	300
基础垂直面做防水层	1000（防水层面）

注：本表按《全国统一建筑工程预算工程量计算规则》GJDGZ—101—95 整理

管沟施工每侧所需工作面宽度计算表　　表 A.1-5

管沟材料	管道结构宽（mm）			
	≤500	≤1000	≤2500	>2500
混凝土及钢筋混凝土管道（mm）	400	500	600	700
其他材质管道（mm）	300	400	500	600

注：1. 本表按《全国统一建筑工程预算工程量计算规则》GJDGZ—101—95 整理。
2. 管道结构宽：有管座的按基础外缘，无管座的按管道外径

英国

土方开挖工作面工程计量规则（英国SMM7）

6 执行挖方之预留工作面	1 挖低标高，地下室及同类建筑物 2 坑井 3 基槽 4 桩承台及桩间地梁		m^2		M7 当挖方两侧模板面、抹灰面、基坑面或保护墙面距离<600mm 时，须计量工作面项目 M8 工作面按模板面、抹灰面、基坑面或保护墙面周长乘以挖方深度计算	D6 当使用经选择或处理的挖方或外运物料执行回填时，须列为特殊物料回填项目	C2 视作包括土方支承、外运土方、回填、地下水位之下执行工程及破碎等	S3 用特殊材料执行回填的细节

中国《房屋建筑与装饰工程工程量计算规范》GB 50854—2013 中关于土方开挖工作面的规定，分为基础施工所需工作面和管沟施工每侧所需工作面。 基础施工所需工作面根据基础形式及是否需要做防水，对每侧所需工作面宽度做了规定。 管沟施工每侧所需工作面根据管道材质及管道结构宽，对每侧所需工作面宽度做了规定。 管道结构宽：有管座的按基础外缘，无管座的按管道外径。 该工作面部分的挖方计入土方开挖中，不单独计量	英国SMM7计量规则中规定，当挖方两侧模板面、抹灰面、基坑面，或者保护墙面距离<600mm 时，才计量工作面项目。 工作面按照模板面、抹灰面、基坑面，或者保护墙面的周长乘以挖方深度计量。 当使用经选择或处理的挖方或外运物料执行回填时，须列为特殊物料回填项目。 该项工作包括土方支承、外运土方、回填、地下水位之下执行工程及破碎等

中英差异化对比分析结论及心得：

差异化对比分析：

中国计量规范中对于土方开挖的工作面，根据基础形式和管道结构宽做了详细划分，并把该工程量计入土方开挖中统一考虑。英国 SMM7 计量规则中对需要计量工作面的情况和计量方式做了规定，并规定该工作视作包含土方支承、外运、回填等工作工序，同时要求如果采用经选择或处理的挖方或外运物料执行回填时，需要特殊标注。

差异化对比心得：

在采用 SMM7 工程量清单报价的海外项目中，需要预留工作面时，此部分工作量需单独计算，单价视作包含支承、外运、回填等工序，且计量方式与中国计量规范不同。

23.1.4 土方回填对比

对比内容：土方回填清单列项、计算规则

中国

土方回填计量规则（《房屋建筑与装饰工程工程量计算规范》GB 50854—2013）

项目编码	项目名称	项目特征	计量单位	工程量计算规则	工作内容
010103001	回填方	1. 密实度要求 2. 填方材料品种 3. 填方粒径要求 4. 填方来源、运距	m^3	按设计图示尺寸以体积计算。 1. 场地回填：回填面积乘平均回填厚度 2. 室内回填：主墙间面积乘回填厚度，不扣除间隔墙。 3. 基础回填：挖方体积减去自然地坪以下埋设的基础体积（包括基础垫层及其他构筑物）。	1. 运输 2. 回填 3. 压实

英国

土方回填计量规则（英国 SMM7）

9 土方回填 10 回填至所需标高 11 回填至外部种植层高度，需说明位置	1 平均厚度≤0.25m 2 平均厚度>0.25m	1 使用挖出土方回填 2 使用场内存土回填 3 使用场地外取土回填，需说明填土类别	m^3	1 选择，详细说明 2 处理，详细说明 3 表层土 4 指定处理方法，详细说明	M14 回填量按回填后体积计算 M15 用于计量平均回填厚度为压实后的厚度 M16 当不处于地面标高时，才需特别说明外部种植层或其他同类项目的位置		C5 挖出土方回填视作已包括承包商自行决定的多种处理方式	S4 材料种类和材质 S5 压缩层填充方法
12 回填土表面夯实	1 与垂直面或斜面		m^2			D12 只有工程倾斜坡度＞水平面 15°时需要说明		
13 表面处理	1 使用除草剂		m^2		M17 表面处理可提供与任何按表面积计量项目的项目描述内			S6 应用类型和材料质量和使用率
	夯实	1 地面 2 填充 3 挖方的底面	m^2	1 垫层说明材料	M18 特殊垫层按照 M18 中第 10 条的规则回填而计量 M19 混凝土垫层按 E10 章规则计量		C5 夯实包括刮平及形成水平角度<15°的坡面或斜面	S7 夯实方法 S8 材料种类和质量

续表

英国								
土方回填计量规则（英国 SMM7）								
	3 修整	1 倾斜表面		1 岩石内	M20 只在当水平角度大于 15°时，才对修整斜面项目计量			
		2 切割侧面 3 路堤侧面		1 倾斜 2 垂直 3 岩石内				
	4 修整岩石成平滑表面或外露面							
	5 为地表土准备垫层土							S9 准备方法

中国	英国
中国《房屋建筑与装饰工程工程量计算规范》GB 50854—2013 中关于土方回填的规定，需要描述密实度要求、填方材料品种、粒径和填方来源以及运距。 分别对场地回填、室内回填和基础回填的工程量计量方式做了说明	英国 SMM7 计量规则中关于土方回填的规定，需说明填土来源及类别、处理方式。 按照平均厚度分为≤0.25m 和>0.25m。 对不同地表处理方式进行列项，并对计量规则和相关注意事项进行说明

中英差异化对比分析结论及心得：

差异化对比分析：

中国计量规范中对于土方回填，规定了需要描述的特征和不同情况下的计量方式。英国 SMM7 计量规则中对于土方回填按照回填平均厚度进行了划分，回填厚度为压实后的厚度，未对不同情况下计量方式进行说明，并对不同地表处理方式进行列项。

差异化对比心得：

在采用 SMM7 工程量清单报价的海外项目中，要根据回填厚度进行划分，并对地表处理方式进行单独列项报价。

23.2 地下连续墙对比

对比内容：地下连续墙清单列项、计算规则					
中国					
地下连续墙工程计量规则（《房屋建筑与装饰工程工程量计算规范》GB 50854—2013）					
项目编码	项目名称	项目特征	计量单位	工程量计算规则	工作内容
010202001	地下连续墙	1. 地层情况 2. 导墙类型、截面 3. 墙体厚度 4. 成槽深度 5. 混凝土类别、强度等级 6. 接头形式	m^3	按设计图示墙中心线长乘以厚度乘以槽深以体积计算	1. 导墙挖填、制作、安装、拆除 2. 挖土成槽、固壁、清底置换 3. 混凝土制作、运输、灌注、养护 4. 接头处理 5. 土方、废泥浆外运 6. 打桩场地硬化及泥浆池、泥浆沟

续表

英国
地下连续墙工程计量规则（英国 SMM7）
D40 地下连续墙

提供资料					计算规则	定义规则	范围规则	辅助资料
P1 以下资料或应按 A 部分的基本设施费用/总则项提供于位置图内，或应提供于与工程量清单相对应的深化图纸内： （1）地下连续墙布置及其与周边建筑关系； （2）地下连续墙深度，长度和厚度。 P2 土壤说明： （1）地面特性按 D20 章所要求资料提供； （2）当工程靠近运河、河流等或潮水时，应说明与运河、河流正常水位相对的地面标高；或说明至高低变化潮水平均水位的相对标高，有需要时说明洪水水位。 P3 初始标高； （1）应说明工程开工及量度所依据的初始标高； （2）不规则地面应予以说明					M1 连续墙计量按 D30 执行			
分类表　隔水墙								
1 土方开挖及外运	1 说明墙厚	1 说明最大深度	m^3		M2 按墙体标称长度及深度计算土方开挖和余土外运工程量，深度自开始表面计算			S1 支撑液体详细内容 S2 余土外运方法限制条件
2 挖方额外增加项目	1 无害物质 2 有毒，有害物质		m^3		M3 混凝土按净量计算。但不扣除下述项目所占空间： （a）钢筋 （b）截面≤$0.05m^2$ 钢构件	D1 除另有说明，所有材料均视为惰性材料		
	3 打碎现存材料	1 岩石 2 混凝土 3 钢筋混凝土 4 砖、砌块或石料 5 涂抹碎石或沥青						S3 材料和混合详细内容 S4 测试

中国《房屋建筑与装饰工程工程量计算规范》GB 50854—2013 中地下连续墙列项在地基处理与边坡支护工程中，包含土方开挖及外运、混凝土灌注及养护、打桩场地硬化及泥浆池、泥浆沟等一套完整的工序。 项目特征重点描述地层情况、导墙类型、截面、墙体厚度、成槽深度、混凝土类别、强度等级、接头形式。 计量单位为 m^3	英国 SMM7 计量规则中，地下连续墙单列一个章节，需要区分土方开挖及外运、空槽回填、混凝土和钢筋等。对墙厚、最大深度、回填材料进行说明。 工程量计量主要项目按照 m^3 计算。 土方开挖和余土外运工程量按照标称长度及深度计算；混凝土按照净量计算，不扣除钢筋、截面小于或等于 $0.05m^2$ 钢构件、预埋件和小于或等于 $0.05m^2$ 的空洞

中英差异化对比分析结论及心得：

差异化对比分析：

中国计量规范中对于地下连续墙仅按照一个单项进行列支，包含连续墙从土方开挖到混凝土浇筑完成的一整套工序，工程量按照体积（m^3）计取。英国 SMM7 计量规则中对地下连续墙按照一个章节进行详述。需要区分土方开挖及外运、空槽回填、混凝土和钢筋等各道工序，主要项目的工程量按照体积（m^3）计取。

差异化对比心得：

中国和海外项目对地下连续墙的区别不大，虽然海外项目将土方开挖及外运、空槽回填、混凝土和钢筋等单独列项，中国项目将所有工序按照一项列支，但两者在工程量计算上是一致的。需要注意的是，由于海外项目将地下连续墙按照每个单独的工序进行列项，如钢筋在该章节有列项，报价时要防止漏项。

23.3 桩基工程

23.3.1 预制桩对比

对比内容：预制桩清单列项、计算规则

中国

预制桩工程计量规则（《房屋建筑与装饰工程工程量计算规范》GB 50854—2013）

项目编码	项目名称	项目特征	计量单位	工程量计算规则	工作内容
010301001	预制钢筋混凝土方桩	1. 地层情况 2. 送桩深度、桩长 3. 桩截面 4. 桩倾斜度 5. 混凝土强度等级	1. m 2. 根	1. 以米计量，按设计图示尺寸以桩长（包括桩尖）计算 2. 以根计量，按设计图示数量计算	1. 工作平台搭拆 2. 桩机竖拆、移位 3. 沉桩 4. 接桩 5. 送桩
010301002	预制钢筋混凝土管桩	1. 地层情况 2. 送桩深度、桩长 3. 桩外径、壁厚 4. 桩倾斜度 5. 混凝土强度等级 6. 填充材料种类 7. 防护材料种类			1. 工作平台搭拆 2. 桩机竖拆、移位 3. 沉桩 4. 接桩 5. 送桩 6. 填充材料、刷防护材料
010301003	钢管桩	1. 地层情况 2. 送桩深度、桩长 3. 材质 4. 管径、壁厚 5. 桩倾斜度 6. 填充材料种类 7. 防护材料种类	1. t 2. 根	1. 以吨计量，按设计图示尺寸以质量计算 2. 以根计量，按设计图示数量计算	1. 工作平台搭拆 2. 桩机竖拆、移位 3. 沉桩 4. 接桩 5. 送桩 6. 切割钢管、精割盖帽 7. 管内取土 8. 填充材料、刷防护材料
010301004	截（凿）桩头	1. 桩头截面、高度 2. 混凝土强度等级 3. 有无钢筋	1. m^3 2. 根	1. 以立方米计量，按设计桩截面乘以桩头长度以体积计算 2. 以根计量，按设计图示数量计算	1. 截桩头 2. 凿平 3. 废料外运

注：1. 地层情况按表 A. 1-1 和表 A. 2-1 的规定，并根据岩土工程勘察报告按单位工程各地层所占比例（包括范围值）进行描述。对无法准确描述的地层情况，可注明由投标人根据岩土工程勘察报告自行决定报价。
2. 项目特征中的桩截面、混凝土强度等级、桩类型等可直接用标准图代号或设计桩型进行描述。
3. 打桩项目包括成品桩购置费，如果用现场预制桩，应包括现场预制的所有费用。
4. 打试验桩和打斜桩应按相应项目编码单独列项，并应在项目特征中注明试验桩或斜桩（斜率）。
5. 桩基础的承载力检测、桩身完整性检测等费用按国家相关取费标准单独计算，不在本清单项目中

续表

英国								
预制桩工程计量规则（英国 SMM7）								
提供资料					计算规则	定义规则	范围规则	辅助资料
12 配筋桩 13 预应力桩 14 配筋板桩 15 空心截面桩 16 配筋节段桩	1 说明标称横截面尺寸	1 说明桩总数量、规定长度和初始面	m	1 初始桩 2 倾斜桩，说明斜度	M8 总打桩深度计量包括打入接桩之长度 M9 打桩深度沿桩轴线自开始面量度至桩底脚	D4 总打桩深度需有设计师确定	C8 视作已包括桩头和桩靴	S9 材料种类和质量 S10 材料试验 S11 桩头和桩靴细节
		2 总钻孔壳深夜	m					
17 桩额外增加项目		1 重新打桩	nr		M10 只有特别要求时才计算重新打桩项目			
18 预钻孔		1 说明最大深度	m		M11 只有特别要求时才计算重新打桩项目		Q9 预钻孔视作已包括在桩侧面和孔壁空隙注浆	S12 灌浆类型
19 喷射钻孔								
20 混凝土填充空心桩		1 素混凝土	m					S13 混凝土和钢筋技术规范
		2 钢筋混凝土	m					
21 分段接长桩		1 总桩数	nr				C10 视作已包括准备桩头已进行桩的延伸接长	
		2 延伸长度≤3m 3 延伸长度>3m	m					

中国	英国
中国《房屋建筑与装饰工程工程量计算规范》GB 50854—2013 中桩基工程中预制桩列项基本分为预制钢筋混凝土方桩、预制钢筋混凝土管桩、钢管桩、截（凿）桩头。 项目特征重点描述地层情况、送桩深度、桩长、桩截面、桩倾斜度、混凝土强度等级、桩材质和管径及壁厚。 预制桩计量单位为 m、t 或根	英国 SMM7 计量规则中，预制桩工程需要区分配筋桩、预应力桩、配筋板桩、空心截面桩和配筋节段桩。 对桩的截面尺寸、桩的总数量、规定长度和初始面、总钻孔壳深度进行说明。 工程量计量按照根计算，总钻孔壳深度按照 m 计算。 总打桩深度包含打入接桩长度，打桩深度为沿桩轴线自起始打桩面至桩底的长度

中英差异化对比分析结论及心得：

差异化对比分析：

中国计量规范中对于预制桩区分相对简单，主要按照桩的截面类型和桩的材质进行区分，对于预制混凝土桩按照长度（m）和数量（根）计取，对于钢板桩按照质量（t）和数量（根）计取。英国 SMM7 计量规则中对预制桩区分得比较详细，不仅按照桩的截面类型和桩的材质进行区分，还需要按照是否为预应力进行区分，报价更详细，也更为合理。

差异化对比心得：

在预制桩的对比中，中国和海外项目的区别不大，虽然中国项目的计量方式按照长度（m）或者数量（根）进行计量，海外项目按照数量（根）进行计量，由于海外项目的桩需要对桩的施工长度进行描述，因此中国和海外项目的预制桩的计量和计价都是按照实际施工工程量进行计量。中国和海外项目对于预制桩的差别主要体现在预制桩的类型区分上。

23.3.2 现浇混凝土桩对比

<table>
<tr><td colspan="6">对比内容：现浇混凝土桩清单列项、计算规则</td></tr>
<tr><td colspan="6">中国</td></tr>
<tr><td colspan="6">现浇混凝土桩工程计量规则（《房屋建筑与装饰工程工程量计算规范》GB 50854—2013）</td></tr>
<tr><th>项目编码</th><th>项目名称</th><th>项目特征</th><th>计量单位</th><th>工程量计算规则</th><th>工作内容</th></tr>
<tr><td>010302001</td><td>泥浆护壁成孔灌注桩</td><td>1. 地层情况
2. 空桩长度、桩长
3. 桩径
4. 成孔方法
5. 护筒类型、长度
6. 混凝土类别、强度等级</td><td rowspan="3">1. m
2. m^3
3. 根</td><td rowspan="3">1. 以米计量，按设计图示尺寸以桩长（包括桩尖）计算
2. 以立方米计量，按不同截面在桩上范围内以体积计算
3. 以根计量，按设计图示数量计量</td><td>1. 护筒埋设
2. 成孔、固壁
3. 混凝土制作、运输、灌注、养护
4. 土方、废泥浆外运
5. 打桩场地硬化及泥浆池、泥浆沟</td></tr>
<tr><td>010302002</td><td>沉管灌注桩</td><td>1. 地层情况
2. 空桩长度、桩长
3. 复打长度
4. 桩径
5. 沉管方法
6. 桩尖类型
7. 混凝土类别、强度等级</td><td>1. 打（沉）拔钢管
2. 桩尖制作、安装
3. 混凝土制作、运输、灌注、养护</td></tr>
<tr><td>010302003</td><td>干作业成孔灌注桩</td><td>1. 地层情况
2. 空桩长度、桩长
3. 桩径
4. 扩孔直径、高度
5. 成孔方法
6. 混凝土类别、强度等级</td><td>1. 成孔、扩孔
2. 混凝土制作、运输、灌注、振捣、养护</td></tr>
<tr><td>010302004</td><td>挖孔桩土（石）方</td><td>1. 土（石）类别
2. 挖孔深度
3. 弃土（石）运距</td><td>m^3</td><td>按设计图示尺寸截面面积乘以挖孔深度以立方米计算</td><td>1. 排地表水
2. 挖土、凿石
3. 基底钎探
4. 运输</td></tr>
<tr><td>010302005</td><td>人工挖孔灌注桩</td><td>1. 桩芯长度
2. 桩芯直径、扩底直径、扩底高度
3. 护壁厚度、高度
4. 护壁混凝土类别、强度等级
5. 桩芯混凝土类别、强度等级</td><td>1. m^3
2. 根</td><td>1. 以立方米计量，按桩芯混凝土体积计算
2. 以根计量，按设计图示数量计算</td><td>1. 护壁制作
2. 混凝土制作、运输、灌注、振捣、养护</td></tr>
<tr><td>010302006</td><td>钻孔压浆桩</td><td>1. 地层情况
2. 空钻长度、桩长
3. 钻孔直径
4. 水泥强度等级</td><td>1. m
2. 根</td><td>1. 以米计量，按设计图示尺寸以桩长计算
2. 以根计量，按设计图示数量计算</td><td>钻孔、下注浆管、投放骨料、浆液制作、运输、压浆</td></tr>
</table>

续表

英国
现浇混凝土桩工程计量规则（英国 SMM7）
D30 桩

提供资料					计算规则	定义规则	范围规则	辅助资料
P1 以下资料或应按 A 部分的基本设施费用/总则项提供于位置图内，或应提供于与工程量清单相对应的深化图纸内： （1）桩基本布置总平面图； （2）不同类型桩的位置； （3）场内现存机电设施位置； （4）与周边建筑物关系。 P2 土壤说明 （1）地面特性根据 D20 章说明的资料提供； （2）如工程邻近运河、河流等或潮水时，应说明与运河，河流正常水位相对的地面标高或高低变化潮水平均水位的相对标高，需要时说明洪水水位。 P3 起始标高 （1）说明工程开工及计量所根据的起始标高，不规则地面应说明								
分类表 现场浇筑混凝土桩								
1 钻孔灌注桩 2 钻孔壳桩	1 说明标称直径	1 总桩数，说明初始面	nr	1 初始桩 2 邻近钻孔桩 3 咬合桩 4 倾斜，说明斜度	M1 钻孔灌注桩和钻孔壳桩长度，按桩轴线自初始表面计算到钻孔灌注桩的桩靴或钻孔壳桩的套管底端	D1 先打入一个轻型桩壳、再在其中灌注混凝土、最后拔出桩壳的桩定义为钻孔壳桩 D2 此类桩填充不归类入 D30.20.1	C1 所述工程视作已包括浇筑超出完成长度的混凝土桩量 C2 预钻孔视作已包括桩孔壁和钻桩体间的孔隙灌浆	S1 材料种类、质量及强度等级说明 S2 材料试验 S3 灌浆形式 S4 振捣细节
		2 总混凝土桩长	m					
		3 总长度，说明最大深度	m					
3 预钻钢管灌注桩		1 说明最大深度	m		M2 只有在特殊要求时才会计量预钻孔			
4 回填空孔		1 说明填充材料类型	m					
5 桩额外增加项目	1 穿透障碍物		h		M3 仅当桩持力层上遇到障碍物时，才需分项计量			

中国《房屋建筑与装饰工程工程量计算规范》GB 50854—2013 中桩基工程中现浇混凝土桩列项基本分为泥浆护壁成孔灌注桩、沉管灌注桩、干作业成孔灌注桩、挖孔桩土（石）方、人工挖孔灌注桩、钻孔压浆桩。 项目特征重点描述地层情况、空桩长度、桩长、桩径、成孔或沉管方法、混凝土强度等级等。 现浇混凝土桩计量单位为 m/m^3/根	英国 SMM7 计量规则中，现浇混凝土桩工程需要区分钻孔灌注桩、钻孔壳桩、预钻钢管灌注桩、桩钢筋、余土外运等。 对桩径、桩的总数量、长度和初始面、桩孔的填充材料进行说明。 工程量计量按照 m 计算。 桩长度的计算为沿桩轴线自起始打桩面至桩底的长度

中英差异化对比分析结论及心得：

差异化对比分析：

中国计量规范中对于现浇混凝土桩的列项主要按照桩的种类进行区分，且中国的现浇混凝土桩的类型较多，工程量主要按照桩的长度、体积或者数量进行计量，海外项目的计量规范中对于现浇混凝土桩的列项主要按照桩的种类和施工工序进行区分，桩的类型较少，工程量主要按照桩的长度进行计量。中国的现浇混凝土桩的清单包含成孔和混凝土灌注，海外项目的清单成孔和混凝土灌注是分开列项的。

差异化对比心得：

在现浇混凝土桩的对比中，中国和海外项目的区别不大，虽然中国的计量方式按照长度（m）、体积（m^3）或者数量（根）进行计量，海外项目按照长度（m）进行计量，但中国和海外项目的现浇混凝土桩的计量和计价都是按照实际施工工程量进行计量。需要注意的是，中国项目现浇混凝土桩的钢筋在有关钢筋章节中列项计取，海外项目的则在本章进行列项计取。另外，在海外项目的现浇混凝土桩工程中特别是对桩施工过程中遇到的障碍物进行了列项，而中国项目一般是在现场施工过程中对遇到的障碍物事项进行签证。

23.4　砌筑工程对比

对比内容：砌筑工程清单列项、计算规则

中国

砌筑工程计量规则（《房屋建筑与装饰工程工程量计算规范》GB 50854—2013）

D.1　砖砌体。工程量清单项目设置、项目特征描述的内容、计量单位及工程量计算规则，应按表D.1的规定执行。

砖砌体（编号：010401）　　**表D.1**

项目编码	项目名称	项目特征	计量单位	工程量计算规则	工作内容
010401001	砖基础	1. 砖品种、规格、强度等级 2. 基础类型 3. 砂浆强度等级 4. 防潮层材料种类	m^3	按设计图示尺寸以体积计算。 包括附墙垛基础宽出部分体积，扣除地梁（圈梁）、构造柱所占体积，不扣除基础大放脚T形接头处的重叠部分及嵌入基础内的钢筋、铁件、管道、基础砂浆防潮层和单个面积≤0.3m^2的孔洞所占体积，靠墙暖气沟的挑檐不增加。 基础长度：外墙按外墙中心线，内墙按内墙净长线计算	1. 砂浆制作、运输 2. 砌砖 3. 防潮层铺设 4. 材料运输
010401002	砖砌挖孔桩护壁	1. 砖品种、规格、强度等级 2. 砂浆强度等级		按设计图示尺寸以立方米计算	1. 砂浆制作、运输 2. 砌砖 3. 材料运输

续表

英国								
砌筑工程计量规则（英国 SMM7）								
提供资料					计算规则	定义规则	范围规则	辅助资料
P1 以下信息在 A 准备项目/总则的位置图中提供，或工程量清单的附图内： （1）各层平面图和主要剖面图，说明墙的位置和材料 （2）外立面图，说明使用的材料					M1 除非另有说明，砖墙和砌块墙的计量均应按材料中心线计算 M2 不扣除以下部分 （1）孔洞面积小于或等于 0.10m² （2）烟口、烟道和烟道砌块的孔洞及替代工作小于或等于 0.25m² M3 关于应予扣除的圈梁、过梁、门窗、板等的计量按整砖/砌块砌筑层的高度和或半砖垫层的厚度计算 M4 弧形工程要说明半径	D1 除非以下另有确认，所说厚度均为标称厚度 D2 饰面工程是对砖或砌块进行饰面处理的所有工程 D3 除非另有说明，为垂直面工作 D4 墙工程包括空心墙	C1 砖墙和砌块墙包括 （1）弧形工程所需的额外材料 （2）所有粗切割和细切削 （3）形成粗细槽，滴水槽，榫眼，凹槽，凹凸榫，孔，挡板和斜接面 （4）勾缝以形成底层 （5）檐口处理所需人工 （6）转折、端头、夹角所需人工 （7）中心定位	S1 砖、砌块的种类、质量和尺寸 S2 连接形式 S3 水泥砂浆配合比及强度等级 S4 勾缝类型 S5 承包商不能决定的部位的切割方法
分类表								
1 墙 2 独立墩 3 独立框 4 烟囱	1 厚度说明 2 单面饰面墙，说明厚度 3 双面饰面墙，说明厚度	1 垂直墙 2 斜墙 3 单面锥形墙 4 双面锥形墙	m²	1 在其他工程上建造 2 与其他工程结合 3 用作模板，详细说明临时支撑	M5 当存在其他工程或由不同材料组成时，需分项计量在其他工程上建造和与其他工程结合的所述构件	D5 斜墙是指带有平行边的坡度墙 D6 锥形墙为厚度渐小的墙 D7 锥形墙厚度为平均厚度 D8 独立墩为独立的墙，除去开洞长度小于或等于 4 倍其厚度	C2 与其他材料结合的砖墙和砌块墙工程，包括结合用额外材料	
5 突出物	1 突出物宽度	1 垂直	m			D9 突出物是指附属墩		

中国	英国
中国《房屋建筑与装饰工程工程量计算规范》GB 50854—2013 中砌筑工程区分为砖砌体、砌块砌体、石砌体和垫层四大项，对于前三项按照不同的墙体类型、不同部位和不同构件类型进行列项。 项目特征重点描述墙体类型、砌筑材料类型和强度等级、砂浆强度等级或配合比。 计量单位主要为 m³	英国 SMM7 计量规则中，砌筑工程区分为砖/砌块墙（玻璃砌块墙）、天然毛石墙（天然石琢石墙/贴面、人造石琢石/贴面）、配件/砖石砌块墙杂项三大项，对于每部分又分别按照墙体、砌筑构筑物和墙体上的装饰构件等进行列项 主要是对墙厚、墙饰面类型和构件或构筑物类型及部位进行说明。 工程量计量主要项目按照 m²、m 和数量计算。 对墙体中不需要扣除的内容在章节中有详细叙述

中英差异化对比分析结论及心得：

差异化对比分析：

中国计量规范中对于砌筑工程主要根据砌筑材料进行列项，同时依据不同的墙体类型进行详细区分，如砖砌体分为砖基础、实心砖墙和多孔砖墙等。英国 SMM7 计量规则中对砌筑工程主要按照砌筑材料进行列项，同时根据构件类型进行详细区分，如砖/砌块墙分为墙、独立墩和烟囱等。

差异化对比心得：

中国和海外项目对砌筑工程的区别较大，中国项目主要按照不同的砌筑材料、不同的墙体类型进行区分，对于配套的构件或构筑物列项较少；海外项目主要按照不同的砌筑材料、不同的构件类型进行区分，将不同的墙体类型列为一项，其他的为配套的构件或构筑物。从本节可以看出，中国和海外项目在计量上有明显的不同，比如中国项目对于空花墙仅按照一个清单项进行列项，工程量以空花部分外形体积计算，不扣除空洞部分体积；海外项目则将空花墙分为砖/砌块墙中的墙和配件/砖石砌块墙杂项中的形成空腔两项，工程量区分不同的墙厚按照 m^2 进行计算。又比如，中国项目的墙体在区分不同砌筑材质后，将墙体按照砖基础、实心砖墙和多孔砖墙等进行列项，海外项目仅区分不同的墙厚按照“墙”进行列项。不论中国和海外项目在工程量计量上是否有差别，当计算工程量时，若熟悉工程施工工序，针对不同的工序找到对应的计量规则，则可以防止漏算。

23.5 混凝土及钢筋工程

23.5.1 混凝土工程对比

对比内容：混凝土工程清单列项、计算规则

中国

混凝土工程计量规则（《房屋建筑与装饰工程工程量计算规范》GB 50854—2013）

E.1 现浇混凝土基础。工程量清单项目设置、项目特征描述的内容、计量单位、工程量计算规则应按表 E.1 的规定执行

现浇混凝土基础（编号：010501） **表 E.1**

<table>
<tr><th>项目编码</th><th>项目名称</th><th>项目特征</th><th>计量单位</th><th>工程量计算规则</th><th>工作内容</th></tr>
<tr><td>010501001</td><td>垫层</td><td rowspan="5">1. 混凝土类别
2. 混凝土强度等级</td><td rowspan="6">m³</td><td rowspan="6">按设计图示尺寸以体积计算。不扣除构件内钢筋、预埋铁件和伸入承台基础的桩头所占体积</td><td rowspan="6">1. 模板及支撑制作、安装、拆除、堆放、运输及清理模内杂物、刷隔离剂等
2. 混凝土制作、运输、浇筑、振捣、养护</td></tr>
<tr><td>010501002</td><td>带形基础</td></tr>
<tr><td>010501003</td><td>独立基础</td></tr>
<tr><td>010501004</td><td>满堂基础</td></tr>
<tr><td>010501005</td><td>桩承台基础</td></tr>
<tr><td>010501006</td><td>设备基础</td><td>1. 混凝土类别
2. 混凝土强度等级
3. 灌浆材料、灌浆材料强度等级</td></tr>
</table>

注：1. 有肋带形基础、无肋带形基础应按 E.1 中相关项目列项，并注明肋高。
2. 箱式满堂基础中柱、梁、墙、板按 E.2、E.3、E.4、E.5 相关项目分别编码列项；箱式满堂基础底板按 E.1 的满堂基础项目列项。
3. 框架式设备基础中柱、梁、墙、板分别按 E.2、E.3、E.4、E.5 相关项目编码列项；基础部分按 E.1 相关项目编码列项。
4. 如为毛石混凝土基础，项目特征应描述毛石所占比例

续表

中国
混凝土工程计量规则（《房屋建筑与装饰工程工程量计算规范》GB 50854—2013）
E.9　预制混凝土柱。工程量清单项目设置、项目特征描述的内容、计量单位、工程量计算规则应按表E.9的规定执行。

预制混凝土柱（编号：010509）　　　　**表E.9**

项目编码	项目名称	项目特征	计量单位	工程量计算规则	工作内容
010509001	矩形柱	1. 图代号 2. 单件体积 3. 安装高度 4. 混凝土强度等级 5. 砂浆强度等级、配合比	1. m^3 2. 根	1. 以立方米计量，按设计图示尺寸以体积计算。不扣除构件内钢筋、预埋铁件所占体积 2. 以根计量，按设计图示尺寸以数量计算	1. 构件安装 2. 砂浆制作、运输 3. 接头灌缝、养护
010509002	异形柱				

注：以根计量，必须描述单件体积

英国
混凝土工程计量规则（英国SMM7）

提供资料					计算规则	定义规则	范围规则	辅助资料
P1 以下资料或应按A部分的基本设施费用/总则项提供于位置图内，或应提供于与工程量清单相对应的附图内： （1）混凝土构件相对位置 （2）构件尺寸 （3）混凝土板厚度 （4）与浇筑时间相关的允许荷载					M1 混凝土按净体积计算，但以下体积不扣除： （1）钢筋 （2）钢构件截面面积≤0.5mm^2 （3）预埋件 （4）孔洞体积≤0.05m^3（槽板和肋形板中的孔洞除外）		C1 混凝土包括模板拆下后的整修或非机械捣实饰面，除非对完成工程的面层做法另有特别要求	S1 材料种类、质量及混凝土强度等级详细说明 S2 材料及完成工程测试 S3 所实施的防水措施 S4 浇筑方法、工序、速度或浇筑量限制条件 S5 捣实和养护方法
分类表								
1 基础 2 地梁 3 独立基础			m^3	1 钢筋 2 钢筋＞5% 3 斜度≤15° 4 斜度＞15° 5 在地面或未固结垫层上浇筑	M2 项目描述内须说明厚度范围，凸出和凹槽则不用说明 M3 槽板和肋形板厚度按总厚度计算	D1 基础包括与其相连的柱基和桩承台 D2 独立基础包括独立柱基部，独立桩承台和设备基座 D3 垫层包括： （1）素混凝土垫层 （2）基础底座 （3）垫层加厚部分 D4 板包括 （1）深度达到≤3倍宽度的与其相连的肋梁和箱形肋梁（深度由板下皮开始计算）		S6 垫层分段浇筑要求
4 垫层 5 板 6 槽板和肋形板 7 墙 8 空心填充墙	1 厚度≤150mm 2 厚度150～450mm 3 厚度＞450mm							
9 梁 10 箱形梁	1 独立梁 2 独立梁深度 3 与板相连			1 钢筋 2 钢筋大于5%				

续表

中国《房屋建筑与装饰工程工程量计算规范》GB 50854—2013 中混凝土工程主要区分为现浇混凝土构件（基础、柱、梁、墙、板、楼梯、其他构件和后浇带）、预制混凝土构件（柱、梁、屋架、板、楼梯和其他构件）。 现浇混凝土项目特征重点描述混凝土类别和混凝土强度等级；预制混凝土项目特征重点描述单件体积、安装高度和混凝土等级。 现浇混凝土计量单位除楼梯按照 m^2 和 m^3 计量外，其他均为 m^3；预制混凝土构件的主要计量单位为 m^3 和按照数量计取，不扣除构件内钢筋和预埋铁件等所占体积	英国 SMM7 计量规则中，混凝土工程主要区分为三大类，一是基础类；二是面式类构件，如板；三是杆件类构件，如梁和柱。 对面式类构件需要区分厚度。 工程量计量主要项目按照 m^3 计算，不扣除钢筋、预埋件、截面积小于或等于 0.5mm^2 的钢构件和体积小于或等于 0.05m^3 的孔洞

中英差异化对比分析结论及心得：

差异化对比分析：

中国计量规范中对于混凝土工程主要从现浇和预制两大类别进行区分，对于这两大类别进行了详细划分，如现浇混凝土区分为基础、柱、梁、墙和板等，对于区分后的各个构件类型又按照构件的外形和施工部位等进行清单列项，如基础区分为带形基础、独立基础等；工程量主要按照 m^3 计取，预制类构件还可以按照数量计取，其他部分构件可以按照 m^2 计取。英国 SMM7 计量规则中对混凝土工程主要区分为三大类，一是基础类，二是面式类构件，三是杆件类构件；主要项目的工程量按照体积（m^3）计取。

差异化对比心得：

中国和海外项目对混凝土工程的列项有较大区别，中国项目的清单列项更为详细，海外项目的列项则较为简单。其中中国项目对于混凝土区分为现浇和预制更为合理。中国规范的详细清单更能应对后续施工过程中发生的各种变更情况，更加有利于结算办理。

23.5.2 混凝土非预应力钢筋对比

对比内容：混凝土非预应力钢筋清单列项、计算规则

中国

钢筋工程计量规则（《房屋建筑与装饰工程工程量计算规范》GB 50854—2013）

项目编码	项目名称	项目特征	计量单位	工程量计算规则	工作内容
010515001	现浇构件钢筋	钢筋种类、规格	t	按设计图示钢筋（网）长度（面积）乘单位理论质量计算	1. 钢筋制作、运输 2. 钢筋安装 3. 焊接（绑扎）
010515002	预制构件钢筋				
010515003	钢筋网片				1. 钢筋网制作、运输 2. 钢筋网安装 3. 焊接（绑扎）
010515004	钢筋笼				1. 钢筋笼制作、运输 2. 钢筋笼安装 3. 焊接（绑扎）
010515005	先张法预应力钢筋	1. 钢筋种类、规格 2. 锚具种类		按设计图示钢筋长度乘单位理论质量计算	1. 钢筋制作、运输 2. 钢筋张拉

续表

英国								
钢筋工程计量规则（英国 SMM7）								
1. 钢筋	1. 说明钢筋标称尺寸	1. 直筋 2. 弯曲筋 3. 弧形筋	t	1. 水平筋，长度 12.00～15.00m 2. 此后按每增加 3.00m 分级量度。 3. 垂直筋，长度 6.00～9.00m 4. 此后按每增加 3.00m 分级量度	M1 钢筋重量不包括表面处理和轧制产生的重量差别 M2 第四栏所指长度为弯曲前的长度	D1 水平筋包括倾角≤30°的钢筋 D2 垂直筋包括倾角＞30°	C1 钢筋视作已包括应由承建商决定的弯钩，钢筋绑扎丝、定位筋和马凳铁	
		4. 箍筋						
2. 定位钢筋和马凳筋	1. 说明尺寸		t		M3 只在承建商不能自行决定定位筋、马凳铁及特殊搭接件的要求时，此项目才分项计量			
3. 特殊搭接件	2. 说明标称尺寸和造型		nr					
4. 钢筋网片	1. 说明钢筋网片规格和每平方米重量		m^2	1. 弧形 2. 条形网片，说明宽带	M4 钢筋网计算工程量内不包括网片的搭接面积 M5 面积小于或等于 $1.00m^2$ 的孔洞不予扣除		C2 钢筋网片视作已包括应由承建商自作决定的搭接、钢筋捆扎丝，所有切割、弯曲、定位钢筋和马凳铁 C3 弧形钢筋网片视作已包括钢构件	S4 最小搭接长度

中国	英国
中国《房屋建筑与装饰工程工程量计算规范》GB 50854—2013 中钢筋工程中非预应力钢筋列项基本分为现浇构件钢筋、预制构件钢筋、钢筋网片、钢筋笼。 项目特征重点描述钢筋种类、规格。 钢筋网片计量单位为 t	英国 SMM7 计量规则中，现浇钢筋需要区分直径、弯曲筋、弧形筋及箍筋。 水平钢筋、垂直钢筋有长度要求，超过米数需要分级计量。 定位钢筋、马凳筋不宜与钢筋列在同一项目内。 钢筋网片单位按照 m^2 计量，不计算搭接面积，面积小于 $1.00m^2$ 的孔洞不予扣除

中英差异化对比分析结论及心得：

差异化对比分析：

中国计量规范中对于钢筋区分相对简单，主要区分钢筋种类、规格，以重量计取。英国 SMM7 计量规则中对钢筋区分相对复杂，除需要说明钢筋规格尺寸外，还需要从施工难易角度进行区分列项，报价相对更复杂，但更为合理。

差异化对比心得：

在采用 SMM7 工程量清单报价的海外项目中，对于钢筋工程，需要依据其列项分开计算钢筋工程量，并且熟悉其计量规则。如直筋、弯曲筋、弧形筋应该分级报价，依据施工难度逐级增加人工费、机械费等。钢筋网片按 m^2 计量，需要明确规格和平方米重量，注意小于 $1m^2$ 的孔洞可不扣除。

23.5.3 混凝土预应力钢筋对比

对比内容：预应力钢筋清单列项、计算规则

中国

钢筋工程计量规则（《房屋建筑与装饰工程工程量计算规范》GB 50854—2013）

项目编码	项目名称	项目特征	计量单位	工程量计算规则	工作内容
010515006	后张法预应力钢筋	1. 钢筋种类、规格 2. 钢丝种类、规格 3. 钢绞线种类、规格 4. 锚具种类 5. 砂浆强度等级	t	按设计图示钢筋（丝束、绞线）长度乘单位理论质量计算 1. 低合金钢筋两端均采用螺杆锚具时，钢筋长度按孔道长度减 0.35m 计算，螺杆另行计算 2. 低合金钢筋一端采用镦头插片，另一端采用螺杆锚具时，钢筋长度按孔道长度计算，螺杆另行计算 3. 低合金钢筋一端采用镦头插片，另一端采用帮条锚具时，钢筋增加 0.15m 计算；两端均采用帮条锚具时，钢筋长度按孔道长度增加 0.3m 计算 4. 低合金钢筋采用后张混凝土自锚时，钢筋长度按孔道长度增加 0.35m 计算 5. 低合金钢筋（钢绞线）采用 JM、XM、QM 型锚具	1. 钢筋、钢丝、钢绞线制作、运输 2. 钢筋、钢丝、钢绞线安装 3. 预埋管孔道铺设 4. 锚具安装 5. 砂浆制作、运输
010515007	预应力钢丝				

英国

钢筋工程计量规则（英国 SMM7）

E31 现浇混凝土后张法钢筋

提供资料					计算规则	定义规则	范围规则	辅助资料
P1 以下资料或应按 A 部分基本设施费用/总则项提供于位置图内，或应提供于与工程量清单相对应的附图内： （1）混凝土构件相对位置 （2）构件尺寸 （3）板厚度 （4）与浇筑时间相关的允许荷载								
分类表								
1 张拉构件(nr)	1 尺寸说明		nr	1 组合结构	M1 后张钢筋按同类构件中的预应力钢筋束数量计算			S1 钢筋束丝数量、长度、材料和大小 S2 管道、通风口、灌浆 S3 锚地和底端处理 S4 预应力工序、转移应力、初始应力 S5 支撑限制

中国	英国
中国《房屋建筑与装饰工程工程量计算规范》GB 50854—2013 中钢筋工程中预应力钢筋列项基本分为预应力钢筋、预应力钢丝、预应力钢绞线、支持钢筋等。 项目特征重点描述钢筋种类、规格、锚具种类、砂浆强度等级。 预应力钢筋计量单位为 t。 不同锚具直接扣减规则不同	英国 SMM7 计量规则中，预应力钢筋以束计量。 重点需要描述钢筋束丝数量、长度、材料和大小。 锚具与预应力钢筋一同计量

中英差异化对比分析结论及心得：

差异化对比分析：

中国计量规范中对于预应力钢筋区分相对复杂，主要区分钢筋种类、规格，以重量计取，不同锚具扣减量计算复杂。英国SMM7计量规则中对钢筋区分相对简单，以一个张拉构件为计量单位，工程量以束计量，列项相对简单，但需要准确描述材料数量、长度、束丝量等。

差异化对比心得：

英国SMM7预应力钢筋计量，以一个张拉构件为计量单位，报价及计量相对简单，但是在描述不准确的情况下，容易引起争议。另外，如果出现设计变更需要重新报价，对业主风险较大。

23.6 金属结构工程对比

对比内容：金属结构工程清单列项、计算规则

中国

金属结构工程计量规则（《房屋建筑与装饰工程工程量计算规范》GB 50854—2013）

F.1 钢网架。工程量清单项目设置、项目特征描述、计量单位及工程量计算规则应按表F.1的规定执行。

钢网架（编码：010601） **表F.1**

项目编码	项目名称	项目特征	计量单位	工程量计算规则	工作内容
010601001	钢网架	1. 钢材品种、规格 2. 网架节点形式、连接方式 3. 网架跨度、安装高度 4. 探伤要求 5. 防火要求	t	按设计图示尺寸以质量计算。 不扣除孔眼的质量，焊条、铆钉、螺栓等不另增加质量	1. 拼装 2. 安装 3. 探伤 4. 补刷油漆

F.2 钢屋架、钢托架、钢桁架、钢桥架。工程量清单项目设置、项目特征描述、计量单位及工程量计算规则应按表F.2的规定执行。

钢屋架、钢托架、钢桁架、钢桥架（编码：010602） **表F.2**

项目编码	项目名称	项目特征	计量单位	工程量计算规则	工作内容
010602001	钢屋架	1. 钢材品种、规格 2. 单榀质量 3. 屋架跨度、安装高度 4. 螺栓种类 5. 探伤要求 6. 防火要求	1. 榀 2. t	1. 以榀计量，按设计图示数量计算 2. 以吨计算。按设计图示尺寸以质量计算。不扣除孔眼的质量，焊条、铆钉、螺栓等不另增加质量	

英国

金属结构工程计量规则（英国SMM7）

提供资料	计算规则	定义规则	范围规则	辅助资料
P1 以下资料或应按A部分基本设施费用/总则条款提供于位置图内，或应提供于与工程量清单相对应的附图内： （1）与所建工程其他部分和拟建建筑相关工程位置关系				S1 材料类别和等级 S2 焊接试验和X射线检验的详细资料

续表

英国								
金属结构工程计量规则（英国SMM7）								
提供资料					计算规则	定义规则	范围规则	辅助资料
（2）结构构件的类型、尺寸及其相互位置 （3）连接板详细资料或连接处的应力，力矩和轴向荷载等详细信息								S3 性能试验详细资料
分类表								
1 框架制作	1 柱 2 梁 3 斜撑 4 檩条和骨架外覆盖层轨条 5 排架	1 重量小于等于40kg/m 2 重量40～100kg/m 3 重量大于100kg/m	t	1 碟型 2 锥形 3 曲面 4 上弯 5 中空，明形状	M1 框架重量包括所有构件及安装件，除非所述安装件属于不同类型和材质等级 M2 只有出现不同类型和材质等级时，才会分项量度安装件 M3 框架重量按通常计算，不扣除切口和斜端面或面积小于0.10m^{2}的切掉物或开孔的重量 M4 不考虑焊缝、紧固螺栓、螺母、垫圈、铆钉和保护涂层的重量 M5 钢材比重按7.85kg/m^{2}每100mm厚量度。需说明其他金属重量	D1 框架制造包括所有工艺过程直至运输现场 D2 檩条和骨架外覆盖层轨条按钢筋量计算 D3 线材、缆、盘条和钢筋等包括吊杆、系杆等项目 D4 特殊螺栓和紧固件指有别于一般紧固螺栓、固定螺栓和组件的螺栓和紧固件	C1 按重量计算的制造项目包括结构框架本身和结构框架间相互连接用的工厂和施工现场所需紧固螺栓、螺母和垫圈	
	6 桥式吊车轨道	1 弹性垫片与固定卡细节说明						

中国	英国
中国《房屋建筑与装饰工程工程量计算规范》GB 50854—2013中金属结构工程列项基本分为钢网架、钢屋架、钢柱、钢梁等七大项。 项目特征重点描述钢结构品种、规格、构件类型、安装高度和防火要求等。 金属结构工程主要项目的计量单位为t，部分子目可按照数量榀或m^2	英国SMM7计量规则中，金属结构工程需要区分框架制作、安装、基层准备和表面处理等。 需要区分单个构件的每米的重量。 金属结构工程主要项目的计量单位为t，部分子目按照m^2

中英差异化对比分析结论及心得：

差异化对比分析：

中国计量规范中对于金属结构工程，主要按照一整套工序流程列项，如钢网架清单项包括钢网架成品的拼装、安装、探伤和补刷油漆。英国SMM7计量规则中对于金属钢结构工程则按照一个单独的工序进行列项，如把一个框架从制作到安装再到表面涂刷油漆分别列为框架制作、框架安装、基层准备和表面处理等若干项。

差异化对比心得：

中国和海外项目在列项上存在较大的差异，但是两种列项方式包括施工工序的各个流程，在编制计价文件时要防止因列项的不同而导致漏项。同时中国和海外项目还存在一些细微区别，如中国的金属结构工程的清单主要是按照一个成品构件运送至现场考虑，海外项目的列项中则包含构件的制作工序；中国和海外项目列项对于金属结构工程量的扣减也存在一些细微区别，中国项目不扣除孔眼的质量，焊条、铆钉、螺栓等不另增加质量，海外项目不扣除切口和斜端面或面积小于 0.10m² 的切掉物或开孔的重量，不考虑焊缝、紧固螺栓、螺母、垫圈、铆钉和保护涂层的重量。

23.7 木结构工程对比

对比内容：木结构工程清单列项、计算规则

中国

木结构工程计量规则（《房屋建筑与装饰工程工程量计算规范》GB 50854—2013）

G.1 木屋架。工程量清单项目设置、项目特征描述、计量单位及工程量计算规则应按表 G.1 的规定执行。

木屋架（编码：010701） **表 G.1**

项目编码	项目名称	项目特征	计量单位	工程量计算规则	工作内容
010701001	木屋架	1. 跨度 2. 材料品种、规格 3. 刨光要求 4. 拉杆及夹板种类 5. 防护材料种类	1. 榀 2. m^3	1. 以榀计量，按设计图示数量计算 2. 以立方米计量，按设计图示的规格尺寸以体积计算	1. 制作 2. 运输 3. 安装 4. 刷防护材料
010701002	钢木屋架	1. 跨度 2. 木料品种、规格 3. 刨光要求 4. 钢材品种、规格 5. 防护材料种类	榀	以榀计量，按设计图示数量计算	

注：1. 屋架的跨度应以上、下弦中心线两交点之间的距离计算。
2. 带气楼的屋架和马尾、折角以及正交部分的半屋架，按相关屋架项目编码列项。
3. 以榀计量，按标准图设计，项目特征必须标注标准图代号。

G.2 木构件。工程量清单项目设置、项目特征描述、计量单位及工程量计算规则应按表 G.2 的规定执行。

木构件（编码：010702） **表 G.2**

项目编码	项目名称	项目特征	计量单位	工程量计算规则	工作内容
010702001	木柱	1. 构件规格尺寸 2. 木材种类 3. 刨光要求 4. 防护材料种类	m^3	按设计图示尺寸以体积计算	1. 制作 2. 运输 3. 安装 4. 刷防护材料
010702002	木梁		1. m^3 2. m	1. 以立方米计量，按设计图示尺寸以体积计算 2. 以米计量，按设计图示尺寸以长度计算	
010702003	木檩				
010702004	木楼梯	1. 楼梯形式 2. 木材种类 3. 刨光要求 4. 防护材料种类	m^2	按设计图示尺寸以水平投影面积计算。不扣除宽度≤300mm 的楼梯井，伸入墙内部分不计算	
010702005	其他木构件	1. 构件名称 2. 构件规格尺寸 3. 木材种类 4. 刨光要求 5. 防护材料种类	1. m^3 2. m	1. 以立方米计算，按设计图示尺寸以体积计算 2. 以米计量，按设计图示尺寸以长度计算	

注：1. 木楼梯的栏杆（栏板）、扶手，应按本规范附录 O 中的相关项目编码列项。
2. 以米计量，项目特征必须描述构件规格尺寸

续表

英国
木结构工程计量规则（英国 SMM7）
G20 木器/木材框架/首先安装

提供资料					计算规则	定义规则	范围规则	辅助资料
P1 以下资料或按 A 部分基本设施费用/总则条款提供于位置图内，或应提供于与工程量清单相对应的附图内： （1）工程范围和位置						D1 所有尺寸均为标称尺寸除非注明为饰面尺寸	C1 工程包括木工，除非另有要求	S1 材料类型和材质 S2 非由承建商决定的固定方法 S3 松软此安置固定
分类表								
1 桁架 2 桁架檩条 3 桁架梁 4 墙或隔断板 5 门式框架	1 尺寸说明		nr	1 补嵌人工（nr）			C2 工程包括网、角板等	S4 防腐处理按生产程序内的一部分考虑 S5 表面处理按生产程序内的一部分考虑 S6 此后选择和保护处理 S7 纹理或颜色匹配 S8 定位调整度及是否不允许存在与所要求尺寸的偏差 S9 非由承建商决定的连接方法或施工方式
6 楼面构件 7 墙或隔断构件 8 板		1 尺寸说明	m	1 单根长度大于 6.00m 时，说明长度		D2 楼面构件包括托梁和梁 D3 隔离构件包括支杆和砖壁 D4 板块只指构造单元且包括支撑物		
9 屋顶构件	1 平顶 2 坡顶		m			D5 平顶构件包括支杆和砖壁 D6 斜顶构件包括支柱，檩，椽，屋脊板，顶棚托梁，胶粘剂和斜撑		
10 桁条支撑	1 人字撑，说明深度 2 方块撑，说明深度		m		M1 支撑按桁条全长计算			
11 对接支承件 12 框架式支撑	1 宽度大于 300mm 2 宽度小于或等于 300mm	1 说明整体断面尺寸及构件间距	m^2 m	1 不同断面形状（nr） 2 弧形，说明	M2 支承和框架式支承按整体计算	D7 支撑包括地基，板材，枞木，嵌条，滚轴，上翻梁，边、石等		

中国	英国
中国《房屋建筑与装饰工程工程量计算规范》GB 50854—2013 中木结构工程列项基本分为木屋架、木构件和屋面木基层。 项目特征重点描述材料的品种、规格、抛光要求、防护材料的种类等。 主要项目的计量单位为 m^3，部分子目可按照数量榀、m 或 m^2	英国 SMM7 计量规则中，木结构工程需要区分桁架类、楼面构件类、屋顶构件和桁条支撑等。 需要说明构件的尺寸及相关信息、构件的尺寸图。 主要项目的计量单位按照数量计取，部分子目按照 m、m^2

中英差异化对比分析结论及心得：

差异化对比分析：

中国计量规范中对于木结构工程，主要是按照构件的类型进行列项，清单项的工作内容包含构件的制作、运输、安装和刷防护材料。英国 SMM7 计量规则中对于木结构工程的列项与中国计量规范相似，但列项更加详细，对于一些细部构造均有列项，如螺栓、撑杆和钢丝撑等，各项工作内容也包含构件的制作、运输、安装和刷防护材料。

差异化对比心得：

中国和海外项目在列项上差异不大，但海外项目的列项更为详细。中国和海外项目的主要区别是计量单位的不同，中国项目主要按照 m^3 进行计量，海外项目主要按照数量和 m 计量，因此海外项目在列项时需要详细描述构件的尺寸及相关信息。

23.8 屋面及防水工程对比

<table>
<tr><td colspan="6">对比内容：屋面及防水工程清单列项、计算规则</td></tr>
<tr><td colspan="6">中国</td></tr>
<tr><td colspan="6">屋面及防水工程计量规则（《房屋建筑与装饰工程工程量计算规范》GB 50854—2013）</td></tr>
<tr><th>项目编码</th><th>项目名称</th><th>项目特征</th><th>计量单位</th><th>工程量计算规则</th><th>工作内容</th></tr>
<tr><td>010901001</td><td>瓦屋面</td><td>1. 瓦品种、规格
2. 粘结层砂浆的配合比</td><td rowspan="5">m^2</td><td rowspan="2">按设计图示尺寸以斜面积计算。
不扣除房上烟囱、风帽底座、风道、小气窗、斜沟等所占面积。小气窗的出檐部分不增加面积</td><td>1. 砂浆制作、运输、摊铺、养护
2. 安瓦、作瓦脊</td></tr>
<tr><td>010901002</td><td>型材屋面</td><td>1. 型材品种、规格
2. 金属檩条材料品种、规格
3. 接缝、嵌缝材料种类</td><td>1. 檩条制作、运输、安装
2. 屋面型材安装
3. 接缝、嵌缝</td></tr>
<tr><td>010901003</td><td>阳光板屋面</td><td>1. 阳光板品种、规格
2. 骨架材料品种、规格
3. 接缝、嵌缝材料种类
4. 油漆品种、刷漆遍数</td><td rowspan="2">按设计图示尺寸以斜面积计算。
不扣除屋面面积≤0.3m^2孔洞所占面积</td><td>1. 骨架制作、运输、安装、刷防护材料、油漆
2. 阳光板安装
3. 接缝、嵌缝</td></tr>
<tr><td>010901004</td><td>玻璃钢屋面</td><td>1. 玻璃钢品种、规格
2. 骨架材料品种、规格
3. 玻璃钢固定方式
4. 接缝、嵌缝材料种类
5. 油漆品种、刷漆遍数</td><td>1. 骨架制作、运输、安装、刷防护材料、油漆
2. 玻璃钢制作、安装
3. 接缝、嵌缝</td></tr>
<tr><td>010901005</td><td>膜结构屋面</td><td>1. 膜布品种、规格
2. 支柱（网架）钢材品种、规格
3. 钢丝绳品种、规格
4. 锚固基座做法
5. 油漆品种、刷漆遍数</td><td>按设计图示尺寸以需要覆盖的水平投影面积计算</td><td>1. 膜布热压胶接
2. 支柱（网架）制作、安装
3. 膜布安装
4. 穿钢丝绳、锚头锚固
5. 锚固基座挖土、回填
6. 刷防护材料，油漆</td></tr>
</table>

续表

中国					
屋面及防水工程计量规则（《房屋建筑与装饰工程工程量计算规范》GB 50854—2013）					
项目编码	项目名称	项目特征	计量单位	工程量计算规则	工作内容
010902001	屋面卷材防水	1. 卷材品种、规格、厚度 2. 防水层数 3. 防水层做法	m^2	按设计图示尺寸以面积计算。 1. 斜屋顶（不包括平屋顶找坡）按斜面积计算，平屋顶按水平投影面积计算 2. 不扣除房上烟囱、风帽底座、风道、屋面小气窗和斜沟所占面积 3. 屋面的女儿墙、伸缩缝和天窗等处的弯起部分，并入屋面工程量内	1. 基层处理 2. 刷底油 3. 铺油毡卷材、接缝
010902002	屋面涂膜防水	1. 防水膜品种 2. 涂膜厚度、遍数 3. 增强材料种类			1. 基层处理 2. 刷基层处理剂 3. 铺布、喷涂防水层
010902003	屋面刚性层	1. 刚性层厚度 2. 混凝土强度等级 3. 嵌缝材料种类 4. 钢筋规格、型号		按设计图示尺寸以面积计算。不扣除房上烟囱、风帽底座、风道等所占面积。	1. 基层处理 2. 混凝土制作、运输、铺筑、养护 3. 钢筋制安
010902004	屋面排水管	1. 排水管品种、规格 2. 雨水斗、山墙出水口品种、规格 3. 接缝、嵌缝材料种类 4. 油漆品种、刷漆遍数	m	按设计图示尺寸以长度计算。如设计未标注尺寸，以檐口至设计室外散水上表面垂直距离计算	1. 排水管及配件安装、固定 2. 雨水斗、山墙出水口、雨水箅子安装 3. 接缝、嵌缝 4. 刷漆
010902005	屋面排（透）气管	1. 排（透）气管品种、规格 2. 接缝、嵌缝材料种类 3. 油漆品种、刷漆遍数		按设计图示尺寸以长度计算	1. 排（透）气管及配件安装、固定 2. 铁件制作、安装 3. 接链、嵌缝 4. 刷漆
010902006	屋面（廊、阳）吐水管	1. 吐水管品种、规格 2. 接缝、嵌缝材料种类 3. 吐水管长度 4. 油漆品种、刷漆遍数	根（个）	按设计图示数量计算	1. 吐水管及配件安装、固定 2. 接缝、嵌缝 3. 刷漆
010902007	屋面天沟、檐沟	1. 材料品种、规格 2. 接缝、嵌缝材料种类	m^2	按设计图示尺寸以展开面积计算	1. 天沟材料铺设 2. 天沟配件安装 3. 接缝、嵌缝 4. 刷防护材料
英国					
屋面及防水工程计量规则（英国 SMM7）					
J 防水工程 J20 沥青砂胶地下室防水/防潮 J21 沥青砂胶屋面/绝热层/饰面 J22 沥青饰面专制屋面板 J30 液态涂抹地下室防水/防潮层 J31 液态涂抹防水涂层 M11 沥青砂胶楼面/楼面底层					

续表

英国								
屋面及防水工程计量规则（英国 SMM7）								
提供资料					计算规则	定义规则	范围规则	辅助资料
P1 以下资料或应按 A 部分基本设施费用/总则条款提供于位置图内，或应提供于与工程量清单相对应的附图内： (1) 各层平面图，说明工作范围、楼地面以上高度、设备和材料布置的限制条件 (2) 剖面图，说明防水工作范围					M1 楼梯间区域，设备周边区域和沥青砂胶地面，每个设备间单独列出 M2 曲面工程说明	D1 沥青砂胶楼面认为室内工程，除非说明为室外工程	C1 工程内容包括： (1) 切割为直线 (2) 用于垫层和加强处切割、刻槽、弯折和搭接用材质 (3) 与凹槽、管道盖板和其他同类项目处直线施工 (4) 沿单坡和双坡区域执行工程	S1 衬底和钢筋材料种类质量和尺寸 S2 涂层厚度和数量 S3 底端特性 S4 表面处理 S5 安装盖板方法 S6 支撑结构间隔
分类表								
1 地下室防水防潮 2 地面和底基层 3 屋顶 4 铺面	1 宽度≤150mm 2 宽度 150~225mm 3 宽度 225~300mm 4 宽度>300mm	1 高跨比	m^2	1 后续工程 2 在工作面小于或等于600mm宽条件下执行施工 3 悬吊施工	M3 工程量按接触的基层面积计算，不扣除小于等于 $1m^2$ 孔洞的面积		C2 所述工程包括： (1) 于金属防水板或其他材质防水板处和在任孔盖板、管道盖板或其他同类项目上执行施工 (2) 坡线交叉点处理 C3 后续工程包括修边和加工翘边	

H60 平头屋瓦
H61 纤维接合瓦
H62 天然石板瓦
H63 再造石板/瓷砖
H64 木材叠层
H65 单搭接屋头瓦
H66 沥青毡叠层

提供资料					计算规则	定义规则	范围规则	辅助资料
P1 以下资料或应按 A 部分基本设施费用/总则条款提供于位置图内 (1) 屋顶工程范围和高度								S1 材质种类、质量和尺寸 S2 安装方法
分类表								
1 屋顶封面 2 墙封面	1 说明斜度		m^2	1 弧形说明半径	M1 空隙小于或等于 $1.00m^2$ 不扣减		C1 封面包括 (1) 衬底和板条 (2) 形成空隙小于或等于 $1.00m^2$，非洞	S3 最小搭接处 S4 板条间隔和顺水条
3 扶壁 4 屋檐 5 边缘			m	1 倾斜 2 弧形，说明半径	M2 孔隙划界工程只在空隙大于 $1.00m^2$ 时测量		C2 划界工程包括土砖层、切口、垫层、勾缝、端处、角部和交叉	S5 成形方法

续表

英国	
对比内容：屋面及防水工程清单列项、计算规则	
中国《房屋建筑与装饰工程工程量计算规范》GB 50854—2013中屋面及防水工程列项基本分为屋面工程和防水工程两大项，每项根据材料的品种和施工部位的不同进行详细列项。 屋面工程项目特征重点描述屋面材料的品种、规格和骨架材料的品种、规格及接缝、嵌缝材料种类等；防水工程项目特征重点描述防水材料的品种、规格、厚度，防水层数和做法等。 主要项目的计量单位为 m^2，部分子目可按照 m	英国 SMM7 计量规则中，屋面及防水工程区分为屋面工程和防水工程两大项，每项根据材料的品种和施工部位的不同进行详细列项。 对于屋面工程需要说明屋面的斜度；对于防水工程需要说明施工部位的宽度、屋面的高跨比等。 主要项目的计量单位为 m^2，部分子目按照 m

中英差异化对比分析结论及心得：

差异化对比分析：

中国计量规范和英国计量规范中对于屋面及防水工程，主要区分为屋面工程和防水工程两大项，每项根据材料的品种和施工部位的不同进行详细列项。英国计量规范中对于一些细部构造进行单独列项并按照长度（m）进行计量，中国计量规范的清单包含细部构造内容，同时中国计量规范和英国计量规范在工程量的扣减上有所区别。

差异化对比心得：

中国和海外项目在列项上差异不大，但中国项目的列项更为详细。中国和海外项目的主要区别是海外项目计量规范对于一些细部构造会单独列项，中国项目计量规范则将细部构造包含在清单中，同时中国和海外项目的计量规范在工程量的扣减上也有所区别。

23.9 保温隔热工程对比

对比内容：保温隔热工程清单列项、计算规则

中国

保温隔热工程计量规则（《房屋建筑与装饰工程工程量计算规范》GB 50854—2013）

附录 J 保温、隔热、防腐工程

J.1 保温、隔热。工程量清单项目设置、项目特征描述、计量单位及工程量计算规则应按表 J.3 的规定执行。

保温、隔热（编码：011001） **表 J.1**

项目编码	项目名称	项目特征	计量单位	工程量计算规则	工作内容
011001001	保温隔热屋面	1. 保温隔热材料品种、规格、厚度 2. 隔气层材料品种、厚度 3. 粘结材料种类、做法 4. 防护材料种类、做法	m^2	按设计图示尺寸以面积计算。扣除面积＞0.3平方米孔洞及占位面积	1. 基层清理 2. 刷粘结材料 3. 铺粘保温层 4. 铺、刷（喷）防护材料
011001002	保温隔热天棚	1. 保温隔热面层材料品种、规格、性能 2. 保温隔热材料品种、规格及厚度 3. 粘结材料种类及做法 4. 防护材料种类及做法		按设计图示尺寸以面积计算。扣除面积＞0.3平方米上柱、垛、孔洞所占面积	

续表

中国

保温隔热工程计量规则（《房屋建筑与装饰工程工程量计算规范》GB 50854—2013）

续表

项目编码	项目名称	项目特征	计量单位	工程量计算规则	工作内容
011001003	保温隔热墙面	1. 保温隔热部位 2. 保温隔热方式 3. 踢脚线、勒脚线保温做法 4. 龙骨材料品种、规格 5. 保温隔热面层材料品种、规格、性能 6. 保温隔热材料品种、规格及厚度 7. 增强网及抗裂防水砂浆种类 8. 粘结材料种类及做法 9. 防护材料种类及做法	m²	按设计图示尺寸以面积计算。扣除门窗洞口以及面积＞0.3平方米梁、孔洞所占面积；门窗洞口侧壁需作保温时，并入保温墙体工程量内	1. 基层清理 2. 刷界面剂 3. 安装龙骨 4. 填贴保温材料 5. 保温板安装 6. 粘贴面层 7. 铺设增强格网、抹抗裂、防水砂浆面层 8. 嵌缝 9. 铺、刷（喷）防护材料
011001004	保温柱、梁			按设计图示尺寸以面积计算 1. 柱按设计图示柱断面保温层中心线展开长度乘保温层高度以面积计算，扣除面积＞0.3平方米梁所占面积 2. 梁按设计图示梁断面保温层中心线展开长度乘保温层长度以面积计算	
011001005	保温隔热楼地面	1. 保温隔热部位 2. 保温隔热材料品种、规格、厚度 3. 隔气层材料品种、厚度 4. 粘结材料种类、做法 5. 防护材料种类、做法		按设计图示尺寸以面积计算。扣除面积＞0.3平方米柱、垛、孔洞所占面积	1. 基层清理 2. 刷粘结材料 3. 铺粘保温层 4. 铺、刷（喷）防护材料
011001006	其他保温隔热	1. 保温隔热部位 2. 保温隔热方式 3. 隔气层材料品种、厚度 4. 保温隔热面层材料品种、规格、性能 5. 保温隔热材料品种、规格及厚度 6. 粘结材料种类及做法 7. 增强网及抗裂防水砂浆种类 8. 防护材料种类及做法		按设计图示尺寸以展开面积计算。扣除面积＞0.3平方米孔洞及占位面积	1. 基层清理 2. 刷界面剂 3. 安装龙骨 4. 填贴保温材料 5. 保温板安装 6. 粘贴面层 7. 铺设增强格网、抹抗裂防水砂浆面层 8. 嵌缝 9. 铺、刷（喷）防护材料

注：1. 保温隔热装饰面层，按本规范附录K、L、M、N、O中相关项目编码列项；仅做找平层按本规范附录K中“平面砂浆找平层”或附录L“立面砂浆找平层”项目编码列项。
2. 柱帽保温隔热应并入天棚保温隔热工程量内。
3. 池槽保温隔热应按其他保温隔热项目编码列项。
4. 保温隔热方式：指内保温、外保温、夹心保温

续表

英国

保温隔热工程计量规则（英国 SMM7）

M21 饰面保温隔热

提供资料					计算规则	定义规则	范围规则	辅助资料
P1 以下资料或应按 A 部分基本设施费用/总则条款提供于位置图内，或应提供于与工程量清单相对应的附图上： （2）工程范围及其位置					M1 本章仅适用专有施工 M2 曲面工程应注明以表面为准的半径	D1 工程认为室外工程，除非另有说明为室内 D2 半径大于100mm 的内圆角和外圆角归类为曲面工程	C1 工程包括 （1）平滑接缝 （2）在障碍物上或周边工程 （3）内部和外部边角和交叉截面 （4）接缝和加强带 （5）涂石灰	S1 绝缘板专有名称、类型、材质、厚度和安装方法 S2 金属条施工 S3 安装类型、材质、构成、方法和抹灰材料 S4 邻近玻璃纤维垫类型 S5 表面饰面特性 S6 底层的性质 S7 粘合前的准备工作
1 墙 2 顶棚 3 独立柱	1 宽度大于 300mm 2 宽度小于或等于 300mm	1 总厚度和涂层层数说明	m^2 m	1 内墙砌砖	M3 与底座相连的面积测量空隙小于或等于 0.5m^2 不扣减 M4 宽度为表面宽度	D3 所说厚度为标称厚度 D4 侧边和底部开孔施工视为邻近墙的施工	C2 工程包括配件安装	
4 压条、功能说明 5 楼梯踏步突沿 6 膨胀带	1 尺寸说明		m			D5 角边压条，预埋压条等功能说明	C3 压条、楼梯踏步前缘和膨胀带已视作包括在饰面工程内	

中国《房屋建筑与装饰工程工程量计算规范》GB 50854—2013 中保温隔热工程根据施工部位不同，基本分为保温隔热屋面、保温隔热天棚、保温隔热墙面、保温柱、梁、保温隔热楼地面和其他保温隔热。 项目特征重点描述保温隔热工程的材料种类、规格、厚度、粘结和防护材料的种类和做法等。项目的计量单位为 m^2。 按设计图示以面积计算，扣除面积＞0.3m^2 以上的孔洞及占位面积。 墙面隔热保温工程，门窗洞口侧壁需做保温时，并入保温墙体工程量内。 主要项目的计量单位为 m^2	英国 SMM7 计量规则中，保温隔热工程主要区分墙、顶棚和独立柱。 需要说明保温隔热总厚度和涂层层数。 需要区分宽度＞300mm 和≤300mm。 扣除面积＞0.5m^2 的孔隙。 半径＞100mm 的内圆角和外圆角归类为曲面工程，对于曲面工程要注明以表面为准的曲面半径。 主要项目的计量单位为 m^2

中英差异化对比分析结论及心得：

差异化对比分析：

中国计量规范中对于保温隔热工程，主要按照施工部位和材料的不同进行列项，清单项不仅包含保温隔热工程，还包括基层处理，>0.3m^2 的孔洞可以扣除，门窗洞口侧壁保温工程量应并入墙体保温工程。英国计量规范中按照不同的施工部位进行划分，但不如中国计量规范划分得详细。对于曲面工程需要注明半径，需要区分宽度是否大于 300mm，大于 0.5m^2 的间隙才考虑扣除。

差异化对比心得：

中国和海外项目对于保温隔热工程有一定的差别，首先中国项目列项主要按照施工部位和构件列项，且列项较为详细，中国项目需计算门窗洞口侧面工程，海外主要项目较少，但增加了一些细部构造的列项，同时中国项目需要区分宽度，备注曲面工程半径。中国和海外项目的计量规范在工程量的扣减和计量单位上均有所区别。

24 装饰装修工程计量规则差异

本节主要介绍中国与英国工程量计算规范中有关门窗工程、饰面装饰工程、整体喷涂涂层工程和其他装饰工程的差异。

本节参考规范及标准为中国《房屋建筑与装饰工程工程量计算规范》GB 50854—2013；英国《SMM7 建筑工程标准计量规则》。

24.1 门窗工程对比

对比内容：门窗工程清单列项、计算规则

中国

门窗工程计量规则（《房屋建筑与装饰工程工程量计算规范》GB 50854—2013）

木门（编码：010801） **表 H.1**

项目编码	项目名称	项目特征	计量单位	工程量计算规则	工作内容
010801001	木质门	1. 门代号及洞口尺寸 2. 镶嵌玻璃品种、厚度	1. 樘 2. m^2	1. 以樘计量，按设计图示数量计算 2. 以平方米计量，按设计图示洞口尺寸以面积计算	1. 门安装 2. 玻璃安装 3. 五金安装
010801002	木质门带套				
010801003	木质连窗门				
010801004	木质防火门	1. 门代号及洞口尺寸 2. 镶嵌玻璃品种、厚度			
010801005	木门框	1. 门代号及洞口尺寸 2. 框截面尺寸 3. 防护材料种类			1. 木门框制作、安装 2. 运输 3. 刷防护材料
010801006	门锁安装	1. 锁品种 2. 锁规格	个（套）	按设计图示数量计算	安装

续表

中国
门窗工程计量规则（《房屋建筑与装饰工程工程量计算规范》GB 50854—2013）

木窗（编码：010806） **表 H.6**

项目编码	项目名称	项目特征	计量单位	工程量计算规则	工作内容
010806001	木质窗	1. 窗代号及洞口尺寸 2. 玻璃品种、厚度 3. 防护材料种类	1. 樘 2. m^2	1. 以樘计量，按设计图示数量计算 2. 以平方米计量，按设计图示洞口尺寸以面积计算	1. 窗制作、运输、安装 2. 五金、玻璃安装 3. 刷防护材料
010806002	木橱窗	1. 窗代号 2. 框截面及外围展开面积 3. 玻璃品种、厚度 4. 防护材料种类		1. 以樘计量，按设计图示数量计算 2. 以平方米计量，按设计图示尺寸以框外围展开面积计算	
010806003	木飘（凸）窗				

英国
门窗工程计量规则（英国 SMM7）

L 窗/门/楼梯　L10 窗/屋顶采光窗/屏风/百叶窗

提供资料					计算规则	定义规则	范围规则	辅助资料
P1 以下资料或应按 A 部分基本设施费用/总则条款提供于位置图内						D1 所有木材尺寸为标称尺寸，除非说明为饰面尺寸		
分类表								
1 窗及窗框 2 窗百叶 3 遮阳罩 4 屋顶采光窗、天窗、屋顶窗和窗框 5 屏风，间接采光窗及窗框 6 店铺门脸 7 百叶窗及框架		1 制配图纸	m		M1 标明标准截面		C1 所述工程包括突出周围刻槽 C2 项目包括 （1）单元门 （2）装饰线角，镶边，门槛或窗台板，副框及其他组件 （3）作为部件提供的五金 （4）对局部运抵部件的饰面 （5）作为部件配置玻璃 （6）作为部件提供机械操作和自动操作设备 （7）连接件和紧固件	S1 材料类别与质量，若是木材，则不论锯制或刨制 S2 作为整体生产程序的防腐处理 S3 作为生产程序的饰面处理 S4 对后续处理的选择和保护 S5 纹理和色彩的匹配 S6 木材定位调整度及是否不允许存在与所要求尺寸的偏差 S7 连接工艺及施工方法 S8 安装方法，若所要求方法不能由承建商自行决定 S9 安装于松软材质上 S10 底框、连接、填缝框的构件
8 底框 9 填缝框 10 底框及填缝框			m					

续表

<table>
<tr><td colspan="9">英国</td></tr>
<tr><td colspan="9">门窗工程计量规则（英国 SMM7）</td></tr>
<tr><td colspan="9">L20 门/百叶门/出入口</td></tr>
<tr><td colspan="5">提供资料</td><td>计算规则</td><td>定义规则</td><td>范围规则</td><td>辅助资料</td></tr>
<tr><td colspan="5">P1 以下资料或应按 A 部分基本设施费用/总则条款提供于位置图内</td><td rowspan="2"></td><td rowspan="2">D1 所有木材尺寸为标称尺寸，除非说明为饰面尺寸</td><td rowspan="2"></td><td rowspan="2"></td></tr>
<tr><td colspan="5">分类表</td></tr>
<tr><td>1 门
2 卷帘门和防爆破活门
3 推拉/折叠隔断
4 出入口
5 保险库门
6 铁栅</td><td></td><td>1 注明尺寸图表</td><td>m</td><td>1 说明近似重量</td><td>M1 说明标准断面
M2 多页褶门的每一扇按单扇门计算
M3 仅说明金属门的近似重量，包括相关门框
M4 根据总则 9.1 节规则，配有门框和门内衬的门应按符合组件计算</td><td></td><td>C1 门项目包括安装及悬挂固定
C2 工作包括凸出物周边的开槽
C3 项目包括
（1）单元门
（2）作为构件组成部分的框缘、装饰线角等
（3）作为部件提供的五金
（4）对局部运抵构件的饰面</td><td>S1 材料种类和质量，若是木材，不论是锯制或刨制
S2 作为整体生产程序的防腐处理
S3 作为生产程序的饰面处理
S4 对后续处理的选择和保护
S5 纹理和色彩的匹配
S6 木材定位调整度及是否不允许存在与所要求尺寸的偏差</td></tr>
<tr><td colspan="5">中国《房屋建筑与装饰工程工程量计算规范》GB 50854—2013 中门窗工程列项基本分为木门、金属门、木窗和金属窗等十项。
项目特征重点描述门窗的代号及洞口尺寸、门窗的材质、玻璃品种和厚度等。
主要项目的计量单位为樘或 m²，部分子目可按照 m</td><td colspan="4">英国 SMM7 计量规则中，门窗工程区分为窗和门两大项，每项按照不同的构件类型进行详细列项。
需要标明构件的标准截面、注明尺寸图表，说明标准断面。
主要项目的计量单位按照数量计取，部分子目按照 m</td></tr>
</table>

中英差异化对比分析结论及心得：

差异化对比分析：

中国计量规范中对于门窗工程，主要按照构件的类型和材质进行列项，清单项的工作内容主要是按照成品构件考虑，分为门安装和五金安装、玻璃安装。英国计量规范中对于门窗工程的列项与中国计量规范相似，但列项比中国计量规范的简单，主要项目工作内容同样是按照成品考虑的。

差异化对比心得：

中国和海外项目在列项上差异不大，但中国项目的列项更为详细。中国和海外项目的主要区别是计量单位的不同，中国项目主要按照数量樘和 m^2 进行计量，海外项目主要按照数量计量，因此海外项目在列项时需要详细描述构件的标准截面、注明尺寸图表，说明标准断面。另外，海外项目的门窗工程的五金是单独列项计取的。

24.2 饰面装饰工程对比

对比内容：饰面装饰工程清单列项、计算规则

中国

饰面装饰工程计量规则（《房屋建筑与装饰工程工程量计算规范》GB 50854—2013）

附录 K 楼地面装饰工程

K.1 抹灰工程：工程量清单项目的设置、项目特征描述的内容、计量单位、工程量计算规则应按表 K.1 执行

楼地面抹灰（编码：011101） **表 K.1**

项目编码	项目名称	项目特征	计量单位	工程量计算规则	工作内容
011101001	水泥砂浆楼地面	1. 垫层材料种类、厚度 2. 找平层厚度、砂浆配合比 3. 素水泥浆遍数 4. 面层厚度、砂浆配合比 5. 面层做法要求	m^2		1. 基层清理 2. 垫层铺设 3. 抹找平层 4. 抹面层 5. 材料运输

附录 L 墙、柱面装饰与隔断、幕墙工程

L.1 墙面抹灰：工程量清单项目的设置、项目特征描述的内容、计量单位、工程量计算规则应按表 L.1 执行

墙面抹灰（编码：011201） **表 L.1**

项目编码	项目名称	项目特征	计量单位	工程量计算规则	工作内容
011201001	墙面一般抹灰	1. 墙体类型 2. 底层厚度、砂浆配合比 3. 面层厚度、砂浆配合比	m^2	按设计图示尺寸以面积计算。扣除墙裙、门窗洞口及单个＞$0.3m^2$ 的孔洞面积	1. 基层清理 2. 砂浆制作、运输 3. 底层抹灰

附录 M 天 棚 工 程

M.1 天棚抹灰：工程量清单项目的设置、项目特征描述的内容、计量单位、工程量计算规则应按表 M.1 执行

天棚抹灰（编码：011301） **表 M.1**

项目编码	项目名称	项目特征	计量单位	工程量计算规则	工作内容
011301001	天棚抹灰	1. 基层类型 2. 抹灰厚度、材料种类 3. 砂浆配合比	m^2	按设计图示尺寸以水平投影面积计算。不扣除间壁墙、垛、柱、附墙烟囱、检查口和管道所占的面积，带梁天棚、梁两侧抹灰面积并入天棚面积内，板式楼梯底面抹灰按斜面积计算，锯齿形楼梯底板抹灰按展开面积计算	1. 基层清理 2. 底层抹灰 3. 抹面层

续表

<table>
<tr><td colspan="9">英国</td></tr>
<tr><td colspan="9">饰面装饰工程计量规则（英国 SMM7）</td></tr>
<tr><td colspan="9">M 饰面装修
M10 水泥：沙子/混凝土 砂浆/楼面
M12 镘光沥青/树脂/橡胶乳液面
M13 硫酸钙砂浆
M20 砂浆/抹灰/粗抹涂层
M23 树脂粘结矿物涂层
J10 专业防水抹灰</td></tr>
<tr><td colspan="5">提供资料</td><td>计算规则</td><td>定义规则</td><td>范围规则</td><td>辅助资料</td></tr>
<tr><td colspan="5">P1 以下资料或应按第 A 部分基本设施费用/总则条款提供于位置图内，或应提供于与工程量清单相对应的附图上：
（1）工程范围及其位置

分类表</td><td>M1 采用刷子或滚动抹子处理的树脂地板面层/墙面按条款 M60 计算。
M2 计算面积为与底层接触面，不扣除 ≤0.50m² 的孔隙或木砖的面积
M3 楼梯间和机房的工程量需分别计算
M4 高出地面 3.5m 以上的顶棚和梁（二者高度均以顶棚为准）。应于项目描述内加以注明，高度每增加 1.50m 均需分项注明及计算。但楼梯间除外
M5 曲面工程应注明以标明为准的半径</td><td>D1 工程认为室内的，除非说明为室外工程
D2 所说厚度为标称厚度
D3 半径大于 100mm 的内圆角和外圆角归类为曲面工程
D4 楼面包括楼梯休息平台</td><td>C1 工程内容包括：
（1）平接缝
（2）出口，跨越或围绕障碍物和管道等类似物体，入凹槽及压型预埋件
C2 带有图案花纹的工程包括所有相关工作</td><td>S1 材料类型、材质、成分和拌合物包括防水剂和其他外加剂及石膏板或其他刚性压型板条
S2 应用方法
S3 表面处理特性包括蜡抛光或树脂密封层
S4 表面的特殊养护
S5 底层的性质
S6 胶合前的准备工作
S7 框架或衬里固定前需完成的工程细目</td></tr>
<tr><td rowspan="2">1 墙
2 顶棚
3 独立梁</td><td>1 宽度 >300mm</td><td rowspan="2">1 注明涂层厚度和层数
2 注明石膏板</td><td>m²</td><td rowspan="2">1 详述涂层厚度和层数</td><td rowspan="2">M6 宽度为每一个面的宽度</td><td rowspan="2">D5 附加梁边侧、底座、开洞和附加柱鞭策</td><td rowspan="2">C3 石膏板或其他薄衬板，已包括接缝加强网衬</td><td rowspan="2">S8 安装方法和连接石膏板或其他硬板条</td></tr>
<tr><td>2 宽度</td><td>m</td></tr>
<tr><td colspan="5">中国《房屋建筑与装饰工程工程量计算规范》GB 50854—2013 中饰面装饰工程列项根据不同施工部位和施工工序分为四大章节：楼地面装饰工程，墙、柱面装饰与隔断、幕墙工程，顶棚工程和油漆，裱糊工程。
项目特征重点描述饰面装饰工程的基层材料种类、找平层、结合层、面层材料和面层处理要求等。
主要项目的计量单位为 m²</td><td colspan="4">英国 SMM7 计量规则中，饰面装饰工程主要区分为水泥：沙子/混凝土 砂浆/楼面、钢结构防火发泡涂层等共 17 项，各项再根据施工部位进行详细列项。
需要说明饰面材料的品种厚度层数、施工的宽度或面积等。
主要项目的计量单位为 m²，部分子目按照 m</td></tr>
</table>

中英差异化对比分析结论及心得：

差异化对比分析：

中国计量规范中对于饰面装饰工程，主要按照施工部位和材料的不同进行列项，清单项包含的工作内容是从基层清理到面层处理的所有工序。英国计量规范中按照不同施工工艺、不同材料进行列项，同时根据不同的施工部位进行详细区分。

差异化对比心得：

中国和海外项目对于饰面装饰工程有一定的差别，二者除了在上述说明的列项上存在较大区别外，在工程量的计量上也有区别，如中国项目主要按照面积整体计量，海外项目根据施工宽度按照面积或长度进行计量。同时中国和海外项目的计量规范在工程量的扣减和材料的种类上均有所区别。

24.3 整体喷涂涂层工程对比

对比内容：整体喷涂涂层工程清单列项、计算规则

中国

整体喷涂涂层工程计量规则（《房屋建筑与装饰工程工程量计算规范》GB 50854—2013）

N.7 喷刷涂料。工程量清单项目设置、项目特征描述的内容、计量单位、工程量计算规则应按表 N.7 的规定执行。

喷刷涂料（编码：011407） **表 N.7**

项目编码	项目名称	项目特征	计量单位	工程量计算规则	工作内容
011407001	墙面喷刷涂料	1. 基层类型 2. 喷刷涂料部位 3. 腻子种类 4. 刮腻子要求 5. 涂料品种、喷刷遍数	m^2	按设计图示尺寸以面积计算	1. 基层清理 2. 刮腻子 3. 刷、喷涂料
011407002	天棚喷刷涂料				
011407003	空花格、栏杆刷涂料	1. 腻子种类 2. 刮腻子遍数 3. 涂料品种、刷喷遍数	m^2	按设计图示尺寸以单面外围面积计算	1. 基层清理 2. 刮腻子 3. 刷、喷涂料
011407004	线条刷涂料	1. 基层清理 2. 线条宽度 3. 刮腻子遍数 4. 刷防护材料、油漆	m	按设计图示尺寸以长度计算	
011407005	金属构件刷防火涂料	1. 喷刷防火涂料构件名称 2. 防火等级要求 3. 涂料品种、喷刷遍数	1. m^2 2. t	1. 以 t 计量，按设计图示尺寸以质量计算 2. 以 m^2 计量，按设计展开面积计算	1. 基层清理 2. 刷防护材料、油漆
011407006	木材构件喷刷防火涂料		1. m^2 2. m^3	1. 以 m^2 计量，按设计图示尺寸以面积计算 2. 以 m^3 计量，按设计结构尺寸以体积计算	1. 基层清理 2. 刷防火材料

注：喷刷墙面涂料部位要注明内墙或外墙

续表

<table>
<tr><td colspan="9">英国</td></tr>
<tr><td colspan="9">整体喷涂涂层工程计量规则（英国 SMM7）</td></tr>
<tr><td colspan="9">M22 整体喷涂涂层</td></tr>
<tr><td colspan="5">提供资料</td><td>计算规则</td><td>定义规则</td><td>范围规则</td><td>辅助资料</td></tr>
<tr><td colspan="5">P1 以下资料或应按第 A 部分基本设施费用/总则条款提供于位置图内，或应提供于与工程量清单相对应的附图上：
(1) 工程范围及其位置</td><td rowspan="2">M1 与底座相连的面积测量孔隙小于或等于 0.5m² 不扣减
M2 楼梯间和机房的工程量需分别计算
M3 超过楼面 3.5m 的顶棚工程和梁（二者高度均以顶棚为准），高度每增 1.5m 均需分项注明及计算。但楼梯间除外</td><td rowspan="2">D1 除非特别说明为室外工程，所有工程均为室内工程</td><td rowspan="2">C1 工程包括
A 平滑接缝
B 内墙砌砖额外人工
C 边角、交叉截面和曲面工程</td><td rowspan="2"></td></tr>
<tr><td colspan="5">分类表</td></tr>
<tr><td>1 墙和柱
2 顶棚和梁
3 结构金属构件</td><td></td><td>1 说明涂层厚度及层数
2 说明石膏板或其他刚性压型板条厚度及涂层的厚度及层数</td><td>m²</td><td></td><td></td><td></td><td></td><td rowspan="2">S1 材料的类型和数量包括石膏板与刚性</td></tr>
<tr><td>4 附件</td><td>1 压条，功能说明
2 楼梯踏步凸沿
3 抗裂带宽度小于或等于 30mm</td><td></td><td>m</td><td></td><td></td><td>D2 角边、预埋边等功能说明</td><td>C2 压条、凸沿包括其表面处理</td></tr>
</table>

中国	英国
中国《房屋建筑与装饰工程工程量计算规范》GB 50854—2013 中喷刷涂料工程根据施工部位不同列为墙面、顶棚、栏杆、线条、金属结构和木结构等项，项目特征重点描述喷刷涂料工程的基层处理方式、涂料种类和喷刷遍数、防火等级等。 按设计图示以 m² 计算，金属结构防火涂料以 m² 或者 t 计算，木结构以 m² 或者设计结构尺寸的 m³ 计算。 喷刷墙面要区分内墙和外墙	英国 SMM7 计量规则中，整体喷涂涂层工程主要区分墙柱、顶棚、梁，以及金属结构。 需要说明涂层厚度和层数。 面积≤0.5m² 的孔隙不扣减。 楼梯间和机房工程量需要单独计算。 超过楼面 3.5m 的顶棚和梁，每增加 1.5m 需要单独说明并计算，楼梯间除外。 喷刷工程默认为室内工程，室外工程需注明。 主要项目的计量单位为 m²

中英差异化对比分析结论及心得：

差异化对比分析：

中国计量规范中对于整体喷涂涂层工程，主要按照施工部位和需要喷涂的构件不同进行列项。清单项不仅包含喷涂工程，还包括基层处理。未注明扣减原则，考虑应参考其他项，≤0.3m^2 的孔洞不扣减。根据喷涂类型以 m^2、m、m^3 或 t 计量。英国计量规范中按照不同的施工部位和构件类型进行划分，但不如中国计量规范划分得详细。大于 0.5m^2 的间隙才考虑扣除。楼梯间和机房需要单独列项，且高度超过 3.5m 时，每增加 1.5m 需要单独计算。

差异化对比心得：

中国和海外项目对于喷涂工程划分有一定的区别，中国项目划分较详细，国内外对于扣减面积大小有区别，海外项目对于楼梯间和机房需要单独计算。中国项目在清单中不考虑高度问题，在脚手架中综合考虑，而海外项目在报价中需要考虑高度问题，且分段计量。

24.4 其他装饰工程对比

对比内容：其他装饰工程清单列项、计算规则

中国

其他装饰工程计量规则（《房屋建筑与装饰工程工程量计算规范》GB 50854—2013）

柜类、货架（编码：011501） **表 O.1**

项目编码	项目名称	项目特征	计量单位	工程量计算规则	工作内容
011501001	柜台	1. 台柜规格 2. 材料种类、规格 3. 五金种类、规格 4. 防护材料种类 5. 油漆品种、刷漆遍数	1. 个 2. m 3. m^3	1. 以个计量，按设计图示数量计量 2. 以米计量，按设计图示尺寸以延长米计算	1. 台柜制作、运输、安装（安放） 2. 刷防护材料、油漆 3. 五金件安装
011501002	酒柜				
011501003	衣柜				
011501004	存包柜				
011501005	鞋柜				
011501006	书柜				
011501007	厨房壁柜				
011501008	木壁柜				
011501009	厨房低柜				
011501010	厨房吊柜				
011501011	矮柜				
011501012	吧台背柜				
011501013	酒吧吊柜				
011501014	酒吧台				
011501015	展台				
011501016	收银台				
011501017	试衣间				
011501018	货架				
011501019	书架				
011501020	服务台				

续表

<table>
<tr><td colspan="9">英国</td></tr>
<tr><td colspan="9">其他装饰工程计量规则（英国 SMM7）</td></tr>
<tr><td colspan="9">N 家具/设备
N10 一般用具/家具/设备
N12 大型厨房设备
N13 洁具
N15 标识/提示语
N20，N21，N22，N23 特殊用途固定装置/装饰材料/设备
Q50 场地/街道设施/设备</td></tr>
<tr><td colspan="5">提供资料</td><td>计算规则</td><td>定义规则</td><td>范围规则</td><td>辅助资料</td></tr>
<tr><td colspan="5">P1 以下资料或应按第 A 部分基本设施费用/总则条款提供于位置图内
（1）工程范围及其位置</td><td rowspan="2">M1 本文件规定允许使用其他适当计算规则，但需注明该项目及所用规则</td><td rowspan="2">D1 各项的固定装置、家具设备、设备和器具包括附录 A 中 N10-N13、N15、N20 ～ N23、Q50 所列各项内容，但不包括招牌、雕刻和雕塑</td><td rowspan="2"></td><td rowspan="2"></td></tr>
<tr><td colspan="5">分类表</td></tr>
<tr><td rowspan="2">1 与管线系统无关的器具、家具和设备</td><td>1 配件图索引</td><td rowspan="3"></td><td rowspan="3">m</td><td rowspan="3"></td><td rowspan="3"></td><td rowspan="4"></td><td rowspan="3"></td><td rowspan="4">S1 应提供与设备采购、设计、施工、供应和/或及其在工程中应用的有关的资料
S2 挖掘方式和混凝土回填等级
S3 操作的具体规范和规章
S4 材料和材质
S5 材料规格、厚度和材质
S6 材料和设备必须测试</td></tr>
<tr><td>2 尺寸图</td></tr>
<tr><td>2 招牌
3 雕刻和雕塑</td><td>1 尺寸说明</td></tr>
<tr><td>4 与管线系统有关的器具、设备和装置</td><td>1 说明类型、规格和样式、容量、负荷及安装方法</td><td>1 交叉参考规范</td><td>m</td><td>1 详述与装置，设备和器具配套的辅件
2 整体控制及其仪表说明
3 详述遥控、仪表及其连接方式
4 详述装置、设备和器具所附的支架、固定件和隔热绝缘材料</td><td>M2 标记位置、辅件、标识、测试和调试、临时操作、并备有图纸，使用和维修手册（在 Y51、Y54 和 Y59 等节中说明）</td><td>C1 包括一切必需的辅件</td></tr>
<tr><td colspan="5">中国《房屋建筑与装饰工程工程量计算规范》GB 50854—2013 中其他装饰工程列项基本分为柜类和货架、压条和装饰线、扶手栏杆和栏板装饰、散热器、浴厕配件、雨篷和旗杆、招牌和灯箱、美术字，共 8 大项。
项目特征重点描述装饰的材料种类和规格、五金的种类和规格、防护材料种类、油漆品种和刷漆遍数等。
项目的计量单位主要按照数量计取，部分计量单位按长度（m）和面积（m^2）计量</td><td colspan="4">英国 SMM7 计量规则中，其他装饰工程主要区分为一般用具/家具/设备、大型厨房设备、洁具、标识/提示语等。
需要说明构件的配件图索引、尺寸图或者尺寸说明等。
项目的计量单位按照数量计取</td></tr>
</table>

中英差异化对比分析结论及心得：

差异化对比分析：

中国计量规范中对于其他装饰工程，主要按照不同构件类型和不同材料类型列项，清单项包含从构件的制作、运输、安装和刷防护材料等一系列工序。英国计量规范中按照设备的不同功能进行列项，同时区分设备是否与管线连接。

差异化对比心得：

中国和海外项目对于其他装饰工程有一定的差别，首先中国项目列项的清单项较为丰富，包含的内容也较多，海外项目列项较少，主要按照设备的功能和是否与管线连接进行列项，中国和海外项目在项目特征描述和计量单位上均有区别。

25 拆除工程计量规则差异

本节主要介绍中国与英国工程量计算规范中有关拆除工程的差异。

本节参考规范及标准为中国《房屋建筑与装饰工程工程量计算规范》GB 50854—2013；英国《SMM7 建筑工程标准计量规则》。

对比内容：拆除工程清单列项、计算规则

中国

拆除工程计量规则（《房屋建筑与装饰工程工程量计算规范》GB 50854—2013）

P.1 砖砌体拆除：工程量清单项目的设置、项目特征描述的内容、计量单位、工程量计算规则应按表P.1执行。

砖砌体拆除（编码：011601） **表 P.1**

项目编码	项目名称	项目特征	计量单位	工程量计算规则	工作内容
011601001	砖砌体拆除	1. 砌体名称 2. 砌体材质 3. 拆除高度 4. 拆除砌体的截面尺寸 5. 砌体表面的附着物种类	1. m^3 2. m	1. 以 m^3 计量，按拆除的体积计算 2. 以 m 计量，按拆除的延长米计算	1. 拆除 2. 控制扬尘 3. 清理 4. 建渣场内、外运输

注：① 砌体名称指墙、柱、水池等。

② 砌体表面的附着物种类指抹灰层、块料层、龙骨及装饰面层等。

③ 以 m 计量，如砖地沟、砖明沟等必须描述拆除部位的截面尺寸；以 m^3 计量，截面尺寸则不必描述。

P.2 混凝土及钢筋混凝土构件拆除：工程量清单项目的设置、项目特征描述的内容、计量单位、工程量计算规则应按表P.2执行

混凝土及钢筋混凝土构件拆除（编码：011602） **表 P.2**

项目编码	项目名称	项目特征	计量单位	工程量计算规则	工作内容
011602001	混凝土构件拆除	1. 构件名称 2. 拆除构件的厚度或规格尺寸 3. 构件表面的附着物种类	1. m^3 2. m^2 3. m	1. 以 m^3 计算，按拆除构件的混凝土体积计算 2. 以 m^2 计算，按拆除部位的面积计算 3. 以 m 计算，按拆除部位的延长米计算	1. 拆除 2. 控制扬尘 3. 清理 4. 建渣场内、外运输
011602002	钢筋混凝土构件拆除				

续表

<table>
<tr><td colspan="9">英国</td></tr>
<tr><td colspan="9">拆除工程计量规则（英国SMM7）</td></tr>
<tr><td colspan="9">C 现存场地/建筑/设施
C20 拆除工程
C21 无害与有害物质移除
C30 撑柱/外观模式保留</td></tr>
<tr><td colspan="5">提供资料</td><td>计算规则</td><td>定义规则</td><td>范围规则</td><td>辅助资料</td></tr>
<tr><td colspan="5">P1 以下资料或应按第 A 部分基本设施费用/总则项提供于位置图内，或应提供于与工程量清单相对应的深化图纸内：
（1）现有拆除结构的位置和范围</td><td rowspan="2">M1 本章节内规定的规则，适用于总则条款所定义的现有建筑所进行的工作</td><td rowspan="2"></td><td rowspan="2"></td><td rowspan="2"></td></tr>
<tr><td colspan="5">分类表</td></tr>
<tr><td>1 拆除所有结构
2 拆除个别构筑物
3 拆除部分结构</td><td>1 关于充分确定项目内容的描述</td><td>1 将要拆除的结构体标高</td><td>项</td><td>1 拆除后作为业主财产保留的物料
2 可重复利用的材料
3 修复结构
4 作为扶壁而暂时保留与原位的部分现存墙体
5 临时转移，维持或封闭的现存机电系统
6 无害物质
7 有毒物质</td><td>M2 此规则下只计量执行临时转移、维持或执行封闭的现存机电系统</td><td>D1 除非另有特别规定，拆除所形成的材料属于承建商财产
D2 对局部结构体的拆除不包括 C20 章节内所述项目
D3 除另有说明外，所有材料均为惰性材料</td><td>C1 拆除项目视作已包括：
（1）将拆除后作为业主财产而保留的物料和可重复使用物料外的所有其他物料清运出厂
（2）由承建商自行决定伴随拆除所发生的所有临时支撑</td><td>S1 所采用特殊的操作方法
S2 业主保留财产和重复利用物料的放置和存储
S3 业主对物料清运出厂方法的限制要求</td></tr>
<tr><td colspan="5">中国《房屋建筑与装饰工程工程量计算规范》GB 50854—2013 中拆除工程列项基本分为砖砌体拆除、混凝土及钢筋混凝土构件拆除和开孔（打洞）等，共15大项。
项目特征重点描述拆除的构件名称或拆除部位、拆除构件的厚度或规格尺寸、拆除构件表面的附着物等。
项目的计量单位主要按照拆除的体积（m^3）和面积（m^2）计取</td><td colspan="4">英国SMM7计量规则中，拆除工程主要区分为拆除工程、无害与有害物质移除、现场项目更改等。
需要说明拆除项目的内容或尺寸、拆除的部位等，需要说明拆除后的材料是否为业主保留或者可提供重复利用等。
项目的计量单位按照项计取，部分按照拆除的面积（m^2）或者长度（m）计取</td></tr>
</table>

中英差异化对比分析结论及心得：

差异化对比分析：

中国计量规范中对于拆除工程，主要按照不同构件类型、不同材料类型和施工工艺进行列项，拆除清单项对应新建清单进行列项。英国计量规范中主体结构按照整体拆除、个别拆除和部分拆除列项。

差异化对比心得：

中国和海外项目对于拆除工程有一定的差别，首先中国项目列项的清单项较为丰富，包含的内容也较多，海外项目列项较少，主要按照整体拆除、个别拆除和部分拆除列项，中国和海外项目在项目特征描述和计量单位上均有区别。

26 措施项目中模板及支架工程计量规则差异

本节主要介绍中国与英国工程量计算规范中有关模板及支架工程的差异。

本节参考规范及标准为中国《房屋建筑与装饰工程工程量计算规范》GB 50854—2013；英国《SMM7 建筑工程标准计量规则》。

对比内容：模板及支架工程清单列项、计算规则

中国

模板及支架工程计量规则（《房屋建筑与装饰工程工程量计算规范》GB 50854—2013）

混凝土模板及支架（撑）（编码：011703）　　表 Q.3

项目编码	项目名称	项目特征	计量单位	工程量计算规则	工作内容
011703001	垫层	基础形状	m^2	按模板与现浇混凝土构件的接触面积计算。 1. 现浇钢筋混凝土墙、板单孔面积≤0.3m^2 的孔洞不予扣除，沿侧壁模板亦不增加；单孔面积>0.3m^2 时应予扣除，洞侧壁模板面积并入墙、板工程量内计算 2. 现浇框架分别按梁、板、柱有关规定计算；附墙柱、暗梁、暗柱并入墙内工程量内计算 3. 柱、梁、墙、板相互连接的重叠部分，均不计算模板面积 4. 构造柱按图示外露部分计算模板面积	1. 模板制作 2. 模板安装、拆除、整理堆放及场内外运输 3. 清理模板粘结物及模内杂物、刷隔离剂等
011703002	带形基础				
011703003	独立基础				
011703004	满堂基础				
011703005	设备基础				
011703006	桩承台基础				
011703007	矩形柱	柱截面尺寸			
011703008	构造柱				
011703009	异形柱	柱截面形状、尺寸			
011703010	基础梁	梁截面			
011703011	矩形梁				
011703012	异形梁				
011703013	圈梁				
011703014	过梁				
011703015	弧形、拱形梁				
011703016	直形墙	墙厚度			
011703017	弧形墙				
011703018	短肢剪力墙、电梯井壁				
011703019	有梁板	板厚度			
011703020	无梁板				
011703021	平板				
011703022	拱板				
011703023	薄壳板				
011703024	栏板				
011703025	其他板				

续表

英国								
模板及支架工程计量规则（英国 SMM7）								
E20 现浇混凝土模板工程								
提供资料					计算规则	定义规则	范围规则	辅助资料
P1 以下资料或应按 A 部分基本设施费用/总则项提供于位置图内，或应提供于与工程量清单相对应的附图内： (1) 混凝土构件相对位置 (2) 构件尺寸 (3) 板厚度 (4) 与浇筑时间相关的允许荷载					M1 除另有特别规定，模板应按浇筑过程需要模板作临时支承的完成结构的表面积计算 M2 弧形工程，需注明半径	D1 平面模板表面不含台阶、槽口、口袋或其他间断点 D2 原处模板不能移除 D3 永久模板保持在原处	C1 模板视作已包括为满足凸出管、钢筋及其他类似项目要求而作出的调整 C2 模板视作已包括所有切角、斜式边缘等	S1 永久模板的支撑要求以及材料的种类和质量 S2 非承包商确定的底部处理
分类表								
1 基础侧模 2 地梁侧模和垫层边模 3 悬挂板边模 4 上翻梁侧模 5 顶面梯级 6 楼梯底模 7 设备基座和底座	1 垂直平面 2 尺寸说明	1 高度＞1.00m	m²	1 不拆除模板 2 永久模板	M3 模板面积中不扣除地梁盖片搭接	D4 地基包括基底和桩承台 D5 悬挂板边缘不含附加梁		
		2 高度≤250mm 3 高度 250～500mm 4 高度 500mm～1.00m	m					
8 板底模 9 楼梯休息平台 (nr)	1 板厚度≤200mm 2 此后每增加 100mm 分级计量	1 水平 2 倾斜≤15° 3 倾斜＞15°	m²	1 支撑底至底模高度≤1.50m 2 此后按每增加 1.50m 分级计量 3 不拆除模板 4 永久模板	M4 任何位置孔洞≤5.00m² 的数量均不从量度面积内扣除 M5 槽型或肋形板底模按平面模板计算 M6 需说明的槽型或肋形板厚度应变为总厚度 M7 当构件表面斜度＞15°或有特殊要求	D6 板底模模板包括地面标高层台 D7 槽板或肋形板底模包括宽≤500mm 的边缘		
10 槽板或肋形板底模	1 说明模子尺寸和形状，模子中心及模板厚度							

续表

英国	
模板及支架工程计量规则（英国 SMM7）	
中国《房屋建筑与装饰工程工程量计算规范》GB 50854—2013 中模板及支架工程列项主要按照构件的类别基础柱墙梁板进行区分，对于每种构件的类型再进行详细区分。 项目特征重点描述构件的尺寸、截面或者厚度等。 项目的计量单位主要按照模板的接触面积（m^2）计取	英国 SMM7 计量规则中，模板工程主要按照构件的大项类型进行区分。 需要说明构件尺寸、构件接触的结构类型、模板高度等。 项目的计量单位主要按照面积（m^2）计算，部分子目按照长度（m）计算

中英差异化对比分析结论及心得：

差异化对比分析：

中国和英国的计量规范中对于模板及支架工程，均是按照构件的类型进行列项，中国计量规范的列项相对于英国计量规范更为详细。但是英国计量规范的模板工程对于模板按照不同高度进行区分，如基础模板区分高度小于或等于 250mm、小于或等于 500mm、小于或等于 1m 和大于 1m，对于模板高度大于 1m 的模板按照面积计算，其他的按照长度计算。

差异化对比心得：

中国和海外项目对于模板及支架工程有一定的差别，首先中国项目清单列项较为详细，中国项目按照基础柱墙梁板进行大项区分后，还对每个大项进行细分，例如将柱模板区分为矩形柱、构造柱和异形柱。而海外项目则区分模板高度，如上所述，按照 250mm、500mm 和 1m 进行区分，以至于计量单位分为模板高度大于 1m 按照平方米计算，其他高度的模板按照长度计算。另外海外项目对于模板支设高度也有区分，如板底模区分为模板支设高度小于或等于 1.5m 的，其他支设高度按照每增加 1.5m 分级增加；中国项目对于模板支设高度的区分则在定额中体现。

中欧（部分）工程设计标准规范

对比研究

第 6 部分　暖通设计

27 汽车库通风排烟系统设计

本节主要为中英汽车库通风及排烟系统设计规范的对比，包括自然通风及排烟、机械通风及排烟等内容。

本节主要参考规范及标准如下：

中国：《汽车库、修车库、停车场设计防火规范》GB 50067—2014、《建筑防烟排烟系统技术标准》GB 51251—2017、《民用建筑供暖通风与空气调节设计规范》GB 50736—2012。

英国：《烟和热控制系统部件　第7部分：有盖停车场烟雾和热控制系统的功能建议和计算方法实施规程》BS 7346—7—2013、《烟和热控制系统　第7部分：烟道型材》BS EN 12101—7—2011、《建筑设计、管理和使用中的消防安全　业务守则》BS 9999—2017。

27.1 通风排烟系统的设置目的

对比内容：通风排烟系统的设置目的	
中国	英国
《汽车库、修车库、停车场设计防火规范》GB 50067—2014： 8.2.1 条文说明：汽车库一旦发生火灾，会产生大量的烟气，而且有些烟气含有一定的毒性，如果不能迅速排出室外，极易造成人员伤亡事故，也给消防员进入地下扑救带来困难。根据对目前国内地下汽车库的调查，一些规模较大的汽车库都设有独立的排烟系统，而一些中、小型汽车库，一般均与地下汽车库内的通风系统组合设置。平时作为排风排气使用，一旦发生火灾，转换为排烟使用。 大、中型及地下汽车库、修车库一旦发生火灾，将会产生大量烟气，为保障人员疏散，并为扑救火灾创造条件，需要及时有效地将烟气排出室外，所以将本条确定为强制性条文。 8.2.5 条文说明：汽车库、修车库设置排烟系统，其目的一方面是为了人员疏散，另一方面是为了便于扑救火灾	《烟和热控制系统部件　第7部分：有盖停车场烟雾和热控制系统的功能建议和计算方法实施规程》BS 7346—7—2013： 引言 停车场烟雾控制背景： 通常建议对有盖停车场进行通风，以限制停车场日常使用中一氧化碳（CO）和其他种类车辆的排放物浓度，并在发生火灾时消除烟雾和热量，通常使用同一个系统来满足这两个要求。本规范认可此类系统的双重用途。 在发生火灾时，停车场通风系统可设计为三种用途中的一种或多种： (1) 协助消防人员在火灾期间和火灾后清除停车场的烟雾。 (2) 为消防人员提供相对无烟的通道，使其接近火灾地点。 (3) 保护停车场的逃生通道

中英差异化对比分析结论及心得：

中国与英国规范针对汽车库排烟系统设置的主要目的相似，都是为了及时排除烟和热，为疏散及救援提供条件，但英国规范要求在停车场提供相对无烟的通道或保护逃生途径。针对这一点，中国规范仅要求在防烟分区内考虑整体排烟，并未明确需重点考虑提供相对无烟的通道或逃生途径的要求。

27.2 自然通风系统

对比内容：自然通风系统	
中国	英国
《汽车库、修车库、停车场设计防火规范》GB 50067—2014： 8.1.5 条文说明：汽车库内良好的通风，是预防火灾发生的一个重要条件。从调查了解到的汽车库现状来看，绝大多数利用自然通风，这对节约能源和投资都是有利的。 《全国民用建筑工程设计技术措施（暖通空调、动力）》(2009 年版) 4.3.1 汽车库应按下列原则确定通风方式： 1 地上单排车位≤30 辆的汽车库，当可开启门窗的面积≥$2m^2$/辆，且分布较均匀时，可采用自然通风方式； 2 当汽车库可开启门窗的面积≥$0.3m^2$/辆，且分布均匀时可采用机械排风、自然进风的通风方式； 3 当汽车库不具备自然进风条件时应设置机械送风、排风系统	《烟和热控制系统部件 第 7 部分：有盖停车场烟雾和热控制系统的功能建议和计算方法实施规程》BS 7346—7—2013： 6.2 自然通风停车场 对于采用自然通风的停车场，应能永久通风。通风口的总等效面积应至少为停车场各层建筑面积的 5%，其中一半以上应均匀布置在两面相对的外墙上。 6.3 停车场的机械和自然通风 车库永久性自然通风口仅满足总等效面积不小于地面面积的 2.5%时，尚应与机械通风系统相结合，换气次数不小于 3 次/h

中英差异化对比分析结论及心得：

中国规范针对自然通风窗（口）并没有要求必须是永久开启的开口，可以是手动或电动开启的活动窗口，并且对自然通风口的对边布置未作要求。英国规范在自然通风方面的开窗面积比中国规范要求更严格，其更加注重自然通风的对流条件，要求一半以上的自然通风窗（口）应均匀布置在两面相对的外墙上。

27.3 设计火灾模型

对比内容：设计火灾模型	
中国	英国
《汽车库、修车库、停车场设计防火规范》GB 50067—2014： 规范中无汽车库设计火灾模型的相关内容，排烟量的计算与火灾的模型未做关联。当采用自然排烟时，自然排烟口的总面积不应小于室内地面面积的 2%，当采用机械排烟时，每个防烟分区排烟风机的排烟量不应小于表 8.2.5 的规定	《烟和热控制系统部件 第 7 部分：有盖停车场烟雾和热控制系统的功能建议和计算方法实施规程》BS 7346—7—2013： 5 设计火灾模型 可靠的设计火灾模型对于设计旨在协助消防人员干预或保护逃生途径的系统而言至关重要。设计火灾模型不适用于仅起烟雾清除作用的系统，因为这些系统的设计可以遵循专门的规范及标准。 设计火灾模型有两种不同的形式。一种是采用稳态的设计火灾模型，另一种是采用随时间变化的设计火灾模型。 稳态设计火灾模型基于如下假设，即大于设计规模的火灾很少发生，并且基于该设计火灾模型的烟气和热量控制系统能够成功应对所有较小的火灾（以及同一场火灾的所有早期阶段）。 稳态设计火灾模型不需要假设真实火灾稳定燃烧，计算程序相对简单，可采用简单的计算方法或者使用简单的计算机区域模拟技术。 随时间变化的设计火灾模型会跟踪热量输出的增长阶段，通常是下降阶段，作为时间的函数，并用于计算根据设定的条件而导致的后果。这些方法往往很复杂，并且依赖于计算机建模。随时间变化的设计火灾模型的来源，理想情况下是使用大型热量计算进行的火灾实验。尽管无法得出像建筑物火灾常用的"时间平方"火灾增长曲线，但是汽车库火灾增长经验曲线中的一部分仍可以通过简化的形式使用

中英差异化对比分析结论及心得：

中国规范针对汽车库的排烟设计并未考虑设计火灾的模型，采用自然排烟方式时排烟窗口的面积直接按照地面面积的2%确定，采用机械排烟时，排烟量直接按表格值选取，排烟量的取值与设计火灾模型无关。英国规范针对汽车库的排烟设计，需考虑不同的设计火灾模型，分为稳态设计火灾模型及随时间变化的设计火灾模型两种，排烟系统的设计计算取决于火灾中的热释放速率，因此首先应明确设计火灾模型，在没有随时间变化的火灾模型的试验数据时，通常采用稳态设计火灾模型。

27.4 自然排烟系统

对比内容：自然排烟系统	
中国	英国
《汽车库、修车库、停车场设计防火规范》GB 50067—2014： 8.2.4 当采用自然排烟方式时，可采用手动排烟窗、自动排烟窗、孔洞等作为自然排烟口，并应符合下列规定： 1 自然排烟口的总面积不应小于室内地面面积的2%； 2 自然排烟口应设置在外墙上方或屋顶上，并应设置方便开启的装置； 3 房间外墙上的排烟口（窗）宜沿外墙周长方向均匀分布，排烟口（窗）的下沿不应低于室内净高的1/2，并应沿气流方向开启。 8.2.6 每个防烟分区应设置排烟口，排烟口宜设在顶棚或靠近顶棚的墙面上。排烟口距该防烟分区内最远点的水平距离不应大于30m	《烟和热控制系统部件 第7部分：有盖停车场烟雾和热控制系统的功能建议和计算方法实施规程》BS 7346—7—2013： 7.2.1 非开放式的自然通风停车场应在每层设置一定的自然通风口。自然通风应通过停车场的永久开口进行，每个停车场的总等效面积至少为每层建筑面积的2.5%。开口的布置应均匀，且在两个相对的墙壁上至少需提供1.25%的总等效面积，以保证良好的横向流动。 7.2.2 顶棚上的排烟口可以替代墙壁上的永久开口。这些排烟口在每层的总面积至少占每层楼面面积的2.5%，并应能实现对流通风。 7.2.3 如果开口安装了百叶窗、格栅、防鸟装置或类似装置，则提供的等效面积应考虑这些装置造成的影响。 7.2.4 如果部分开口是利用坡道、入口等，则有效通风面积应为穿过这些开口的门、格栅或百叶窗的实际有效面积。 7.2.5 为了控制烟雾，并且作为墙壁上永久开口的替代，可以在顶棚上设置符合《烟和热控制系统 第2部分：自然排烟和排热通风机》BS EN 12101—2—2017规定的排烟风机，并应能实现贯穿通风。排烟风机可替代所需的全部或部分开口的等效面积。在检测到停车场发生火灾时，排烟风机应能自动开启。也可使用符合《烟和热控制系统 第8部分：排烟控制阀》BS EN 12101—8—2011要求的排烟控制阀，详见本规范第13条

中英差异化对比分析结论及心得：

中国规范针对自然排烟窗（口）并没有要求必须是永久开启的开口，可以是火灾时能够手动或电动开启的活动窗口，并且对自然排烟口的对边布置未作要求，仅要求防烟分区内任意一点至最近排烟口的距离不大于30m，而英国规范对于自然排烟的要求更加严格，要求采用永久开口，同时对于排烟窗的开口面积以及布局位置都做了详细的规定，并且对于通风口的有效面积系数也做了说明，在进行车库自然排烟设计时需着重考虑。

27.5 机械排烟方式介绍

对比内容：机械排烟方式介绍	
中国	英国
《汽车库、修车库、停车场设计防火规范》GB 50067—2014： 针对汽车库排烟系统一般均采用管道式排烟，需设置专用的排烟机房及补风机房。 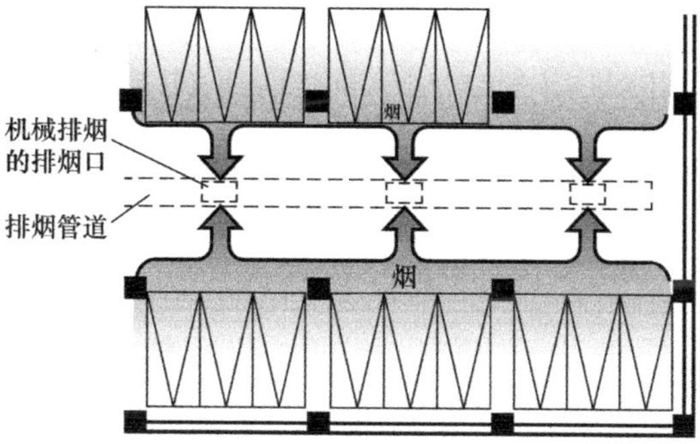 机械排烟方式	《烟和热控制系统部件　第7部分：有盖停车场烟雾和热控制系统的功能建议和计算方法实施规程》BS 7346—7—2013： 为达到车库排烟系统设计目的，可采用的技术有： (1) 排烟和排热通风系统（SHEVS），其目的是在储烟仓的烟层底部保持持续的清洁空气区域。 (2) 横流通风，在风压或风机的驱动下，诱导空气流过停车场。 (3) 诱导通风旨在为消防人员提供靠近着火汽车的无烟通道。 设计这些系统主要用于控制停车场内任何一点首次火灾时产生的烟雾。 4.2.1　如果目标仅是利用通过水平横向气流穿过停车场楼层来保证清晰高度，则可选用下列任意一项： (1) 指定永久排烟口的自然贯流通风，见本规范第7条。 (2) 使用常规机械通风设备实现的机械贯流通风，见本规范第8条。 (3) 使用脉冲风机实现的机械贯流通风，见本规范第9条。 注：上述三种形式的贯流通风仅适用于排烟。 4.2.2　如果目标是为消防人员提供通往汽车或其他着火易燃材料的无烟通道，则应采用以下方法。 保证最小净高的SHEVS，见本规范第12条。 脉冲通风系统，保证消防人员至少能接近着火车辆的一侧，见本规范第10条。 4.2.3　如果担心烟雾和热量控制系统的自动运行可能对人员逃生产生不利影响，设计师可选择其他的系统形式或在系统响应前考虑适当的延迟时间

中英差异化对比分析结论及心得：

中国规范关于汽车库排烟系统的设计目的单一，仅为了实现排除火灾产生的烟和热，相应的机械排烟系统设计的形式也较单一，一般采用风管式排烟系统。英国规范中汽车库排烟系统的设计目的多元化，并提供了三种方案：采用永久开口的自然对流通风（第7条）、采用传统机械通风实现的对流通风（第8条）和采用脉冲风机实现的机械横向通风（第9条）。系统设置要求因用途而异，并非所有类型的通风系统都适用于所有用途，英国规范该条文提供了利用停车场水平横向气流清除烟雾的三种方法，这给设计师较大的选择空间，因而具体项目应具体分析，根据不同的目的和需求，因地制宜地选择排烟系统的形式。

27.6　管道式排烟系统

对比内容：管道式排烟系统	
中国	英国
《汽车库、修车库、停车场设计防火规范》GB 50067—2014： 汽车库管道式排烟系统为国内最常用的机械排烟系统形式	《烟和热控制系统部件　第7部分：有盖停车场烟雾和热控制系统的功能建议和计算方法实施规程》BS 7346—7—2013： 8　用于排烟的管道式机械通风系统 排烟系统设计的目的是： (1) 通过提供通风来帮助消防员，以便在火灾扑灭后更快地清除烟雾。 (2) 帮助降低火灾过程中的烟雾浓度和温度。 该系统并非专门用于保持停车场的某一区域没有烟雾，也并非将烟雾浓度或温度限制在某一范围内，或帮助逃生。 8.1.1　系统应独立于任何其他系统（为停车场提供正常通风的系统除外），并设计为每小时10次换气。 8.1.2　排烟系统排放口的位置应确保不会导致烟气再循环进入建筑物、扩散到相邻建筑物或对逃生产生不利影响。 8.1.3　主排烟系统应分为至少两个子系统运行，以便在任何一个子系统发生故障时，总排气量不会低于本规范第8.1.1条中规定值的50%，并且应确保其中一个子系统的故障不会危及其他子系统。 8.1.4　系统应具有独立备用电源，用于在主电源故障时保障运行。 8.1.5　排烟口的布置应确保50%的排烟量处于高位，50%的排烟量处于低位，并应均匀分布在整个停车场区域。 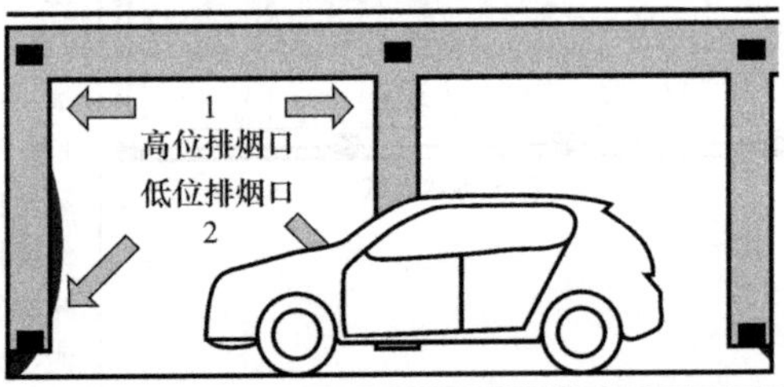 1 高位排烟口 低位排烟口 2

中英差异化对比分析结论及心得：

汽车库管道式排烟系统为中国最常用的机械排烟系统形式，按英国规范该方法同样适用，但英国规范中要求排烟系统需分成两个子系统，当其中一个子系统故障时，另一个子系统应能负担不小于50%的设计排烟量，同时英国规范还要求排烟口应上、下均匀布置。

27.7　诱导式排烟系统

对比内容：诱导式排烟系统	
中国	英国
《汽车库、修车库、停车场设计防火规范》GB 50067—2014： 针对汽车库排烟系统一般采用管道式排烟，无诱导式排烟的相关介绍	《烟和热控制系统部件　第7部分：有盖停车场烟雾和热控制系统的功能建议和计算方法实施规程》BS 7346—7—2013： 诱导式排烟适用的排烟系统设计目的是： (1) 通过提供通风来协助消防人员，以便在火灾被扑灭后能够更快地清除烟雾。

续表

中国	英国
	（2）有助于降低火灾过程中的烟浓度和温度。 此系统不用于保持停车场的某一区域无烟，也不用于将烟雾浓度或温度限制在某一特定限制范围内，或协助逃生。 有些排烟系统如果过早投入使用，可能会加速烟雾循环和烟雾层下降，实际上会恶化逃生通道的条件。因此，最好在自动检测到火灾后延迟启动。 9.1.1 一旦发现火灾，排风机应立即响应，以提供所需的排烟量。 9.1.2 在适当的延迟时间（如有）后，诱导风机应按必要的数量启动，以将烟雾有效地引向排烟口，延迟时间应根据逃生方式确定。 注：1. 延迟是必要的，以确保逃生的人员不会受到诱导排烟系统的影响。 2. 实现这一目的所采用的延迟时间取决于以下一个或多个因素：停车场的大小和几何形状；主排风机和诱导风机的数量和位置；人员的数量和类型；出口的数量和位置；疏散距离。 9.1.3 所有延迟期的时间长短应与审批机关协商确定。 9.1.6 楼梯间、逃生通道和大厅门（如有）的位置应与脉冲风机位置和脉冲方向相协调，以避免门暴露在动压作用下，从而导致烟雾进入大厅、楼梯间或走廊。 9.1.11 尽管有日常通风的要求，但如果发生火灾，应立即启动排风机（如有），以提供相当于停车场内每小时 10 次换气的最小气流速度。 9.1.12 应注意确保启动的脉冲风机的数量不会导致脉冲空气的体积超过主排风机能够排出的空气体积。 9.1.13 系统应独立于任何其他系统（为停车场提供正常通风的系统除外）

中英差异化对比分析结论及心得：

目前中国在隧道通风排烟中运用了大型的诱导射流风机，但民用建筑汽车库排烟一般采用风管式排烟系统，无诱导排烟的形式。英国规范中介绍的诱导排烟方式，无须在汽车库布置通风排烟管道，可减少管道交叉，节约地下室层高，与传统排烟方式相比有其自身的优势。

27.8 排烟和排热通风系统

对比内容：排烟和排热通风系统	
中国	英国
《汽车库、修车库、停车场设计防火规范》GB 50067—2014： 针对汽车库排烟系统一般采用管道式排烟，无汽车库排烟和排热通风系统（SHEVS）的相关介绍	《烟和热控制系统部件 第 7 部分：有盖停车场烟雾和热控制系统的功能建议和计算方法实施规程》BS 7346—7—2013： 汽车库排烟和排热通风系统（SHEVS） 可通过排烟、排热系统的联合运行以排出烟雾和热量，以便在较冷、较清洁的空气上方形成一层热气浮力层，从而在地面上方形成无烟层，并通过清除浮力层中的烟雾，使清洁条件得以持续。 排烟和排热系统可分为以下四种形式： （1）具有自然补风系统的自然排烟系统； （2）带有机械补风系统的自然排烟系统； （3）带有自然补风系统的机械排烟系统； （4）依靠机械排烟系统和机械补风系统（送排系统）的排烟和排热系统。 通常不应设计成（2）和（4）项，除非提供该系统全面且详细的计算及设计说明，表明该系统将在所有设计条件下正常工作，且不会引入对逃生方式产生不利影响的压差，否则不允许采用

中英差异化对比分析结论及心得：

中国规范要求火灾排烟时需考虑补风系统，采用机械排烟时，可采用自然补风或者机械补风，要求补风量不小于排烟量的50%，当采用自然排烟时，无机械补风的做法。英国规范中介绍的排烟和排热通风系统，该系统可通过排烟、排热系统的联合运行以排出烟雾和热量，以便在较冷、较清洁的空气上方形成一层热气浮力层，从而在地板上方形成无烟层，并通过清除浮力层中的烟雾，使清洁条件得以持续。该系统可以采用四种方式：自然排、自然补；自然排、机械补；机械排、自然补；机械排、机械补。但自然和机械组合的方式，在设计阶段需进行严格的计算和论证，以保证不会对逃生产生不利影响。

27.9 排烟量计算

<table>
<tr><td colspan="2">对比内容：排烟量计算</td></tr>
<tr><td>中国</td><td>英国</td></tr>
<tr><td>《汽车库、修车库、停车场设计防火规范》GB 50067—2014：
8.2.5 汽车库、修车库内每个防烟分区排烟风机的排烟量不应小于表8.2.5的规定。

汽车库、修车库内每个防烟分区排烟风机的排烟量
表8.2.5
<table>
<tr><td>汽车库、修车库的净高（m）</td><td>汽车库、修车库的排烟量（m³/h）</td><td>汽车库、修车库的净高（m）</td><td>汽车库、修车库的排烟量（m³/h）</td></tr>
<tr><td>3.0及以下</td><td>30000</td><td>7.0</td><td>36000</td></tr>
<tr><td>4.0</td><td>31500</td><td>8.0</td><td>37500</td></tr>
<tr><td>5.0</td><td>33000</td><td>9.0</td><td>39000</td></tr>
<tr><td>6.0</td><td>34500</td><td>9.0以上</td><td>40500</td></tr>
</table>
注：建筑空间净高位于表中两个高度之间的，按线性插值法取值</td><td>《烟和热控制系统部件 第7部分：有盖停车场烟雾和热控制系统的功能建议和计算方法实施规程》BS 7346—7—2013：
8.1.1 系统应独立于其他系统（为停车场提供正常通风的系统除外），并设计为每小时换气10次</td></tr>
</table>

中英差异化对比分析结论及心得：

排烟量的计算上两者存在差异，中国规范防烟分区排烟量是按照防烟分区净高进行要求的，换算至换气次数约为4次/h，而英国规范直接规定换气次数按10次/h计算，由此可见，英国规范要求的车库排烟量远大于中国规范。

27.10 排烟口设置

对比内容：排烟口设置	
中国	英国
《汽车库、修车库、停车场设计防火规范》GB 50067—2014： 8.2.6 每个防烟分区应设置排烟口，排烟口宜设在顶棚或靠近顶棚的墙面上。排烟口距该防烟分区内最远点的水平距离不应大于30m	《烟和热控制系统部件 第7部分：有盖停车场烟雾和热控制系统的功能建议和计算方法实施规程》BS 7346—7—2013： 8.1.5 排烟口的布置应使50%的排烟量处于高位，50%的排烟量处于低位，并应均匀分布在整个停车场区域

中英差异化对比分析结论及心得：

中国规范要求排烟口均设置在顶部，重点考虑排除聚集在顶部的烟气，针对排烟口布置的均匀性未作要求，只需满足防烟分区内任意点至最近排烟口的距离不大于 30m 即可；英国规范要求排烟口需上部、下部均匀设置，不仅需考虑排除顶部聚集的烟气，还需兼顾排除人员呼吸区域的烟气。相比较而言，英国规范在汽车库排烟口设置位置方面的要求比中国规范显得更加严格。

27.11　排烟风管及挡烟垂壁要求

对比内容：排烟风管及挡烟垂壁要求	
中国	英国
《建筑防烟排烟系统技术标准》GB 51251—2017： 4.4.8　排烟管道的设置和耐火极限应符合下列规定： 1　排烟管道及其连接部件应能在 280℃时连续 30min 保证其结构完整性。 2　竖向设置的排烟管道应设置在独立的管道井内，排烟管道的耐火极限不应低于 0.50h。 3　水平设置的排烟管道应设置在吊顶内，其耐火极限不应低于 0.50h；当确有困难时，可直接设置在室内，但管道的耐火极限不应小于 1.00h。 4　设置在走道部位吊顶内的排烟管道，以及穿越防火分区的排烟管道，其管道的耐火极限不应小于 1.00h，但设备用房和汽车库的排烟管道耐火极限可不低于 0.50h	《烟和热控制系统部件　第 7 部分：烟道型材》BS EN 12101—7—2011： 1　所有防排烟管道应符合《烟和热控制系统　第 7 部分：烟道型材》EN 12101—7—2011 的要求。 2　所有挡烟垂壁应符合《烟和热控制系统　第 8 部分：烟雾控制阀》EN 12101—8—2011 的要求。注：欧盟以外使用的产品不需要 CE 标志。 3　应考虑服务的场合是单个防火隔间还是多个防火隔间。此外，还应确定挡烟垂壁是否会自动启动以响应火警系统，或者是否等待消防人员或其他输入。 4　应根据本规范附录 A 设计和选择防排烟管道和挡烟垂壁

中英差异化对比分析结论及心得：

中国规范仅对消防风机等设备以及防火阀门等附件有 3C 强制认证的要求，对防排烟系统的风管仅作了耐火极限的要求，无 3C 强制认证的要求。

英国规范对用于压差系统或排烟和排热系统的消防风管有 CE 强制认证的要求，在烟道型材上加贴 CE 标志，不但可以证明其产品符合建筑产品指令（CPR 305/2011/EU）及其相关标准（欧洲协调标准《烟和热控制系统　第 7 部分：烟道型材》EN 12101—7—2011）规定的安全、环保、卫生等要求，而且可以合理规避技术壁垒。

27.12　防排烟风管耐火极限的判定方法

对比内容：防排烟风管耐火极限的判定方法	
中国	英国
《建筑防烟排烟系统技术标准》GB 51251—2017： 4.4.8（条文说明）　为避免火灾中火和烟气通过排烟管道蔓延规定本条。 当排烟管道竖向穿越防火分区时，为了防止火焰烧坏排烟风管而蔓延到其他防火分区，本标准规定竖向排烟管道应设在管井内；如果排烟	《烟和热控制系统部件　第 7 部分：烟道型材》BS EN 12101—7—2011： 4.1.1　多隔间防排烟风管段 多隔间防排烟风管段应证明以下内容，并应根据《建筑产品和建筑构件的防火分类　第 4 部分：使用烟雾控制系统部件耐火试验数据进行分类》EN 13501—4—2007 进行分类。 （1）完整性：应根据本规范第 5.2 条中的试验方法和注明的完整性

续表

中国	英国
管道未设置在管井内，或未设置排烟防火阀，一旦热烟气烧坏排烟管道，火灾的竖向蔓延非常迅速，而且竖向容易跨越多个防火分区，所造成的危害极大。同时在本标准第4.4.10条中规定与垂直风管连接的水平排烟风管上应设置280℃排烟防火阀的要求。对于已设置于独立井道内的排烟管道，为了防止其被火焰烧毁而垮塌，从而影响排烟效能，也对其耐火极限进行了要求。 当排烟管道水平穿越两个及两个以上防火分区时，或者布置在走道的吊顶内时，为了防止火焰烧坏排烟风管而蔓延到其他防火分区，本标准要求排烟管道耐火极限不小于1.0h，提高排烟的可靠性。对于管道的耐火极限的判定必须按照现行国家标准《通风管道耐火试验方法》GB/T 17428的测试方法，当耐火完整性和隔热性同时达到时，方能视作符合要求	分类（E）进行试验。 （2）隔热：应按照本规范第5.2条中的试验方法和注明的隔热等级（I）进行试验。 （3）泄漏：应按照本规范第5.2条中的试验方法和泄漏分类（S）进行试验。 （4）机械稳定性：应根据本规范第5.2条中的试验方法进行试验，并作为注明的完整性分类（E）的一部分。 （5）横截面的维护：应按照本规范第5.2条中的试验方法进行试验，并作为注明的完整性分类（E）的一部分。 4.1.2　单隔间防排烟风管段 单隔间防烟风管段应证明以下内容，并应根据《建筑产品和建筑构件的防火分类　第4部分：使用烟雾控制系统部件耐火试验数据进行分类》EN 13501—4—2007进行分类。 （1）完整性：应根据本规范第5.2条中的试验方法和注明的完整性分类（E）进行试验。 （2）泄漏：应按照本规范第5.2条中的试验方法进行试验，并注明泄漏等级（S）。 （3）机械稳定性：应根据本规范第5.2条中的试验方法进行试验，并作为注明的完整性分类（E）的一部分。 （4）横截面的维护：应按照本规范第5.2条中的试验方法进行试验，并作为注明的完整性分类（E）的一部分

中英差异化对比分析结论及心得：

中国规范针对防排烟风管耐火极限的判定仅要求耐火完整性和隔热性同时达到要求，对于设置在不同部位风管的耐火极限测试项均相同，仅在耐火小时数上有不同的要求。

英国规范对于防排烟风管有CE强制认证的要求，防排烟的风管耐火测试分为两种情况，针对设置在单一防火分区的防排烟风管，测试项目包括完整性、泄漏、机械稳定性、横截面的维护，而针对跨防火分区的防排烟风管还增加了隔热等级的测试项。

通过对比可以发现，按英国规范进行CE认证的防排烟风管其要求较中国规范更为严苛。

27.13　排烟系统可靠性要求

对比内容：排烟系统可靠性要求	
中国	英国
《汽车库、修车库、停车场设计防火规范》GB 50067—2014： 8.2.1　除敞开式汽车库、建筑面积小于1000m²的地下一层汽车库和修车库外，汽车库、修车库应设置排烟系统，并应划分防烟分区。 8.2.2　防烟分区的建筑面积不宜大于2000m²，且防烟分区不应跨越防火分区。防烟分区可采用挡烟垂壁、隔墙或从顶棚下凸出不小于0.5m的梁划分。 8.2.6　每个防烟分区应设置排烟口，排烟口宜设在顶棚或靠近顶棚的墙面上。排烟口距该防烟分区内最远点的水平距离不应大于30m	《烟和热控制系统部件　第7部分：有盖停车场烟雾和热控制系统的功能建议和计算方法实施规程》BS 7346—7—2013： 8.1.3　主排烟系统应分为至少两个子系统运行，以确保在任何一个子系统发生故障时，总排烟量不会低于本规范第8.1.1条中规定的排烟量的50%，并且应确保其中一个子系统的故障不会危及其他子系统

中英差异化对比分析结论及心得：

中国规范要求防火分区需划分防烟分区，单个防烟分区面积不超过 2000m²，并按防烟分区设置机械排烟系统，火灾时开启对应防烟分区的排烟及补风系统，但并未要求排烟系统考虑备用，英国规范要求主排烟系统应分成至少两个子系统运行，以便在任何一个子系统发生故障的情况下，总排烟量不低于本规范第 8.1.1 条中规定的排烟量的 50%，并且应确保其中一个子系统的故障不会危及其他子系统。通过对比可知，英国规范对排烟系统的可靠性要求更高。

27.14　排烟风机性能要求

对比内容：排烟风机性能要求	
中国	英国
《汽车库、修车库、停车场设计防火规范》GB 50067—2014： 8.2.7　排烟风机可采用离心风机或排烟轴流风机，并应保证 280℃时能连续工作 30min。 8.2.8　在穿过不同防烟分区的排烟支管上应设置烟气温度大于 280℃时能自动关闭的排烟防火阀，排烟防火阀应联锁关闭相应的排烟风机	《烟和热控制系统的部件　第 7 部分：有盖停车场烟雾和热控制系统的功能建议和计算方法实施规程》BS 7346—7—2013： 8.2.1　应根据《烟和热控制系统　第 3 部分：烟和热的动力排放通风机》BS EN 12101—3—2015 对停车场通风系统中用于排除热气的所有风机进行测试，以验证其是否能在 300℃下连续运行不少于 60min（F300 级）。 注：有关排烟排热设备的更多信息，请参阅《烟和热控制系统　第 3 部分：烟和热的动力排放通风机》BS EN 12101-3

中英差异化对比分析结论及心得：

中国规范要求排烟风机在 280℃时能连续工作 30min，并要求在排烟机房入口处管道上设置 280℃防火阀，当排烟温度达到 280℃时该阀熔断关闭并连锁关闭排烟风机，以起到保护风机和防止火灾蔓延的作用；英国规范中对排烟风机的耐高温性能提出了更高的要求，需满足在 300℃的高温下连续运行不小于 60min 的要求，设计文件中需对排烟风机的性能做出具体的要求。

27.15　排烟风机设置位置的要求

对比内容：排烟风机设置位置的要求	
中国	英国
《建筑设计防火规范》GB 50016—2014： 8.1.9　设置在建筑物内的防排烟风机应设置在不同的专用机房内，有关防火分隔措施应符合本规范第 6.2.7 条的规定。 6.2.7　附设在建筑内的消防控制室、灭火设备室、消防水泵房和通风空气调节机房、变配电室等，应采用耐火极限不低于 2.00h 的防火隔墙和 1.50h 的楼板与其他部位分隔。 设置在丁、戊类厂房内的通风机房，应采用耐火极限不低于 1.00h 的防火隔墙和 0.50h 的楼板与其他部位分隔。 通风、空气调节机房和变配电室开向建筑内的门应采用甲级防火门，消防控制室和其他设备房开向建筑内的门应采用乙级防火门	《烟和热控制系统部件　第 7 部分：有盖停车场烟雾和热控制系统的功能建议和计算方法实施规程》BS 7346—7—2013： 8.2.2　如果排烟风机位于建筑物内，且位于其所服务的防火分区外，则应采用耐火极限不低于其所在建筑物围护结构耐火极限要求的结构构件将其封闭，且在任何情况下其耐火极限均不应小于 1.00h

中英差异化对比分析结论及心得：

中国规范要求排烟风机设置在专用风机房内，风机房围护结构的耐火极限要求需建筑本身的耐火极限要求确定，针对风机房墙体的耐火极限要求略高于风机房楼板耐火极限的要求。英国规范中同样要求风机房需采用结构构件将其封闭，且其耐火极限应与建筑物本身的耐火极限相同，任何情况下风机房围护结构耐火极限都不能低于 1.0h。通过对比可以发现，对于排烟机房的设置要求，中国规范和英国规范相差不大。

27.16 防排烟系统控制要求

对比内容：防排烟系统控制要求	
中国	英国
《建筑防烟排烟系统技术标准》GB 51251—2017： 5.1.2 加压送风机的启动应符合下列规定： 1 现场手动启动。 2 通过火灾自动报警系统自动启动。 3 消防控制室手动启动。 4 系统中任一常闭加压送风口开启时，加压风机应能自动启动。 排烟风机、补风机的控制方式应符合下列规定： 1 现场手动启动。 2 火灾自动报警系统自动启动。 3 消防控制室手动启动。 4 系统中任一排烟阀或排烟口开启时，排烟风机、补风机自动启动。 5 排烟防火阀在 280℃时应自行关闭，并应连锁关闭排烟风机和补风机	《烟和热控制系统部件 第 7 部分：有盖停车场烟雾和热控制系统的功能建议和计算方法实施规程》BS 7346—7—2013： 14.2.1 系统应通过以下一种或多种方式启动： (1) 烟雾探测。 (2) 快速升温检测。 (3) 多准则火灾探测。 (4) 喷头流量开关。 采用选项 (1)～(4) 任何一种方式都需要附加设置消防设施远程开关。手动消防开关不应作为设置在消防通道或逃生通道的系统启动的唯一方式。 14.2.6 当需要分区控制时，探测系统应能够准确定位火灾位置，使烟气和热量控制系统的不同部分在设计范围内适当运行。 14.2.9 消防开关不应设置在停车场内。 14.2.10 自动启动排烟系统后，将排烟系统恢复成正常状态的手动装置应与火灾报警系统运行后的复原装置明确分开，且不受其影响

中英差异化对比分析结论及心得：

中国规范对防排烟风机的控制方式为强制性条文，且必须同时满足四种启动方式，较为严格，可靠性较高。

英国规范针对防排烟系统的控制更强调自动控制，四种控制方式没有强制要求必须同时满足，但其对烟感温感的设置位置提出了具体要求，探测器的位置应尽量减少环境通风系统引起的空气流动的不利影响，且要求消防开关不应位于停车场内。

27.17 防排烟系统设计成果文件

对比内容：防排烟系统设计成果文件	
中国	英国
《建筑工程设计文件编制深度规定（2016 版）》 4.7.1 在施工图设计阶段，供暖通风与空气调节专业设计文件应包括图纸目录、设计与施工说明、设备表、设计图纸、计算书。	《建筑设计、管理和使用中的消防安全 业务守则》BS 9999—2017： 应提供文件，表明设计原理和计算结果满足本规范第 4.1 条中给出的设计目标的一个或多个。应向安装了烟

续表

中国	英国
其中消防设计部分应当包括：防烟系统的系统图、平面布置图，排烟系统的系统图、平面布置图，供暖、通风和空气调节系统的系统图、平面图等	雾和热量控制系统的停车场所有者和使用者提供系统使用手册。该文件应清晰易懂，应包括已安装系统的所有信息，例如图纸、说明、部件清单、安装认证文件、部件测试证书、计算细节。 如果改造了停车场，应向停车场的所有者和使用者提供烟雾和热量控制系统的更新文件。 应根据 BS 9999 和供应商提供的手册确保通风系统的持续可靠性。对建筑物或烟雾控制系统的任何改动都可能破坏最初的设计意图，因此，所有设计和安装文件都应在安装完成后包含在移交手册中，以便能够正确评估建筑物任何改动造成的影响

中英差异化对比分析结论及心得：

中国规范中施工图设计深度要求提供的成果文件一般仅涉及设计计算、设计图纸等资料，针对设计文件中关于后期运行维护等方面的内容没有做具体的要求。英国规范除了要求提供与中国规范施工图设计深度要求类似的一般设计文件外，还要求设计应考虑维护和定期测试等方面的内容，附件中应包括：消防安全管理文件、消防救援示意图、安装、维护和测试文件、计算机控制软件说明文件等。

28 地上建筑排烟系统设计

本节主要为中英地上建筑排烟设计规范的对比，包括自然排烟、机械排烟等内容。

本节参考规范及标准为：中国《建筑防烟排烟系统技术标准》GB 51251—2017、《建筑设计防火规范》GB 50016—2014（2018 年版）。英国《烟和热控制系统部件 第 4 部分：利用稳态设计火灾的排烟排热通风系统的功能推荐和计算方法实施规程》BS 7346—4—2003、《烟和热控制系统部件 第 5 部分：利用时间相关设计点火法的排烟和排热通风系统的功能推荐方法和计算方法实施规程》BS 7346—5—2005、《建筑设计、管理和使用中的消防安全 业务守则》BS 9999—2017。

28.1 排烟系统设置目的

对比内容：排烟系统设置目的	
中国	英国
《建筑防烟排烟系统技术标准》GB 51251—2017： 采用自然排烟或机械排烟的方式，将房间、走道等空间的火灾烟气及热量排至建筑物外	《烟和热控制系统部件 第 5 部分：利用时间相关设计点火法的排烟和排热通风系统的功能推荐方法和计算方法实施规程》BS 7346—5—2005： 0.3 时间相关设计火灾 SHEVS 设计的目标 0.3.1 逃生途径的保护（生命安全）

续表

中国	英国
	其目的是通过计算烟雾层下方所需的无烟高度，并通过从该层排出烟雾以减缓烟雾向下占据清晰高度的速度，从而将逃生路线（与火灾位于同一空间）上的火灾危险延迟足够长的时间，使人们能够安全疏散。如果在火灾得到控制（或燃料耗尽）之前，净空高度和烟雾层温度保持足够的安全，疏散时间就可以像稳态设计那样得到极大的延长。 0.3.2　温度控制 当热浮力烟雾层下的净空高度不是一个关键的设计参数时，可以不同的方式使用与本规范第0.3.1条相同的计算程序（公式）。排烟装置可以设计用来控制浮力层中烟气的温度，这样就可以使用原本可能会被高温烟气破坏掉的材料。例如，中庭立面的玻璃在已知它能承受的极限温度满足要求的情况下，可以不需要采用防火玻璃。在这种情况下，设置温度控制SHEVS系统，可以允许采用此类玻璃与中庭隔开的较高楼层实现分阶段疏散策略。 0.3.3　促进消防作业 为了让消防人员顺利地处理建筑物内的火灾，消防人员首先需要将消防设备送到入口，以便进入建筑物内部。然后，需要将自己和设备从这一点运送到火灾现场。在大型多层综合建筑中距离可能很长，需要上下两层。即使是在单层建筑中，消防人员也需要足够的水和足够的压力以应对火灾。高温和烟雾的存在也会严重阻碍和延迟消防人员实施救援和灭火的行动。建议提供SHEVS系统以协助逃生或保护财产，也有助于灭火。可以设计一个类似于本规范第0.3.1条中所述的SHEVS系统，为消防人员提供浮力烟雾层下方的无烟区域，在他们发现和控制火灾所需的时间内，该区域不会对他们造成危险或能见度降低。 0.3.4　财产保护 排烟通风本身并不能阻止火灾扩大。它保证通风空间中的火灾有持续的氧气供应。这反过来促进了本规范第0.3.3条中所述的更快、更有效的消防操作，从而减少热分解产物、热烟气和热辐射造成的损坏，从而保护建筑设备和家具

中英差异化对比分析结论及心得：

中国防火规范仅要求在着火前期排除着火区域的烟和热，未对其他设计目标进行要求，英国规范则从逃生途径的保护、温度控制、促进消防作业、财产保护等方面做了详细说明，更加有利于协助火灾的快速扑灭以及降低火灾造成的人身财产损失。

28.2　排烟系统设置原则

对比内容：排烟系统设置原则	
中国	英国
《建筑设计防火规范》GB 50016—2014（2018年版）： 5.1.1　民用建筑根据其建筑高度和层数可分为单、多层民用建筑和高层民用建筑。高层民用建筑根据其建筑高	《建筑设计、管理和使用中的消防安全　业务守则》BS 9999—2017：

续表

中国

度、使用功能和楼层的建筑面积可分为一类和二类。民用建筑的分类应符合表 5.1.1 的规定。

民用建筑的分类　　表 5.1.1

名称	高层民用建筑		单、多层民用建筑
	一类	二类	
住宅建筑	建筑高度大于 54m 的住宅建筑（包括设置商业服务网点的住宅建筑）	建筑高度大于 27m，但不大于 54m 的住宅建筑（包括设置商业服务网点的住宅建筑）	建筑高度不大于 27m 的住宅建筑（包括设置商业服务网点的住宅建筑）
公共建筑	1. 建筑高度大于 50m 的公共建筑 2. 建筑高度 24m 以上部分任一楼层建筑面积大于 1000m² 的商店、展览、电信、邮政、财贸金融建筑和其他多种功能组合的建筑 3. 医疗建筑、重要公共建筑、独立建造的老年人照料设施 4. 省级及以上的广播电视和防灾指挥调度建筑、网局级和省级电力调度建筑 5. 藏书超过 100 万册的图书馆、书库	除一类高层公共建筑外的其他高层公共建筑	1. 建筑高度大于 24m 的单层公共建筑。 2. 建筑高度不大于 24m 的其他公共建筑

《建筑设计防火规范》GB 50016—2014（2018 年版）：

8.5.3　民用建筑的下列场所或部位应设置排烟设施：

1　设置在一、二、三层且房间建筑面积大于 100m² 的歌舞娱乐放映游艺场所，设置在四层及以上楼层、地下或半地下的歌舞娱乐放映游艺场所；

2　中庭；

3　公共建筑内建筑面积大于 100m² 且经常有人停留的地上房间；

4　公共建筑内建筑面积大于 300m² 且可燃物较多的地上房间

英国

占用特性　　表 2

占用特性	说明	示例
A	醒着的居住者熟悉这栋楼	办公及工业处所
B	醒着的居住者不熟悉这栋楼	商店、展览、博物馆、休闲中心，Other assembly buildings，etc.
C	可能处于睡眠状态的乘员：	
CⅠ[A)]	长期个人入住	没有 24h 现场维修和管理控制的个别单位
CⅡ[A)]	长期管理占用	提供服务的公寓、宿舍、寄宿学校的睡眠区
CⅢ	短期入住	酒店
D[B)]	接受医疗护理的乘员	医院、寄宿护理设施

A）为了完整起见，在本表中包括占用特性 CⅠ和 CⅡ，但在 BS 9991 中有更深入的介绍。

B）目前占用特性 D（医疗保健）在其他文件中处理，不在本英国标准范围内

6　风险画像

6.1　一般

注：每种风险画像都有一套最低限度的消防措施和管理级别，这些都是在英国标准中确定的。

应为每栋建筑物制定风险画像，以便确定适当的逃生手段（第 5 节）和为生命安全而对建筑物进行适当的设计特征（第 7 节）。

风险画像应反映建筑物占用特性（本规范第 6.2 条和表 2）和火灾增长率（本规范第 6.3 条和表 3），并应表示为结合这两个要素的值（本规范第 6.4 条和表 54）。

应考虑到同一建筑物内的不同用途可能具有不同的火灾负荷密度和占用特性。

续表

<table>
<tr><th>中国</th><th>英国</th></tr>
<tr><td></td><td>
<table>
<tr><th>占用物性（表 2）</th><th>火灾增长率（来自表 3）</th><th>风险画像</th></tr>
<tr><td rowspan="4">A
（清醒且熟悉该建筑的居住者）</td><td>1 慢</td><td>A1</td></tr>
<tr><td>2 中</td><td>A2</td></tr>
<tr><td>3 快</td><td>A3</td></tr>
<tr><td>4 极快</td><td>A4</td></tr>
<tr><td rowspan="4">B
（清醒且不熟悉该建筑的居住者）</td><td>1 慢</td><td>B1</td></tr>
<tr><td>2 中</td><td>B2</td></tr>
<tr><td>3 快</td><td>B3</td></tr>
<tr><td>4 极快</td><td>B4</td></tr>
<tr><td rowspan="4">C
（可能处于睡眠状态的居住者）</td><td>1 慢</td><td>C1[B)]</td></tr>
<tr><td>2 中</td><td>C2[B)]</td></tr>
<tr><td>3 快</td><td>C3[B),C)]</td></tr>
<tr><td>4 极快</td><td>C4[A),B)]</td></tr>
</table>
A）这些类别在 BS 9999 的范围内是不可接受的，增加有效的局部抑制系统或喷头将降低火灾增长速度，从而改变类别（见本规范第 6.5 条）。
B）风险简介 C 有若干子类别（见表 2）。
C）风险简介 C3 在许多情况下是不可接受的，除非采取特别预防措施
</td></tr>
</table>

中英差异化对比分析结论及心得：

中国《建筑设计防火规范》GB 50016—2014（2018 年版）中对于建筑物的分类较为简单，仅考虑了使用功能、建筑高度等因素，未具体考虑建筑物内人员情况及火灾增长速率等的不同，排烟设施的设置原则也仅考虑了建筑物的分类及房间面积等，未具体分析建筑内部的人员、可燃物及疏散条件等的差异。

英国规范对于建筑物的分类比中国规范要细致很多，每栋建筑都需要综合其占用特性、火灾增长速率、风险评估等多方面因素进行风险画像，不同风险画像等级的建筑物其排烟设施设置的要求存在差异性。

通过对比可以发现，中国规范相比英国规范没有那么精细化，但是设计起来更加简洁明了，可操作性更强。

28.3 排烟系统与 HVAC 系统合用

对比内容：排烟系统与 HVAC 系统合用	
中国	英国
《建筑防烟排烟系统技术标准》GB 51251—2017： 4.4.3 排烟系统与通风、空气调节系统应分开设置；当确有困难时可以合用，但应符合排烟系统的要求，且当排烟口打开时，每个排烟合用系统的管道上需联动关闭的通风和空气调节系统的控制阀门不应超过 10 个	《烟和热控制系统部件 第 4 部分：利用稳态设计火灾的排烟排热通风系统的功能推荐和计算方法实施规程》BS 7346—4—2003： 7.7.1 HVAC 系统（空调和机械通风系统）设计用于实现与 SHEVS 不同的目标。不仅被排出的气体量通常

续表

中国	英国
	较小，而且它们通常向不同的方向排出。例如，暖通空调系统通常在房间高处送风，并在低处排出使用过的空气，与 SHEVS 的方式相反。即使暖通空调系统已关闭，其管道也会为烟雾的扩散提供通道，除非已采取措施防止这种情况发生。 暖通空调系统可全部或部分并入 SHEVS 中。在这种情况下，有必要隔离出未合用的部分，并确保合并的部分符合与 SHEVS 相同的性能标准。只能手动复位的防火阀会使 SHEVS 的常规功能测试变得极其困难，因此，防火阀必须能够电动打开和关闭

中英差异化对比分析结论及心得：

中国规范和英国规范均允许排烟系统和 HVAC 系统合用部分风管的做法，但是中国规范要求火灾时联动关闭的控制阀门不应超过 10 个。英国规范对联动控制的阀门个数没有限制，仅要求采用能远程电动开启和远程电动关闭的防火阀即可。针对排烟系统和通风系统合用的部分，中国规范和英国规范均要求按照排烟系统的防火要求设置。

28.4 最大防烟分区面积及长边长度要求

对比内容：最大防烟分区面积及长边长度要求	
中国	英国
《建筑防烟排烟系统技术标准》GB 51251—2017： 4.2.4 公共建筑、工业建筑防烟分区的最大允许面积及其长边最大允许长度应符合表 4.2.4 的规定，当工业建筑采用自然排烟系统时，其防烟分区的长边长度尚不应大于建筑内空间净高的 8 倍。 **公共建筑、工业建筑防烟分区的最大允许面积及其长边最大允许长度　　表 4.2.4** （见下表） 注：1. 公共建筑、工业建筑中的走道宽度不大于 2.5m 时，其防烟分区的长边长度不应大于 60m。 2. 当空间净高大于 9m 时，防烟分区之间可不设置挡烟设施。 3. 汽车库防烟分区的划分及其排烟量应符合现行国家规范《汽车库、修车库、停车场设计防火规范》GB 50067 的相关规定	《烟和热控制系统部件　第 4 部分：利用稳态设计火灾的排烟排热通风系统的功能推荐和计算方法实施规程》BS 7346—4—2003： 6.6.2.7 当火灾发生在储烟仓正下方时，如果采用自然排烟，每个防烟分区的最大面积应为 2000m^2；如果采用机械排烟，每个防烟分区的最大面积应为 2600m^2。 6.6.2.8 如火灾发生在与储烟仓相邻的房间内，或在同一空间内的封闭夹层（例如单层和多层购物商场及中庭）下方，如安装了自然排烟通风设备，容许造成烟雾气体流入储烟仓的消防房间（或夹层）的最大面积应为 1000m^2；如安装了机械排烟通风设备，则容许造成烟雾气体流入储烟仓的最大面积应为 1300m^2。 6.6.2.9 沿任何轴线方向的储烟仓最大长度应为 60m

空间净高 H（m）	最大允许面积（m^2）	长边最大允许长度（m）
$H \leqslant 3.0$	500	24
$3.0 < H \leqslant 6.0$	1000	36
$H > 6.0$	2000	60m；具有自然对流条件时，不应大于 75m

中英差异化对比分析结论及心得：

中国规范和英国规范关于防烟分区面积的划分存在较大的差异，中国规范根据室内净高不同划分不同的最大防烟分区面积，英国规范根据火灾发生位置的不同以及是采用自然排烟通风机还是采用机械排烟通风机来划分不同的面积。整体来说，英国规范规定的最大防烟分区面积大于中国规范的面积要求。

28.5 防烟分区排烟系统划分

对比内容：防烟分区排烟系统划分	
中国	英国
《建筑防烟排烟系统技术标准》GB 51251—2017： 4.6.4 当一个排烟系统担负多个防烟分区排烟时，其系统排烟量的计算应符合下列规定： 1 当系统负担具有相同净高场所时，对于建筑空间净高大于6m的场所，应按排烟量最大的一个防烟分区的排烟量计算；对于建筑空间净高为6m及以下的场所，应按同一防火分区中任意两个相邻防烟分区的排烟量之和的最大值计算。 2 当系统负担具有不同净高场所时，应采用上述方法对系统中每个场所所需的排烟量进行计算，并取其中的最大值作为系统排烟量。 4.4.10 排烟管道下列部位应设置排烟防火阀： 1 垂直风管与每层水平风管交接处的水平管段上； 2 一个排烟系统负担多个防烟分区的排烟支管上； 3 排烟风机入口处； 4 穿越防火分区处	《烟和热控制系统部件 第4部分：利用稳态设计火灾的排烟排热通风系统的功能推荐和计算方法实施规程》BS 7346—4—2003： 4.5.1 形成独立防火分区的防烟分区。 不管是各防烟区配备独立的SHEVS，还是同一防火分区内划分多个防烟分区并通过管道连接各防烟分区来实现机械排烟，当一个或多个排烟风机服务于此类相连防烟分区时，应针对相关连接隔间中可能发生的设计火灾的最坏情况计算拟排出的烟气体积流量（见本规范第5条和第6条）。火灾探测方法应采用符合《建筑物火灾监测及报警系统 第1部分：系统设计、安装和维护实用规则》BS 5839—1—2017的烟雾探测系统，其应具有联动防火阀的功能，该防火阀位于通向排烟风机的管道中。防火阀应设置于能保持耐火结构完整性的位置

中英差异化对比分析结论及心得：

中国规范和英国规范均是按防火分区划分防烟分区，同一防火分区内各防烟分区的排烟系统可以独立设置，也可以一套排烟系统负担多个防烟分区的排烟。不同之处在于，中国规范针对多个防烟分区合用排烟系统排烟量的计算方法与净高有关，而英国规范中并没有根据净高来区分排烟量的计算方法。针对排烟防火阀的设置要求，中国规范和英国规范要求一致。

28.6 同一防烟分区的排烟方式

对比内容：同一防烟分区的排烟方式	
中国	英国
《建筑防烟排烟系统技术标准》GB 51251—2017： 4.1.2 同一个防烟分区应采用同一种排烟方式。 4.5.1 除地上建筑的走道或建筑面积小于500m^{2}的房间外，设置排烟系统的场所应设置补风系统。 4.5.2 补风系统应直接从室外引入空气，且补风量不应小于排烟量的50%	《烟和热控制系统部件 第4部分：利用稳态设计火灾的排烟排热通风系统的功能推荐和计算方法实施规程》BS 7346—4—2003： 4.3 自然方式和机械方式不应同时作为同一个防烟分区的排烟措施或同一个防烟分区中的补风措施。 排烟和排热系统应包括：

续表

中国	英国
	(1) 具有自然补风的自然排烟系统； (2) 具有机械补风的自然排烟系统； (3) 具有自然补风的机械排烟系统； (4) 具有机械补和机械排的排烟和排热系统。 不应设计（2）和（4）项，除非对系统进行全面设计和详细说明，说明系统在设计条件下如何工作

中英差异化对比分析结论及心得：

中国规范和英国规范均要求同一防烟分区内只能采用一种排烟方式，而针对补风系统，中国规范明确了地上面积小于500m^{2}的房间以及走道可以不考虑补风，其余需要补风的场所可以采用自然或机械的补风方式，英国规范中设置排烟系统的场所均要求考虑补风措施，而且不建议采用机械补风的方式，如需采用机械补风，需进行全面的设计和详细的说明。

28.7 负担多个防烟分区的排烟系统

对比内容：负担多个防烟分区的排烟系统	
中国	英国
《建筑防烟排烟系统技术标准》GB 51251—2017： 5.2.3 机械排烟系统中的常闭排烟阀或排烟口应具有火灾自动报警系统自动开启、消防控制室手动开启和现场手动开启功能，其开启信号应与排烟风机联动。当火灾确认后，火灾自动报警系统应在15s内联动开启相应防烟分区的全部排烟阀、排烟口、排烟风机和补风设施，并应在30s内自动关闭与排烟无关的通风、空调系统。 5.2.4 当火灾确认后，担负两个及以上防烟分区的排烟系统，应仅打开着火防烟分区的排烟阀或排烟口，其他防烟分区的排烟阀或排烟口应呈关闭状态	《烟和热控制系统部件 第4部分：利用稳态设计火灾的排烟排热通风系统的功能推荐和计算方法实施规程》BS 7346—4—2003： 以下建议适用于建筑物中的每个烟区通过墙体或挡烟垂壁与其他防烟区隔开的情况。 (1) 若同一防火分区内的所有防烟分区都有共用的补风系统，则入口和门应符合本规范第6.8条的要求。 (2) 若使用自然排烟，由于杂散烟雾导致该区域内的烟雾探测器响应而激活，则与着火防烟分区相邻的防烟分区的通风设施可能会打开。 (3) 若采用机械排烟，且每个防烟分区都配备有独立的SHEVS（包括管道和风机），如果由于杂散烟雾引起该区域内的烟雾探测器响应激活，则与火灾影响区相邻的防烟分区内的风机可启动运行，前提是电源足以满足所有风机同时运行，且通过进风口的空气流速小于5m/s（见本规范第6.8.2.12条）。否则，一旦SHEVS在某一防烟分区内启动运行，应确保不会因杂散烟雾导致相邻防烟分区的烟雾探测器响应而激活，从而导致SHEVS的进一步动作。 (4) 若采用机械排烟，且相邻的防烟分区通过管道连接到本规范第4.5.1条中所述的一台排烟风机或一组排烟风机，如果由于杂散烟雾而引起该区域中的烟雾探测器响应激活，如果根据本规范第6.1条～第6.8条计算，每个单独区域的排烟体积流量仍然足够，并且通过进风口的空气速度小于5 m/s，则火灾影响区域相邻防烟分区的挡烟垂壁可以打开。否则，一旦SHEVS在某一防烟分区投入运行，应确保相邻防烟分区的烟雾探测器因杂散烟雾引起的响应不会导致SHEVS的进一步动作

中英差异化对比分析结论及心得：

针对一个排烟系统负担多个防烟分区的情况，中国规范要求排烟量按照同一防火分区中任意两个相邻防烟分区的排烟量之和的最大值计算，火灾时仅打开对应防烟分区的排烟口重点排烟，如烟气外溢至相邻防烟分区再开启相邻防烟分区的排烟口，两个防烟分区同时排烟，系统排烟量仍能满足要求。英国规范中可以只按一个防烟分区着火来计算排烟量，并没有要求按任意两个相邻防烟分区的排烟量之和的最大值来计算排烟量，但是需确保相邻防烟分区的烟雾探测器因杂散烟雾引起的响应不会导致影响 SHEVS 功能的进一步动作。

28.8 火灾热释放速率

对比内容：火灾热释放速率

中国

《建筑防烟排烟系统技术标准》GB 51251—2017：

4.6.7 各类场所的火灾热释放速率可按本标准第 4.6.10 条的规定计算且不应小于表 4.6.7 规定的值。设置自动喷水灭火系统（简称喷淋）的场所，其室内净高大于 8m 时，应按无喷淋场所对待。

火灾达到稳态时的热释放速率　表 4.6.7

建筑类别	喷淋设置情况	热释放速率 Q（MW）
办公室、教室、客房、走道	无喷淋	6.0
	有喷淋	1.5
商店、展览厅	无喷淋	10.0
	有喷淋	3.0
其他公共场所	无喷淋	8.0
	有喷淋	2.5
汽车库	无喷淋	3.0
	有喷淋	1.5
厂房	无喷淋	8.0
	有喷淋	2.5
仓库	无喷淋	20.0
	有喷淋	4.0

4.6.10 火灾热释放速率应按下式计算：

$$Q=\alpha \cdot t^2 \qquad (4.6.10)$$

式中：Q——热释放速率（kW）；

t——火灾增长时间（s）；

α——火灾增长系数（按表 4.6.10 取值）（kW/s^2）。

英国

《烟和热控制系统部件　第 4 部分：利用稳态设计火灾的排烟排热通风系统的功能推荐和计算方法实施规程》BS 7346—4—2003：

6.1.2 设计火灾时应考虑以下建议

(1) 应确定 SHEVS 通风空间内可能发生火灾的位置。

(2) 对于商店零售区、办公室、停车场和酒店客房，火灾长度和热释放速率的默认值应如表 1 所示。如果火灾面积小于表 1 中给出的 A 值，则应假设 A 为房间面积，q 应按比例减小。

(3) 对于表 1 中未列出的情况，设计师应确定每个火灾位置的燃料面排列高度。

(4) 在选择设计火灾时，如果喷水灭火器是后期考虑，则应将其视为未喷水灭火器。

(5) 基于稳态设计火灾的 SHEVS 应被视为不适用于高度超过 4 m 的无污染燃料面排列。

注：仅 SHEVS（即无喷水装置）不太可能保护包含高货架的建筑物。

(6) 对于表 1 中未包括且低于 4m 的燃料面排列，设计人员应根据燃料的物理范围或消防人员首次使用灭火剂时可能发生的最大火灾规模来评估面积（A）和长度（P），或在考虑喷头作用的影响时最大可能的火灾规模，并应记录该选择（见本规范第 4.7.3 条）。设计师应在设计过程的早期阶段与相关监管机构商定该选择。

(7) 在绝大多数火灾中，(6) 所涵盖的燃料面排列并非仅由一种材料组成，而是由具有不同燃烧速率和热释放速率的多种不同材料组成。出于设计目的，设计师应根据情况计算喷水或非喷水条件下的高、低热释放速率。

续表

<table>
<tr><th>中国</th><th>英国</th></tr>
<tr><td>

火灾增长系数 表 4.6.10

火灾类别	典型的可燃材料	火灾增长系数 (kW/s²)
慢速火	硬木家具	0.00278
中速火	棉质、聚酯垫子	0.011
快速火	装满的邮件袋、木制货架托盘、泡沫塑料	0.044
超快速火	池火、快速燃烧的装饰家具、轻质窗帘	0.178

</td><td>

设计火灾的默认值 表 1

用途	火灾面积 $A(m^2)$	火灾长度 $P(m^2)$	热释放速率 $q(kW/m^2)$
零售区			
标准响应喷头	10	12	625
快速响应喷头	5	9	625
无喷头	整个房间	开间宽度	1200
办公室			
标准响应喷头	16	14	225
无喷头：燃料层控制	47	24	255
无喷头 a：预计上述燃料层将发生全面火灾	整个房间	开间宽度	255
酒店客房			
标准响应喷头	2	6	250
无喷头	整个房间	开间宽度	100
停车场（燃烧的汽车）	10	12	400

注：出于设计目的，SHEVS 的火灾区域不应与 BS 5306—2 中规定的喷头设计的操作区域混淆。
a：当房间完全陷入火灾时，房间开口外的火焰会产生一些热量。离开开口的烟气温度很少超过 1000℃。

附录 A（资料性附录）火灾热释放速率
尽管已经完成一些特定、单种材料的热释放速率研究，但这些研究并不适用于所有情况下的火灾。任何火灾都可能涉及多种可燃材料。因此，特定材料的热释放速率值不适用，但有必要评估热释放速率的高值和低值，以确定最坏情况下的推荐结果。以下值和公式可用于计算喷水或非喷水条件下热释放速率的高值和低值。
对于有喷水灭火系统的火灾：

$Q_{低}=250kW/m^2$；$Q_{高}=625kW/m^2$

对于燃料面阵列高达 2m 的无喷水灭火系统的火灾：

$Q_{低}=250kW/m^2$；$Q_{高}=1250kW/m^2$

对于燃料面阵列高度在 2m～4m 的无喷水灭火系统的火灾：

$Q_{低}=250\times(h-1)kW/m^2$；$Q_{高}=1250\times(h-1)kW/m^2$

</td></tr>
</table>

中英差异化对比分析结论及心得：

火灾烟气的规模主要是由火灾热释放速率、火源类型、空间大小形状、环境温度等因素决定的。中国规范中给出的火灾热释放速率考虑了房间使用功能及是否设置喷淋等因素；英国规范中同样给出部分场所的火灾热释放速率值，但是该值不仅考虑了房间使用功能及是否设置喷淋等因素，同时还考虑了火灾面积及火灾长度等因素的影响。

28.9 最小清晰高度

<table>
<tr><td colspan="2">对比内容：最小清晰高度</td></tr>
<tr><td>中国</td><td>英国</td></tr>
<tr><td>《建筑防烟排烟系统技术标准》GB 51251—2017：
4.6.9 走道、室内空间净高不大于3m的区域，其最小清晰高度不宜小于其净高的1/2，其他区域的最小清晰高度应按下式计算：
$$H_q = 1.6 + 0.1 \cdot H \quad (4.6.9)$$
式中：H_q——最小清晰高度（m）；
H——对于单层空间，取排烟空间的建筑净高度（m）；对于多层空间，取最高疏散层的层高（m）</td><td>《烟和热控制系统部件 第4部分：利用稳态设计火灾的排烟排热通风系统的功能推荐和计算方法实施规程》BS 7346—4—2003：
表2
<table><tr><td>建筑类型</td><td>最小清晰高度 Y（m）</td></tr><tr><td>公共建筑，如单层商场、展厅</td><td>3.0</td></tr><tr><td>非公共建筑，如办公室、公寓、开放式监狱</td><td>2.5</td></tr><tr><td>停车场</td><td>2.5m或0.8H，以较小者为准</td></tr></table>注：关于烟雾层较冷时Y的附加值，参见本规范第6.2.2条和第6.5.2.3条</td></tr>
</table>

中英差异化对比分析结论及心得：

中国规范中的最小清晰高度根据房间的净高计算得到，与建筑类型、房间使用功能等无关，不同净高的房间其最小清晰高度不同；英国规范则根据建筑的定性直接通过表格的方式给出最小清晰高度的限值。

两者对比可以发现，对于净高小于14m的房间，按英国规范设计的最小清晰高度均高于中国规范对最小清晰高度的要求。

28.10 最小储烟仓厚度

<table>
<tr><td colspan="2">对比内容：最小储烟仓厚度</td></tr>
<tr><td>中国</td><td>英国</td></tr>
<tr><td>《建筑防烟排烟系统技术标准》GB 51251—2017：
4.6.2 当采用自然排烟方式时，储烟仓的厚度不应小于空间净高的20%，且不应小于500mm；当采用机械排烟方式时，不应小于空间净高的10%，且不应小于500mm。同时储烟仓底部距地面的高度应大于安全疏散所需的最小清晰高度，最小清晰高度应按本标准第4.6.9条的规定计算确定</td><td>《烟和热控制系统部件 第4部分：利用稳态设计火灾的排烟排热通风系统的功能推荐和计算方法实施规程》BS 7346—4—2003：
6.6.2.10 对于直接位于储烟仓下方的火灾，储烟仓的设计高度不应小于地面到顶棚高度的10%，或者对于溢出型烟羽流，其设计高度不应小于从溢出边缘到顶棚高度的10%。
6.6.2.11 储烟仓的设计深度不应超过地面至顶棚高度的90%</td></tr>
</table>

中英差异化对比分析结论及心得：

中国规范关于最小储烟仓厚度的取值是根据采用自然排烟或机械排烟方式来确定的，当采用机械排烟时，和英国规范要求一致，都是空间净高的10%；当采用自然排烟时，中国规范规定最小储烟仓厚度为空间净高的20%，英国规范规定最小储烟仓厚度为空间净高的10%；另外，中国规范和英国规范都对储烟仓厚度的最大值进行了规定，中国规范规定储烟仓厚度的最大值为空间净高与最小清晰高度之差，英国规范规定储烟仓厚度的最大值为空间净高的90%。

28.11　挡烟垂壁安全裕量

对比内容：挡烟垂壁安全裕量	
中国	英国
《建筑防烟排烟系统技术标准》GB 51251—2017： 4.6.2　当采用自然排烟方式时，储烟仓的厚度不应小于空间净高的20%，且不应小于500mm；当采用机械排烟方式时，不应小于空间净高的10%，且不应小于500mm。同时储烟仓底部距地面的高度应大于安全疏散所需的最小清晰高度，最小清晰高度应按本标准第4.6.9条的规定计算确定。 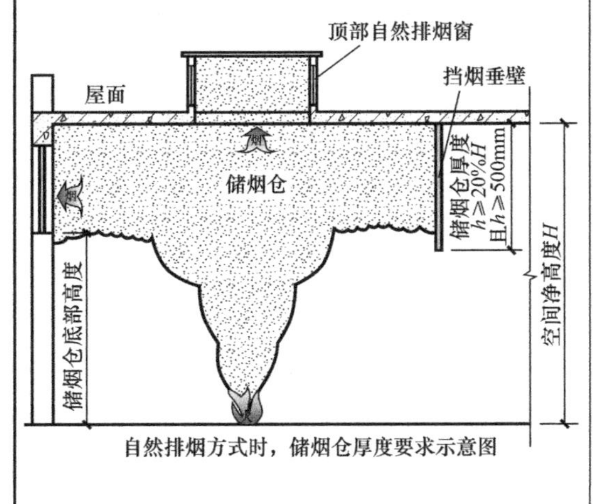 自然排烟方式时，储烟仓厚度要求示意图	《烟和热控制系统部件　第4部分：利用稳态设计火灾的排烟排热通风系统的功能推荐和计算方法实施规程》BS 7346—4—2003： 附录H（自由悬挂挡烟垂壁的偏转） H.1　挡烟垂壁未到达地面 在挡烟垂壁下方有一个大开口，且在烟雾层底部靠近挡烟垂壁底部的情况下，由于烟层浮力产生的水平力作用于挡烟垂壁（忽略弯曲和气动升力的影响）。 设计师通常需要计算挡烟垂壁材料（d）的长度，以确保即使挡烟垂壁处于偏转位置，挡烟垂壁下缘仍然低于烟雾层底部，从而不会溢出烟雾。实际上，挡烟垂壁向外弯曲，就像帆船的帆，但以下分析假设挡烟垂壁保持刚性，在分析结束时引入一个保守的安全裕度，以补偿弯曲。 作用在自由悬挂防烟屏障上的力如图H.1所示。 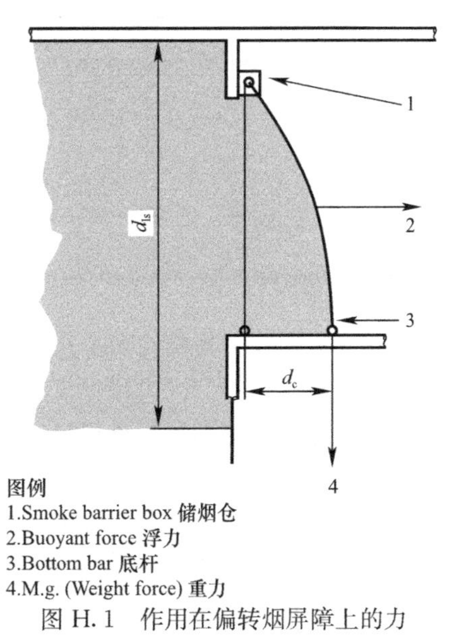 图H.1　作用在偏转烟屏障上的力

中英差异化对比分析结论及心得：

中国规范对于挡烟垂壁的高度取值一般是直接按照储烟仓的厚度确定，没有考虑柔性挡烟垂壁可能存在偏转的情况，也没有考虑安全裕量；英国规范则给出挡烟垂壁偏转情况下的受力示意图，同时还给出挡烟垂壁高度安全裕量的相关计算公式。

28.12 排烟口设置

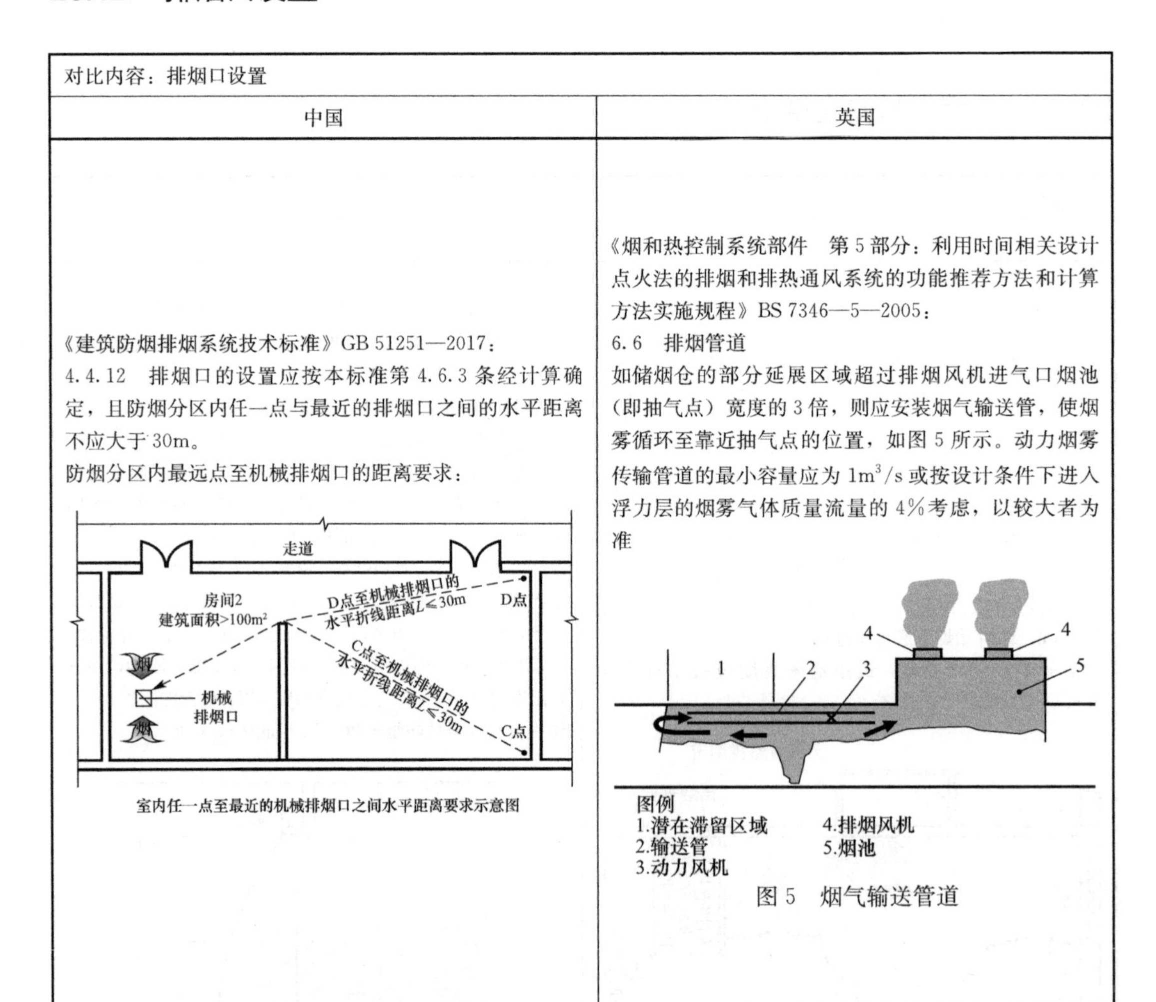

对比内容：排烟口设置	
中国	英国
《建筑防烟排烟系统技术标准》GB 51251—2017： 4.4.12 排烟口的设置应按本标准第 4.6.3 条经计算确定，且防烟分区内任一点与最近的排烟口之间的水平距离不应大于 30m。 防烟分区内最远点至机械排烟口的距离要求： 室内任一点至最近的机械排烟口之间水平距离要求示意图	《烟和热控制系统部件 第 5 部分：利用时间相关设计点火法的排烟和排热通风系统的功能推荐方法和计算方法实施规程》BS 7346—5—2005： 6.6 排烟管道 如储烟仓的部分延展区域超过排烟风机进气口烟池（即抽气点）宽度的 3 倍，则应安装烟气输送管，使烟雾循环至靠近抽气点的位置，如图 5 所示。动力烟雾传输管道的最小容量应为 $1m^3/s$ 或按设计条件下进入浮力层的烟雾气体质量流量的 4% 考虑，以较大者为准 图例 1.潜在滞留区域 2.输送管 3.动力风机 4.排烟风机 5.烟池 图 5 烟气输送管道

中英差异化对比分析结论及心得：

中国规范对于防烟分区内最远点至机械排烟口的最大水平距离限值为 30m；英国规范要求烟池的最远点至排烟风机进气口（即抽气点）的长度超过烟池宽度的 3 倍时应增设一套排烟接力系统，将远端的烟气传输到排烟风机的进气口附近。

通过对比可以发现，中国规范中防烟分区的最远点至机械排烟口的最大水平距离为一个确定的限制，而英国规范中这一限制是变化的，为烟池宽度的 3 倍，烟池划分尺寸不同，则该限制相应变化。

28.13　增压室

对比内容：增压室	
中国	英国
《建筑防烟排烟系统技术标准》GB 51251—2017： 4.4.13　当排烟口设在吊顶内且通过吊顶上部空间进行排烟时，应符合下列规定： 1　吊顶应采用不燃材料，且吊顶内不应有可燃物； 2　封闭式吊顶上设置的烟气流入口的颈部烟气速度不宜大于 1.5m/s； 3　非封闭式吊顶的开孔率不应小于吊顶净面积的 25%，且排烟口应均匀布置	《烟和热控制系统部件　第 4 部分：利用稳态设计火灾的排烟排热通风系统的功能推荐和计算方法实施规程》BS 7346—4—2003： 附录 I（增压室） 增压室是储烟仓内部的空间或包含储烟仓的空间。其上方受无孔顶棚（如屋顶或阳台）限制，其侧面由挡烟结构（如墙体、结构梁或挡烟垂壁）限制，下方受镂空顶棚的限制，其开孔率小于 25%，可被烟雾穿透。在增压室中，压力由自然或排烟风机引起，因此该空间内的烟雾被直接清除。来自吊顶下方的烟雾通过吊顶的开口被吸入增压室，进入空间，通过自然或机械排烟风机将其排除。图 I.1 说明了这一原理。可以确定两种类型的增压室：自然通风增压室和机械通风增压室。 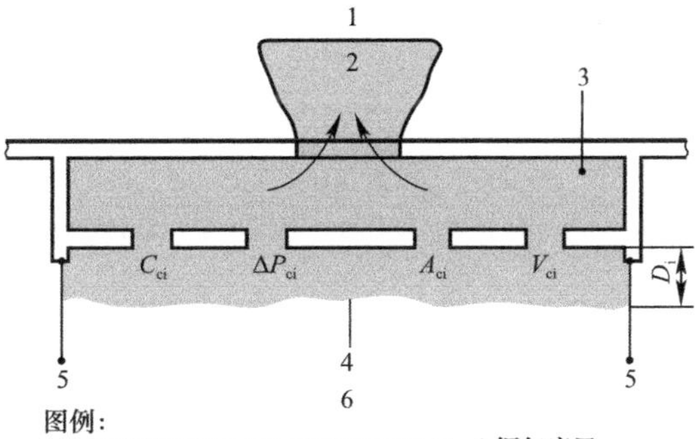 1　2　3　C_{ci}　ΔP_{ci}　A_{ci}　V_{ci}　D　4　5　5　6 图例： 1.通过自然通风或机械通风进行排气　4.烟气底层 2. AvCv　5.挡烟垂壁 3.ΔP_{ci}　6.环境条件 图 I.1　增压室 1.3　机械排烟增压室 储烟仓仍以吊顶作为顶部（类似于自然排烟增压室）。排烟风机从增压室抽气，在增压室和下面烟层顶部之间产生压力差 ΔP。从增压室下面的烟雾层排出的烟雾体积流量 V 可以根据式（6.6）计算，它等于通过吊顶各孔口的烟雾体积流量的总和。由压力差 ΔP 引起的体积流量 V 以及通过吊顶开孔时的压力损失可以使用常规的 HVAC 计算方法计算，排烟风机的压头需克服烟雾通过吊顶开孔时造成的压力损失

中英差异化对比分析结论及心得：

中国规范允许自然或机械排烟口设置在非密闭吊顶内，但是要求吊顶的开孔率不应小于吊顶净面积的 25%，且孔洞应均匀布置，但中国规范并没有增压室的概念，在机械排烟系统中也没有明确非封闭式吊顶的阻力损失计算方法。

英国规范同样允许在非密闭吊顶内排烟，但要求吊顶开孔率不小于25%，同时还引入增压室的概念，并明确设计时应考虑非密闭吊顶引起的压力损失，在选用排烟风机时需把这一部分的压力损失附加到风机的压头上。

28.14 烟气层吸穿现象

对比内容：烟气层吸穿现象

中国

《建筑防烟排烟系统技术标准》GB 51251—2017：

4.6.14 条文说明：如果从一个排烟口排出太多的烟气，则会在烟层底部撕开一个“洞”，使新鲜的冷空气卷吸进去，随烟气被排出，从而降低实际排烟量，见图15，因此本条规定每个排烟口的最高临界排烟量，公式选自NFPA92。其中排烟口的当量直径为4倍排烟口有效截面面积与截面周长之比

单个排烟口最大允许排烟量计算公式

4.6.14 机械排烟系统中，单个排烟口的最大允许排烟量 V_{max} 宜按下式计算，或按本标准附录B选取。

$$V_{max}=4.16\cdot\gamma\cdot d_b^{\frac{5}{2}}\left(\frac{T-T_0}{T_0}\right)^{\frac{1}{2}} \quad (4.6.14)$$

式中：V_{max}——排烟口最大允许排烟量（m^3/s）；

γ——排烟位置系数；当风口中心点到最近墙体的距离≥2倍的排烟口当量直径时：γ 取1.0；当风口中心点到最近墙体的距离<2倍的排烟口当量直径时：γ 取0.5；当吸入口位于墙体上时，γ 取0.5；

d_b——排烟系统吸入口最低点之下烟气层厚度（m）；

T——烟层的平均绝对温度（K）；

T_0——环境的绝对温度（K）。

附录B 排烟口最大允许排烟量

排烟口最大允许排烟量（$\times10^4 m^3/h$） 表B

热释放速率(MW)	烟层厚度(m)	房间净高（m）									
		2.5	3	3.5	4	4.5	5	6	7	8	9
1.5	0.5	0.24	0.22	0.20	0.18	0.17	0.15	—	—	—	—
	0.7	—	0.53	0.48	0.43	0.40	0.36	0.31	0.28	—	—
	1.0	—	1.38	1.24	1.12	1.02	0.93	0.80	0.70	1.63	0.56
	1.5	—	—	3.81	3.41	3.07	2.80	2.37	2.06	1.82	1.63

英国

《烟和热控制系统部件 第5部分：利用时间相关设计点火法的排烟和排热通风系统的功能推荐方法和计算方法实施规程》BS 7346—5—2005：

附录C：烟气层吸穿现象

当排烟排热风机将烟气以及烟气层以下的空气同时吸入其排气口时，就会出现烟气层吸穿现象。在这种情况下，进入排烟风机的流量可以被描述为超临界流量。

排烟口临界排烟量计算公式

自然排烟和机械排烟都可能发生烟气层吸穿现象。

《烟和热控制系统部件 第4部分：采用稳态设计火灾的排烟排热通风系统的功能推荐和计算方法实施规程》BS 7346—4—2003，F.6根据研究结果提供了计算排烟风机临界排气量的经验公式。

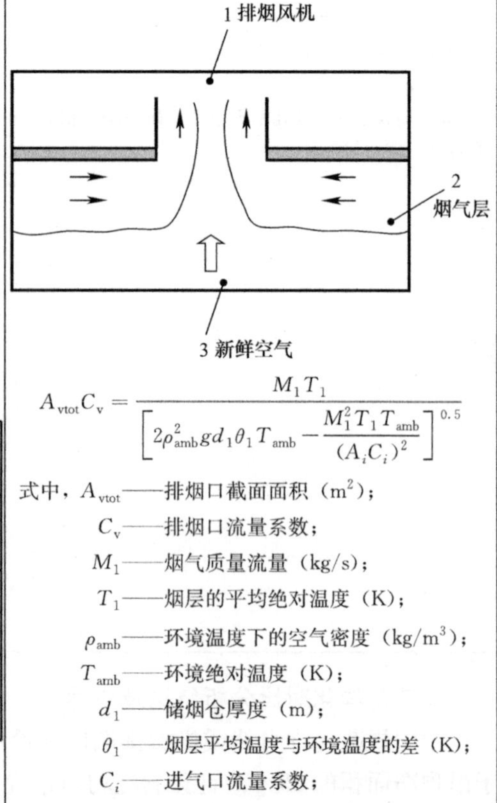

$$A_{vtot}C_v=\frac{M_1T_1}{\left[2\rho_{amb}^2 g d_1\theta_1 T_{amb}-\frac{M_1^2T_1T_{amb}}{(A_iC_i)^2}\right]^{0.5}}$$

式中，A_{vtot}——排烟口截面面积（m^2）；

C_v——排烟口流量系数；

M_1——烟气质量流量（kg/s）；

T_1——烟层的平均绝对温度（K）；

ρ_{amb}——环境温度下的空气密度（kg/m^3）；

T_{amb}——环境绝对温度（K）；

d_1——储烟仓厚度（m）；

θ_1——烟层平均温度与环境温度的差（K）；

C_i——进气口流量系数；

A_i——所有进气口总面积（m^2）

中英差异化对比分析结论及心得：

目前出版的文献中没有公式可以定量计算吸入超临界排烟风机入口的新鲜空气和烟气的质量流量，但是可以预期，在通风的早期阶段，条件可能是超临界的，然后发生烟气堵塞。对于较厚或者较热的烟雾层，则不容易出现烟气堵塞现象。英国规范仅给出排烟口临界排烟量计算公式，实际设计过程中使用便利性较差，中国规范不仅给出计算公式，同时根据不同的火灾热释放速率、烟层厚度及房间净高等参数编制了排烟口最大允许排烟量的计算表格，实用性较强。

29 防烟系统设计

本节主要为中英防烟系统设计规范的对比，包括压差控制、加压送风系统分类等内容。

本节参考规范及标准为：中国《建筑防烟排烟系统技术标准》GB 51251—2017；英国《烟和热控制系统部件 第 6 部分：压差系统组件规范》BS EN 12101—6—2005、《建筑设计、管理和使用中的消防安全 业务守则》BS 9999—2017。

29.1 防烟措施

对比内容：防烟措施	
中国	英国
《建筑防烟排烟系统技术标准》GB 51251—2017： 1.0.1 为了合理设计建筑防烟、排烟系统，保证施工质量，规范验收和维护管理，减少火灾危害，保护人身和财产安全，制定本标准。 2.1.1（条文说明） 防烟系统通过采用自然通风方式，防止火灾烟气在楼梯间、前室、避难层（间）等空间内积聚，或通过采用机械加压送风方式阻止火灾烟气侵入楼梯间、前室、避难层（间）等空间的系统，防烟系统分为自然通风系统和机械加压送风系统	《烟和热控制系统部件 第 6 部分：压差系统组件规范》BS EN 12101—6—2005： 0.3 防烟方法 上述空气动力的作用是在隔板、墙壁和地板上产生压差，压差会叠加在一起，并导致烟雾扩散到远离火源的区域。限制烟雾扩散程度或控制其影响最常用的技术有： （1）烟雾控制，使用物理屏障系统（例如墙壁和门）阻止烟雾气体从受火灾影响的空间扩散到建筑物的其他部分。 （2）烟雾清除，当灭火后不再产生烟雾时，使用各种协助消防人员清除建筑物中烟雾的方法。 （3）烟雾稀释，人为将烟雾气体与足量的清洁空气混合，以降低潜在危险。 （4）排烟排热通风，顶棚下维持一层热烟雾与同一空间的较低部位的空气之间形成稳定分离，这些较低部位需要防止受烟雾影响，以便疏散人员和进行消防操作。这通常需要使用自然通风设施或排烟风机持续进行排烟，并向火灾影响空间烟雾层的下方引入清洁的补风。 （5）增压，见本规范第 3.1.27 条。 （6）减压，见本规范第 3.1.10 条。 本规范提供了关于使用压差控制烟雾的指南和信息，即仅适用于第（5）和（6）项中给出的技术。项目（1）～（4）不在本规范进一步讨论范畴。利用压差进行烟雾控制通常比上述（2）或（3）所需要的通风量更低，但仅限用于保护与火灾时烟雾积聚空间的相邻封闭空间

中英差异化对比分析结论及心得：

中国规范及英国规范关于设置防烟系统的总目标是一致的，均是为了保护人身和财产安全。中国规范针对楼梯间、前室等场所的防烟措施分为自然通风和机械加压送风两种形式，自然通风可防止烟气在楼梯间、前室内积聚，机械加压送风可防止烟气进入楼梯间、前室；英国规范将压差控制系统细分为两种方式，既可以采用增压的方式，也可以采用减压的方式，目的均是维持一定的压力梯度，防止烟气侵入安全区域。

29.2 消防竖井的防烟措施

对比内容：消防竖井的防烟措施	
中国	英国
《建筑防烟排烟系统技术标准》GB 51251—2017： 3.1.1 建筑防烟系统的设计应根据建筑高度、使用性质等因素，采用自然通风系统或机械加压送风系统。 3.1.2 建筑高度大于 50m 的公共建筑、工业建筑和建筑高度大于 100m 的住宅建筑，其防烟楼梯间、独立前室、共用前室、合用前室及消防电梯前室应采用机械加压送风系统。 3.1.3 建筑高度小于或等于 50m 的公共建筑、工业建筑和建筑高度小于或等于 100m 的住宅建筑，其防烟楼梯间、独立前室、共用前室、合用前室（除共用前室与消防电梯前室合用外）及消防电梯前室应采用自然通风系统；当不能设置自然通风系统时，应采用机械加压送风系统。防烟系统的选择，尚应符合下列规定： 1 当独立前室或合用前室满足下列条件之一时，楼梯间可不设置防烟系统： 1）采用全敞开的阳台或凹廊； 2）设有两个及以上不同朝向的可开启外窗，且独立前室两个外窗面积分别不小于 $2.0m^2$，合用前室两个外窗面积分别不小于 $3.0m^2$。 2 当独立前室、共用前室及合用前室的机械加压送风口设置在前室的顶部或正对前室入口的墙面时，楼梯间可采用自然通风系统；当机械加压送风口未设置在前室的顶部或正对前室入口的墙面时，楼梯间应采用机械加压送风系统。 3 当防烟楼梯间在裙房高度以上部分采用自然通风时，不具备自然通风条件的裙房的独立前室、共用前室及合用前室应采用机械加压送风系统，且独立前室、共用前室及合用前室送风口的设置方式应符合本条第 2 款的要求	《建筑设计、管理和使用中的消防安全　业务守则》BS 9999—2017： 第 3.41 条引入消防竖井的概念 消防竖井：受保护的围合空间，包含消防楼梯、消防大厅、消防总管和消防员电梯（如有）以及其他机房空间。 27.1.1 消防竖井防烟 消防竖井防烟系统设置要求如下： （1）压差系统（见本规范第 27.1.2 条）或机械排烟系统（见本规范第 27.1.3 条）。 （2）自然通风系统服务楼层地下不超过 10m，地上不超过 30m（见本规范第 27.1.4 条）。 （3）自然通风竖井系统（见本规范第 27.1.4 条），服务楼层不超过地面以下 10m 的消防竖井除外

中英差异化对比分析结论及心得：

中国《建筑防烟排烟系统技术标准》GB 51251—2017 中对于建筑物的封闭楼梯间、防烟楼梯间、前室、合用前室等的防烟设计仅有自然通风或加压送风两种方式，没有采用机械排烟的做法，且楼梯间、合用前室等的防烟系统需分别设置。

英国规范将建筑物的封闭楼梯间、防烟楼梯间、前室、合用前室等均综合在一起考虑，引入消防竖井的概念，同时还增加了一种机械排烟的做法。

29.3　楼梯间、前室自然通风要求

对比内容：楼梯间、前室自然通风要求	
中国	英国

中国

《建筑防烟排烟系统技术标准》GB 51251—2017：

3.1.2条

建筑高度大于50m的公共建筑、工业建筑和建筑高度大于100m的住宅建筑，其防烟楼梯间、独立前室、共用前室、合用前室及消防电梯前室应采用机械加压送风系统。

3.2　自然通风设施

3.2.1　采用自然通风方式的封闭楼梯间、防烟楼梯间，应在最高部位设置面积不小于1.0m²的可开启外窗或开口；当建筑高度大于10m时，尚应在楼梯间的外墙上每5层内设置总面积不小于2.0m²的可开启外窗或开口，且布置间隔不大于3层。

3.2.2　前室采用自然通风方式时，独立前室、消防电梯前室可开启外窗或开口的面积不应小于2.0m²，共用前室、合用前室不应小于3.0m²。

3.2.3　采用自然通风方式的避难层（间）应设有不同朝向的可开启外窗，其有效面积不应小于该避难层（间）地面面积的2%，且每个朝向的面积不应小于2.0m²。

3.2.4　可开启外窗应方便直接开启，设置在高处不便于直接开启的可开启外窗应在距地面高度为1.3～1.5m的位置设置手动开启装置

英国

《建筑设计、管理和使用中的消防安全　业务守则》BS 9999—2017：

消防竖井自然烟气通风的建议　　表21

场所	设置位置	限制条件	通风器有效截面面积（m²）		通风控制
			最小有效面积A）	空气动力面积B）	
楼梯	每层外墙	顶层距地面＜30m	1.0	0.7	手动C）
楼梯	通向屋顶的楼梯间顶部	无限制	不适用	0.7	远程D）
楼梯	通向屋顶的楼梯间顶部	无限制	不适用	0.7	自动E）
楼梯	最终出口门	最低楼层低于地面10m	不适用	不适用	手动F）
大堂	地面以上的外墙上	顶层距地面＜30m	1.5	1.0	手动C）或自动E）与上述1、2或3结合使用
大堂	根据本规范第27.1.4.2.3条使用公共竖井的地面上	无限制	1.5	不适用	自动E）与上文3结合
大堂	按照本规范第27.1.4.2.2条的规定，在每个地下室层直接通向室外	低于地面10m	1.0	不适用	手动C）连同4
大堂	按照本规范第27.1.4.2.2条的规定，在每个通向公共竖井的地下室层	低于地面10m	1.0	不适用	自动E）配合3
烟道应符合本规范第27.1.4.2条的规定					

注：1. 永久打开的通风口是不允许的。

2. 如符合第3条、第6条及第8条的规定，烟道可继续在地面以上，并最多延伸至地面以下10m

中英差异化对比分析结论及心得：

中国《建筑防烟排烟系统技术标准》GB 51251—2017中对于防烟楼梯间、前室、合用前室等采用自然通风的限制条件为公共建筑、工业建筑高度不大于50m，住宅高度不大于100m，英国规范对于楼梯间采用自然通风的限制条件为高度不大于30m。两者差别较大。

针对自然通风装置开启的控制方式，中国规范仅要求方便开启即可，未明确要求采用手动还是远程自动控制，英国规范则针对不同情况限定了具体的控制方式。

29.4 自然通风窗有效面积计算方法

对比内容：自然通风窗有效面积计算方法	
中国	英国
《建筑防烟排烟系统技术标准》GB 51251—2017： 4.3.5（条文说明） 可开启外窗的形式有上悬窗、中悬窗、下悬窗、平推窗、平开窗和推拉窗等，如图 6 所示。在设计时，必须将这些作为排烟使用的窗设置在储烟仓内。如果中悬窗的下开口部分不在储烟仓内，这部分的面积不能计入有效排烟面积之内。 在计算有效排烟面积时，侧拉窗按实际拉开后的开启面积计算，其他形式的窗按其开启投影面积计算，可见图 6，用式（1）计算： $F_p = F_c \cdot \sin\alpha$ （1） 式中：F_p——有效排烟面积（m^2）； F_c——窗的面积（m^2）； α——窗的开启角度。 当窗的开启角度大于 70°时，可认为已经基本开直，排烟有效面积可认为与窗面积相等。 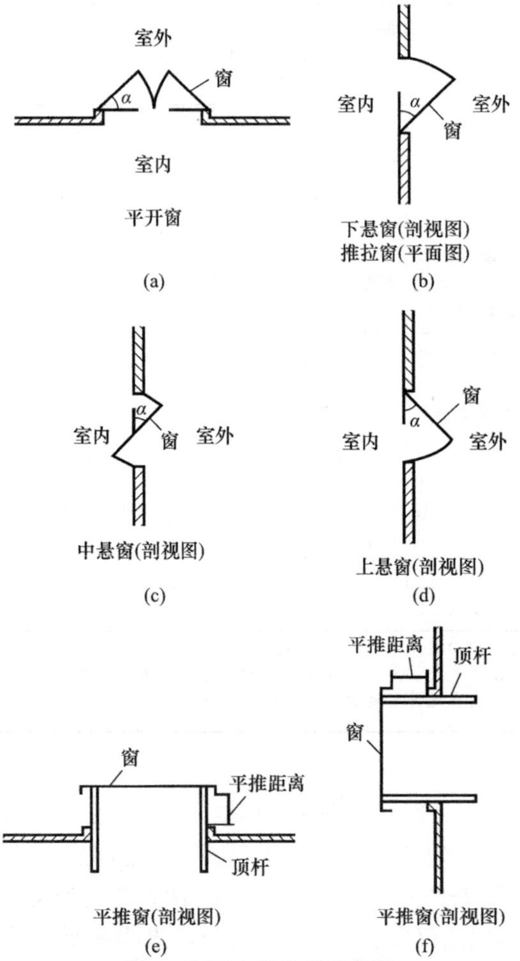 平开窗 (a) 下悬窗(剖视图) 推拉窗(平面图) (b) 中悬窗(剖视图) (c) 上悬窗(剖视图) (d) 平推窗(剖视图) (e) 平推窗(剖视图) (f) 图 6 可开启外窗的示意图	《建筑设计、管理和使用中的消防安全 业务守则》BS 9999—2017： 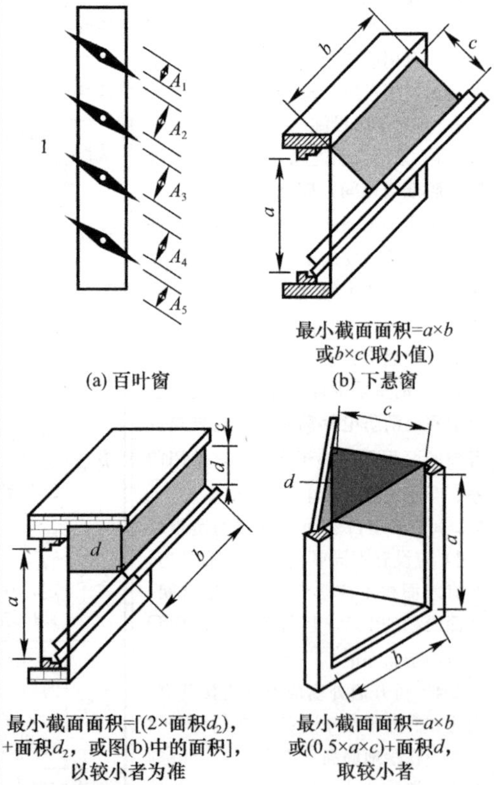 (a) 百叶窗 最小截面面积=$a \times b$ 或$b \times c$(取小值) (b) 下悬窗 最小截面面积=[(2×面积d_2)，+面积d_2，或图(b)中的面积]，以较小者为准 (c) 带悬挑的下悬窗 最小截面面积=$a \times b$ 或(0.5×$a \times c$)+面积d，取较小者 (d) 平开窗 图例 1.百叶通风口截面面积=$A_1+A_2+A_3+A_4+A_5$ a.通风口有效高度 b.通风口有效宽度 c.窗扇活动边至窗框的直线距离 d.计算的有效截面面积

中英差异化对比分析结论及心得：

中国《建筑防烟排烟系统技术标准》GB 51251—2017 中对于防烟楼梯间、前室、合用前室等采用自然通风的有效开窗面积计算方法未明确规定，但排烟系统设计章节明确了各种形式的开窗有效面积计算方法，侧拉窗按实际面积计算，其他形式的窗按其开启投影面积计算。

英国规范明确了楼梯间、大堂等的排烟窗有效面积计算方法，其中百叶窗的有效面积与中国规范计算方法相同，其余形式的窗户均是两种计算方法的结果对比取最小值，与中国规范计算方法存在差异。

29.5　压差控制系统

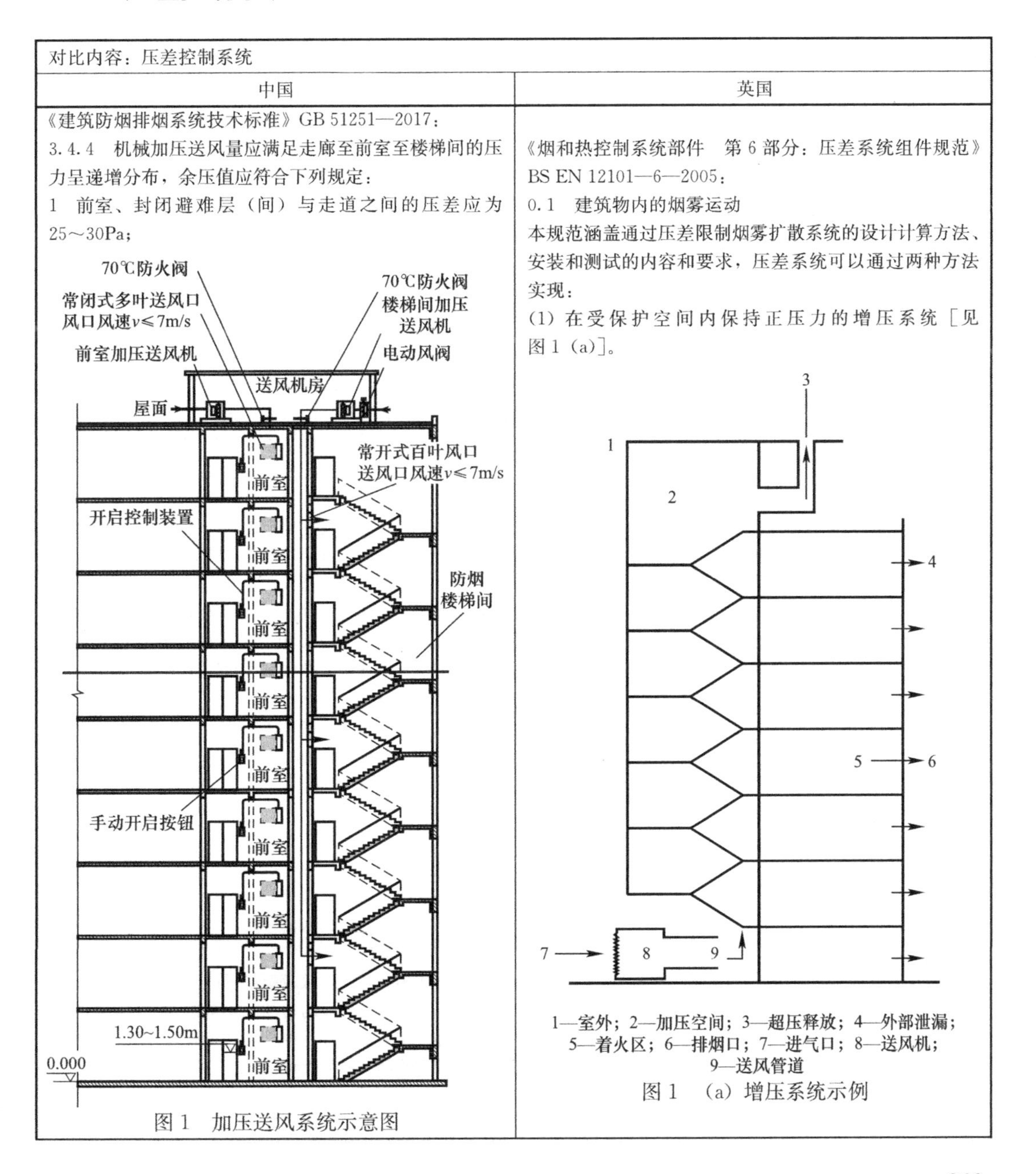

对比内容：压差控制系统	
中国	英国
《建筑防烟排烟系统技术标准》GB 51251—2017： 3.4.4　机械加压送风量应满足走廊至前室至楼梯间的压力呈递增分布，余压值应符合下列规定： 1　前室、封闭避难层（间）与走道之间的压差应为25～30Pa； 图1　加压送风系统示意图	《烟和热控制系统部件　第6部分：压差系统组件规范》BS EN 12101—6—2005： 0.1　建筑物内的烟雾运动 本规范涵盖通过压差限制烟雾扩散系统的设计计算方法、安装和测试的内容和要求，压差系统可以通过两种方法实现： (1) 在受保护空间内保持正压力的增压系统［见图1（a）］。 1—室外；2—加压空间；3—超压释放；4—外部泄漏；5—着火区；6—排烟口；7—进气口；8—送风机；9—送风管道 图1　(a) 增压系统示例

续表

中国	英国
2　楼梯间与走道之间的压差应为 40～50Pa； 3　当系统余压值超过最大允许压力差时应采取泄压措施。最大允许压力差应由本标准第 3.4.9 条计算确定。 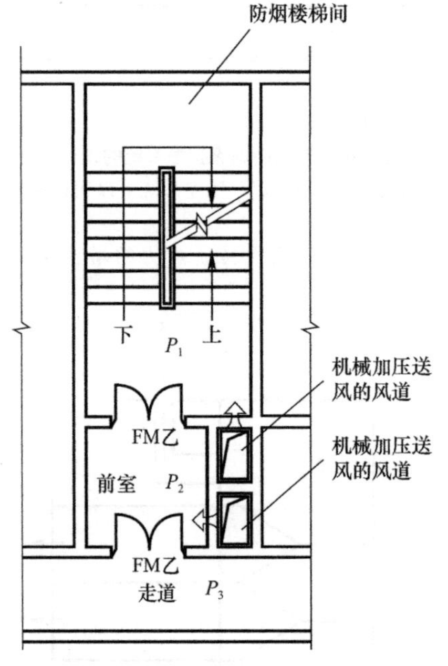 图 2　加压送风系统的余压要求 注：1. 机械加压送风应满足：走道 P_3＜前室 P_2＜楼梯间 P_1 的压力递增分布。 各部位余压要求如下： 前室、合用前室，消防电梯前室：$\Delta P=P_2-P_3=25\sim30$Pa； 防烟楼梯间、封闭楼梯间：$\Delta P=P_1-P_3=40\sim50$Pa	（2）减压系统：从着火区排出高温气体使其压力低于相邻保护空间［见图 1（b）］。 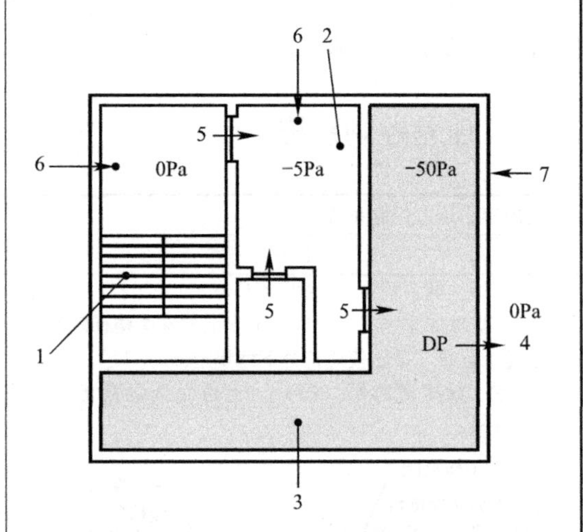 1—楼梯间；2—前室；3—短暂停留区(减压空间)； 4—排气(减压)；5—通过门等的泄漏路径； 6—室外补风；7—耐火结构 图 1　（b）减压系统示例 （地下室或其他没有外窗的空间） 发生火灾时，产生的烟雾遵循以下主要由热浮力引起的流动形式，该浮力由火灾层上的热气体产生。在火灾区域内，火灾产生的烟雾由于其密度降低而受到浮力。在建筑物中，如果泄漏路径存在于上面的楼层，则会导致烟雾在楼层之间向上流动。此外，这种浮力会导致烟雾通过房间之间的垂直屏障中的泄漏路径传播，例如门、墙、隔板。压差通常会导致烟雾和热气从门顶部的缝隙中泄漏出来，并通过底部的缝隙吸入冷空气。火区中热气的热膨胀、火灾引起的气体膨胀会导致压力升高，并伴随热气流出隔间。然而在大多数情况下，初始膨胀力可能很快消散，可以忽略不计。 4　压差控制系统分类 根据疏散方式不同分为 A～F 共 6 类压差控制系统：A 类系统适用于原地等待救援的场合；B 类系统适用于火灾进行中疏散和消防救援同时进行的场合；C 类系统适用于火灾前期假定火警信号激活时，在特定时间内即可完成疏散的建筑；D 类系统适用于有人睡觉，如酒店、招待所等类型建筑的疏散救援场所；E 类系统适用于分阶段疏散，在火灾发展的后期的安全逃离；F 类系统适用于逃生和消防操作过程中最大限度地减少烟雾对消防楼梯造成严重污染的可能性

中英差异化对比分析结论及心得：

中国规范中针对压差控制系统只有正压送风的形式，而英国规范中压差控制系统可细分为增压方式（即往楼梯间内强制送风）及减压方式（即在前室外使用空间内设置排风机，保证楼梯间及前室的压力均大于使用空间内的压力，防止烟气侵入）。

中国规范根据疏散场所的不同来确定加压送风系统的设计风量及控制压差，没有针对不同使用人群、不同使用功能、不同火灾危险性等级的建筑进行加压送风系统的细分；英国规范则根据建筑疏散方式的不同，并综合考虑建筑内人员情况、火灾危险性情况等多种因素，分为A～F共6类压差控制系统，使用压差的烟雾控制在几种不同的系统分类中实施时，具有不同的要求和设计条件。

29.6　加压送风系统设计取值

对比内容：加压送风系统设计取值	
中国	英国
《建筑防烟排烟系统技术标准》GB 51251—2017： 3.4.4　机械加压送风量应满足走廊至前室至楼梯间的压力呈递增分布，余压值应符合下列规定： 1　前室、封闭避难层（间）与走道之间的压差应为25～30Pa； 2　楼梯间与走道之间的压差应为40～50Pa； 3　当系统余压值超过最大允许压力差时应采取泄压措施。最大允许压力差应由本标准第3.4.9条计算确定。 3.4.6　门洞断面风速v（m/s）：当楼梯间和独立前室、共用前室、合用前室均机械加压送风时，通向楼梯间和独立前室、共用前室、合用前室疏散门的门洞断面风速均不应小于0.7m/s；当楼梯间机械加压送风、只有一个开启门的独立前室不送风时，通向楼梯间疏散门的门洞断面风速不应小于1.0m/s；当消防电梯前室机械加压送风时，通向消防电梯前室门的门洞断面风速不应小于1.0m/s；当独立前室、共用前室或合用前室机械加压送风而楼梯间采用可开启外窗的自然通风系统时，通向独立前室、共用前室或合用前室疏散门的门洞风速不应小于0.6（A_1/A_g+1）（m/s）；A_1为楼梯间疏散门的总面积（m^2）；A_g为前室疏散门的总面积（m^2）	《烟和热控制系统部件　第6部分：压差系统组件规范》BS EN 12101—6—2005： 4.2　A级增压系统（以A级系统为例） 设计条件基于这样的假设：除非受到火灾的直接威胁，否则建筑物不会被疏散。防火分区的水平布置应确保使用者留在建筑物内通常是安全的。因此，不太可能同时打开受保护空间的多扇门（楼梯和大厅之间的门，或最后的出口门）。 4.2.2　A级要求 风速准则： 在以下情况下，通过加压楼梯和大厅或走廊之间的门口的气流不得小于0.75m/s： （1）在任何一层楼上，大堂/走廊和加压楼梯之间的门是打开的。 （2）该楼层大堂/走廊的空气释放是开放的。 （3）在所有其他楼层，加压楼梯和大厅/走廊之间的所有门都关闭。 （4）加压楼梯和最终出口之间的所有门均已关闭。 （5）最终出口门关闭。 压差准则： 在以下情况下，加压楼梯和大堂/走廊之间的闭门压差应不超过50Pa±10%： （1）该楼层大堂/走廊的空气释放是开放的。 （2）在所有其他楼层，加压楼梯和大厅/走廊之间的门都是关闭的。 （3）加压楼梯和最终出口间的所有门都关闭。 （4）最终出口门关闭。 A级系统的设计要求如图2所示

续表

中国	英国
	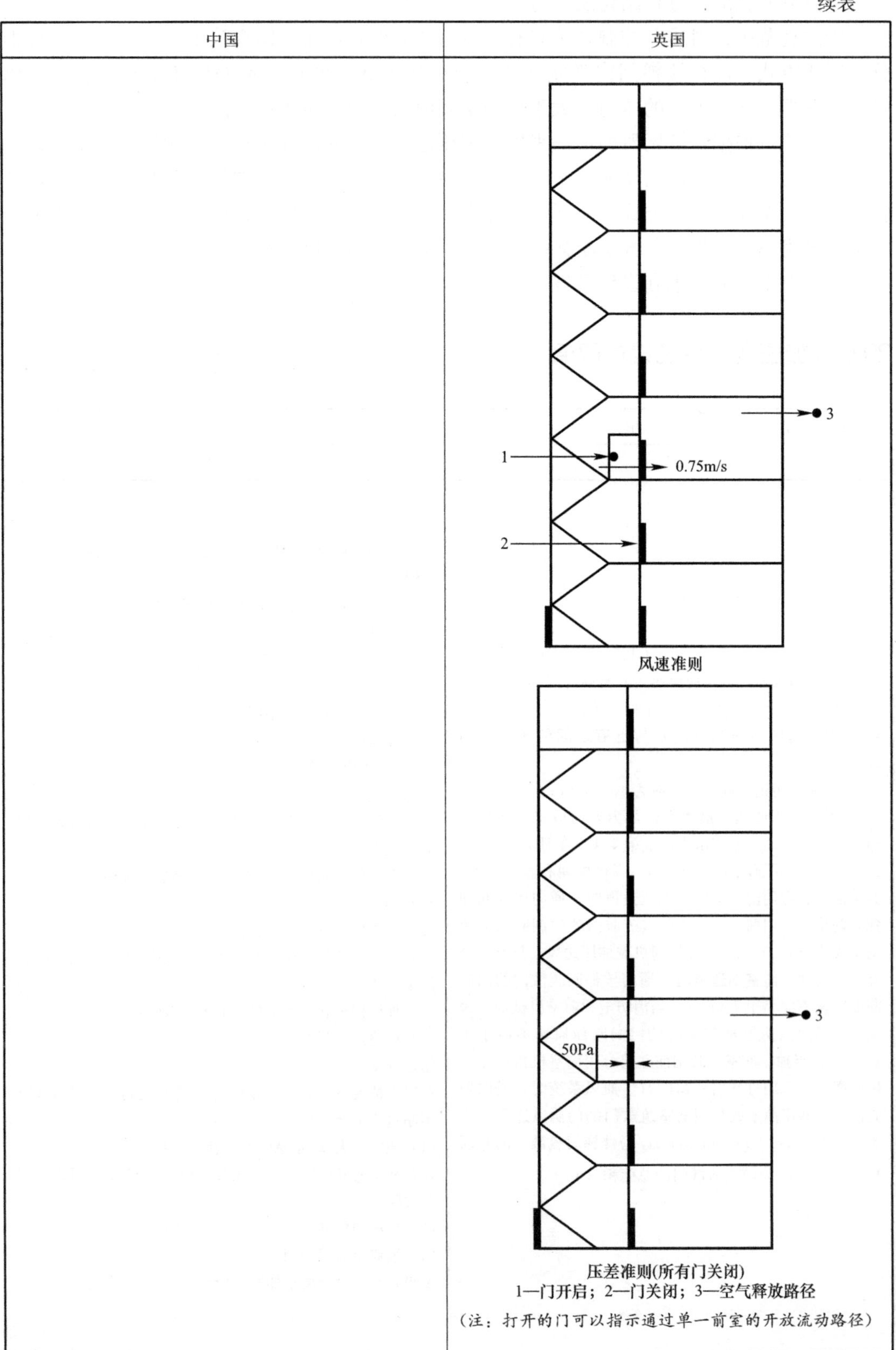风速准则 压差准则(所有门关闭) 1—门开启；2—门关闭；3—空气释放路径 （注：打开的门可以指示通过单一前室的开放流动路径）

中英差异化对比分析结论及心得：

中国规范中规定前室、封闭避难层（间）与走道之间的压差应为25～30Pa；楼梯间与走道之间的压差应为40～50Pa，门洞风速需根据相邻空间是否设置加压送风系统来确定，风速范围为0.7～1.2m/s。

英国规范将建筑内压差控制系统细分为A～F共6类，针对每一类分别明确了风速设计准则和压差设计准则，建筑物越重要，保障程度越高，则相应的风速和压差取值更高，同时设计中还考虑消防救援时门的开启情况以及需保证门把手的开启力不大于100N。

29.7　加压送风系统风道要求

对比内容：加压送风系统风道要求	
中国	英国
《建筑防烟排烟系统技术标准》GB 51251—2017： 3.3.7　机械加压送风系统应采用管道送风，且不应采用土建风道。送风管道应采用不燃材料制作且内壁应光滑。当送风管道内壁为金属时，设计风速不应大于20m/s；当送风管道内壁为非金属时，设计风速不应大于15m/s；送风管道的厚度应符合现行国家标准《通风与空调工程施工质量验收规范》GB 50243的规定。 3.3.7　条文说明：送风井（管）道应采用不燃烧材料制作。根据工程经验，由混凝土制作的风道，风量延程损耗较大易导致机械防烟系统失效，因此本标准规定不应采用土建井道。对于送风管道、排烟管道的耐火极限的判定应按照现行国家标准《通风管道耐火试验方法》GB/T 17428的测试方法，当耐火完整性和隔热性同时达到时，方能视作符合要求。本条为强制性条文，必须严格执行	《烟和热控制系统部件　第6部分：压差系统组件规范》BS EN 12101—6—2005： 5　增压系统的特点 5.1.1　建筑设计与施工 本条款中提供的信息涵盖所有类型的系统，专门用于保护构成受保护逃生路线或消防竖井部分的楼梯井、大厅和走道，目的是在所有泄漏路径上建立压差，以确保烟雾远离受保护空间。这是通过保持受保护空间的压力高于着火区的压力来实现的。必须从起居室提供足够的空气释放，以确保保持压差。 在计算加压系统所需的供气量时，必须对建筑物的泄漏特性进行假设，尤其是： （1）加压和非加压空间。 （2）相邻加压空间。 （3）加压空间和外部空气。 （4）非加压空间和外部空气。 如果同一建筑中存在加压和非加压竖井，则加压系统产生的气流会直接导致非加压竖管产生烟雾。 如果建筑物包含因火灾以外的原因而加压的空间，如计算机机房或医疗设备房，则应考虑保护加压逃生路线免受这些加压空间内火灾的影响。详见本规范第8条。 至关重要的是，规范制定者和设计师之间应就建筑中使用的安装和施工技术达成一致。应特别注意加压竖井和建筑围护结构的施工。关于这些结构气密性的不当假设是增压系统不符合验收标准的常见原因。 至关重要的是，建筑师/建设方应意识到控制加压空间泄漏区域的重要性，以便在安装时不会过度损失加压空气

中英差异化对比分析结论及心得：

中国规范中规定机械加压送风系统不应采用土建风道，采用金属管道时风速不大于20m/s，采用非金属管道时风速不大于15m/s。该条文的目的是保证风道的密闭性，防止管道漏风导致加压场所实际风量不满足要求。

英国规范中同样强调了需保证风道的密闭性，严格控制泄漏风量，以保证压差系统的有效性。英国规范中还强调需维持好压力梯度，以防止加压区域向非加压区域的风量泄漏而导致烟气侵入。

29.8 加压送风机、风口设置要求

对比内容：加压送风机、风口设置要求	
中国	英国
《建筑防烟排烟系统技术标准》GB 51251—2017： 3.3.3 建筑高度小于或等于 50m 的建筑，当楼梯间设置加压送风井（管）道确有困难时，楼梯间可采用直灌式加压送风系统，并应符合下列规定： 1 建筑高度大于 32m 的高层建筑，应采用楼梯间两点部位送风的方式，送风口之间距离不宜小于建筑高度的 1/2。 2 送风量应按计算值或本标准第 3.4.2 条规定的送风量增加 20%。 3 加压送风口不宜设在影响人员疏散的部位。 3.3.5 机械加压送风风机宜采用轴流风机或中、低压离心风机，其设置应符合下列规定： 1 送风机的进风口应直通室外，且应采取防止烟气被吸入的措施。 2 送风机的进风口宜设在机械加压送风系统的下部。 3 送风机的进风口不应与排烟风机的出风口设在同一面上。当确有困难时，送风机的进风口与排烟风机的出风口应分开布置，且竖向布置时，送风机的进风口应设置在排烟出口的下方，其两者边缘最小垂直距离不应小于 6.0m；水平布置时，两者边缘最小水平距离不应小于 20.0m。 4 送风机宜设置在系统的下部，且应采取保证各层送风量均匀性的措施。 5 送风机应设置在专用机房内，送风机房并应符合现行国家标准《建筑设计防火规范》GB 50016 的规定。 6 当送风机出风管或进风管上安装单向风阀或电动风阀时，应采取火灾时自动开启阀门的措施。 3.3.6 加压送风口的设置应符合下列规定： 1 除直灌式加压送风方式外，楼梯间宜每隔 2～3 层设一个常开式百叶送风口。 2 前室应每层设一个常闭式加压送风口，并应设手动开启装置。 3 送风口的风速不宜大于 7m/s。 4 送风口不宜设置在被门挡住的部位	《烟和热控制系统部件 第 6 部分：压差系统组件规范》BS EN 12101—6—2005： 5.1.2 增压系统要求的特点 5.1.2.1 应设置进气口，以从建筑物外部吸入空气，使其不受建筑物内火灾产生的烟雾污染（见本规范第 11.8.2.4 条）。 5.1.2.2 应通过风机和必要的管道系统向加压空间供应空气。应考虑管道系统和风机房的选址和建造，以确保它们不会受到未受保护空间内火灾的影响。 1—另一种选择是控制风机，以确保超压不大于60Pa； 2—减压阀的设置是为了使楼梯间最大压力不超过60Pa； 3—对高度大于11m的建筑物，在整个楼梯高度均匀释放压力（对小于 11m的建筑，通常可以在楼梯顶部进行统一释放）； 4—消防楼梯；5—停留处；6—外部泄漏； 7—各层前室排出的加压空气； 8—送风口之间的距离不大于3层；9—消防前室通道； 10—着火区；11—空气泄压口；12—消防场地； 13—进气口；14—烟雾探测器；15—电动防烟阀； 16—消防人员超控开关；17—主用和备用空气加压装置； 18—2h耐火隔间机房和外壳防烟的加压风机 图 8（a） 典型底部送风楼梯间压差系统的特征

中英差异化对比分析结论及心得：

中国规范中规定建筑高度不大于50m时，楼梯间可采用直灌式送风，建筑高度大于32m时送风点不少于2处，英国规范中要求应通过风机和必要的管道系统向加压空间供应空气，但并未明确直灌式送风的适用条件；中国规范要求送风机的进风口应直通室外，且应采取防止烟气被吸入的措施，但是规范中并未明确防止烟气被吸入的具体措施，英国规范中在风机入口处设置烟雾探测器可避免吸入烟气；针对室内加压送风口的设置中国和英国规范均要求布置间隔不大于3层，以保证送风量的相对均匀性；针对加压风机的设置位置，中国规范和英国规范都要求加压风机需设置在满足耐火时间要求的风机房内，不同之处在于英国规范中还强调了风机的外壳应能防烟。

此外，英国规范中还要求楼梯间顶部需设置泄压装置，可采用减压阀或减压风机两种形式，目的是使楼梯间最大正压不超过60Pa，以满足楼梯间的开门力不大于100N的要求。

29.9 开门力要求

对比内容：开门力要求	
中国	英国
《建筑防烟排烟系统技术标准》GB 51251—2017： 3.4.4 3) 当系统余压值超过最大允许压力差时应采取泄压措施。最大允许压力差应由本标准第3.4.9条计算确定。 3.4.4 条文说明：为了阻挡烟气进入楼梯间，要求在加压送风时，防烟楼梯间的空气压力大于前室的空气压力，而前室的空气压力大于走道的空气压力。根据公安部四川消防研究所的研究成果，本条规定了防烟楼梯间和前室、合用前室、消防电梯前室、避难层的正压值。给正压值规定一个范围，是为了符合工程设计的实际情况，更易于掌握与检测。 为了防止楼梯间和前室之间、前室和室内走道之间防火门两侧压差过大而导致防火门无法正常开启，影响人员疏散和消防人员施救，本条还对系统余压值做出明确规定	《烟和热控制系统部件 第6部分：压差系统组件规范》BS EN 12101—6—2005： 4.7.2.6 压差系统的设计应确保门把手上的力不超过100N。 注：1. 根据门配置，可使用本规范第15条和附录A中的程序确定门上相应的最大压差。 2. 可用于开门的力将受到鞋与地板之间的摩擦力的限制，并且需要避免在通往受压空间的门的附近设置光滑的地板（特别是在有年幼、年老或体弱人群的建筑物中）

中英差异化对比分析结论及心得：

中国规范针对加压送风场所的门因压力差过大而无法开启的情况，采取的对策主要是通过在加压送风系统中增设余压检测及泄压系统，通过控制余压的大小来限制所需开门力的大小。

英国规范中介绍的余压控制措施有两种，一种是设置泄压风机，另一种是设置减压阀，两者均要求确保余压不超过60Pa，不同之处在于英国规范不仅明确了最大余压要求，而且还规定了门把手上的开启力不超过100N，此外规范还建议在门的负压侧应避免设置光滑的地面，以免因地面摩擦力不够而出现打滑的现象。

29.10 减压系统

对比内容：减压系统	
中国	英国
《建筑防烟排烟系统技术标准》GB 51251—2017： 无相关内容的介绍	《烟和热控制系统部件　第 6 部分：压差系统组件规范》BS EN 12101—6—2005： 9　减压 减压系统的目的是在减压空间（如地下室）和受保护空间（如楼梯间）之间的门口实现与对受保护空间加压相同的保护。重要的是，要注意减压空间内的逃生路线的任何部分都没有保护，可能完全充满烟雾，甚至可能完全卷入火灾。这构成减压和排烟通风之间的根本区别。为了有效，每个减压空间的四面都应以防火结构为界，因为任何完整性的损失都会导致减压区和外部空气之间的压力平衡。然而在分隔式建筑中，可能会对各个空间进行减压。减压系统最合适的使用可能是在地下室空间，布局见图 18。 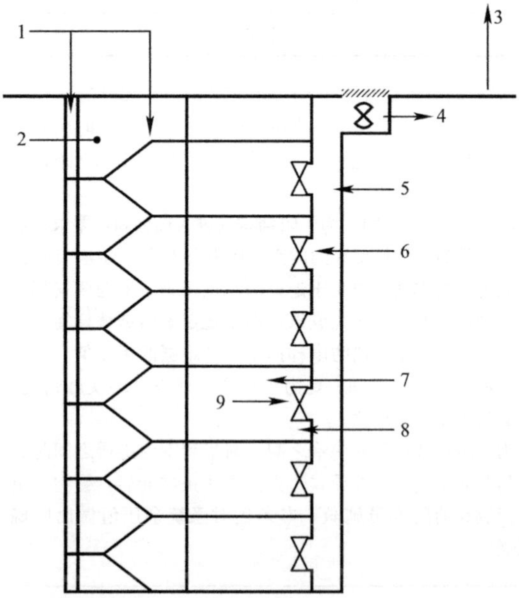 1—通过竖井或受保护空间补充空气；2—受保护空间； 3—地面；4—减压风机；5—排气管道系统； 6—与烟雾探测器联锁的防火阀；7—着火区； 8—外部泄漏；9—开启着火层风阀 图 18　地下室减压

中英差异化对比分析结论及心得：

中国规范列举的机械防烟措施中仅有加压送风的做法，无减压系统的介绍。英国规范中既有加压的做法，也有减压的做法。减压系统的设计原理与加压送风系统类似，均是通过保持压力梯度来阻止烟气进入受保护区域。两者区别在于，加压系统中受保护区域始终维持较高的压力，加压风机送入的室外新风从受保护区域流向火灾区域，但火灾区域产生的烟气无法通过有组织的方式排至室外。减压系统中，要求受保护区域的围护结构保持完整性和密闭性，并在保护区域的室外侧设置不受火灾影响的补风口，火灾区域则设置机械排烟系统，在排除烟气的同时，在火灾区域形成负压，室外新风依靠压力差从受保护区域流向火灾区域，从而阻止烟气流向受保护区域。

中欧（部分）工程设计标准规范

对比研究

第 7 部分　BIM 设计

30 中欧 BIM 应用概况

本节主要是对中欧 BIM 的整体应用概况、常用 BIM 软件及 BIM 标准进行对比。

30.1 整体概况

中国	英国
中国建筑工程行业的信息化发展迅速，为了 BIM 技术的推广，国家在 BIM 政策方面也给予大力支持。自 2016 年以来，中国对 BIM 的采用有了显著增长。中国 AEC（指建筑、工程设计和施工）专业人员和一些组织已经集成了高水平的 BIM 采用策略，以实现增长和数字化。BIM 已成为至关重要的元素，现在已用于大多数项目中。目前，各个地方的政策都积极鼓励使用 BIM	英国的 BIM 发展非常超前，拥有世界先进的 BIM 设计技术。伦敦拥有着众多世界领先的设计公司，如扎哈·哈迪德建筑师事务所、福斯特建筑事务所、BDP 公司，同时，伦敦也是很多全球领先的设计企业的欧洲总部，如詹斯勒设计公司、SOM 建筑事务所等。在这样的大背景下，英国政府发布的 BIM 标准规范文件可以得到强有力的执行。因此，英国在 BIM 这一技术领域的发展与世界其他地方相比，有着更合适的条件和更快的发展速度。与全球大多数国家/地区相比，英国政府要求强制使用 BIM，将 BIM 推行的重点工作放在建筑信息模型的标准制定上，这是为了确保项目全生命周期中参与各方都能够通过 BIM 来实现协同工作

中英差异化对比分析结论及心得：

目前，中国的 BIM 应用以设计和施工阶段的 BIM 应用为主，设计阶段的 BIM 应用包括模型创建、设计问题检查、净高净宽优化、管线综合优化、绿建分析、消防疏散模拟、烟雾扩散模拟；施工阶段的 BIM 应用包括 BIM 图审、BIM 深化设计、三维场地布置、高支模脚手架设计、BIM 结合智慧工地应用、可视化施工方案模拟、虚拟样板展示、BIM 进度管控等。总而言之，中国企业的 BIM 应用主要在于创建模型和碰撞检查、制作动画等。BIM 管理模式主要为以设计方为主导和以施工方为主导的两种 BIM 管理模式。

英国的 BIM 应用达到很高的标准，认为项目的交付物不只是建筑本身，还包括建筑信息模型。英国将 BIM 的应用成熟度划分为 4 个等级：阶段 0 是指传统平面设计的方式；阶段 1 结合了传统平面设计的 CAD 施工图纸和纸质蓝图及三维模型，一般是由总承包商负责管理这些信息，在这一阶段中，项目各参与方各自建立自己的模型并录入、收集和整理各自的信息，相互之间无协作关系。中国工程建设项目的设计和施工通常分开招标，大部分 BIM 应用主要偏向 BIM 建模、碰撞检查、虚拟施工等，可以说中国的 BIM 技术发展大致处于 0～1 阶段。阶段 2 要求以协同的方式进行设计，任何项目的各参与方都有权查看最新的设计进展，信息交换是阶段 2 的关键。阶段 3 是指建立完整的协同合作关系。

在以阶段 3 为应用目标的前提下，ISO 19650 系列国际标准应运而生，讲究的是在建立 CDE（数据信息环境）的前提下进行信息交付循环，即业主定义信息交付的需求—承包团队提出 BIM 执行计划—业主进行检查—进入下一个循环。在这样的大环境下，承包团队以业主需求为框架，按一定流程开展信息交换。这样的CDE平台，包含碰撞检查等协作流程，同时包含项目工程所有信息可以直接导出，信息颗粒度更细。参照ISO 19650系列国际标准中的BIM工作流程进行BIM管理，业主在设计、投标、施工、运维全生命周期利用BIM技术对项目进行整体把控，信息透明化程度高，BIM实施的整体效益可以达到最大化。

30.2 中欧常用BIM软件

中国	英国
1. BIM核心建模软件：Revit、PKPM 2. 二维绘图软件：AutoCAD 3. 几何造型软件：SketchUp、Rhino 4. BIM结构分析软件：PKPM、盈建科 5. BIM机电分析软件：Revit Mep、PKPM 6. BIM可视化软件：3D Max、Lumion 7. BIM模型检查软件：Autodesk Navisworks 8. BIM深化设计软件：Tekla Structures 9. BIM造价管理软件：广联达、智在舍得 10. BIM运营管理软件：企业平台 11. BIM可持续（绿色）分析软件：斯维尔、PKPM	1. BIM核心建模软件：Revit 2. 二维绘图软件：AutoCAD 3. 几何造型软件：SketchUp、Rhino、FormZ 4. BIM结构分析软件：ETABS、Excel sheet 5. BIM机电分析软件：Revit Mep、Designmaster、IES Virtual Environment、Trane Trace 6. BIM可视化软件：3D Max、Lumion 7. BIM模型检查软件：Autodesk Navisworks 8. BIM深化设计软件：Tekla Structures 9. BIM造价管理软件：Innovaya、Solibri 10. BIM运营管理软件：ArchiBUS 11. BIM可持续（绿色）分析软件：Ecotect Analysia

中英差异化对比分析结论及心得：

以目前的现状而言，BIM软件的选择在中欧两地很大程度上具有一致性，五大专业的设计模型创建均以Revit为主，方案设计以SketchUp、Rhino为主，深化设计以Tekla、Rhino为主。在模型运用方面，中国主要采用国产插件进行设计分析、施工运用，包括广联达、橄榄山、品茗等；而欧洲地区一般采用Ecotect Analysia等软件。

目前，中国许多区域开始实行BIM图审，PKPM、广联达等一些国产软件均针对BIM图审开发了相关的图形编辑软件，国产BIM软件在中国占比已经越来越高。

30.3 中欧常用BIM标准

中国	英国
《建筑信息模型应用统一标准》GB/T 51212—2016； 《建筑信息模型施工应用标准》GB/T 51235—2017； 《建筑信息模型设计交付标准》GB/T 51301—2018； 《建筑工程设计信息模型制图标准》JGJ/T 448—2018； 《建筑信息模型分类和编码标准》GB/T 51269—2017	《AEC（UK）BIM Standard for Autodesk Revit》； 《AEC（UK）BIM Standard for Bentley》； BIM国际标准ISO 19650系列

中英差异化对比分析结论及心得：

中国规范的BIM设计类规范主要以《建筑信息模型应用统一标准》GB/T 51212—2016、《建筑信息模型设计交付标准》GB/T 51301—2018、《建筑工程设计信息模型制图标准》JGJ/T 448—2018 为主，其中《建筑信息模型应用统一标准》GB/T 51212—2016 讲述了 BIM 整体的应用思路和大原则，对标英国规范 ISO 19650 系列；《建筑信息模型设计交付标准》GB/T 51301—2018、《建筑工程设计信息模型制图标准》JGJ/T 448—2018 两本中国规范主要讲述模型创建的细节，对标英国的行业规范《AEC（UK）BIM Standard for Autodesk Revit》。

中国的 BIM 设计不仅采用国家标准，大多地区均有更为详细的地方标准。

31 中欧 BIM 模型应用标准

本节主要是对中欧 BIM 整体应用标准进行对比。

31.1 交付与交换

中国	英国
《建筑信息模型应用统一标准》GB/T 51212—2016	《有关建筑物和土木工程信息的组织和数字化 包括建筑物信息模型（BIM）使用建筑物信息模型的信息管理 第 2 部分：资产交付阶段》ISO 19650—2—2018
5.2 交付与交换 5.2.1 数据交付与交换前，应进行正确性、协调性和一致性检查，检查应包括下列内容： 1 数据经过审核、清理； 2 数据是经过确认的版本； 3 数据内容、格式符合数据互用标准或数据互用协议。 5.2.2 互用数据的内容应根据专业或任务要求确定，并应符合下列规定： 1 应包含任务承担方接收的模型数据； 2 应包含任务承担方交付的模型数据。 5.2.3 互用数据的格式应符合下列规定： 1 互用数据宜采用相同格式或兼容格式； 2 互用数据的格式转换应保证数据的正确性和完整性。 5.2.4 接收方在使用互用数据前，应进行核对和确认	资产交付阶段 4. 资产交付阶段的信息管理 信息管理过程（图 1）应适用于每个任命的整个交付阶段，而不管项目阶段如何。 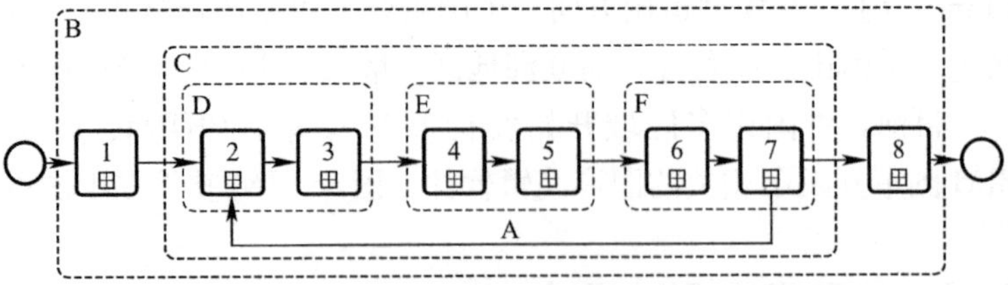 B C D E F 1 2 3 4 5 6 7 8 A 图 1 信息管理过程 1—评估和需要；2—招标邀请书；3—投标响应；4—任命；5—动员；6—信息的策划；7—信息模型交付；8—项目关闭（交付阶段结束） B—每个项目开展的活动；C—每次任命所开展的活动；D—在采购阶段（每次任命）开展的活动；E—在信息规划阶段（每次任命）开展的活动；F—在信息制作阶段开展的活动

中英差异化对比分析结论及心得：

《建筑信息模型应用统一标准》GB/T 51212—2016 中，BIM 产品的交付需要满足数据、版本、格式等相关内容，主要讲述最后的产品交付；而在英国规范 ISO 19652—2—2018 中，资产交付涉及的内容非常广泛，标准将项目的整个过程进行分段，包括评估阶段、招标阶段、招标相应阶段、任命、动员、规划、模型交付、项目关闭 8 个阶段，对每个阶段的策划管理及交付内容都做了相关规定，可以说国际标准 ISO 19650 系列标准对 BIM 在项目全生命周期中的管理体系做了更为深入的规定。

31.2 BIM组织实施

中国	英国
《建筑信息模型应用统一标准》GB/T 51212—2016	《有关建筑物和土木工程信息的组织和数字化　包括建筑物信息模型（BIM）使用建筑物信息模型的信息管理　第 2 部分：资产交付阶段》ISO 19650—2—2018
6.5　组织实施 6.5.1　企业应结合自身发展和信息化战略确立模型应用的目标、重点和措施。 6.5.2　企业在模型应用过程中，宜将 BIM 软件与相关管理系统相结合实施。 6.5.3　企业应建立支持建设工程数据共享、协同工作的环境和条件，并结合建设工程相关方职责确定权限控制、版本控制及一致性控制机制。 6.5.4　企业应按建设工程的特点和要求制定建筑信息模型应用实施策略。实施策略宜包含下列内容： 1　工程概况、工作范围和进度，模型应用的深度和范围； 2　为所有子模型数据定义统一的通用坐标系； 3　建设工程应采用的数据标准及可能未遵循标准时的变通方式； 4　完成任务拟使用的软件及软件之间数据互用性问题的解决方案； 5　完成任务时执行相关工程建设标准的检查要求； 6　模型应用的负责人和核心协作团队及各方职责； 7　模型应用交付成果及交付格式； 8　各模型数据的责任人； 9　图纸和模型数据的一致性审核、确认流程； 10　模型数据交换方式及交换的频率和形式； 11　建设工程各相关方共同进行模型会审的日期	5.1　信息管理过程——评估与需要 5.1.1　任命个人承担信息管理职能 指定方将授予预期的牵头指定方或第三方的权利和承担这项职能的个人需要的能力（知识或技能）。 注：如果指定方委派一个预期的牵头指定方或第三方承担全部或部分信息管理职能，则使用信息管理分配矩阵（附件 A）可有助于确定所需服务的范围。 5.1.2　建立项目信息需求国际标准化组织 5.1.3　建立项目信息交付里程碑 5.1.4　建立项目信息标准 5.1.5　建立项目的信息化生产方法和流程 (1) 捕获现有资产信息； (2) 新信息的生成、审查或批准； (3) 信息的安全或分发； (4) 向指定方提供信息。 5.1.6　建立项目的参考资料和共享资源 (1) 现有资产信息； (2) 共享资源； (3) 在国家和区域标准范围内定义的图书馆对象。 注：指定方可寻求专业供应商的支持，以建立参考信息或共享资源

中英差异化对比分析结论及心得：

《建筑信息模型应用统一标准》GB/T 51212—2016 中，对于项目 BIM 的组织与实施是从企业角度切入的，规定了企业应该结合自身发展和信息化战略确立模型应用的目标、重点和措施，并做了相应的细节要求；而在国际标准 ISO 19652—2—2018 中，BIM 的组织实施是以项目为角度切入的，对整个项目中不同的参与方规定了不同的责任，设立了责任矩阵的划分，按照责任矩阵进行相应的 BIM 组织实施。

31.3 编码与储存

中国	英国
《建筑信息模型应用统一标准》GB/T 51212—2016	《有关建筑物和土木工程信息的组织和数字化　包括建筑物信息模型（BIM）使用建筑物信息模型的信息管理　第 2 部分：资产交付阶段》ISO 19650—2—2018
5.3　编码与储存 5.3.1　模型数据应根据模型创建、使用和管理的需要进行分类和编码。分类和编码应满足数据互用的要求，并应符合建筑信息模型数据分类和编码标准的规定。 5.3.2　模型数据应根据模型创建、使用和管理的要求，按建筑信息模型存储标准进行存储。 5.3.3　模型数据的存储应满足数据安全的要求	5.8　信息管理过程——项目结束 5.8.1　归档项目信息模型 竣工项目信息模型验收后，指定方应按照项目的信息生产方法和程序，将信息容器归档在项目的公共数据环境中。 在这样做时，指定方应考虑： 需要哪些信息容器作为资产信息模型的一部分； 未来的访问要求； 未来的再利用； 适用的相关保留政策。 5.8.2　为未来的项目收集经验教训 指定方应与每一牵头指定方合作，收集项目期间的经验教训，并将其记录在一个适当的知识库中，供今后的项目使用。建议在整个项目中总结经验教训

中英差异化对比分析结论及心得：

《建筑信息模型应用统一标准》GB/T 51212—2016 中对模型的编码与存储做了相应规定，要求数据的存储应满足安全要求；国际标准 ISO 19650—2—2018 中规定了在项目结束时应如何对项目信息进行归档，并要求对该项目进行经验总结，形成适当的知识库。从这点来看，英国规范对于“库”的建立、经验的集成归纳十分重视。

32 中欧 BIM 模型标准

本节主要是对中欧 BIM 模型标准进行对比。

32.1 构件细度

中国	英国		
《建筑工程设计信息模型制图标准》JGJ/T 448—2018	《AEC（UK）BIM Standard for Autodesk Revit》		
4.1 几何信息精度	7.2 分级组建创建		
4.1　几何信息表达	等级	模型要求	示例
4.1.1　建筑信息模型中模型单元的几何信息表达应包含空间定位、空间占位和几何表达精度。 4.1.2　模型单元的空间定位应准确，并应符合下列规定：	组件等级 0（G0） —— 原理图	符号占位符表示一个对象，它可能不会缩放或具有任何维度值。这与电子符号特别相关，这些符号可能永远不会成为三维物体	无

续表

中国	英国		
	等级	模型要求	示例
1 项目级和功能级模型单元的模型坐标应与项目工程坐标一致，并应注明所采用的平面坐标系统和高程基准； 2 有安装要求的构件级模型单元应标明定位基点，其中的个定位基点应采用安装交接面的特征点，定位基点应便于几何测量； 3 相同类型的模型单元，定位基点的相对位应相同。 4.1.3　模型单元的空间占位应符合下列规定： 1 项目级和功能级模型单元的空间占位应符合设计意图； 2 构件级模型单元的空间占位应满足工程对象的形变、公差和操作空间要求； 3 不同材质的模型单元应各自表达，不应相互重叠或剪切。 4.1.4　现浇混凝土材料的模型单元的空间占位应符合下列规定： 1 较高强度混凝土构配件的模型单元不应被较低强度混凝土构配件的模型单元重叠或剪切； 2 当混凝土强度相同时，模型单元优先级应符合表 4.1.4 的规定，其中优先级较高的模型单元不应被优先级较低的模型单元重叠或剪切，优先级相同的模型单元不宜重叠。 4.1.5　构件级模型单元几何表达精度应划分为 G1、G2、G3 和 G4 四个等级。等级要求应符合现行国家标准《建筑信息模型设计交付标准》GB/T 51301 的有关规定。 4.1.6　模型单元的几何表达精度应根据设计阶段或应用需求选取，不同模型单元可选取不同的几何表达精度。 4.1.7　常见构件级模型单元几何表达精度应符合本标准附录 A 的规定。 4.1.8　几何表达精度为 G2、G3、G4 级的模型单元，无论采用何种模型容差，均不应超过自身的空间占位范围	1 级组件 (G1)——概念	简单的占位图元，只包含尽量少的细节，能够辨识即可，如任意类型的椅子。 粗略的尺寸。 不包含制造商信息和技术参数。 使用统一的材质："概念—白"或者"概念—玻璃"	1级
	2 级组件 (G2)——定义	包含所有相关的元数据与技术信息，建模详细度足以辨别出椅子的类型及组件材质。 通常包含二维细节，用于生成"合适"比例的平面图。 足以满足大多数项目要求	2级
	3 级组件 (G3)——渲染	如果仅用于二维制图或标注，那么 3 级与 2 级组件是完全相同的。只有当需要三维可视化时才有区别。 仅当对象靠近照相机，有必要表现其详细的三维视觉信息时才使用。 重要！ 当对设计不太确定时，用户应尽量使用简化的三维形体，因为 BIM 中的组件复杂度对系统性能和工作效率有很大的影响	3级

中英差异化对比分析结论及心得：

《建筑工程设计信息模型制图标准》JGJ/T 448—2018 中，几何模型的深度表达分为 G1～G4，跟英国规范《AEC（UK）BIM Standard for Autodesk Revit》中分级组件的深度表达非常类似，只不过英国规范中的表达划分为 G0～G3；但是在中国规范《建筑信息模型设计交付标准》GB/T 51301—2018 中，对于几何模型的深度表达有更为细致的规定，该标准不但规定了几何构件的精度等级划分为 G1～G4，还对构件的信息深度等级进行了划分，分为 N1 级：宜包含模型单元的身份描述、项目信息、组织角色等信息；N2 级宜包含和补充 N1 等级信息，增加系统关系、组成及材质、性能等信息；N3 级宜包含和补充 N2 等级信息，增加生产信息、安装信息；N4 级宜包含和补充 N3 等级信息，增加资产信息和维护信息。不仅如此，该标准还对常见工程对象的模型单元交付深度进行了详细的列表，列表中对于工程项目中各个构件应该达到怎样的 G 系列深度及怎样的 N 系列深度做了详细规定，具体见《建筑信息模型设计交付标准》GB/T 51301—2018 附录 C。

32.2 模型精度要求

中国	英国
《建筑信息模型设计交付标准》GB/T 51301—2018	《AEC（UK）BIM Standard for Autodesk Revit》
6.2.5 设计阶段交付和竣工移交的模型单元模型精细度宜符合下列规定： 1 方案设计阶段换型精细度等级不宜低于 LODL 1.O。 2 初步设计阶段换型精细度等级不宜低于 LOD2.0。 3 施工图设计阶段模型精细度等级不宜低于 LOD3.O。 4 深化设计阶段模型精细度等级不宜低于 LOD3.0，具有加工要求的模型单元模型精细度不宜低于 LOD4.0。 5 竣工移交的模型精细度等级不宜低于 LOD3.0	7.2 模型细节 在项目之初就应考虑到底需要在 BIM 中包含多少程度的细节。细节度过低会导致信息不足；细节度过高又会导致模型操作效率低下。 BIM 协调员应规定项目的三维模型需细化到何种程度，到达此程度后就可以停止三维，转向二维详图工作，以准备出图。 在完善三维形体的同时，可以使用智能的二维线条来改善二维视图的效果，同时不过度增加硬件需求。二维线条的应用亦不局限于详图/制造信息。 尽量多使用详图和增强技术，在不牺牲模型完整性的前提下，尽可能降低模型的复杂度。 三维建模的精度应保持在大约 1：50 的程度

中英差异化对比分析结论及心得：

《建筑信息模型设计交付标准》GB/T 51301—2018 中对于整体项目模型的精细度，按照方案、初设、施工图设计、深化设计、竣工 5 个阶段做了细致规定，采用由美国引入中国的 LOD100～LOD500 的精细度参照方法，不同深度的 LOD 规定的构件颗粒度也有所不同，具体可参照《建筑信息模型设计交付标准》GB/T 51301—2018 附录 C。

在英国规范《AEC（UK）BIM Standard for Autodesk Revit》的模型细节章节中，BIM 只对项目的精细度做了一个大致的规定，建筑信息模型的精细程度应在项目初期由 BIM 协调员按照项目情况规定。

32.3 命名规则

中国	英国
《建筑工程设计信息模型制图标准》JGJ/T 448—2108	《AEC（UK）BIM Standard for Autodesk Revit》
5.1 模型单元命名规则 5.1.1 模型单元编号应符合下列要求： 1 模型单元编号应力求简明，且易于辨识。 2 模型单元编号规则应符合国家现行有关标准、规范规定及工程编号习惯。 3 模型单元编号可随模型精细度逐步深入而进行扩展，但核心编号应保持一致。 4 模型单元编号宜区分系统，且保持关联性。 5.1.2 模型单元编号格式宜符合下列要求： 1 宜使用汉字、英文字符、数字、下划线“_”和连字符“-”的组合。 2 字段内部组合宜使用连字符“-”，字段之间宜使用下划线“_”分隔。 3 各字符之间、符号之间、字符与符号之间均不宜留空格。 5.1.3 模型单元编号宜由专业简称、模型单元简称、构件序号依次组成，由连字符“-”隔开，同时宜符合下列要求。 1 模型单元编号中的专业简称宜符合有关国家标准和规范的要求。 2 模型单元编号中的模型单元简称宜符合本标准附录B的要求	8.3 一般命名规范 所有字段仅可使用字母A-Z、连字符、下划线和数字. 字段之间应通过连字符“-”隔开，请勿使用空格。在一个字段内，可使用字母大小写方式或下划线“_”来隔开单词，请勿使用空格。 使用单字节的“.”来隔开文件名与后缀。除此以外，该字符不得用于文件名称的其他地方。 不得修改或删除文件名后缀。 8.4 模型文件命名模型文件应根据BS1192 2007进行命名。为了完全符合规定，应采用建议的字符限制。 1 Project　2 Originator　3 Zone/System　4 Level　5 Type　6 Role　7 Description 字段1：项目（建议使用3个字符） 用于识别项目的缩写代码或数字。 字段2：创作者代码（建议使用3个字符） 用于识别创作者的缩写代码。 字段3：分区/系统（建议使用2个字符） 用于识别模型文件与项目的哪个建筑、地区、阶段或分区相关（如果项目按分区进一步细分）。 字段4：标高（建议使用2个字符） 如果项目按标高进一步细分，用于识别模型文件与哪个标高（或一组标高）相关。 字段5：类型（建议使用2个字符） 文档类型，可用“M3”表示三维模型文件。 字段6：角色（建议使用2个字符） 专业识别码（2个字符）请参阅本规范附录11.1。 字段7：描述 描述性字段，用于说明文件中的内容。避免与其他字段重复。此信息可用于解释前面的字段，或进一步说明所包含数据的其他方面。 本地/中心（使用工作集时的强制要求）

中英差异化对比分析结论及心得：

中欧标准中对于模型文件的命名十分类似，都是力求简明，且易于辨识，要求符合国家现行有关标准、规范规定及工程编号习惯即可。

细微的差异在于，国内的命名方式习惯以项目_单体_专业_描述这样的方式进行命名；英标《AEC（UK）BIM Standard for Autodesk Revit》中规定命名的方式为项目-创作者-分区/系统-标高-类型-角色-描述，英标的命名方式会将创作者加入其中；另外，国标中字段内部组合宜使用连字符“-”，字段之间宜使用下划线“_”分隔，而英标中恰好相反在一个字段内，可使用字母大小写方式或下划线“_”来隔开，字段之间应通过连字符“-”隔开。

33 BIM 模型出图标准

本节主要是对中欧建筑信息模型的出图标准进行对比。

33.1 工程图纸要求

中国	英国
《建筑信息模型设计交付标准》GB/T 51301—2018	《AEC（UK）BIM Standard for Autodesk Revit》
5.4 工程图纸 5.4.1 工程图纸应基于建筑信息模型的视图和表格加工而成。 5.4.2 电子工程图纸文件可索引其他交付物。交付时，应一同交付，并应确保索引路径有效。 5.4.3 工程图纸的制图应符合现行国家标准《房屋建筑制图统一标准》GB/T 50001 的相关规定	7.3 图纸编制 可通过两种方式进行图纸编制和准备： 1 完全在 BIM 环境内对视图和图纸进行整理汇编（优先选择）。 2 将视图输出到 CAD 环境中，使用二维制图工具进行编制和图形加工。 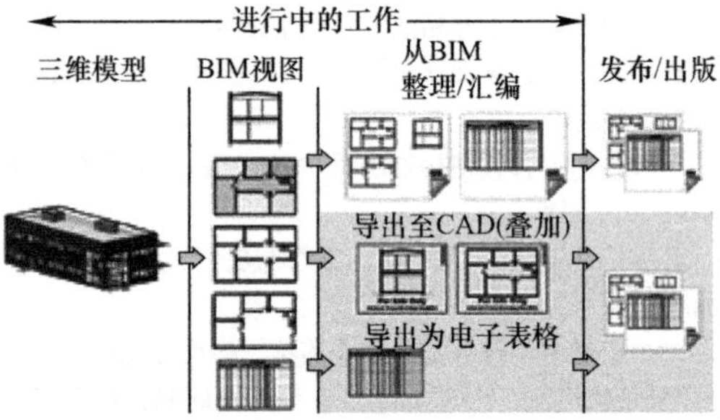 导出至 CAD 中“完成”设计会抹杀 BIM 数据的协调优势，应尽量避免这种做法。 BIM 协调员应根据团队组成和其他因素确定是否采用纯 BIM 方式。 无论采用哪种方法，在使用二维加工之前，均应对三维模型进行最大限度的深化。 如果项目中有链接的 CAD 或 BIM 数据，设计团队应确保在输出工程图纸时是直接从“项目共享区”获得最新的、经过审核的设计信息

中英差异化对比分析结论及心得：

在中国，即便采用正向设计模式进行全过程三维设计，也要对二维的图纸成果进行施工图审查，因此，中国《建筑信息模型设计交付标准》GB/T 51301—2018 中对于建筑信息模型出图的要求就是应符合现行国家标准《房屋建筑制图统一标准》GB/T 50001 的相关规定，至于出图的方式不作任何要求。

英国规范中对于图纸输出给予两种方式选择，一是直接由模型进行 BIM 出图，满足项目需求；二是模型输出图之后再在 CAD 上进行加工，对于采用何种方式由项目的 BIM 协调员根据具体情况决定。

33.2 线宽

中国	英国
《房屋建筑制图统一标准》GB/T 50001—2017	《AEC（UK）BIM Standard for Autodesk Revit》

4. 图线

4.0.1 图线的基本线宽 b，宜按照图纸比例及图纸性质从 1.4mm、1.0mm、0.7mm、0.5mm 线宽系列中选取。每个图样，应根据复杂程度与比例大小，先选定基本线宽 b，再选用表 4.0.1 中相应的线宽组。

线宽组（mm）　　表 4.0.1

线宽比	线宽组			
b	1.4	1.0	0.7	0.5
$0.7b$	1.0	0.7	0.5	0.35
$0.5b$	0.7	0.5	0.35	0.25
$0.25b$	0.35	0.25	0.18	0.13

注：1 需要缩微的图纸，不宜采用 0.18mm 及更细的线宽。

2 同一张图纸内，各不同线宽中的细线，可统一采用较细的线宽组的细线。

4.0.2 工程建设制图，应选用如表 4.0.2 所示的图线。

图线　　表 4.0.2

名称		线型	线宽	一般用途
实线	粗		b	主要可见轮廓线
	中粗		$0.7b$	可见轮廓线、变更云线
	中		$0.5b$	可见轮廓线、尺寸线
	细		$0.25b$	图例填充线、家具线
虚线	粗		b	见各有关专业制图标准
	中粗		$0.7b$	不可见轮廓线
	中		$0.5b$	不可见轮廓线、图例线
	细		$0.25b$	图例填充线、家具线
单点长画线	粗		b	见各有关专业制图标准
	中		$0.5b$	见各有关专业制图标准
	细		$0.25b$	中心线、对称线、轴线等
双点长画线	粗		b	见各有关专业制图标准
	中		$0.5b$	见各有关专业制图标准
	细		$0.25b$	假想轮廓线、成型前原始轮廓线
折断线	细		$0.25b$	断开界线
波浪线	细		$0.25b$	断开界线

11.8 线宽

线宽	1∶10	1∶20	1∶50	1∶100	1∶200	1∶500
1	0.1300	0.1300	0.1300	0.0600	0.0600	0.0600
2	0.1500	0.1500	0.1500	0.1300	0.0600	0.0600
3	0.1800	0.1800	0.1800	0.1500	0.1300	0.0600
4	0.2000	0.2000	0.2000	0.1800	0.1500	0.1300
5	0.2500	0.2200	0.2200	0.2000	0.1800	0.1500
6	0.3500	0.2500	0.2500	0.2200	0.2000	0.1800
7	0.4000	0.3500	0.3500	0.2500	0.2200	0.2000
8	0.5000	0.4000	0.4000	0.3500	0.2500	0.2200
9	0.6000	0.5000	0.5000	0.4000	0.3500	0.2500
10	0.7000	0.6000	0.6000	0.5000	0.4000	0.3500
11	1.0000	0.7000	0.7000	0.6000	0.5000	0.4000
12	1.4000	1.0000	1.0000	0.7000	0.6000	0.5000
13	2.0000	1.4000	1.4000	1.0000	0.7000	0.6000
14	3.0000	2.0000	2.0000	1.4000	1.0000	0.7000
15	4.0000	3.0000	3.0000	2.0000	1.4000	1.0000
16	5.0000	4.0000	4.0000	3.0000	2.0000	1.4000

11.8.1 ISO 标准度量线宽

以下线宽均符合 ISO 标准，已加入以上线宽中。

0.13mm

0.18mm

0.25mm

0.35mm

0.50mm

0.70mm

1.00mm

1.40mm

2.00mm

中英差异化对比分析结论及心得：

中国规范对于工程图纸的线型要求是先在 2.0mm、1.4mm、1.0mm、0.7mm、

0.5mm、0.35mm 这几个线宽中选用一个视作 b，再根据出图比例的不同运用粗、中、细即 b、0.5b、0.25b 三种宽度作为图纸的线宽。

在英国《AEC（UK）BIM Standard for Autodesk Revit》中，线宽的规定与 Revit 软件中内置的线宽规则是一致，即选用一种线号（1～16），在不同的视图比例下，将显示出如上所示的不同线宽，常用线宽为 0.13mm、0.18mm、0.25mm、0.35mm、0.5mm、0.7mm、1.0mm、1.4mm、2.0mm。

33.3 标准工程图纸符号

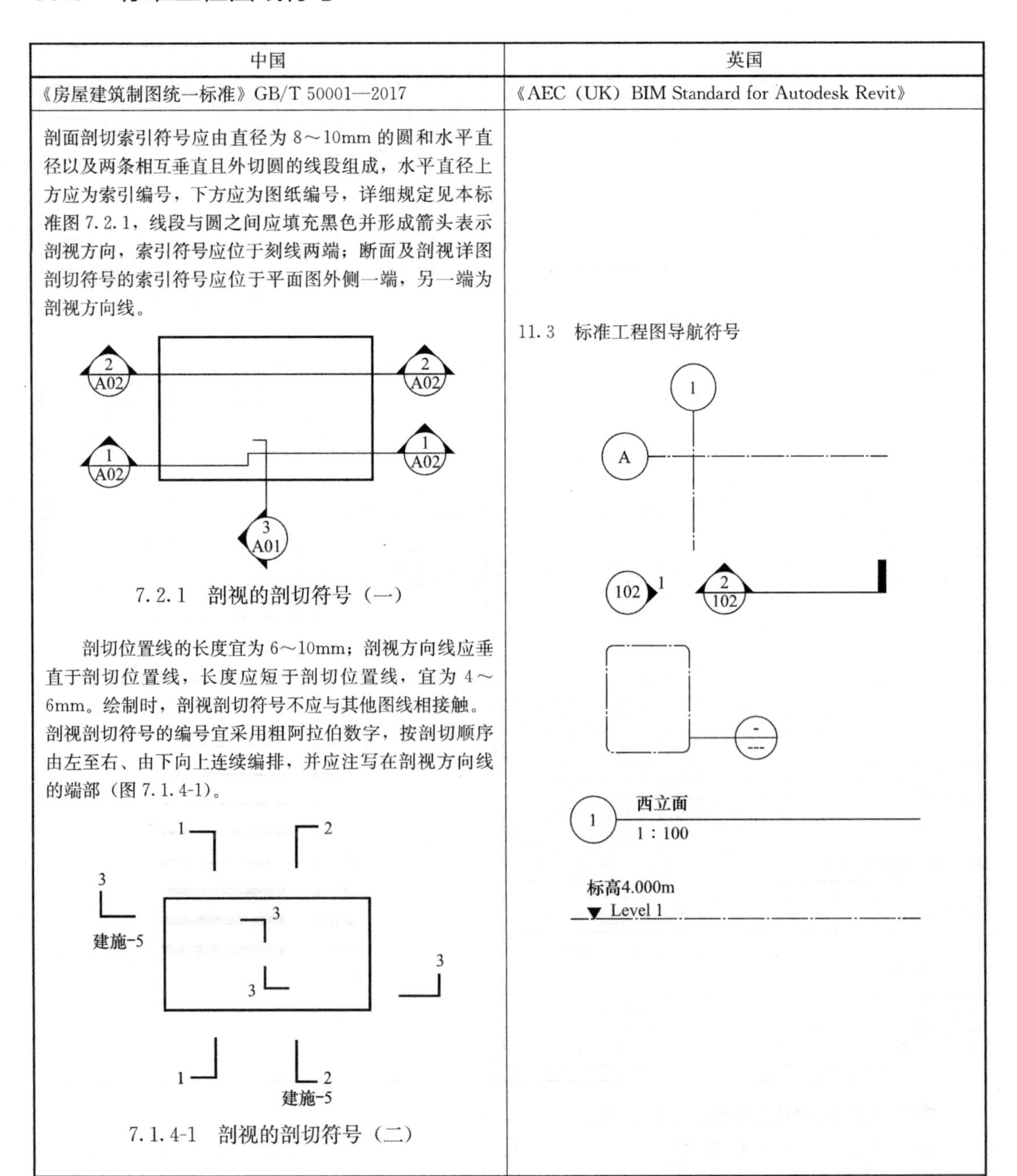

中国	英国
《房屋建筑制图统一标准》GB/T 50001—2017	《AEC（UK）BIM Standard for Autodesk Revit》
剖面剖切索引符号应由直径为 8～10mm 的圆和水平直径以及两条相互垂直且外切圆的线段组成，水平直径上方应为索引编号，下方应为图纸编号，详细规定见本标准图 7.2.1，线段与圆之间应填充黑色并形成箭头表示剖视方向，索引符号应位于刻线两端；断面及剖视详图剖切符号的索引符号应位于平面图外侧一端，另一端为剖视方向线。 7.2.1　剖视的剖切符号（一） 剖切位置线的长度宜为 6～10mm；剖视方向线应垂直于剖切位置线，长度应短于剖切位置线，宜为 4～6mm。绘制时，剖视剖切符号不应与其他图线相接触。剖视剖切符号的编号宜采用粗阿拉伯数字，按剖切顺序由左至右、由下向上连续编排，并应注写在剖视方向线的端部（图 7.1.4-1）。 7.1.4-1　剖视的剖切符号（二）	11.3　标准工程图导航符号

中英差异化对比分析结论及心得：

《房屋建筑制图统一标准》GB/T 50001—2017 中对于工程制度符号有非常详尽的要求，具体可见该标准的第 7 章节；而在英国规范《AEC（UK）BIM Standard for Autodesk Revit》中，对于工程符号的使用只是简单给出几个图示，没有任何文字性的、具体的要求。由此可见，欧洲国家在图纸的图面标准化表达上没有中国规范要求高。

33.4 常用材料图例

中国	英国
《房屋建筑制图统一标准》GB/T 50001—2017	《AEC（UK）BIM Standard for Autodesk Revit》

常用建筑材料图例　表 9.2.1

序号	名称	图例	备注
1	自然土壤		包括各种自然土壤
2	夯实土壤		
3	砂、灰土		
4	砂砾石、碎砖三合土		
5	石材		
6	毛石		
7	实心砖、多孔砖		包括普通砖、多孔砖、混凝土砖等砌体
8	耐火砖		包括耐酸砖等砌体
9	空心砖、空心砌块		包括空心砖、普通或轻骨料混凝土小型空心砌块等砌体
10	加气混凝土		包括加气混凝土砌块砌体、加气混凝土墙板及加气混凝土材料制品等
11	饰面砖		包括铺地砖、玻璃马赛克、陶瓷锦砖、人造大理石等
12	焦渣、矿渣		包括与水泥、石灰等混合而成的材料
13	混凝土		1 包括各种强度等级、骨料、添加剂的混凝土 2 在剖面图上绘制表达钢筋时，则不需绘制图例线 3 断面图形较小，不易绘制表达图例线时，可填黑或深灰（灰度宜70%）
14	钢筋混凝土		

11.3　标准工程图导航符号

部分材料绘图样式如下：

名称	绘图样式	名称	绘图样式
铝制		ANSI 133	
砌块墙—密集		砌块墙—轻质	
砌砖		混凝土	
灰浆		斜交叉线 1.5mm	
泥土		石膏灰泥	
水平线 1.5mm		水平线 3mm	
刚性隔热		正相交线 1.5mm	
正相交线 3mm		塑料	
沙土		沙土一密集	
实心填充		钢	
石料		三角形	
垂直线 1.5mm		垂直线 3mm	
木材—表面抛光		蜂窝隔热材料	
防火胶带—0.5hr		防火胶带—1hr	
防火胶带—2hr		防火胶带—3hr	
防火胶带—4hr			

续表

中国	英国

序号	名称	图例	备注
15	多孔材料		包括水泥珍珠岩、沥青珍珠岩、泡沫混凝土、软木、蛭石制品等
16	纤维材料		包括矿棉、岩棉、玻璃棉、麻丝、木丝板、纤维板等
17	泡沫塑料材料		包括聚苯乙烯、聚乙烯、聚氨酯等多聚合物类材料
18	木材		1 上图为横断面。左上图为垫木、木砖或木龙骨 2 下图为纵断面
19	胶合板		应注明为×层胶合板
20	石膏板		包括圆孔或方孔石膏板、防水石膏板、硅钙板、防火石膏板等
21	金属		1 包括各种金属 2 图形较小时，可填黑或深灰（灰度宜 70%）
22	网状材料		1 包括金属、塑料网状材料 2 应注明具体材料名称
23	液体		应注明具体液体名称
24	玻璃		包括平板玻璃、磨砂玻璃、夹丝玻璃、钢化玻璃、中空玻璃、夹层玻璃、镀膜玻璃等
25	橡胶		
26	塑料		包括各种软、硬塑料及有机玻璃等
27	防水材料		构造层次多或绘制比例大时，采用上面的图例
28	粉刷		本图例采用较稀的点

中英差异化对比分析结论及心得：

《房屋建筑制图统一标准》GB/T 50001—2017 相比《AEC（UK）BIM Standard for Autodesk Revit》而言多了一些材料的图例规定，分别是防水材料、粉刷、塑料、网状材料、液体等。

这两本规范中的图例也有些许差别，具体如下：

序号	名称	图例（中）	图例（英）
1	自然土壤		
2	夯实土壤		
3	砂、灰土		
4	混凝土		
5	木材		
6	石膏板